2023年中国油气田与长输管道无人值守站建设技术交流会论文集

中国石油学会石油储运专业委员会◎编

中国石化出版社

图书在版编目(CIP)数据

2023中国油气田与长输管道无人值守站建设技术交流会论文集 / 中国石油学会石油储运专业委员会编. — 北京：中国石化出版社，2023.7
ISBN 978-7-5114-7181-9

Ⅰ.①2… Ⅱ.①中… Ⅲ.①油气田-长输管道-无人值守-技术交流-中国-文集 Ⅳ.①TE973-53

中国国家版本馆CIP数据核字(2023)第128809号

中国石化出版社出版发行
地址：北京市东城区安定门外大街58号
邮编：100011 电话：(010)57512500
发行部电话：(010)57512575
http://www.sinopec-press.com
E-mail：press@sinopec.com
北京科信印刷有限公司印刷
全国各地新华书店经销
*
880×1230毫米 16开本 23.25印张 687千字
2023年7月第1版 2023年7月第1次印刷
定价：280.00元

序

2023 年 7 月，习近平总书记主持召开中央全面深化改革委员会第二次会议，强调要进一步提升国家油气安全保障能力。这是以习近平同志为核心的党中央站在统筹中华民族伟大复兴战略全局和世界百年未有之大变局、实现第二个百年奋斗目标、全面建设社会主义现代化国家新征程的重大历史时期，对油气行业改革发展作出的重大战略部署。当前，随着世界百年未有之大变局加速演进，全球能源需求不断增加，传统的能源生产管理方式已经无法满足现代化能源产业需求。近年来，广大油气田和管道企业大力推进自动化、信息化、智能化技术应用，大力推进新型工业化进程，实现生产过程智能监测控制、智能分析决策和无人/少人值守管理，以提高生产效率、降低运营成本、提升安全环保水平。这充分彰显了油气田和管道企业在落实党中央部署，积极推动能源转型变革，保障国家能源安全方面的担当。

为了持续提升油气田与管道无人/少人值守技术水平，深入交流创新经验、共建共享技术成果、聚焦解决瓶颈问题，促进企业院所交流，中国石油学会石油储运专业委员会自 2020 年以来，连年举办中国油气田与管道无人值守站技术交流会。四年时光见证了油气田和管道企业无人值守技术的飞速发展和喜人的业绩。今年的无人值守技术交流会，得到了中国石油、中国石化、中国海油、国家管网等单位的大力支持，会议共计征集了来自油气田、管道企业、科研院所等相关领域论文 260 余篇，投稿作者来源更加广泛，研究内容更加深入垂直领域，理论高度与实践广度进一步伸展，呈现出百花齐放百舸争流之态。经专家评审，收录优秀论文 60 篇，内容涵盖了油气田、输油输气管道、城镇燃气管网等诸多领域，时间维度上包括设计期、建设期、运营期全生命周期的实践经验，专业方向包括无人化设计与建设探索、管道可视化建模、管网稳态仿真、用气负荷预测、一体化生产调控、管道无人机自动巡护、泄漏异常监测告警、光储微电网建设、清洁能源综合利用、场站安防管控、工控网络安全等，整体上反映了中国油气田及管道无人值守技术的最新研究成果与工程应用成效，对交流分享积淀技术，持续推进我国油气田及管道无人/少人值守技术发展具有十分重要的意义。在此向论文撰写和编辑出版中作出积极贡献的同志致以崇高的敬意！向一直以来关心支持油气田与管道无人值守技术发展的各界朋友表示衷心的感谢！

“行百里者半九十”，愿我们携手共进，乘势而上谋发展，奋楫笃行启新程，在油气田与管道数智化、无人化的征程上，取得更多的惊喜和改变。

李德仁

中国科学院院士、中国工程院资深院士

前　言

随着“双碳”目标下能源转型的深入推进，我国油气储运设施建设将具有巨大的发展空间。同时，随着科技的日益进步和人力成本的不断增加，油气田和管道企业在降本增效、提高全员劳动生产率、提升本质安全水平等方面的价值需求将更加迫切和强烈。而无人/少人值守技术能够系统性融合监测检测、分析预警、操作控制、决策预测等现代信息技术，是达成上述价值需求的有力抓手。因此，在油气田、长输管道，成品油、燃气配送管网等油气产、运、储、销的全产业链，无人值守技术都将逐渐成为影响行业价值创造能力的主流趋势。其主要表现在数字化、智能化技术的快速发展，为无人值守站的建设提供了新的思路，依托5G、大数据、人工智能等新兴技术，实现站场各项业务的智能化管理；同时，在站场无人/少人化运营需求驱动下，实现对站场的智能化调度运行、综合智能巡检、设备智能化诊断及健康管理、管道风险全面监测、安保一体化管控、突发风险的及时发现和快速处置，又为现代信息技术解决方案的持续改进、应用场景的拓展提升提供了良好的试验田，更为数智化技术条件下的运维模式、人员素质、管理体系匹配提供了发展路径。

当前，我国油气田和管道企业、科研院所、服务机构经过多年持续不懈的攻关，充分总结现有场站建设及运维经验，并与先进的自动化、智能化技术相结合，逐步摸清了无人值守技术驱动企业转型发展的脉络，攻克了制约无人站建设及运营的诸多技术难题，形成了无人值守站规划、设计、建设、运维成套技术和标准体系，实现了站场建设阶段的标准化设计、模块化建设、信息化管理，实现了运行阶段站场无人/少人值守、运检维一体化管理，探索出了区域化的管理模式，逐步解决了企业现有人力资源、运营模式通过转型，如何与无人值守技术体系匹配的问题，最终达到了强化本质安全、优化管理模式、提高运行效率、提升运营效益的目标。

为了全面总结我国无人值守智能化站场建设取得的新成果、新进展，探索无人值守智能化站场技术发展方向，进一步创新无人站及区域化管理模式，推动企业生产安全管理模式向“无人站、集约化、规范化”转变，提高企业生产运行管控能力和本质安全水平，并加强与国际同行的交流，为无人值守站调度及运维的科学化、精细化管理提供支撑，中国石油学会石油储运专业委员会、中国石油大学(华东)、中国石油、中国石化、中国海油、国家管网、延长石油等单位以“加强无人值守站建设运营人才队伍培养，构建安全绿色低碳的无人值守技术体系”为主题，于2023年7月26日至28日举办2023年中国油气田与长输管道无人值守站建设技术交流会。通过凝聚业界智慧、研判发展前景、汇聚创新力量、互通技术进步、引领行业发展。

本次会议中国石油、中国石化、中国海油、国家管网、延长石油、大专院校和科研院所等各单位广大无人值守站建设工作者的大力支持，共征集论文260余篇，中国石油学会石油储运专业委员会组织专家认真审核，择优收入60篇辑册成集并公开出版发行。内容涵盖“无人化/少人化值守站顶层规划与设计、无人值守站标准化建设、无人值守站远传远控、无人值守站运维检一体化、无人值守站场与管道数字化交付及数字孪生技术、油气站库环境下的机器视觉分析及视频智能联动监控技术、设备设施运行工况智能监测诊断及预知维修、智能巡检”等领域。

该论文集的作者都是我国油气田与长输管道行业无人值守建设及技术研究的直接参与者和骨干，他们中有声名卓著的专家、教授，也有新成长的中青年专家学者，他们为大会提供了最新的科研成果和技术方法，展现了我国油气田与长输管道行业近年来无人值守技术理论的创新与技术进步的良好发展前景。本论文集展示的理论、方法与技术成果对推动我国无人值守站建设事业发展，具有较高的现实参考价值，相信必将为未来中国油气田与管道业务的高质量发展发挥积极作用，助推国家油气安全保障能力的进一步提升作出应有的贡献。

本书编委会

2023年7月

目　录

第一篇　油气田无人值守站建设技术篇

第二篇 长输油气管道无人值守站建设技术篇

油气田无人值守站建设技术篇

随着全球经济快速增长，对油气资源需求量也随之增加。为提高油气田安全生产效率、降低劳动作业强度、提高人员安全保障能力，无人值守站建设技术应运而生。在本篇论文集中，重点收录了油气田无人值守站建设的关键技术和应用经验，以及在实践过程中面临的挑战和解决方案。探讨不同类型油气田的特点和需求，系统总结AI、计算机视觉等数智化技术在油气田场站应用实践案例。通过深入分析和应用实践，期望能够推动油气田无人值守站建设技术的进一步发展，为油气行业的可持续、高质量发展做出贡献。

电加热集输工艺优化及应用效果

王忠民[1]　李洪亮[2]　崔　健[3]　张　驰[4]

（1. 大庆油田有限责任公司；2. 中国石油云南石化有限公司；
3. 中国石油工程建设有限公司北京设计分公司；4. 中国绿发投资集团）

摘　要　电加热集输流程设计不同于掺水集油流程，通过对电加热集输管道的伴热功率、温度、管径进行优化，确定了管道最佳保温层厚度及最佳埋深，对降低某区块建设投资及运行费用效果明显。对推广电加热集输技术有很大的促进作用。

关键词　电加热集输；伴热功率；温度；管径；保温层厚度；最佳埋深

电加热集输是指用电能补充被伴热物体在输送工艺过程中的热损失。单管电加热集油工艺是继双管掺活性水集油工艺之后，参照国内各油田单管低温集油研究及环状集油现状而研究出的新式集油流程，适合外围低产液、低油气比油田。特点是不掺水直接加热。对电加热集输管网进行参数优化，给出枝状管网最佳功率组合、合理埋深、保温层经济厚度和最佳管径，从而使集输投资费用最低；同时给出不同季节电加热集输加热功率及最低进站温度，从而使运行费用最低。

1　目标函数的建立

1.1　函数的建立

按伴热电缆设置在管道内部和外部分别进行分析

1.1.1　功率计算

内部伴热，加热电缆设置在管道内部，如果不考虑油流摩擦生热，管道的热平衡方程为：

$$-GcdT=K\pi D(T-T_0)dL-q_e dL$$

对上式按管道长度 L，起始温度 T_H 进行积分，得：

$$T_k=T_0+q_e/K\pi D+(T_H-T_0-q_e/K\pi D)\exp(-aL)$$

电缆功率

$$q_e=\frac{K\pi D[T_k-T_0-(T_H-T_0)\exp(-aL)]}{1-\exp(-aL)}$$

式中：G 为管道中介质的质量流量，kg/s；c 为管道介质的比热容，J/(kg·℃)；k 为管道总传热系数，W/(m^2·℃)D 管道外直径，m；T_0 管道周围介质(土壤)温度,℃；q_e 电热带功率，W/m；α 计算参数，$\alpha=\dfrac{K\pi D}{Gc}$；$L$ 管道计算长度，m；T_H、T_K 分别为管道内介质的起始与终点温度,℃。外部伴热，电缆或电热带设置在管道外管壁上，管壁外面包有保温层。

1.1.2　费用比较

伴热总费用(F_Z)由工程建设投资费用(F_t)和管道热力费用(F_r)组成，设内伴热工程投资为 α_n 元/m，外伴热工程投资为 α_w 元/m，则

内伴热总费用为：$F_Z=\alpha_n L+q_{en}L\tau\theta$

外伴热总费用为：$F_Z=\alpha_w L+q_{ew}L\tau\theta$

式中：τ 为管道运行时间，S；q_{en} 内伴热伴热功率；W/m；q_{ew} 外伴热伴热功率；W/m；θ 为工业电价，元/kW·h。

1.2 模型结构

电加热集输
优化研究

电加热集输管网
功率匹配优化

电加热集输
伴热功率确定

水力、伴热终点
温度计算

加热埋地管道
温度场计算

加热方式优选

图1 模型结构图

1.3 电加热集输优化主菜单界面

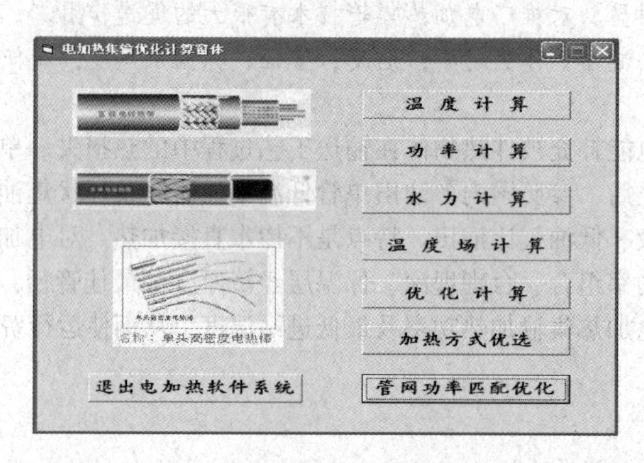

图2 电加热集输优化主菜单界面

2 模型应用

2.1 热力计算

2.1.1 模型在热力计算中的应用

电加热集输过程中井口产液首先经井口加热器加热后进入保温电伴热管道，本文对某站所属的多条集油管道进行了热力和水力计算，计算结果如表3所示，能够实现对每一条干线的水力计算，由于现场录取压力和温度有一定误差，计算结果与现场取值温度误差在10%以内，压力误差在20%以内，能够对生产指挥起到指导作用，基本满足生产需要。在热力计算的基础上本研究还对电加热集输的几种加热运行方式热力费用进行了优选计算结果见表4，由计算结果可知，采用井口加热器加热配干线保温，所需功率最小。

表1 某区块电加热系统集油管道参数

管道导热系数/W/(m·℃)	保温层厚度/mm	保温层导热系数/W/(m·℃)	管道埋深/m	土壤导热系数/W/(m·℃)
40.6	30	0.026	1.1	0.932

表2 某区块原油物理性质

密 度(20℃ kg/m^3)	粘 度(50℃ mPa·s)	凝固点(℃)	含蜡量(%)	气油比(m^3/t)
853.9	20.9	32.0	24.6	35.49

表3　某区块电加热系统集油管道热力计算

起点平台（井）	终点平台（井）	管段产液量/（t/d）	管段长度/km	管段含水率/%	管段外径/mm	井口出油温度/℃	管段功率/kW	管段终点温度/℃	实测温度/℃	温度相对误差/%	管段终点压力/MPa	实测压力/MPa	压力相对误差/%
某站	19#	43.5	0.36	12.8	89	16	6.48	40.08	38	5.47	0.262	0.32	18.09
19#	12#	37.8	1.03	11.8	89	16	18.54	40.60	43	5.59	0.288	0.3	3.90
12#	5#	29.7	0.44	15	89	16	7.92	40.86	41	0.34	0.295	0.35	15.74
5#	6#	22.6	0.44	8.1	76	16	7.48	44.70	43	3.96	0.411	0.39	5.28
6#	7#	19.6	0.88	9.18	76	16	14.96	42.09	43	2.12	0.423	0.5	15.32
7#	4#	11.7	0.7	13.68	76	16	11.9	38.48	37	4.01	0.426	0.45	5.24
4#	3#	8.7	1.14	18.16	76	16	19.38	35.46	39	9.07	0.460	0.5	7.94
3#	1#井	6.9	0.45	22.17	76	16	7.65	34.82	37	5.9	0.481	0.55	12.49
2#井	1#	6.9	0.31	22.17	76	16	5.27	33.23	35	5.06	0.543	0.55	1.24
1#	24#	3.02	0.7	44.06	48	16	9.8	38.20	41	6.84	0.584	0.65	10.23
24#	22#	1.2	0.45	0.83	48	16	6.3	39.40	41	3.9	0.636	0.6	5.95
12#	3#井	1.1	0.41	1.82	60	16	6.15	36.80	39.5	6.82	0.288	0.36	19.89
5#	13#	2.1	0.88	19.05	48	16	12.32	39.10	39.5	1.02	0.298	0.35	14.94
7#	4#井	4.8	0.86	2.29	48	16	12.04	39.91	38	5.02	0.440	0.48	8.44
5#井	11#	4.8	0.28	2.29	48	16	3.92	37.29	35	6.53	0.445	0.5	11.04
平均								38.73	39.3	4.78	0.420	0.46	10.38

表4　某区块伴热方式优选计算

管道编号	输液量/（t/d）	管径/mm	管长/m	保温厚度/mm	（各加热方式）计算功率/kW		
					井口加热配干线维温	干线升温伴热	井口加热器
1#	6.6	48	310	30	5.1	5.7	6.3
2#	5.3	48	690	30	11.4	13.5	17.3
3#	8.3	48	350	30	6.3	6.8	7.6
4#	22.6	76	880	30	15.47	18.11	29.54
5#	45.6	114	1500	40	47.96	52.46	58.67

2.1.2　确定最佳伴热功率

电加热管道保温层与埋深对热力费用影响很大，对此经过模型计算，针对在35℃时，不同管径计算结果见图3至图7。

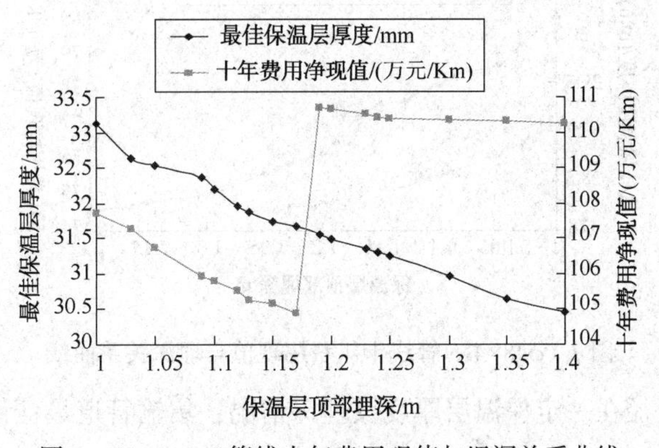

图3　ϕ114×4.5管线十年费用现值与埋深关系曲线

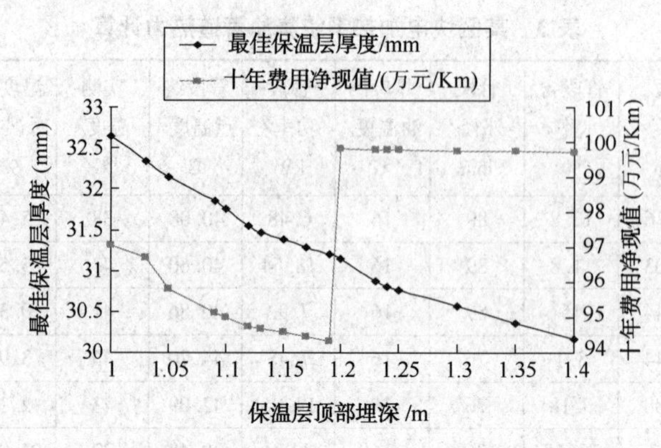

图 4　ϕ89×4.5 管线十年费用现值与埋深关系曲线

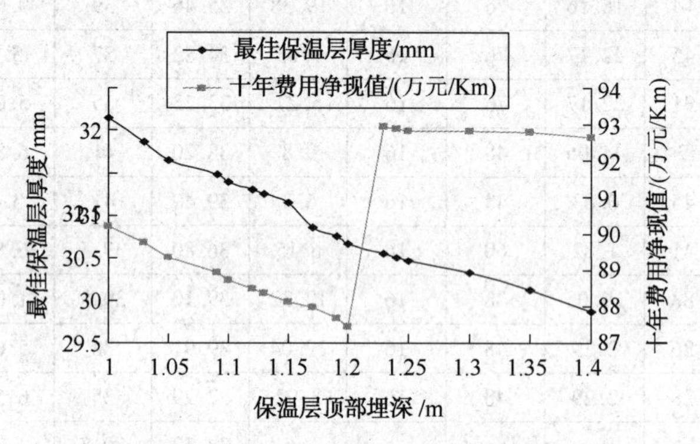

图 5　ϕ76×4.5 管线十年费用现值与埋深关系曲线

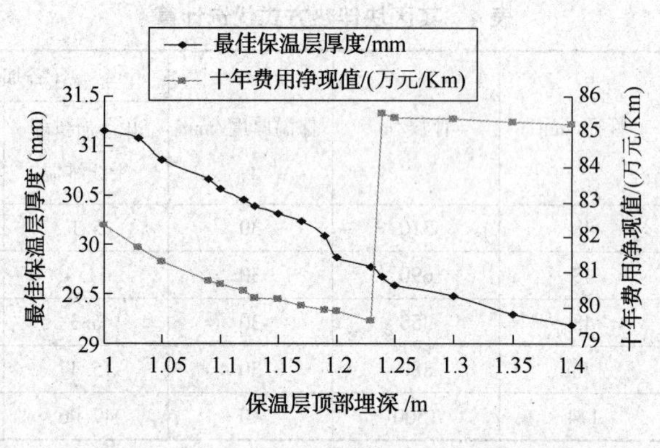

图 6　ϕ60×4.5 管线十年费用现值与埋深关系曲线

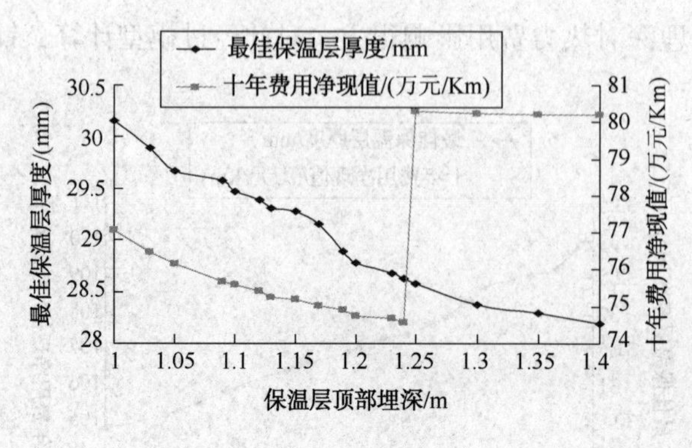

图 7　ϕ48×4.5 管线十年费用现值与埋深关系曲线

通过计算得出不同管径在一定保温层厚度及埋深情况，集输管道最佳设计伴热功率见表 5。

表5 某区块优化后最佳伴热功率

管径	最佳埋深/m	合理埋深/m	最佳保温层厚度/mm	合理保温层厚度/mm	最佳保温功率/(W/m)	合理保温功率/(W/m)	目前实际功率/(W/m)	差值/(W/m)
48	1.24	1.2	28.68	30	9.732	11.68	14	2.32
60	1.23	1.2	29.77	30	10.877	13.05	15	1.95
76	1.2	1.2	30.67	35	12.33	14.8	17	2.2
89	1.19	1.15	31.2	35	13.519	16.22	18	1.78
114	1.17	1.15	31.67	35	15.508	18.61	20	1.39

2.2 实际应用

某站共管辖油井244口，油井采用单管枝状电加热集油流程，新建电加热集油干管4条，其中单井16口，油井全部采用单管枝状电加热集油流程，采用单井井口安装电加热器进行加热，设计进站压力0.25~0.35MPa、原油进站温度35℃、进口回压不高于1.3MPa。集油管道采用聚氨酯泡沫黄夹克保温管，通过对某站3号干线集油管网进行了优化计算，优化结果见表6、7，优化后管网工程总投资费用比优化前节省了3.86%，热力费用比优化前减少了5.78%，优化效果明显。

表6 某转油站3#集油干线管网总体优化结果

项目类别	数值	
	优化前	优化后
管网工程总投资费用(万元)	478.8	460.3
热力费用(万元)/年	70.56	66.48
总投资+十年运行费用现值(万元)	937.44	892.42

表7 某站管网管径优化结果

管道编号	管长/m	起点日产液/t	含水率/%	起点日产气/m^3	伴热功率/kW		
					优化前	优化后	差值
1#	320	1.6	9	56.8	5.12	4.75	0.37
2#	370	1.4	7	49.7	5.92	5.53	0.39
3#	310	1.1	0.5	39	4.96	4.35	0.61
4#	420	1.6	0.5	56.8	7.56	6.45	1.11
5#	310	1.9	10	67	4.96	4.34	0.62
6#	310	1.4	0.5	49	4.96	4.35	0.61
7#	440	1.6	1	56.8	8.8	7.49	1.31
8#	310	1.1	0.5	39	4.96	4.26	0.7
9#	280	1.9	7	65	5.04	4.24	0.8
10#	310	0.7	8	24	5.58	4.7	0.88
11#	320	2.2	5	78	6.4	5.45	0.95
12#	310	6.6	3.4	234	4.96	4.26	0.7
13#	580	2.7	3	95	11.6	9.88	1.72
14#	620	5.9	7	209	9.92	8.55	1.37
15#	1140	10.1	12	354	25.08	21.53	3.55

续表

管道编号	管长/m	起点日产液/t	含水率/%	起点日产气/m^3	伴热功率/kW		
					优化前	优化后	差值
16#	350	4.2	4	149	5.6	4.81	0.79
17#	620	0.9	7	31	9.92	8.53	1.39
18#	930	3.5	3	124	14.88	12.81	2.07
19#	690	5.4	1	191	15.18	12.81	2.37
20#	980	4.2	5	155	21.56	18.85	2.71
21#	950	7.9	9	280	20.9	17.62	3.28
22#	820	1.9	7	67	13.12	11.7	1.42
23#	440	2.9	12	102	7.04	6.05	0.99
24#	1860	6.7	7	237	44.64	40.93	3.71
25#	650	3	0.5	109	10.4	9.35	1.05
26#	470	6.5	0.5	245	7.52	6.85	0.67
27#	840	4.1	0.5	145	16.8	14.3	2.5
28#	760	7.2	2	255	12.16	10.5	1.66
29#	690	5.3	0.5	188	11.04	9.63	1.41
30#	280	1.9	0.5	69	4.48	3.96	0.52
31#	1100	3.9	3.5	138	19.8	16.82	2.98
32#	910	4.9	0.5	168	18.2	15.15	3.05
33#	690	4.2	15	153	11.04	9.65	1.39
34#	680	10	11	355	14.96	12.61	2.35
35#	350	8.3	0.7	247	5.6	4.86	0.74
36#	420	2.9	2	102	6.72	5.85	0.87
37#	810	7.5	0.5	266	12.96	11.63	1.33
38#	1500	10.5	3	359	35.85	32.75	3.1
合计	24140	159.6	5.3	5608.1	456.19	398.15	58.04

3 几点认识

（1）通过对电加热集输的伴热功率、温度、管径进行优化，确定了管道最佳保温层厚度及最佳埋深，电费可降低5%以上。

（2）在集输条件及终点温度相同条件下，电加热集输的三种加热方式中，井口加热器加热所需功率最大，干线加热所需功率居中，井口加热配干线保温所需功率最少。

参考文献

[1] 赵清民，孙彦波，孙明，赵贤俊等. KDON-4500空分水冷空气系统循环水工艺优化[J]；石油石化节能；2012(10)：27-28.

[2] 丁亚男，李志，许春广. 单管电加热集油工艺在外围油田的应用[J]；油气田地面工程；2001(9)：19-23.

[3] 贺凤云，王作志，赵玉珍. 单管枝状电加热油气集输参数优化[J]；大庆石油学院学报；2009(9)：72-74.

违章智能识别在塔河油田的探究与应用

贾尚瑞

（中国石油化工股份有限公司西北油田分公司）

摘　要　生产现场监督检查是保障安全生产的重要手段，通常要求安全生产管理人员加强巡查，及时发现职工的违章作业，防止事故的发生。但由于安全人力配置不足，无法对生产一线的安全生产情况进行常态、全面的检查，检查人员不在现场时更难以发现作业人员的违章行为。因此，以人力检查为主的安全监督，在管理幅度、效率上均存在漏洞与不足。如何借助生产现场视频监控设备及时发现违章行为成为了提升现场安全管理探索研究的一个方向。

关键词　违章；视频；智能识别；目标检测；卷积神经网络

油田传统的人工现场安全监管模式存在着以下问题：覆盖率不足，监督人员少、负责区域广，高风险环节无法实现全覆盖；参与度不足，现场督查、视频回放抽查等方式无法实现全过程管控；标准性不足，依赖人工判断违章行为，受人员素质等影响较大；视频装置应用性不足，主要以事后调查、抽检应用为主，缺乏事前、事中的过程干预。基于这种现状，急需推进新技术应用，构建现场监管新模式，以此消除管理上的不足，提升现场安全监管效能。

塔河油田充分挖掘视频数据价值，搭建违章智能识别平台，对视频监控进行违章行为的自动抓拍、智能识别与报警推送，提高安全生产监管能力和检查效率，降低处置成本，建立远程监管的新模式。

1　系统架构

系统总体架构由接入层、支撑层、服务层、应用层、展示层5个层级，以及信息安全管控、运维服务保障体系，以及信息和视频标准化、规范化管理系统组成，具体架构如图1所示。

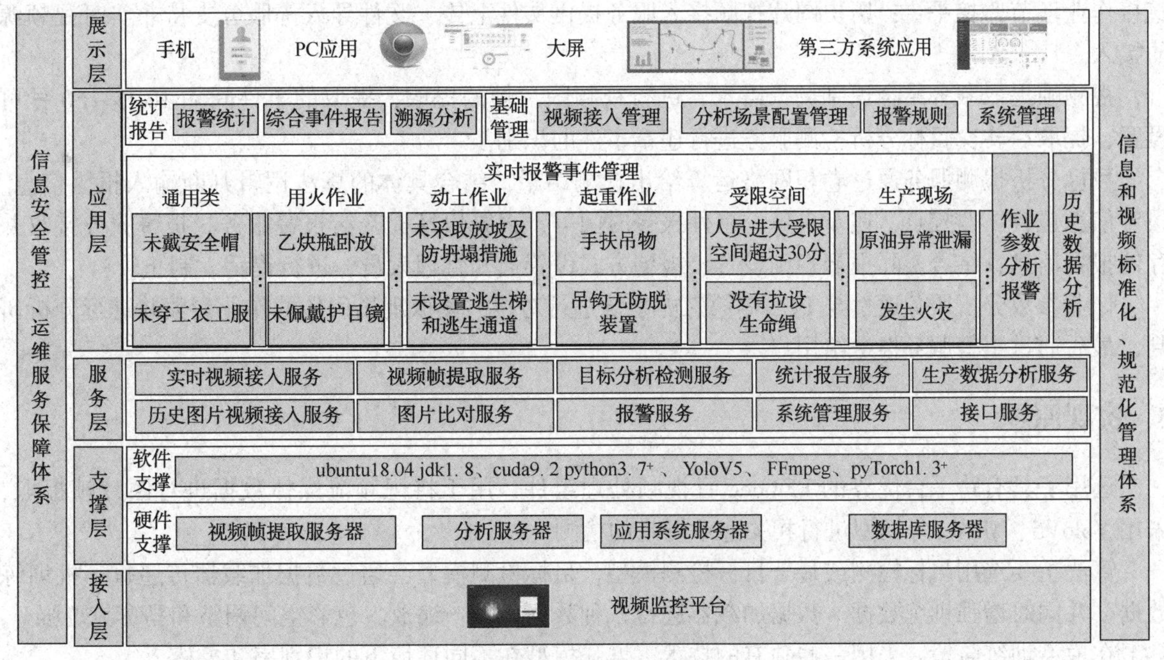

图1　视频分析总体架构图

接入层主要关注于分析视频图像分析源的接入，提供两种视频资源的接入，一种是在线视频资源接入，另一种是历史视频、图片资源等离线文件接入；支撑层主要分为硬件支撑以及软件支撑，包括服务器及系统部署环境；服务层基于各种软件环境的支撑，为上层应用提供各种服务支持，包括实时视频接入服务、视频帧提取服务、目标分析检测服务、历史图片视频接入服务、图片对比服务、报警服务、统计报告服务、系统管理服务以及第三方接口服务；应用层主要提供系统的功能应用，主要包括以实时报警事件管理、作业参数分析报警、历史数据分析、统计报告、基础管理五大应用模块；展示层面向最终用户提供 web 应用以及第三方系统的功能应用。

2 技术路线

为实现系统实时报警、历史数据分析等4大功能应用模块稳定运行，服务层采用了微服务的架构，结合高内聚、开闭原则、松耦合、可自治等设计原则划分了实时视频接入、历史图片视频接入、视频帧提取、统计报告、报警、系统管理、数据功能接口等8个业务服务，视频违章行为智能识别系统识别作业现场违章事件的总体技术路线如图2所示。

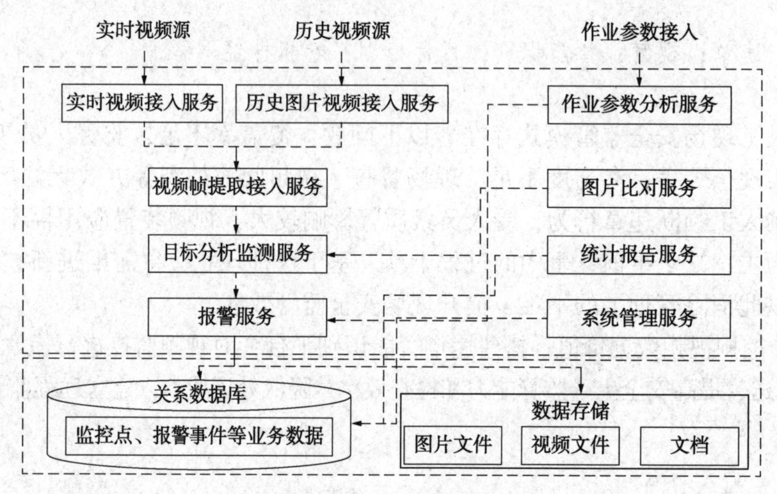

图2 系统技术路线

实时视频接入服务通过 GB 28181 协议接入视频监控平台监控点的视频流，例如厂级监控平台、直接作业环节监控平台；历史图片视频接入服务提供文件上传、文件导入等服务支持非实时视频源的接入。

视频帧提取服务结合识别场景需求，进行视频图片帧的提取，提取的事件间隔10秒~60秒可设置，提取后转交目标分析检测服务进行违章事件的识别。

目标分析检测服务通过卷积网络运算给出检测结果，结合具体的算法逻辑判断输入报警信息，报警信息包含：监控点、违章事件、事件报警时间等，报警信息提交给报警服务。报警服务接收并存储报警信息，结合实际报警规则设置，报警方式设置通知管理人员，进行提示、制止。

作业参数分析服务通过与 PCS 等第三方系统进行对接，读取现场回传的作业参数并进行分析研判，最后通过报警服务推送给用户。

3 实现原理

选用了具有跨平台优势的 FFmpeg 音视频处理组件，用于将视频流媒体数据进行图片帧提取，采用 YoloV5、MINet 等模型进行相关违章场景的检测。

算法主要选用目标检测或显著目标检测模型。目标检测模型会通过数据加载器传递每一批训练数据，并同时增强训练数据。数据加载器进行三种数据增强：缩放，色彩空间调整和马赛克增强。

在模型训练阶段，采用一些独有的技术，增强模型在不同环境下的识别率和鲁棒。

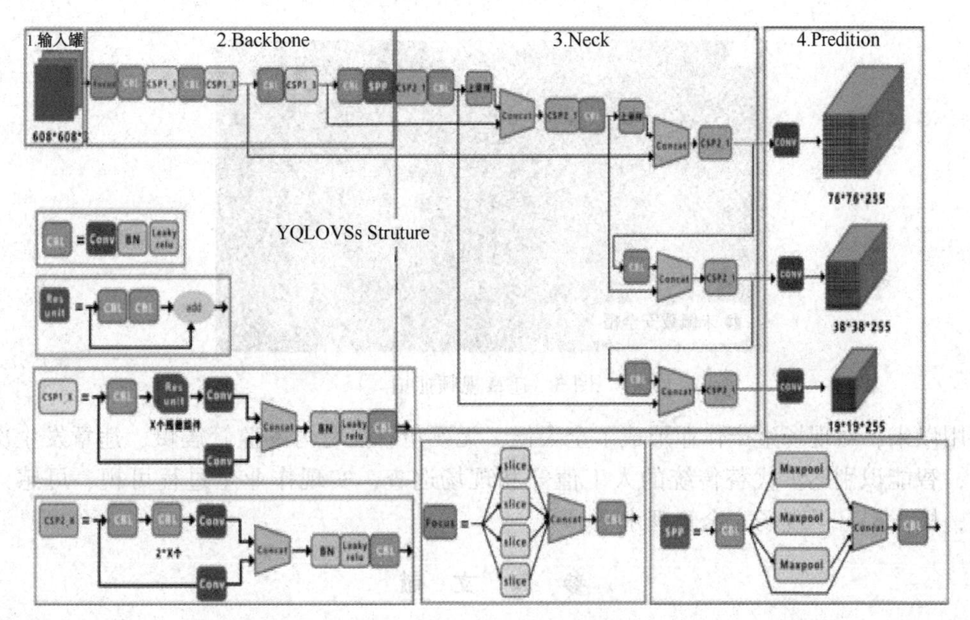

图 3　YoloV5 模型架构

使用 HSV 数据增强技术，把一些区别明显的物体轮廓处理为不明显的轮廓进行训练与学习，增强模型在逆光环境下的检测效果。

使用 FPN 算法，采用从上到下的方式，将高层的语义信息结合到了低层特征，增强了模型在黑暗的背景中识别出目标类别的能力。

使用 PAN 算法，采用从下到上的方式，将低层丰富轮廓等细节信息整合到了高层特征，增强了在黑暗中识别目标尺寸的能力。

使用基于深度强化学习的匹配与识别解决方案，使目标在被遮挡的情况下，模型也能有良好的检测效果。

使用基于对抗学习的网络训练方法，设计基于梯度引导的网络结构与在线跟新机制，使模型能够区分具有相似外观的背景干扰物体。

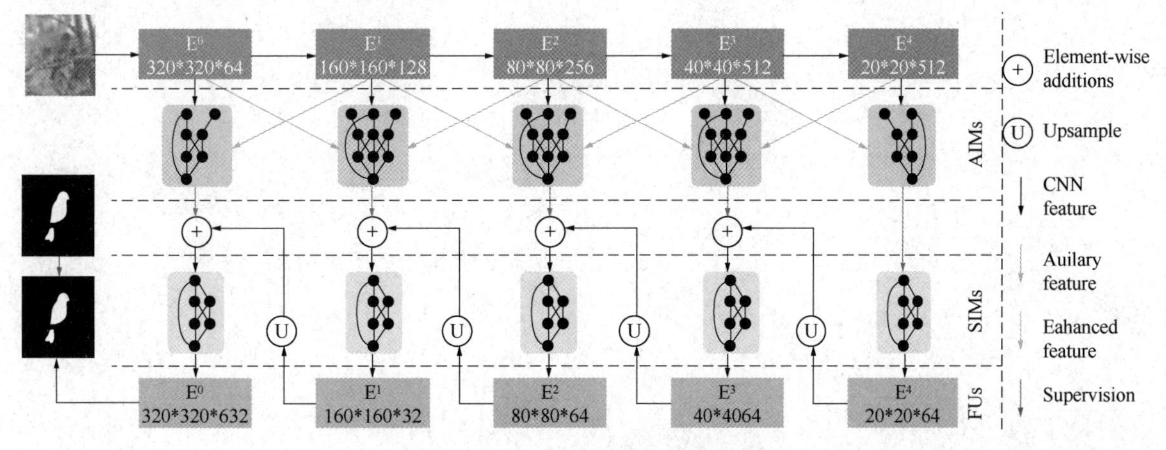

图 4　MINet 的神经网络传递过程

4　应用效果

通过整合现有系统及视频资源，利用深度学习算法及图像处理技术，建立自上而下的管理架构，覆盖用火作业、动土作业、受限空间作业、高处作业、起重作业、通用场景、生产现场、钻井现场共 8 类作业现场，构建出 48 个智能识别算法，实现对作业违章现象的实时自动抓拍、报警、处置、教育。

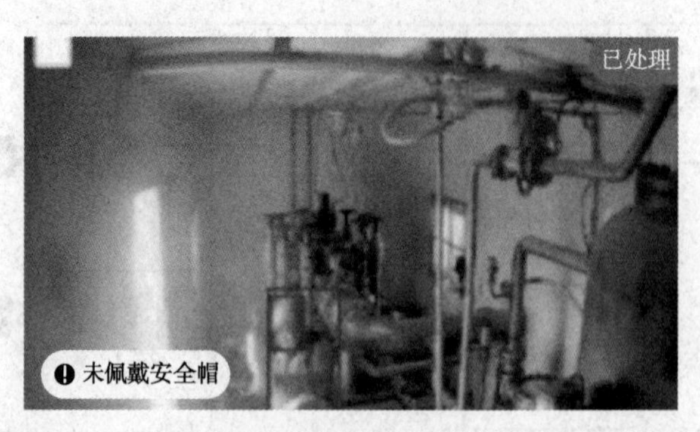

图5　违章视频抓拍

自应用以来，对现场生产作业形成了全天候、无死角、强有力的监管震慑，违章发生次数持续稳定减少，智能识别逐步代替传统的人工值守和现场巡查，实现作业全过程可视、可感，风险可知、可控，极大提升了现场安全管理水平。

参　考　文　献

[1] 邹煜. 基于轮廓提取和颜色直方图的图像检索[D]. 西南大学，2011.

"少(无)人值守"模式下 SHB 联合站安全运行

杨凌鹏[1]　段光毅[1]　位小顺[1]　刘开兴[1]　许大林[2]

(1. 中国石油化工股份有限公司西北油田分公司；2. 山东胜软科技股份有限公司)

摘　要　为有序、高效实现 SHB 联合站安全生产运行，从 QRA、现场操作和运行成本角度说明联合站在少(无)人值守"模式的实际需求；由需求角度，从"人"的因素、安全事件预防、异常事件应急响应和巡检管理四个方面阐述数字化应用对于少(无)人值守模式下联合站安全运行的有利条件。最后基于运行经验提出集成式数字孪生工厂建设等 3 项优化建议，这有助于 SHB 联合站在"少(无)人值守"模式下打造安全站库。

关键词　少(无)人值守；数字化应用；孪生工厂；安全运行

集中监控，少(无)人值守油气田站库运行模式国内外已有部分研究和探讨经验，这类数字油田市场的增长很可能受到投资成本高、实施时间长、原油价格波动等因素的制约。Srikanth Mashetty 等人研究了智能人工举升系统的应用，该方式有利于油田数字化作业；Amos Stern 等人研究了数字油田，认为其主要风险是在面对不断增加的脆弱性和威胁时保持其网络安全态势的能力；Wang Yingying 等人针对无人值守海上平台的智能无人机巡逻，建立规划出有效、准确的三维飞行路径，对于海上平台的智能风险监测具有重要意义。张伟等人着重研究了基于物联网的油田无人值守井站技术及实际应用，节约长庆油田的管理、运行成本；张隆国等人从无人值守站的建设需求设计了无人值守井站方案，并进行先导性试验；杨耀辉等人探讨摸索了西北油田顺北油气田井站无人值守模式的实际应用并提出了优化改进建议。

虽然国内外学者对油气田井站运行少(无)人值守模式进行了部分研究，一般只是针对单个应用的着重研究，且国内学者通常偏向于小型井站的基础性研讨和基础性说辞，缺少对大型油气处理联合站该模式下安全运行的研究工作。因此，以 SHB 联合站为例，由"少(无)人值守"模式需求角度研究大型联合站安全生产及运行方式，并基于此提出优化建议。这对油气田联合站安全运行具有一定的借鉴意义。

1　联合站"少(无)人值守"模式的必要性

1.1　QRA 角度

联合站站内生产介质包括原油、天然气和硫磺等，均属高危品。其中天然气分布范围最广，因此以干气(88%甲烷含量，以甲烷替代)为例，研究其泄漏后蒸气云易燃区的风险范围。情景模拟泄漏点位于干燥塔后端的粉尘过滤器，主要计算参数见表 1。甲烷爆炸下限为 50000ppm，本次主要定量模拟其 60%LEL 和 10%LEL。计算结果见图 1 和图 2。

表 1　模拟参数表

泄漏点	粉尘过滤器	压力	2.2MPa
尺寸	Φ600×3070mm	泄漏孔径	1、2cm
温度	25℃	泄漏持续时间	1min
大气稳定度	B	风速	0.9~1.9m/s

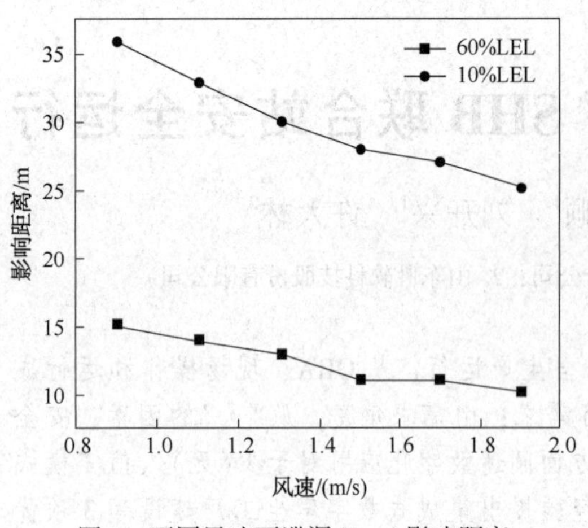

图1　不同风速下泄漏(1cm)影响距离

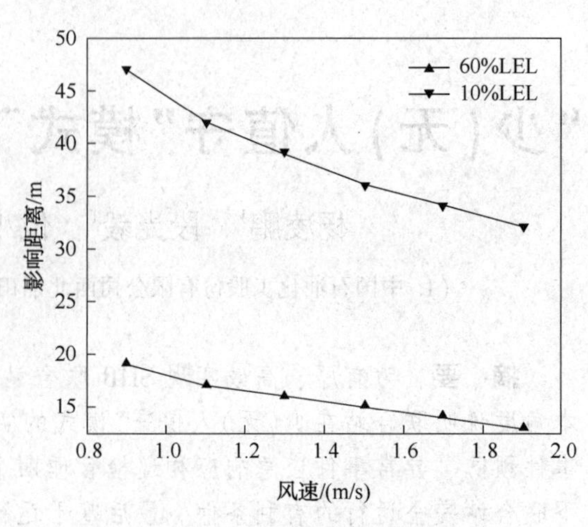

图2　不同风速下泄漏(2cm)影响距离

由上图可知，在风速0.9～1.9m/s下，粉尘过滤器泄漏后下风向47m范围内属于10%LEL区域，19m内属于60%LEL。当泄漏孔径为2cm，风速为0.9m/s时LEL范围为下风向15m，因此可看出风向对泄漏危险范围影响很大。若为东风，则下游精馏塔将会受到燃烧或者爆炸威胁，增加多米诺事件发生概率(方位图见图3)。

图3　泄漏方位示意图

1.2　操作和成本角度

(1) SHB位于沙漠腹地，每年3～11月份平均3天一次风沙天气，7天一次沙尘暴。风沙具有持续时间长、能见度低等特定，操作人员在室外易出现呼吸困难等症状，无法有效进行操作工作。

(2) 操作人员平均成本为8～13万元，且人员不易招聘或无法长期工作，重复培训等成本较高。

综上所述，从QRA角度、操作和成本角度来看，联合站少(无)人值守均为迫切需求。

2　SHB联合站安全生产

针对联合站“少(无)人值守”模式需求，由“人”的因素、安全事件预防、异常事件应急响应和巡检管理四个方面研究该模式下的安全生产和运行方式。

2.1　“人”的因素

Amine Dakkoune等学者通过在法国数据库ARIA中选择并收集了发生于1974～2014年的169起安全事件，强永康等学者通过贝叶斯网格研究国内交通事故，结果均表明人为因素是导致事故发生的主要因素。因此对于联合站，要有效实现“少(无)人值守”模式下安全生产运行，须主要加强把控“人”的因素。

2.1.1　人员配置

SHB联合站体系中主要人员配置为三“五”架构，按生产序列即5名10～20年站库管理经验的管理序列人员，5 名 10~30 年操作经验的高技能水平操作序列人员和 5 名 1~3 年经验的青年员工；按年龄(截止联合站原油装置投产)即 40 岁及以上人员 5 名，30~40 岁 5 名，20~30 岁 5 名。人员配置合理，结构清晰，有利于联合站管理和运行的高效和稳定。合理、稳定的人员架构配置是联合站安全平稳运行的基础保障。

2.1.2 人员培训

(1) 新工培训

出于本质安全角度，由于联合站存在多级风险管控区域，人员无法在站内随意行动，因此线上培训模式是有效手段。人员线上培训采取三级培训模式。第一级学习设计参数，包括 PID 学习等；第二级利用三维数字化联合站实现与 DCS 数据实时共享，人员可在三维应用中梳理流程和管线，查看设计与实时参数，快速掌握基本工艺流程；第三级佩戴 VR 眼镜身临其境地感受站内工艺流程和方位感，深入学习。

(2) 现场操作培训

由于联合站现场生产连续进行，无法实时进行流程切改和参数调整等，因此人员培训和考评受到时间和地点上严格限制。利用 OTS 平台，员工可进行线上操作培训，操作内容包括开、停工站场大型操作、流程切换操作、应急事件处置演练等，在三维数字化工厂内实现虚拟与现实相结合的模式，并实现评分模式，将其纳入员工考核体系之中，不断提升现场人员操作水平。

(3) 中控人员培训

为实现安全运行，高效集中监控作用凸显。在完成工艺流程的学习之后，需要对中控人员的操作水平进行培训，联合站利用仿真模拟客户端，与真实 DCS 的 HMI 画面及数据共享，实现人员离线 DCS 模拟操作和培训，根据前后端自变量和因变量(参数)变化，提高中控人员对工艺远离吧的理解水平和在应急处置过程中的响应能力。

2.2 安全事件预防(生产运行优化)

联合站安全运行，避免安全事故的发生重点在于预防。为有效预防事故发生，需要不断调整、优化生产工艺参数，纠正偏离参数。

(1) PID 参数整定优化

联合站实现少(无)人值守的基础在于高程度自动化，高自动化水平的实现重点在于 PID 参数的整定，这对于生产参数的精确控制，偏离参数的纠正极为重要。SHB 联合站目前拥有 160 个控制回路，且生产中进料介质组分变化较大，易出现短时间内的大幅变化，PID 调整任务繁重。采用 PID 调整软件，全天候监控评测控制回路性能和状态，技术人员可以通过异常诊断结果对问题进行快速地、有明确目的和方向的核实和验证，在传感器和控制阀开始出现故障特征时就能及时的进行预防性的维护，降低故障停车概率。

(2) 工艺参数模拟

生产过程中，由于来油(气)组分变化和设备运行状态变化等工况变化原因，部分设计参数不再适用，利用工艺流程仿真软件模拟工艺参数，定期或不定期纠偏、调整和优化生产参数，提前预防异常事件的发生，降低安全未遂事件发生概率。

(3) 辅助决策系统

联合站安全生产运行需要有管理运行人员的正确决策，而正确决策需要有数据支撑，联合站实现能耗数据和各类生产参数的实时报表生成，形成以数据为主的辅助决策系统，有利于相关人员的正确判断和决策。

2.3 应急响应

油气田安全事件属于低概率、高风险事件，一旦发生需要正确和快速的应急响应处置。

(1) 报警管理

多工况报警可在异常紧急事件发生时，及时进行自动识别，合并关联报警，降低同装置或事件的报警数量并于看板进行多维度集中展示，协助应急处置人员及时掌握源头报警信息，快速判断事件根本原因，从而正确、及时调整和处置。

（2）应急处置

人员定位系统可实时展现站内不同工作类型人员信息、数量和各自位置，包括管理人员、操作人员、施工人员和参观人员。根据不同类型人员越界报警或静止报警迅速组织力量进行现场确认和抢救，亦有利于站内应急事件发生时，实现高效人员撤离和清点。

在大型应急处置现场，需要及时调配资源，线上应急管理系统可供管理人员在应急指挥中心大屏集中掌握应急资源信息，包括第一时间调用专家库资源、医疗资源、消防救援资源和物资设备资源，并实时查看各类资源的地点和预计到达剩余时间，帮助应急指挥负责人员综合判断，最快处理事件，将其影响程度降至最低。

2.4 巡检管理

（1）虚拟巡检

根据设定情景，虚拟人物或操作人员使用VR眼镜在三维数字工厂内实现实时参数查看和监控调阅，有助于人员对于重点、特定参数的全面掌握。

（2）实际巡检

根据巡检任务，巡检人员持有人员定位卡和通讯终端进行现场巡检，巡检期间人员和路线以虚拟人物形象实时在三维数字工厂内展示，在巡检期间附近有可燃、有毒气体报警可及时通知巡检人员撤离该区域，有利于保证巡检人员的人身安全；在巡检结束后可形成巡检路线，可进行回放查阅，这样也有利于联合站、制度的落实和安全管理的规范化。

2.5 SHB联合站现场“少(无)人值守”结果对比

与相同功能的THE联合站和THS联合站相比，以气处理装置为例人员配置情况见表2。其中折合人员数量为$400\times10^4m^3/d$处理量下人员数量。

表2 联合站人员配置

联合站	设计处理量	实际人员	折合人员数量	节约人员数量
THE联合站	$40\times10^4m^3/d$	6人	60人	—
THS联合站	$50\times10^4m^3/d$	10人	80人	—
SHB联合站	$410\times10^4m^3/d$	4人	4人	56~76人

由表2可知，目前阶段，SHB联合站节约了大量现场操作人员使用数量，有效实现了少(无)人值守站库运行目标。后期随着改扩建和站库运行时间增长，设备老化、可靠性下降，有可能会增加人员数量以增加异常事件和异常事件的应急处置效率，但与其它联合站相比现场操作人员运行成本仍拥有巨大优势。

3 优化建议

（1）以往工艺流程模拟均以产品质量为导向和目标进行，适合于学术研究但不完全适合于工程应用，工程应用中的工艺流程模拟应注重在安全生产前提下的以经济效益为导向，在产品质量合格的前提下，建立工厂级模型，减少输入参数，以经济效益最大化为目标进行实时工艺仿真优化，实现联合站安全、经济运行。

（2）将上述数字化应用全部成熟开发后，将其集成在一个应用里包里，形成一体化、集成式SHB联合站数字化孪生工厂，在其中可以进行各式功能的统一整合和有机联接，实现二三维的随意转化和数据共享，这样有利于人员集成式培训和考评管理。

（3）以机器学习(程序)为双向接口连接实际运行DCS和离线模拟操作DCS，利用机器学习方法不断学习实际 DCS 运行规律并实时补充至虚拟操作中，这样方便员工在模拟操作时更快地掌握油、气、水和硫磺工艺处理和生产运行的规律及逻辑关系，提升中控人员素质，从而提升联合站生产运行管理水平和应急处置能力。

4 结论

（1）SHB 联合站由于生产介质高危性，泄漏等事件影响范围大、风沙天气多不利于操作的特点和降本增效需求，少(无)人值守模式成为迫切需求。

（2）“人”的因素是联合站安全运行的首要因素，联合站人员配置及各类数字化应用有助于实现常态化、高效率人员培训与考核，而不受现场生产方面时间和地点的限制。

（3）将安全运行分为零事故运行和应急处置两方面，数字化应用将方便各级管理和运行人员进行工艺参数优化、事故预防、异常事件分析和应急处置。虚拟巡检和实际巡检相结合是 SHB 联合站安全巡检工作的重要载体。

基于安全运行角度考虑，提出了以经济效益为导向的工艺模拟、集成式数字化孪生工厂应用和利用机器学习优化 DCS 离线仿真等三条优化建议，数字化应用将在 SHB 联合站与实际需求和工作紧密结合，实现“落地”应用，帮助 SHB 联合站安全、高效、平稳生产。

参 考 文 献

[1] Global Digital Oilfield Market：Trends Analysis & Forecasts up to 2022-By Services，Processes & Region[J]. M2 Presswire，2017.

[2] Srikanth Mashetty. Intelligent artificial lift systems improve digital oilfield operations[J]. World Oil，2017.

[3] Amos Stern. Staying Secure While Migrating to the Digital Oil Field[J]. Pipeline & Gas Journal，2019，246(2).

[4] Wang Yingying，Li Yuqi，Yin Feng，Wang Wentao，Sun Haibo，Li Jianchang，Zhang Ke. An intelligent UAV path planning optimization method for monitoring the risk of unattended offshore oil platforms[J]. Process Safety and Environmental Protection，2022，160.

[5] 张伟，张煜，王军锋，田启武，罗凌燕，周冰欣，雍硕. 基于物联网的无人值守井站技术研究与应用[J]. 石油化工应用，2017，36(10)：107-110+118.

[6] 张隆国. 无人值守井站系统的研究与应用[D]. 西南石油大学，2018. DOI：10. 27420/d. cnki. gxsyc. 2018. 000091.

[7] 杨耀辉. 西北油田分公司采油四厂无人值守巡检模式探索[J]. 石化技术，2021，28(12)：158-159.

[8] Amine Dakkoune，Lamiae Vernières-Hassimi，Sébastien Leveneur，Dimitri Lefebvre，Lionel Estel. Risk analysis of French chemical industry[J]. Safety Science，2018，105.

[9] 强永康. 基于故障树贝叶斯网络的道路交通事故致因分析[D]. 扬州大学，2021. DOI：10. 27441/d. cnki. gyzdu. 2021. 001259.

[10] 韩颖，秦运巧，毕文婷. 预防为主 标本兼治——记第八届中国国际安全生产论坛[J]. 劳动保护，2016(11)：31-35.

采气井场远程监控技术应用研究

冯　巍

(中石化华北油气分公司)

摘　要　某气田以建设智慧气田为目标，大力开展数字化、自动化建设，加快推进应用采气井场远程监控相关技术，形成了井站无人值守的生产组织模式，大幅提升了生产效率，催生了“厂直管班组”扁平化管理模式。本文主要是针对基于采气井场远程监控相关技术在气田的应用成果进行阐述，探讨了目前存在主要问题及优化方向，对于生产有一定指导意义。

关键词　数据采集；风光互补；安防视频；排水采气；边缘计算

1　引言

气田自2017年规模开发，开展井场数字化建设，目前已利用数据自动采集、离网式风光互补、井口紧急切断、物联网通讯、视频分析等技术，建立起“电子巡检、远程监控、预警报警、辅助决策”的新型井场信息化生产模式。近年来，通过气井智能间开、气井自动排水采气、工控自动诊断等新技术的不断应用，井场数字化水平不断提升，气井实现在线管理，数字化覆盖率100%，单井综合用工、劳动生产率等生产效率指标持续向好。

2　采气井场远程监控技术应用成果

2.1　数据采集及通讯应用

做好顶层设计，搭建数据传输三层体系。气田井场采集整体是由现场感知层、数据传输物联层和远程监控应用层组成。井场感知层部署有RTU、压力变送器、流量计，实现压力、产气量、产液量实时数据的自动采集，井场RTU系统完成对井场内工艺过程的远程数据采集、监控，并将所有生产数据按照规定寄存器地址通过MODBUS传送至站控系统及调控中心SCADA系统，实现调控中心SCADA对所辖井场的监控。

优化提升设备选型、定型，加强源头把控，根据设计、管理、控制要求，对要采购的各类现场仪表(变送器、流量计等)进行审核，提出详细的技术要求、技术指标或设备型号要求，参与甲供自控设备、乙供自控设备入场验收，以避免采购的设备不满足控制要求、性能要求。采购、储备目前气田应用较成熟、稳定性好的自控系统仪表，如腾控RTU、罗斯蒙特压变3051、华三交换机、单井一体化采集撬，避免仪表万国牌，通过选用性能较好的自控设备，降低维护工作量，设备损耗率，实现降本增效。积极推广两相流量计，做好实时在线两相计量。采用体积小、功耗小节流式涡街两相流量计，能可靠测量气体、液体流量。流量计分别由涡街流量计量管、压力、差压、温度变送器、两相流量智能计算仪、通讯单元等4部分构成，实现在线不分离测量。传感器测得涡街频率、压力、温度、差压等工况参数，流量计算机根据前、后差压及总压损等差压信号按照气液两相流量变化的关系，建立气、液两相测量模型，利用迭代算法实现了湿气中气、液两相流量的测量，计算得到气液体积比和混合工况体积流量，推出气液两相流量。可为气井动态监测提供准确参数，更好地服务于地质分析及气藏管理。

依托网络建设，搭建数据高速公路。气田传输层主要由光纤、4G VPDN及相关网络设备组成。

各井场结合现场情况配备相应的有线传输、无线传输模式。为了保障工控安全有线传输将同根光缆中的不同光纤，按功能划分为工控网、视频网的不同应用，有效实现了网络的物理隔离；无线传输以无线4G VPDN为主，在井场配置4G路由器，汇聚至电信基站后，通过隧道协议，在专用公网上建立逻辑通道，对网络层进行加密并采用口令保护、身份验证等措施来实现工控网接入。同时，加大光纤质量回头看工作，加强光纤质量复查，开展环网建设。不断开展攻关，开展LORA实验将其作为局部区域的无线接入补充无线骨干网的覆盖延伸技术，解决4G传输资费较大，经济性差，降低运营成本。

搭建稳定平台，保障数据支撑能力。SCADA采用基于C/S模式，1∶1服务器冗余。通过客户端DNS解析、服务器自诊断、冗余切换、历史数据冗余存储，保证系统的信息安全与稳定性据开放性。实时数据(OPC、ODBC数据源)、历史数据(ODBC数据源、SQL连接)，均可以通过相应的数据库连接驱动，输入到关系型数据库，完成中控VXSCADA对井场远程数据终端采集到的MODBUS TCP信息解析、管理，实现气田将近600口单井的远程监视和控制。SCADA同时能基于阈值设置，对气田采气生产井井口生产仪器仪表监测点数据异常时进行预报预警，支持多级报警设置，当有异常状态情况出现时，系统将以语音等形式给出预警信号，有力支撑了厂直管班组工作模式。优化SCADA采集架构，使用数据采集器，通过采集器以Modbus tcp协议读写井场生产数据，数据采集器实时向SCADA系统开放IEC104服务，同时按一定的规律将数据以转入实时数据库，减少SCADA系统读写设备数量，减轻SCADA负担，避免了随建产单井数量增多，SCADA通讯设备较多，SCADA负荷较大，数据稳定性差等问题，提升了单井数据接入能力。

2.2 离线式风光互补技术应用

气田井场地处偏远，为了解决高压输送电在安装、组网、运营上存在成本大、安全隐患大等问题，目前气田井场供电已规模化应用太阳能供电系统或风光互补供电系统。供电系统由光伏组件构成的太阳能板、太阳能充放电控制器、胶体电池构成。正常光照下，太阳能光伏电池板通过半导体p-n结的光生伏打效应，电荷分布状态发生变化，产生电流与电动势，将太阳能转换为电能，为负载供电，同时可对蓄电池组充电，光照强度越强，光电转换效率越高，在太阳能光伏电池板两侧引出电极接上负荷后，就会在外电路中产生光生电流，获得功率输出；无光照时，太阳能发电不足，由蓄电池组继续给负载供电。

持续续优化太阳能输出技术，对新建井场开展太阳能控制器MPPT技术(最大功率跟踪)应用，MPPT技术是指太阳能控制器按照控制策略协调太阳能电池板、蓄电池、负载之间的工作。控制器实时跟踪太阳能板最大功率点，来发挥出太阳能板的最大功效。电压越高，通过最大功率跟踪，调整输出更多的电量，从而提高充电效率。在工作环境情况下，控制器可以通过MPPT控制算法快速地追踪到光伏阵列最大功率，实测太阳能板的实时发电电压，追踪最高电压电流值(VI)，系统按照最大功率稳定输出对蓄电池进行充电。同时，经控制器的电路控制和检测后，输出平稳的等值直流电，或经控制器的逆变作用将直流逆变为交流，供用电负载进行使用，同时智能控制器要具备防反充、防过充、防过放、防短路、防反接功能。

加大供电设备整改，针对部分井场供电设备老旧、无风能补充、供电系统供电功率不足等问题，开展井场电池治理，合理匹配太阳能电池方阵容量、蓄电池容量、太阳能充电控制器容量。探索开展单井供电系统参数监测，通过接入风光互补控制器，实时监控各电池的使用状态，实时用电量、充电循环次数、充电时间、电量低报警等状态参数。系统根据光照强度与负载大小等外部工作环境变化及时调整蓄电池的充放电状态进行相应的切换与调整仿真计算匹配，满足现场供电要求，保证整个系统工作的稳定性、连续性。

2.3 井场安防技术应用

气田井场视频监控系统是集井场图像远程采集、传输、储存、处理的一种视频监控系统。它由前端、中端、后端三部分组成，前端由摄像机、云台、报警开关、视频编解码设备组成，各设备均满足 GB/T 28181 标准要求。视频经过数字化，打包与压缩转为成网络协议的视频流进行传输。

2021 年气田在 100 个井场开展视频 AI 识别技术应用，优先选用了本安型 AI 摄像头就地实现视频分析和处理。监控杆上安装防水拾音器、扬声器等标准化、模块化设备。防爆高清智能摄像机前端自带智能报警分析模块，实时对各种安全隐患进行分析和识别，有效的像素不低于 200 万像素，光学变焦范围不小于 20 倍，红外距离不小于 100 米，能实现不低于 100 米范围的有效监控，支持 MODBUS-TCP 等联动协议输出。视频监控以井场关键装置、重点部位实现全角度摄录，根据前端检测出的闯入报警信息发出联动控制响应输出信号，控制相应的报警设备进行快速联动响应及喊话告警，井场视频接入就近站场存储，实现了将周界报警和视频喊话系统合二为一，具备实时监控场站周界、自动识别分析图像、自动警示、智能跟踪等功能。

2.4 排水采气自动化设备应用

优选排水采气自动化设备，完善泡排加注体系，为了满足气井排水采气加药需求，开展了自动泡排加药系统应用。多井智能加药装置集成了保温箱式加药箱、光源追踪式太阳能供电系统、高压注剂泵、可控多路分配器、远程自动控制技术、远程管控平台、系统智能保护等技术，通过自控系统，在无人值守的情况下完成自动加药功能。多井智能加药装置为橇装结构，一套装置最多可以实现同井场 8 口井远程控制加药，其功耗由太阳能供电系统提供适用于同井场多井需要定时加注药剂的情况。多路阀出口到各个气井环空的管线上均安装有单流阀，作用为让泡排剂进入环空，而环空内气体无法回流入高压泵，确保自动加药系统的安全运行。自动化泡排加注技术通过在上位机智能泡排控制界面设定药剂加注量、药剂加注时间药剂加注井号等指令后通过无线 4G VPDN 被井场无线模块接收，RTU 按照加注量及泵排量，计算出气井的加注时间，按照采集到的加药箱液位，执行药剂泵、阀门自动开关操作，并通过多路阀选择相应的井，将药箱内泡排泵入油套环空，在重力作用下沿套管壁或者油管壁下行至井筒积液处。通过了自动化泡排加注流程，泡排加注远程监控软件支持泡排手动远程加注、自动定时加注、智能加注三种运行模式，形成了泡排井无人值守、安全高效的工作模式，提升了泡排工艺效果，提高了气井产量，降低了运行成本。

创新间开工艺，优选单井开展了自动针阀远程开关、自动针阀一体化控制技术应用。远程自动间开生产系统由无线网络模块、太阳能无线压力表、后台软件组成物联网数据采集远传、控制系统等、防冻高压差截止调节阀、直流执行器、中心控制器、太阳能电源、蓄电池组组成自动间开生产系统。通过后台系统，可实时优化，提高生产时率。同时通过自动针阀执行机构安装改造，可实现一拖多的方式，即同一井场采用同一个控制平台，控制井场上的不同单井的针阀电动执行机构；平台上设置开关模式(时间、压力、压力区间)打开或关闭电子针阀(调节开度)，实现远程智能化管理。系统可实现精细控制，可设置开关多级精度调整，在到达目标开度前，加速运行，接近开度时，缓速调整，实现平稳缓慢开井的过程。自动间开应用，有效释放了气井产能，取得了较好的效果，改变了原有气井管理模式，气井间开制度执行更精准到位，气井开关效率更加有效，产量挖潜得到有效支撑。

3 改进建议

(1) 持续完善井场视频功能。目前井场安防手段依然欠缺，井场视频覆盖率低，井场视频功能单一。井场视频仅支持闯入报警，前端摄像头内置算法需升级；后端报警未联动后台视频弹框，监控人员无法有效识别异常，需不断完善视频功能，在智能视频监控系统发挥好周界报警功能应用同时，探索系统与生产运行、自控系统的融合，数据交换，通过视频信号采集、图像算法处理后的拓展功能，能够实现智能巡检采集生产数据、智能监控生产设备运行状况、智能检测设备井口基础沉降等功能。同时基于已建安防综合监控平台，对所采集的井场视频，完善平台智能分析功能，及时识别违规闯入、危害状态、违章作业等各类异常事件和异常行为，及时锁定视频截图弹窗，让安防人员可以通过远程大屏幕直接查看到异常事件和异常行为发生的现场实况，提升整个安防工作的效率和准确度。

(2) 全面开展两相流量计对比、校准调参工作，制定相应工作制度，确保气、液数据真实可靠，为气藏动态研究和现场生产管理提供准确依据。落实仪表常态化巡检和定期校验，建立巡检制度，发现问题及时开展维护检修。在气井生产初期、中期、后期，均需要分离器液量计量与湿气两相流量计进行组合计量，以准确计量结果不断校正两相流量计液相计量算法，提高计量准确度。

(3) 不断深入排水采气工艺探索智能应用，已建成同井采注系统、机抽排水、间开、自动加药等应用系统，各系统需统一集成，数据需统一接口，数据模型需进一步完善。要以统一工艺平台建设，实现各子系统共享、标准化的接入方式，提供API接入、发布、订阅、调用、下线管控功能促进规范化、标准化的系统集成和数据共享，实现同井采注、自动加药、机抽排水等系统无缝接入，让排水采气工艺平台在气田能落地生根。借鉴斯伦贝谢的气井管理模式，引入大数据分析系统，对单井生产数据进行系统分析，强化异常管理和原因剖析，尽早发现和诊断问题，归纳出对策方案，减少非计划关停。同时打造具有自主知识产权的利用数据模型与物理模型结合的边缘计算方案，进行推广，采集井场现有流量、压力参数，不断实时优化气井自动化间开、自动泡排加注、有效实现气井排水采气自动化、智能化控制，保证气井稳产。

参 考 文 献

[1] 王立峰. 基于PLC控制的蜂场风光互补发电控制系统的设计[D]. 东北农业大学，2018. 6.
[2] 关俊岭. 西北地区油田偏远井场光伏发电系统的开发与应用[J]. 石油石化节能与减排，2014. 43.
[3] 钱彬，张林果，陈志昆，卢爱丹. 智能视频监控系统在储气库井场的应用，2020年燃气安全交流研讨会论文集
[4] 翟中波，舒笑悦，陈刚，漆士伟. 丛式气井智能化泡沫排水采气工艺在延北项目的应用，天然气经济与技术，2021. 15

油田井场光储微电网规划探索

郑元黎　王　燕　何鹏飞　徐志强　李胜鹏

（胜利油田石油开发中心有限公司）

摘　要　以可再生能源充分利用为核心的新能源系统，将成为油田构建清洁低碳供能体系的有效途径。为高效利用油田井场闲置空地，提高油田井场可再生能源消纳比例，降低运行成本，本文首先结合油田井场典型运行特性，提出了油田井场光储微电网结构；其次解释了光伏系统数学模型及光储微电网成本来源，以综合运行成本最低为目标函数，建立了油田井场光储微电网优化调控模型；最后，以某区块为例，通过 Matlab 建立优化模型，展示了区块优化调度方案，验证了光储微电网模型的有效性。

关键词　油田井场；光储系统；微电网；优化策略；低碳节能

1　引言

随着能源危机与环境问题的日益突出，新能源利用技术发展迅速。2020 年 9 月，习总书记提出了 2030 年碳达峰、2060 年碳中和的目标，继而又做出了 2030 年可再生能源消费占比达到 25%的承诺。电力是各个行业发展的基础保障，在终端能源消费中的比例不断增加，可见，大力布点新能源、提升可再生能源发电的消纳能力是实现构建清洁、低碳、高效供用能体系的关键环节。油田是进行油气生产的重要基地，能源生产的同时也是耗能大户。现阶段油田的油气生产过程主要依靠传统的化石能源为之提供电能与热能，普遍存在着成本高、综合能效低等问题。这已成为严重影响油田企业效益并制约油田可持续发展的关键因素。目前，随着世界能源变革的来临，依靠传统化石能源供能的石油行业能源替代形势十分严峻。

当前油田的油气生产过程中电负荷与热负荷共存，其中电负荷主要依靠电力公司或自备电厂供能，而热负荷主要采用燃烧天然气或者电加热的方式提供。随着光伏发电、风力发电、地热能源发电等无污染的可再生能源发电技术的进步，部分油田井场内先后建设了分布式发电试点项目以及太阳能集热系统。但是，单个井场内的分布式电源往往独立规划、设计与运行，尚未构建起多井场联动体系，未能充分利用井场间用能时段的互补性及多能互补特性，导致能源利用效率整体较低。

本文有效结合油田典型生产环节的用能设备工作特点与能源提供方式多样化，提出了油田井场光储微电网场景，进行油田光储微电网的建模与用能优化策略研究，并通过 Matlab 验证了某区块井场光储微电网优化调控模型，展示了区块优化调度方案，验证了光储微电网模型的有效性。

2　油田光储微电网场景

2.1　光伏发电过程

井场光伏发电系统是利用光伏电池方阵将太阳辐射能直接转换成电能的发电系统。它由光伏发电系统、电池储能系统、控制器、直流/交流逆变器、光伏发电系统附属设施(直流配电系统、交流配电系统、运行监控和监测系统、防雷和接地系统)等部分组成(图 1)。

(1) 光伏发电系统

一个光伏电池只能产生大约 0.5V 电压，远低于实际应用所需要的电压。为了满足实际应用的需要，要把太阳能电池连接成组件，一个组件上，一般太阳能电池的标准数量是 36 片。通过导线

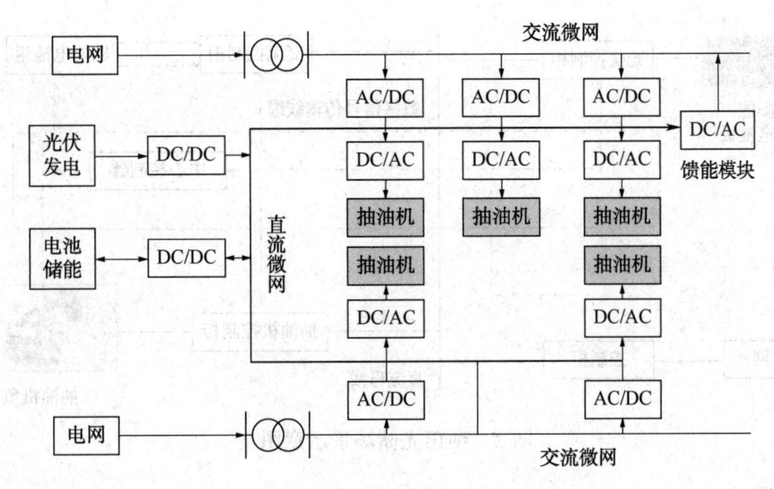

图 1　光伏发电系统

连接的太阳能电池被密封成的物理单元被称为光伏电池组件，具有一定的防腐、防风、防雨能力，这种太阳能组件电池与接线盒之间可直接用导线连接，其潜在的质量问题就是边沿的密封以及组件背面的接线盒。

太阳能电池组件的输出功率取决于太阳辐照度、太阳能光谱的分布和太阳能电池的温度。如果太阳能电池组件被其它物体(如鸟粪、树荫等)长时间遮挡时，被遮挡的太阳能电池组件将会严重发热，这就是“热斑效应”。为了防止电池组件由于热斑效应被破坏，需要在电池组件的正负极间并联旁通二极管，避免光照组件所产生的的能量被遮蔽的组件所消耗。

(2) 直流/交流逆变器

逆变器是将直流电变换成交流电的设备，由于太阳能电池发出的是直流电，而最终光伏发电系统需要接入交流负载，这时逆变器是不可或缺的设备。逆变器按运行方式，可分为独立运行逆变器和并网逆变器。独立运行逆变器用于独立运行的太阳能发电系统，为独立的负载供电。并网逆变器用于并网运行的光伏发电系统，将发出的电能馈入电网运行。并网逆变器把光伏阵列产生的直流电转化为和电网同相的交流电能，当电网故障时，逆变器要停止工作，并且使逆变器负载断开，防止“孤岛效应”。

(3) 光伏箱式变压器

在光伏发电系统并网前，根据并网干线的电压选择合适的升压变压器，将逆变器输出的 400V 交流电升压到并网需要的 10kV、35kV 或 110kV 等电压等级，满足并网的条件。

2.2　油田光储场景

基于油田井场场景下抽油机的工作特性，采用带油井负荷的光储微电网模式，系统包括太阳能光伏板、储能电池、控制柜、微电网能量管理系统等装置组成(图 2)。太阳能光伏板是微电网产生电能的部分，储能电池起的作用是削峰填谷、能量调节。微电网控制系统的作用是对微电网的能量管理，依据一定的控制策略，在保证抽油机负荷稳定运行的同时，最大限度利用绿色能源并提高经济效益。

3　油田井场光储微电网运行成本最小优化模型

本文主要考虑油田井场光储微电网运行成本这一重要的经济性指标，运行成本目标函数数学模型为：

$$\min C = C_{PV} + C_{B} + C_{M} \tag{1}$$

式中：C_{PV}表示光伏系统成本；C_{B}表示储能系统成本；C_{M}表示购电成本，下文将进一步说明各系统具体成本构成。

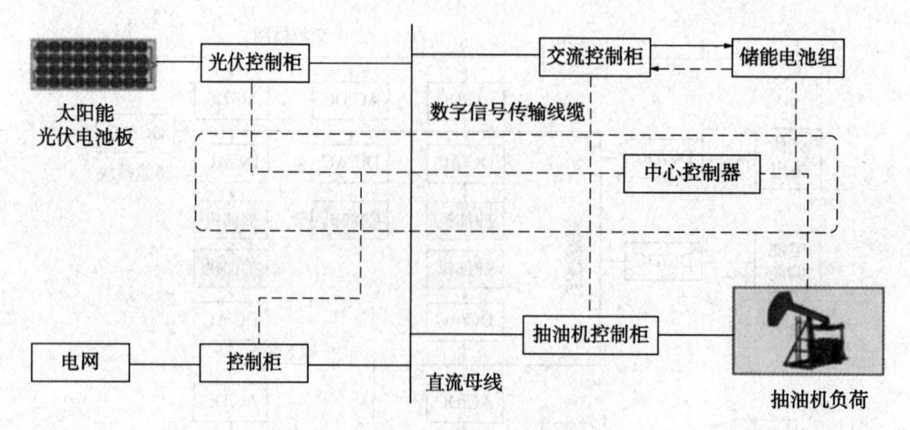

图 2　油田光储场景示意图

3.1　光伏系统模型

光伏发电具有模块化结构的特点，重量轻便灵活性高且适应性强。光伏发电出力与太阳辐射照度、环境温度、能量转换效率等因素有关，其中辐射照度为关键因素。固定地点一日内的辐射照度可以视为满足一定分布规律的随机变量，根据目前广泛采用的方法，可认为太阳辐射照度近似服从 Beta 分布，光伏机组出力近似为太阳辐射照度的分段函数，具体公式及示意图如下：

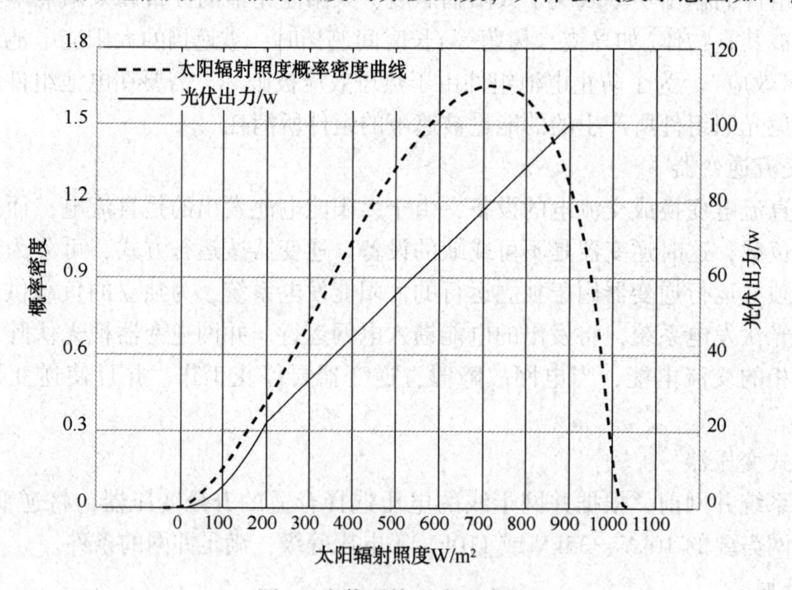

图 3　光伏系统出力示意图

$$f_r(r)=\frac{\Gamma(\alpha+\beta)}{\Gamma(\alpha)\Gamma(\beta)}\left(\frac{r}{r_{max}}\right)^{\alpha-1}-\left(\frac{r}{r_{max}}\right)^{\beta-1} \tag{2}$$

式中：r、r_{max} 分别为该时段内太阳实际辐射照度和最大辐射照度；α、β 为 Beta 分布的形状参数，由该时段气候地形等因素决定；$\Gamma(\bullet)$ 为 Gamma 函数。

$$P_{PV}=\begin{cases} P\dfrac{I^2}{I_{std}I_{r\,PV.\,max}} & 0\leqslant I\leqslant I_r \\ P\dfrac{I}{I_{std\,PV.\,max}} & I_r<I\leqslant I_{std} \\ P_{PV.\,max} & I>I_{std} \end{cases} \tag{3}$$

式中：I_r、I_{std}分别表示特定、标准辐射照度点下的太阳能辐射照度，$P_{PV.max}$表示光伏机组最大出力，即额定出力。

光伏系统成本模型如下式

$$C_{PV} = \sum_{t=1}^{T} \sum_{j=1}^{N_{PV}} K_{PV} P_{PV,t} \tag{4}$$

3.2 储能系统模型

与电网购电成本储能装置作为系统可调度能量的配置，能够保证井场风光储系统功率稳定的输出。依据油田井场实际生产情况、规模等级，综合考虑环境因素、经济效益、用电负荷，微电网系统选用磷酸铁锂电池。储能装置的充放电功率模型为：

$$E_t = E_{t-1} + \left(P_{ch.t} \eta_t - \frac{P_{dch.t}}{\eta_t} \right) \tag{5}$$

式中：E_t表示 t 时刻储能系统的容量；$P^j_{ch,t}$和$P^j_{dch,t}$分别表示储能系统在 t 时刻储能充电/放电功率；η 表示储能的充放电效率，一般取 0.7~0.9。

约束条件如下：

$$0 \leqslant P_{ch.t} \leqslant P_{ch.t_omax} \tag{6}$$

$$0 \leqslant P_{dch.t} \leqslant P_{dch.t_omax} \tag{7}$$

$$E_{min} < E_t < E_{max} \tag{8}$$

$$E_0 = E_T \tag{9}$$

式(6)、式(7)分别表示储能的充放电功率约束，t 时刻储能的充放电功率不应超过其功率限额。式(8)表示储能容量约束，式(9)为周期始末储能功率平衡约束，保证储能电池在完成一个调度周期后的电量与调度前保持不变。

储能机组成本模型如下式

$$C_B = \sum_{t=1}^{T} \sum_{j=1}^{N_B} K_B \left(P^j_{ch,t} \eta^j_{ch} + \frac{P^j_{dch,t}}{\eta^j_{dch}} \right) \tag{10}$$

3.3 购电模型

当光伏储能不足以平衡井场负荷用电时，需要从电网购电，其成本模型如下：

$$C_M = \sum_{t=1}^{T} K_{M,t} P_{M,t} \tag{11}$$

式 11 表示微电网与电网的的交易成本，式中，$K_{M,t}$表示 t 时刻光储微电网与电网实时交易电价；$P_{M,t}$表示光储微电网与电网的交易功率，当$P_{M,t}$为正值时表示微电网从配电网处购电，

3.4 功率平衡

$$P_{Load,t} = \sum (P_{dch,t} - P_{ch,t}) + P_{M,t} + P_{PV,t} \tag{12}$$

4 算例应用

4.1 数据处理及参数设置

以某区块为例，该区块共有油井数 20，由于在每个井场安装配套光储成本较高，因此考虑分组方式，建立光储微电网群，可充分发挥互补特性。使用模糊 C 聚类方法对油井进行分组，目标函数考虑距离最优，聚类中心即光储设备理论安装位置。某区块油井聚类结果见图 4。

算例模型设置包括 1 台储能机组，充放电效率为 95%，最大充放电功率为 10kW，见表 1；光储微电网购电采用分时电价见表 2。光伏发电量是根据东营市日太阳辐射照度历史数据预测得到，见表 3。针对建立的模型，本文使用 Matlab 建模软件进行求解。

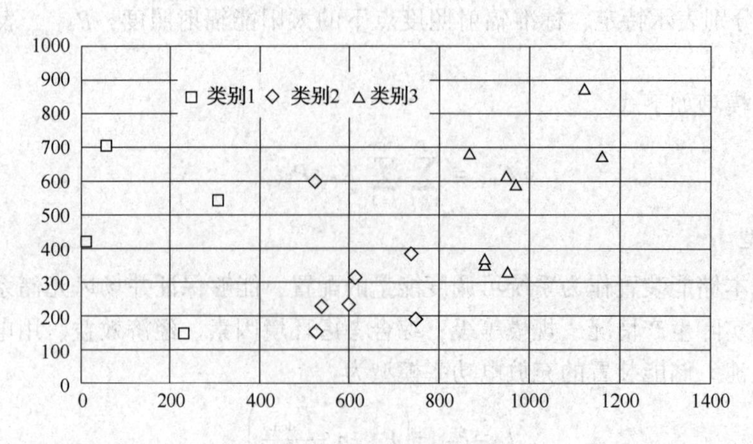

图4　某区块油井聚类示意图

表1　储能参数

η_{ch}	η_{dch}	K_B
95	95	10

表2　山东省商用分时电价

时段类型	峰时段	平时段	谷时段
时段	8：00~11：00 16：00~21：00	12：00~15：00 22：00	0：00~7：00 23：00~24：00
电价/元 kW・h	1.0014	0.6773	0.3532

表3　光伏发电量

时刻	1	2	3	4	5	6	7	8
光伏发电量/kW・h	0	0	0	0	0	0	1.34	64.23
时刻	9	10	11	12	13	14	15	16
光伏发电量/KW	214.46	347.39	454.51	540.05	552.15	443.10	347.49	305.12
时刻	17	18	19	20	21	22	23	24
光伏发电量/KW	191.18	72.02	1.23	0	0	0	0	0

4.2　调度方案

从图5可以看出，在早晨8：00前，电价较低，光伏设备发电量为0，此时主要通过从电网购电满足负荷需求，且储能充电。8：00后随着太阳辐射照度增加，光伏出力随之增多，且电价较高，在该时段光储微电网的调度策略尽可能多的利用光伏出力，富余电量通过储能充电的方式消纳。18：00后，光伏出力基本下降为0，且此时是分时电价的峰值时段，因此优先考虑储能放电的模式供电。22：00后，储能放电结束，且电价为谷时段，调度策略主要采用从够电网购电的方式。

综上，光伏设备效率随太阳辐射照度变化，正午阳光较强，光伏设备满额运行。储能设备的充放电策略取决于电价和光伏设备发电，电价较低或光伏设备发电可满足需求时，储能设备充电；电价较高或光伏设备发电不足时，储能设备放电。储能设备具有灵活性，可达到削峰填谷的目的。

将某区块的光伏调度方案与现有调度方案作对比，可以看出光伏调度成本增加了储能成本，减少了购电成本，与现有调度方案相比，总成本更低，提出的光储调度方案具有有效性。

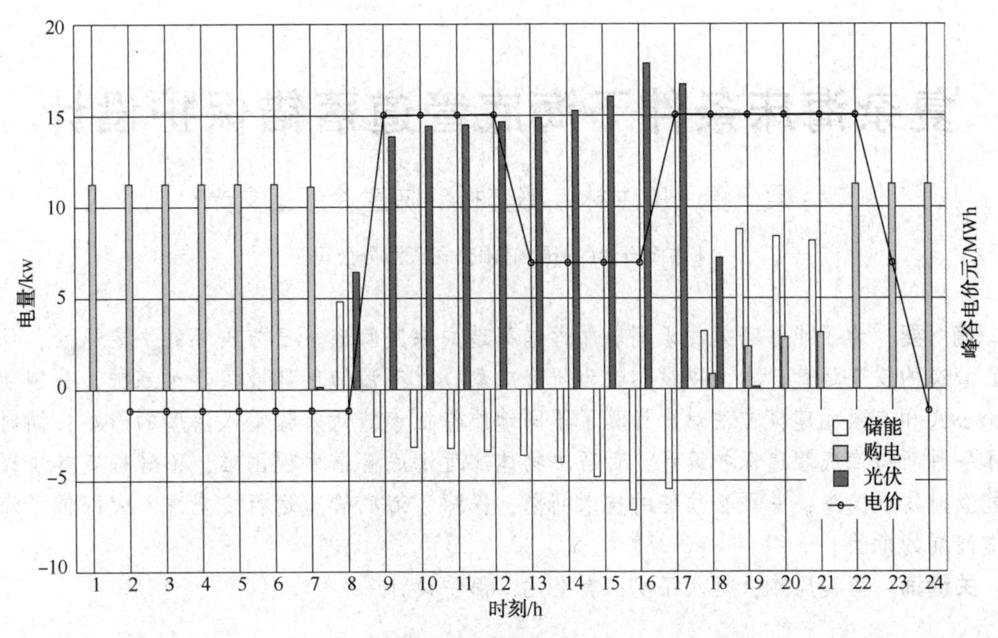

图5　某区块调度方案

表4　调度方案比较

	组别	储能成本	购电成本	总成本
光伏调度方案	1	27.10	129.58	156.68
	2	21.04	52.52	73.56
	3	23.94	88.55	112.49
	区块总成本	72.09236	270.6537	342.746
现有调度方案			794.42	794.42

5　结论

本文首先结合油田井场典型运行特性，提出了油田井场典型光储微电网结构；其次解释了光伏系统数学模型及光储微电网成本来源，以综合运行成本最低为目标函数，建立了油田井场光储微电网优化调控模型；最后，以某区块为例，通过 Matlab 建立优化模型，展示了区块优化调度方案，验证了光储微电网模型的有效性。结果表明：使用光储微电网作为用能补充，使用能策略更具有灵活性，削峰填谷规避电价较高时段，使用能总成本减少。使用光伏新能源发电，可减少碳排放，满足分公司及地方环保要求，在安全、环保方面起到了较大的作用。光储微电网与传统供电模式相比，具有灵活的优点，通过合理地优化调度策略，可以最大限度减少用能成本。

参 考 文 献

[1] 张洪卫，张立清，刘春兰. 东营市太阳能资源评估分析[J]. 浙江农业科学，2011(06)：1404-1405.

[2] 王贵生，孙士奇，刘军，仇志华，郑炜博，王长江，任宇，马忠贤. 含光伏的油田井场直流微电网结构及其功率分配规律研究[J]. 电工技术，2022(18)：76-79.

[3] 丁立苹，刘宏亮，任晓勇，达珺，程雅雯. 基于油田井场场景下风光储系统优化配置技术研究[J]. 石油石化节能，2022，12(04)：1-4+6.

[4] 孙东，张晓杰，刘军，刘洁，仇志华，李炜，王莉. 油田井场多能互补系统优化调控策略研究[J]. 节能技术，2022，40(02)：154-159+164.

复杂海床条件下海底管道落锚保护设计

梁　鹏　庞洪林　郭奕杉　陈建玲　王文光

[中海石油(中国)有限公司天津分公司]

摘　要　为了能够高效的识别船舶落锚等造成海底管道第三方破坏的主要风险，保证海底管道的安全运营，本文以霍尔锚为研究对象，以渤海地区环境条件为基础，分别使用理论公式和有限元建模方法对比计算了不同地质特征参数对落锚贯入深度的影响，同时提出了一种新型海底管道保护设计，可解决物体靠近海底管道发现困难，不易确定其位置及不能及时发现隐患，并预报预警的技术问题，保障了海底管道运行安全，大大降低了海底管道泄漏的危险。

关键词　落锚风险；贯入深度；有限元；保护设计

海底管道具有铺设工期较短、投产较快、操作费用较低等特点，其中，海底管道作为海上油气的生命线，随着海洋油气资源的大力开发，管线总长度也在不断增加。但是，由于海底管道的服役条件较为苛刻，海底环境又较复杂，不确定因素较多，因此，物体靠近海底管道发现较为困难，导致人们不易监测到其运行状况。且由于自然灾害、人为破坏等因素，严重影响了海底管道的安全运行，其中，第三方破坏(如：船舶抛锚、拖锚，落物破坏等)是导致海底管道失效的主要形式，并且，由于海洋经济的迅猛发展，使得我国近海海域渔业养殖区、航道众多，海底管道与航道交叉分布，且存在非法捕鱼、采砂活动，锚击失效已成为第三方破坏的主要损伤类型。

现有的判断海底管道沿线是否存在非法船只抛锚等行为，通常，采用定期船舶巡逻监测的方法，但是，该方法的效率较低，不能及时发现隐患，并预报预警；因此，一旦油气泄漏，不仅会造成巨大的经济损失，还会破坏海洋生态平衡，造成严重的环境污染。本文以霍尔锚为研究对象，以渤海地区环境条件为基础，对比分析理论公式和有限元模拟方法计算的落锚贯入深度，同时对一种新型海底管道保护设计做了详细介绍，可以为海底管道流动安全保障提供理论依据和技术支持。

1　落锚理论计算

1.1　经验公式

Young 在已有试验的基础上对土、岩石和混凝土总结出形式相同而系数不同的贯入深度计算公式：

$$z=0.0008SN\left(\frac{m}{A_p}\right)^{0.7}\ln(1+2.15V^2\times10^{-4}) \tag{1}$$

式中：z 为落锚贯入深度，单位为 m；N 为物体的形状系数，无量纲系数；S 为土体系数，无量纲系数；m 为船锚质量，单位为 kg；V 为船锚触底速度，单位为 m/s；A_p 为船锚投影面积，单位为 m^2。

1.2　DNV 规范

DNV-RP-F107 规范针对管状物提出了相应的贯入深度公式：

$$E_p=(0.5\gamma DN_\gamma z+\gamma z^2N_q)A_p \tag{2}$$

DNV-RP-F114 规范针对管状物提出了相应的贯入深度公式：

$$E_p=(0.5\gamma DN_\gamma z+0.5\gamma z^2N_q)A_p \tag{3}$$

式中：E_p为船物的触底动能，单位为 J；γ 为有效土体容重，单位为 kN/m^3；D 为落物的等效直径，单位为 m；A_p为落物的堵塞面积，单位为 m^2；z 为贯入深度，单位为 m；N_q、N_γ为承载力系数，无量纲系数。

规范中推荐：如果回填的是碎石，承载力系数 $N_q=99$、$N_\gamma=137$。如果覆盖层是回填土，由于回填土的孔隙比较大，所以承载力较弱，回填料的阻力为碎石料阻力的 2~10%。

考虑土体摩擦角 φ，API RP 2GEO-岩土与基础设计规范给出砂质土体的承载力系数 N_q、N_γ：

$$N_q = e^{\pi\tan\varphi}(\tan({}^{4}5^{\circ}+))2$$
$$N_\gamma = e^{(0.18\varphi-2.5)} \tag{4}$$

其中 φ 为土体摩擦角，单位为°，e 为自然常数，取值约为 2.718281828459045。

2 落锚数值模拟计算

基于 ABAQUS 显示动力学分析建立落物撞击管状结构物模型，与现有碰撞试验结果及上述理论公式计算结果比较，验证有限元模拟可靠性。

考虑有限元边壁尺度效应等影响，分析了合理的边界处理方式以及土体建模尺寸，采用耦合的欧拉-拉格朗日方法对落锚、土体间的相互作用进行模拟。经分析，0.66t 船锚模拟贯入土体尺寸为 10m * 10m * 10m，2.1t 到 12.9t 船锚模拟贯入土体尺寸为 10m * 10m * 15m，16.9t 船锚模拟贯入土体尺寸为 14m * 10m * 15m。参考选取工程实际中土体特征值赋予材料属性，见表 1。由于应用 Mohr-Columb 模型模拟土体时粘聚力及内摩擦角不能为 0，这里取 1 代替。

表 1　土体模型参数

土体类型	密度(kg/m^3)	弹性模量(MPa)	泊松比	摩擦角(°)	粘聚力(kPa)
黏土	1611	2.5	0.3	1	1-14

为保证模拟准确度，经网格收敛性分析，对小于 3.54t 落锚模拟时，土体全局网格尺寸 0.1，局部细化网格尺寸 0.05；对大于 3.54t 其余落锚工况，土体全局网格尺寸 0.2，局部细化网格尺寸 0.1。锚的模型和土体模型如图 1 所示。

运用有限元软件对不同粘聚力条件下不同锚重的贯入深度进行模拟，并将结果与理论公式进行对比，如图 2 所示。从图 2 中可以看出数值模拟的结果与理论公式结果趋势一致，即随着粘聚力的增大，贯入深度依次减小。图 3 和图 4 分别为粘聚力为 2kPa 和 10kPa 时有限元结果与理论公式结果对比图。从两图中对比发现，理论公式结果的变化幅度较大，对土质特性更敏感；粘聚力越大(土壤越硬)，理论公式与有限元结果越接近。

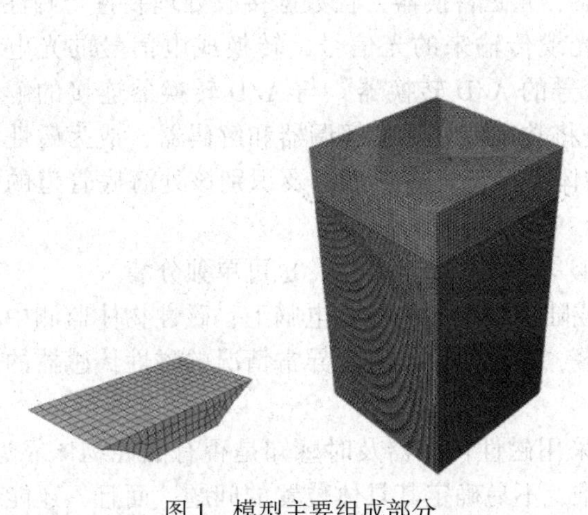

图 1　模型主要组成部分

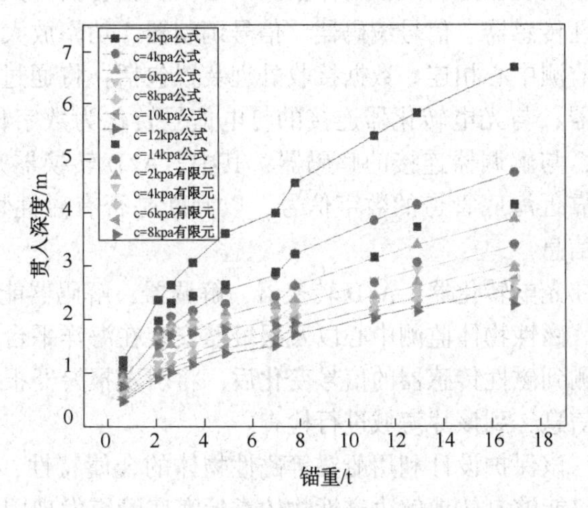

图 2　有限元结果与理论公式结果对比图

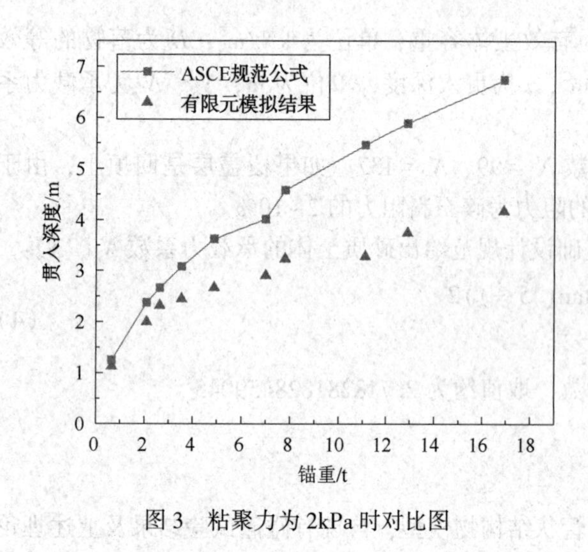

图 3　粘聚力为 2kPa 时对比图

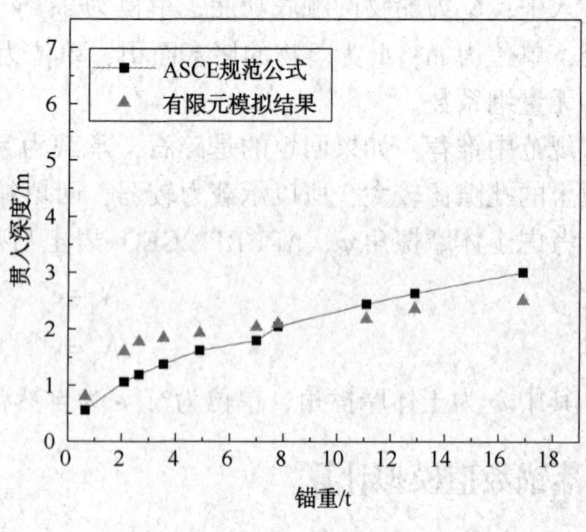

图 4　粘聚力为 10kPa 时对比图

3　新型海底管道保护设计

一种新型海底管道保护设计为适用于海底管道的磁性物体监测装置，如图 5 所示，其中 1、磁性物体监测装置；2、光缆；3、数据接收处理装置；4、磁性物体监测中心；5、报警器；6、海底管道；7、巡逻船；8、磁性物体。该装置可解决物体靠近海底管道发现困难，不易确定其位置及不能及时发现隐患，并预报预警的技术问题。

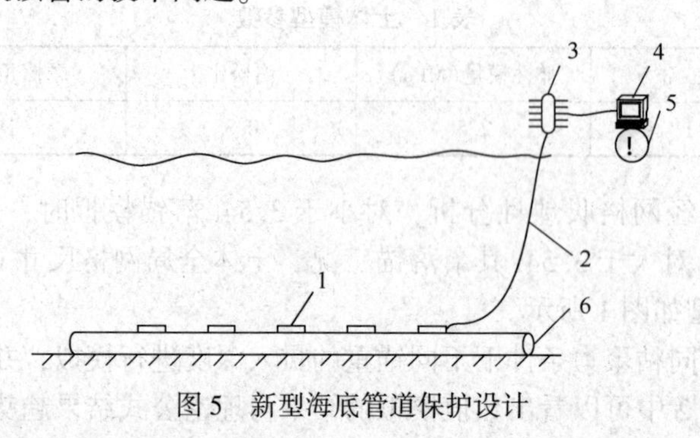

图 5　新型海底管道保护设计

为实现上述目的，该装置的具体技术方案如下：该装置包括设置在海底管道上的数个磁性物体监测装置、连接在监测装置和数据接收处理装置之间的光缆、设置在海洋平台或陆地终端上的数据接收处理装置、磁性物体监测中心以及报警器。其中，磁性物体监测装置设有：用于获取磁信号的磁性传感器、信号编码器、信号调制器、功率放大器、光磁转换器；且数据接收处理装置与磁性物体监测中心相连。数据接收处理装置包括：将通过光缆传输来的光信号，转换成电信号的光电转化器，与光电转化器连接的将电信号转化为数字信号的 A/D 转换器，与 A/D 转换器连接的解调器，与解调器连接的解码器；其中，A/D 转换器是将数字信号通过解调器和解码器，成为磁性物体靠近海底管道的数字信号，以判断是否有磁性物体，接近海底管道以及识别该处海底管道的位置信息。

光电转化器，A/D 转换器，解调器，解码器能够集成在一个部件中，也可单独分装。

磁性物体监测中心以及报警器安装在海洋平台或陆地终端的中控室电脑上；磁性物体监测中心检测到磁性传感器的信号变化后，将引发报警器报警，巡逻船根据出现异常情况的磁性传感器的位置信息，到该片海域进行检查。

该保护设计利用船锚等磁性物体的金属特性，采用磁性传感器及时感知是否有磁性物体靠近，不仅能够有效地解决磁性物体靠近海底管道发现困难，不易确定其具体位置的问题；而且，还能够根据磁性传感器的位置信息，确定海底管道位置信息，一旦发现船锚等接触海底管道，巡逻船等能够快速到达事故地点，查看海底管道损坏情况，及时处理，保障了海底管道运行安全，大大降低了海底管道泄漏的危险。

4 结论

本文分别使用理论公式和有限元模拟计算了不同锚重下落锚贯入深度，理论公式计算使用Young公式、能量法公式进行计算，有限元基于ABAQUS显示动力学分析建立落物撞击管状结构物模型，得出不同海床条件下落锚贯入深度。对比结果表明理论公式结果的变化幅度较大，对土质特性更敏感，且粘聚力越大(土壤越硬)，理论公式与有限元结果越接近。同时提出了一种新型海底管道保护设计，可解决物体靠近海底管道发现困难，不易确定其位置及不能及时发现隐患，并预报预警的技术问题。

参 考 文 献

[1] 黄小光，孙峰. 基于ANSYS/LS-DYNA的海底管道受抛锚撞击动力学仿真[J]. 2012，27(5)：41-44.
[2] 张磊. 基于船舶应急抛锚的海底管道埋深及保护研究[D]. 武汉：武汉理工大学，2013.
[3] 李东学，李亚斌，等. 船锚触底贯穿量计算方法[J]. 中国航海，2016，39(1)：85-87.
[4] 冯士伦，朱晓宇，等. 抛锚贯入深度计算方法比较研究[J]. 海洋技术学报，2020，39(2)：91-97.
[5] 刘润，汪嘉钰，别社安. 船舶抛锚过程中落锚贯入深度研究[J]. 天津大学学报(自然科学与工程技术版)，2020，53(5)：508-516.
[6] YOUNG C W. Penetration Equation[R]. SAND97-2426 Unlimited Release UC-705，1997：4-12.
[7] DNV-RP-F107. Risk assessment of pipeline protection [S]. 2010.
[8] DNV-RP-F114. Pipe soil interaction for submarine [S]. 2017.
[9] ASCE. Guidelines for the design of buried steel pipe[S]. 2001.

旋转泵故障分析诊断装置研发及应用

辛胜杰[1]　赵旭东[2]　刘　波[3]

（1. 中国石油长庆油田公司第十采油厂；2. 中国石油长庆油田公司第六采油厂；
3. 中国石油长庆油田公司第七采油厂）

摘　要　旋转泵是石油化工行业输送介质的重要设备，工业生产中常用的旋转泵包括旋转泵、离心泵、齿轮泵、转子泵，在生产现场常常存在旋转件易损坏、能耗高的问题。现阶段通过人工巡检和SCADA实时监测来发现排除旋转泵故障，但是其运转性能和故障类型难以及时、准确的确定，进而影响生产稳定性。虽然SCADA系统能够实现数字化监测，但是故障发生后仍然需要人员现场根据经验判断，无法及时、准确的掌握采油旋转泵的工作情况。本文就设备故障智能诊断系统研发方法作出分析，并提出创新方案，以保障设备平稳运行。

关键词　石油化工；旋转泵；设备运行；故障诊断；智能化

1　生产现状旋转泵存在问题

随着现代工业及科学技术的迅速发展，生产设备日趋大型化、集成化、高速化、自动化和智能化，设备在生产中的地位越来越重要，对设备的管理也提出了更高的要求，能否保证一些关键设备的正常运行直接关系到一个行业发展的各个层面。现代化工业生产一旦因故障停机损失将是十分巨大。因此，设备诊断这一技术，日益引起人们的重视，并在理论和实践应用方面得到了迅猛发展。

在油田生产过程中机泵是重要的机械设备，用于油、气、水介质的输送，常见的机泵包括旋转泵、离心泵、往复泵、齿轮泵，目前监测机泵工作状态的方法是利用SCADA系统，即数据采集与监视控制系统。SCADA系统是以计算机为基础的DCS与电力自动化监控系统；它应用领域很广，可以应用于电力、冶金、石油、化工、燃气、铁路等领域的数据采集与监视控制以及过程控制等诸多领域。

目前SCADA系统主要对旋转泵的进出口压力、瞬时流量进行监控，结合流量变化曲线分析机泵运行是否正常，各个参数是否在正常范围内，是设备监控的主要技术手段，该监测系统的缺点在于只能对旋转泵的进口、出口压力、瞬时流量进行监控，无法精确分析旋转泵各部位振动是否正常，各连接件及密封件有无失效，定子和转子摩擦温度是否正常、当设备发生严重故障时人员才能发现，导致设备停运，造成经济损失。

图1　现场巡检设备工况

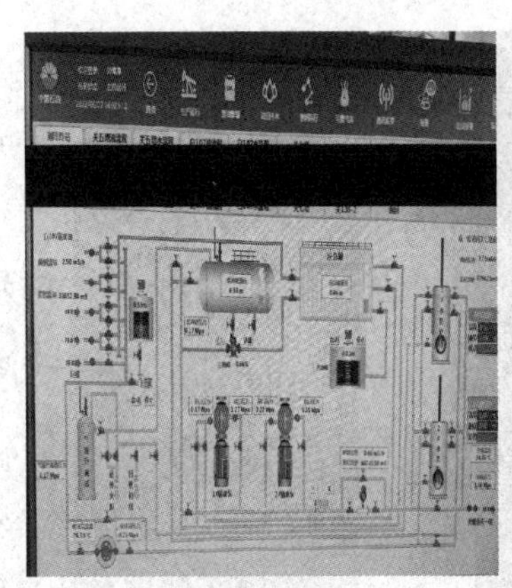
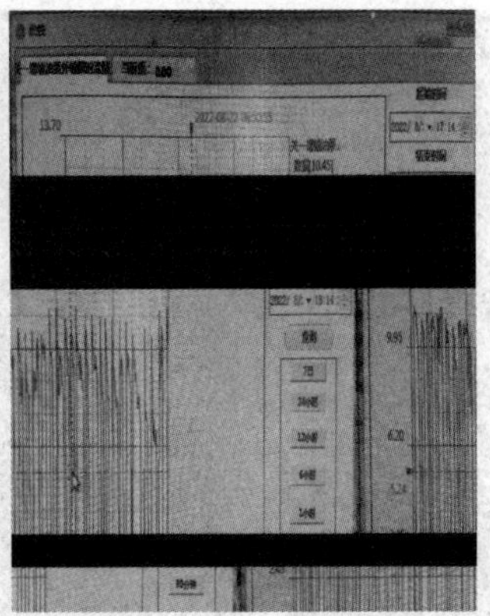

图 2　SCADA 实时数据监测

2　旋转泵故障分析诊断装置

旋转泵故障分析诊断装置将磁铁吸附在机泵需检测部位，每隔 10min 采集一次数据，通过 MEMS 传感器处理分析后，生成振动时域波形，实现远程诊断设备故障。同时，该装置能够结合振动曲线的变化完成自我学习，形成故障曲线数据库，精准判断故障点，实现故障预警、分析诊断等功能。

图 3　故障诊断分析装置在旋转泵上安装应用

2.1　旋转泵故障分析诊断装置工作原理

旋转泵故障分析诊断装置包括无线网关、传感器和智能分析后台组成。其中传感器又包含开关、密封壳体、电池、DC 电源输入线、Z 方向加速度传感器、Y 方向加速度传感器、X 方向加速度传感器、温度传感器、位移传感器以及磁吸或胶贴。如下图所示：

旋转泵故障分析诊断装置使用磁吸或胶贴固定在机泵监测的位置上，运行过程中，通过传感器采集 X、Y、Z 轴加速度，机泵微量位移及温度的机械振动信号，形成时域波形。通过与数据库波形图的对比分析，判断机泵工况，进而对设备振动异常进行监测预警。

2.2　旋转泵运行工况故障分析种类

2.2.1　设备正常运转

旋转泵在正常运转时，定子和转子的过盈度处在合理的范围内，X、Y、Z 三个方向的振动烈度曲线呈现出规律性的变化，最大烈度值不超过 4mm/s，旋转泵的工作温度也在正常范围内，界面显示设备工作正常。

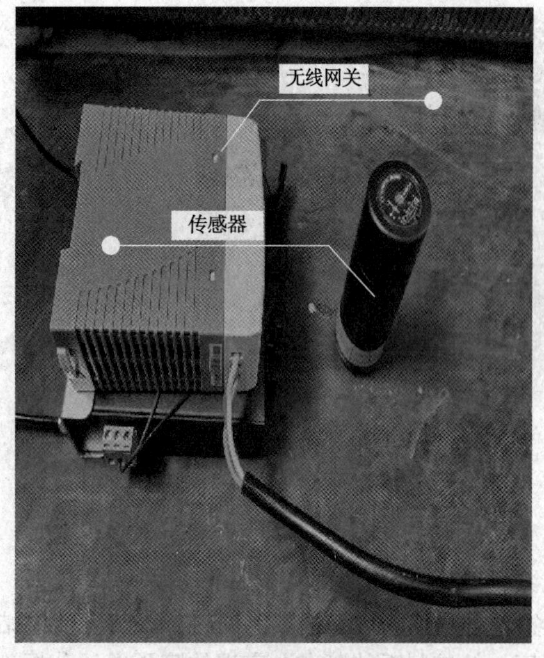

图 4　诊断装置部件图

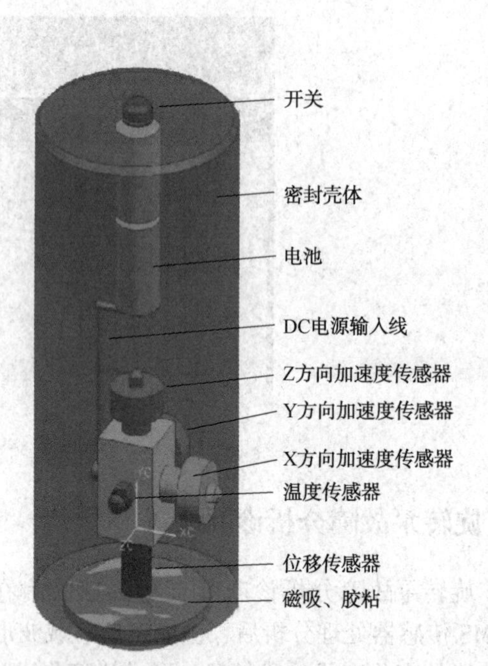

图 5　传感器结构图

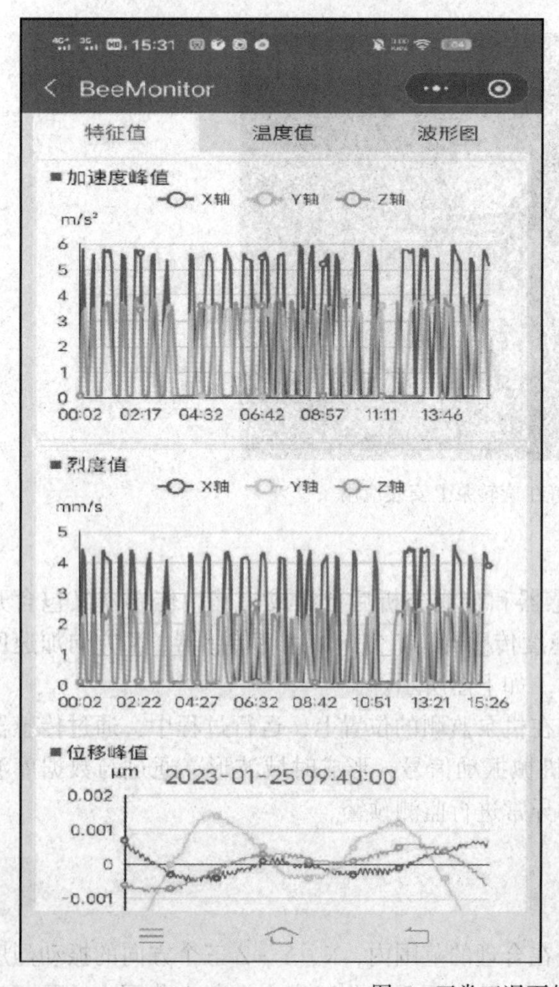

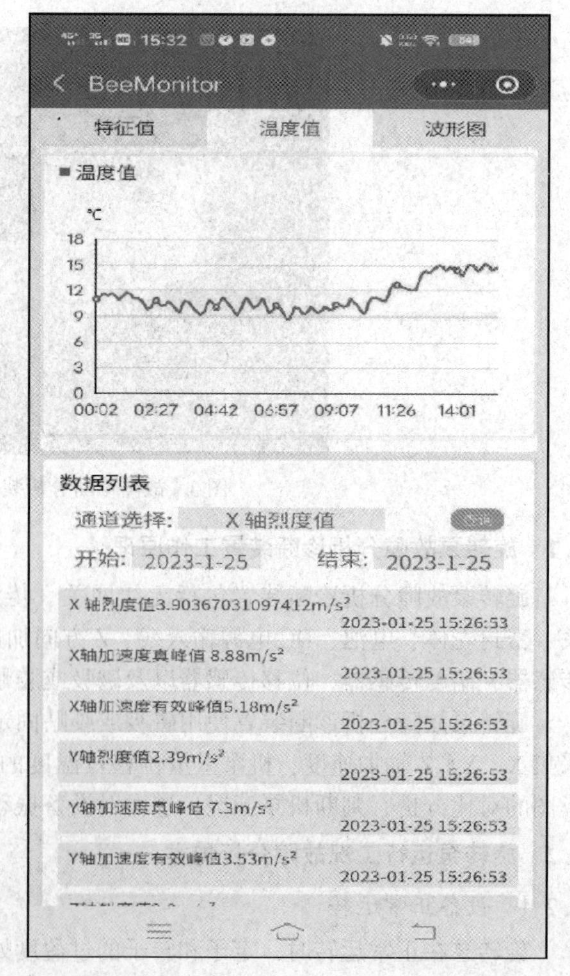

图 6　正常工况下的波形图及温度曲线

2.2.2 转子不平衡工况诊断

旋转泵转子或传动轴产生弯曲引起轴心线变形，会导致转子与定子内表面发生碰磨，造成定子磨损失效，转子和定子出现间隙，引起泵不上量。碰磨会引发旋转机械不规则振动，出现削波现象，此时设备一级报警就会显示定子与转子间隙变大，机泵瞬时流量在正常频率条件下无法稳定，出现异常波动，监测系统就会发出预警，提示工作人员对旋转泵转子进行校正，对定子进行润滑保养，防止偏磨导致过盈度变小。

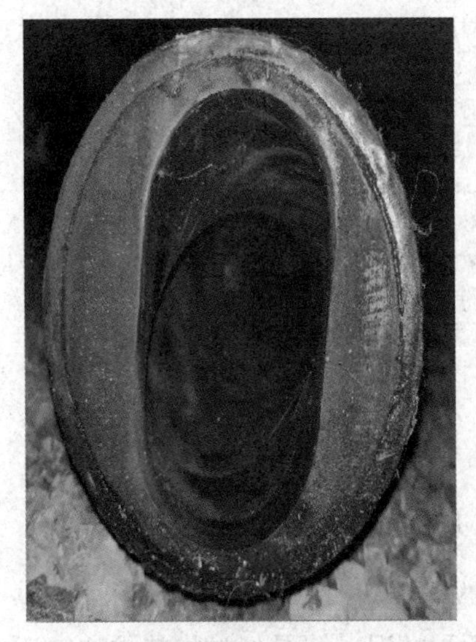

图 7　定子磨损

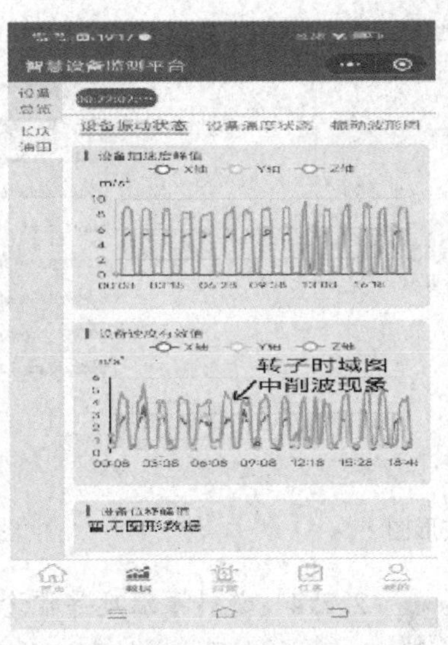

图 8　转子碰磨故障波形图

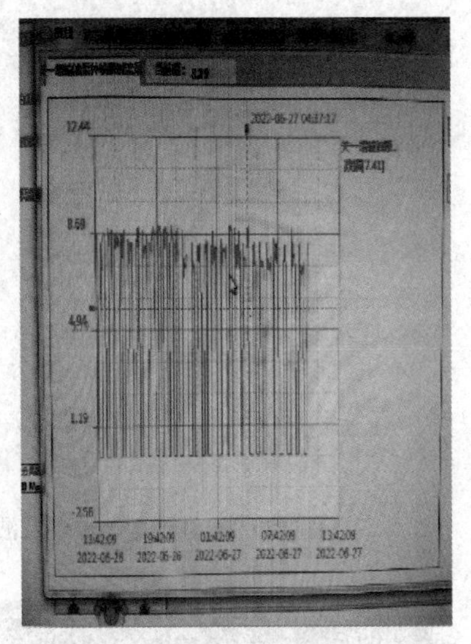

图 9　机泵瞬时流量曲线

2.2.3 输送介质异常工况诊断

旋转泵输送的原油介质中含有砂、蜡、垢、油泥等杂质会导致机械振动明显上升，具体表现在启泵瞬间 X 轴方向的振动烈度呈直线上升，达到了设备振动的高限点，产生报警，这种瞬间的冲击载荷会对设备造成很大的影响。此时设备二级报警就会显示介质含杂质高，需要对过滤器进行清理，保证泵进口端的油品质量合格。

图 10　原油中杂质

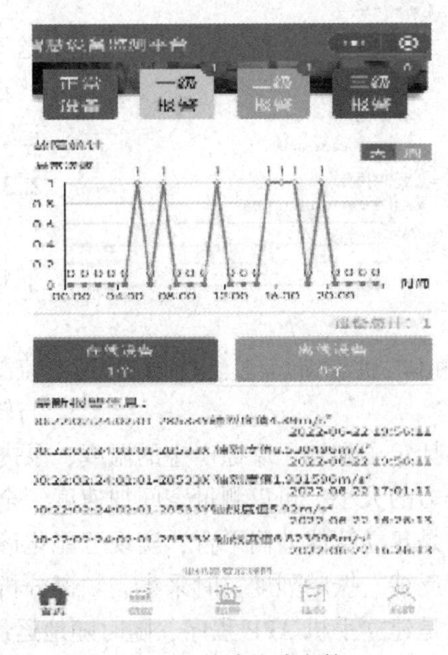

图 11　故障统计次数

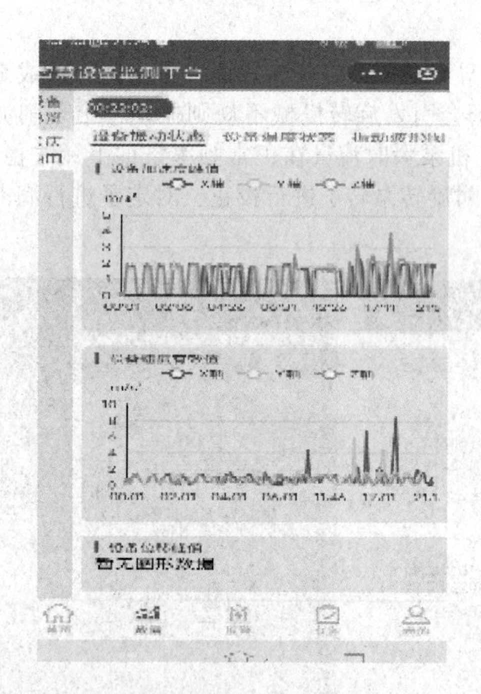
图 12　振动烈度异常点及波形图

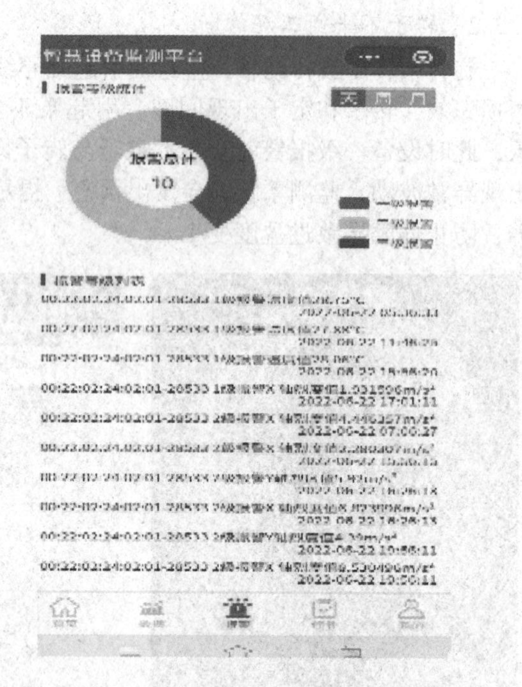
图 13　报警信息实时反馈

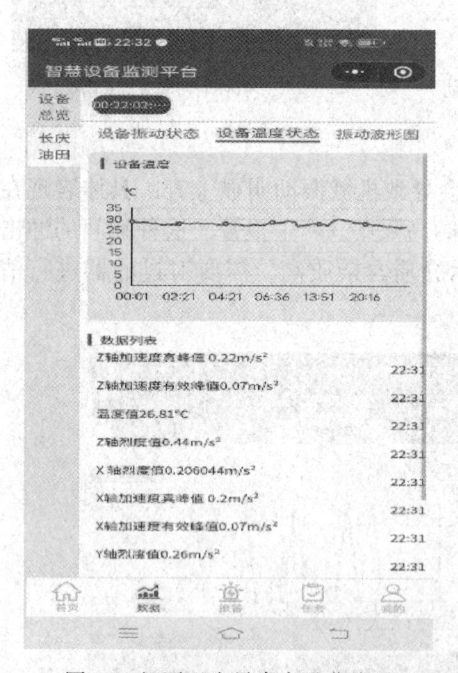

图 14　机泵温度异常点及曲线图

2.2.4　旋转泵温度异常诊断

旋转泵输送的原油分两种情况：一是经过加热炉加热后的原油，温度在38℃~42℃之间。二是是未经加热炉加热直接进入旋转泵的原油，温度在25℃~28℃之间。当温度低于设定值时，温振传感器能监测到温度异常，需要及时升温，降低外输阻力。此时设备二级报警就会显示温度过低。

2.2.5　旋转泵内部充不满故障诊断

旋转泵不上量，导致泵体内部充不满，出现干磨或者输送气体，振动烈度会急剧上升。泵充不满会加剧定子磨损，严重时还会导致万向节断裂导致设备出现故障，引起设备停运。三级报警就会显示泵体充不满产生干磨。

2.3　旋转泵故障分析诊断装置优点

旋转泵故障分析诊断装置相较于其他机泵预警装置有以下几点优势：

一是位移、温度、三轴加速度传感器综合运用，全方位监测机泵运行情况。位移传感器产生的振动位移反映了定子与转子间隙的大小。温度传感器主要用于测量机泵工作温度，包括定子和转子摩擦产生的温度、泵内介质的温度。X、Y、Z 轴上加速度传感器反映机械运动中冲击力的大小，可以测量空间加速度，全面准确的反映物体运动性质。

二是建立智能监测平台，实现智能化诊断监测。智能监测平台具有设备状态全面感知、报警详情实时反馈、振动烈度实时采集、频谱分析诊断故障等功能。

三是建立手机 APP 程序，随时随地运用手机终端监测数据。

四是数据库自主学习，实现故障曲线数据实时更新。

五是可适用于各种振动设备，根据不同振动规律，判断故障类型。

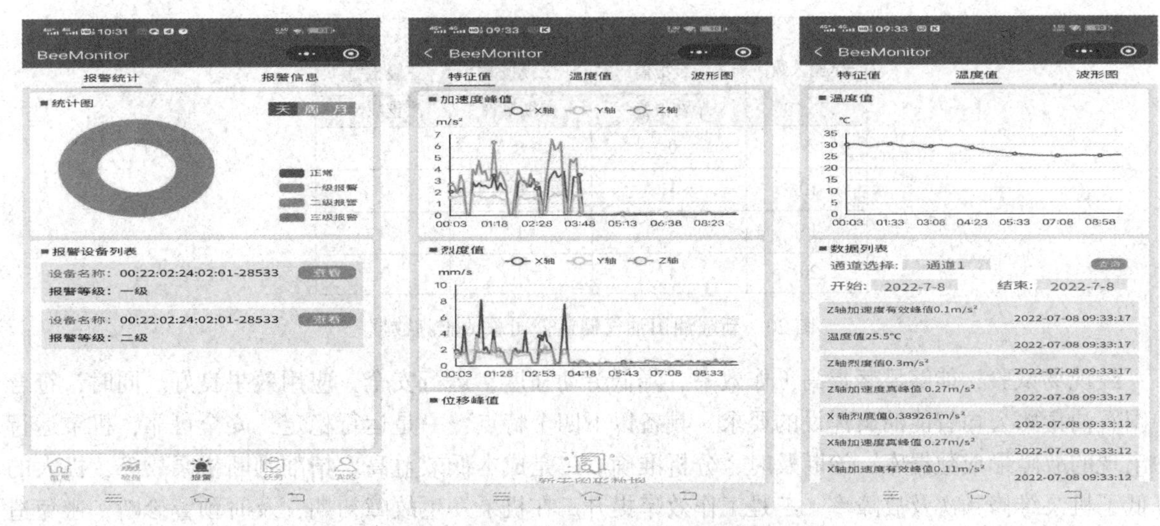

图 15 机泵故障振动烈度值及温度曲线

3 旋转泵故障分析诊断装置推广应用情况

旋转泵故障分析诊断装置于经过第三方检测符合国家标准，且符合安全标准，目前已在长庆油田、新疆油田推广应用 8 套，物料消耗费用降低 55%。

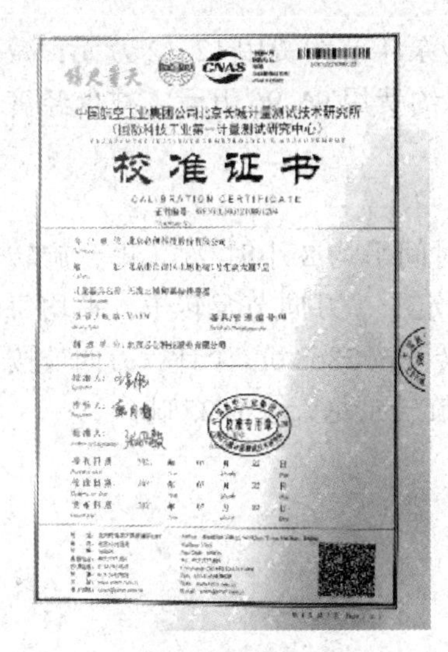

推广应用证明

长庆油田分公司第十采油厂科技创新成果机泵三轴温振故障诊断与远程监测装置在新疆油田总站推广使用后，有效降低螺杆泵运行时出现的故障，减少了螺杆泵运行过程中转子与定子的磨损，实现了螺杆泵过载量自动监测与故障诊断功能，安装简单，使用方便，通过手机 APP 就能对机泵的工况进行监测，实现设备智能化诊断，降低人工巡检的频次，节约设备运行成本，现已应用 2 套，安全可靠，应用效果显著，具备生产现场推广应用价值。

油气储运公司总站
2022年9月1日

图 16 检验报告　　图 17 验收报告　　图 18 推广应用证明

该装置在采油十厂乔河作业区的 6 台旋转泵上安装试验，经过 50 天测试改进，一级报警 5 次，二级报警 1 次，监测数据如下如下：

试验天数	报警次数		
	一级报警	二级报警	三级报警
	振动报警	温度报警	严重故障
10	2	0	0
30	3	0	0
50	5	1	0

图 19 第十采油厂乔河作业区监测数据

该装置在新疆油田油气储运公司总站应用 20 天，一级报警 4 次，二级报警 1 次，有效处理机泵故障 5 次。

试验天数		报警次数	
	一级报警	二级报警	三级报警
	振动报警	温度报警	严重故障
5	0	0	0
10	1	0	0
15	3	1	0
20	4	1	0

图20　新疆油田油气储运公司总站监测数据

经现场试验，能够显著提高工作效率、降低劳动强度、运行安全，应用效果良好。同时，符合中国石油集团公司智能油田建设的要求，具备以下四个特点：一是运行稳定，安全可靠，机泵运行中出现的故障形成数据库，诊断及时、分析准确。二是成本低效益高。精准判断机泵故障，极大的降低了机泵维修频次及故障率。三是工作效率提升。在机泵发生故障初期，及时预警诊断，避免造成零件损坏或失效，提升机泵使用效率。四是改善人员操作环境。智能采集分析，远程实时监测，替代人工巡检与油田物联网无缝衔接。

4　旋转泵故障分析诊断装置效益评价

4.1　经济效益评价

旋转泵故障分析诊断装置在多家单位应用后，经核算，单台旋转泵年节约费用12.12万元，减少经济损失4.01万元。2022年已在8台旋转泵上安装该装置，可节约费用96.96万元，减少经济损失32.08万元。

一、常规旋转泵运行成本核算

二、以长庆机械厂生产旋转泵计算，平均每月维修2次，维修时间平均8小时/次，单台旋转泵年平均维修频次为24次，维修费用2200元/次。常用更换零件为定子、万向节及转子，平均每年更换定子、转子10套，更换万向节5个，定子按2294元/个计，转子按2868元/个计，万向节按3252元/个计。按油田公司要求利润为正原油价格2361元/吨，单台旋转泵每天输油25吨。

1. 各项费用计算

（1）单台旋转泵年更换定子材料费：

$$2294\times10=22940(\text{元})$$

（2）单台旋转泵年更换转子材料费：

$$2868\times10=28680(\text{元})$$

（3）单台旋转泵年更换万向节材料费：

$$3252\times5=16260(\text{元})$$

（4）单台旋转泵年维修费用支出：

$$2200\times24=52800(\text{元})$$

（5）单台旋转泵年维修停输产量损失：

$$(2361\times25/8)\times24=177075(\text{元})$$

2. 单台旋转泵费用支出及经济损失：

（1）单台旋转泵年费用支出：

$$22940+28680+16260+52800=120680(\text{元})$$

（2）单台旋转泵年经济损失为177075元。

二、旋转泵故障分析诊断装置运行成本核算

安装旋转泵故障分析诊断装置后，以长庆机械厂生产单台旋转泵计算，单台旋转泵年平均维修频次为4次，维修时间平均8小时/次，维修费用2200元/次。常用更换零件为定子、万向节及转子，平均每年更换定子、转子2套，定子按2294元/个计，转子按2868元/个计，旋转泵故障分析诊断装置5000元/个计。按油田公司要求利润为正原油价格2361元/吨，每天输油25吨。

1. 各项费用计算

（1）单台旋转泵年更换定子材料费：

$$2294\times2=4588(\text{元})$$

（2）单台旋转泵年更换转子材料费：

$$2868\times2=5736(\text{元})$$

（3）单台旋转泵年维修费用支出：

$$2200\times4=8800(\text{元})$$

（4）单台旋转泵年维修停输产量损失：

$$(2361\times25/8)\times4=29512.5(\text{元})$$

2. 单台旋转泵费用支出及经济损失：

（1）单台旋转泵年费用支出：

$$4588+5736+8800+5000=24124(\text{元})$$

（2）单台旋转泵年经济损失为29512.5元。

三、结论：

根据以上计算对比，得出以下结论：

1. 单台旋转泵年节约费用：

$$120680-24124=96556(\text{元})$$

2. 单螺杆年泵减少经济损失：

$$177075-29512.5=147562.5(\text{元})$$

预计2022年在20台旋转泵上安装该装置，可节约费用193.11万元，减少经济损失295.13万元。

下图为经济效益评价证明：

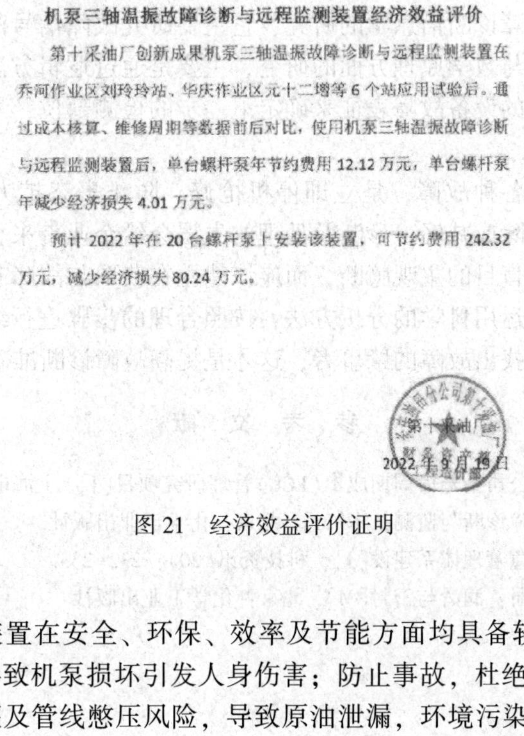

机泵三轴温振故障诊断与远程监测装置经济效益评价

第十采油厂创新成果机泵三轴温振故障诊断与远程监测装置在乔河作业区刘玲玲站、华庆作业区元十二增等6个站应用试验后，通过成本核算、维修周期等数据前后对比，使用机泵三轴温振故障诊断与远程监测装置后，单台螺杆泵年节约费用12.12万元，单台螺杆泵年减少经济损失4.01万元。

预计2022年在20台螺杆泵上安装该装置，可节约费用242.32万元，减少经济损失80.24万元。

2022年9月19日

图21　经济效益评价证明

4.2　社会效益评价

旋转泵故障分析诊断装置在安全、环保、效率及节能方面均具备较好的效益价值。在安全方面，可避免因监测不到位导致机泵损坏引发人身伤害；防止事故，杜绝灾难性故障。在环保方面，机泵故障停运可能存在憋罐及管线憋压风险，导致原油泄漏，环境污染。在效率方面，超前预警，预防机泵故障运行，提高机泵使用效率及寿命；确保设备长期处于良好运行状态，实现机泵低能耗运行。在节能方面，突破时空限制，手机和电脑均能对泵类设备故障诊断分析，降低了人员劳动强度，提高了人力资源利用率。

4.3 专利及奖励

旋转泵故障分析诊断装置已申报国家发明专利，并获得中国石油长庆油田公司一线生产创新大赛二等奖，全国设备管理与技术创新成果一等奖。

国家知识产权局

710075

发文日：

2022年12月14日

专利申请受理通知书

审查员：自动受理

审查部门：

图22 发明专利受理通知书

图23 创新大赛二等奖

5 结论与认识

设备故障诊断技术发展到今天，已成为一门独立的跨学科的综合信息处理技术，它以可靠性理论为、控制论、信息论和系统论为理论基础，以现代测试仪器和计算机为手段，结合各种诊断对象的特殊规律而逐步形成的一门新兴学科。它大体上有三部分组成：第一部分为故障诊断物理、化学过程的研究；第二部分为故障诊断信息学的研究，它主要研究故障信号的采集、选择、处理和分析过程；第三部分为诊断逻辑与数学原理方面的研究，主要是通过逻辑方法、模型方法、推论方法和人工智能方法，根据可观测的设备故障表征来确定下一步的检测部位，最终分析判断故障发生的部位和产生故障的原因。

面对机械设备所发生的各种故障，是立即停机抢修、防止事态扩大，还是维持运行、待机修理，或者是采取措施加以消除或减轻，诊断及处理的失误会给企业带来相当大的经济损失。正确的诊断及处理，不可能来自于盲目的主观臆断，而应该建立在获取与故障有关信息的基础上，依据机器的工作原理及具体结构，运用科学的分析方法，按照合理的步骤进行综合分析，去伪存真、舍次取主，排除故障的受害者，找出故障的肇事者，这才是提高故障诊断准确性的关键之所在。

参 考 文 献

[1] 韩天祥，2004. 上海市电力公司全寿命周期成本(LCC)管理研究项目[J]. 上海电力(1)：74-75.

[2] 黄志坚，2020. 机械设备故障诊断与监测技术[M]. 北京：化学工业出版社.

[3] 陈娟娟，2019. 设备故障应急管理体系建设[J]，科技资讯(20)：232-233.

[4] 成大先，2010. 机械设计手册：润滑与密封[M]. 北京：化学工业出版社

基于无人值守的撬装油气混输装置设计思路

王　义　惠新阳　黎　成　吕　旭　赵晓辉　张　明

（中国石油长庆油田公司第一采油厂）

摘　要　针对现有的数字化撬装集成增压装置工艺流程复杂、占地面积大、运行问题多等问题，提出了新型油气混输一体化集成装置设计思路，通过停用原有撬装缓冲罐、加热炉等特种设施，简化集油收球加药一体化装置，将收球、加药、电加热、混输泵、三相流量计等装置集成一体化设计，配套电控一体化智能控制系统，实现站场无人值守。相比传统数字化撬装集成增压装置，在满足站点基本功能需求的前提下，装置体积更小、工艺流程更加简化，核心通过油气混输工艺升级，彻底消除加热炉、压力容器等特种设备运行和管理风险。通过配套先进的三相计量工艺、高效的电磁加热技术、安全的智能控制系统，彻底消除现有站点无人值守安全顾虑，设计理念更加满足油田地面优化简化需求，对于低渗透油田地面工艺转型发展具有重要意义。

关键词　无人值守；油气混输；撬装输油；三相计量

1　前言

安塞油田是1983年发现、1985年探明上亿吨储量的大型特低渗透油田。当时采用单管不加热密闭油气集输工艺流程、三级布站方式，油井→计量站→接转站→集中处理站。1989年，创新了多井阀组双管不加热密闭集输工艺，将丛式井组多口油井的出油管线，设计成能够满足单井计量和混合油集输的阀组形式，用两条同径管线输至计量接转站。随着油田大规模滚动开发建设，转油点和增压点的界限逐渐弱化。2009年，油田全面进入数字化改造，应用功图计产、稳流配水、撬装输油等技术，逐步形成了丛式井单管不加热密闭集输的地面建设模式。

目前共有原油集输站点239座，其中联合站10座，接转站53座，增压点88座，数字化增压撬59座，无人值守站29座。其中运行10年以上站点146座，占总数的61.1%。库区上游运行10年以上站点27座，占库区总数的32.9%。液量低于120m^3/d的站点有123座，液量低于60m^3/d的站点有49座。

2　传统集输工艺面临的问题

安塞油田已勘探开发40年，地处“五河三库”流域，点多面广、区域分散。目前有51%的站点处理液量不足120m^3/d，仍有70%以上的站点采用传统三级布站模式，所有站点必需通过缓冲、分离、增压、伴生气加热等流程，且部分区域伴生气小，无法满足站内加热需求，导致目前管理层级多、运行效率低、用工数量大、安全风险高等矛盾日益突出。近年来，长庆油田大力推行站点无人值守改造，已基本实现中小型站场无人值守改造，虽然实现了部分工艺自动化，但传统集输工艺的实质未发生变化。

一是系统负荷率低，40%以上的站场负荷率不足50%，运行成本高。老油田“油减水增”的趋势和系统间不平衡的矛盾凸显，需适当关停、降级、合并一批站场；部分站场液量持续下降，导致管道输量与管径不匹配现象严重，冬季管道运行存在一定的风险。

二是管道、站场腐蚀老化，安全环保管控难度大。由于集输管道和站场种类多、数量大、使用年限长、输送介质复杂，部分集输管道及站场设备腐蚀结垢严重，存在较高的安全和环保风险。设备超期服役，部分静设备安全风险高、动设备可靠性差，需持续推进管道及站场完整性管理。国家新颁布的安全生产法和环境保护法，多项标准更新，要求提高，使生产过程中的“三废”治理标准和处置方式与新要求不相适应，本质安全环保面临巨大挑战。

三是油气资源利用率低，油气损耗大。部分区块密闭率、原油稳定率和伴生气回收率低，造成油气损耗大、资源利用率低，存在增收潜力。部分边缘分散区块规模小，采用拉油生产，没有实现油气开采过程全密闭。部分临时输油点仍采用开式流程生产，油气挥发损耗大、不满足 VOCs(挥发性有机物)排放标准。

四是常温集油普及率低，处理系统能耗高。目前单管常温集油井仅占总井数的1/3，要充分利用高含水期水力和热力发生变化的有利条件，进一步简化集油工艺，节能降耗。大部分站场液量含水已超过70%，常温输送潜力大。

五是数字化应用程度普遍较低，设备无人值守运行风险高。目前全厂97.1%的中小型站场已实现数字化无人值守改造，仍有大部分区块采用有人值守。主要原因在于安全环保压力大，由于站场设备老旧，失效风险高，同时公司推行的数字化撬仍采用油气分输，站场加热炉、气液分离等特种设施的连续运行需要有人看护，特别是冬季气液分离器的自动排液能力较差，发生异常，需及时进行处理。

3 设计思路及应用范围

3.1 总体思路

针对安塞油田目前处理液量低、伴生气不能满足本站燃气加热需求、冬季运行困难的低效站点，采用管对管(泵对泵)的方式进行处理与外输，即井组来油→总机关→收球筒→加药装置→电加热→油气混输泵→电加热。油气混输装置采用撬装集成，设计能力 120m³/d，站内设 30m³ 应急储罐，泵进出口通过安装电动三通阀及电动球阀实现远程流程切换与紧急切断等控制(图1)。

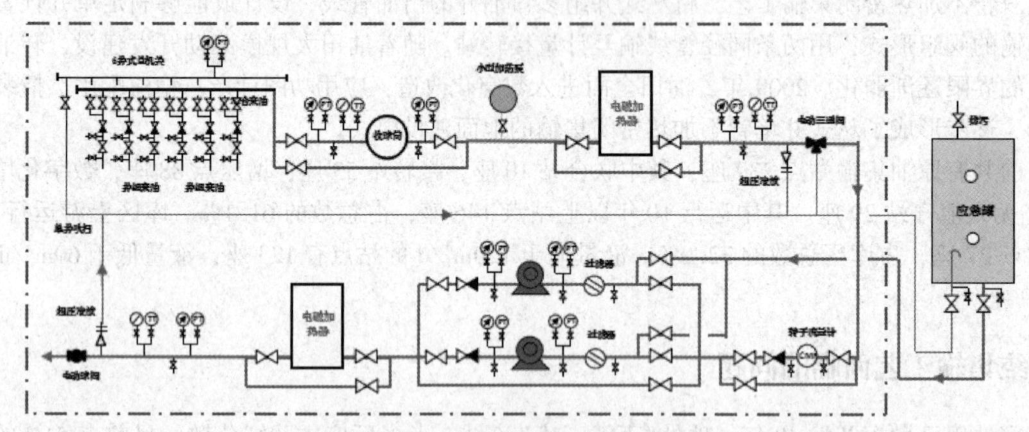

图1 撬装油气混输装置工艺流程图

2.2 撬装设计

将总机关-收球筒-加药泵集成，电加热-混输泵-电加热集成，2个集成装置可采用螺栓、卡箍等进行拼接。新建站点采用拼接后的一体化集成装置，老站改造时根据功能、地理位置等需求，将2个集成装置分开进行安装，满足不同条件下的站场灵活布局。

3.3 仪表设计

撬装油气混输装置所有自控仪表、阀门均采用双保险的方式进行设计，即机械压力表和压力变送器进行配套，电动阀与机械泄放阀进行配套，现场手动流程与远程控制系统相配套，最大限度保障输油撬的正常运行。混输泵前加装耐用性较强的三相流量计，使介质压力、温度与下游进站端压力、温度保持一致，便于管道泄漏监测。

3.4 备用流程设计

油气混输撬选择在常规增压站进行试验，保留原有站内工艺流程，试验过程中如遇混输撬故障，可启动站内原有流程运行，确保站点运行更加安全。

4 主要改造内容及可行性分析

4.1 优化总机关与加药装置

(1) 现有装置存在问题：一是总机关设计压力不能满足后期清水试压要求；二是井组管线泄漏后站内液体可能倒流出站，导致泄漏量加大；三是加药装置选型过大，运行中增加了现场员工的工作量。

(2) 改造方案：一是对总机关来油管线增加止回阀、试压控制阀，要求试压控制阀门按照管线设计压力设计，总机关仍然按照站内设计压力设计，止回阀选用可通清蜡球的型号；二是合理选择加药装置，按照加药量 2~15L/d 进行选型定制，要求加药罐满足 5~10 天纯药量库存，加药采取不稀释，定时定点投加纯药品。

4.2 燃气加热炉更换为电磁换热器

(1) 长庆油田相当一部分低效站点伴生气不足，已经不能满足加热炉用气需求，只能铺设管网引入天然气，而且随着油田发展，这一趋势会越来越明显。而电磁换热器具有热效高、使用寿命长、减缓结垢、无明火加热以及可以实现精确温控等优势，安塞油田去年应用两台，截止目前效果较好，在可供选择的手段里，电磁换热器部分替代燃气加热炉是一个较好的选择。

(2) 改造方案：一是站点加热全部改用电加热，在外输泵进出口各安装一套。满足泵进口过滤网运行及输油要求，以及防止站内出现一具加热装置故障后不能输油的问题。电加热根据不同液量进行定制。要求电加热器可根据出口温度和设定油温自动变频调整功率，实现外输温度恒定。

4.3 输油泵更换为油气混输泵

近年来，安塞油田持续加大油气混输工艺试验，先后应用了同步回转、偏心回转、柱塞式、双螺杆等多种混输设备，初步验证了各类油气混输装置的适用性。

(1) 同步回转

同步回转压缩机主要由气缸和与之内切的转子两个柱形体组成，转子通过滑块带动气缸转动，此时气缸和转子间由滑块分割成容积不断变化的吸入腔和压缩腔，从而实现介质的不断吸入和压缩排出过程。从 2013 年运行近 10 年的效果看，该装置井组降回压效果显著，扩大了管线集输半径，最远输送距离超过 10km，有效解决了以往偏远井组无法归站的问题。缺点是设备故障频繁、维护周期较长、维护费用高。设备连续运行时间最短的为 3 个月，其主要原因为机泵卡死(40%)、机封漏油(60%)，且大多需要进行整体更换。设备运行每半年需要进行强制停机维护，平均维护成本 2~3 万/年·台，运行成本相对较高。

(2) 偏心回转

通过摆轴在油缸中以往复摆动的方式引起容积变化，吸油腔的容积不断增大、形成真空，介质通过吸油口不断进入吸油腔，滑板另一侧排油腔的容积不断减小，工作介质通过排油口排出，进而完成吸油、排油过程。通过现场试验，该撬能够替代 $100m^3/d$ 以下的低效站点，装置采用一用一备，输送压力高，适用于气油比较低的站点。缺点是泵的携气能力较差，试验期间多次出现过泵进口压力上升超过 0.5MPa 的情况，导致站内总机关以及上游井组压力过高。且泵故障率较高，平均运行 22 天维修 1 次，主要集中在泵无法启动、启动后快速停机、泵体密封件损坏等问题。

(3) 双螺杆

启动电动机通过联轴器带动主动螺杆，经轴端一对同步齿轮传动，使主、被动螺杆产生相互啮合转动使泵腔两端吸口产生真空，介质被输入泵腔两端，在主、被动螺杆旋面推动下，将介质推向泵体中部出口排出。近年在王6增应用，日产液量120m³/d，伴生气量1000m³/d，使用双螺杆泵后平均排量5.7m³/h，压缩比约为8：1。自2019年10月运行至今，未出现故障，理论上双螺杆泵存在齿轮、轴承磨损率较高、使用寿命短、维护成本高等问题，仍需进一步评价。

（4）柱塞式

采用由三缸双作用往复泵、抗气阻混合交换稳压器、喷射回流自润滑和控制系统等组成。突破往复泵与压缩机单向阀输送介质结构型式束缚，首次提出双流道立式单向气液组合阀。2019年在杏六转应用，液量300m³/d，伴生气量2580m³/d，平均气油比31.8m³/t，压缩比约为7.1。该柱塞泵自2019年12月运行至今，未出现故障，日常维修仅需要清理液力端，维护费用低、连续使用时间长。

表1　在用油气回收装置优缺点对比

设备	同步回转压缩机	偏心回转摆动油气混输泵	双螺杆油气混输泵	柱塞式油气混输泵
单价	36万/台	51万/台	70万/台	36万/台
设计排量(m³/h)	12.5	6	10	50
油气比(Nm³/t)	≤100	≤100	≤100	≤100
设计压力(MPa)	4	5	3	4
优点	能有效降低井组回压，携气能力较强，输送距离远	双泵撬装集成，能替代传统低效站点；适用于液量与气量低的井站	携气能力强，压缩比高，密封性好，能降低井组回压	压缩比高，排量大，故障率低，单台成本低、维护费用低
缺点	能耗较高，故障频繁，维护费用较高；无维护所需配件	携气能力差；抗杂质能力弱，故障率高	理论上存在齿轮、轴承磨损率较高、使用寿命短、维护成本高，需进一步验证	数字化程度不高，需要升级完善PLC控制系统

综合考虑经济性、稳定性与安全性，推荐选用柱塞式油气混输泵做为撬装油气混输装置的主用泵。要求输油装置必须配备一拖一的变频装置，并采用双泵进行配套，日常运行一台，备用一台。

4.4　配套三相计量实现首末端输差监控

根据多相流中是否含气，可将现有的油气水三相计量装置分为分离式和不分离式两种，分离式计量是目前常用的计量方法，通过三相分离器将原油中的油气水分离后单独计量，该技术容易实现，但需加装三相分离器，体积和占地面积较大，尤其是卧式结构的分离器耗用大量空间资源，不适用于目前老油田井站空间有限的场地，并且与油气混输装置的设计初衷不相符。

油气水三相混合流在管道中不经任何分离直接测量各相参数，需要对气液多相、混合液流量在线检测、数据采集分析及误差修正方法等技术进行深入分析研究，才能实现精确计量，常用的多相流在线检测方法有相分率与速度计量法以及流行识别法。本次流量对比采用的是基于放射性吸收技术测量相分率的不分离式文丘里三相流量计。相比常规体积式流量计，放射性流量计更容易识别出介质中的气相，因此计量出的液相数据更为准确、累计输差得到的曲线更为平稳，需要累计对比的时间更短，更有利于多相流管道输差监控。

（1）主要构成

通过文丘里管、伽马传感器、豁免级放射源、多参量仪表等关键设备组成。

（2）工作原理

通过文丘里流量计测量多相流的总体积流量，利用伽马传感器放射性吸收技术测量多相流的相分率。根据总流量和相分率即可得到油流量、水流量和气流量。

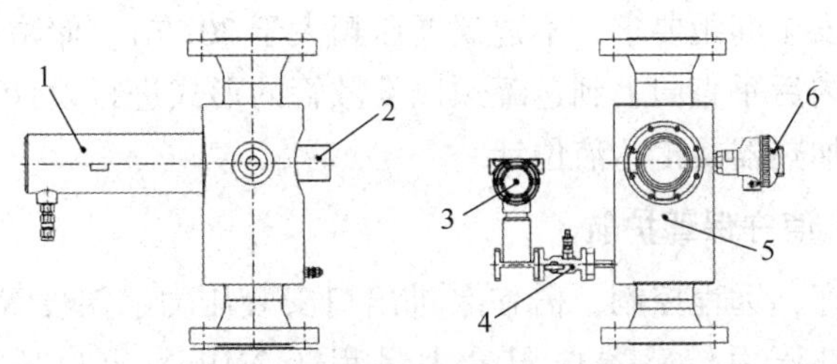

图2　文丘里流量计结构示意图

1—伽马传感器；2—源仓防护盖；3—MVT(多参量仪表)；4—五阀组；5—文丘里；6—温度传感器

相分率和各相的流量是通过以下一系列的测量和计算得到的。

用文丘里流量计测量多相流的总体积流量 Q_t。

双能伽马传感器测量总流量的体积含气率 GVF 和总液量含水率 WC；测量得到 GVF 和 WC 被用来计算多相流的混合密度，它是文丘里流量计确定体积流量时必须的参数。

多参量仪表 MVT 装在合适的位置来采集压力，差压和温度被用来转换测量值到标况值。

气流量 $Q_g=Q_t\times GVF$，最终用标况条件下的体积表示。

总液量 $Q_l=Q_t\times(1-GVF)$。

油量 $Q_o=Q_t\times(1-GVF)\times(1-WC)$；水量 $Q_w=Q_t\times(1-GVF)\times WC$

(3) 放射源的安全性

国际原子能机构(IAEA)根据放射性核素的能量与活度大小，将放射源分为5个等级，其主要分级与相关描述如下图所示。

Categorye	Descriptione
1	Extremely dangerous
2	Very dangerouso
3	Dangerous
4	Unlike dangerous to persone
5	Most unlikely dangerous to persone

图3　IAEA对豁免源活度的标准要求(节选)

由上图可知，第5类放射源对人体造成的危害已经很小了，此次选用的豁免源活度比第5类放射源的活度还要低，具有很好的安全性，对人和社会公众造成的危害几乎可以忽略不计，因此可以将其作豁免处理。

(4) 现场试验情况

试验管道为某作业区增压点至接转站集油管道，管道规格为 Φ76×4.5mm，全长2.5km，材质为L245N无缝钢管，输送液量 135m^3/d，其中液相 86.3m^3/d，气相 456m^3/d。通过对管道首末端液相流量的瞬时流量、瞬时输差、1分钟累计输差进行对比，1分钟累计输差波动小，容易发现管线泄漏。在靠近末端流量计附近使用排液阀门进行模拟管道泄漏，经过5分钟排液约0.12方，末端流量计累计流量有了明显的阶梯式下降。在SCADA系统设置输差曲线报警提示，可及时发现混输管线出现泄漏事故。试验表明，应用三相流量计对多相流管道进行累计输差对比、以达到管道泄漏监控的方法是可行的，由于管道内介质流态复杂，不同管道达到输差曲线平稳所累计的时间会有差距。理论上，含气量越小、介质充满程度越高的管道，需要累计对比的时间越短，管道泄漏监测的响应时间越短。

4.5　配套应急储罐实现连续生产

考虑井组扫线降压、站内应急等情况。需配备应急储罐1具，应急罐统一选用 30m^{3}方罐(考虑到公司统一技术规范对于安全间距要求，不建议增压箱大于30方）。储罐只设置一个进油口与一个出油口，进油管线进入罐内后垂直向上到达罐顶以发散管的形式进行设计。要求事故罐安全阀、阻火器等附件齐全，配备电加热器及雷达液位计。

4.6 PLC控制系统为无人值守保驾护航

装置运行采用无人值守，远程控制，需在泵进出口安装压力、温度等传感器，预留布线位置，通过PLC进行控制，进口压力传感器选用最大量程1.0MPa，出口压力传感器选用最大量程6.0MPa。各项预警参数的阈值根据站点具体情况设置，主要控制设备包括电动三通阀、电动球阀以及2个机械超压泄放阀。

电动三通阀：实现紧急情况下站内流程的自动切换。

电动球阀：实现紧急情况下外输流程的自动切断。

超压泄放阀：实现网络故障及电动阀出现故障后的自动机械切换，确保双保险。

正常情况下：采用密闭输油，通过变频自动调节排量，实现站内压力运行平稳。即泵进口压力保持在0.1-0.2MPa，泵出口压力小于泵的额定压力。

异常一：输油泵进口压力高于设定范围，而且泵的频率已调至最大，立即关停在用输油泵、启动备用泵，同时平台设置报警，如果压力在规定时间内不下降，将自动切换电动三通阀，来油全部进入应急罐，如果该系统失灵，机械超压泄放装置将起到第二道保护屏障作用。

异常二：输油泵出口压力高于设定范围，系统自动关停输油泵，外输管线电动球阀自动关闭，平台设置报警，等待进口压力上升超过设定值后，电动三通阀自动打开进应急罐，或者是机械超压泄放启动，工作人员到现场故障排除后恢复正常输油流程。

异常三：总机关或站内管线发生泄漏，主要通过可燃气体探头进行预警，再加上中心站视频监控及人工巡检判断，三是通过分析系统运行参数进行综合判断。一旦发现异常，马上启动应急预案。输油管线泄漏需要重新编写一个诊断程序，确认泄漏后马上停泵、关出口电动阀，减少泄漏量。

4.7 总体可行性分析

（1）撬装增压技术在长庆油田已应用多年，受传统加热炉与油气密闭设备存在安全间距的限制，常规数字化撬不能与集油收球加药一体化装置合并设计，取消加热炉与缓冲罐设计后，没有任何安全间距要求，更有利于撬装化设计，装置所占空间更小。

（2）电磁加热技术目前在油田部分偏远拉油点已应用多套，运行良好，对于液量低、伴生气量小无法加热的井站能够实现精准控温、按需加热。

（3）油气混输工艺在长庆油田乃至国内各大油气田已逐步推广应用，各类混输泵设备已趋于成熟，以双螺杆、柱塞式为主的油气混输泵在安塞油田多个井站已稳定运行超过3年。并且实现了按需加热，具备站场工艺流程进一步简化的条件。

（4）中小型站场无人值守技术目前在长庆油田已推广运行多年，流程自控、远程监控等技术均已成熟，能够实现以上PLC控制系统功能需求，确保无人值守运行安全。

5 效益预测及技术展望

传统增压站以及现有数字化撬一次性投资200万以上，而采用以上撬装设计，投资不超过120万，且随着站点油气比越低、液量越小，撬装设计费用更低。由于没有缓冲罐、加热炉以及值班室等设施，占地面积将节约70%以上。传统站点运行费用主要包括伴生气燃烧、输油泵电能耗以及人工成本。撬装油气混输运行费用主要为电加热能耗与输油泵电能耗，相比传统增压站虽然增加了电能耗，但由于是按需加热，在120m^{3}规模以内，站点加热增加能耗远比节约的运行成本低，通过停用站内缓冲罐、加热炉等特种设备，极大消减了站内运行风险。其核心是通过油气混输及配套技术实现了油田地面集输工艺变革，真正意义上实现了站点无人值守，符合长庆油田改革创新、提质增效以及风险防控的发展方略，具有较好的社会效益。

随着油田含水持续上升以及油气混输工艺的进一步发展，油田进入高含水阶段后，站点输送能耗进一步降低，如何实现泵-泵不加热油气混输，对于后期地面集输工艺发展至关重要，解决了前端逐级增压和稳定输送问题，将大幅提高管理效能。

参 考 文 献

[1] 云庆等. 油气田地面工程“十四五”发展设想. 石油规划设计，2020，31(6)：14-18.

[2] 蔡珂盈等. 油气水三相流量计发展现状. 中国石油和化工标准与质量，2018 年第 24 期.

[3] 班智博等. 用于测量电动增压器流量特性的文丘里管流量计设计. 西华大学学报(自然科学版)，2021，3.

[4] 刘伟等. 流量法测量文丘里管流量系数的误差研究[J]. 山西水利科技，2013，190(4)：56-59.

[5] 罗惕乾. 流体力学[M]. 北京：机械工业出版社，2007：15-42.

合水油田网络架构评估及优化建议

何红松　兰　夏　郝　蕾

（中国石油长庆油田公司第十二采油厂）

摘　要　为提高企业网络的健壮性、安全性、延展性，应当进行网络评估。该研究主要从物理组网、逻辑组网、安全性评估和智能化运维四个方面，使用针对性的评价标准，来对合水油田的链路可靠性、设备扩展性、组网的稳定性、以及防护能力建设和运维水平等方面进行评价，得出架构扁平度、设备归一化程度高，网络健壮性好，属性率低，基本符合安全性要求但是缺少备份机制，防御能力弱；然后结合企业发展现状以及智能化、大数据的发展趋势，提出合理的优化建议。

关键词　网络架构；生成树；企业组网；大数据；智能化运维

1　引言

近年来，伴随合水油田业务和规模的不断扩大，物联网基础设施配套建设也紧跟企业发展步伐，开展多轮网络优化升级工作，涉及各个中心站及其所辖站点。

优化前网络在物理上分成六大区域：核心区域、机关区域、B1 区域、D1 区域、S1 区域、G1 区域；在逻辑上办公网和生产网没有物理隔离，办公区域全是“长链路三层访问”，生产区域是“假 OSPF+静态路由”协议，互相干扰且经常发生环路，导致广播风暴，给网络维护人员增加极大得维护难度。

通过对近年来运维故障回顾分析总结及现网数据梳理调研，并针对架构不合理、区域结构不合理及整网健壮性低等一些安全隐患，做出调整优化，使网络架构更加健壮合理，保障业务的稳定运行。

2　网络架构评估

网络架构是企业网络管理的核心技术，关乎企业网络安全、机构扩容、智能化建设的各个方面，特别是在大数据智能化的生产经营条件下，海量数据、高速传输、超低延迟的重要性不言而喻，根据重要性本文着重从“物理组网、逻辑组网、安全性、智能化”四方面开展评估，依据的是现场调研检查的数据和故障处理时得出的结论。

2.1　物理组网

2.1.1　链路方面

网络中的汇聚节点，随着流量的日益增加，对带宽的需求越来越大，汇聚流量在多级节点间逐跳转发，穿通流量（过路流量）的增加，会导致网络性能下降，链路扁平化成为网络架构优化的重要目标，其优点是：

1）扁平化的网络端到端层级较少，跳数少，减少带宽瓶颈的机会，可以降低网络时延和丢包风险。

2）扁平化的网络使汇聚流可以直达核心层，提升架构容量，避免不必要的带宽扩容，提高网络收益。

2.1.1.1 衡量指标

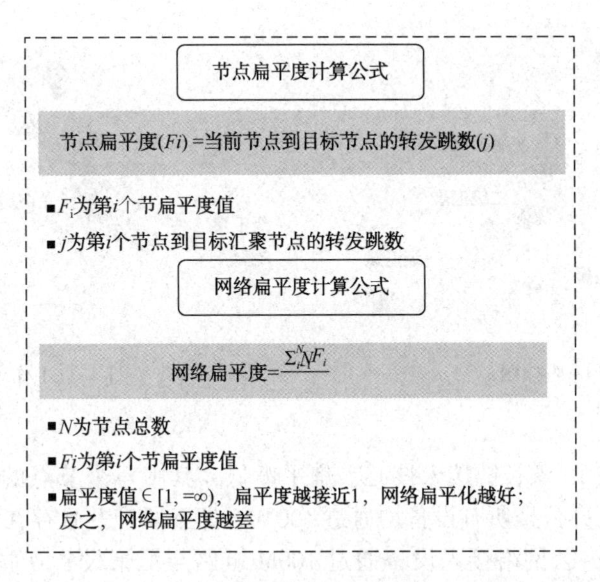

图 1 扁平度计算公式

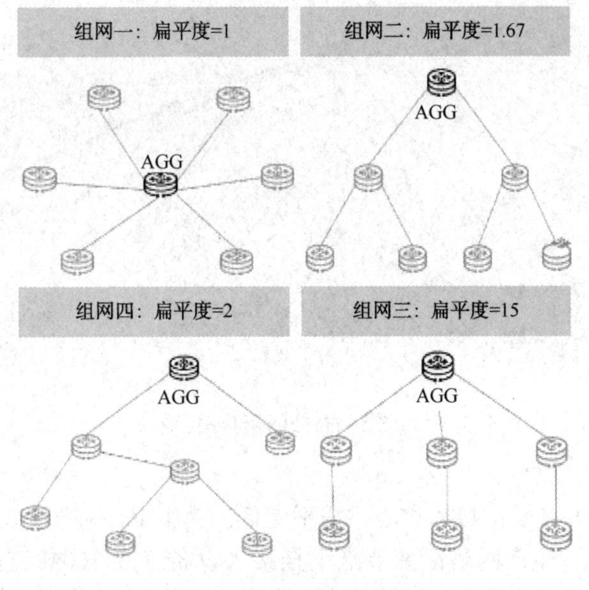

图 2 扁平度计算实例

以上是示例，相同设备数量情况下，可以通过扁平度反应不同汇聚级数和连接方式组网的合理程度，中间节点越多，扁平度越大；扁平度越小，设备离核心越近。

2.1.1.2 合水油田的评估

(1) G1 和 D1 网络拓扑

G1 生产网络拓扑结构(图 3)，存在最多四级汇聚，扁平度：1.82。zhuang1zhuan-huawei(HW：S5720-EI，三级汇聚)、GCzyq-1zeng(H3C：S5130-28S-EI，三级汇聚)、ST1_ GC_ BG_ C3560X_ 01(CISCO：WS-C3560X-24，三级汇聚)；设备下挂接入设备链路存在 100M 互联，建议进行网络扁平化改造，接入设备到汇聚节点链路整改为 1G 互联。

D1 生产网络拓扑结构(图 4)，存在最多四级汇聚，且各级汇聚又分别下挂数量不等的设备，扁平度：2.14。DZZYQ-Z7zhu-5720(HW：S5720-EI，四级汇聚)设备下挂接入设备链路存在 100M 互联，建议进行网络扁平化改造，接入设备到汇聚节点链路整改为 1G 互联。

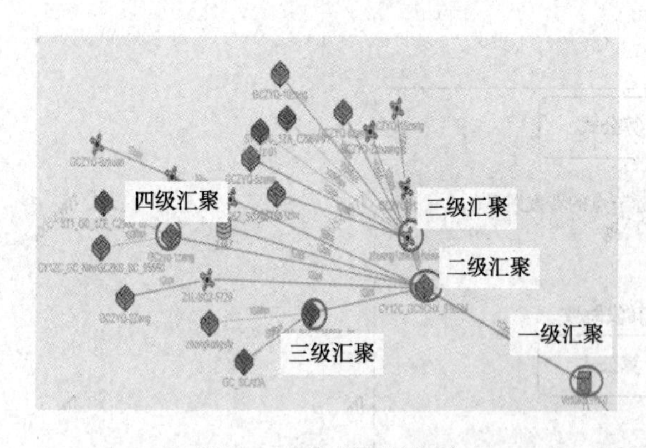

图3　G1作业区拓扑图

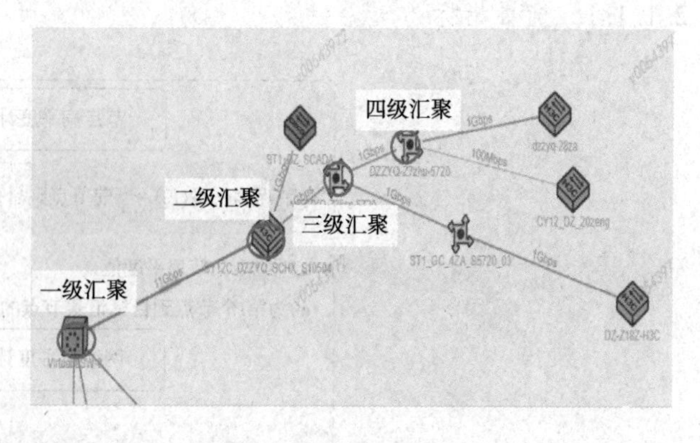

图4　D1作业区拓扑图

(2) 办公网络拓扑

办公网络(图5)存在13条长链接入核心，扁平度低，其中4个节点的长链12条，5个节点长链1条，扁平度：1.79。办公楼所有设备均通过100M链路互联，并且存在多级组网结构；D1办公网络、S1办公网络、B1办公网络接入设备通过100M链路与汇聚设备互联，建议扁平化改造，重点对长链进行整改，办公网络接入设备100M链路整改为1GE互联，汇聚到核心节点链路整改为10GE互联。

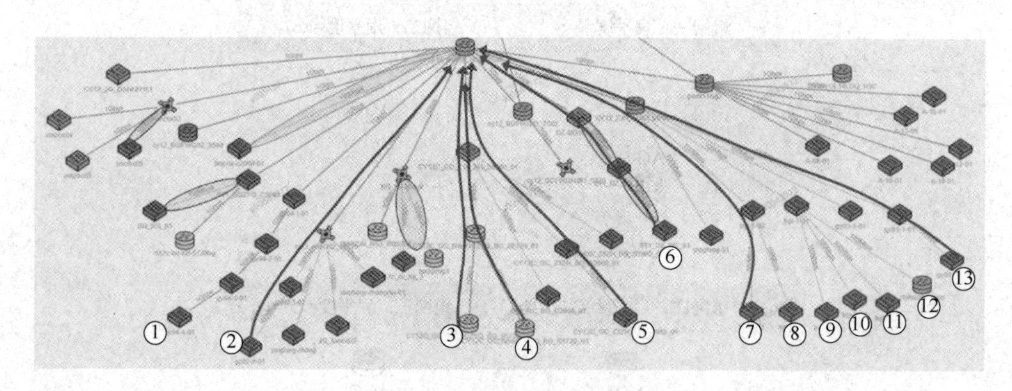

图5　办公网拓扑图

(3) 生产网络拓扑

生产网络(图6)存在6条长链接入核心，扁平度低，其中D1生产区长链3条，G1生产区长链2条，B1生产区长链1条。生产网络汇聚节点下挂接入设备存在100M链路互联建议扁平化改造，重点对长链进行整改，网络接入设备100M链路整改为1GE互联。

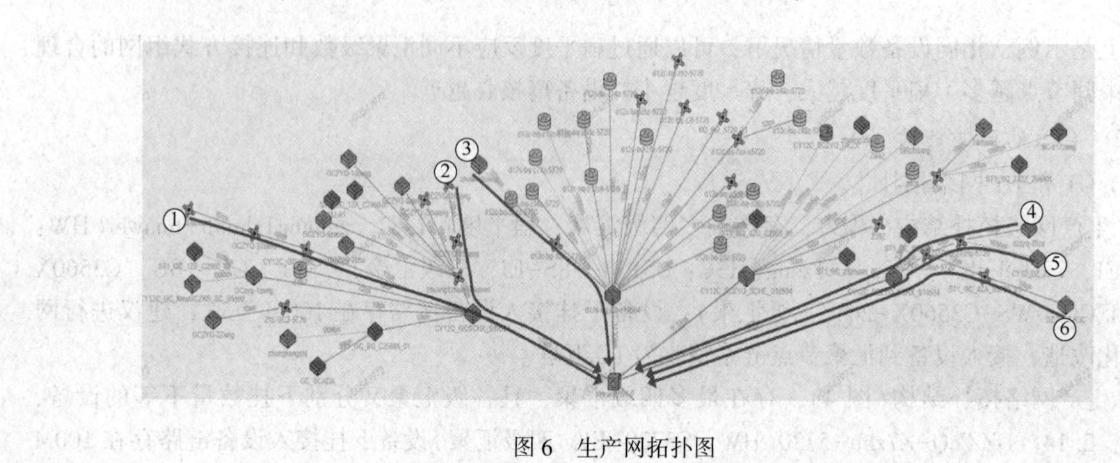

图6　生产网拓扑图

2.1.2　设备方面

2.1.2.1　扩展性方面

据统计，核心层网络链路带宽87%为1G不满足万兆，接入层网络链路34%的带宽小于1G不足千兆，1G接口使用率>50%，100M和10M接入仍然较多，整体扩展性不足。

设备降维运行主要影响因素是：接口与光模块不匹配、链路的光指标不达标导致协商不一致、采用百兆傻瓜交换机(HUB)。

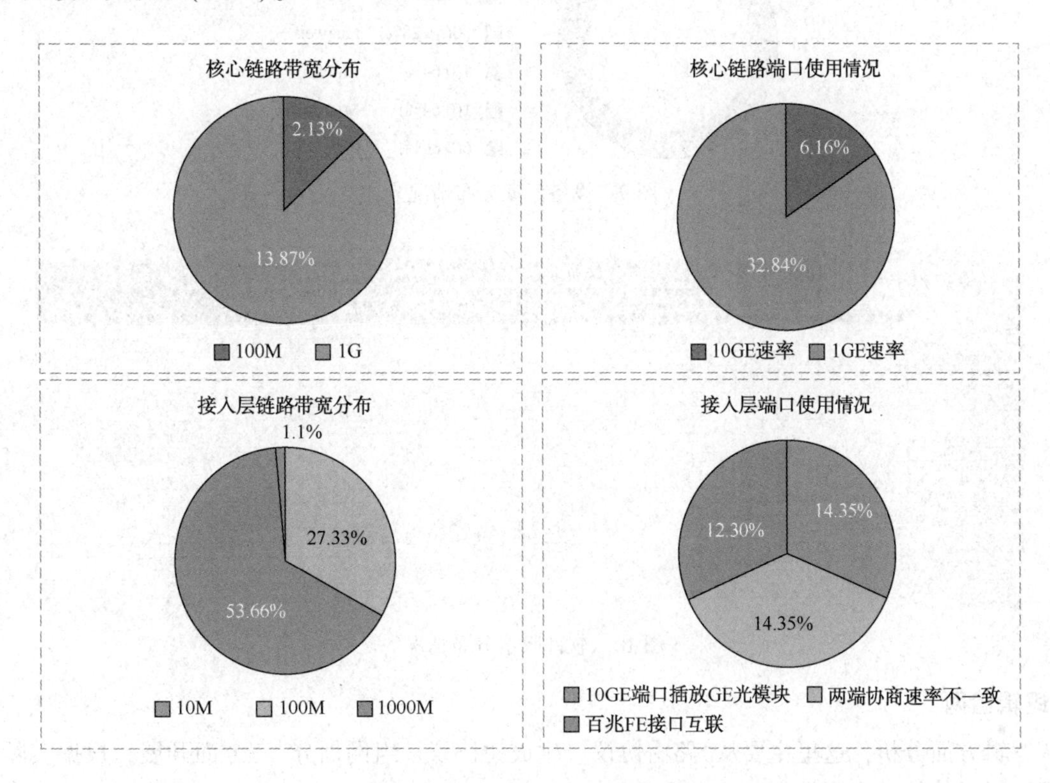

图7　核心及接入层带宽统计

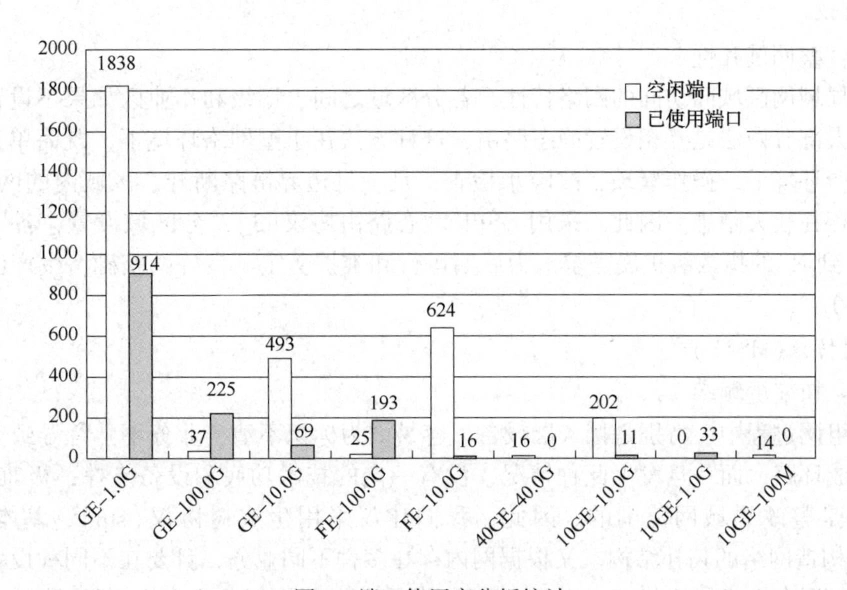

图8　端口使用率分析统计

2.1.2.2　设备归一化方面

现有网络设备主要有3个不同厂家，华为占比51%，华三占25%，思科占18%，归一化程度高，部分区域兼容性好，但维护难度还是大；根据设备的软件版本统计，官方停止升级(EOS[4])的占66%(98台)，版本较新的是2022年6月份，占比33.7%，总体来看基本全部过期，而且即将停止升级。

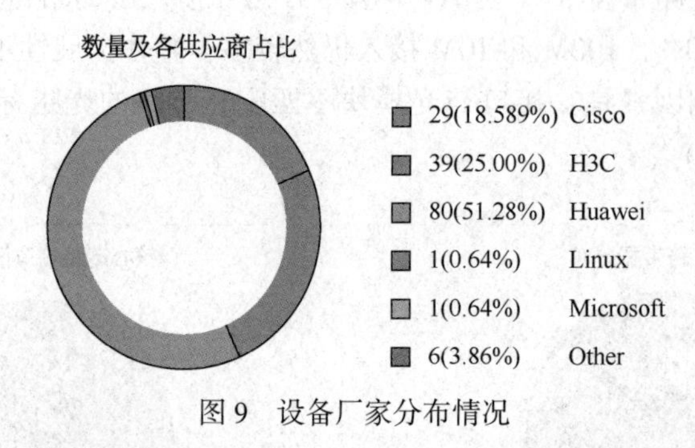

图9　设备厂家分布情况

设备类型	软件版本																			
	--	--	Version 12.2	Version 15.0	VRP5.16 V200R0 08C00S PC500	VRP5.16 V200R0 08C00S PC500	VRP5.17 V200R0 10C00S PC600	VRP5.17 V200R0 11C10S PC600	VRP5.17 V200R0 11C10S PC600	VRP5.17 V200R0 11C10S PC600	VRP5.17 V200R0 11C10S PC600	VRP5.17 V200R0 11C10S PC600	VRP5.17 V200R0 19C00S PC500	VRP5.17 V600R0 07C20S PC100	VRP7.1. 045 1122	VRP7.1. 045 1152	VRP7.1. 045 3116	VRP7.1. 070 1119	VRP7.1. 070 7557	VRP7.1. 070 7577
	设备数量	设备数量	设备数量	设备数量	设备数量	设备数量	设备数量	设备数量	设备数量	设备数量	设备数量	设备数量	设备数量	设备数量	设备数量	设备数量	设备数量	设备数量	设备数量	设备数量
2960-24	-	-	12	-	-	-	-	-	-	-	-	-	-	-	-	-	-	-	-	-
2960-48	-	-	1	-	-	-	-	-	-	-	-	-	-	-	-	-	-	-	-	-
Catalyst3560G-48TS	-	-	-	5	-	-	-	-	-	-	-	-	-	-	-	-	-	-	-	-
Catalyst3750-stack	-	-	1	-	-	-	-	-	-	-	-	-	-	-	-	-	-	-	-	-
CiscoDevice	-	-	8	2	-	-	-	-	-	-	-	-	-	-	-	-	-	-	-	-
H3CDevice	-	-	-	-	-	-	-	-	-	-	-	-	-	-	14	2	-	4	2	2
S12700E-8	-	-	-	-	-	-	-	-	-	-	-	-	1	-	-	-	-	-	-	-
S5130-28S-EI	-	-	-	-	-	-	-	-	-	-	-	-	-	-	-	-	12	-	-	-
S5700-28TP-PWR-LI-A(	-	-	-	-	-	6	-	-	-	-	-	-	-	-	-	-	-	-	-	-
S5720-28P-SI-AC	-	-	-	-	-	-	-	-	-	4	-	-	-	-	-	-	-	-	-	-
S5720-28X-SI-AC	-	-	-	-	-	-	-	8	-	-	-	-	-	-	-	-	-	-	-	-
S5720-36C-EI-28S-AC	-	-	-	-	-	-	1	-	-	-	-	-	-	-	-	-	-	-	-	-
S5720-36C-PWR-EI-AC	-	-	-	-	-	-	-	-	2	-	-	-	-	-	-	-	-	-	-	-
S5720-52P-SI-AC	-	-	-	-	-	-	-	15	-	-	-	1	-	-	-	-	-	-	-	-
S5720-56C-EI-48S-AC	-	-	-	-	-	-	-	-	-	-	1	-	-	-	-	-	-	-	-	-
S5720-56C-EI-AC	-	-	-	-	-	-	-	-	14	-	1	-	-	-	-	-	-	-	-	-
S5720-56PC-EI-AC	-	-	-	-	20	-	-	-	-	-	-	-	-	-	-	-	-	-	-	-
S5720S-28P-LI-AC	-	-	-	-	-	-	-	-	3	-	-	-	-	-	-	-	-	-	-	-
S5720S-28P-SI-AC	-	-	-	-	-	-	1	-	-	-	-	-	-	-	-	-	-	-	-	-
S7502E	-	-	-	-	-	-	-	-	-	-	-	-	-	-	-	-	-	-	3	-
USG6565E-AC	-	-	-	-	-	-	-	-	-	-	-	-	-	2	-	-	-	-	-	-

图10　软件版本分布情况

2.2　逻辑组网

从逻辑方面分析，这里主要从“路由协议、生成树协议、组网划分”三方面开展，根据实际运行情况都取得了较好的应用效果。

2.2.1　路由协议

评价指标：整网健壮性

根据企业局域网区域间访问的网络特性，各分区域之间、厂级和作业区如果不设置路由，是不能互通的，而大部分做法是互相设置静态路由，这种方法在小型网络环境下，既简单又便捷；但是在中大型的生产环境下，操作繁琐，故障难检查，且一旦边界链路断开，区域内的网络随即瘫痪，生产和安全都存在较大隐患。因此，采用OSPF动态路由协议[3]，分区域设置，各区域之间互相学习，实现“1到N”的指数级扩展需求，为后期运行和维护奠定了良好的基础，生产区域的网络中断风险降低为0。

2.2.2　生成树协议(MSTP)

评价指标：树变更频率

在企业的组网过程中，特别是接入层设备，容易因为标识不清，业务不熟练导致交换机配置和接线错误，形成环路，而一旦发生此种情况，没有一定的技术功底和设备支撑，极难排查故障点，且造成的影响是整改局域网范围的。因此，我们建议采用生成树协议(stp)，基本思想就是按照“树”的结构构造网络的拓扑结构。又根据网内存在多种不同业务，且要在不同种设备之间实现对接，最终我们采用多生成树协议(MSTP)，MSTP将整个层网络划分为多个MST域，每个域视为一个节点。各个域之间按照STP或者RSTP协议算法进行计算并生成CST(单生成树)；在一个MST域内则是通过MSTP协议算法计算生成若干个多生成树。MSTP使用MST BPDU(Multiple Spanning Tree Bridge Protocol Data Unit，多生成树桥协议数据单元)作为生成树计算的依据。

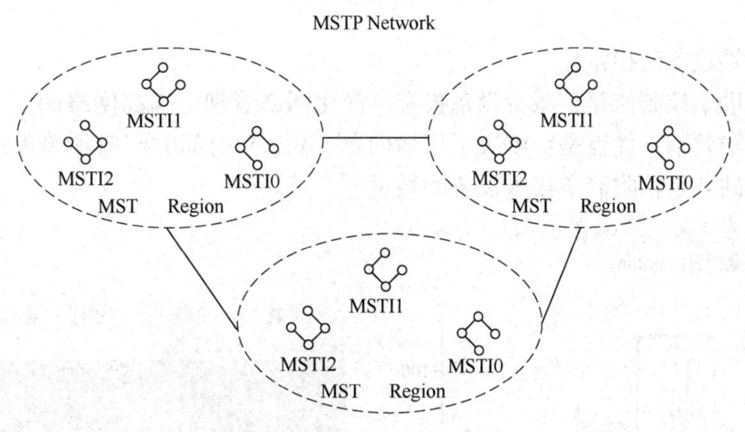

图 11　MSTP 网络示意图

经过实验，该协议在合水油田使用时，优点是：自动阻塞环路链接，抑制广播；缺点是：默认情况下，每片树叶发生变化都会使树重新生成，每次变动可能会卡顿 1 秒，需要控制协议报文产生的频率来优化网络，目前频率由以前的 1 分钟/次，优化为 6 分钟/次。

--------------- STP slot 2 TC or TCN count ---------------

MST ID	Port	Receive	Send
0	Ten-GigabitEthernet2/0/1	2	15604
0	Ten-GigabitEthernet2/0/3	2	15604
0	Ten-GigabitEthernet2/0/5	0	15602
0	Ten-GigabitEthernet2/0/7	7634	350
0	Ten-GigabitEthernet2/0/11	1	138671
0	Ten-GigabitEthernet2/0/13	2	15604
0	Ten-GigabitEthernet2/0/25	27	15554
0	Ten-GigabitEthernet2/0/33	0	0

--------------- STP slot 5 TC or TCN count ---------------

MST ID	Port	Receive	Send
0	GigabitEthernet5/0/7	0	0
0	GigabitEthernet5/0/9	0	0
0	GigabitEthernet5/0/10	2	15602
0	GigabitEthernet5/0/11	0	0
0	GigabitEthernet5/0/13	2	15602
0	GigabitEthernet5/0/18	0	15600
0	GigabitEthernet5/0/21	0	0
0	GigabitEthernet5/0/24	154	15318
0	GigabitEthernet5/0/26	2	15602
0	GigabitEthernet5/0/29	0	0
0	GigabitEthernet5/0/32	0	15600
0	GigabitEthernet5/0/35	0	138671
0	GigabitEthernet5/0/38	0	138671
0	GigabitEthernet5/0/46	0	0
0	GigabitEthernet5/0/47	1	15602

图 12　交换机 10 天 TC 报文数量

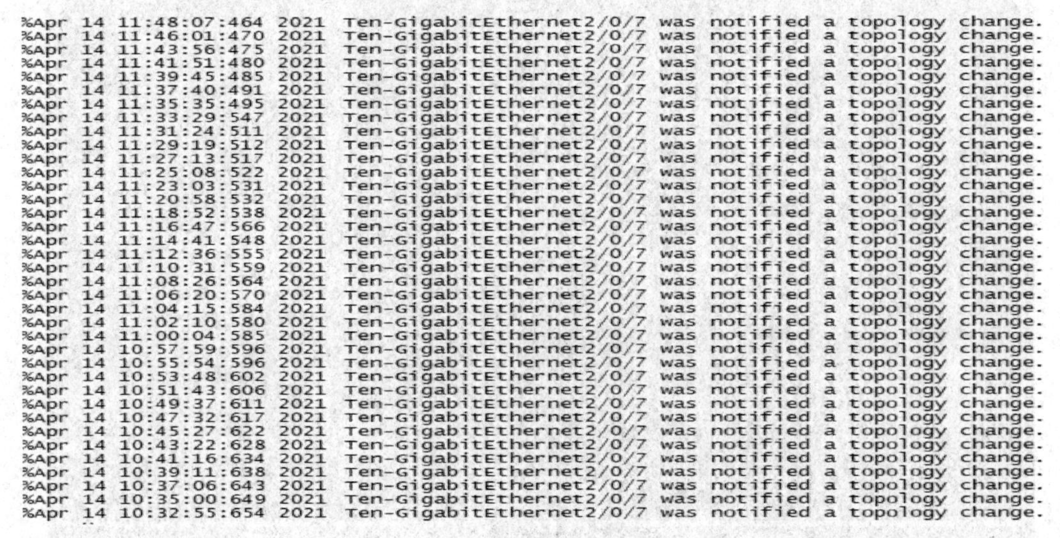

```
%Apr 14 11:48:07:464 2021 Ten-GigabitEthernet2/0/7 was notified a topology change.
%Apr 14 11:46:01:470 2021 Ten-GigabitEthernet2/0/7 was notified a topology change.
%Apr 14 11:43:56:475 2021 Ten-GigabitEthernet2/0/7 was notified a topology change.
%Apr 14 11:41:51:480 2021 Ten-GigabitEthernet2/0/7 was notified a topology change.
%Apr 14 11:39:45:485 2021 Ten-GigabitEthernet2/0/7 was notified a topology change.
%Apr 14 11:37:40:491 2021 Ten-GigabitEthernet2/0/7 was notified a topology change.
%Apr 14 11:35:35:495 2021 Ten-GigabitEthernet2/0/7 was notified a topology change.
%Apr 14 11:33:29:547 2021 Ten-GigabitEthernet2/0/7 was notified a topology change.
%Apr 14 11:31:24:511 2021 Ten-GigabitEthernet2/0/7 was notified a topology change.
%Apr 14 11:29:19:512 2021 Ten-GigabitEthernet2/0/7 was notified a topology change.
%Apr 14 11:27:13:517 2021 Ten-GigabitEthernet2/0/7 was notified a topology change.
%Apr 14 11:25:08:522 2021 Ten-GigabitEthernet2/0/7 was notified a topology change.
%Apr 14 11:23:03:531 2021 Ten-GigabitEthernet2/0/7 was notified a topology change.
%Apr 14 11:20:58:532 2021 Ten-GigabitEthernet2/0/7 was notified a topology change.
%Apr 14 11:18:52:538 2021 Ten-GigabitEthernet2/0/7 was notified a topology change.
%Apr 14 11:16:47:566 2021 Ten-GigabitEthernet2/0/7 was notified a topology change.
%Apr 14 11:14:41:548 2021 Ten-GigabitEthernet2/0/7 was notified a topology change.
%Apr 14 11:12:36:555 2021 Ten-GigabitEthernet2/0/7 was notified a topology change.
%Apr 14 11:10:31:559 2021 Ten-GigabitEthernet2/0/7 was notified a topology change.
%Apr 14 11:08:26:564 2021 Ten-GigabitEthernet2/0/7 was notified a topology change.
%Apr 14 11:06:20:570 2021 Ten-GigabitEthernet2/0/7 was notified a topology change.
%Apr 14 11:04:15:584 2021 Ten-GigabitEthernet2/0/7 was notified a topology change.
%Apr 14 11:02:10:580 2021 Ten-GigabitEthernet2/0/7 was notified a topology change.
%Apr 14 11:00:04:585 2021 Ten-GigabitEthernet2/0/7 was notified a topology change.
%Apr 14 10:57:59:596 2021 Ten-GigabitEthernet2/0/7 was notified a topology change.
%Apr 14 10:55:54:596 2021 Ten-GigabitEthernet2/0/7 was notified a topology change.
%Apr 14 10:53:48:602 2021 Ten-GigabitEthernet2/0/7 was notified a topology change.
%Apr 14 10:51:43:606 2021 Ten-GigabitEthernet2/0/7 was notified a topology change.
%Apr 14 10:49:37:611 2021 Ten-GigabitEthernet2/0/7 was notified a topology change.
%Apr 14 10:47:32:617 2021 Ten-GigabitEthernet2/0/7 was notified a topology change.
%Apr 14 10:45:27:622 2021 Ten-GigabitEthernet2/0/7 was notified a topology change.
%Apr 14 10:43:22:628 2021 Ten-GigabitEthernet2/0/7 was notified a topology change.
%Apr 14 10:41:16:634 2021 Ten-GigabitEthernet2/0/7 was notified a topology change.
%Apr 14 10:39:11:638 2021 Ten-GigabitEthernet2/0/7 was notified a topology change.
%Apr 14 10:37:06:643 2021 Ten-GigabitEthernet2/0/7 was notified a topology change.
%Apr 14 10:35:00:649 2021 Ten-GigabitEthernet2/0/7 was notified a topology change.
%Apr 14 10:32:55:654 2021 Ten-GigabitEthernet2/0/7 was notified a topology change.
```

图 13　交换机日志

2.2.3 组网划分

评价指标：终端设备的稳定性

划分 VLAN 有助于控制流量、减少设备投资、简化网络管理、提高网络的安全性，合理的划分方法能提高网络传输效率。优点是：解决了广播问题，VLAN 内部的广播和单播流量都不会向外转发，影响范围小；缺点是：限制了接入设备的数量。

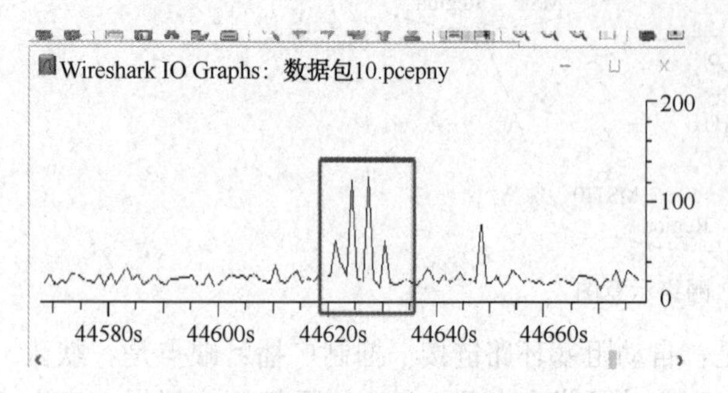

图 14 终端设备接收广播包统计

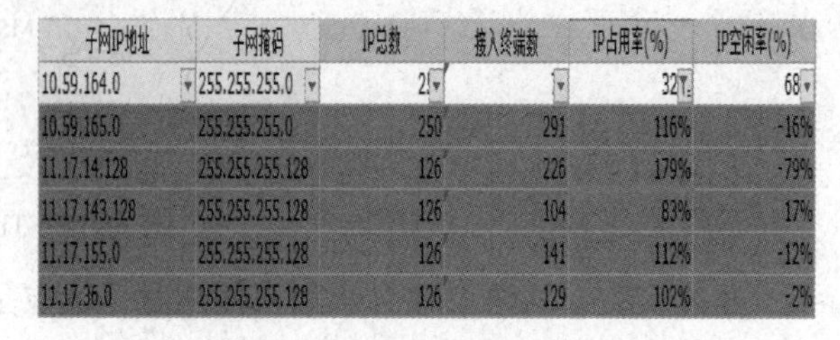

子网IP地址	子网掩码	IP总数	接入终端数	IP占用率(%)	IP空闲率(%)
10.59.164.0	255.255.255.0	2	1	32	68
10.59.165.0	255.255.255.0	250	291	116%	-16%
11.17.14.128	255.255.255.128	126	226	179%	-79%
11.17.143.128	255.255.255.128	126	104	83%	17%
11.17.155.0	255.255.255.128	126	141	112%	-12%
11.17.36.0	255.255.255.128	126	129	102%	-2%

图 15 占用情况>80%的 IP 网段

根据现场实验，除去异常数据后，统计 92 个 IP 段占用，超过 80%的，广播包在 30/s 左右，有 5 个广播包在>50/s，而部分老旧设备的瓶颈就是 30/s，超过了就会导致宕机。

2.3 安全性评估

2.2.1 物理隔离

网络隔离技术是指两个或两个以上的计算机或网络在断开连接的基础上，实现信息交换和资源共享，是面对新型网络攻击手段的出现和高安全度网络对安全的特殊需求，也是基于企业网络安全的基础条件。通过开展办公网和生产网分离，从物理架构上实现办公网和生产网双上行独立千兆链路，并且办公网还实现上联链路冗余备份。

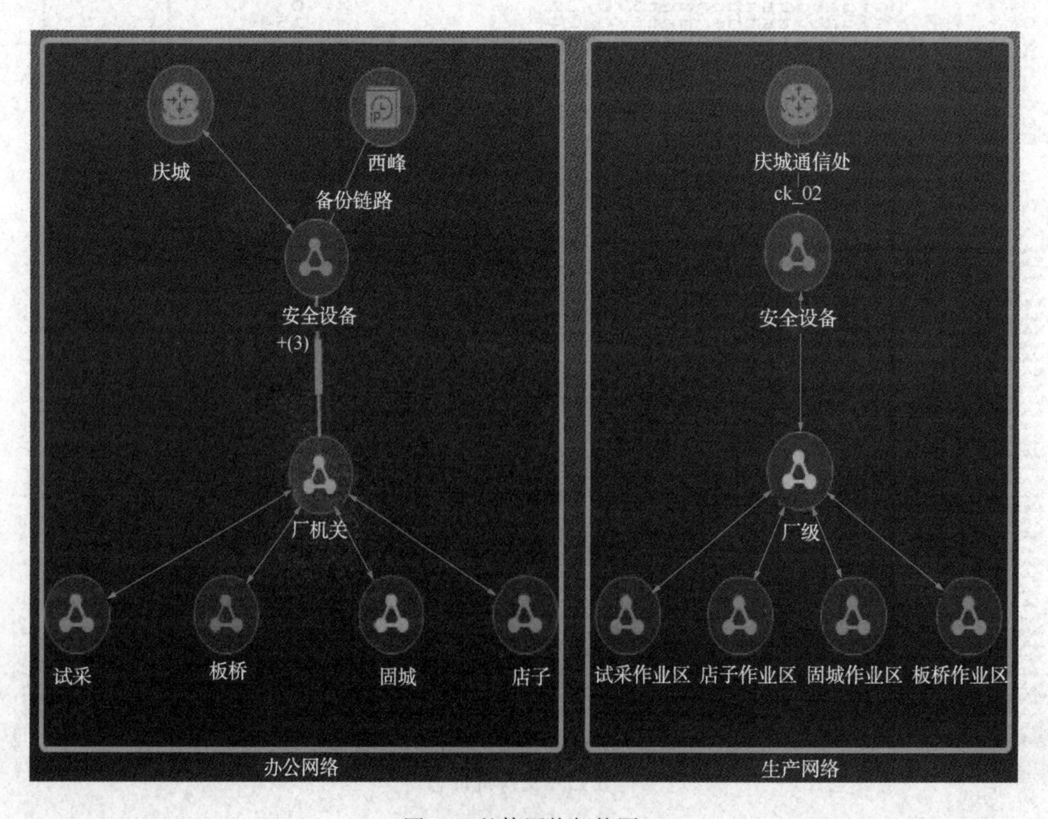

图 16 整体网络架构图

根据生产和办公的互访需求，采用了 NAT 静态地址映射技术，已实现 22 项服务的稳定访问，平均接收和发送速率 320MB/s，平均连接数 6287 个。

2.2.2 边界管理

根据安全访问要求，内网边界都应该安装专业的防护设备，主要提供流量分析，访问阻断，可信认证等措施。

（1）出口白名单机制

出口防火墙起到隔离外部不可信网络的作用，阻挡大部分非法攻击，并且为了和上级单位的正常传输，采用白名单机制解决。

（2）隔离专用通道

生产网与办公网、办公网与服务器、服务与生产网建立 TRUST 与 UNTRUST 的访问策略，严格过滤非法访问，保证内网安全。

2.2.3 认证授权

使用认证授权设备，防御从内部发起的非法网络访问和网络攻击行为，阻止设备伪装、ARP 攻击、泄密的不安全事件的发生。

2.2.4 日志审计

应用系统有系统日志，但是缺少设备的访问日志、维护的记录日志、网络的运维日志等，应首先完善运维的日志审计，做到应用和设备的运维有据可查，防止密码泄漏。

2.4 智能化运维

随着 ICT 技术的不断进步，网络运维不能再仅仅依靠简单的分析和状态指示灯，如果存在深层次的协议冲突、指标告警、容量过载等问题时，只能束手无策。

根据实际生产需求，2019 年建成的智能化的网络运维管理平台，经过 3 年的稳定运行，从根本上解决了大部分的维护难题，尤其是在设备管理、快速配置、可视化展示、主动分析、实时告警 5 个方面。目前共计接入 138 台网络设备，虚拟化服务器 1 套。通过智能网络监控平台分析，7 日内故障 10265 条，其中重要紧急故障 4805 条，根据智能化规则自动屏蔽故障 5883 条，根据可视化界面解决网络瓶颈问题 11 起，优化网络链路多次，极大的提升了网络流畅度和稳定性。年节约专业人员维护成本 20 多万元，以及大幅度降低非专业人员的维护难度。

3 结论及建议

3.1 物理组网方面

架构扁平度高，满足稳定增长需求；在设备方面存在部分 CPU、内存、带宽满载的情况以及接入层交换机使用 HUB，总体设备的归一化程度较高，建议：

1）消除存在中继约束的部分井场或站点，接入设备越靠近核心越好，光芯资源不足的时候，可以考虑上光分设备；

2）尽量少使用傻瓜交换机，尤其是有条件直连的不要再增加傻瓜交换机，它是影响速度的根源。

3）采用同一厂家的设备兼容性好，且易于维护；工业设备使用环境恶劣，有使用期限，要及时淘汰老旧设备，停止维护的设备应制定备用计划，尽早更换。

3.2 逻辑组网方面

网络健壮性高，动态路由能够保证区域之间稳定运行，生成树协议能够防止环路的产生且刷新频率低，组网划分有少量占用率高，建议如下：

1）不断优化交换机配置文件，提升技术人员维护能力；

2）生成树变更目前 6 分钟/次的频率，仍有较大提升空间，应当从规范接入层交换机配置入手，逐步完善。

3）组网划分方面，实践证明单个 VLAN 下的设备应当控制在 250 个以内，对于使用超过 80% 的 vlan 要尽早考虑线路分割；

4）依据运行中包的数量分析，部分老旧设备抗风险能力差，正常的访问都能导致死机，应尽早更换，主要是老旧 RTU。

3.3 安全性评估

采用物理隔离模式，符合油田公司安全性要求，但是目前核心设备还是单机模式，缺少备份设备，未开展等保测评，仅靠防火墙开展防御，一旦出现安全事件，责任追查较严厉，建议如下：

1）根据行业经验，核心区域增加冗余设备，形成双机备份机制。

2）及时配备“漏洞扫描、日志审计、入侵检测防火墙、认证授权”等硬件设备，开展漏洞扫描，入侵防御，设备入围认证等措施，对自建系统开展等保 2.0 认证。

网络安全等同于生产安全，网络安全设备和人员的投入不一定能保证安全，但是不投入一定是不安全的！

参 考 文 献

[1] 马玥．我国大数据基础设施构成、问题及对策建议[J]．中国经贸导刊，2017.
[2] 张晟，戎伟．未来通信网络架构及演进方案[J]．电信科学，2018：148-156.
[3] 张宏，杨壮．OSPF 协议在通信网络中的应用分析及算法优化[J]．光通信研究，2011：15-17+20.
[4] 北京奇艺世纪科技有限公司．优化网络架构的方法及网络架构：[P].

无人机在苏里格气田集输干线巡护中的应用

马　瑾　李永阳　齐宝军　陈宗宇　韩鹏飞

（中国石油长庆油田公司第三采气厂）

摘　要　油气管道作为国家的能源动脉，能否安全运行至关重要。苏里格气田集输干线线长面广，一直面临巡护管理难题。本文主要介绍了无人机在苏里格气田集输干线应用情况，并对应用过程中存在的问题提出了相应的解决措施，提出了今后无人机应用的相关建议。

关键词　集输干线；无人机；干线巡护；存在问题；应用

1　概况

苏里格气田骨架管网主要位于内蒙古鄂尔多斯市乌审旗、鄂托克旗、鄂托克前旗、陕西省榆林市榆阳区、靖边县、定边县境内，线长面广，周边环境及人员活动复杂。

传统的干线巡护均采用人工方式，在巡护过程中往往面临一下困难：(1)传统的人工巡护费时费力、巡护成本高；(2)干线线长面广，突发紧急事件，不能准确定位，不能第一时间提供一手资料，且由于周边环境及人员活动复杂，现场管理难度增大。

无人机作为一项高新技术，可快速获取地貌的空间遥感信息，结合长输管线的特点，可应用于输气干线的定期巡检、应急抢险。

2　无人机的选用

2.1　无人机简介

无人驾驶飞机简称“无人机”，英文缩写为“UAV”，是利用无线电遥控设备和自备的程序控制装置操纵的不载人飞机，或者由车载计算机完全地或间歇地自主地操作。与有人驾驶飞机相比，无人机更适合“劳动强度大、作业风险高”的任务。无人机按应用领域，可分为军用与民用。军用方面，无人机主要承担侦察和靶机两大任务。民用方面，无人机+行业应用，目前在航拍、农业喷洒播种、测绘、新闻报道、电力巡检、应急抢险、救援等领域的都有广泛的应用。

2.2　无人机选型

选用Y-300中型固定翼无人机(见图1)，该机型采用电动复合翼(起降螺旋翼，飞行固定翼)，带光电吊舱，带三维度飞控系统，最大平飞速度大于等于100km/h。续航时长120~150分钟，作业半径30km。

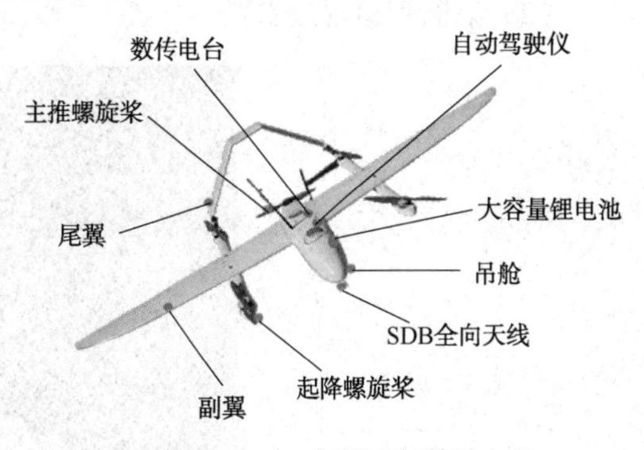

图1　中聚Y-300中型固定翼无人机

2.3　无人机巡护主要内容

利用电动复合翼无人机对干线管道周边环境及人员活动进行巡查，拍摄高清视频；管线周围施工、管线裸露、水毁、沙堵路面等局部点进行聚焦监控、侦察；统计管线及伴行道路水毁、沙堵工作量；管线埋深测量；汛期和紧急事故的应急侦察；高后果区监视，合成高清测绘图标记管线走向、高后果区范围，测量危险源距离等。

3 无人机在苏里格气田集输干线的应用情况

3.1 应用情况

2019至2020年度无人机对苏里格气田骨架管网共计1688.07公里天然气集输管道进行巡护，每周巡护1批次，共巡护82周。

巡护内容：通过高清摄像机对现场设备设施、管道占压、管线裸露、防洪防汛等情况进行巡查，监控画面实时回传车载监控终端，发现异常情况及时上报、处理，也可通过4G信号对巡护画面进行远程实时监控。建立无人机巡线监控平台，可以查阅无人机飞行数据、监控视频。

自巡护工作开展以来，长庆油田第三采气厂结合实际编制了《无人机巡护管理办法》、《无人机巡护突发事件应急预案》等管理规定，对无人机承包商从工器具、各类资质、人员能力等方面进行准入核查，日常巡护作业过程中安排专人进行监管，确保作业安全受控，定期开展无人机巡护突发事件应急演练，不断提升处置无人机突发事件的能力。

两年以来第三采气厂共开展无人机飞行巡护121轮次，飞行距离总计5.14万公里。去重共发现挖掘作业23处、修建铁路3处、管线穿越3处，管线作业带上方农耕39处。无人机巡线发现问题与人工巡检结果一致，能够基本满足现场设备设施巡查、管道占压、管线裸露、防洪防汛等巡护工作。

3.2 无人机巡护发现问题典型照片

（1）集输管道裸露

图2 集输管道裸露监控画面

（2）集输管道附近水毁

图3 集输管道水毁监控画面

（3）集输管道附近施工

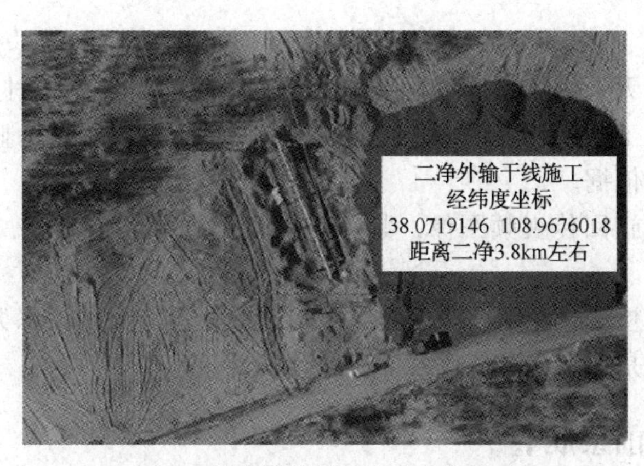

图 4　集输管道附近施工监控画面

（4）集输管道附近农耕

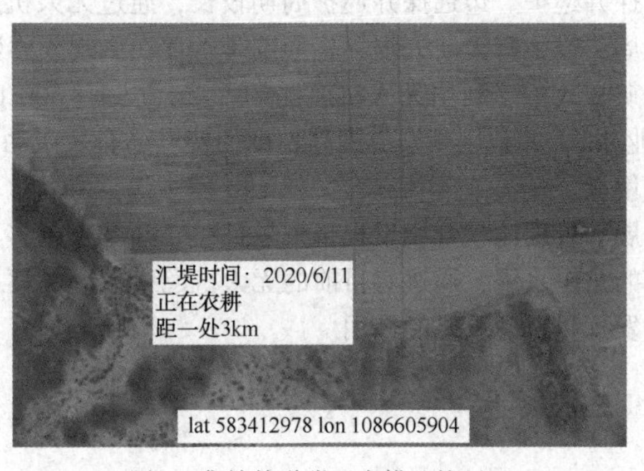

图 5　集输管道附近农耕监控画面

3.3　应用中出现的问题及分析

（1）无人机现场监控画面有花屏、卡屏现象，在特定位置机载图传设备回传的画面不能持续保持清晰、稳定，图传距离不能稳定达到 25km 以上。经过电磁干扰设备实地测试电磁干扰环境，发现部分地域电磁干扰问题较为严重导致了图传信号的中断或卡屏。通过详细分析管线分布区域的地形图，发现部分无人机起降地点（基站所处位置）地势较低，不利于信号的传输，影响了图传有效距离。通过加强图传设备的传输功率和抗干扰能力解决了电磁干扰问题，通过调整起降点位置加以解决起降点信号接受较弱的问题。

（2）在一些需详细放大观察的位置，不能做到及时控制吊舱摄像头变焦放大观测。通过分析主要是变焦参数设定和控制问题，提高基础变焦倍数（由 5 倍变焦增加到 7 倍），提高人员对管线分布的熟悉程度，清楚知道哪些位置需要放大观察，作业时提前做好准备。

（3）在一固定翼无人机悬停时间较短，不便于发现异常点时进行连续观察。通过对旋翼电池时间测试及打样选型及电量分配的智能切换，悬停时间由 3~5 分钟提升至 8~10 分钟，基本可以满足异常时间的确认，此基础上进一步优化巡护方案，采用用固定翼盘旋来替代悬停的连续观察功能，增加了飞行平台的安全性而且可以满足巡护要求。

（4）无人机无喊话警告功能，无法保证在飞行中发现对管道有危害的情况能及时警告和劝阻。通过开发新型语音模块，增加电池功率，对新增喊话器上线测试，新增播放人工录音功能，测试结果是 300 米高度可以听见声音，100 米高度非常清晰，满足现作业巡护要求。

（5）目标跟踪无法锁定，实现锁定异常点进行连续拍摄，画面质量较差。通过分析画面质量与跟踪锁定都属于升级吊舱摄像设备的范畴，通过对吊舱摄像设备进行升级，增加了跟踪锁定功能，变焦倍数有之前的10倍提升为30倍，画面清晰度进一步提升。

3.4 结论

经过近两年的应用，无人机能满足日常巡检及应急抢险的需求，相对人工巡检，巡检时间短，节省人工成本，可避免人工巡检无法到达造成的数据遗漏，能提供了录像监控画面，能够为后期管线周围变化提供历史信息依据。

在管道抢险中，能实施回传视频图像，紧急对风险点进行巡护排查，第一时间掌握潜在危险点，防止险情进一步扩散。

但无人机在管线泄漏检测、管道埋深检测、夜间巡护、雨雪大风等恶劣天气巡护等方面还有短板，在现有技术条件下还是无法完全替代人工巡护。

4 在苏里格气田应用前景展望

根据前期无人机在苏里格气田外输干线的应用情况可将无人机在以下方面推广应用。

(1) 开展无人机边远探井巡护。边远探井巡护周期较长，通过无人机缩短巡护周期，无人机挂载高倍率吊舱查看气井及周边设施有无缺失损坏，周围是否存在偷气或偷盗井站设施的违法行为。

(2) 开展无人机边远矿权巡护。利用无人机航测的办法，以1∶500比例尺的正射影像图识别地面地物(如打井架及作业井)，并利用测绘成图高精度的特点结合长庆油田采气三厂矿权范围地理坐标，精确界定外方是否侵权。

随着苏里格气田的发展，管理输气管线里程越来越长，气井越来越多，如何更有效的保障管线的运行安全成为企业管理的重中之重，通过对目前的无人机巡线系统的逐一完善，无人机将会在气田天然气集输管道管理中发挥越来越重要的作用。

海上油田设备设施智能化管理研究

张　叶

（中国海洋石油国际有限公司）

摘　要　设备设施管理智能化是海上智能油田建设的重要内容之一，直接影响海上油田的高效顺利开发。本文首先对海上智能油田设备设施管理进行了概述，然后从动设备监测、静设备管理、电气设备管理、电力容量分析、电气系统监测、智能仪表管理以及中控健康管理等方面海上智能油田设备设施管理具体内容进行了论述。

关键词　海上油田；设施设施；智能化管理

海上智能油田建设的总体目标是通过提高海上平台的生产监测和优化控制能力，对开发生产全过程进行实时监测、预警诊断、主动优化、远程操控、协同运营和辅助决策，实现一体化智能管控。设备设施管理是海上智能油田建设中不可或缺的重要内容，直接影响到海上智能油田建设水平。海上油田开发生产涉及到多种不同类型的设备设施，受到空间局限影响，其设备设施管理相比陆地油田具有更大的难度。通过海上智能油田建设设备设施管理，可以有效较少海上平台操作人员数量，降低设备设施故障发生率，为海上油田高效顺利开发生产提供有效保障。

1　海上智能油田设备设施管理概述

设备设施管理智能化是海上油田智能化建设的重要内容之一，具体包括设备健康管理、检验维修管理、海管运维管理、海缆状态管理、库存管理等方面，见图1。海上油田设备设施管理智能化在引进动、静、电、仪、控几大类设备智能化管理新技术的同时，通过三维可视化、二三维联动贴近油田现场工作实际，为油田各类设备设施的数字化管理、运行状态监测、预警报警分析、综合诊断评估提供全面化、可视化、一体化、智能化的管理手段。设备设施管理智能化在实现电气设备监测等智能化功能的同时，通过本地化数据接入、后端前端微服务集成与调试、业务功能集成，形成面向用户的功能，提升设备管理的便利性。

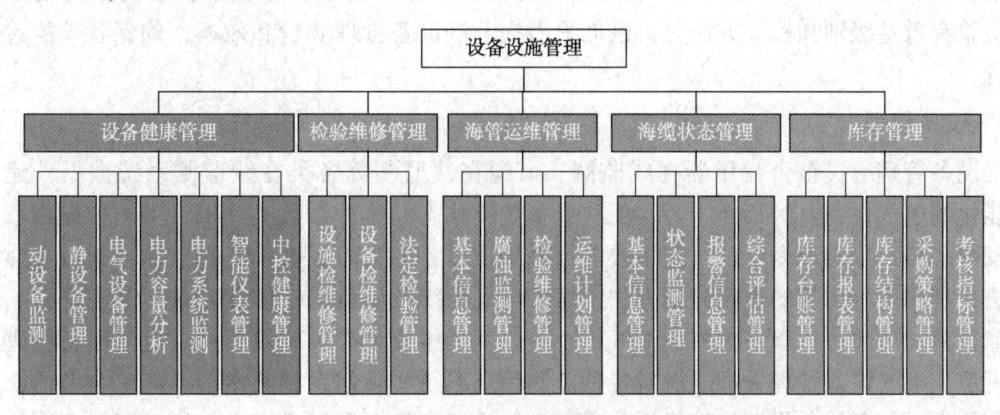

图1　海上油田智能化建设设备设施管理框图

2　海上智能油田设备设施管理具体内容

本文以设备健康管理为例对海上智能油田设备设施管理具体内容进行阐述，检验维修管理、海管运维管理、海缆状态管理、库存管理等海上智能油田设备设施管理其他方面可以借鉴设备健康管理经验来实现相关功能。

2.1 动设备监测

动设备监测的主要功能包括两个方面。一是具备设备振动异常智能诊断功能，能够自动诊断振动异常的原因，为设备故障处理提供判别依据。二是掌握设备发生故障之前的异常征兆与劣化信息，以便事前采取针对性措施控制和防止故障的发生，从而减少故障停机时间与因停机而造成的损失，降低维修费用和提高设备有效利用率。以注水泵为例进行分析，通过设备监测，将注水泵状态监测、故障诊断信息进行统计分析和定位过滤，最终实现故障统计和预警推送，通过设施设备关联展示实现数据信息对象的精准定位，让数据更加高效准确的服务于用户，见图2。

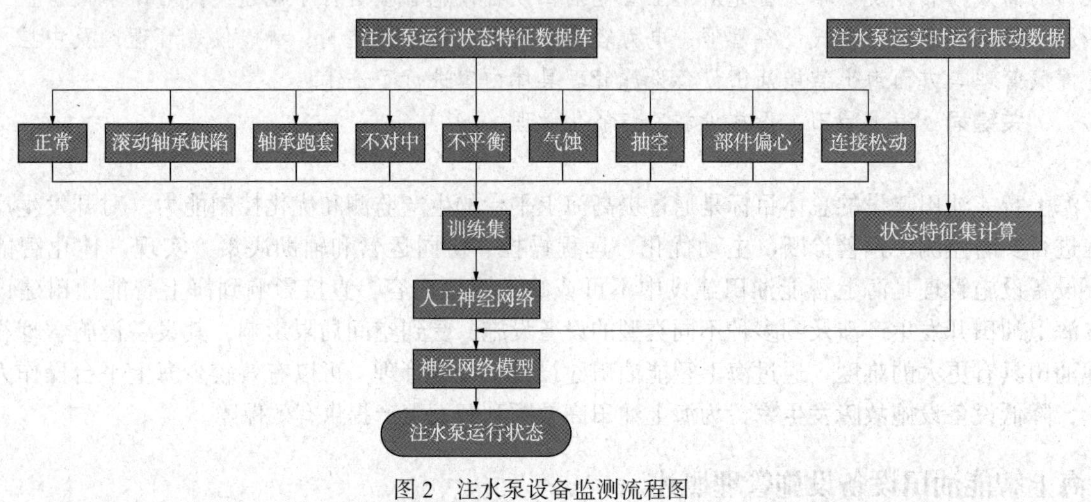

图2 注水泵设备监测流程图

2.2 静设备管理

静设备管理的主要功能包括两个方面。一是通过导管架阴极保护监测系统对导管架阴极保护系统的Ag电极处电位、Zn电极处电位、保护电流进行监测。二是通过超声波无线无源壁厚监测系统对工艺管线、压力容器的壁厚进行监测。监测值超过设定值时，系统提出预警。设备健康管理系统在运行过程中积累了大量的数据，通过调用静设备健康管理系统中的静设备故障分析数据，可以管理静设备失效模式（局部腐蚀、均匀腐蚀、冲蚀等）、明确失效因素（硫化物开裂、微生物腐蚀、CO_2腐蚀等），建议检验的重点部位（应力集中部位、紧固件部位、焊缝区、水相涂层破损处等），并设定检验有效性级别和检验方法等，进而显著提升静设备管理质量和效率，确保各项静设备安全平稳运行。

2.3 电气设备管理

电气设备管理通过整合变压器在线监测、海缆在线监测等各类在线监测系统数据，建设统一的、智能化的电气设备监测诊断中心，反映设备健康状态的特征参数，评价设备当前健康状况，预测缺陷发展趋势，以实现海上油气田主要电气系统及设备的实时数据采集和监测，通过可靠的数据管理方法，利用多种高效的数据分析方法，实现电气系统及设备的一体化管理、状态评估、故障诊断、故障预警、风险评估等，为海上油气田生产以及运维决策提供有效支持。电气设备管理示意图见图4所示，电气设备管理人员通过对各种监测信息以及实验信息和基本信息的综合考虑，最终对电气设备状态进行评估，将评估结果划分为正常、注意、异常和严重四个等级，基于不同等级采取不同的应对措施。

电气设备管理的主要功能包括三个方面。一是实现对变压器的故障诊断功能，包含局部放电诊断、振动信号诊断功能。二是基于布里渊散射的光时域反射法（BOTDR）可实现对海底电缆光纤温度的监测，结合光时域布里渊散射光纤传感器可实现对海底电缆温度、应变的实时监测。三是主动对设备周围或内部空气进行采样探测，如果发现烟雾颗粒，立即定位并发出报警。将火情发展的不同阶段(不可见烟阶段、可见烟阶段、可见火光阶段和剧烈燃烧阶段)对应不同的报警等级，并用红、橙、黄、蓝四色标注。

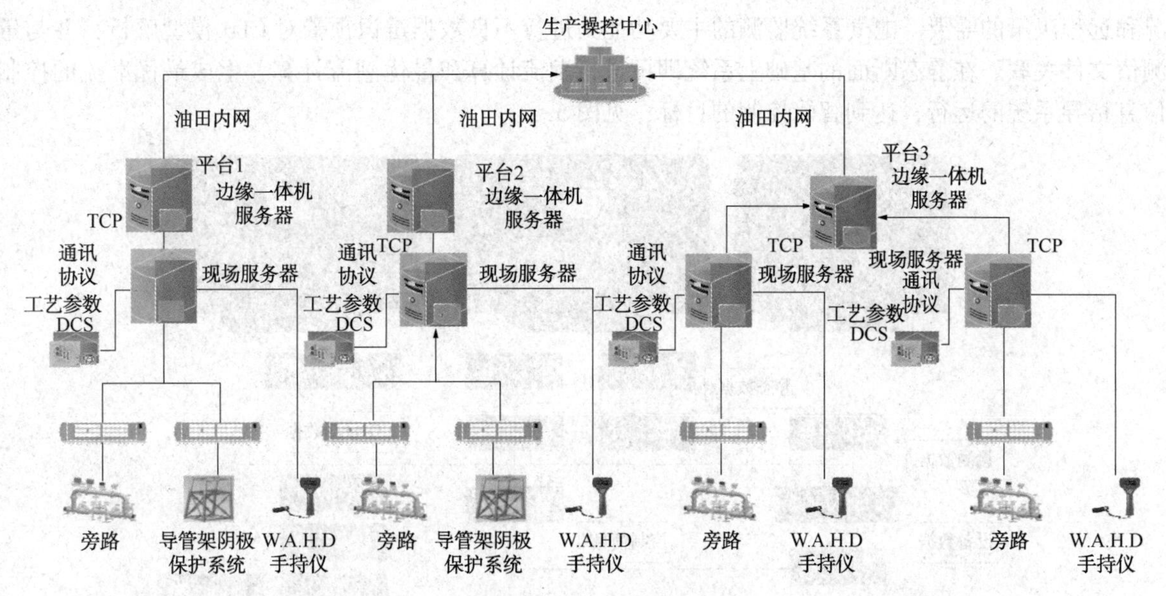

图3　静设备管理内容示意图

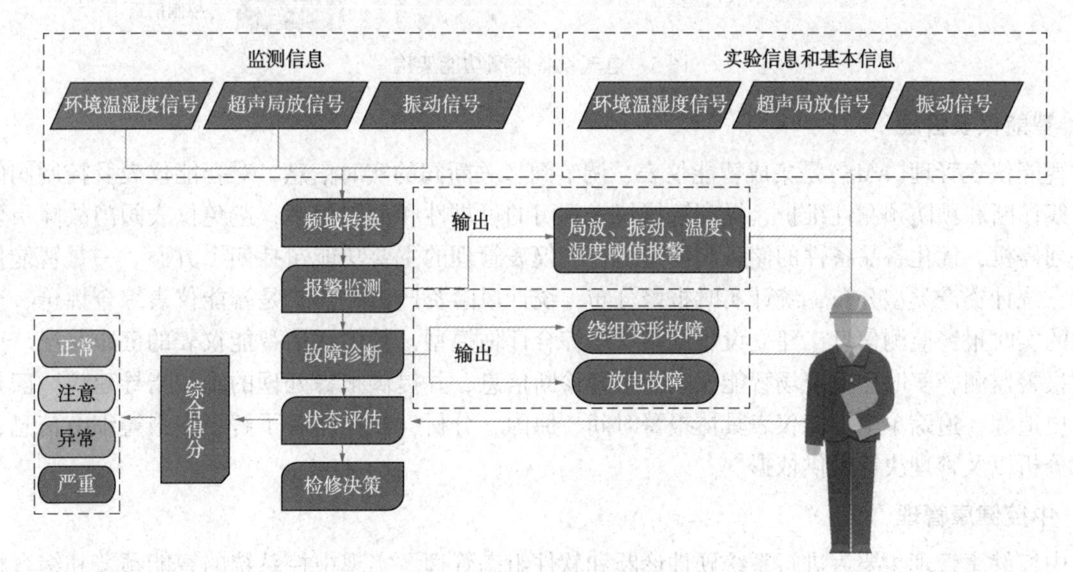

图4　电气设备管理示意图

2.4　电力容量分析

利用在线数据，进行潮流分析与短路计算，获得各系统与设备的额定裕量与短路裕量，辅助判断平台新增用电设备的供电可行性，为在役油田滚动开发与区域联产可行性提供供电方案的理论依据。具体应用场景包括调度需求、启动大电机、电网规划等方面。在调度需求方面，利用在线数据，预测仿真计算即将投入运行的工况和发电机出力，实现在线决策支持。在启动大电机方面，加入即将启动大电机模型及接入点位置，仿真大电机启动时，电网的电气量特征，判断大电机能否接入接入后会不会对电网的冲击会不会导致溃网。在电网规划方面，在区域油田滚动开发后期不断接入新的负荷平台，新的负荷平台能否接入，在那接入合适，需要对负荷接入点进行全面评估，同时加入保护限值的评估，保护报警。

2.5 电气系统监测

建设海上电网全方位的实时监测功能，实现发电机运行状态、潮流分布、电压降预警、负荷逻辑卸载(优先脱扣)等信息的集成显示，满足生产操控中心电网运行管理人员掌握海上电网的运行情况和远程决策的需要。电气系统监测的主要功能为进行不良数据辨识预警对CIM模型解析，并与量测值文件关联。在静态断面的基础上系统即可进行潮流计算和最优潮流计算，生成最优潮流的控制信息指导系统的运行，达到智能控制的目标，见图5。

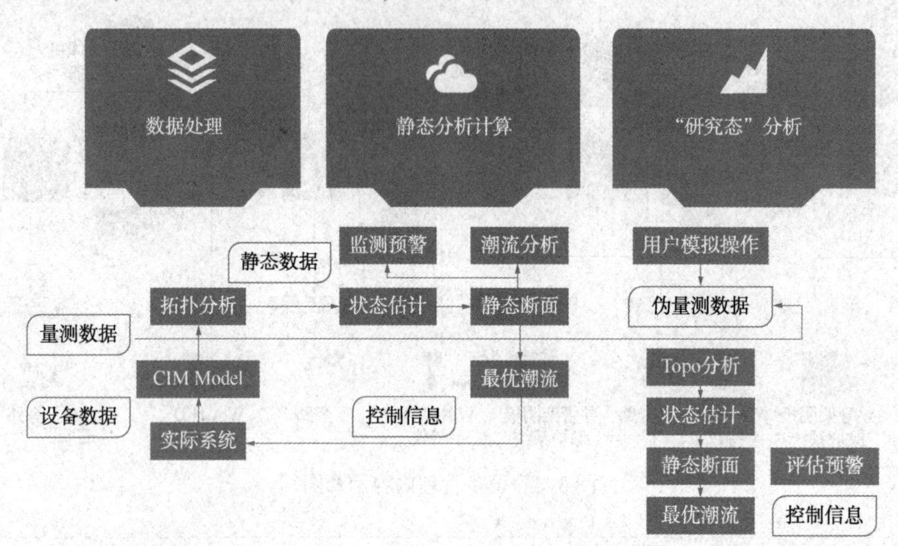

图5 电气设备监测功能架构

2.6 智能仪表管理

智能仪表管理(AMS)是集成智能仪表、调节阀、关断阀的实时信息，对智能仪表及控制阀门进行在线诊断和预防预测性维护，提高智能仪表阀门的可靠性和可利用率，避免仪表阀门故障引发的非计划停机，优化备品备件的储备和使用。智能仪表管理的主要功能包括四个方面。一是智能仪表统计，统计资产类型分布；统计实时报警分布；统计风险资产占比。二是智能仪表综合评价，通过获取的实时报警监测信息，建立设备健康状态综合评估模型，整体评估智能仪表的健康状况。三是实时报警监测，实时监控现场智能仪表的报警诊断信息，并提供报警处理的维护指导建议。四是报警历史追踪，追踪单个智能仪表具体报警时间、原因、分析，让操作者了解更多报警细节信息，为故障分析以及管理决策提供依据。

2.7 中控健康管理

中控健康管理主要为进行系统硬件诊断和软件组态管理，实现中控系统的智能预警和综合性诊断，评价中控系统当前的健康状况，实现中控系统预防预测性维护和健康管理。中控健康管理的系统功能包括四个方面：一是中控系统组态数据库解析；二是实时采集中控系统诊断信息；三是诊断数据驱动预防与预测性维；四是数据库修改跟踪。通过中控健康管理，可以实现对工作站状态、控制器、IO卡件、SIS Logic Slover、电源系统、工作温度等多状态的感知；此外还可以对中控设备级故障报警故障率进行统计，进而深入挖掘运行负荷、工作温度等与故障发生率之间的关系，为中控健康管理提供依据，有效降低故障发生率。

3 讨论

海上智能油田设备设施管理主要为利用三维模型，实现生产设施的设计辅助、施工模拟、空间干涉、路径规划；通过集成各类设备设施的监测系统，实现设备数据完整准确共享；通过建立设备健康分析模型和故障诊断模型，实现设备预测性维修和库存科学管理。本文在对海上智能油田设备设施管理进行概述的基础上，重点对设备设施管理具体内容进行论述，以期为海上智能油田设备设施管理提供借鉴。

参 考 文 献

[1] 孙建路. 浅谈海上油田设备管理常见问题及改善措施[J]. 中国石油和化工标准与质量，2021，41(13)：66-67.
[2] 李刚. 海洋石油钻井平台设备安全管理[J]. 内燃机与配件，2020(14)：162-163.
[3] 赵海亚，邓增利. AMS 智能设备管理系统在海上平台中控系统中的应用[J]. 广东化工，2018，45(07)：218-219+229.

油气田站场无人值守设计

田　晶[1]　王广辉[2]　吕卓琳[1]　刘　伟[1]

（1. 华北石油通信有限公司；2. 中国石油华北油田公司第一采油厂）

摘　要　传统人工巡检效率低，无法第一时间发现隐患，且巡检数据不易保存、无法灵活调取及回溯。引入先进技术实现油气田的数字化和无人化管理至关重要。油气田站场无人值守运行管理模式的应用有利于进一步减少用工需求，有效控制安全风险，提高油田管理水平。为全面实现油气田无人值守模式，势必要开展深入研究，促使油气田更加高效快速发展。场站无人值守建设需要多种技术手段成熟应用、组织架构调整、人员岗位优化等多方面工作。必须要保障无人值守模式的安全性，在此基础上根据场站实际生产情况，控制无人值守建设投资，获得无人值守模式的经济性和效益的最大化。

关键词　油气田；无人值守；自动控制；智能视频分析；监控平台

1　前言

在传统人工巡检过程中，巡检人员需要长途跋涉，部分站点难以到达，巡检效率低，无法第一时间发现隐患，且巡检数据不易保存、无法灵活调取及回溯。因此，引入先进技术实现油气田的数字化和无人化管理至关重要。在油气田井场和阀组间已实现无人值守的基础上，油气田站场无人值守运行管理模式的应用有利于进一步减少用工需求，有效控制安全风险，提高油田管理水平。为全面实现油气田无人值守模式，势必要开展深入研究，促使油气田更加高效快速发展。

2　无人值守站场概念

无人值守站场应该理解为站场内不再设置常驻的值守人员，而是将少量操作人员集中在大型站场、作业区、区域管理中心、各级调度中心等场所内，可以同时对多个站场、井场、阀组间等生产区域进行监控。

3　无人值守站场设计原则

3.1　安全性原则

站场实现无人值守首先要保证生产安全。石油天然气行业是一个高危险的行业，在油气生产现场，易发生火灾、爆炸、油气泄漏等事故。站场有人值守转成无人值守后，需要识别和防范的风险大大增加，必须预见所有紧急工况并具有有效的应对措施。

3.2　经济性原则

无人值守站场建设要充分考虑工程的成本，不能只考虑建设期的投资，还应计算使用期的运维成本。只有从工程全寿命周期的范围分析，才能准确的计算无人值守站场的效益，做出效益最大化的决策。

3.3　系统性原则

无人值守站场建设是一项系统性工程，涉及到工艺流程优化、工艺设施配套、仪器仪表设置、电力设施保障、油气生产物联网建设、组织架构调整、人员岗位优化多个方面内容。只有各方面工作协同开展，紧密配合，相辅相成，无人值守站场才能发挥最大的效益。

3.4 有序性原则

无人值守站场建设是一项长期工程，必须循序渐进，不可能一蹴而就。各个油气田的基础设施条件、人力资源配置，企业生产效益、管理组织架构都不同，各油气田需根据自身情况，切实合理地制定无人值守站场建设计划。

4 站场无人值守工程设计

4.1 工艺优化简化

对站场进行工艺设计时必须要考虑到无人值守方案的实施，通过工艺简化减少地面设备，降低地面系统运行能耗、提高地面系统运行效率，为建设无人值守站场创造条件。对工艺设计初步方案开展 HAZOP 分析(危险和可操作性分析)，保证新建工程工艺过程的安全性。在 HAZOP 分析后，对工艺设计不合理的部分进行修改，增加相应的检测和控制点位。工艺流程本身的安全性和可控性是实现站场无人值守建设的前提条件。

4.2 控制系统设置

对管道及仪表流程图、工艺说明书、装置及设备布置图、危险区域划分图、安全联锁因果表及其他相关文件进行分析，最终确定每个安全仪表功能的安全完整性等级即 SIL 等级，根据 SIL 等级来确定控制系统及检测仪表的设置方案。为保障生产安全，控制系统应该在不需要人介入的情况下自动监视设备状态和监控正常的生产流程，对异常工况有相应的控制逻辑和紧急处置能力，对供电系统、通信系统、环境监测系统等生产辅助系统的工作状态和报警信号进行实时监视并上传至远程监控场所。

4.3 安防系统设置

按照传统的站场值守模式，操作工人定时根据预设的巡检路线对关键的生产节点进行例行的巡检，采用无人值守模式后，由于站场内不再设置操作人员，必须设置视频视监控系统，通过在关键部位设置摄像机，实时监视设备的运行情况和现场环境，对可能出现跑、冒、滴、漏的部位进行重点监视，并且通过视频智能分析技术检测异常信息，从而解决现场巡检的问题。由于站场内无人看护，需要在站场周边设置周界入侵报警系统并能将报警信号远传，可以很好地解决无人值守站场非法入侵问题。也可以用视频监控系统实现周界入侵报警的功能，不单独设置周界入侵报警系统。安防系统信号需要实时或按需上传至远程监控场所。

4.4 生产辅助系统设置

生产辅助系统主要包括供电系统、通信系统、环境监测系统。无人值守模式相对于传统有人值守模式，对供电系统、通信系统、环境监测系统提出更高的要求。供电系统与通信系统要具备较高的稳定性，针对紧急情况要采取相应的应急保障措施。通信系统应该具备一定的带宽来传输场站视频和数据，并留有余量。环境监测系统要充分考虑生产环境安全，根据实际生产情况设置合理的环境监测传感器和报警器，保证对生产环境有效的监测。生产辅助系统必须实现远程监视系统的运行状态和报警信号，根据生产情况如有必要还能实现远程控制。

4.5 远程监控平台

在无人值守模式下，操作人员通过远程监控平台对场站进行实时监控。与传统监控平台有所不同，无人值守监控平台需要采集更多的数据和视频，能够与场站其他系统进行数据交互，实现多级报警和联锁控制，具备紧急工况下的应急处置功能，具备更高的稳定性。根据所管辖场站数据、范围、运行风险等差异，采取适合的软件类别和架构，大中型的无人值守监控平台应设计为冗余系统。

4.6 构建各岗位高效协作体系

通过人工智能、数字孪生、实时音视频、大数据分析、人员定位等技术整合各岗位之间的协作，保障无人值守系统高效运行。

5 站场无人值守关键技术

5.1 自动控制技术

自动控制技术是无人值守技术的核心。在充分考虑站场运行风险的基础上，梳理各工艺流程自动控制逻辑以取代人工日常操作，并针对各种异常工况设计应急处置控制逻辑。通过高可靠性的可编程逻辑控制器(PLC)执行日常操作控制逻辑和应急处置控制逻辑，同时接入各类传感器、报警器、可远控执行机构、子控制系统，无需人员干预就可完成站场工艺大部分生产运行和应急处置。人员可远程监视生产流程，只需少量远程操作即可维持场站运行。仪表和PLC的冗余设置，保证自控系统的高稳定性和高安全性，为油气田站场的无人值守操作模式提供了基本保障。

5.2 智能视频分析技术

智能视频分析技术，彻底改变了以往完全由操作人员对监控画面进行人工监视和分析的模式，它通过嵌入在视频前端设备和服务器中的智能视频分析模块，对所监控的画面进行实时分析，并采用智能算法与用户定义的安全模型进行对比，一旦发现有安全威胁，立刻预警或报警。智能视频分析技术能够有效地提高报警精确度，大大降低误报和漏报现象的发生。此外用户可以定义在特定的安全威胁出现时，监控系统应当采取的动作，并由监控系统本身来确保危机处理步骤能够按照预定的计划精确执行，有效地防止在混乱中由于人为因素而造成的延误。

5.3 实时故障分析技术

针对工艺流程运行实时故障，采用知识图谱模型开展横向数据分析，依托多参数耦合技术，针对时域内相关联的数据做横向耦合分析，根据数据联动变化情况判断对应的运行故障类型，并进行报警提示。

5.4 报警系统整合技术

深度整合报警系统主要由视频监控系统、周界防范系统、入侵报警系统、出入口管理系统、一卡通系统、热成像系统、火炬放散监测等多个系统组成，实现对现场音视频、环境量的信息采集、处理，对出入口人员及车辆的管控、移动巡检以及突发事故的应急指挥调度。

6 结论

场站无人值守建设需要多种技术手段成熟应用、组织架构调整、管理理念更新、人员岗位优化等多方面工作。必须要保障无人值守模式的安全性，在此基础上根据场站实际生产情况，控制无人值守建设投资，获得无人值守模式的经济性和效益的最大化。目前的油气田无人值守站建设正在处于摸索阶段，未来会随着科学技术的发展和管理制度的升级逐渐成熟并得到普及，从而使油气田生产管理水平上升到新的高度。

参 考 文 献

[1] 姜雨华. 数字化油田无人值守模式[J]. 化工管理，2021(02)：187-188.
[2] 刘冠辰. 智慧油田下的无人值守技术[J]. 信息系统工程，2020(07). 63-64.
[3] 张玉恒，范振业，林长波. 油气田站场无人值守探索及展望[J]. 仪器仪表用户，2020，27(02)：105-109.

基于无人自动机场AI识别技术的石油管线巡检应用研究

邹 明

（中国石油天然气股份有限公司华北油田分公司）

摘 要 通过建立AI无人机自动机场管理系统，可以使得前端无人机的作业彻底无人化，无人机自动航线飞行，节省了大量的人力，使得巡检人员能从体力劳动中解放出来，投入到更高阶的数据分析处理中去。而具有高性能计算平台的自动数据处理系统，基于AI技术进行图片和视频的自动识别处理，可以有效提高现场作业时发现问题的效率，实时处理；并将问题分析输出。而在线管理控制平台的加入，则全面地提升了无人机运维的自动化水平。无人机综合数据处理平台及自动化精细巡检的结合，也是一种环保快捷的巡检作业方式，有效地推进了环保、绿色巡检的进程。

关键词 无人自动机场；AI识别技术；管道巡检；远程控制

1 背景

中国石油天然气股份有限公司华北油田分公司，主要从事石油天然气勘探和生产、石油天然气集输及储运、石油天然气勘探开发工艺研究及规划研究等石油勘探开发核心业务。油气勘探区域，主要集中在冀中地区，内蒙古中部地区和冀南-南华北地区等三大探区、山西沁水盆地。油气生产能力，在冀中和内蒙古两大油气生产基地共拥有53个油气田，油气集输管线3000多公里。

随着管道数量的逐年增加，地下管道错综复杂，管道的位置和走向都不是十分清楚，部分华北地区地形环境复杂，给管道的巡线工作造成了很大困难。同时，随着管道使用年限的增加，一些老管道常年受土壤的腐蚀以及其它自然因素的破坏，正逐渐出现穿孔漏油情况，给油气集输的正常运转造成一定影响。更为严重的是，近年来，在利益的驱使下，许多不法分子长期从事管道偷油破坏活动，其偷油手法多种多样，令人防不胜防。这些问题都给华北油田每年造成高达亿元的直接和间接经济损失。

针对上述问题和华北油田埋地管道的实际情况，以及偷油的新特点，华北油田公司结合自身业务需求和未来管线巡检智能化趋势需求，采用以航空遥感(有人机摄影、无人机摄影)技术为手段，通过对热红外、可见光组合的遥感影像的信息提取，结合业务运营管理需求进行疑似地点的巡检，实现对华北油田航空遥感监测的智能化管理，打造高效的业务运营和航空数据应用信息化服务平台。

目前无人机在油田的有着大量的应用，但是应用起来存在着以下的不足之处：一是无人机需要专业飞手来操控，这与采油、气厂操作员工紧缺相矛盾，同时，当飞机出现故障时，容易出现推诿扯皮现象；二是无人机巡检图像处理系统不够成熟，无法实现异常目标的自动监测与定位；三是无人机造价相对较高，无法批量化应用。虽然无人机的使用在一定程度上更加便捷了管道的巡护，但是由于成本以及人力上的需求制约了其大范围的发展，也使得管道巡护无水平法得到明显的提升。

2 现阶段技术优势

随着无人机技术的日趋成熟和航空摄影技术的进一步拓展，我国民用无人机应用领域日益广泛。近几年来，无人机已经较大范围的应用在油气井巡检，管道巡护，夜间安防等场景中。国内各大油田和管道公司均展开了无人机的应用技术研究与试点。而华北油田通信公司通过深入了解油田基层生产一线，通过了解现有无人机的应用问题，通过本项目期望建立一套无人机自主巡航机场系统，实现一键启动、自主巡航、智能检索等功能。彻底解决"飞手少、发现问题难"的痛点。

（1）实现无人机操作的彻底自动化，无人机完成自动起降和换电操作，降低操作人员的复杂度，并彻底消除飞手的需求。

利用自动机场解决飞机的日常存储，起飞和降落的无人自动化，并设计充电或者换电系统能够自动为无人机进行能量补给，使其在无人干预情况下能够自动完成各种操作。

自动机场为无人机远程控制和野外部署提供了可靠的收纳场所，精心设计的结构以及烤漆外壳使得自动机场可以在多种天气状况(包括暴雨、台风等恶劣天气)下保护无人机的安全。在无人机降落在自动机场后，自动下载无人机拍摄的原始数据，并自动上传至云端。机场内配置红外引导装置，与无人机的视觉识别模块相配合，使得无人机可以精准地降落在机场内。机场独特的下沉式对开门为整个设备增加了运动科技感。

（2）解决远程控制以及自动驾驶等操作问题，不再需要飞手进行手动操作，可根据要求自动按轨迹飞行和采集数据。

随着通信技术逐步朝着更快和带宽更高的方向前进，5G一旦部署应用，基于通信技术的远程控制会更加普及。控制链路具有远程发送飞机的控制指令功能，实现无人机的自动起飞，巡飞和着陆。并实时查看无人机获取的视频信息。无人机采集到的数据会自动发送至后台，用于进行数据分析与故障检测。

为了保证工业无人机远距离飞行过程中的图传以及4G信号传输的稳定性，设计了专门的通信气象监控塔，最大高度可达6米。通信气象监控塔还包括气象模块，可以测量当地实时风速和风向，以准确判断无人机飞行的条件。塔上还配置有高清摄像头，可以实时观测自动机场的工作环境以及运行状况。

自主设计开发的云端管理系统，支持多无人机、多自动机场的统一管理。可以在基于WEB的云端管理系统内上传、下载飞行任务，人工或定时控制无人机执行任务，并在系统中实时查看无人机图传画面、自动机场监控画面。云端管理系统开放API，提供二次开发接口，方便定制开发整合。如有需求，可在图传视频显示客户想要标注的目标信息，更直观地表现巡检内容。

（3）根据所采集的影像数据，实现对于数据的空间和时间重构，快速生成具有高程的全局正射地图，并通过深度学习技术进行故障的辅助检测与精准定位。

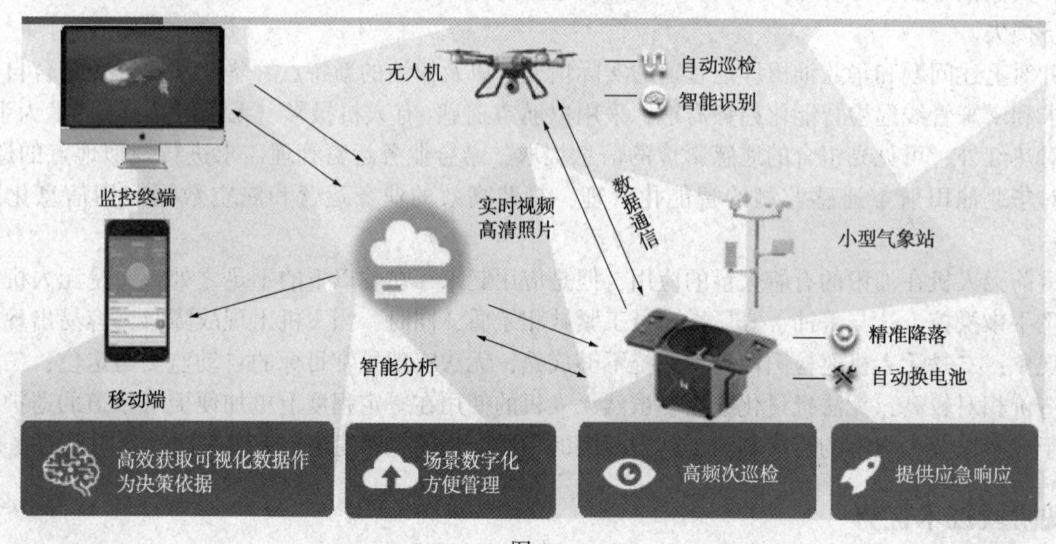

图1

通过以上目标的攻关实现，构建出全自动的作业区影像数据采集以及自动分析判别系统，实现油气井和管道区域的数字化影像系统。

3 采取措施

采用轴距600~800的工业无人机，可搭载可见光摄像头、红外热成像摄像头或双光摄像头。碳纤维机架机身，封闭式外壳防水防尘，并搭载功能强大支持定制开发的机载平台。无人机默认搭载高精度定位RTK，使得无人机在巡检过程中达到厘米级的定位，为精细化巡检提供坚实的技术基础。装备视觉识别模块，与自动机场的红外引导装置相配合，实现无人机的厘米级精准降落。有单节点和多节点两种工作模式。

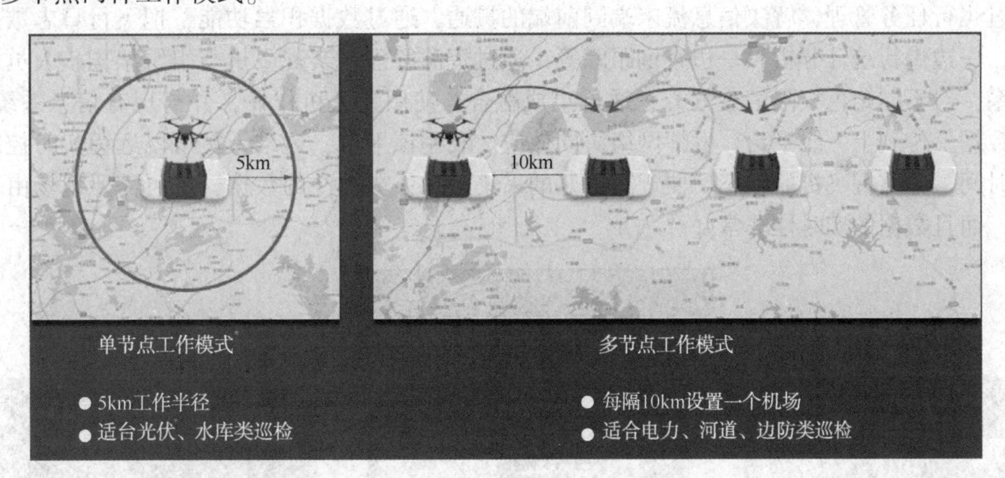

图2

（1）自动化智能数据采集

以往的户外巡检，都要靠人力行走、攀爬，人力占用量非常大，且整体效率不高。无人机的出现，能极大地解决这个问题。现阶段的自动巡检，主要采用航线飞行模式，辅助以过程闭环，保证巡检精度。基于能够自动起降的自动化机场，可以省去现场人力操作，并且就远程的自动调度实现数据的自动采集。

（2）数据处理自动化

日常巡视过程中，重点是要能迅速发现管道以及井设备的故障隐患等问题，但现场作业时，常常发生外力对无人机巡检精度产生消极影响的情况，这些外力包括：大风、强光、信号干扰。因此，在巡检过程中引入图像识别技术，无人机能够准确识别拍摄区域，并自动提取故障类型。

图3

常见的应用，是利用无人机搭载的高性能计算平台或者将数据传输到后台的处理单元，实时分析拍摄图片和视频，通过深度学习技术处理各类故障，并上报至生产系统。

此外，也可利用地面平台的计算能力，对图像数据精细深度分析，进一步挖掘细节，保证运维安全。

（3）远程控制与信息管理系统

巡检作业流程中的重要一环，是如何有效管理现场采集的所有数据，并将数据提炼成有效的信息。在当前的技术条件下，大尺寸的数据样本通过无线链路实时传输，尚不成熟。因此针对飞行任务、数据积累、资源管理、集成融合等方面组建一套无人机综合数据管理和控制平台，是能有效保证管道及其设备安全的一项基础工作。

通过飞行任务管理，解决信息流末端到前端的贯通，通过数据积累功能，把飞行日志数据存储于平台，一边进行统计分析，一边查询跟踪等；通过资源管理，实现飞机与组织架构、人员之间的对应关系，对不同角色权限清楚划分；通过集成融合，使用无人机作业，并与现有信息系统结合，将系统数据上传到上一级平台，发挥网络协同效应。利用该平台，运维人员可以远程实时控制飞机的起降时间，并掌握飞机的动态，便于其更好的采集运维人员关注的数据，不再需要现场由飞手手动作业，而且数据的实时性非常好。

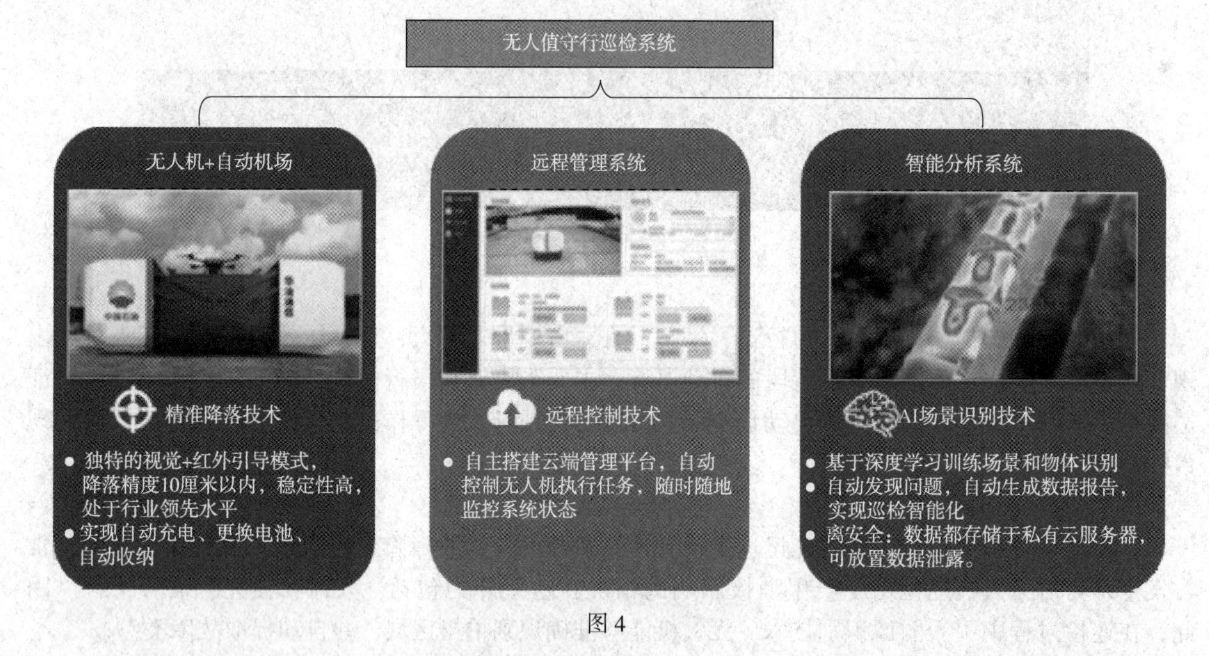

图4

综上所述，通过建立AI无人机自动机场管理系统，可以使得前端无人机的作业彻底无人化，无人机自动航线飞行，节省了大量的人力，使得巡检人员能从体力劳动中解放出来，投入到更高阶的数据分析处理中去。而具有高性能计算平台的自动数据处理系统，基于AI技术进行图片和视频的自动识别处理，可以有效提高现场作业时发现问题的效率，实时处理；并将问题分析输出。而在线管理控制平台的加入，则全面地提升了无人机运维的自动化水平。无人机综合数据处理平台及自动化精细巡检的结合，也是一种环保快捷的巡检作业方式，有效地推进了环保、绿色巡检的进程。

随着巡检流程自动化、数据处理自动化、信息反馈自动化的不断发展，我们已经可以看到整个流程的自动化运行，其效率，自动化水平都是会彻底改变现有的运行模式，这是未来管道巡护的发展趋势。

4 计划达到的目的和效果

针对华北油田地下管道、地形环境复杂，管道巡线工作困难大，穿孔漏油情况时常发生，管道偷油破坏活动日益严重造成巨大经济损失等难以解决的问题，采用无人值守飞行巡检数字化平台可以极大地减轻管道巡检工作的难度，遏制甚至杜绝管道偷油破坏活动。

该平台通过智能无人机、自动机场、云端管理系统、AI 识别系统的有机结合，可以高效获取可视化数据作为决策依据，将场景数字化方便资产管理，协助工作人员进行安全巡查，并在关键时刻提供应急响应。从而实现对华北油田航空遥感监测的智能化管理，打造高效的业务运营和航空数据应用信息化服务平台。为油田安全生产保驾护航，具有巨大的社会效益和经济效益。

华北油田工业控制系统网络安全白环境探索实践

于 涛 李会宁 马 杰

（华北石油通信有限公司）

摘 要 越来越多的工业控制系统与办公网、互联网进行了连接，使得工业控制系统从原来封闭的“信息孤岛”逐步走向开放，暴露出越来越多漏洞以及安全威胁。华北油田油气生产物联网建设基本完成，涵盖油气生产的各个领域，一方面产生了越来越多的油气生产数据，另一方面也为油气生产自动化采集、智能化控制创造了有利条件。与此同时工控网在信息孤岛、数据不统一、网络安全等方面的问题依旧存在甚至被放大，信息以及工控安全从管理、技术还是人员等保障方面均面临极大挑战。为了应对华北油田油气生产物联网建设的信息以及工控安全挑战，探索研究白环境相关技术，将不可信任或非法的设备、软件、指令、进程拦截在工控网络之外，从而确保工控网络的整体安全性，健全华北油田工控网络白环境体系建设，实现华北油田信息以及工控系统安全稳定运行。

关键词 工业控制系统；白环境；风险加固；网络安全

1 引言

自“互联网+”行动计划以来，各级政府机关一直在推动生产制造模式的变革，致力于产业的组织创新以及产业结构升级。通过传统行业与网络技术的结合形成了物联网、工业互联网、信息物理系统、智慧城市等新兴领域，究其核心就是将原来单独的各个分体系统进行网络互连。通过网络互连一方面可以提高生产力和创新能力，减少工业能源及资源消耗，助力产业模式转型升级；但另一方面也会因为网络互联而诱发一系列网络安全问题。

传统的工控网络安全防护多采用的是隔离网关加杀毒软件的方式，各个主机由于系统漏洞长期不打补丁、杀毒软件病毒特征库长期得不到升级，基本处于“弱防护”状态。在“两化”融合的行业发展需求下，国内众多行业大力推进工业控制系统自身的集成化以及集中化管理，而工业控制系统建设时更多的是考虑各自系统的可用性，并没有考虑系统之间互联互通的安全风险和防护建设，这使得国际国内针对工业控制系统的攻击事件层出不穷。

相比较于以个人终端、互联网为防护目标的传统 IT 防护手段，工控安全领域具有其独特性。首先，不同于 IT 安全防护以机密性为第一目标，在工控领域，保障系统的实时可用性才是最重要的，误阻断的情况不可接受。其次，不同的行业领域内部使用了不同的网络数据通信协议和标准，最常见的协议和标准包括 ModBus、OPC、IEC-104、MMS 等，传统 IT 防护产品对这些协议的识别和解析无能为力。最后，工控网络设备使用人员、用途和软件更加明确，不可预知性大大减少。综合以上特点，照搬传统 IT 防护手段也不能有效的解决工控网络安全威胁。

白环境技术是一种简单、可靠、高效的工控信息防御技术手段，是现阶段工业在生产过程中，为了能够有效保证工业控制系统的安全性、稳定性以及业务连续性等要求而提出的一种建立新型可信工业控制系统的概念。针对工控系统对可靠性、稳定性、业务连续性的严格要求，以及工控系统软件和设备更新不频繁，通信和数据较为特定的特点，以区别传统防护“黑名单”的方式，提出了建立工控系统安全生产与运行的“可信网络白环境”以及“软件应用白名单”概念，进而构筑工业控制系统的网络安全“白环境”。所谓“白”指的好的、可信的，即只有可信任的设备、协议和数据，才允许在工控网络内部流通，其他恶意的、不明确的或者规定不允许的都不允许流通使用。

2 工业控制系统网络安全现状

随着近年来科学技术的不断发展，工业与网络相结合而产生的应用越来越广泛，通过对人、机、物、系统等的全面连接，构建起覆盖全产业链、全价值链的全新制造和服务体系，以网络为基础、平台为中枢、数据为要素、安全为保障，成为工业数字化、网络化、智能化转型的基础设施和新型应用模式。

而我们油气生产企业为了配合工控生产过程执行系统的实施，基本都部署了工控生产专网，工控生产专网与公司办公网之间通过硬件防火墙以及网闸进行隔离，阻断 TCP/IP 协议传输，防止公司办公网病毒入侵工控生产专网，在控制网层的工程师站与实时数据库服务器之间还有防火墙进行安全隔离，这虽然可以使工业控制系统运行有一定的防护能力，但是还不足以抵御病毒和恶意入侵，尽管可以采取配置杀毒软件和入侵检测系统的手段，但是由于工业控制系统本身的隔离性，杀毒软件或入侵检测系统中的病毒库和特征库无法及时更新，这将导致防护能力的不能有效保障，二是软件有概率发生误杀，会导致系统无法正常运行，致使生产停滞。三是多为老旧系统，漏洞难以升级，全部更新换代代价巨大。与此同时，工业控制系统大多都还面临着专业人员缺乏、信息安全管理制度流程欠完善、应急响应机制欠健全、人员信息安全培训不足、第三方人员管理混乱等问题。

表 1 工控安全分析汇总

<table>
<tr><th>工控安全分析</th><th>具体内容</th><th>漏洞威胁</th></tr>
<tr><td rowspan="6">上位机漏洞分析</td><td rowspan="6">工业控制系统从结构上分类，主要包括逻辑控制器、远程终端单元等，从安全上分类为上位机和下位机环境</td><td>通用平台系统漏洞</td></tr>
<tr><td>中间件漏洞</td></tr>
<tr><td>工控系统驱动漏洞</td></tr>
<tr><td>组态开发软件漏洞</td></tr>
<tr><td>控件、文件格式漏洞</td></tr>
<tr></tr>
<tr><td rowspan="5">下位机漏洞分析</td><td rowspan="5">下位机是直接控制设备和获取设备状况的计算机，一般是 PLC、RTU、智能仪表、智能模块等</td><td>未授权访问</td></tr>
<tr><td>通信协议的脆弱性</td></tr>
<tr><td>WEB 用户接口漏洞</td></tr>
<tr><td>后门账号</td></tr>
<tr><td>固件漏洞</td></tr>
<tr><td rowspan="5">工业网络设备漏洞分析</td><td rowspan="5">给予的工控网络设备包括工控计算机、工控交换机、WEB 服务器、数据库服务器、工控路由器等</td><td>SQL 注入漏洞</td></tr>
<tr><td>跨站脚本漏洞</td></tr>
<tr><td>文件包含漏洞</td></tr>
<tr><td>信息泄露漏洞</td></tr>
<tr><td>命令执行漏洞</td></tr>
<tr><td>工控设备特点</td><td colspan="2">系统封闭、接口多样、通信复杂、老旧众多、难以改变</td></tr>
<tr><td>漏洞分类</td><td colspan="2">设备自身漏洞、网络协议漏洞、软件系统漏洞、安全防护漏洞</td></tr>
<tr><td rowspan="2">漏洞检测技术</td><td>已知漏洞</td><td>基于漏洞库和特征库的检测技术</td></tr>
<tr><td>未知漏洞</td><td>基于生成的和基于突变的 FUZZING 算法</td></tr>
</table>

为此，集团公司党组成员、副总经理焦方正在集团公司 2022 年网络安全与信息化工作会议上强调推动数字技术与油气产业深度融合，持续强化新型基础设施、网络和工控安全保障能力，全面

推进数字化转型、智能化发展，同时提出六方面要求："强化基础保障能力，突出抓好新型基础设施和网络安全体系建设。"华北油田油气生产物联网建设基本完成，涵盖了油气生产的各个领域，一方面产生了越来越多的油气生产数据信息，另一方面为油气生产自动化采集、智能化控制创造了有利条件。与此同时工控网在信息孤岛、数据通信、网络安全等方面的问题依旧存在甚至被放大，信息以及工控安全从管理、技术还是人员等保障方面均面临极大挑战(下图左是采用Fuzz模糊测试的方式，在上位机未授权的情况下，成功将控制柜网络中断，证明工控模块中潜在未知问题。下图右是2022年对某单位工控网络进行安全风险评估，发现高危漏洞8000余个)。

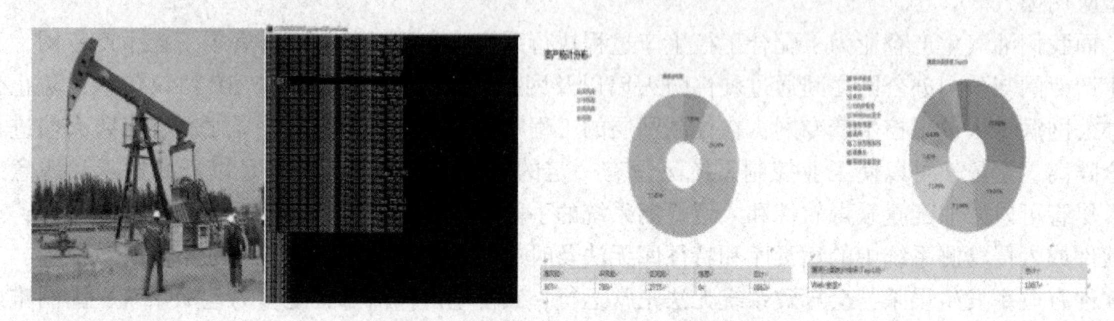

图1　安全测试及风险评估示例

3　工业控制系统白环境研究探索

3.1　白环境理念及特点

传统网络是一个非常丰富、复杂的环境，种类、版本都层出不穷，千差万别，很难建立一个可预测的情景模型。但工业控制系统功能是专用的，访问规则是规范的，行为模式是可预期的，它的安全实现和传统网络安全大相径庭，不能照搬，所以我们觉得白环境的理念比较适合目前的工控生产环境。工控系统的上线，大多事前没有任何安全审查，也没有针对产品或者整个系统的安全监督或检验，建立一支测评团队，通过工控漏洞挖掘检测平台进行设备系统的检测，保证产品或系统基础的安全性，使它们在入网上线的时候就具有一定的安全级别，通过安全的事前工作，可实现以下特点。

1）威胁的全面检测。通过全新的威胁检测方式，根据访问行为是否符合企业业务需要的合法性来判断，不依赖于威胁行为特征，解决了传统手段无法检测与防护未知威胁的问题。

2）威胁的及时发现。自动监测资产和应用的变化，一旦网络中出现新业务、新应用，可以即刻监测到所有新增的资产和应用，并且及时通知安全运维人员对新资产或应用的脆弱性进行检查，避免新应用或资产带来新的风险。

3）白环境信息的全面覆盖。实现对白环境信息的全面、有效管理，包括白环境信息采集、验证、维护以及应用，保障资产信息、核心应用信息以及访问策略的完整性和准确性。

4）系统简单易用。充分考虑运维场景中的各种具体情况，降低使用门槛，提升运维效率，使白环境能轻松地应用及管理。

3.2　白环境风险及应对措施

对"白环境"的"信任"也往往伴随着漏洞产生，通常称其为"信任漏洞"，在一大部分企业使用白环境模式来对白环境进行管理、维护和应用的过程中，白环境所带来的风险及应对措施主要如下：

1）安全运维人员在部署安全管理工作时，安全管理所需的资产信息、应用信息难以收集全面；

应对措施：从管理角度加强资产信息的管理，通过审批流程的建立，对入网和离网资产进行审查，及时在白环境内进行相关信息的增删改查。

2）企业需要大量人力和时间投入进行白环境信息验证；

应对措施：一是建立白名单运维团队，优化组织力量，用专业角度和经验进行问题验证；二是通过日志的汇总分析，建设相应的系统平台，通过系统日志前后对比，实现白环境信息的验证。

3）因安全管理工具并不支持白环境信息的导入和关联展示，甚至难以覆盖脆弱性管理、威胁管理等活动场景，白环境信息难以应用到所有的安全运维场景中。

应对措施：做好安全管理工具的选型工作，尽量采购具有白环境能力的安全设备，对脆弱性管理和威胁管理要求较高的情景，分析原因，可结合人工智能、未知检测、红蓝对抗等其它安全技术手段进行技术的搭配使用。

3.3 基于白环境的工控安全防护体系建设

随着信息技术和计算机技术的不断发展，工业化与信息化的融合进一步深化，导致工业控制系统结构日趋多样化与复杂化，攻击手段也层出不穷，影响系统信息安全与可靠。为了有效保证工业控制系统的安全运行，以被保护的控制系统为基础，构建全方位、多层次的纵深防御体系，结合白环境的管理理念实现工控系统信息安全全面防护的总体思路。将典型工业控制系统分为四层，即生产管理层、监督控制层、现场控制层、现场设备层。每一个工业控制系统应单独划分在一个区域里。

生产管理层主要是生产调度，详细生产流程，可靠性保证和站点范围内的控制优化相关的系统。

监督控制层包括了监督和控制实际生产过程的相关系统。包括如下设备：

- 人机界面 HMI，操作员站，负责组态的工程师站等；
- 报警服务器及报警处理；
- 监督控制功能；
- 实时数据收集与历史数据库，用于连接的服务器客户机等。

现场控制层是对来自现场设备层的传感器所采集的数据进行操作，执行控制算法，输出到执行器（如控制阀门等）执行，该层通过现场总线或实时网络与现场设备层的传感器和执行器形成控制回路。设备包括但不限于如下所示：

- DCS 控制器；
- 可编程逻辑控制器 PLC；
- 远程终端单元 RTU。

现场设备层对生产设施的现场设备进行数据采集和输出操作的功能，包括所有连在现场总线或实时网络的传感器（模拟量和开关量输入）和执行器（模拟量和开关量输出）。

对单一工业控制系统的网络安全域划分如图 2 所示。

根据“边界控制，内部监测”的防护思路，典型的工业控制网络安全防护如下：

通过工业控制信息安全管理系统对整个工业控制系统内的各个子系统和安全设备进行统一安全监控和管理。对工业控制实行统一资产管理，并对各设备的信息安全监控和报警、信息安全日志信息进行集中管理。根据安全审计策略对各类信息安全信息进行分类管理与查询，系统对各类信息安全报警和日志信息进行关联分析，展现全网的安全风险分布和趋势。具体可分为以下几个主要方面：

1）边界有效隔离。在办公网与工控生产专网边界部署部署工业网闸和工业防火墙，实现两网之间的纵向隔离；工控生产专网内部分为若干管理区域，管理区间利用工业防火墙进行横向安全隔离。

2）流量深入分析。在采油厂、管理区二级工控网汇聚节点以“探针”形式通过旁路部署工业综合流量分析系统，实现安全审计、异常监测和入侵检测功能，针对发现的白环境以外的异常访问和可疑行为进行记录和告警。

3）主机有效防护。集中部署主机防护服务，实现工控主机防护的集中管控、安全策略统一管

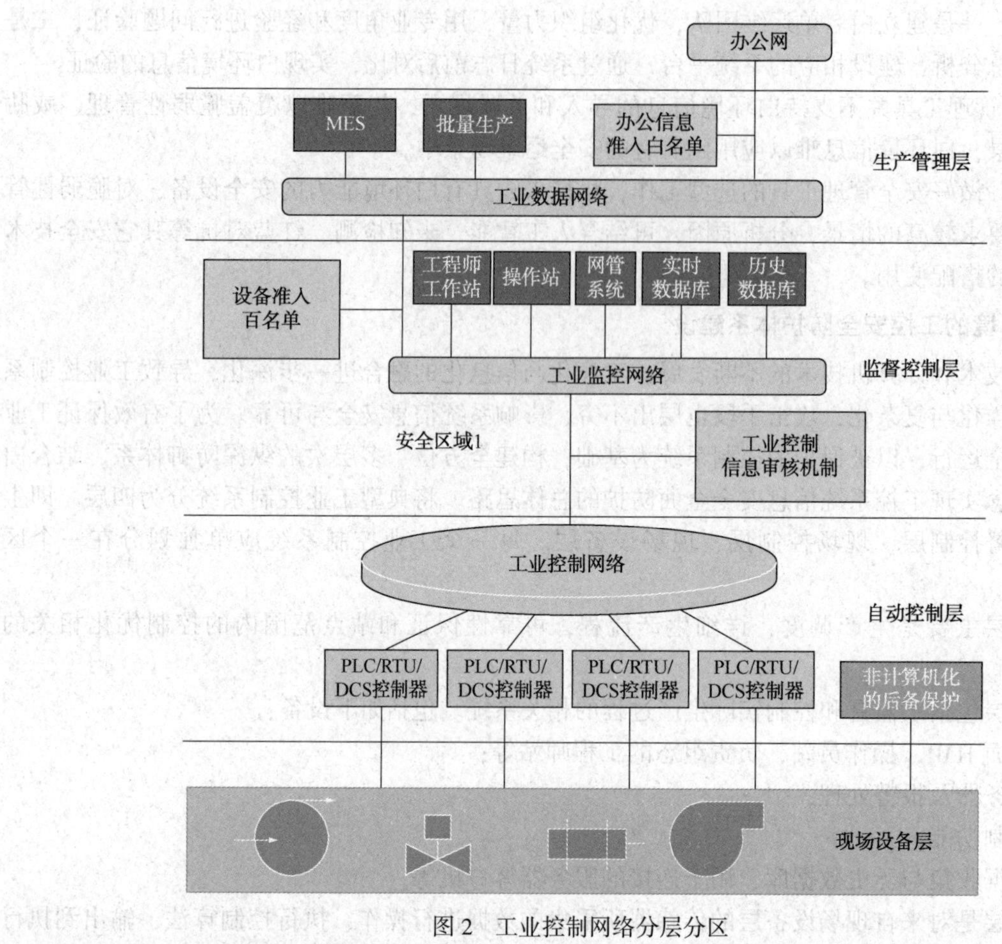

图 2　工业控制网络分层分区

理；在工控主机及服务器部署主机防护系统，实现工控主机的白名单外设控制、白环境网络访问，以及应用程序白环境策略，阻止病毒、木马及漏洞的感染和利用。

4）安全准入控制。通过工控网络安全准入的严格控制，自动识别工控资产，验证工控网络接入设备的合规性、安全性；对白环境之外的仿冒接入、非法外联等行为进行告警或阻断，也可弥补生产一线运维力量相对薄弱的问题。

5）日志全面审计。通过日志审计，实现工控网内日志的有效管理，协助工控安全管理人员获悉工控系统的安全运行状况，并对全网日志进行留存，保证能够为进一步的问题分析和调查取证提供依据，同时可验证并驱动白环境策略的完善和升级。

6）漏洞挖掘扫描。通过漏洞扫描和挖掘，可对工业设备、服务器、中间件、数据库、虚拟化设备等进行安全评估，扫描结束后生成详细的安全报告，并提供安全解决建议，逐步从内在规范工控网络总体白环境的建设。

搭建以油田公司为中心、覆盖各管理区域的工控安全管控体系，按照白环境策略进行总体部署，采集工控网内的日志、告警、漏洞等数据，通过资产、运行、威胁等信息的安全管理和汇总分析，反过来再优化提升白环境策略的管控能力和细粒度，增强企业工控安全水平，打造协同高效联动防御体系。

4　工业控制系统白环境应用实践

华北油田为了实现白环境下的工控系统安全，从边界隔离、流量分析等多个角度进行不同程度的应用实践。

1）为了保证白环境下工控系统的稳定运行，必须从边界进行统一严格的安全管控，只有白环境允许的设备才能接入。对于华北油田移动公网到生产网需要进行数据传输的情况，通过在华北油田三级等保防护中心建立统一的安全防范隔离机制，相关接入经过认证通过后，才可传输至生产网，从而实现数据的隔离管控策略，进行白名单的命中式数据通信。

（1）信息安全三级等保机房干线链路上部署有抗 DDos、防火墙、入侵防御、WAF 等网络安全设备。通过抗 DDos 对异常流量进行清洗，通过入侵防御系统对数据流量进行实时监控，通过在防火墙、WAF 上部署最小化策略访问控制，仅允许特定的移动互联网 IP 以及特殊端口访问，保障数据服务器安全平稳运行。

（2）在数据服务器与华北油田生产网之间部署隔离网闸以及防火墙。隔离网闸是生产网与数据服务器数据交换的唯一通道，防火墙实现异网之间路由互通，同时通过部署最小化策略仅允许数据服务器 IP 以及特殊端口访问，抵御来自移动互联网的安全威胁，保护生产网络的安全。

通过上述措施，保证了工控网络与移动公网的安全通信，实现了移动公网的白环境接入，在历年的五一、十一等重保期间，所保障的工控系统均稳定运行，未出现重大网络安全事件。

2）开展白环境策略的流量分析，验证白环境策略及相关模型的完整性。对华北油田采油三厂工控网络进行现状梳理、流量分析、漏洞扫描，对工控网络安全相关规范、标准以及技术深入调研，形成 4 套模型算法以及 1 套流量审计分析预警平台，模型算法检测准确率达到 90%以上，最高可达 94%。2 项成果已完成发明专利申请，还有 2 项成果的发明专利正在撰写中。从快捷性、敏捷性、安全性、检测能力、覆盖能力等方面对信息以及工控安全进行全天候的监测保障，保障华北油田信息以及工控系统稳定、安全、顺畅运行。

5 结束语

两化融合概念为工控系统信息安全领域带来从观念意识，到技术、管理、法律监管等多个层面的全新挑战，但同时，工控系统的在线化数据化也为数据监测、企业决策、犯罪行为的预测识别提供更多的有效数据。在白环境的背景下，通过工业控制系统网络安全防护策略，加强白名单技术的应用，从生产管理层、监督控制层、现场控制层、现场设备层四个方面建立防护体系来提升工控安全，以此应对华北油田油气生产物联网建设的信息以及工控安全挑战。同时，通过引入未知攻击的无监督异常检测技术、分布式网络入侵检测系统、面向工控以及信息安全的入侵检测系统的对抗攻防技术等相关研究，可健全华北油田工控网络白环境体系建设，实现华北油田信息以及工控系统安全稳定运行。

参 考 文 献

[1] 刘双龙，卢永慧. 石化企业 DCS 工业控制系统信息安全防护系统的开发和应用[J]. 化学工程与装备，2022(03)：153-155.
[2] 张子良，孙军军，李焕. 炼化工业控制系统白环境技术应用[J]. 信息安全研究，2019，5(08)：703-707.
[3] 齐祥柏，陈青，赵洪岗. 工业控制系统信息安全问题探讨[J]. 机电工程技术，2021，50(12)：180-182+195.
[4] 王照，罗佳钰. “白环境”下的工控安全思考[J]. 数字通信世界，2021(07)：167-168.
[5] 刘炫，肖真霞. 基于“互联网+”时代下工业控制系统网络安全问题研究[J]. 科技视界，2022(27)：208-210.

海上无人平台高压输变电设备与油气处理设施共建布置方案影响分析

姜智斌　王越淇　刘春雨　万宇飞　李国豪

[中海石油(中国)有限公司天津分公司]

摘　要　本文以渤海首个高压输变电设备与油气处理设施共建平台为例，通过运用FLACS软件对共建平台生产过程中可能产生的安全隐患进行模拟计算，为确保海洋高压输变电设备与油气处理设施共建平台的安全低碳生产，在平台布置紧凑化的前提下，根据数值模拟结果明确两个区块的推荐安全间距、防火墙设计要求及房间抗爆能力要求等内容，最大限度降低不同事故工况下对共建平台的影响，达到降本增效和安全生产的双重目的为能源行业绿色发展提供新的设计思路。

关键词　海上共建平台；高压输变电设备；防火墙；数值模拟；安全生产

在能源行业绿色低碳、高效开发的背景下，渤海某油田以岸电技术为依托，通过创新采用高压输变电设备与海上油气处理设备共建布置方式，替代传统燃气透平及原油发电机设计，保障平台生产操作的同时，为平台提供清洁电力能源。

由于该设计方案在国内尚属首次，暂无参考案例，高压输变电设备与油气处理设施共建安全性分析并无可借鉴经验。与此同时，国外尚未建立较全面的高压输变电设备与海上平台油气处理设施共建标准体系，共建方案的安全性有待进一步评估。

本文通过FLACS软件定量模拟计算组块上层甲板油气处理区的油气扩散及爆炸对高压设备区影响，同时评估油浸式变压器发生火灾爆炸事故的频率，分析爆炸工况下对油气处理区的影响。明确高压区与油气区的安全距离，同时根据FLACS软件模拟事故后果，对防火墙的性能及高压变压器间的抗爆能力下限值提出具体要求，为平台后期正常生产提供安全规划和保障。

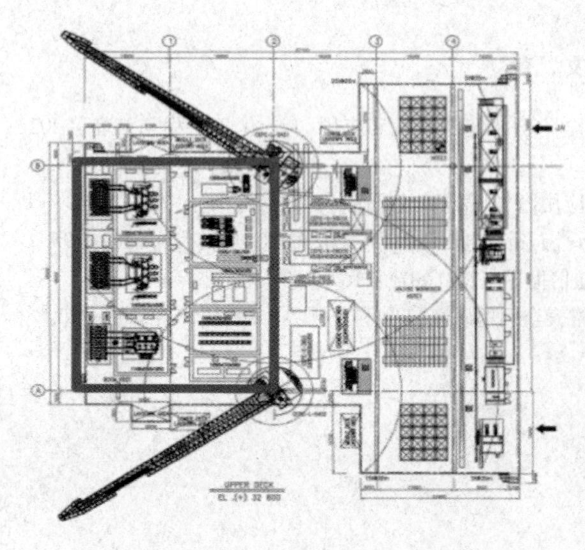

图1　组块上层甲板平面布置图

1　高压区和油气处理区布置分析

本项目高压输变电设备设施布置于组块上层甲板2轴西侧，其东侧主要为油气处理设备区及井口区，布置有热介质锅炉、化学药剂撬及修井作业配套设备设施，如图1所示。

由于国内外尚未有针对高压设备设施区与油气处理区布置间距的具体要求，本项目初步根据国际标准IEC50110-1中推荐的72.5kV至800kV之间电压等级带电作业最小接近距离进行评估，对于本项目共建平台的110kV高压系统部分，采用防火防爆墙与油气处理区进行隔离，并在墙体左右各保留2米间距。同时该标准中建议针对高压主变压器设备，可根据其高压一次侧绕组位置，适当增加安全间距至2~3倍。

考虑到海上平台空间有限，本项目优先以2米间距作为设计基础，同时结合平台上部组块具体布置方案，通过多工况下理论模拟计算，进而评估设计方案的合理性，同时针对防护薄弱部分提出相应解决措施。

2 共建方案安全性分析

本项目高压区和油气处理区设备共建在海上平台上层甲板，设备空间较为紧凑，存在可燃气体泄漏扩散至高压设备区风险，极易引发火灾爆炸事故，造成经济损失、环境污染等恶劣后果。

本文通过对共建平台布置方案进行危险源辨识，该共建平台可能存在油气区域发生油气泄露扩散、火灾爆炸等事故影响高压用电区域，通过对油气区域工艺设备及流程进行分析，钻修井过程中地层油气发生井喷和热介质锅炉燃料气发生泄漏有可能造成可燃气体泄漏扩散，发生火灾爆炸事故；油浸式变压器出现短路、电弧放电等故障也易引起爆炸事故影响油气处理区域的安全。通过定量模拟不同危险工况事故后果，综合评估现有布置方案下的安全间距、防火墙高度、等级及高压区房间抗爆能力的具体要求。

下文结合实际情况综合分析，基于计算流体动力学方法，采用 FLACS 模拟软件重点对工况下易发生的井喷事故和热介质锅炉事故展开事故模拟计算，进一步分析模拟结果，提高绿色生产平台的安全精度，从而减少安全事故的损失。

3 井喷事故后果模拟

结合危险源辨识结果分析，在上层甲板的燃料气管线的阀门和法兰等连接部位最易发生泄漏扩散引发爆炸事故；因此，本文针对井管口和喇叭口这一特定位置的可燃气体喷射扩散分别进行模拟分析，基于可燃气体喷射扩散云图和扩散体积变化曲线，判断可燃气体扩散与高压设备区域的影响。

3.1 井管口可燃气体喷射扩散

井管口可燃气体喷射扩散云图及体积变化曲线图分别如图 2、图 3 所示。

图 2　井管口可燃气体喷射扩散云图

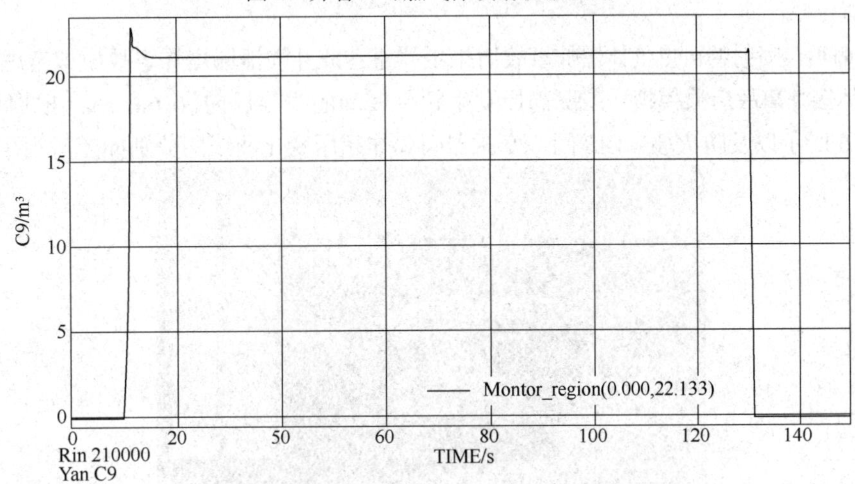

图 3　井管口可燃气体喷射扩散体积变化曲线

由结果可知，在主导风向：风速6.6m/s，北偏东22条件下井管口可燃气体喷射扩散不会影响到高压设备区域。

3.2 喇叭口可燃气体喷射扩散

喇叭口可燃气体喷射扩散云图及体积变化曲线图分别如图4、图5所示。

图4 喇叭口可燃气体喷射扩散云图

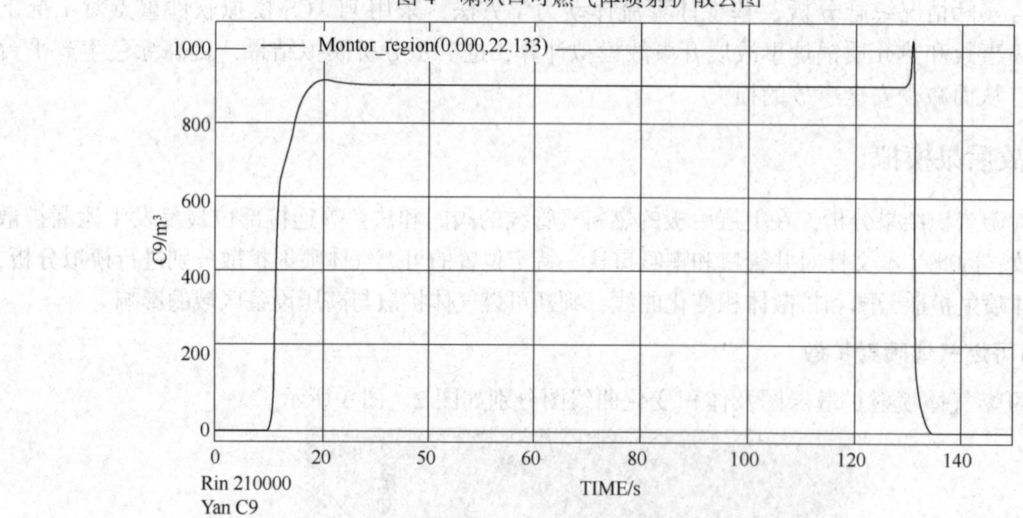

图5 喇叭口可燃气体喷射扩散体积变化曲线

由结果可知，在主导风向：风速6.6m/s，北偏东22°条件下喇叭口可燃气体喷射扩散气云主要聚集在上空，不会影响到高压设备区域。

通过井管口、套管喇叭口喷射扩散模拟结果综合分析：从套管喇叭口喷射扩散时的可燃气体气云最大体积远大于从井管口喷射的可燃气体气云最大体积，因此从套管喇叭口喷射的可燃气体爆炸事故后果更严重，需进一步进行爆炸评估。

3.3 爆炸模拟

鉴于套管喇叭口喷射的可燃气体爆炸事故后果更严重，故井喷泄漏爆炸事故模拟考虑从套管喇叭口喷射的可燃气体爆炸事故后果模拟，工况选择发生频率较高的主导风向(6.6m/s)，根据可燃气体爆炸压力云图如图6所示以及防火墙、GIS间、变压器间爆炸超压变化曲线图分别如图7、图8、图9所示。

图6 可燃气体爆炸压力云图

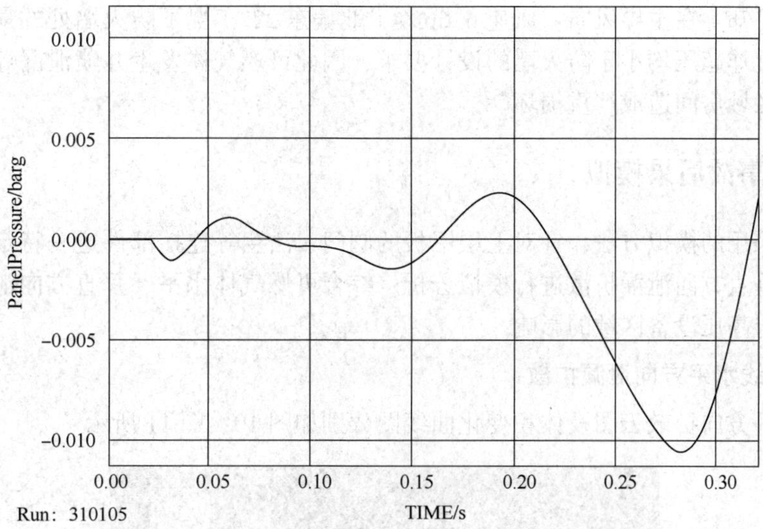

图 7　防火墙爆炸超压变化曲线

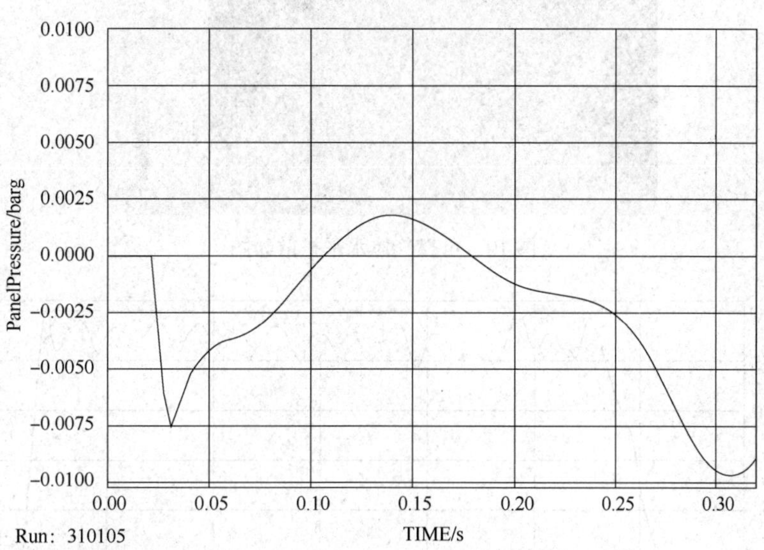

图 8　GIS 间顶部爆炸超压变化曲线

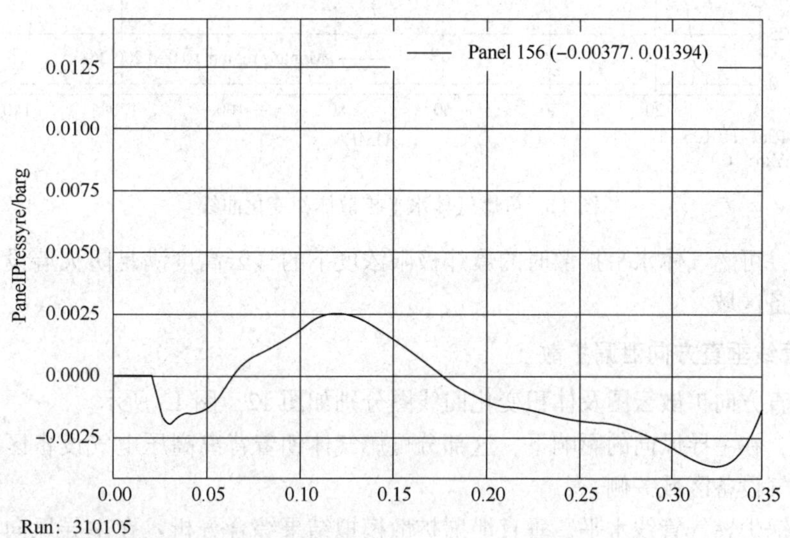

图 9　变压器间顶部爆炸超压变化曲线

由模拟结果可知：在主导风向：风速6.6m/s，北偏东22°工况下防火墙处的最大爆炸超压和高压设备区域房间爆炸超压均小于防火墙的设计要求，因此可燃气体发生井喷泄漏爆炸不会对防火墙和高压电气设备区域房间造成严重损坏。

4 热介质锅炉事故后果模拟

基于上文所采用的模拟方法，针对上层甲板的阀门、法兰等连接部件这一特定位置分别对锅炉燃气管线水平和垂直方向泄漏扩散进行模拟分析。综合可燃气体水平、垂直方向泄漏扩散结果，判断可燃气体扩散与高压设备区域的影响。

4.1 锅炉燃气管线水平方向泄漏扩散

可燃气体水平方向扩散云图及体积变化曲线图分别如图10、图11所示。

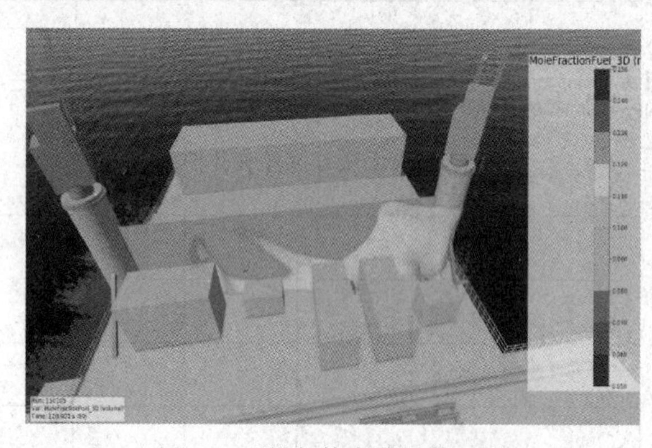

图10 可燃气体水平扩散云图

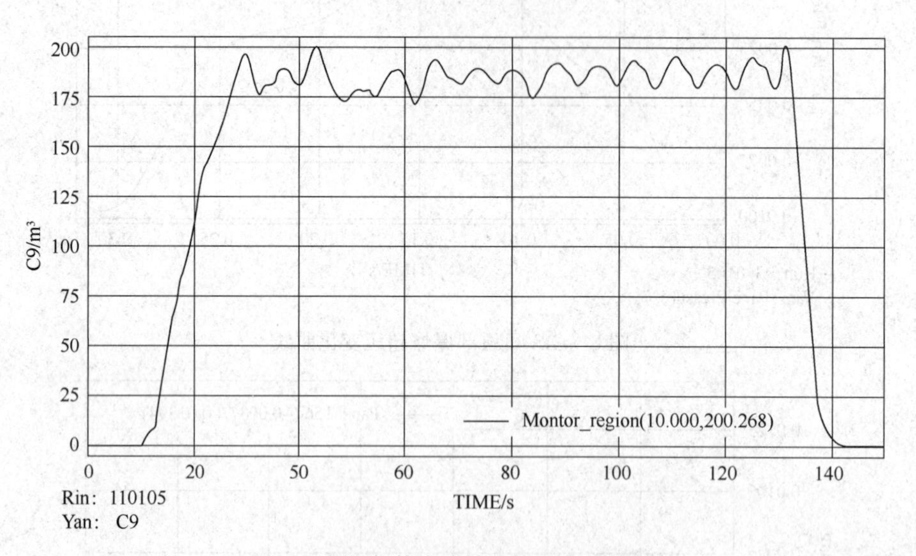

图11 可燃气体水平扩散体积变化曲线

由结果可知，可燃气体水平扩散时的爆炸极限浓度下的气云高度满足防火墙设计要求，不会扩散到高压电气设备区域。

4.2 锅炉燃气管线垂直方向泄漏扩散

可燃气体垂直方向扩散云图及体积变化曲线图分别如图12、图13所示。

由结果可知，在主导风向的影响下，这部分可燃气体朝着背离高压电气设备区域一侧扩散，不会扩散至高压电气设备区域一侧。

通过热介质锅炉燃气管线水平、垂直泄漏扩散模拟结果综合分析：在主导风向的影响下，防火墙的设计要求符合共建平台的安全要求，可燃气体不会扩散至高压电气设备区域一侧引发危险事

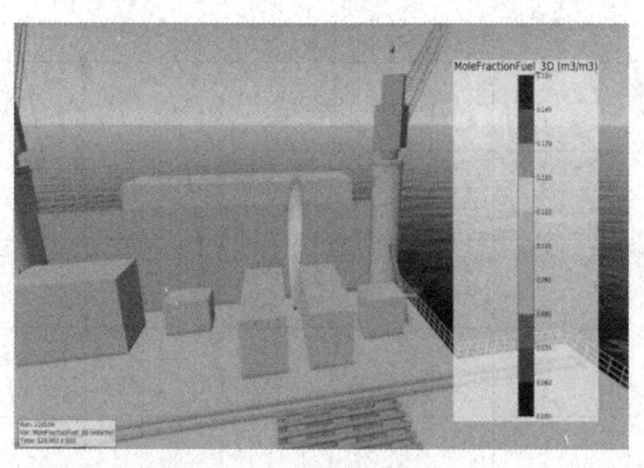

图 12　可燃气体垂直扩散云图

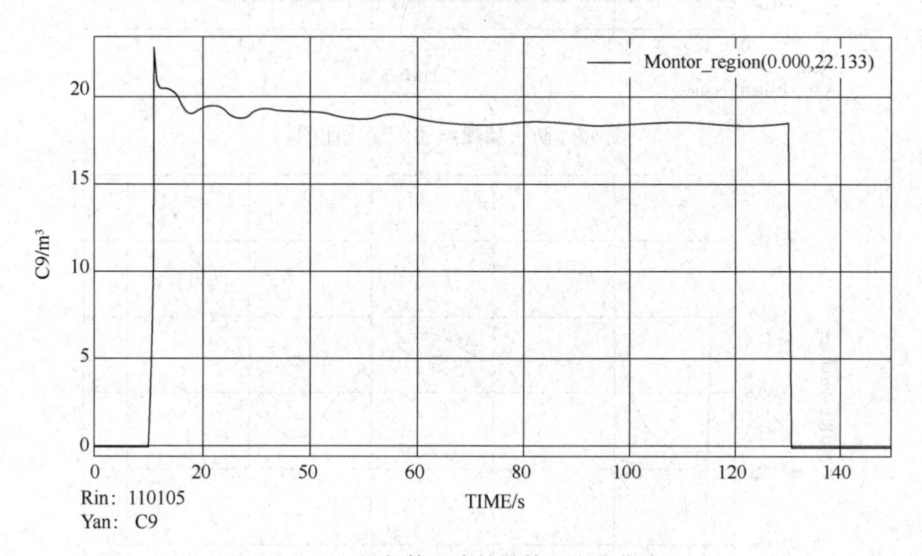

图 13　可燃气体垂直扩散体积变化曲线

故。但是水平泄漏时由于防火墙和锅炉的阻挡，能够造成可燃气体聚集，可燃气体体积大于垂直方向泄漏的可燃气体，因此水平方向泄漏的可燃气体爆炸事故后果更严重，需进一步进行爆炸评估。

4.3　爆炸模拟

由上文扩散模拟结果可知，水平方向上泄漏更易造成气体聚集引发爆炸，为进一步明确该防火墙设计要求，同时也考虑到其真实性，本次模拟在锅炉附近设置一些杂散管线，增加阻塞程度，进而开展爆炸后果模拟，模拟带压设备水平泄漏时发生爆炸所造成的超压影响。

可燃气体爆炸压力云图如图 14 所示，防火墙、GIS 间、变压器间爆炸超压变化曲线图分别如图 15、图 16、图 17 所示。

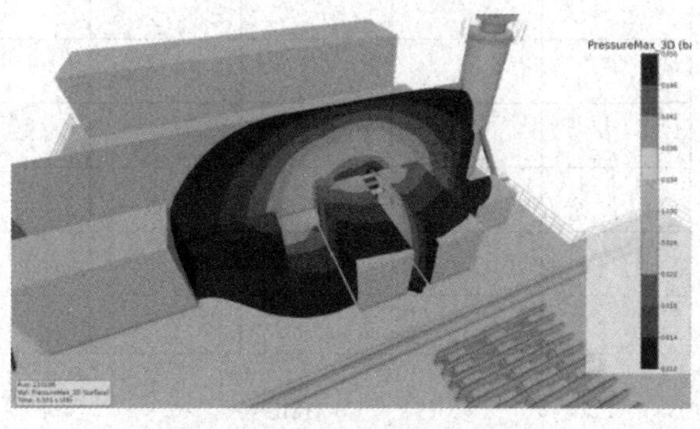

图 14　可燃气体爆炸压力云图

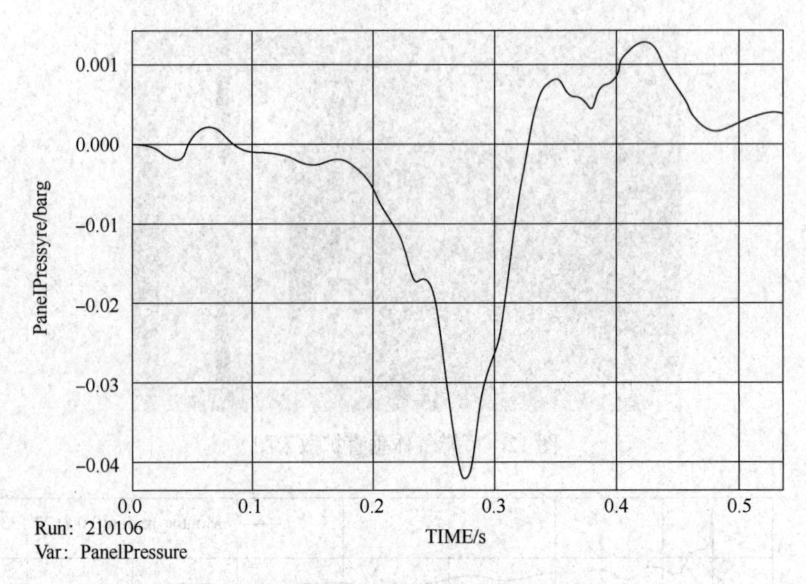

图 15　防火墙爆炸超压变化曲线

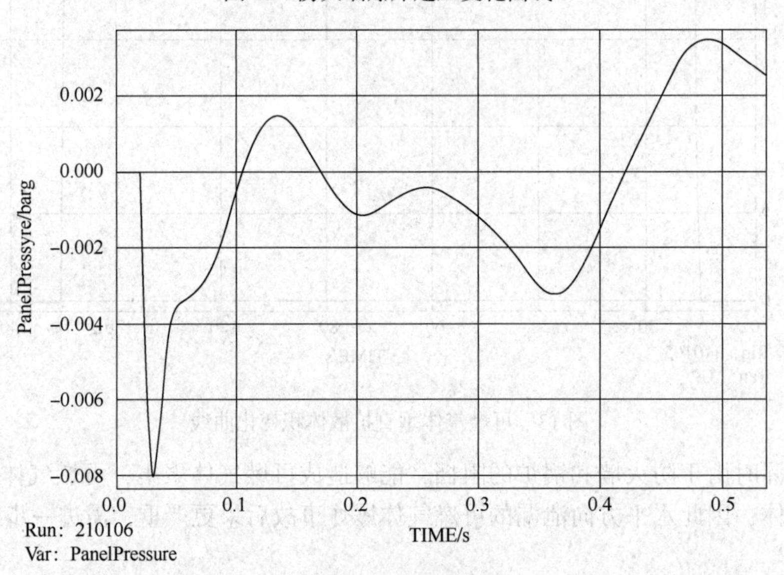

图 16　GIS 间顶部爆炸超压变化曲线

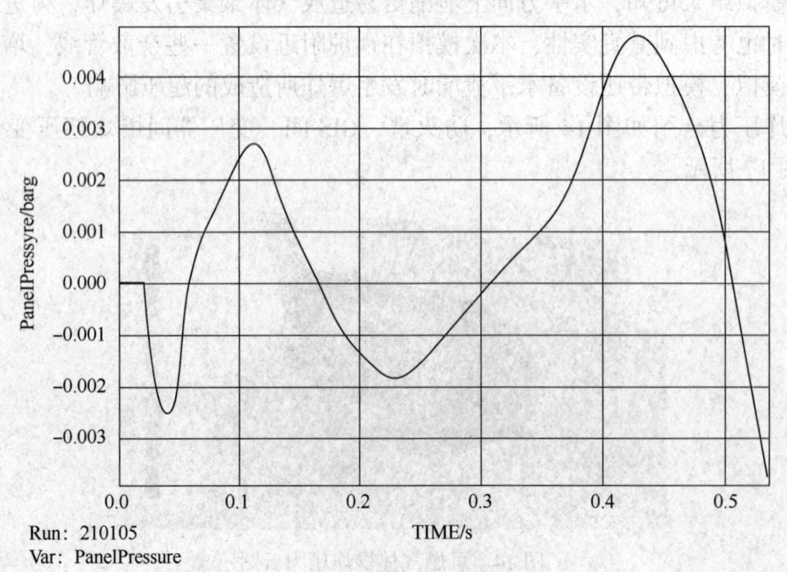

图 17　变压器间顶部爆炸超压变化曲线

由结果可知，在主导风向：风速 6.6m/s，北偏东 22°工况下防火墙所受爆炸影响较小，GIS 间、变压器间所受爆炸影响远小于防火墙设计要求，可以确保油气生产区域事故不会过于影响高压设备区域。

5 变压器爆炸影响分析

本文重点考虑变压器第二次爆炸事故对变压器房间和门的影响程度，通过对影响程度的综合分析评估变压器爆炸事故对油气处理区的不利影响，采用上述模拟方法判断变压器室抗爆能力要求。根据电弧能量分类等级，本次模拟主要考虑最大可信事故后果为油雾等级 3 级，同时为更好的观测油浸式变压器爆炸对变压器房间的影响，针对爆炸场景在变压器房间内部墙壁上共设置 79 个观测板，变压器室内门上设置 2 个观测板，以便记录这些平面在整个爆炸过程中的压力随着时间的变化曲线及数值。

图 18 变压器爆炸场景三维模拟图

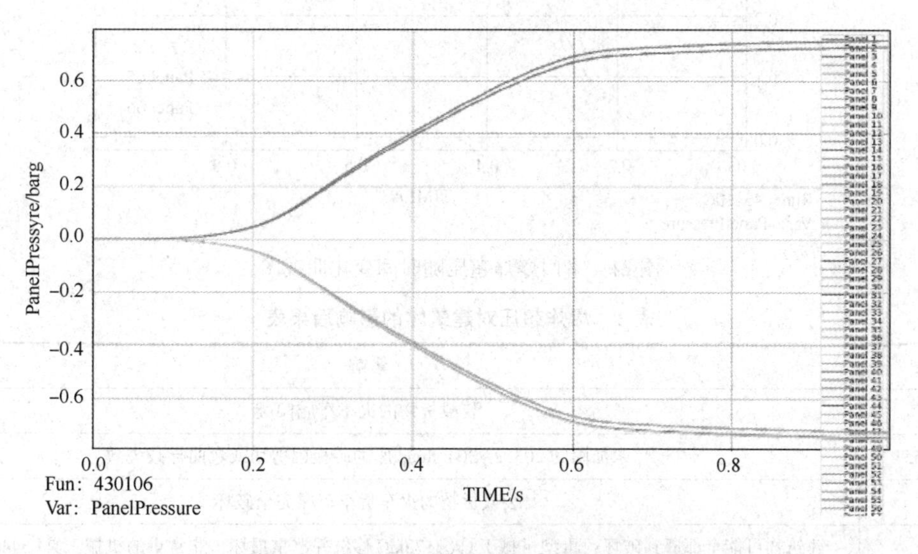

图 19 室内墙壁爆炸超压随时间变化曲线图

从上述爆炸分析结果图 18 至图 21 可以看出，变压器爆炸对变压器室内墙壁 26 号观测板爆炸超压影响最大，为 0.73barg，对变压器室门 65 号和 66 号观测板爆炸超压影响一样，为 0.71barg。

根据爆炸后对建筑物的影响表 1，当爆炸超压达到 0.71bar 时，建筑物可能全部遭到破坏，即变压器房间有可能全部遭到破坏，因此为了避免变压器爆炸事故状态下房间发生倒塌影响油气处理区的正常生产，变压器室设置为抗爆能力不小于 0.73bar 的抗爆间。

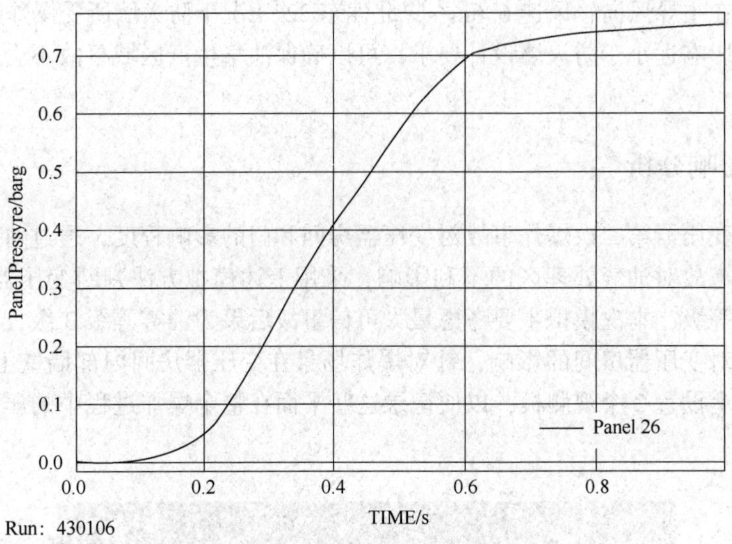

图 20　室内墙壁爆炸最大超压曲线图

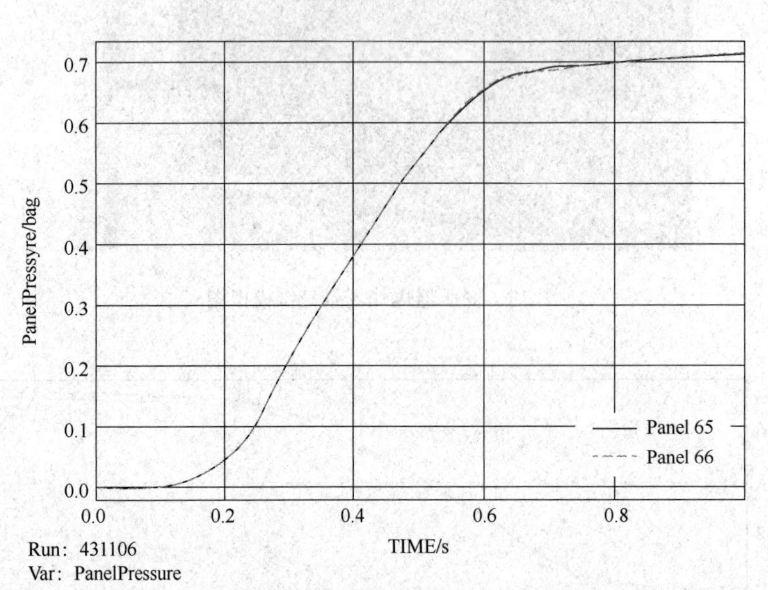

图 21　室门爆炸超压随时间变化曲线图

表 1　爆炸超压对建筑物的影响后果表

压力/bar	影响
0.482	装载货物的火车车厢倾翻
0.482~0.551	未加固的 203.2~304.8mm 厚的砖板因剪切或弯曲导致失效
0.62	装载货物的火车货车车厢完全破坏
0.689	建筑物可能全部遭到破坏；重型机械工具(3178kg)移位并严重损坏，非常重的机械工具(5448kg)幸免。

6　结论

本文以某海上油田开发项目为例，通过对共建平台布置方案进行危险源辨识，并针对总体布置设计方案的安全性开展数值模拟评估，根据上部组块布置间距研究及 FLACS 软件模拟结果，可以得到以下结论：

(1) 经研究分析，在平台紧凑化的前提下，共建平台高压设备区和油气处理区之间的防火墙两侧各保持2米间距符合共建生产安全要求。如若空间允许，推荐其间距可加长为2倍甚至3倍的距离。

（2）通过对井喷事故后果和热介质锅炉事故后果综合分析，在主导风向：风速6.6m/s，北偏东22°条件的影响下，10m高的H60防火墙能够阻挡可燃气体扩散爆炸危及高压电气设备区域一侧引发危险事故。

（3）变压器爆炸最大可信事故后果为油雾等级3级，发生爆炸后，室内墙面最大超压为0.73bar，变压器门的最大超压为0.71bar，为了避免变压器爆炸事故状态下房间发生倒塌影响油气处理区的正常生产，变压器室设置为抗爆能力不小于0.73bar的抗爆间。

目前陆上高压输变电设备具有成熟的技术并已获得广泛的应用，但将高压输变电设施与油气处理设施共建在国内尚属首次。本文通过采用定性判定结合定量模拟计算的方式，明确两个区块的推荐安全间距、防火墙设计要求及房间抗爆能力要求等内容，为共建的安全性提供必要保障的同时，为海上油田类似项目提供借鉴经验。

参考文献

[1] 施长春. 对石油石化企业绿色高质量发展的思考[J]. 当代石油石化，2022，30(09)：36-40.

[2] 曹肖. 海上油气田岸电替代海电工程经济评价体系构建[J]. 化工管理，2023，No. 655(04)：1-3. DOI：10.19900/j. cnki. ISSN1008-4800. 2023. 04. 001.

[3] 郄鑫，张哲，胡君慧等. 海上风电场升压变电站电气布置研究[J]. 供用电，2015，No. 170(01)：64-67. DOI：10. 19421/j. cnki. 1006-6357. 2015. 01. 011.

[4] 罗振敏，胡腾，李俊等. 基于FLACS的天然气泄漏扩散数值模拟研究[J]. 工业安全与环保，2022，48(12)：14-18+41.

[5] 何荣福. 碳氢化合物火灾事件下圆筒型FPSO的定量风险分析[D]. 江苏科技大学，2020. DOI：10. 27171/d. cnki. ghdcc. 2020. 000897.

[6] 吴岩，凌晓东，滕潇等. 基于风险的控制室抗爆评估及工程应用[J]. 安全、健康和环境，2022，22(04)：33-39.

[7] 张远建，王琴，康坦等. 输电线路带电作业人体在临界安全距离作业下的电场研究[J]. 能源与环保，2022，44(12)：80-85. DOI：10. 19389/j. cnki. 1003-0506. 2022. 12. 014.

[8] 蔡涛，刘培林，霍有利等. 海洋平台火灾爆炸危险源识别与评价的研究[C]//中国科学技术协会，天津市人民政府. 第十三届中国科协年会第13分会场-海洋工程装备发展论坛论文集. [出版者不详]，2011：7.

[9] 孟祥坤，陈国明，郑纯亮等. 基于风险熵和复杂网络的深水钻井井喷事故风险演化评估[J]. 化工学报，2019，70(01)：388-397.

[10] 董海杰. 海上油田热介质锅炉常见故障浅析[J]. 设备管理与维修，2011，No. 327(12)：32-33.

[11] 郑梦笛，吴细秀，闫格. 基于新型故障电弧模型的电弧能量特性分析[J]. 中国电力，2015，48(11)：49-53.

[12] 万朝梅. 石化工程建筑物抗爆设计方案分析与选择[J]. 炼油技术与工程，2016，46(12)：50-54.

[13] 王建楹，张育超，武雪林等. 300MW/220kV海上升压站总体结构布置[J]. 船舶工程，2020，42(S1)：526-529+533. DOI：10. 13788/j. cnki. cbgc. 2020. S1. 121.

海底管道清管作业实时监测系统研究与应用

程　涛　朱梦影　王越淇　金　秋　庞洪林

［中海石油(中国)有限公司天津分公司蓬勃作业公司］

摘　要　目前海管完整性管理日趋严格，清管作业频次越来越高，渤海地区清管作业清管球/器位置监测和清管时间计算基于稳态的经验计算，存在清管球/器位置估计不准确、清管球/器到达下游时间预计误差大等缺点，无法及时发现和处理各种问题。本设计基于瞬时积分计算原理，设计了注水、天然气和混输海管的计算模型和相关画面，流量等主要数据通过渤海某平台的艾默生公司 Delta V DCS 系统中实时抓取和实现，完成了该中心平台 6 条注水、8 条混输以及 2 条天然气海管的清管动态监测与可视化系统的研发。该系统可以较为准确地显示出清管球/器位置和剩余时间，能及时发现卡球等故障信息。通过多批次清管作业测试和调整，该系统计算时间与实际误差在 3%至 6%，根据现场误差进行修正公式，满足现场实际要求。创新清管策略可以减少油田注水损失挽回产量，减轻现场人员工作量。实现了清管作业在线实时监测，为清管作业中管道上下游平台之间配合和联动提供参考依据，真正做到油气生产智能化。

关键词　海底管道；清管作业；动态监测；可视化；智能化；系统研发

1　引言

在海底管道运行中，清管是一项风险较大但又必不可少的作业。清管作业不仅可以清除管道内积砂、结蜡等，提高管道输送效率，而且可以清除管壁附着的垢片等沉积物等，减小细菌存在条件，减小管道腐蚀，保障海底管道的完整性，尤其在日趋严格的管道完整性管理下，清管频次越来越高。但是目前渤海地区海底管道清管作业中清管器位置监测和清管时间计算均是基于稳态的经验手动计算，其操作精度低、误差大，不能实时显示清管器速度、时间、位置，特别是对于流量需要变化的管道，误差更大。

清管作业必须掌握清管器的运行情况，以便于控制清管器的运行速度，及时发现和处理各种问题。如果速度控制不当，可能会造成清管器破裂等情况，且一旦出现卡住状态不知道大体卡球位置。调研了目标油田后发现其注水管线清管作业，为保证清管时产生的脏水不污染注水井，都会在清管作业时关闭下游平台注水井，造成注水损失，从而影响产量。输气管线清管作业时停止供气，造成燃气透平需要在此期间切换柴油，增加操作费。若能在准确的位置和时间接收清管器并及时排污，即可减少注水损失挽回产量、降低操作费以及减轻平台人员的工作量。

2　技术路线和研究方法

2.1　技术路线

为了及时了解清管器的运行情况，以便于控制清管器的运行速度，及时发现和处理各种问题，同时配合调整清管策略，减少注水损失挽回产量损失、降低操作费以及减轻人员的工作量等，研发一种海底管道清管作业动态监测系统，可以实现以下功能：

1) 实时显示清管器运行速度，协助提高清管作业效果；

2) 实时显示清管器到下游的时间，为下游做好收球准备工作提供指导基础，提高海上人员利用率；

3）实时显示清管器在海管中的实时位置，准确和直观的显示，及时发现卡球等状况；

4）协助优化清管控制策略，对于注水海管精确了解和控制清管器对下游的时间，减少停注时间，挽回产量损失。对于输气海管精确了解和控制清管器对下游的时间，减少切换柴油用量，降低操作费。

本项目设计了一款智能便捷、适用于海上平台中控 DCS 系统、一键式操作显示的在线清管动态监测系统，可实时显示清管器位置和到达下游的时间，具有可视化和提醒功能，实现了清管作业在线实时监测，为清管作业中管道上下游平台之间配合和联动提供参考依据，真正做到油气生产智能化。

具体技术路线如图 1 所示：

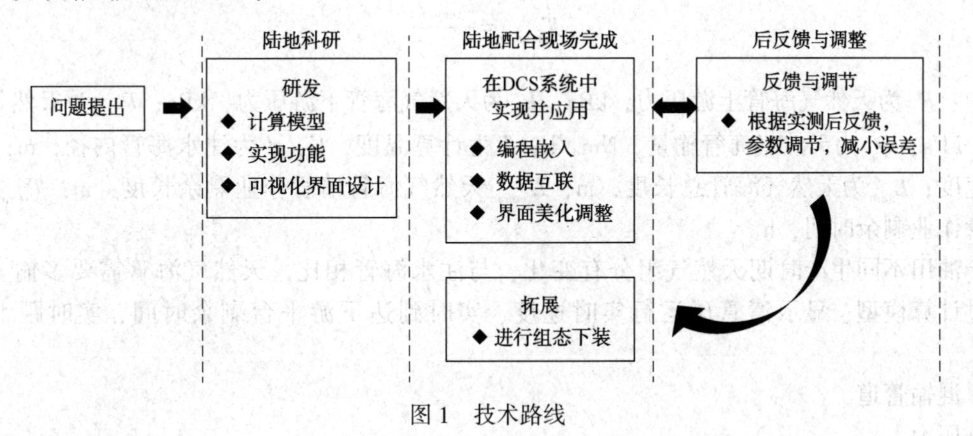

图 1　技术路线

2.2　主要研究内容

2.2.1　建立计算模型

积分计算原理可以实现整个清管过程的清管器剩余距离对于时间的变化过程，是实现清管作业动态监测的理论基础。创建不同类型海管计算模型，数据现场实时抓取，用容积法预测运行距离。

（1）注水管道

运行速度：

$$v_{\mathrm{liq}}=\frac{4Q_{\mathrm{liq}}}{\pi d^{2}}$$

剩余距离：

$$L_{\mathrm{remian}}=L_{\mathrm{sum}}-\int_{0}^{t}v_{\mathrm{liq}}\mathrm{d}t$$

剩余时间

$$T_{\mathrm{remian}}=\frac{L_{\mathrm{remian}}}{v_{\mathrm{liq}}}$$

式中：Q_{liq}为注水海管输量，m^3/h；d为注水海管内径，m；v_{liq}清管器运行速度；L_{sum}为注水海管总长度，m；L_{remian}注水海管清管作业剩余长度，m；T_{remian}为注水海管清管作业剩余时间，h。

通过上述计算模型，实现显示注水海管中清管球运行实时速度、实时到达下游平台剩余时间、实时距下游平台距离的目的。

（2）天然气管道

计算压力

$$P_{\mathrm{aver}}=\frac{2}{3}\left(P_{\mathrm{s}}+\frac{P_{\mathrm{t}}^{2}}{P_{\mathrm{s}}+P_{\mathrm{t}}}\right)$$

运行速度

$$v_{gas}=\frac{4\dfrac{Q_gP_0TZ}{P_{aver}T_0}}{\pi d^2}$$

剩余距离

$$L_{remain}=L_{sum}-\int_0^t v_{gas}\mathrm{d}t$$

剩余时间

$$T_{remian}=\frac{L_{remian}}{v_{gas}}$$

式中：P_s 为天然气海管上游压力，kPa；P_t 为天然气海管下游压力，kPa；P_{aver} 为天然气海管计算压力，kPa；Q_g 为天然气海管输量，Nm^3/h；T 为计算温度，K；d 为注水海管内径，m；v_{gas} 清管器运行速度；L_{sum} 为天然气海管总长度，m；L_{remian} 天然气海管清管作业剩余长度，m；T_{remian} 为注水海管清管作业剩余时间，h。

由于油田不同生产时期天然气组分有变化，与注水海管相比，天然气海管需要多输入压缩因子，通过计算模型，显示清管球运行实时速度、实时到达下游平台剩余时间、实时距下游平台距离。

（3）混输管道

计算压力

$$P_{aver}=\frac{2}{3}\left(P_s+\frac{P_t^2}{P_s+P_t}\right)$$

工况下输量

$$Q_{sum}=Q_{gas}+Q_{liq}=\frac{Q_gP_0TZ}{P_{aver}T_0}+Q_{liq}$$

运行速度

$$v_{mix}=\frac{Q_{sum}}{S}=\frac{4\left(\dfrac{Q_gP_0TZ}{P_{aver}T_0}+Q_{liq}\right)}{\pi d^2}$$

剩余距离

$$L_{remain}=L_{sum}-\int_0^t v_{mix}\mathrm{d}t$$

剩余时间

$$T_{remian}=\frac{L_{remian}}{v_{mix}}$$

根据现场没有混输海管流量监控实际情况，预留气量和液量输入窗口，以报表数据为准输入，通过上述计算模型，显示清管器运行实时速度、实时到达下游平台剩余时间、实时距下游平台距离。

通过创新模型分别计算了注水、输气、混输不同类型海管清管作业时的清管器运行速度、剩余距离、剩余时间。

定义现场计量、自动读取，手动输入不同类型参数并实现功能，是实现清管作业动态监测的途径。注水海管：液体流量根据现场计量实现抓取；输气海管：开通上下游平台权限，收发球段压力采用自动读取。

2.2.2 逻辑主体设计

在上述计算模型的基础上，汇总现场需求和实际情况，设计该海底管道清管作业动态监测系统满足。

1）实时显示清管器运行速度、剩余距离、剩余时间；

2）实时显示清管器在海管中的实时位置，准确和直观的显示，及时发现卡球等状况；

3）清管器到之前 10 分钟提醒，现场做好收球准备。

根据上述要求，设计海底管道清管作业动态监测系统逻辑框图如图 2 所示：

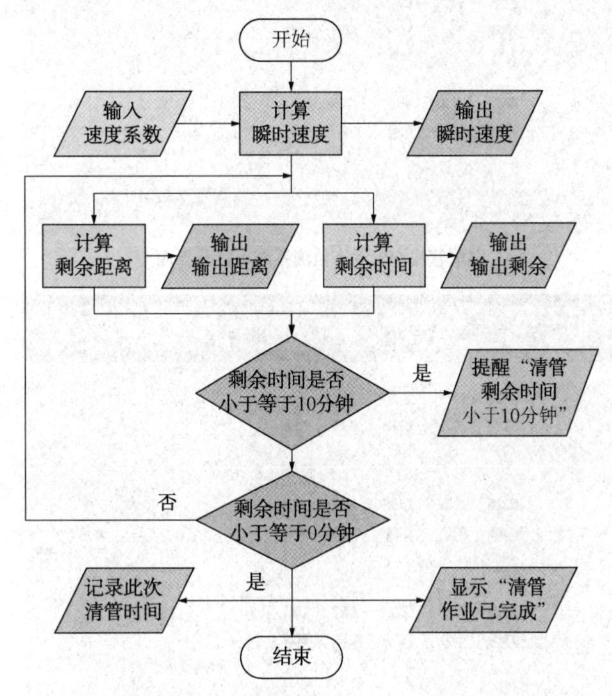

图 2 海底管道清管作业动态监测系统逻辑框图

2.2.3 界面设计

该系统镶嵌至 DCS 系统中，设计友好的人机界面，如图 3~图 5 所示。

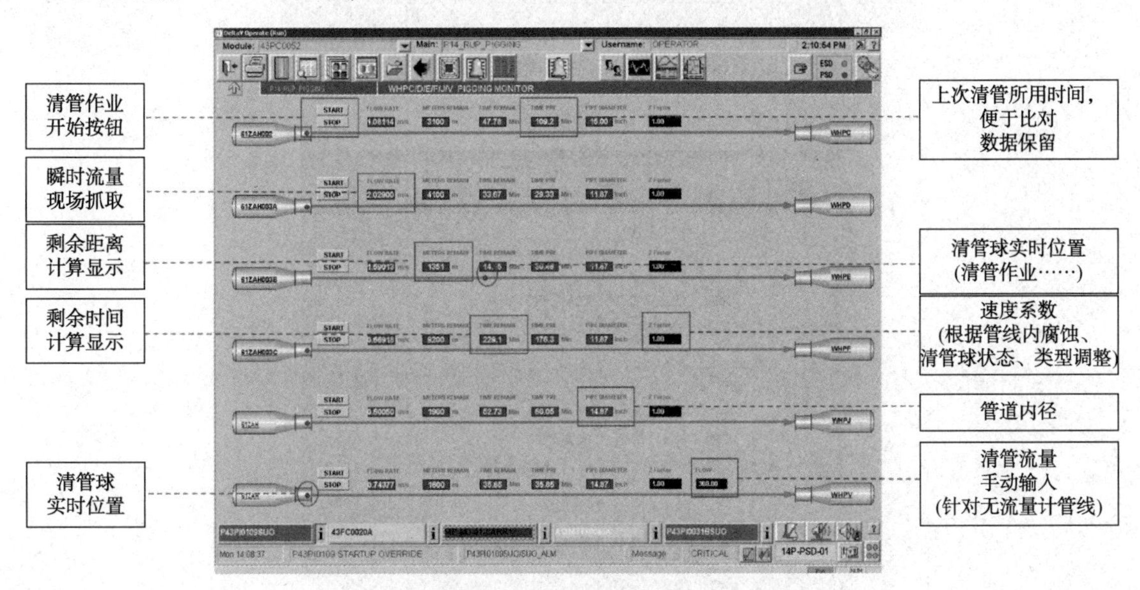

图 3 注水管线清管动态监测系统可视化界面

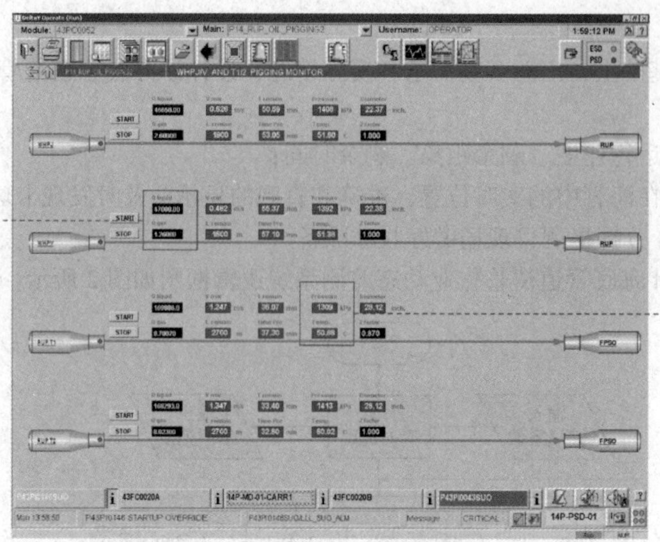

（a）混输管线清管动态监测系统可视化界面

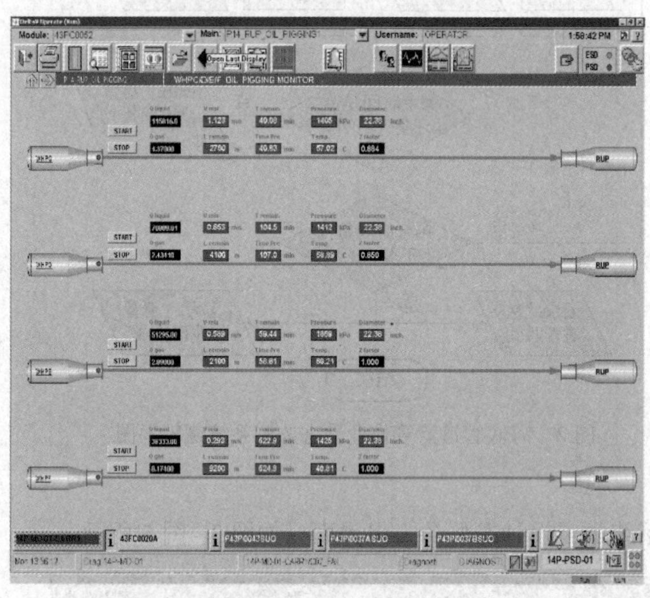

（b）混输管线清管动态监测系统可视化界面

图 4

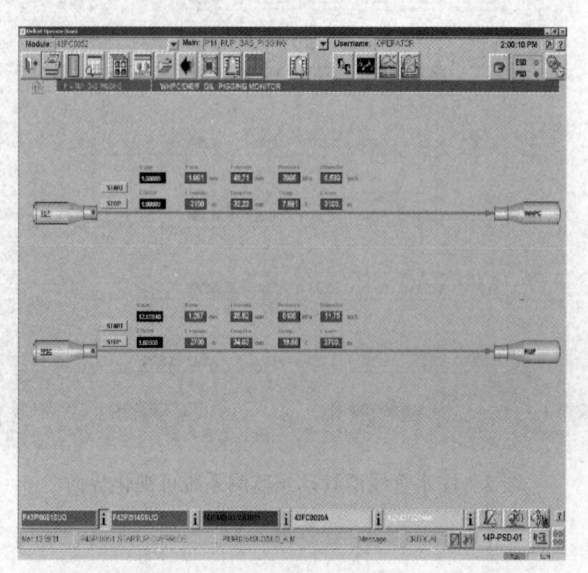

图 5　输气管线清管动态监测系统可视化界面

根据实际情况做相应调整，主要功能有以下所示：

（1）在上述计算模型的基础上，汇总现场需求和实际情况，设计该海底管道清管作业动态监测系统逻辑。该系统镶嵌至平台中控 DCS 系统中，设计友好的人机界面。

（2）可以直观实时显示清管器速度、预计到达时间、距下游平台位置信息。

① 实时显示清管器运行速度，协助提高清管作业效果；

② 实时显示清管器到下游的时间，为下游做好收球准备工作提供指导基础，提高海上人员利用率；

③ 实时显示清管器在海管中的位置，准确和直观的显示，及时发现卡球等状况；

④ 协助优化清管控制策略，对于注水海管精确了解和控制清管器对下游的时间，减少停注时间，挽回产量损失。对于输气海管精确了解和控制清管器对下游的时间，减少切换柴油用量，减少操作费。

（3）封装清管器运行计算环节，操作时一键操作即可进行计算，整个环节方便快捷。

（4）设置速度系数输入框，根据实际情况调整减少偏差率。

（5）利用现场各类变送器，提高数据精度。

2.2.4 标准模块化程序建立

根据设计的逻辑框图和计算模型，在平台中控 DCS 系统内建立标准模块化程序，可以方便不同设施之间修改和下装。在模块化计算程序中，数据计算比如指示剩余时间、剩余距离、清管器达到前 10 分钟提醒、到达指示等都是全部由内部计算块完成，利用纠错以及后续修改公式，如图 6 所示，计算块程序截图进行了简单的描述(图中绿线)。

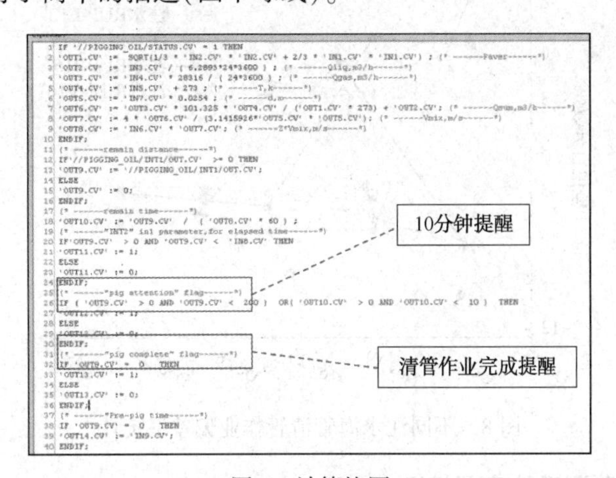

图 6　计算块图

压力等数据在不同设施数据通信，计算模块如图 7 所示，CALC 块 IN1 输入为 WHPC 侧压力，IN2 输入为 RUP 侧压力，左侧程序的第二行计算平均压力。

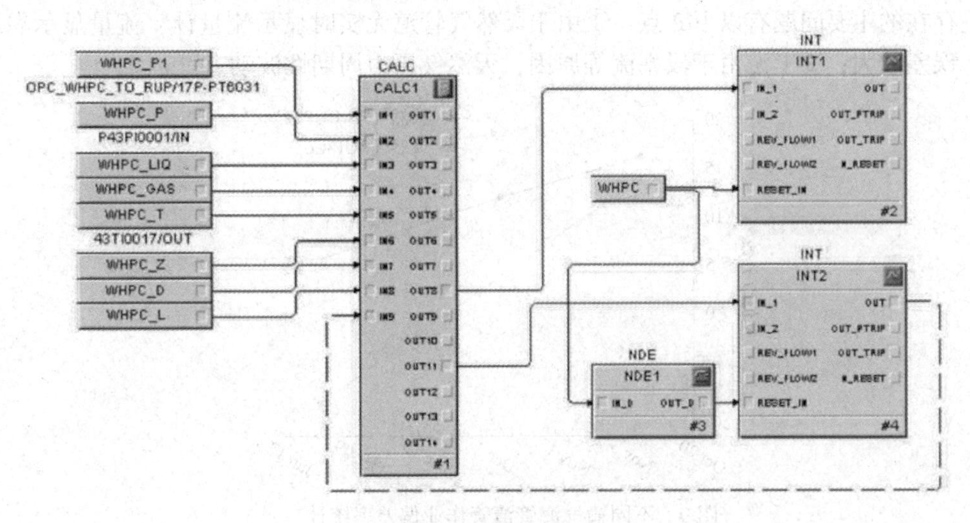

图 7　逻辑块图

3 结果和效果

目标油田平台负责该油田17条海管的收发球作业。该油田注水管线清管作业时，为了防止脏水进入注水井而造成水井污染，需一直关闭下游注水井，从而造成注水损失从而影响产量损失。手动算法无法准确计算动态的流量，清管作业时清管器到达下游时间预计误差大，而且无法直观显示清管器在海管中位置。为了控制清管器的运行速度，及时发现和处理各种问题，同时配合调整清管策略，减少注水损失挽回产量损失、减少操作费以及减轻人员工作量等，研发了海底管道清管作业动态监测系统，并于2020年1月开始在该目标油田17条海底管道上投用。

3.1 注水海管清管动态监测系统应用情况

对该油田7条注水管道实际运行情况进行统计分析，系统刚开始投用时系统偏差率在±12%之间，通过5个批次的清管作业优化和调整，目前注水海管清管监测计算总时间与实际时间误差优化至±3%（2分钟）之内。

主要采取以下手段降低偏差率：①公式优化，使用DCS内部计算模块替换原设计的循环模块；②优化速度系数，根据每条海管中清管器类型和磨损情况调整速度系数。

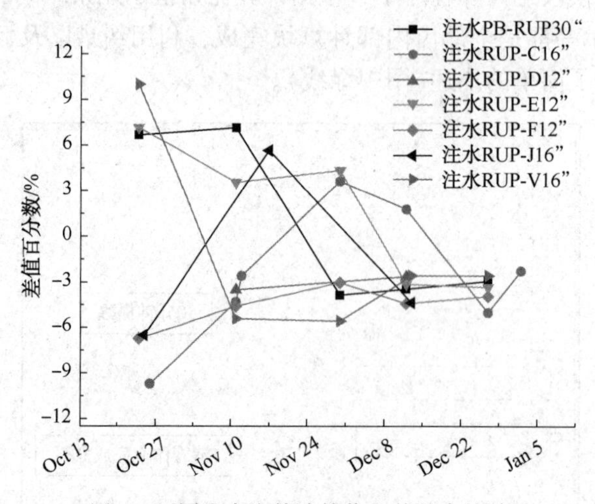

图8 不同注水海管清管作业偏差率统计

3.2 输气海管清管动态监测系统应用情况

对该目标油田2条天然气管道实际运行情况进行统计分析，系统刚开始投用时系统偏差率高达18%之间，经过调试，目前清管时间偏差优化至±10%（5分钟）

其偏差存在的主要问题有以下2点：①由于天然气管道无实时显示流量计，流量显示靠用户使用量反算，误差较大；②上游由于段塞流等原因，天然气压力周期性波动。

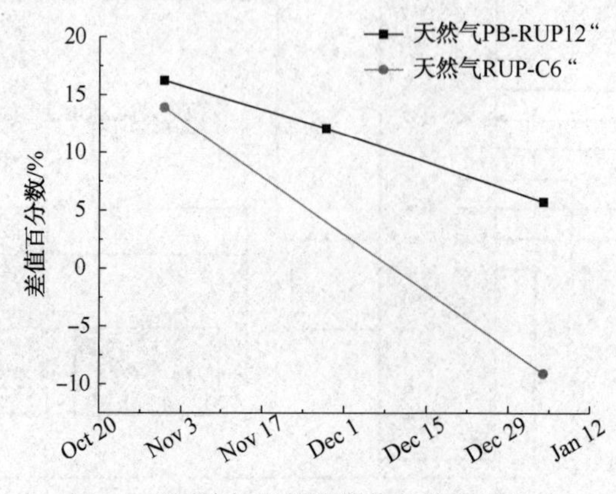

图9 不同输气海管清管作业偏差率统计

3.3 混输海管清管动态监测系统应用情况

对该目标油田 8 条混输管道实际运行情况进行统计分析，系统刚开始投用时系统偏差率±15%，通过 5 个批次的清管作业优化和调整，目前混输海管清管监测计算总时间与实际时间误差优化至±5%(5 分钟)之内。

调整时采取用以下手段降低偏差率：①精准输量，采用前一天测试的平台产量作为输量；②获取上下游压力、温度参数，精准获得计算参数；③根据每条海管上一次实际运行时间调整速度系数，目前每条海管速度系数从 0.85~0.94 不等。

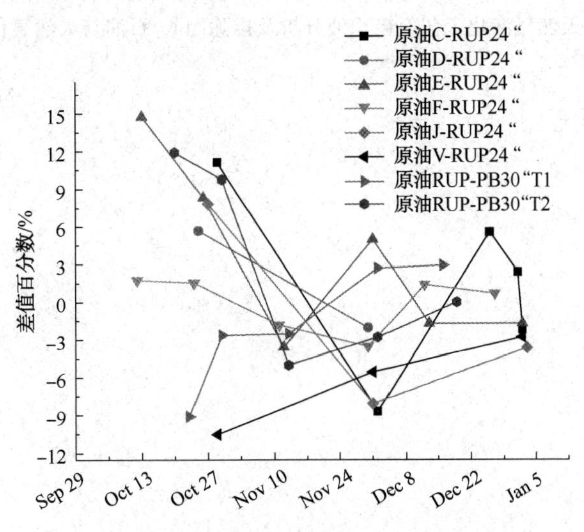

图 10 不同混输海管清管作业偏差率统计

3.4 经济社会效益

该系统并不能直接产生经济效益，以此系统为基础和手段，现场优化清管策略，产生经济效益：

通过对目标油田截止至 2021 年 1 月清管作业应用实践，目前注水海管清管监测计算时间偏差在±3%、天然气海管偏差在 10%、混输海管偏差在±5%。

清管作业油田损失注水量从 4000 方/次降低至 1000 方/次，天然气清管节省燃气消耗 1.3 万方/次；目前清管器到达前 10 分钟要求下游平台做好收球准备，平均每条海管清管作业节省 1 小时，可节省人力成本 600 人工时/年。综上，在清管动态监测系统研发与应用下，合计带来收入增加及成本降低 3282 万元/年。目前海管完整性管理日趋严格，清管频次日趋频繁，且该系统是封装计算程序，可以直接嵌套至平台 DCS 系统中，运行流畅稳定，标准模块化的设计方便拓展，后续推广应用前景广阔。

4 结论

(1) 实现清管动态监测和可视化系统来辅助清管作业，实时显示清管作业时清管器速度、时间、位置，降低了工作量和工作难度，提高了工作效率和准确性。

(2) 创新清管策略，清管器发出后根据到下游时间逐步降低注水直至关注水井，满足收球对速度要求，不污染注水井的同时降低了清管对水井生产时率影响，在清管动态监测系统研发与应用下，降低海上操作成本。

(3) 海底管道清管作业动态监测系统的研发优化形成包括计算模型、运行界面、DCS 系统标准模块化程序在内的成果，该系统已在目标油田顺利实施，具有可推广性。

(4) 面对清管作业日趋严格和频繁，此海底管道清管作业动态监测系统封装清管器运行计算环节，可在海上平台 DCS 中稳定流畅运行，后续推广应用前景广阔。

参 考 文 献

[1] 唐奕，范小霞，龚剑. 付纳输气管道清管器运行距离和时间预测[J]. 油气储运，2010，8：627-629.
[2] 海洋石油离心泵在线监测及智能快变预警技术研究与应用[J]. 杨在江，李进，李政，熊振龙. 工业仪表与自动化装置. 2020(05).
[3] 吕惠建，于达，郑荣荣. 油气管道清管器的研发进展[J]. 管道技术与设备，2012，4：43-46.
[4] 李士涛. 基于风险管理的海底管道完整性管理[J]. 油气田地面工程，2013，9：7-8.
[5] 韦永金，吴文林，候智强. 高压燃气管道泡沫清管器卡堵解决过程分析[J]. 化工管理，2020，10：110-113.
[6] 郑智伟，袁清，吴锐. 某天然气液化工艺冷箱积液分析及排除[J]. 石油与天然气化工，2014，4：385-388.

浅析无人/少人值守输气站规划与设计

许　兰　杨兴飞　邹得风

（中国石化西南油气分公司油气销售中心）

摘　要　本文探究了无人/少人值守输气站的规划与设计，介绍了无人/少人值守输气站定义、基础资源、应用系统、配套信息技术及配套资源设计。通过技术结合、优化管理为手段去提高建设站场的实用性和安全性，实现低成本、数字化精益管理。

关键词　无人/少人值守；实用性；数字化

1　无人/少人值守输气站的定义

无人或少人值守输气站通常指的是利用现代化技术实现输气过程中各类问题的自动检测和报警，进而实现输气过程的自动化和无人化，或者达到少人值守的状态。其功能组成主要分为：数据采集与分析系统、远程监控与控制系统、视频监控系统、无人/少人巡检系统、报警与故障管理系统、安全防护系统、运维管理系统。

2　无人/少人值守输气站国内外研究现状

在国外，发达国家如欧美等已经有相当多的研究成果和实践经验。1974 年，Stastny，F J 就指出无人值守压气站的监控装置包括检测未经授权人员侵入的装置以及保护主要运行设备免受损坏和/或自毁的装置。MinatsevichS. P、sharonovA. A. *、BorisovS. S. 等人员也描述了油气管道无人值守技术通信点安全控制系统中定量安全评估的数学模型，并显示了研究结果在运行中的安全系统中的实施结果。

目前随着自动化通讯技术及工艺设计水平的提升，国内长输管线的设计正在逐步往无人值守站管理方式过度。臧振胜借鉴物联网技术的普及应用成果，在保证天然气输气站安全运行的前提下，分析输气站转无人值守的可行性。同时结合城镇燃气无人值守场站的成功经验，对有人值守场站输气工艺流程、监控系统结构、通信系统进行优化，以适应站场无人值守管理要求。

3　无人/少人值守输气站规划与设计

输气站在设计时就应按照无人/少人的管理模式考虑，在站场设置数据采集与分析系统、远程监控与控制系统、视频监控系统、输气流程巡检系统、报警与故障管理系统、安全防护系统等。一旦站场发生异常，相应的管理系统自动发出报警信息，远程值班人员根据报警提示能及时处理报警故障，恢复正常生产。

3.1　基础资源设计

为实现无人/少人输配气站场管理，在输气站的土地使用、建筑物修建、供电、供水等基础配套工程上可进行优化，以提高资源利用的最大化。

土地使用方面：无人/少人输配气站场只需考虑输气工艺流程、自控仪表间、电力供应间的土地使用，无需再考虑值守人员住宿、洗漱等场所，减少了土地的使用。

建筑物的修建方面：建筑物中只需设置自控仪表间、电力供应间等，保障站场各类自控系统地正常运行。建筑结构应设计为坚固耐用、抗震抗灾的形式，以确保输气站的安全性和可靠性。建筑材料应选用高强度、防火性能优良、耐腐蚀的材料，以提高站点的抗灾能力和耐久性，抵御输气过程中可能出现的气体腐蚀和化学反应。

供电和备用电源方面：主供电系统应使用市电供电或接入主要电网，并配备适当的电力变压器、开关设备和电缆敷设；应急备用电源应配置适当容量的应急备用电源系统，两者之间应配备自动切换装置，在主供电中断时，能够迅速将负载切换到备用电源。配电间还应具备监控和报警系统，能够对备用电源状态进行实时监测和故障报警，发现问题时能够及时采取措施进行维修和修复。

3.2　工艺流程设备设施设计

自动化阀门和调节装置：自动化阀门和调节装置需具备高精度控制、快速响应、可靠稳定性和长寿命并支持远程控制，能够根据设定的参数自动调整开关状态或流量，实现对输气系统的稳定控制。支持与现有系统继承，并具备二次扩展能力。

智能传感器和设备选用要求：传感器应能准确采集各设备运行数据，并支持多种传输方式。设备应稳定可靠，在各环境条件下正常工作并具备高精度的测量能力。二者应具备兼容性与可扩展性能与现有系统无缝集成，以实现后续扩展，具备的自诊断功能和故障预测有助于减少维护成本和时间。

3.3　应用系统设计

安全管理系统要求：构建完整的安全管理体系，一是安装先进的安全监测技术，加强访问控制措施，配备火灾报警系统及自动灭火设备、火灾报警器和可远程监控的阀门控制系统等，以应对火灾和紧急情况。二是安装视频监控及边界监测管理系统，实时视频监控现场情况。三是安装固定式可燃气体报警器、硫化氢气体报警器等气体监测设备及配套报警系统。四是安装远程红外线测漏系统，定期开展站场泄漏检测。

生产计量监控要求：构建完整的生产计量监控系统，将现场关键设备、设施的运行参数(如压力、温度、流量、液位等)进行监测并实时上传至生产计量监控系统中，并在生产计量监控系统中设置相应参数的预警值。一旦运行参数达到预警值后，系统发出预警信号以提醒管理人员及时处理。

站场自动化控制：设备包括PLC和SCADA等，用于实现对输气站设备的自动化控制和监控。将现场压力、温度、流量等传感器与控制设备相连接，实现自动调节和控制，并且还可以通过振动传感器、声音传感器等监测设备的运行状态和异常情况，及时进行故障诊断和维修。

3.4　配套信息技术设计

网络通信管理：采用可靠的通信技术，如无线通信或光纤通信等，以确保输气站与监控中心之间的数据传输稳定可靠。此外，还应建立强大的网络架构保障数据的安全性和完整性。通过网络架构的优化，可以实现数据的快速传输和远程访问，方便运维人员对输气站进行远程监控和控制。同时，应建立备份和冗余机制，以防止单点故障的影响，并及时处理网络故障，保障系统的连续和稳定。最后，还应注意通信设备的维护和更新，以适应技术发展的需求，并及时应用安全补丁，防止网络安全漏洞的利用，主要包含自动化控制设备与传感器以及数据存储与处理两个方面。

数据的存储与处理：首先需要建立强大的数据存储系统，包括数据库、云存储等，以存储输气站的运行数据、安全监测数据和传感器采集的实时数据等。其次，应建立数据处理和分析系统，对存储的数据进行实时处理和分析。通过数据分析，可以快速检测异常情况、预测设备故障，并进行相应的预防措施。此外，还可以对历史数据进行深入挖掘，形成有价值的统计分析和业务报告，为输气站的运维决策提供科学依据。

3.5　配套资源设计

建设“无人/少人输气站+中心站+中心监控室+应急处置队”管理体系，确保站场生产有人监控管理，站场设备有人维护保养，故障问题有人应急处置。

中心站：建设中心站，对周边区域无人输气站进行实时监控，并统一上传至中心监控室。发现异常情况时，在自己处理范围之内进行及时处理，并接受中心监控室的统一指令。

中心监控室：建设中心监控室，实行24小时生产值班制，可同时监控多个无人/少人输气站，实时监控站场的安全生产情况，实时查看关键设备运行状况和参数，同时可远程操作现场阀门，调整工艺参数等，在所监视场站发生异常情况时，可第一时间收到报警信号。通过生产数据进行分析，优化调度，提供气源分配、工艺流程工序优化改进措施。

生产支持中心(应急处置中心)：建设生产支持中心(应急处置中心)，制定相应运行规范规定生产操作流程和设备维护要求，负责设备日常维护管理、自控仪表管理、电力运行管理、气防器具管理、网络通信管理等工作，做好各类设备设施的日常维护、检测和故障处理，保障现场设备设施正常生产。

在此层级管理体系下，还需设立专业的管理机构统筹协调所有片区的无人值守输气站管理，负责制定和执行策略；专业人员的培养不可忽视，定期开展专业知识和技能培训班，提高人员专业知识储备和技能操作水平，并将人员队伍分配在中心站和中心监控室监控输气站运行，

4 结论

在输气站场生产应用系统、配套信息技术和配套资源上规划和设计，通过技术结合、优化管理为手段去提高建设站场的实用性和安全性，切实降低用工总量，实现低成本、数字化精益管理，无人/少人值守输气站运营模式会不断地得以推广。

随着自动化技术的不断发展和成熟，其将提高站场自动化运行效率和可靠性，高效的远程监控使得普及无人值守成为可能，智能化与预测维护降低维护成本和风险，安全防护加强保障输气站的安全稳定，能源效率和环境友好注重节能减排。这些趋势推动输气站向智能、安全、高效、环保发展。

参考文献

[1] S., P. M., A. S. A. and S. B. S., The Design of Safety Control Systems for Unattended Points of Technological Communication on Oil and Gas Pipelines. Procedia Engineering, 2015. 129.

[2] Stastny, F J. Surveillance for unattended gas compressor stations. United States: N. p., 1974. Web.

[3] 张文朋，天然气无人值守站场管理方式研究. 化工管理，2021(23)：第3-4页.

[4] 臧振胜，无人值守输气站工艺流程优化及自控系统设计. 中国仪器仪表，2020(07)：第86-89页.

可燃气体泄漏紧急连锁切断装置的应用和实践

黄 萍

（中国石化西南油气分公司采气一厂）

摘 要 近年来，随着某气田的不断开发，气井生产情况也随之变化，川西气田首次出现生产伴随大量出砂的现象，已造成设备设施频繁损坏、管线破损和大量气体泄漏，极易引发现场安全事故。随着采气现场生产人员数量日趋减少，推进无人值守的管理制度的同时并保证出砂井安全平稳生产成为亟待解决的问题。可燃气体泄漏紧急连锁切断装置的建设成为一种有效的解决方法。经过现场改造和实地应用，在紧急情况下实现对气源的连锁切断，接回现场实时可燃气体浓度，实现了在井站无人情况下对设备的远程控制，为川西气田智能化提升提供了技术支持。

关键词 连锁切断；出砂；RTU；无人值守；信息化改造

1 前言

某气田从发现至今已经超过30年，已经进入开采的中后期，平均井口压力小于2.0MPa，单井产量小于$0.2\times10^4m^3/d$。与此同时超大规模加砂压裂工艺让蓬莱镇组、沙溪庙组气藏局部调整井正在焕发新的蓬勃生机，一批产量超过$5\times10^4m^3/d$的中高压气井相继投产。新的工艺、更大的加砂规模，气井采气生产阶段出砂的现象从无到有并持续延长，根据统计出砂气井时间已经延长到投产后180分钟，因出砂时间的延长，极易造成流程、设备的损坏，并形成较大的安全隐患。同时由于员工数量减少，井站无人值守已成趋势，利用现有仪器仪表提升采气生产现场的远程安全控制能力和降低气井出砂对设备的影响，已是一种迫切的需求。

2 工艺背景

2.1 员工人数减少，井站现场急需无人值守化

近三年来，一线员工数量由原先的234人，降至173人，与此同时，井站数量由89座涨至104座，现有人员数量无法保证所有井站均为有人值守，无人值守巡检制度的实施迫在眉睫；在应用无人值守管理制度的同时保证气井出砂时现场安全生产和设备运转稳定至关重要。

2.2 缺少设备远程异常监测和管控手段

生产信息化建成后，实现了对压力、温度、流量等数据的实时监控；已有的井安阀能在管道后端超压、爆管失压、站场火灾情况下实现自动关断；配套建设的水套炉自动熄火保护装置也能在炉膛温度骤减的情况下截断燃料来气。但由于缺少监测设备，无法确认在用设备的运行状态，且无法实现应急连锁关断，大大增加了出砂气井设备被刺坏的风险，极易形成火灾等异常状况。

2.3 气井出砂严重，水套炉节流处易被刺漏

在采气现场，通常会通过水套炉节流油嘴来达到控压的目的。在采气工艺流程中节流油嘴前后端气流速度会急剧增加，通常由小于10m/s的流速提高到音速甚至超音速，此时会对现场设备造成短时间剧烈冲击，极易造成刺漏。设备被刺漏后需要耗费大量人力和时间核实刺漏位置。如气田XS24-15HF井，气井投产后在105天的时间里累计排查435次，共发现35个节流油嘴有破坏性的

损伤，对后端阀门也造成破坏性刺漏，极易发生气体泄漏，形成极大的安全隐患。见图2。

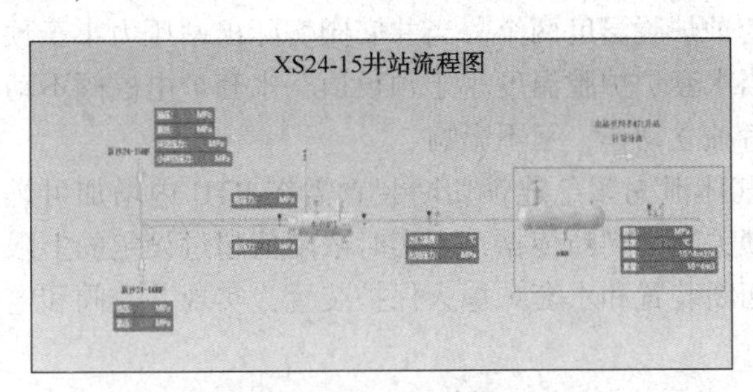

图1　采气工艺流程图

图2　XS24-15HF井油嘴刺漏

2.4　优化思路与方向

为了降低刺漏后的气体泄漏引发的各类风险，再结合已有的井安阀和水套炉熄火保护装置，引入固定式气体探测器，实现对场站甲烷浓度的实时监控，浓度超出设定值后可自动远程连锁关断电控井安阀和水套炉进气源，降低安全风险。

3　系统组成

可燃气体泄漏紧急连锁切断装置包含三个重要组成部分：环境监测装置、气源切断装置、RTU。气源关断装置和RTU为已建装置，新引进仪表可燃气体监测器作为环境监测装置的重要组成部分。

3.1　环境监测装置

主要由可燃气体探测器和配套通信线缆组成。该装置主要是对单一或多种可燃气体浓度进行响应，目前要用于甲烷监测。可燃气体探测器在运行过程中会出现三类状态，黄色故障指示灯、红色报警指示灯、绿色正常监视状态指示灯，红色报警指示灯亮起时会触发整个装置后续的连锁切断。

3.2　气源切断装置

气源关断装置由井安阀和水套炉熄火保护装置组成。在采气现场，经常使用的井安阀有液控井安阀和电控井安阀两种。

(1) 液控井安阀

原始的液控井安阀具有机械式状态指示器，前期信息化改造后增加自动截断信号输入装置，目前已具备远程关井功能。本次改造与环境检测装置状态结合，新增一处逻辑截断功能。

(2) 电控井安阀

原始电控井安阀已具备状态识别和远程截断的功能，仅需识别环境监测装置的信号状态做截断和开启的动作，新增一处逻辑截断功能。

(3) 水套炉熄火保护装置

水套炉熄火保护装置主要由温度变送器、电磁阀和配套通信控制线缆组成。该装置已在水套炉膛温检测口安装温度变送器，远程实时读取炉膛温度数据，在水套炉燃气管线上加装电磁阀，电磁阀为常开式，正常时处于开启状态，当水套炉熄火时，RTU发送电平信号，触发电磁阀关闭，切断燃气。

3.3　RTU

RTU负责连接各终端的操作物理传感器，将相应终端物理信号转换为电信号，并对数据进行智能处理、反馈处置信号并传输至终端设备处以实现控制。RTU内置RS485通信模块，装置内通信采用Modbus TCP/IP协议。

4　连锁切断逻辑

气源切断装置已具备完善的控制逻辑和控制阈值，可燃气体泄漏紧急连锁切断装置可直接利用现有装置并补充逻辑控制功能即可。

气源切断逻辑控制点有井安阀出站压力、水套炉炉膛温度两个。当井安阀实际出站压力小于预设值，井安阀不动作，反之，井安阀自动截断；当水套炉炉膛温度小于预设值，水套炉电磁阀不动作，反之，电磁阀自动截断。井安阀和电磁阀两者独立动作，互不影响。

在气源切断装置的逻辑控制的基础上，可燃气体泄漏紧急连锁切断装置需在RTU内增加可燃气体探测器浓度逻辑控制点，设定上限值作为连锁关断的判断依据，当实时浓度值超过设定的上限值，将通过通信控制线缆将切断信号反馈至气源切断装置和水套炉熄火保护装置，实现井安阀和电磁阀的同步切断。

装置控制程序流程见图3。

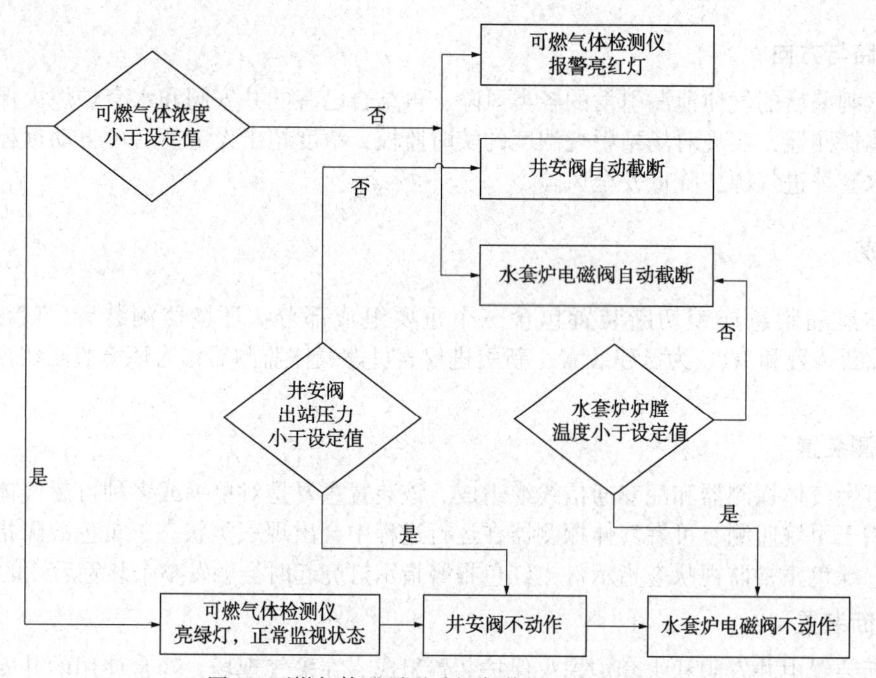

图3　可燃气体泄露联动切断装置程序流程图

图4　可燃气体探测器安装位置

5　装置选点和稳定性测验

正式投用前，需确定装置具体监测点和安装位置，由于气井投产初期水套炉遭受破坏最为严重，可燃气体探测仪将安装在该设备附近合适位置，安装情况见图4。

由于配套装置属于生产安全类设备，需先对设备设施进行预先测验，确保装置能正常截断，具体测试步骤如下。

（1）确保正常生产的情况下，设置气体探测器上线浓度阈值为10%，现使用气体浓度值为40%的标准天然气对气体探测器探头进行测试。若气体探测器显示数据在35%～45%内，则说明气体探测器正常，同时已超过气体阈值上限，仪表报警灯闪烁。

（2）仪表报警灯闪烁的同时，井安阀自动截断，水套炉熄火。

（3）当周围气体浓度降低至10%以下后，报警灯不再闪烁，井安阀和水套炉仍处于停止运行的状态

（4）员工确保现场可恢复生产后，远程开启水套炉电磁

阀，现场人员确认后点火，水套炉恢复正常工作。确认水套炉工作后，准备开井，井安阀此时已自动恢复为正常工作状态，人工打压到生产压力后气井恢复生产。

上述步骤均能完成时，代表可燃气体泄漏紧急连锁切断装置能成功运行，可投入正式使用。

6 现场试验效果分析

6.1 试验结果

目前由于出砂井的泄露风险处范围较广，所有设备都有可能出现内部刺坏，因此为了更好的确定装置的使用范围和效果，以 XS24-15HF 井站为测试井站，选定 5 个易泄漏点进行测试。

XS24-15HF 井站示意图见图 5，其中红色圆点处为标定的测试点，绿色圆点为气体探测器位置所在。

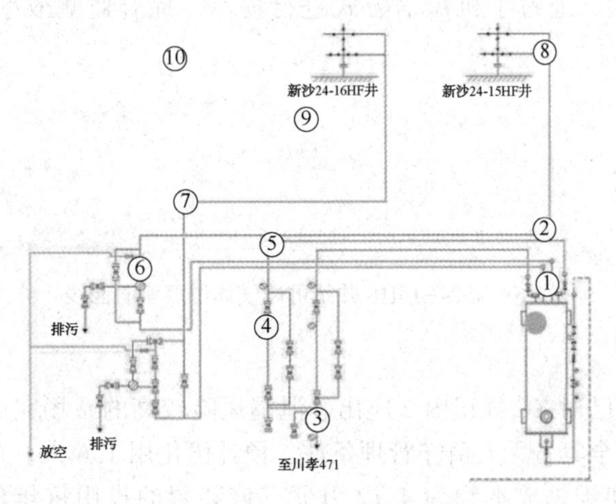

图 5 XS24-15HF 井站示意图

实际测试过程与稳定性测验流程一致，但对于设备的响应时间等信息需进一步统计整理和汇总。

通过测试统计，可燃气体探测器察觉到周围可燃气体浓度值变化需要一段时间，识别浓度的多少也会随着距离的增加而逐渐减少，当监测点离测试点距离较远时，紧急关断装置很难起到作用。在气体探测器响应之后，井安阀和水套炉能立即响应且响应时间基本同步。相较于紧急切断生产，恢复生产的过程会花费更多的时间，需确定设备均处于安全状态。

经过现场测试，可以得出：可燃气体泄漏紧急连锁切断装置在紧急情况下能基本保证场站设备和人员安全。气体探测器的测量范围大致在 10m 以内，若扩大监控范围，则需增加多个气体监测点。

表 1 现场测试信息统计表

测试位置	各个阶段所需要的时间				气体浓度值	距检测点直线距离
	响应时间	井安阀关断	水套炉截断	现场恢复生产的时间		
1	1s	3s	3s	2min	35.7%	1.6m
2	2s	3s	2s	2.5min	29.9%	3.1m
3	5s	3s	3s	5min	15.2%	5.2m
4	7s	3s	3s	4.5min	11.1%	6.9m
5	7s	2s	3s	5.5min	10.0%	8.3m
6	未响应	未响应	未响应	无	无	10.2m

续表

测试位置	各个阶段所需要的时间				气体浓度值	距检测点直线距离
	响应时间	井安阀关断	水套炉截断	现场恢复生产的时间		
7	未响应	未响应	未响应	无	无	12.3m
8	未响应	未响应	未响应	无	无	15.1m
9	未响应	未响应	未响应	无	无	18.2m
10	未响应	未响应	未响应	无	无	20.7m

气体探测器浓度数据已上传至PCS系统，见图6，可以远程实时查看场站浓度情况，后期将建立气体浓度生产提示模型，通过手机短信方式进行提示，提升监测效率，为站场无人值守提供支持。

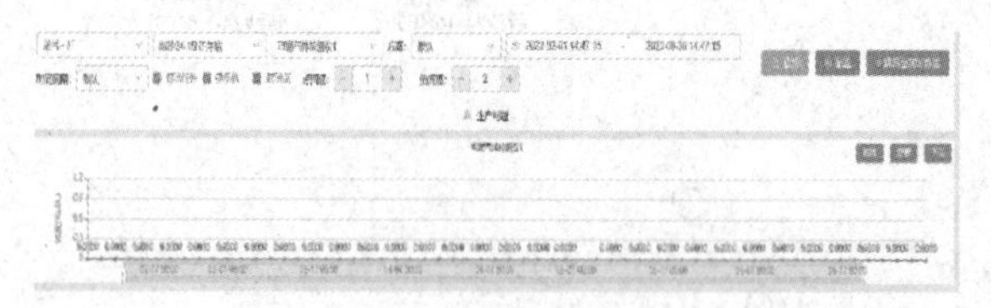

图6 XS24-15HF井站可燃气体浓度实时曲线

6.2 降本提效

（1）用工人数下降。已对XC气田内2座出砂泄漏风险较高的站场完成了优化改造，该装置应用后效果良好，使场站完全具备无人值守管理条件，预计优化用工6人。按照一名员工年投入成本12万元计算，装置投入和维修成本约为4.12万元，该装置的投用每年预计可节省成本为67.88万元。

（2）非人工成本下降。基于前期信息化建设，可燃气体泄漏联动切断装置可有效辅助保障安全生产，撤站后无人值守，相应人员、站场运行管理费用明显下降，每日每站可少录纸质材料8次，水费电费均不再产生。

7 结论

（1）可燃气体泄漏紧急连锁切断装置可代替人工监控出砂井生产流程，减少进一步刺漏损坏流程和设备的概率，此装置建设成本较低，运行稳定，为出砂气井、深井等风险较高的生产井更加安全平稳生产提供有力的技术手段。

（2）装置可以在泄漏加剧前立刻截断气源，为生产跟踪无人值守化提供有力保障，降本提效明显。

（3）可燃气体泄漏紧急连锁切断装置采用边缘计算技术，采集、算法、控制下沉到在前端RTU中，仅传输关键点数据，无需依赖后端平台及网络传输，大大提高了整个连锁截断装置的敏捷性和安全可靠性，具有很高的可复制性，这种安全管理模式将会成为未来川西气田智能化建设的重要方向，为同类气田的管理提供技术支撑。

参 考 文 献

[1] 门虎，李国荣，陈宇．水套炉安全保护与控制的改进[J]．油气田地面工程，2011，30(05)：70-71.

[2] 叶康林，肖逸军，郑骏伟，范志弘，康璐．基于边缘计算的物网技术在智能油气田中的应用研究[J]．工业控制计算机，2022，35(02)：35-36+38.

[3] 王旭，王皓，袁剑，等．什邡气田信息化建设管理探索与实践[J]．中外能源，2020，25(2)27-33.

扁平化运行、信息化管理
打造内外操一体化高效生产运行体系

李　峰　杨　哲　龚云洋　介　攀

（中国石化西南油气分公司采气三厂）

摘　要　采气厂生产指挥中心以生产组织运行关键业务为重点，利用信息化手段，为推进“集中监控、无人值守、少人巡检、专业维修”管理模式落地，以扁平化组织架构为支撑明确内外操职能和工作界面，做强生产指挥中心“内操”职能，做实基层班组“外操”职能，内操通过信息化平台对生产现场实时管控，通过气田PCS系统一体化联动，外操对生产异常及时处置，大大提高了异常发现和管控的及时率，促使生产运行管理理念由管正常向管异常转变，采气厂无人值守场站比例由标准化建设前23%提升至49%，逐步形成“全面覆盖、无缝链接、精准高效”的立体管理体系，引领劳动组织方式和生产运行模式发生变革。

关键词　生产组织运行；信息化管理；扁平化运行；内外操一体化联动；异常管理

1　概况

采气厂2015年10月整体从“桂”转“川”，从“采油老兵”换身“采气新军”，2020年以来采气厂以油公司为方向、以扁平化为路径、以信息化为平台、以高效化为目标，通过信息化提升开启了厂管站改革。2021年以来以标准化示范区建设为契机，以“五项劳动竞赛”为抓手，持续深化“比贡献、比安全、比效益、比水平、比作风”竞赛体系，将“五比”贯穿生产经营全过程，全面促进厂生产运行扁平化，经营管理高效化。截至2022年底，天然气日产量三换字头，突破600万方/天，天然气产量15.92亿方，原油产量3.08万吨，油气产量均取得历史性突破。

采气厂生产指挥中心在厂管站改革中，以“五比五创”为目标，以信息化建设为支撑，以标准化示范区建设为契机，以“五项劳动竞赛”为抓手，聚焦安全生产，推进采气生产业务数字化转型，率先实现了运行模式变革，形成以生产指挥中心为核心、内外操一体化高效运行的管理模式，提升了劳动效率和管理效能。

2　高效生产运行体系主要做法

2.1　扁平化改革激活内在潜力

2.1.1　压扁管理层级，找准功能定位

传统的采油气厂按照厂-管理区-班站三个层级管理，层级多，运行效率不高效。采气厂经过“厂管站”改革后，构建了厂-巡检班的两级生产管理模式，生产指挥中心作为厂生产运行管理部门涵盖了生产运行管理、调度管理、设备管理、物资管理、井控管理、信息化管理、计量质量管理、采气业务外包管理等业务，同时设立内操班，负责生产调度、视频监控、异常管控、数据审核等工作。并直接对生产现场行使“监控、分析、组织、协调、指挥”五大功能，找准定位，即“生产组织核心、任务指挥核心、现场管理核心，保证油气产量任务的全面完成”（图1）。

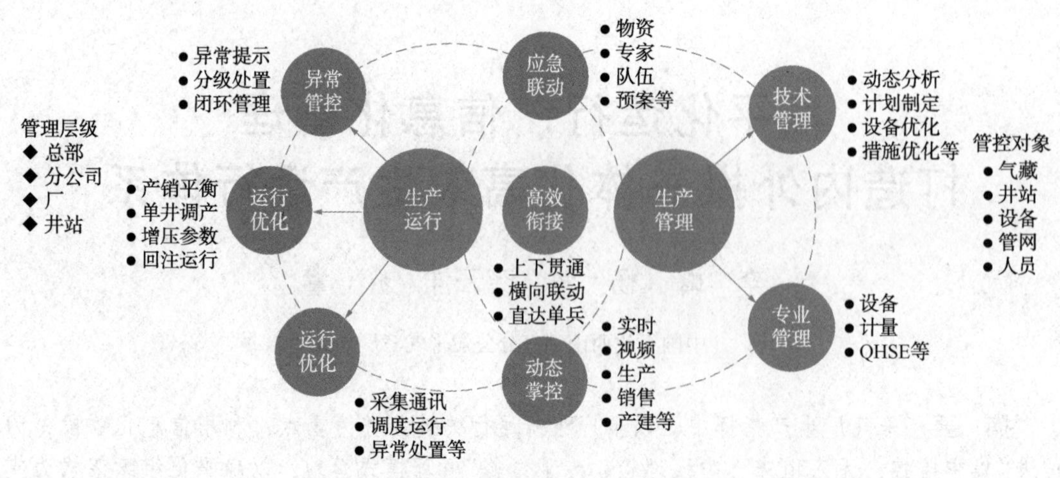

图1　数字化模式下采气厂生产运行体系

2.1.2　做实指挥责任，创新运行模式

各职能部门生产信息统一由生产指挥中心协调发布，生产指挥中心在纵向和横向上收集信息、掌握进度，统筹全厂生产进度和安排，及时有效地处理各种问题，向巡检班组派发生产任务，在生产经营活动中进行有效交流，从而使各职能部门和班组按照生产目标协调配合，保证生产运行管理系统内部各个环节的畅通，保证所有生产运行组成部分同步运行。

通过现场管理和内操管理的结合，将生产指挥中心打造成了厂生产运行枢轴，横向统筹其他部门的生产业务，对下直接指挥巡检班和运维班，创新形成了厂(生产指挥中心)直管班站的扁平化管理模式(图2)。

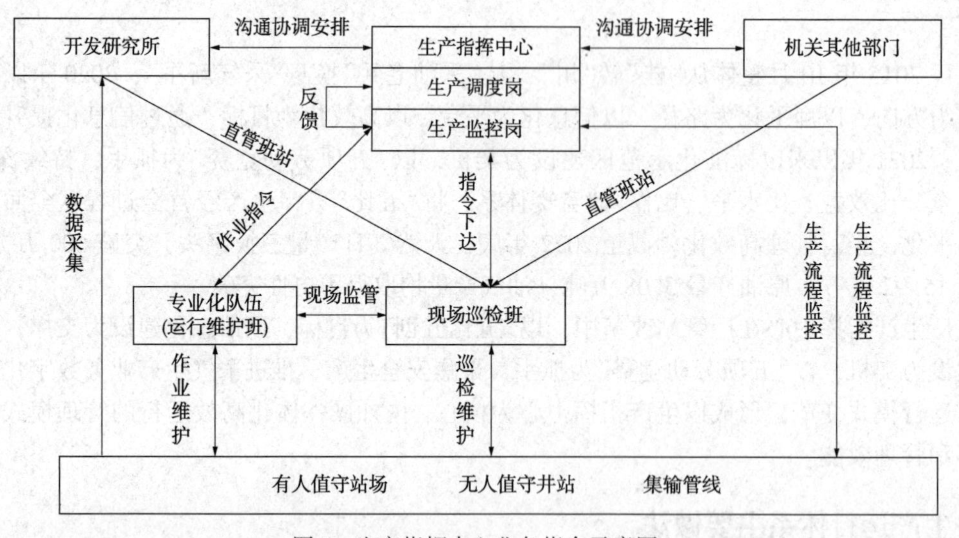

图2　生产指挥中心业务指令示意图

2.1.3　建立内外保障，支撑采气班组

各巡检班组为现场操作执行主体，开展现场采气工作、设备维护保养和异常处置等。为保障巡检班组工作重心留在生产现场，支撑班组运行，生产指挥中心做实运行维护班和内操岗的职能职责，作为在现场管理的延伸(图3)。

如果把生产现场比作战场，内操班好比是前线指挥部，运维班就是工程团。内操班是内外操结合的关键点，负责采气数据、措施维护、PCS报警、视频监控等各种生产信息的汇总和检查，24小时不停的接受、传递生产信息，是各项生产指令上传下达的枢纽。运行维护班为巡检班组做好供给和保障，主要在生产指挥中心从事专业化作业，包括车注泡排解堵、施工监护、仪表维护、库房管理以及重点作业现场指导等，是各项生产指令的重要落实者。通过做实这建立运维班现场保障和内操岗信息保障，实现了内外操的结合，为现场管理提供了坚实后盾。

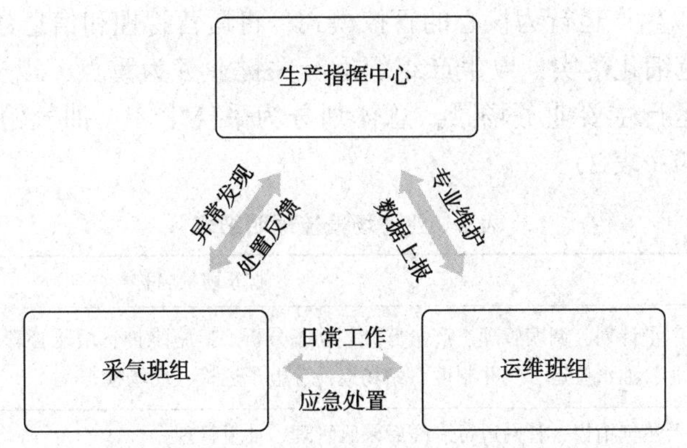

图3　数字化条件下生产运行组织机构

2.2　信息化建设助推现场管理

2.2.1　推进信息提升，保障现场管控

生产指挥中心开展了信息化条件下的软硬件建设。硬件方面增加数据采集终端、RTU、摄像头等设备，实现现场井口、流量计、水套炉等主要对象数据远传，形成气田生产信息化数据采集标准（表1），自2015年开始建设视频监控平台至今通过5个阶段完成信息化建设提升，实现131座井站、279套视频监控、5400余个数据点远传；软件方面通过PCS平台建设系统开展数据集成整合、技术架构升级、组件化开发等，生产监控通过生产基础数据看板、变化趋势预测和统计报表等方式，实现对业务总体流程到关键设备的全面监控，完成了生产数据自动采集、视频监控、数据分析等功能，将原来的人为主动发现异常转变为了异常主动提示值班人，保证现场监管无盲区。

表1　生产信息化选型与采集标准

对象	监控模块	采集参数	数据采集频率
外井	井口	油压	30分钟
		套压	
		环空压力	
井站	井口	油压	1分钟
		套压	
		环空压力	
	水套炉	进水套炉压力	
		出水套炉压力	
		膛温	
	分离器	本体压力	
		液位计高度	
	流量计量系统	流量、压力、差压、温度	1分钟
			30分钟
	污水罐	液位计高度	1分钟
		进站压力	1分钟
	进出站阀组	出站压力	
阀室	管网	压力	30分钟

2.2.2 重塑业务流程，强化标准示范

结合PCS系统建立以生产运行为核心的管控模式，将运营管理和信息数据有机融合，持续分析与优化，将生产管理规范细化落实，以生产组织运行关键业务为重点，以支撑内外操联动为目标，全面梳理了采气厂生产运行主要业务场景，总体划分为采气生产、油气销售、物资装备、安全管理、人员管理5大类25项(表2)。

表2 业务场景梳理明细表

序号	业务类型	业务场景名称
1	采气生产	产量计划、调度管理、产量劈分、动态分析、措施维护、增压管理、回注管理、井下作业、试井作业、油水拉运、气井制度、站场巡检、电子巡检、现场检查
2	油气销售	天然气销售、管网运行、高后果区管理、计量管理
3	物资装备	设备运行保养、特种设备管理、药剂管理
4	安全管理	作业监护、应急资源
5	人员管理	交接班管理、站场门禁管理

针对以上业务场景，以生产精细化管理、生产运行指挥高效、安全监管能力提升为目标开展业务流程详细设计，纵向上按照“计划制定—任务派发—任务执行—处置反馈—分析评价”五大内容、横向按照涉及的岗位排列的结构进行标准化业务流程设计，重构了扁平化、信息化条件下的生产业务流程，并通过PCS系统实现了业务落地。

2.3 任务化管理提高生产效率

2.3.1 任务智能派发，提升运行效率

日常生产业务活动包括站场巡检、管道巡检、油水拉运、措施维护等，均由生产指挥中心通过PCS系统任务派发，外操岗通过手持终端执行任务，内操岗在系统内实时监控业务运行情况，包括任务执行人、任务开始时间、任务过程数据，系统自动汇总各巡检班任务完成情况，内操岗实时督查(图4)。

图4 “计划制定—任务派发—执行任务—处置反馈—评价评估”业务体系

截止目前，计划制定、任务派发、效果跟踪几项节点全部实现线上管理，自动派发，任务完成后，施工人员APP端确认并完成业务数据更新即可，关联任务自动触发推动，全程无需人工干预，效率将大幅提升。同时系统自动生成业务台账报表，系统评估任务执行质量与效果，为业务管理优化提供了数据支撑。目前日均派发任务490余项，任务完成率超过99%，以任务模式驱动了生产业务高效运行。

2.3.2 强化内外联动，加强异常处置

通过井站视频监控、PCS数据报警模型建立、任务模式的执行，内外操结合程度愈发密切。生

产参数发生异常自动推送至生产指挥中心内操岗和对应外操班组，内操通过系统监督、外操通过现场确认共同解除异常。当巡检站发生外来人员闯入或者环境异常时，视频监控系统电子围栏向内操岗推送报警，内操通过远程喊话进行驱离并通知班组立即前往现场处理。

目前生产指挥中心通过 PCS 系统设置了井口压力异常、储液罐液位异常等 13 项报警模型，通过视频监控系统设置储液罐区闯入报警、无人值守站闯入报警等电子围栏，内操日均处理预警信息约 300 条。借助信息化系统的监控和预警功能，实现了生产指挥中心集中指挥、集中管控，变单井站零散管理为片区集中管控、变事后处理为超前预警、变滞后研判为实时决策，形成了“全面覆盖、无缝链接、精准高效”的立体管理体系，现场管理由“管正常”转变为“管异常”。

3 认识与体会

3.1 管理链条更精简，反应更迅捷

信息化建设完成了生产数据自动采集、视频监控、数据分析等功能。管理层级由三级变为两级，精减了组织机构，形成了扁平化管理模式。

随着远程监控设备的规模化应用，生产任务直接派发到岗位执行，大量的人工操作被代替。提高了生产管理效率，降低了现场操作安全风险，降低了劳动强度。站场资料报表基本实现了无纸化，减少了纸质台账 49 份，无人值守井站比例提升至 49%，优化了井站人员 112 人投入到了新建产能中，实现了增产增效不增人的目的。

3.2 业务指挥更集中，人员更精简

生产指挥中心集原管理区、生产运行科、生产技术科业务于一体，厂内生产指令统一由生产指挥中心汇总并下发，避免科室多头指挥导致巡检班组无效做功。原来需要人工派发任务，现在通过 PCS 系统自动派发、自动汇总执行情况，生产指挥更高效、人员管理更透明。

在新增 PCS 报警处置、任务下发及跟踪等多项业务的情况下，内操班 6 人完成以前管理区 13 人工作，仅报表统计一项工作就优化 4 人，劳动效率大幅提升。原巡检班组专职资料员通过 PCS 审核收集数据，8 小时工作量目前 2 小时即可完成，有更多精力投入到现场维护和管理工作中。

3.3 内外联动更高效，现场更平稳

内外操通过在生产任务执行、异常排查与反馈等工作流程中，建立了联动模式，实现了内外操专业分工、互相补充，一体化运行；通过 PCS 系统和视频监控系统实时传输数据、自动派发任务等功能达到了信息的高效传递，实现了现场操作与生产管理的无缝沟通，保障了现场生产运行安全平稳高效。

参 考 文 献

[1] 雍硕. 数字油田井站无人值守管理模式的应用研究[J]. 中小企业管理与科技，2017(26).

[2] 田彬傧. 无人值守井站工艺流程配套优化研究[J]. 化工设计通讯，2017(4).

[3] 黄文科，薛媛竹，代恒，等. 数字化无人值守站气井管理及生产制度优化[C]//低碳经济促进石化产业科技创新与发展——第九届宁夏青年科学家论坛石化专题论坛.

[4] 刘丹丹，杨玉林，牛双平，等. 无人值守集气站气井管理探讨[J]. 工业，2014，000(011)：P. 221-222.

[5] 姜连田. 浅谈天然气无人值守场站发展及探索[J]. 石油石化物资采购，2019(3)：46-47.

[6] 李健，任晓峰，冯博研. 油田数字化无人值守站建设的探索及实践[J]. 自动化应用，2018(05)：160-161.

无人值守站场监控管理平台建设技术研究与应用

吴　军　文建国　谭佩洁

（中国石油新疆油田公司采油二厂）

摘　要　石油行业具有油田面积大，井、站点多，分布广泛等特殊性，管理难度大，如何将监控系统充分运用于油田站场无人值守，开展了运用视频、GIS、智能分析、系统集成、等先进信息化技术，以“统一规划、统一标准、技术先进、突出应用、稳定可靠、资源共享、信息安全”为原则，建立监控综合管理平台，实现无人值守站场监控系统多元化应用，提升无人值守工作管理水平，实现工作管理向信息化、智能化迈进。

关键词　视频监控；报警分析；集中管理；系统集成；无人值守

1　引言

随着无人值守站场建设的深入推进，视频监控系统建设规模和范围不断扩大，各类视频图像技术应用也随之日益广泛和深入。视频监控系统已经进入了联网监控和业务融合的时代。与此同时，大规模视频资源的实时监控、海量视频信息的高质量可靠存储、系统的管理和运维、监控图像的共享与综合利用等挑战也出现在了我们面前。

石油行业维稳安保、生产安全运行的重要性不言而喻，重中之重。现场条件具备的视频全部的接入到油田专网内，但五花八门的设备厂家、协议多样性，不易于统一化管理。在站场无人值守情况下，如果视频图像没有人实时监控，那视频系统就变成了单一的现场记录设备，无法起到防患于未然的最终目标。无人值守理念主要集中监控管理，将成百上千个视频在一个监控中心集中管理，分析处理，因此统一的管理平台的建设，是最大化的和现场管理人员之间建立了互通的桥梁，双保险的为油田无人值守安保提供最大的保证。

2　系统概要

2.1　设计思想

系统建设以“统一规划、统一标准、技术先进、突出应用、稳定可靠、资源共享、信息安全”为原则，确保系统的设计和建设满足管理的全局需求，体现管理的数字化、自动化和智能化的领先水平。

(1) 统一标准：在符合国家和行业相关标准及地方标准的建设要求基础上，采用先进的技术手段和系统架构，整合资源，统一部署。

(2) 统一规划：按照统一要求和部署，采用高科技、新方法对管理进行综合分析和管理监控，提高整体管理水平和运行效率。

(3) 技术先进：采用主流的、先进的技术构建系统平台，满足可视化管理需要，为数字化管理、应急联动指挥等提供业务支撑，实现“指挥点对点可视化、系统运行数字化、应对决策扁平化”。

(4) 突出应用：在建设中以实际需求为导向，以有效应用为核心，以技术建设与工作机制的同步协调为保障，确保系统能有效服务工作的需要。

(5) 稳定可靠：系统建设不是各种视频资源的简单组合，而是统一标准构架下的有机组成，质量达标，性能稳定，持续有效运行，满足管理7＊24小时不间断持续运行的需要。

(6) 资源共享：系统建设满足监控图像共享的需求，为监控资源数字化整合共享提供接口支持。

(7) 信息安全：系统构建视频传输专网，保证专网专用，安全畅通。

2.2 建设内容

建立综合系统管理平台，运用视频技术、GIS技术、智能分析技术、业务系统集成技术、自动识别等先进信息技术，建立综合管理平台，实现无人值守站场视频、车辆、人员管理系统设备接入、互联互通、多元化应用。

建立安防监控建设标准，形成六个标准“解码格式、联网协议、控制协议、编号规则、图像标注、位置标识”，为今后系统建设标准化奠定基础。

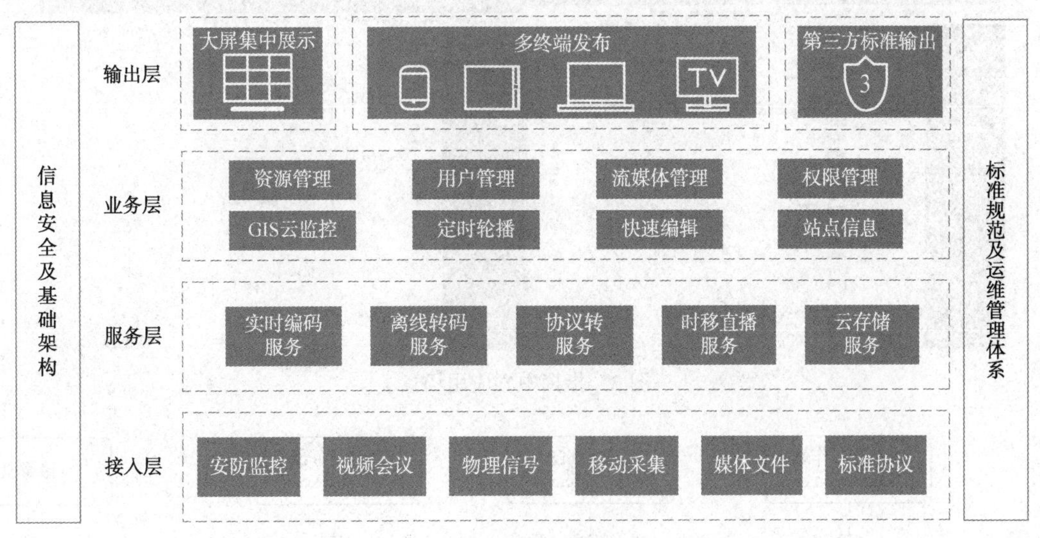

图1　系统层级架构图

通过自主研发无人值守站场视频综合管理平台，实现各类视频、车辆、人员管理信息系统资源整合、集中监控、车辆通行远程管控，数据集中管理，应急指挥可视化。建立视频监控指挥中心，实现集中监控、统一管理、远程指挥调度的安防指挥模式，安防工作信息化新模式。

3 系统设计

3.1 系统架构设计

软件平台采用面向服务的体系结构，是将各种不同异构平台上的业务子系统的不同功能部件(称为服务)通过标准的接口和规范整合在一起。平台包含了数据中心、客户端和矩阵服务器。数据中心服务器上开启数据库服务，通过中心管理工具配置服务器进行集中管理，配置电视墙、配置矩阵服务器与解码器的关联。客户端直连访问数据中心服务器，获取组织结构信息。

3.2 系统功能设计

3.2.1 数据中心

采用大型数据库技术，将各种分散的设备信息融于一体，形成庞大的数据中心管理资源库；同时，数据中心支持多级级联、分散管理和配置，为实现用户大容量设备管理、多元化应用需求及快速查找和定位创造了先决条件；数据中心是平台应用中的核心部件。

采用面向服务接口结构，将异构设备、功能部件(服务)通过标准接口整合，建立大型数据库。实现对各类安防硬件设备资源归纳，屏蔽掉不同类产品的控制差别，接入平台集成管理，无需关注设备位置和参数。

图2　指挥中心应用场景

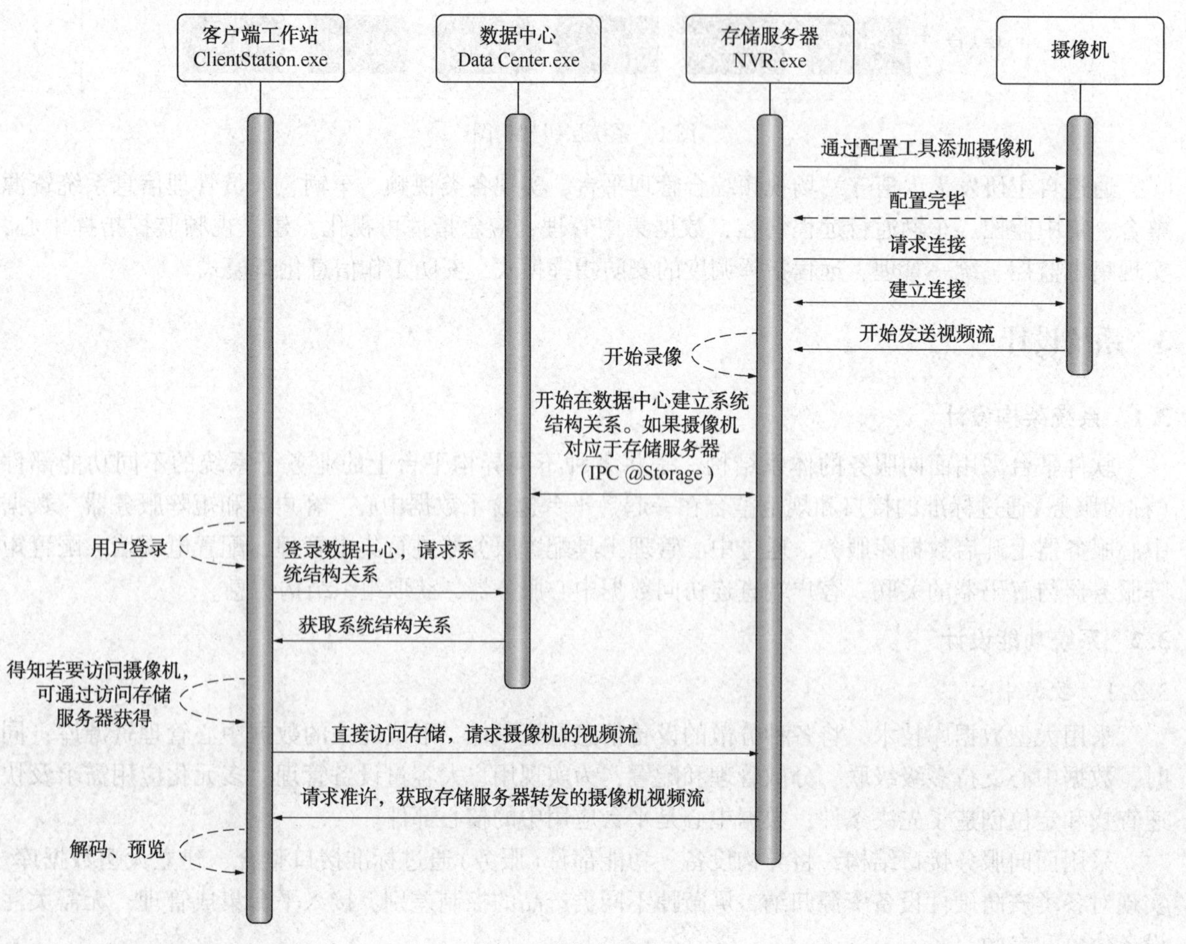

图3　系统流程设计

3.2.2 流媒体转发服务

在构建大型、多级、远程联网集中监控管理平台时，由于硬件资源和网络资源的限制，每个视频设备可接受的连接请求数是有限的，当连接数超过某一个数值时，设备就会工作不稳定或连接中断；因此，为适应多种带宽和大量用户的并发访问，系统采用了先进的流媒体转发技术，以解决远程多用户对相同数据同时访问时的网络瓶颈，及硬件资源消耗问题。

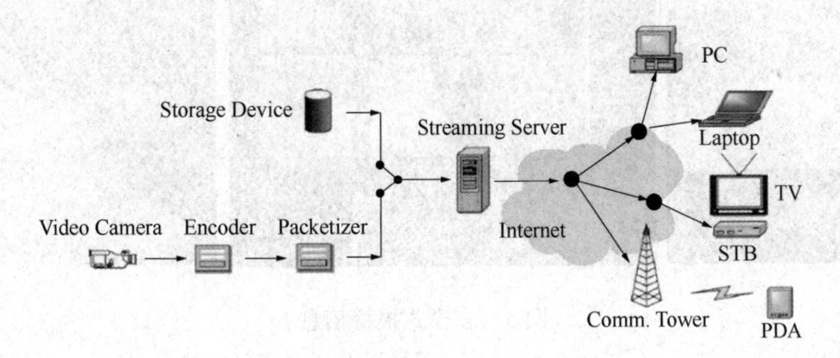

图4 流媒体服务业务

3.2.3 数字矩阵服务

系统提供了软件和硬件两种解码数字矩阵服务器方式，通过数字矩阵服务器，用户可对连接到数据中心的视频设备图像，编制不同的视频输出方案，实现模拟到数字、数字到数字的电视墙输出显示。通过虚拟矩阵架构技术，对接入平台的视频图像，定制不同的输出方案，实现电视墙集中控制、输出显示。平台可定制几十种展示界面方案，实现不同监控需求的任意切换。

3.2.4 监控功能服务

预览界面集成各类视频浏览管理操作，可根据点位信息查看视频图像，并进行电子放大、音频条调节、全屏显示、PTZ 控制、矩阵变换等操作。在平台进行正常视频预览时，可针对实时视频进行即时回放，方便操作人员查询更多细节。在平台中可对任意视频点位进行录像查看，可针对任意视频点位按照存储位置、存储时间、录像类型等条件进行精确检索。在回放过程中可根据实际进行快进、慢放等操作。

3.2.5 报警分析服务

对于接入到数据中心的视频设备，当有报警信号发生时，通过报警服务器，按事先的预警处理方式，做出相应的响应。

目前具有的报警响应策略有：触发报警输出、连接报警关联图像/上墙等方式。在视频监控综合管理系统上进行开发，基于智能视频分析技术，采用视频区域入侵与运动目标分类检测算法，可以根据现场环境适时调节侦测区域参数及灵敏度，如遇到特殊场景，及时更新和部署更有效的智能算法也成为可能。

利用视频监控系统的已有架构，可以方便实现周界防控部署的远程化、中心化。除了能实现传统周界防范系统声光响应的功能外，它的另一优势是可以实时查看监控画面，对入侵事件能够及时遏制，从而最大限度的将损失降低到最小。

报警信息可由前端摄像头、视频分析服务器产生，或由平台系统报警模块功能产生。报警输出联动方式包括电视墙图像自动输出、客户端联动、电子地图与报警源位置联动，实现报警动作串联、信息实时定位、三级联动。

3.2.6 电子地图服务

系统支持多级电子地图，通过对 GIS 电子地图、矢量图和位图的嵌入，可以将区域的平面电子地图以可视化方式呈现每一个监控点的安装位置、报警点位置、设备状态等，实现电子地图与摄像机图像、位置、报警设备的关联和联动，有利于操作员方便快捷地调用视频图像。

图5　多模式报警信息

图6　电子地图报警信息定位

3.2.7　设备管理服务

平台接口和数据接入协议采用标准化设计，参数配置统一化，易于新增设备和数据接入。通过设备管理功能模块，实时监控平台中设备的运行状态，便于系统管理人员及时发现问题，保证系统的可靠长久运行。

4　应用情况及效益

综合管理平台建设，实现视频、图像、车辆信息、人员信息系统资源整合、集中监控、车辆通行远程管控，人员进出权限管理等数据集中管理，应急指挥可视化。解决了油区无人值守系统资源分散不统一、兼容性差、管理难度大，应急指挥可视化程度低的问题，成为目前无人值守站场安全、平稳工作正常开展不可或缺的一部分。通过系统管理平台、油区无人值守系统、指挥中心建立，改变了以往人工管理工作模式，大幅降低劳动强度，缓解生产用工压力。

图 7 设备运行管理功能模块

5 结论

通过运用视频技术、图像分析技术、GPS/GIS 技术、智能分析技术、业务系统集成技术、物联网技术等先进技术，与业务相结合，密切联系实际的应用需求，统一规划、整合各类不同来源、不同格式资源，一点布控全网响应、应用管理全网运行，构建数字化、网络化、智能化的油区无人值守综合安全管理体系，提升工作管理水平，推进工作信息化建设。

油气田站场数字化交付技术研究及应用

马　赞[1]　王梓丞[1]　山德克[2]　韩丽艳[1]　孙　楠[1]

（1. 中国石油新疆油田公司工程技术研究院；2. 中国石油新疆油田公司）

摘　要　为保障油气田安全、环保、高效、可靠运行，以数字化为基础，通过云计算、大数据、物联网、移动互联及人工智能等新一代信息技术与油气田开发技术的深度融合，开展数字化、智能化油气田的建设。数字化交付作为实现智能站场的关键技术，是未来油气站场领域工程的发展方向，通过数字化交付实现对设计成果数据、设备（材料）数据、施工数据管理，并辅助后期智能化运营，实现油气田的全生命周期管理，推动企业向智能油气田迈进，助力油气田高质量发展。

关键词　油气田站场；数字化交付；全生命周期；创新变革

数字化交付，目前尚无权威且可被广泛接受的理论定义。国家标准《石油化工工程数字化交付标准》（GB/T 51296—2018）给出了"数字化交付"的定义：数字化交付是指以工厂对象为核心，对工程项目建设阶段产生的静态信息进行数字化创建直至移交的工作过程。涵盖信息交付策略制定、信息交付基础制定、信息交付方案制定、信息整合与校验、信息移交和信息验收。这是国家对石化工厂中"数字化交付"较为明确的概念。

"数字化交付"与"传统交付"相比："传统交付"是各专业交付各自生成的图纸或文件，交付物相互之间是孤立的，很难保证数据一致性。而"数字化交付"以"工程对象"为核心，依托"数字化交付平台"，将各专业产生的工程数据、文档、模型，相互之间建立关联关系，形成一个有机的整体（数字化工厂模型）。目前数字化、信息化建设已成为众多石油上游企业信息化建设的核心内容和战略目标。数字化交付是建设数字化工程及智慧油田的基础和方式，是工程交付发展的必然趋势。

本文就油气田站场数字化交付的定义、内容、工作要求及数字化交付平台的技术要求、功能应用等相关问题进行研究。

1　数字化交付概述

1.1　基本原理

从广义角度来讲，在任意产业链和数据链节点之间发生的数据交换与传递都称为数字化交付，所有交叉节点形成的数字化交付链称为数字化交付矩阵。

从狭义角度来讲，数字化交付是指数字孪生体的交付过程，其充分利用油气田物理模型、传感器更新、运行历史等数据，集成多学科、多物理量、多尺度、多概率的仿真过程，在虚拟空间中完成映射，从而反映相对应的实体装备的全生命周期过程。

1.2　主要作用

数字化交付的核心，是基于数据同源的原理，提升数据在实体工程建设和管理中的价值，使实体工程建设与生产运行管理通过信息技术获得更高的管理效益。通过数字化交付，可形成信息的发送、接收、使用的过程管控，促进企业业务流与数据流融合，为企业之间的业务协同创造条件，业务协同造就更高效、更科学的基础设施建设过程和智能化生产运行管理基础。

2 站场数字化交付内容

数字化交付内容包括：项目设计、采购、施工、试运行各阶段产生的模型、资料文档和站场对象属性等信息，以及站场对象与资料文档的关联关系。涵盖三维模型(交付竣工图模型，要求与实体站场一致)、智能 P&ID(需满足 PID 与三维模型的智能关联)、非结构化文件、属性数据及关联关系等文件。交付物数据格式要求均采用国际化通用格式，以便与常用数据平台进行衔接。

2.1 数据交付

交付数据包含建设数据和管理数据。建设数据包括站场对象的属性值、计量单位、工艺数据报表模版、设备数据表模版、仪表数据表、电缆库、安装图等信息，交付的数据应按类库的要求进行组织，交付对象的数据内容涵盖设计、采购、施工阶段的基本信息；管理数据包括管理单位在项目执行期所定义的各种数据，主要是指项目执行期实施方案及实施计划等。

2.2 模型交付

二三维模型信息与交付的数据、文档中的信息一致，能够在交付平台中正确的读取和显示。交付的三维模型应使用统一的原点和坐标系，应包含必要的可视化碰撞空间。

2.3 文档交付

采用统一格式的电子文档，同时包含各类协同工作的规定、手册、修改单等。文档资料包括设计文件、采购文件和施工文件。各专业交付的文档资料按照数字化交付统一规定进行编号、命名级目标结构整理，且均为竣工版文件，整合后上传数字化交付平台。

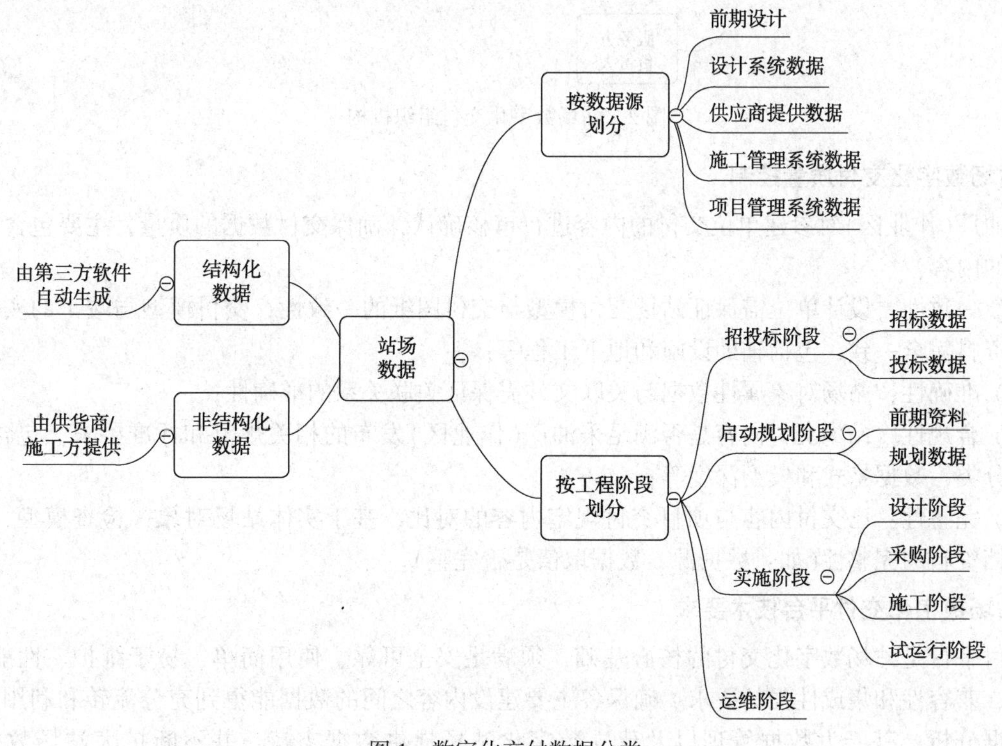

图 1 数字化交付数据分类

3 站场数字化交付工作要求

3.1 站场数字化交付组织机构

为有序的推进站场数字化交付工作，确保各项工作按交付进度保质保量完成，数字化交付团队可按如图2所示的组织结构开展站场数字化交付项目的各项工作。

为保证站场数字化交付站场与实体站场完整一致，准确无误，应遵循如下交付流程：

(1) 编制站场数字化交付管理规定、制度和方案，交付信息的统一标准等；

(2) 确定交付的站场对象、数据信息等内容；

(3) 各责任单位按规定提交站场交付资料；

(4) 软件承包商对所有站场交付的资料在交付平台上进行信息集成处理，并组织质量审核，反馈需修改的意见；

(5) 各责任单位按反馈意见进行修改，修改完成后再提交；

(6) 经审核的最终准确无误的数据，由软件承包商通过数据处理和发布工具，发布至站场数字交付建设库，此作为最终站场交付数据。

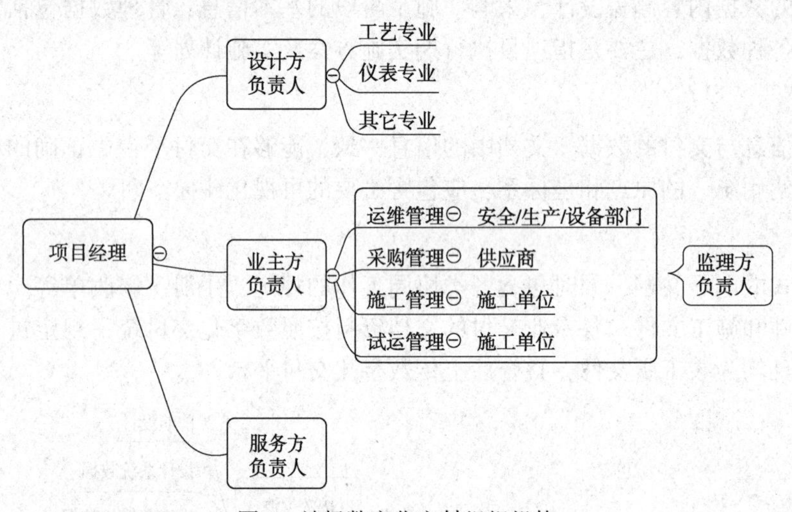

图2 站场数字化交付组织机构

3.2 站场数字化交付质量控制

采油厂(作业区)对参建单位交付的内容进行审核确认，确保交付数据的质量，主要包含以下几个方面的内容：

(1) 一致性：设计单位需保证站场交付模型与交付图纸的一致性，交付模型与竣工的实体站场及竣工资料完全一致，包括辅助设施和地下工程等；

(2) 准确性：站场对象属性数据与关联文件需保证关联关系的准确性；

(3) 合规性：站场交付内容是否满足采油厂(作业区)发布的相关规范和标准要求，包含编码、命名、分类、数据格式和模型深度等；

(4) 完整性：已交付内容与项目交付规定内容的对比，基于实体站场对象，检查模型、属性、关联文档资料的完整性(如：数据源、数据取值是否完整)。

3.3 站场数字化交付平台技术要求

交付平台是站场数字化交付的核心基础，须满足安全可靠、使用简单、易于维护、性能稳定、可扩展、兼容性和集成性强的要求。确保各主要建设内容之间的数据能得到充分流转和利用，为站场大数据分析、基于大数据管理以及建立数字化站场提供数据支持，并不断扩大站场数据资产价值。

平台应提供多种接口或工具，以便集成不同来源的工程信息，其中：三维引擎应需具备集成多种三维设计软件生成的三维模型、数据的能力；平台应具备集成智能P&ID图纸、数据的能力、接收多种格式图纸、文件的能力。

此外，平台还应提供标准接口，以便和外部系统集成(如：DCS、MES、SIS、ERP等)。

4 站场数字化交付应用及思考

4.1 国内油田站场数字交付应用

(1) 中石油数字化交付应用

以三维模型(BIM)为主线，整合地理信息(GIS)数据、净化厂建设期数据、竣工扫描模型、焊缝、三桩一牌、高后果区、穿跨越、应急资源、720影像、视频监控等数据，依托可视化核心技术，在三维审图、现场管控、流程管控、物资管理、安全管控、移交中心及移动应用方面成效显著，并构建工程建设期的数字孪生体，成为工程运营期的数据基座。

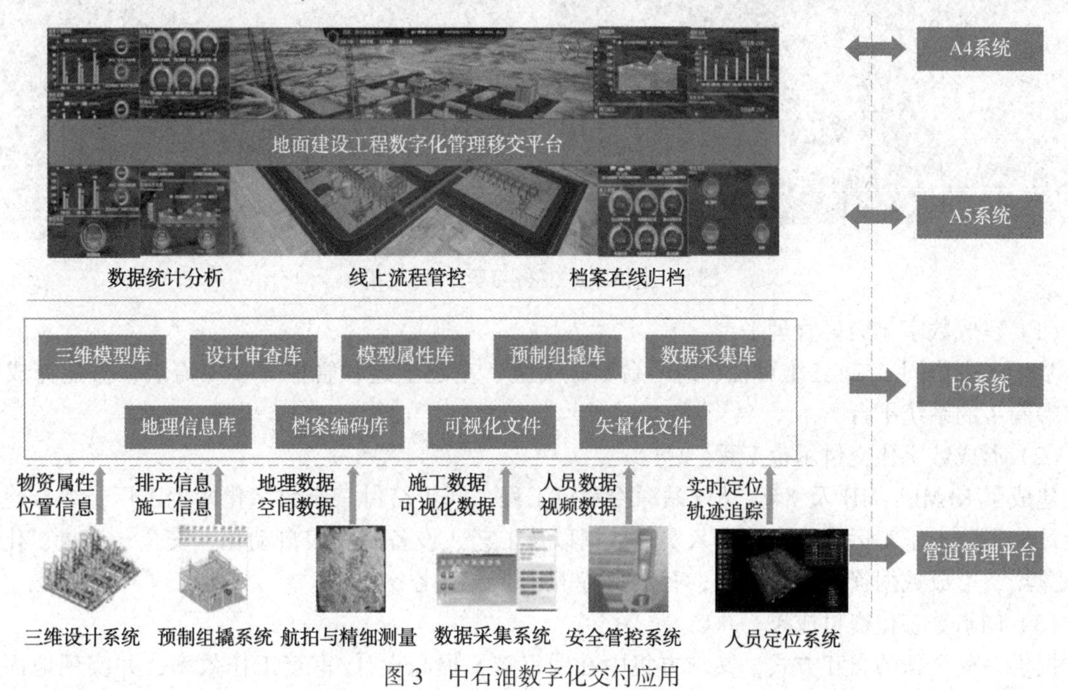

图3 中石油数字化交付应用

(2) 中石化数字化交付应用

自2009年开始，中石化引进开发数字化集成设计平台并与地理信息(GIS)技术相结合，开始了数字化集成设计工作，并逐步开展数字化交付工作。

目前，已形成完整的油气田地面工程及长输管道工程数字化交付解决方案，通过建设过程的数字化交付，在工程实体建成后，同步形成与地面工程实体一致的数字孪生体，为生产运行、完整性管理提供准确完整的建设期数据。

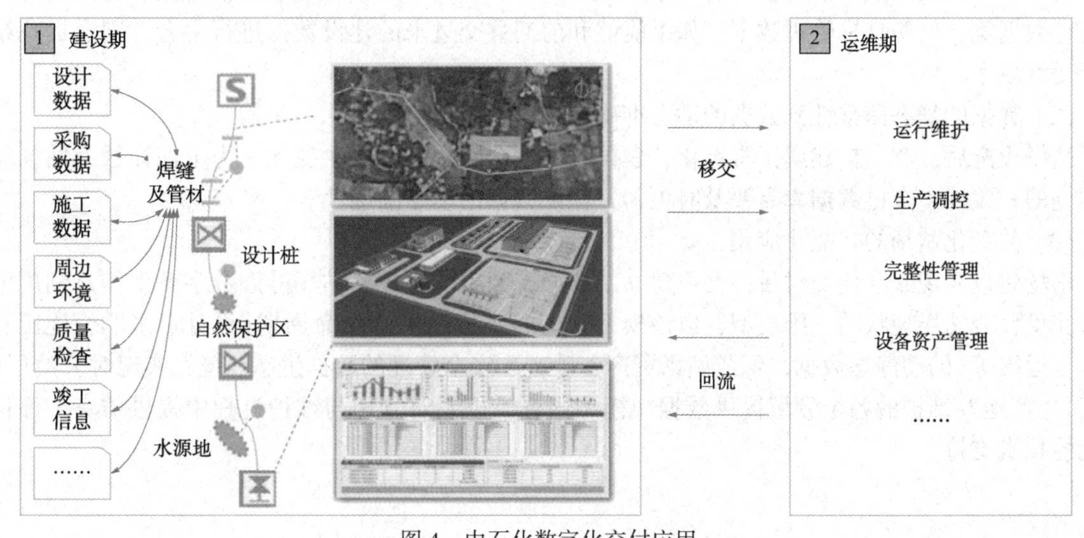

图4 中石化数字化交付应用

（3）XJ 油田数字化交付应用

2017 年，油田公司按照“从数字化到智慧化迈进”的总体部署，开展“地面工程数字化管理平台”规划研究；2018~2019 年，在 KLML 气田增压及深冷提效工程、MH 气田增压及深冷提效工程开展工程在线管理和数字化交付研究；随后，在相关重点地面工程也进行推广应用。

图 5　实体工厂（左）与孪生工厂（右）

（1）建成数字化交付管理平台

基于多方协同、二/三维可视、跨平台数据交互、基建全过程管控等多项需求，搭建完成 PC+移动端同步的系统平台。

（2）形成数字化交付示范工程

建成了 KLML、MH 及 X#天然气站深冷示范工程，同步交付三座数字化孪生工厂，综合建设阶段设计、采购、施工运维信息，接入实时数据以及工艺、设备、仪表自动化、安全、计量、化验等生态数据，形成数据资产达百万条，有效支持了运维数字化。

（3）创新数字化交付成果

提供一种全新的交互方式，参与方集中在线审查，提高设计/审查工作效率，并实现地面工程项目的范围/进度/质量等业务的线上管控，实现全生命周期各阶段数据的实时录入，达到全过程数字化管控。

4.2　站场数字交付关键技术思考

（1）建设数据与运维数据的融合

地面工程建设期数据在交付前未与运维数据进行融合。随着数字化技术的不断发展，站场数字化交付后，进入运维期，站场会产生大量的运维数据，例如：维修工单、维修历史、备品备件、实时运行数据等，这些日常管理数据，如果能够和前期移交过来的建设数据进行融合，则会提高站场智能运维效率。

（2）数据的静态完整性到数据的动态准确性

站场投产后，改、扩建属于常态化，建设数据也会随之不断发生变化。为了保证数字站场与实体站场的一致性，交付数据库需要及时更新，保证数据的动态准确性。

（3）数字化站场的智能化应用

站场建设实现数字化交付后，便可建立站场静态数字孪生体，站场静态数字孪生体是利用创新方法获得代表站场现状的三维模型，以该模型为核心集成站场全生命周期（设计、采购、施工、试运行、运维等）的动静态数据，形成站场资产、生产、安全管理的数据生态环境，实现对采油厂（作业区）生产运营维护的各个领域提供数据、模型服务，以及对管理与维护过程中提供仿真、评估和优化的技术支持。

5 结束语

数字化交付是建设数字化站场、智能站场的核心基础。数字化交付完成后，可达到数字孪生体“以虚映实”成熟度，将运营期物联网等动态数据接入后，将达到数字孪生体“以虚控实”水平。

目前，国内各油田企业基础水平、目标任务不同，造成油气田站场数字化交付的深度、水平差异较大。随着数字化油气田向智能油气田的延伸和发展，不仅数字化交付的内涵发生了深刻改变，而且数字化交付的目标、范围和任务也发生了转移，因此，在新形势下数字化交付应重点解决交付目标、范围和规则的一致性问题。

参 考 文 献

[1] 王鸿捷. 智能油气田数字化交付研究[J]. 天然气与石油，2020. 6(38卷第3期)：108-111.
[2] 伍友武，张珂. 石油工程项目的数字化交付[J]. 流程工业，2020(5)：19-20.
[3] 胡耀义，赵国洪等. 数字化协同设计及交付应用研究[J]. 天然气与石油，2021. 6(39卷第3期)：125-128.
[4] 孙发亮. 数字化交付在智能制造中的位置及发展趋势[J]. 中国仪器仪表，2019，05,：32-36.
[5] 肖龙. 浅谈油气田地面建设工程数字化交付[J]. 油田管理，2018，12，05：218-219.
[6] 葛春玉. 浅谈石油化工工程建设项目数字化交付[J]. 石油化工建设，2019，02：5-8.
[7] 朱广民. 数字化工厂与数字化交付分析[J]. 中国管理信息话，2019，10，22卷20期：87-89.
[8] 樊军锋. 智能工厂数字化交付初探[J]. 石油化工自动化，2017，53(3)：15-17.
[9] 陶飞，赵国洪等. 数字孪生成熟度模型[J]. 计算机集成制造系统，2020. 05(28卷第5期)：1267-1272.
[10] 熊小琴，杨君等. 原油输配系统优化及应用[J]. 新疆石油天然气，2021，9(17)：50-53.

探讨新疆油田推广无人值守站的优势、难点及应对措施

粟 刘 王梓丞 李建平

（中国石油新疆油田公司工程技术研究院）

摘 要 新疆油田目前正在积极推进数字化转型发展，全面提升生产自动化、信息化、智能化管理水平，在十四五末实现生产全面感知、流程自动管控、决策智能优化的新型油田宏伟目标。无人值守站是制约新疆油田智能化实现的一个关键节点。本文客观阐述了新疆油田无人值守站技术发展现状，论述了实现无人值守站的关键制约因素，重点分析新疆油田推广无人值守站的优势及难点并提出应对措施，对新疆油田的数字化转型发展及智能化油田的建设，具有一定参考价值。

关键词 无人值守；自动化；关键因素；优势与难点；应对措施；智能化

1 油气田“无人值守站”目标含义及技术要求

1.1 油气田无人值守站的目标含义

油气田无人值守站，就是油气生产站场没有人在现场进行劳动操作，全站流程实现了生产自动化，包括生产流程监控和安全防护预警监控实现了远程监测与控制。

无人值守站的特点就是集中监控、无人值守。通过智能化、集成化、可视化的设备应用等技术措施，全站生产信息全面实现数字化采集和远程操控。

1.2 无人值守的技术要求

通过对站场运行、岗位设置、操作频次等方面调查分析，对需人工频繁操作的地方实施自动化控制设计改造，达到现场无人操作或操作频次少，实现无人值守。

无人值守站场应配置数据采集控制系统，负责采集控制站场内生产流程节点的远控阀门、压力、温度、液位、流量、电参、加热系统等仪器仪表的参数，各仪表设备应具有就地显示及信息远传双重功能。

无人值守站场应配置相应的视频系统和安防系统，实现运行情况监视、入侵探测、防盗报警、出入口控制、安全检查等主要功能。视频和安防系统信号应能够传至监控中心，并具备远程控制、布防、撤防等功能。防区划分应做到避免盲区和死角，有利于报警时准确定位，视频监视和安防系统宜紧密集成。条件许可则考虑视频与报警的联动。

无人值守站场在保留必要的基本生活设施前提下，可适当简化原常规站场内的为人服务设施。

2 制约油气田无人值守站实现的关键因素

制约站场能否实现无人值守的关键因素主要有站场类型、站场的生产规模、自动化技术水平、地理位置四个方面。

2.1 站场生产规模及类型

油气田站场按生产规模和工艺复杂程度一般分为中小型站场和大型站库。对于规模较小、工艺

流程简单装置设备数量较少的站场称为中小型站场，常见中小站场如计量站、混输泵站、注水站、扬水泵站等，中小型站场可实施无人值守生产管理模式；相对而言，生产规模较大、流程较复杂、生产单元装置较多、安全等级较高的大型站库如集中处理站、联合站、天然气处理站等目前尚依然保持少人值守、故障巡查的生产管理模式，而一般不做无人值守的生产管理要求。中小型站场的无人值守生产模式的推荐意情况见表 1。

表 1　中小型站场的无人值守生产模式的推荐意情况一览表

序号	中小型站场	无人值守推荐意见	备注
1	计量站	推荐	
2	混输泵站	推荐	
3	转油站	推荐	
4	计量站接转站	推荐	
5	集气站	推荐	
6	天然气增压站	推荐	
7	注聚站	推荐	
8	供热站	推荐	
9	注水站	推荐	
10	掺水站	推荐	

2.2　自动化技术水平

站场的生产工艺流程及安防两个方面自动化水平高低，是实现无人值守管理的两个必要前提条件。一是全站生产流程的自动控制、重要生产参数实现自动采集及监控，二是必须具备应对生产系统安全、平稳、可靠运行的安防预警监控自动化系统，二者必须“三同时”即同时设计、同时建设、同时运行，缺一不可，是实施无人值守站的必要条件。

2.3　地理位置

生产站场若在地理位置较偏远，人口流动稀少，则可考虑无人值守生产管理模式；生产站场若地处人口流动较为密集区域，考虑危险不可控因素及对高后果对社会人员的影响程度，则不宜实施无人值守生产管理模式。

3　新疆油田无人值守站建设发展现状

新疆油田无人值守的发展历史，也是伴随着油田自动化技术发展和应用的结果。从 1978 年百口泉水源井自动化开始，48 口水源井实现远程监控，水源井实现了真正意义上的无人值守运行模式。油井、计量站自动化是在 1991 年准东采油厂的北三台油田实施了油井、计量站自动化进行远程监测生产，开启了新疆油田实现油井和计量站无人值守的时代。计量站在 1991 年前以及已建未自动化改造过的老式砖混式建筑计量站，基本都采用人工倒井计量的有人值守生产模式。新疆油田转油站实现无人值守的时间稍微晚一些，在百口泉采油厂玛湖 2 转油站于 2020 年开启了首个实现无人值守生产管理模式的转油站。新疆油田实现无人值守生产模式时序图见图 1。

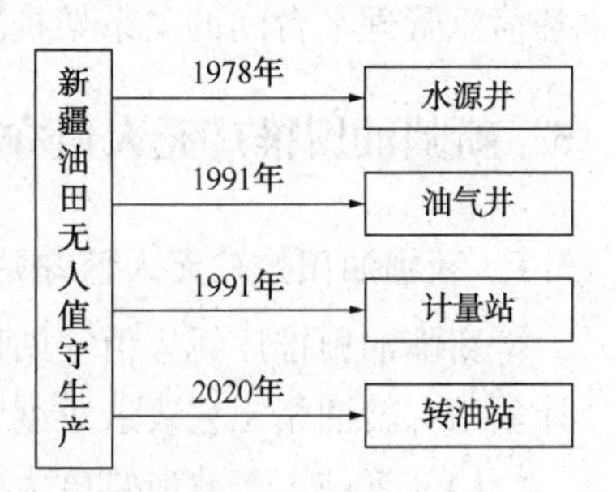

图 1　新疆油田实现无人值守生产模式时序图

目前新疆油田油井、气井、水源井、注入井等井场基本已实现了无人值守生产管理模式；中小型站场如计量站、集气站、混输站也实现了无人值守生产管理模式；中小型站场只有少数几座新近建设的转油站如玛湖2转油站、艾湖2转油站实现了无人值守站，大多数转油站如2018年以前建设转油站保持"集中监控、少人值守"生产模式；大型站场如集中处理站、联合站保持"少人值守"的生产管理模式。

4 新疆油田推广无人值守站的优势

新疆油田推广无人值守站，论其优势方面，归纳起来主要有油田地理区域、站场标准化率较高、油田信息自动化水平较高三个方面的优势。

4.1 地理区域优势

新疆油田地处准噶尔盆地，是新中国开发建设的第一个大油田，1957年投入开发，累计产油4亿多吨。2002年原油产量一举跨越千万吨，成为中国西部第一个千万吨大油田。截至2020年底，新疆油田已探明33个油气田，主要分布在西北缘油区、东部油区、腹部油区和南缘油区。

新疆油田现已建成了规模庞大、构成复杂、功能完善的地面生产系统，包括油、气、水等集输与处理，满足油气开发各阶段的生产需求。总的来说，新疆油田生产区域呈现"油田地域广、油区管理点多较分散、社会人口密度较小"，因此，对新疆油田来说，油气生产自动化、无人值守站推广与实现具备了优厚的自然条件。

4.2 站场标准化优势

经过近十五年地面工程标准橇装化技术的推广应用，新疆油田地面工程设计推行"三化"(标准化、模块化、系列化)模式，小型站场标准化设计覆盖率达到100%、中型站场达到90%、大型站场达到60%的目标，规模实现了标准化、橇装化，橇装装置标准配置自动化仪表，为油气生产数字化、智能化奠定了坚实基础。

4.3 油田信息自动化水平优势

生产全过程实现自动化水平是实现无人值守的前提条件。油气田自动化系统主要应用在采油、采气及其集输生产工艺过程的测控。主要包括井场RTU及SCADA监测系统、站场PLC/DCS自动化系统。其中，RTU及SCADA系统主要应用于井口、计量站等井场数据的自动采集、传输及远程监控，实现分散控制、集中管理的生产模式。PLC/DCS系统主要应用在转油站、集中处理站或联合站等大中型站场的自动化系统。新疆油田自动化系统主要涵盖东部、腹部、西北缘、南缘等四大区域的油气田，并且与工艺流程生产规模相匹配的自动化系统如SCADA系统、DCS/PLC系统。围绕准噶尔盆地建成了"地面光缆、空中无线、天上卫星"立体通信网络体系，实现油田生产区域全覆盖。

无人值守及人工智能离不开离不开信息大数据。在大数据及数智化管理平台方面，新疆油田2008年在中石油率先实现数字化油田开始，现在已建成了12大板块共59个生产信息管理平台，同时在生产实践过程中不断深化应用，有力支撑新疆油田数智化生产运行与发展。生产物联网系统与各信息管理平台间的关系架构见图2。

5 新疆油田推广无人值守站的难点及应对措施

5.1 新疆油田推广无人值守站难点

新疆油田推广无人值守站建设固然存在便利条件和优势，但是也存在一些难点，表现在老站如计量站、转油站工艺改造难度大、自动化改造技术较难两个方面。

(1) 老站工艺改造难度大

部分中型老站场如转油站由于建设年代久远，工艺设备及管线年限呈超期工作运行状态，工艺改造难度大，投入成本高，如新疆油田采油二厂的82号转油站、71号转油站生产运行30~40年

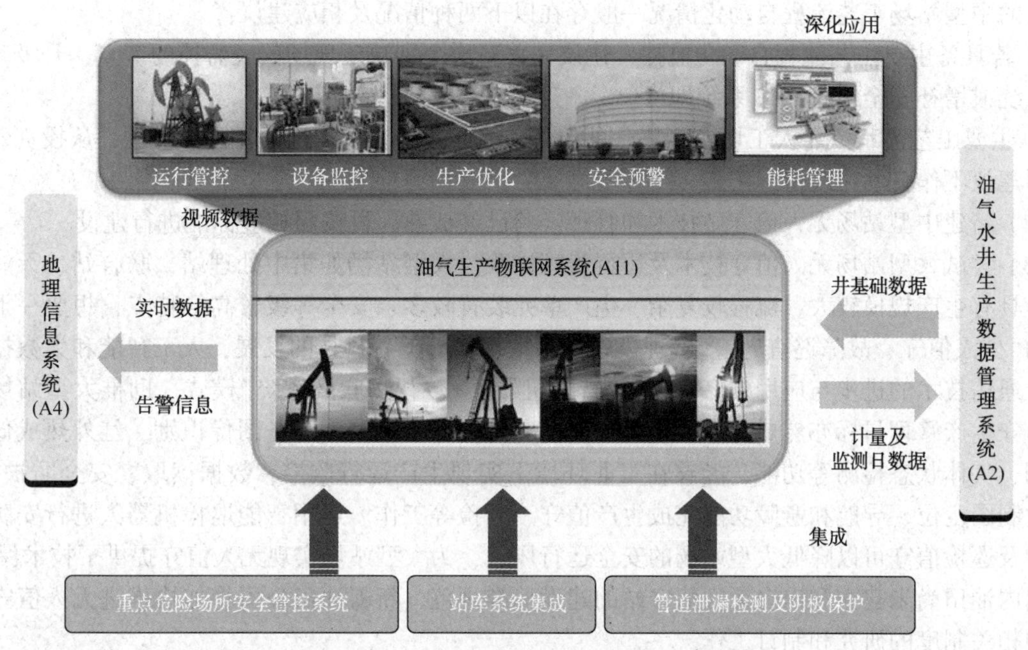

图 2　生产物联网系统与各信息管理平台间的关系架构

了，百口泉采油厂的检 188 转油站也投运 40 多年，工艺设备及管线出现老化现象，流程自动化建设程度较低，数据采集仍依靠人工抄录，数据采集不全面、有些生产流程依然靠人工操作维持运行，未实现站场流程自动化生产，用工指标超过同级数值。

(2) 自动化改造技术难点

老的中小站场除了工艺改造难度大这一因素之外，关键是自动化技术改造难度较大，主要表现以下两个方面：

1）生产监控技术难题。无人值守站场要求配置数据采集控制系统，负责采集控制站场内生产流程节点的远控阀门、压力、温度、液位、流量、电参、加热系统等仪器仪表的参数，各仪表设备应具有就地显示及信息远传双重功能。而老的转油站由于使用年限久远，生产流程多为就地显示仪表和人工手动操作机构，缺乏现场监测信号远传及控制仪表设备包括站控系统。需实施一站一策的原则，设计选择与之对应的流程参数匹配的监测仪表、联锁报警、过程控制等生产监控技术方案。

2）重建视频系统和安防系统技术难题。无人值守站场应配置相应的视频系统和安防系统，实现运行情况监视、入侵探测、防盗报警、出入口控制、安全检查等主要功能。视频和安防系统信号应能够传至监控中心。老的转油站需增补设计视频系统和安防系统各 1 套，涉及技术包括视频布设采集技术、远程传输技术、实现智能识别、监控预警以及智能视频和安防联动技术。

5.2　解决新疆油田推广无人值守站难点的应对措施

新疆油田现有已建老的中型站场数量较多，有必要提前谋划应对难点的相应措施，提升站场自动化管理水平，促进新疆油田智能化整体水平提升工作。针对新疆油田新疆油田推广无人值守站的难点，现提出如下老的站场与新的站场建设两个方面的相应应对措施以供参考：

(1) 老的站场实施改造工程项目论证和评估工作。

按照生产规模及必要性程度大小，做好充分评估论证工作进行技术方案选择。针对中型乃至大型站场分以下两种情况进行改造：

1）“工艺改造+自动化改造”方式。

对老的中型站场实施工艺改造工程，建议同时实施站场全流程自动化改造，同步建设站场自动化系统 PLC/DCS 和安全预警 FGS 系统，实现“无人值守”自动化生产管理模式。

2）单纯自动化改造，应对老的站场实施差别对待。

老的中型站场工艺流程自动化情况一般存在以下两种情况及相应建议：

① 若具备主要工艺流程自动化监控，建议完善新增个别缺乏现场仪表监控的节点，升级改造自动化系统或增补安全预警FGS系统即可。

② 主要工艺流程依靠人工切换，缺乏自动化监控，若工艺改造论证暂无必要性，从投资效益考虑，则建议不作自动化改造。

(2) 新建中型站场无人值守站技术和管理经验已经成熟，可按照相应标准进行建设。

(3) 尝试大型站场无人值守技术及运行管理试验。大型站场如集中处理站、联合站、天然气处理站等具有生产规模较大、流程较复杂、生产单元装置较多、安全等级较高等特点，想要一下改变当前的"少人值守、故障巡查"生产管理模式是不太现实。随着科技的发展，人工智能和大数据、云平台及通信技术的进步与应用推广，采用"智能机器人+数智物联网系统"模式，助推大型站场实现无人值守生产管理目标亦然成为一种趋势。目前，智能巡检机器人具备图像识别、红外热成像、声音识别、气体状态检测等功能，能够在工业环境下实现生产运行监控、数据读取、安全防护功能，并通过制图定位、导航和避障功能完成生产值守、巡检等工作。运用智能巡检机器人进行安防、设备监护及巡检值守可以降低大型站场的安全运行风险，为大型站场实现无人值守提供了技术保障。

国内油田尚未建立和出台无人值守站的建设标准规范，新疆油田公司将加快推进无人值守站的标准和相关制度的研究和制订工作。

6 结束语

新疆油田勘探开发建设67年，地面工程建设不管在技术上还是在管理上取得了长足的进步，新疆油田2008年已经在国内油田率先实现数字化油田，现今正朝着智能化油田的建设目标进行大步推进。无人值守的自动化技术也在不断发展进步，物联网、大数据、人工智能化技术日新月异，新疆油田无人值守站的推广建设工作必将迎来的崭新局面。

参 考 文 献

[1] 戎昊，胡之映. 浅谈数字油田下的油气生产物联网与云计算[J]. 黑龙江科技信息，2014，(12). doi：10. 3969/j. issn. 1673-1328. 2014. 12. 133.

[2] 彭巍，肖青. 物联网业务体系架构演进研究[J]. 移动通信，2010，(15)：15-20. doi：10. 3969/j. issn. 1006-1010. 2010. 15. 003.

[3] 张万里. 浅析老油田企业油气生产物联网改造方案[D]大庆油田有限责任公司信息中心

[4] 樊跃江. 关于改进SCADA报警系统的几点探讨[J]. 新疆石油天然气，2011，7(2)：83-85.

浅谈输油泵站无人值守改造方法

杨　磊

（中国石油新疆油田油气储运分公司）

摘　要　输油泵站无人值守改造是落实中央关于“转方式、调结构、促发展”要求的重要举措，同时近几年来物联网概念的兴起，促使泵站进行一定程度的人力精简，朝向无人值守的方向迈进，通过提高自控水平等方式，实现远程集中操控、现场综合巡检、大型油库少人值守、小型站点无人值守的运行模式，按照目前国内一流、国际先进智能管网标准，最终实现生产过程物联化。不仅降低用工需求，减少用工成本，而且提高生产效率，确保生产设备设施安全运行，切实提高企业管理水平、管理效率。

关键词　无人值守；自动控制；数字化；调控中心；运行模式

1　背景

油气储运公司作为新疆油田公司油气业务链的一个重要环节，担负着保证油气销售渠道畅通和新疆油田后路畅通的任务，是新疆油田公司数字化改造、智能化运行的重要组成部分。结合新疆油田公司信息智能化建设的整体部署及油气储运公司151发展战略，传统的“定岗值守、按时巡检、人工录取资料”的运行模式已不能满足精细化管理和高效智能运行的要求，为提升公司管理水平，必须大力推进信息智能化建设。从2020年开始，公司结合物联网建设要求，开展北三台油库及其附属6个站点(北十六、沙南站、火烧山站、彩南站、页岩油站、吉祥站)的自动化系统改造工作，实现以上站点生产工艺设备集中操控，同时公司调控中心增设二级调度，集中调度运行和监视控制各站点，通过前端采集、控制功能完善，视频监控升级改造，人机界面优化，中心调度搭建，运行体系转变等方式，实现大型油库少人值守、小型站点无人值守，推动劳动组织架构改革和扁平化管理，切实降低一线劳动用工数量，促使人力达到高效利用。

2　无人值守的总体思路

无人值守站场建设以减少岗位编制、提升工作效率为目标，依托站场BPCS系统及调控中心SCADA系统，通过完善基础网络保障，提升仪表可靠性、稳定性，完善监控体系，确保站内安全生产，促进劳动组织架构优化配套，实现输油泵站无人值守、远程管理的运行模式。

3　无人值守站的技术与要求

输油泵站无人值守改造方案的实施，要充分结合各个站场现有设备设施和自控现状，查缺补漏，完善工艺流程和监控体系，确保站内安全生产，实现站场的无人值守，远程管理。

北三台油库站控制室包含一套过程控制系统，消防自动化系统、生产区域视频监控系统及周界防范系统。按照总体要求对各系统进行升级改造。

3.1　完善生产数据采集

完善设备的生产动态参数采集(外输泵轴承温度、轴承振动、变频器频率、电压电流等；相变炉筒体液位、筒体压力、炉膛温度等)，使生产参数监控覆盖率达100%。全面、实时地监测设备运行状态，为设备的连锁保护提供了基础数据，同时重点部位参数添加报警功能，提高自控系统预警效果。

3.2 新增设备控制功能

本次改造实现了57台电动阀、21台外输泵、8台变频器的远程控制功能，同时进行整合提升，实现外输泵的一键启停，使操作人员从繁琐的操作中解放出来，降低了主观错误判断和误操作等导致的风险。除此之外，调控中心可进行罐区流程切换及远程停炉操作。

3.3 提高连锁保护的灵敏性与可靠性

本次改造实现了外输泵在管道压力过高、轴承温度过高等异常状况下的预警和保护停机功能；页岩油站、吉祥站ESD系统的投用，能在火灾等意外情况下紧急停输并关闭进、出站ESD阀，以保证管道及沿线站场安全；页岩油站、吉祥站回流调压、氮气泄压系统等水击保护功能的投用，避免了管道系统产生超安全压力，保证管道干线和站内重要设施的安全；北三台罐区液位连锁保护的投用，提高了罐区设备设施本质化安全水平；加热炉具备自动调节热负荷及连锁保护停炉等功能，进一步提高加热炉燃烧效率，减少热量损失，并保证了加热炉的安全生产。浮顶罐光纤光栅系统，与消防自动化系统连锁，可在储罐着火时连锁启动消防泵，执行灭火措施，如图1所示 。

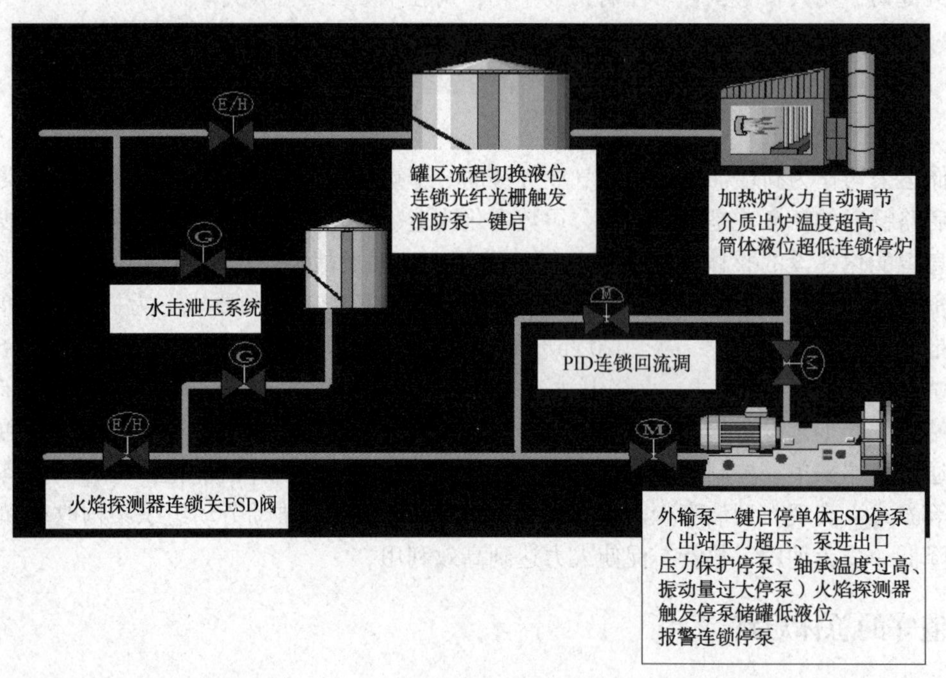

图1

3.4 实现生产数据自动录入功能

通过调用数据库，定时将生产数据导入报表系统内，实现生产数据自动录入。该功能实现后替代了大量人工劳动，确保数据准确性的同时也提高了生产效率。

3.5 完善基础网络保障

对北三台片区的网络链路进行改造，实现自动化网、视频网、办公网三者分离，牢筑网络安全屏障。

3.6 优化周界防范系统

视频监视与安防系统紧密集成，优化了盲区划分，避免了盲区与死角，对北三台油库内及周边进行全天候、全面的视频监视，实现对监视范围人员的轨迹跟踪，对非法入侵进行现场声音告警。人脸识别系统的投用，增添了身份识别功能，方便本单位员工进站。

3.7 生产区域视频监控升级

泵房、管汇间、配电室、罐顶新增高清摄像机进行监控，实时监控外输泵、储罐等重要设备设施，出现跑冒滴漏现象时能及时发现。同时利用泵房内摄像机，调控中心在启停泵操作时实时查看视频监控画面，切实保障现场人员及设备安全。

4 实现无人值守后的运行模式转变

站场实现无人值守后，打破原有生产组织模式，组建综合巡检队伍，制定定期巡检规程；挑选站内经验丰富的调度工，作为调控中心的二级调度，加大对二级调度员自控操作水平和运行分析能力的培训力度。对北三台站现有岗位和业务流程进行梳理，分析各个岗位的减员和无人值守可行性，北三台油库、彩南站、火烧山站、页岩油站改造后形成以二级调度为中枢的"远程操控、少人值守、综合巡检"的运行模式；北十六站、沙南站、吉祥站形成"远程操控、无人值守、综合巡检"的运行模式。对岗位结构调整内容，正常运行时二级调度在调控中心集中操作，综合巡检工以集中待班、周期巡检的方式进行启停泵操作、维护保养和应急处理。

通过人员优化配置和数字化泵站生产管理，利用好自动化系统的预警手段，提高突发事件应急处置的时效性，持续提升无人值守站场的安全管理水平。

5 实现无人值守后的效果评价

5.1 提升了生产运行效率

无人值守站通过数字化升级，实现远程监控、定期巡检、应急联动，转变了原有生产组织方式。改革后将七个班组整合为四个班组，实行区域管理：北十六、沙南班与北三台合并，以北三台为中心站；吉祥班组与页岩油班组合并，以页岩油为中心站。工作直接由中心站协调，减少了中间环节，组织机构更加精简，资源配置更加合理，生产组织效率大大提升。

5.2 降低了劳动强度

在无人值守站建设过程中，规模配套自动化设备，员工由每日 6 次日常规巡检模式变为 4 次，并将员工从资料填报、启停泵、开关阀门等日常烦琐的工作中解放出来，有效提高了员工的幸福指数。

5.3 盘活了劳动用工

面对巨大的人员运行压力，通过积极推行无人值守站运行，盘活站内操作员工，促使人力达到高效利用。

6 结束语

北三台站实施无人值守改造后，提升了全站自动化水平，通过远程监控和联锁保护，提高反应速度，降低生产事故发生频率，优化劳动用工(人员由 104 人减少到 86 人)，降低人工成本，提高了油气管理水平和生产效益。

参 考 文 献

[1] 孙洪程. 过程控制工程设计[M]. 化学工业出版社，2009.
[2] 赵雷亮，申芙蓉，陈小锋. 长庆油田小型输油站场无人值守方式研究[J]. 石油和化工设备，2013(16)：38-40.

稠油单井无人值守模式下的远程计量研究及应用

乔龙巴特　兰明菊　宁晓波　单雪薇　韩　菲

（中国石油新疆油田公司风城油田作业区）

摘　要　油井采出液计量是生产动态分析、措施制定调整的重要依据。采油站目前采用就地计量方式，存在占用岗位人员多、工作效率低、管理难度大，计量设备设施故障状态无法直观暴露等问题，投用稠油单井计量远程调控，由厂级监控中心远程下发计量指令，有效提高工作效率，通过计量设备设施远程故障诊断，快速定位故障管汇，提供准确单井采出液计量数据。

关键词　稠油油田；单井计量；计量指令；远程调控；无人值守

1　前言

油井计量是油田开发生产中的一项重要工作，通过计量掌控油藏动态变化和油井的生产动态变化规律，以做好油田生产管理；掌握各生产区块的生产动态，分析油藏的采出程度和剩余油分布，可指导油田开发方案调整和工艺技术措施的制定和实施，推进油田生产精细化管理；也有助于开展油田经营管理量化绩效考核，做好成本核算，提升经济效益。

稠油单井具有高温、高压、含汽量大等生产特点，稠油生产开发工艺复杂，全流程高温、高压，携汽量大，单井产量效益低，多相流量计受温压、汽量等影响，计量精度低；功图量液对工况稳定性要求高，均不适用于稠油油田推广应用。

在稠油油田单井自动计量、多通阀选井技术已经成功应用，伴随着油田开发油井总数大幅增加，计量站增长也与日俱增。计量人员每日来往接转站通过触摸屏人工设定计量顺序、时间、次数等参数完成计量任务。稠油就地计量工作量大、占用岗位人员多，计量工作受限于班组人员操作，计量数据依靠人工抄录，灵活性、及时性差，无法为生产调控提供及时可靠的数据支持。计量故障依靠巡检排查，计量设备设施问题无法直观暴露，管理难度大，是当前制约稠油油田数字化转型升级发展的一项重要难题。

2　稠油单井计量远程调控系统简述

集团公司推进数字化转型，旨在通过油气生产物联网提高劳动组织效率，减少劳动用工需求，油井计量是稠油油田生产开发的主要用工环节之一，远程计量的实施将为稠油油田实现“故障巡检、无人值守”提供有力支持，为推动油田劳动组织机构和用工模式的变革打下基础。

为了降低员工的劳动强度，提高工作效率，解决计量故障不及时排查问题，需要开发一套稠油单井计量远程调控系统，实现所辖接转站统一集中监控、计量设定和指令下发。作业区将稠油单井计量远程调控作为一项关键技术研究，突破稠油远程计量技术难题，实现计量系统的全面自动化，厂级监控中心 1 人即可完成常规油井计量工作，减少一线操作员工工作量，大幅提高工作效率，对分析油田生产动态、制定油田开发方案，检验开发措施实施效果、量化经营绩效考核等有重要意义，有助于促进油田高效开发、精细管理，为稠油生产单井动态分析、措施制定、优化调整提供准确数据依据。

3　稠油单井计量远程调控系统建设

3.1　总体设计思路

常见远程计量系统能够实现单管汇指令下发，上位机单独对一个现场管汇计量控制器建立通讯连接进行远程指令下发，无法实现多站指令批量下发功能。稠油单井计量远程调控系统需要同时完成对多个管汇计量控制器批量指令下发。同时需要能够提取现场计量控制器启停状态，判断计量设备是否存在故障。

针对稠油油田就地“多通阀+称重仪”分散式计量工艺，以实现“终端集成控制、数据无线传输、系统远程调控”为目标，稠油单井计量远程调控系统从以下 3 方面的进行设计：

① 数据采集层完成稠油单井计量管汇集成控制。针对选井计量控制需求，创新开发多通阀与称重仪集成控制程序，预留远程通讯接口，收远程指令、自动执行计量计划；同时研究断点续传技术，实现网络异常恢复后计量数据自动补发上传。

② 设备传输层完成稠油远程计量无线传输网络架构建设。针对稠油油田井场设备设施分布密集，有线网络面临建设费用高、实施和后期维护难度大的问题，分析稠油计量管汇分布情况，研究确立了 WLAN 无线通讯网络架构结合现有有线光纤结合实施方案，实现稠油计量无线通讯，如图 1 所示。

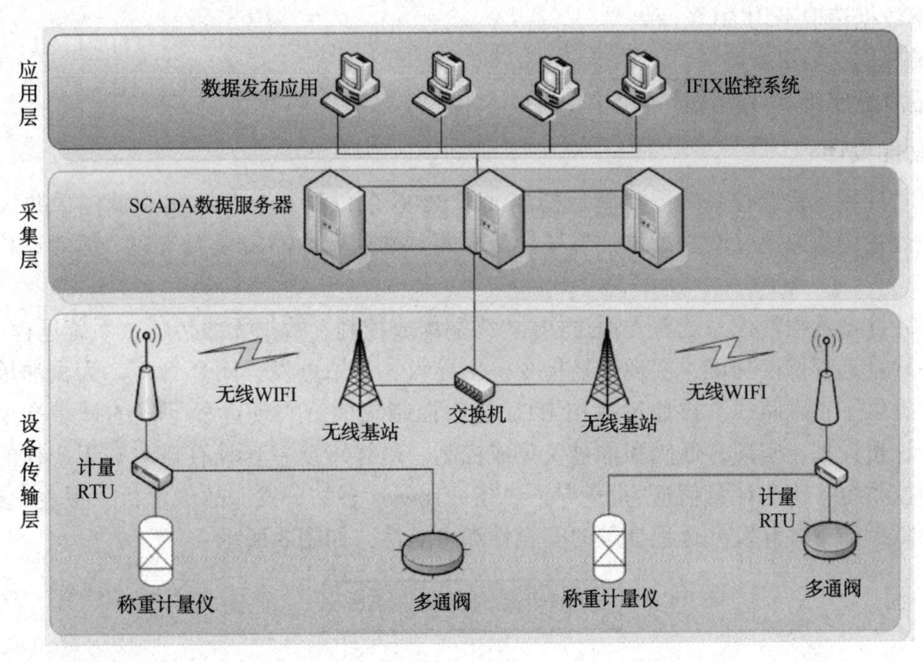

图 1

③ 用户应用层完成稠油单井计量远程调控系统功能部署。针对计量指令远程批量下发应用需求，开发了集“计量指令批量导入、通讯诊断、数据比对、应急处置及启停控制”等功能于一体的稠油单井计量远程调控系统，指令下发批量执行、闭环验证，计量过程远程启停，为稠油单井远程计量调控提供安全可靠的技术平台，如图 2 所示。

3.2　系统设计要求

稠油单井计量远程调控系统上位机远程调控下达指令，现场称重计量控制器接受到指令后自动执行计量任务，计量结果及现场控制器故障码反馈至服务器，以图表等多种形式展示给用户。

① 计量指令远程下发成功率≥90%，指令执行率≥98%；

② 批量导入指令平均 2000 条/秒，通讯检测平均 10~20 条/秒，批量计量指令下发平均 20 条/秒，下发结果验证比对平均 20 条/秒；

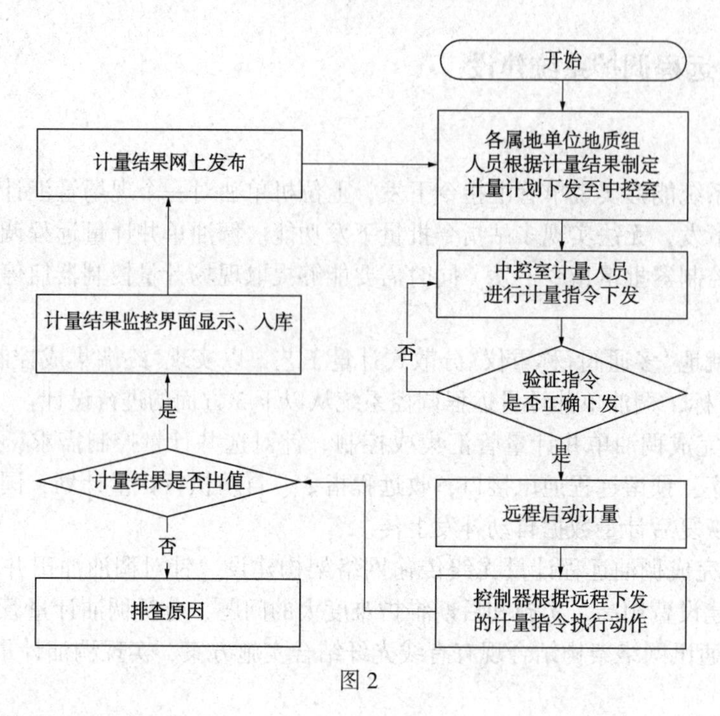

图2

③ 计量数据读取平均50条/秒；

④ 计量数据有效率≥92%；

⑤ 计量故障解析及自动统计准确率≥95%。

3.3 系统功能设计

稠油单井计量远程调控系统需要满足稠油油田3000余口稠油单井，实现稠油单井大规模远程计量，提升计量工作效率；改进了稠油现场计量模式，推动稠油油田无人值守、故障巡检生产管理模式的变革。

稠油单井计量远程调控系统首先通过构建“终端集成控制、数据无线传输、系统远程调控”的稠油单井单井计量远程调控功能，实现计量指令一次导入、多站分发、闭环管理，为稠油单井计量工作模式转变提供了技术路线。再通过运用RTU逻辑控制集成，实现远程下发的计量指令、控制程序自动执行计量计划，实现多通阀和称重仪集成控制。最终研发一套具有自主知识产权的稠油单井计量远程调控系统，构建计量信息“批量导入、指令比对、多站分发、故障解析、报表发布”闭环运行机制，保障稠油单井开发井远程计量的安全性和可靠性，如图3所示。

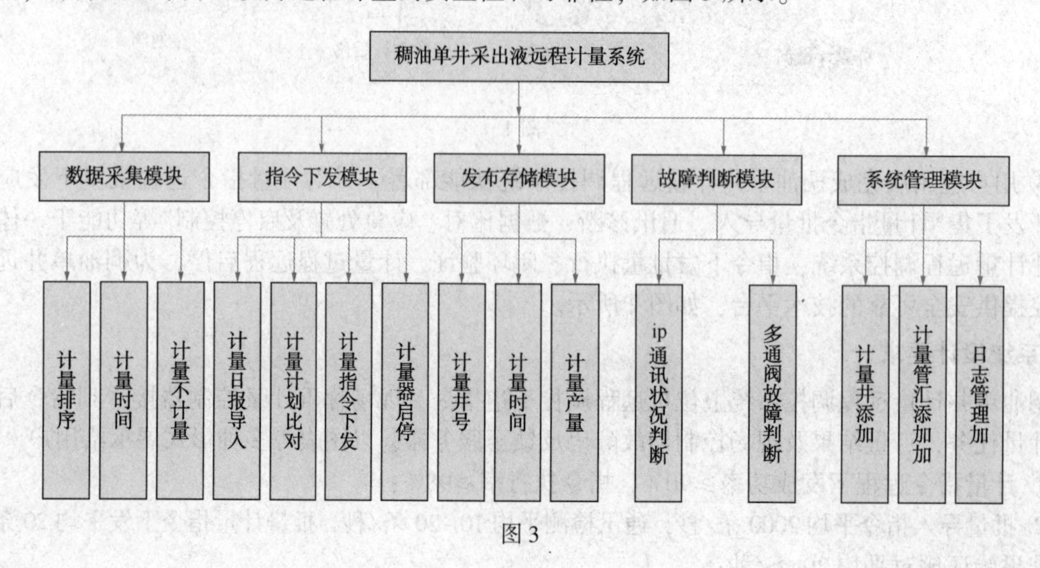

图3

3.4 系统功能

稠油单井计量远程调控系统，分为数据采集、指令下发、发布存储、故障判断、系统管理五类，通过网络将计量数据回传作业区发布，辅助相关科室生产动态分析，迅速制定有效措施，提高油井产量。

1）数据采集模块：支持 Modbus 等协议的分布式采集，充分利用C#语言并发特性，即每个 RTU 使用一个单独的进程根据 RTU 点表规则去采集数据，每个进程之间无共享数据，每个进程都是一个单独的个体，一个 RTU 出现问题，并不影响其他 RTU 的数据采集。充分利用分布式采集，保证读取数据的高效性、稳定性、容错性。稠油单井计量远程调控系统实现批量提取现场管汇计量指令是按所属采油站、接转站、管汇提取当前时间的实时计量数据，包含计量排序、计量时间、计量干预设定，用于采油站提交的计量计划进行比对。

2）指令下发模块：使用 c#语言自主实现 Modbus 通讯协议，不仅能够满足传统 Modbus 等协议对寄存器的读写操作，并且突破传统采集器单次采集地址长度最大 120 的限制，并能够支持列表类型的数据采集。内置多种 RTU、PLC 通讯协议，兼容目前在用多种类型控制器传输协议，可与 RTU 直接配置连接，可轻松接入自动化数据、设备管理信息。稠油单井计量远程调控系统实现将采油站提交的计量计划导入系统，将提取到的计量指令与采油站每日的计量计划进行比对，剔除与现场一致的计量指令，避免重复下发无效指令，减少了 90%以上的无效指令下发时间，将不一致的部分逐站逐条下发指令，下发结束后弹出提示框，显示指令下发成功数目及失败数目，最后验证下发结果，通过再次提取指令下发的管汇计量信息，与下发指令进行验证，确认指令是否正确下发至现场控制器。计量指令下发完成后提取现场计量器的启停状态，下发计量器启停指令，重复获取启停状态即可将现场当前时间的计量状态信息提取出来，验证管汇启动指令是否下达成功。

3）发布存储模块：RTU 直接采集的数据需要经过预处理才能够使用，采集器开发了预处理表达式的解析模块，支持四则运算法则及精度处理，并可不同操作系统使用，可供用户灵活配置。稠油单井计量远程调控系统实现计量数据通过 PLC 控制器间的通信协议将数据自动采集到服务器中，可及时获取计量装置号、通道号，计量开始时间、计量结束时间、产液量等信息在系统界面上进行显示。系统是建立在自动化专网中，只能在专网中进行查看，为了能使计量数据在办公网上实现数据发布，需要将计量数据上传到自动化 Oracle 数据库。在服务器中通过 SQT、SQD 对语句进行触发实现计量结果数据及时转存。

4）故障判断模块：通过采集每个管汇 IP 地址与设备 ID，通过测试每一个管汇和上位机之间的网络通讯情况判断通讯故障，测试结果异常的显示为红色中断，生成网络通讯状态表，快速定位通讯故障管汇。稠油单井计量远程调控系统通过采集每个管汇多通阀左右位故障监测点跨平台读取、解析现场 RTU 故障代码进行诊断，准确定位故障设备，快速定位计量器故障管汇，实现自动统计，为故障快速解决提供信息依据。

5）系统管理模块：由于稠油单井计量远程调控系统可同时进行多站多井的计量指令下发，服务器也可以一次性获取多套计量装置、多个通道的计量信息，方便及时获取计量信息，提高劳动效率；通过配置通讯中断检测(GHIP. Json)、井地址管理(Well. Json)、启停控制管理(Station. Json)三方面内容，可用于新增管汇、井的添加，日志自动生成在制定文件夹下。

稠油单井计量远程调控系统，建立“通讯测试-计划比对-执行验证”指令下发机制，实现通讯异常自动甄别、计量计划差异比对、执行结果安全验证等功能。计量指令远程批量下发成功执行，跨平台读取、提取计量器故障码，准确定位故障设备属地，自动统计计量故障，为及时掌握计量设备问题、故障处理提供信息依据。

3.4 应用效果

稠油单井计量远程调控系统投用后，在厂级监控中心设置计量岗 1 名，实现油区 309 座计量管汇 3000 余口稠油单井远程计量。

远程计量应用情况：厂级监控中心平均每天通过远程计量系统下发计量指令约200条，每天2小时内完成所有计量指令下发工作，计量工作效率大幅提升。

计量数据应用情况：计量数据有效率≥92%，计量平均误差在15%以内，为稠油生产单井动态分析、措施调整、生产评价提供可靠的数据支持，有力推动了采油厂地质调控工作精细化管理，近两年产量持续稳产，圆满完成年度产量计划任务。

故障排查应用情况：计量故障自动统计功能上线后，年均统计计量故障300余次，辅助技术管理人员及时掌握并排查计量故障问题，计量设备完好率保持在90%以上，为保障远程计量工作有序开展，推动计量工作精细化管理提供大力支持。

4 结论及认识

稠油单井远程计量模式改变了“稠油单井就地计量”的现状，减少一线操作员工工作量及运行成本，有利于集中精细化管理计量工作，提高单井动态分析的准确性，为“接转站无人值守、工艺参数自动采集、计量过程远程控制”提供了技术支撑。

稠油单井远程计量模式根据生产需要，每天对油井可多次远程下发计量指令，提高了工作效率，地质人员可根据发布的计量结果跟踪油井任意时间段的液量，及时反应现场单井采出液产量真实情况，在分析油田生产动态、制定开发方案，检验开发措施效果方面发挥重要作用，促进油田高效开发、精细管理，辅助区块产量标定，为油田生产动态分析和措施制定调整提供准确数据支持。

稠油单井远程计量模式加强了远程计量过程监督，快速定位计量设备故障管汇，自动甄别网络状态、通讯中断异常报警、设备故障，便于技术人员及时掌控现场计量设备运行情况，辅助提高计量设备设施故障恢复效率，保障现场设备完好率，避免因多通阀外漏、阀卡等故障引发原油外泄造成环境污染的问题，保护油田生态环境。

参 考 文 献

[1] 檀朝东，罗晓明，檀朝銮. 油水井远程监控液量自动计量及分析系统[J]. 石油矿场机械，2007，36(1)：49-52.

[2] 田锋，王权. 数字油田研究与建设的现状和发展趋势[J]. 油气田地面工程，2004，23(11)：52-53.

[3] 姬蕊，冯宇，张巧生，等. 单井计量技术在长庆油田的应用[J]. 石油规划设计，2014，25(2)：41-43.

集输处理站库数字化转型初探

——高效模式物联网升级改造

张 伟 李万柏 赵 娟

（中国石油新疆油田公司）

摘 要 为促进站库高效管理模式变革，提高站库“一体化”生产监控管理水平，本文分析集输处理站库上下游自动化生产数据信号类型及特点，研究不同通讯协议协同应用技术，打通分散部署、不同型号控制系统之间的数据通讯，实现站内“油、气、水、泥”全过程生产数据采集上传；研究集输处理站库上下游生产关联因素，开发部署PID自动控制回路，实现站库油水加药、换热及转输等关键工艺精细化自动调控；运用视频“网格化”轮巡显示技术，部署“电子巡检”系统，按人工巡检路径自动轮巡显示现场实时运转情况，辅助提升集输处理站库集中监控安全保障能力。最终确立了“数据采集全面化、工艺调节联动化、视频巡检网格化”的新型智能站库管理模式，由传统的“驻岗值守、定时巡检”转变为“实时监控+按需巡检”。

关键词 协同应用；自动调控；电子巡检；智能站库；按需巡检

1 前言

面对经济发展新常态和低油价挑战，油气开发企业持续推进“劳动用工、干部人事、收入分配”三项制度改革，实现“职工能进能出、企业管理人员能上能下、收入能增能减”的人力资源管理机制。集输处理站库是油田生产的重要环节，传统生产模式具有用工岗位多、劳动强度高、安全生产管控难度大等问题，是企业高效、高质量改革发展所面临必须要解决的难题，“少人化、无人化”生产是企业改革发展的必然趋势。

某稀油站库作为油田贯彻集团公司发展理念的站库试点单位，旨在通过物联网技术贯彻高效的管理理念，打破传统集输处理站运行方式，提高站库“一体化”生产监控管理水平，提升站库生产运行效率和安全运行保障能力。

2 站库概况

某稀油站库承担原油处理、储存、外输，污水处理、回注，外输计量等业务，具有上下游工艺环节多、联动性强，撬装化设备多，安全运行保障要求高等特点。稀油站库生产业务包括原油处理、污水处理和注水三部分：油区来液通过原油处理工艺脱水后合格原油交油气储运公司外输，原油处理后的污水通过处理后由注水管网回注稀油井区，如图1所示。

油区原油来液经过油气分离器进行分离、相变炉加热、加破乳剂后进入沉降罐进行初段脱水工艺，沉降罐内初步脱水后原油经二段加药后进入净化罐进行二段脱水，脱水合格原油进入油气储运系统外输，如图2所示。

原油处理系统来水自流进入调储罐，调储罐出水经反应提升泵提升进入多功能反应器和斜板沉降罐，去除大部分乳化油及悬浮物，出水经过滤提升泵提升进入一级(双滤料)过滤器、二级(纤维球)过滤器，过滤后出水进净化水罐用于稀油注水。

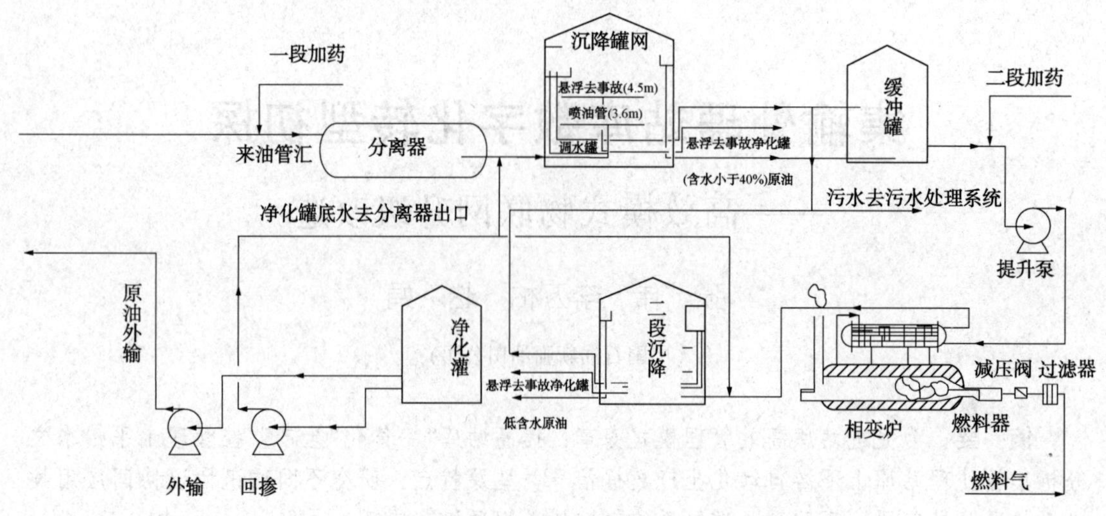

图1　稀油注输联合站原油处理生产工艺流程图

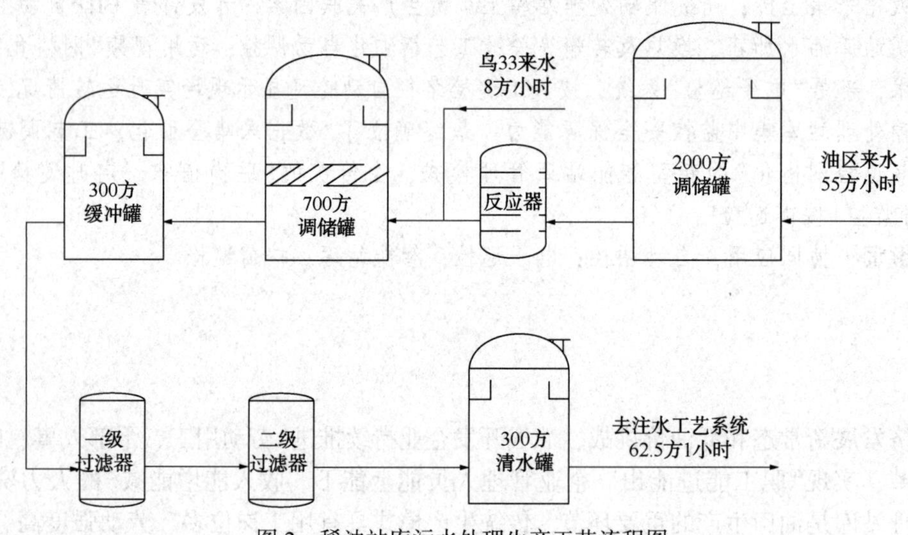

图2　稀油站库污水处理生产工艺流程图

3　站库物联网完善

油田以稀油站库为高效站库改革试点，应用物联网技术建立了数据采集点381个，自定义过程点786个，趋势分析点225个，设计优化报警、预警关键节点85处，开发自动化电子报表9张，联锁控制回路24条，生产视频监控26路。

3.1　全流程数据监控

根据工艺及控制需求，分别采用Modbus TCP、Modbus RTU及标准I/O信号通讯技术，在保障稳定性与可靠性的基础上，打通分散部署、不同型号控制系统之间的数据通讯，实现撬装工艺、气体监测设备及流程性工艺数据的全面采集上传，为站库工艺全流程数据实时发布及协同应用提供技术保障。

Modbus TCP：通过光纤通讯，满足撬装化工艺工况数据统一采集上传；

Modbus RTU：通过双绞屏蔽电缆通讯，实现有毒有害气体、消防监测等专业化控制系统数据接入，降低数据通讯建设成本；（长度与传输速率成反比，通常1km以内，最大负载32）

标准I/O信号：流程化工艺数据通过I/O硬接点直接接入站控DCS系统，确保数据采集和控制的可靠性，如图3所示。

对原油、污水、注水等处理单元381个工艺节点的数据进行自动化采集，设置自定义过程点786个，趋势分析点225个，并按照风险等级设置85处关键性报警参数节点。自动化数据采集实现了各类报表自动生成，每班次报表填写时间从 3～5h 缩短至 1h，使员工能够投入更多的时间分析、调控生产，如图 4 所示。

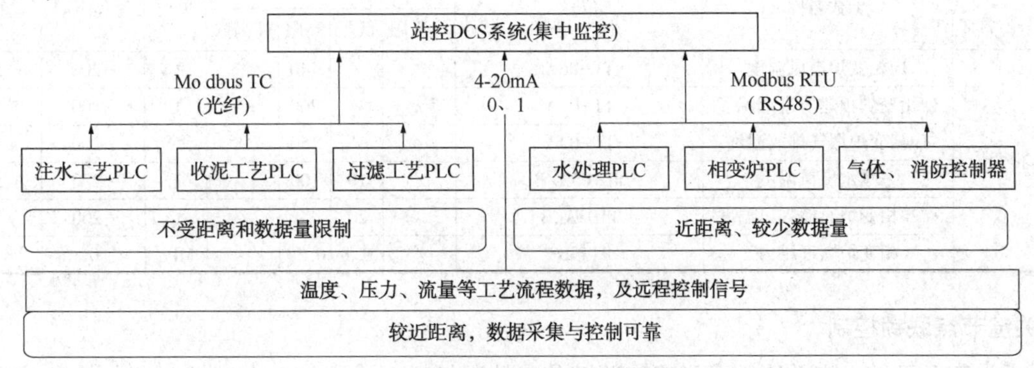

图 3　多种数据通讯协议协同应用

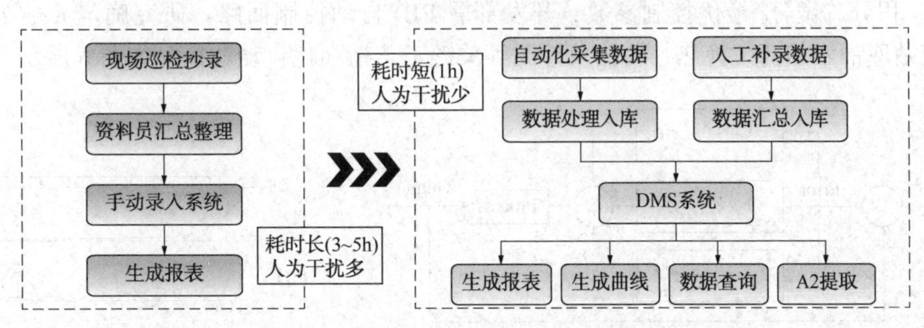

图 4　报表由人工抄录转变为自动生成

382 点数据采集点包含 93 点 AI(温度、压力、流量、液位等)，32 点 AO(阀门开度、加药浓度等)，144 点 DI(设备运行状态等)，112 点 DO(启停控制等)。786 点自定义过程点包含 RS 485 传输(前端 PLC、含水仪、变频器等)，二次计算量(累计流量、累计加药等)，系统参数(PID、权限)等。225 点趋势分析点为可生成历史曲线的数据采集点或自定义过程点。85 点报警/预警点包括温度、压力、液位、可燃气体、有毒有害气体等，如图 5、表 1 所示。

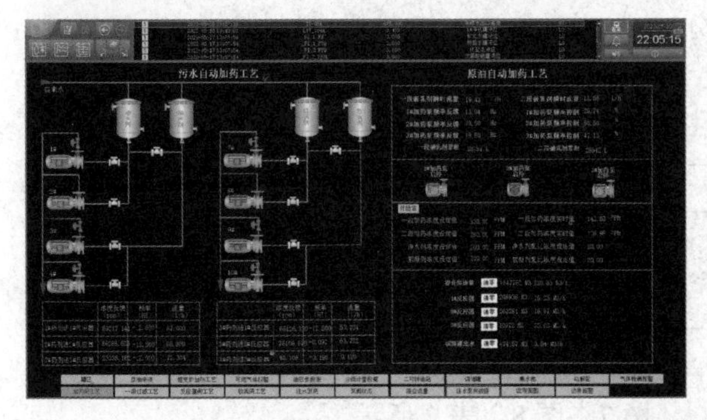

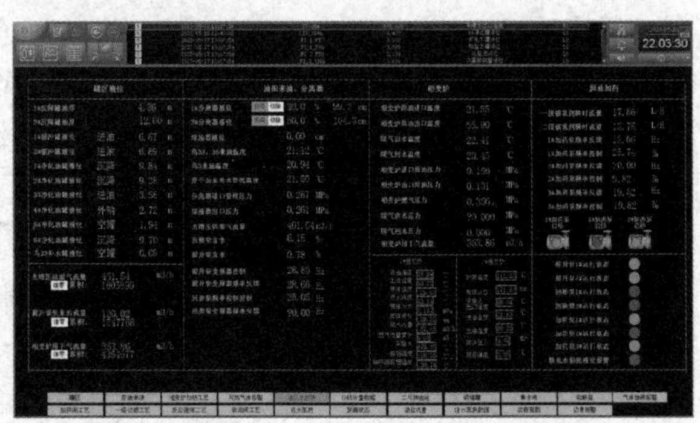

图 5　全流程数据展示(部分)

表 1　报警/预警参数设置(部分)

工艺类型	设备/工艺名称	参数名称	位号	报警限值				单位	量程下限	量程上限
				低低限	低限	高限	高高限			
油区	罐区	1#-2#缓冲罐液位	LIT1203/04_s	/	2.5	7	/	m	0	8.8
		1#-6#净化罐液位	LIT1205/06/07/08/09/10_s	/	0.8	10	/	m	0	12
		1#-2#分离器液位	LIT1101/02	/	50	170	/	cm	50	200
		分离器进口管线压力	PT1101	/	0.2	0.35	/	MPa	0	2
		分离器除油器液位	LIT1103	/	0	10	/	cm	0	70

续表

工艺类型	设备/工艺名称	参数名称	位号	报警限值				单位	量程下限	量程上限
				低低限	低限	高限	高高限			
油区	相变炉	1#相变炉进风温度	TT-06A	/	/	140	/	℃	-200	500
		1#相变炉预热器进烟温度	TT-07A	/	/	260	/	℃	-200	500
		1#相变炉烟气排放温度	TT-02A	/	/	150	/	℃	-200	500
		采暖水出口温度	TT-05A/B	/	10	100	/	℃	-200	500
		1#2#相变炉原油入口温度	TT03A/B	/	20	70	/	℃	-200	500
		相变炉燃气压力	PT1303	/	0.1	0.39	/	MPa	0	2

3.2 关键节点联锁控制

分析站库上下游生产关联因素，确定关键节点控制指标，运用PID自动控制调节技术，研究并确定“比例、积分、微分”最优控制参数，开发部署PID自动控制回路，研究确定K_p，T_i，T_d控制参数，实现站库油水加药、换热、转输及排泥等关键工艺精细化自动调控，如图6所示。

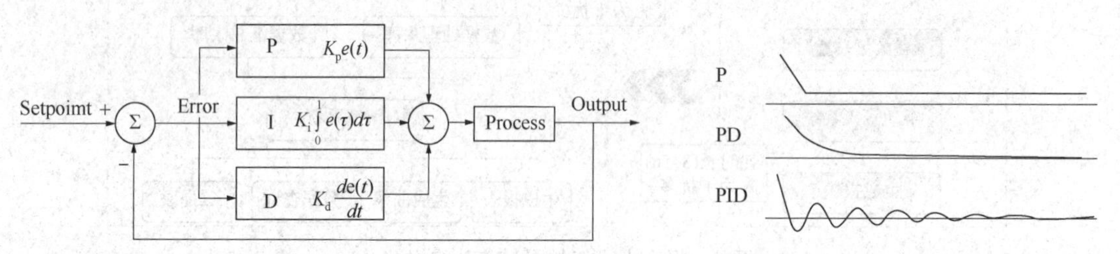

图6 PID调控

P：比例控制，以最快的速度向设定值靠拢；I：积分控制，在设定值附近来回震荡；D：微分控制，缓慢靠近正常范围

通过现场试验，确定各系统K_p，T_i，T_d控制参数：

压力系统：K_p(%)30~70；T_i(分)0.4~3；T_d(分)0.5~3

流量系统：K_p(%)40~100；T_i(分)0.1~1；T_d(分)0.5~3

液位系统：K_p(%)20~80；T_i(分)1~5；T_d(分)0.5~3

温度系统：K_p(%)20~60；T_i(分)3~10；T_d(分)0.5~3

将23处操作频繁且劳动强度大的手动阀门改为远程控制，实现日常重点流程远程控制切换，节约人工操作3h/d以上。原油加药、水处理加药由人工计算调整药量，转变为自动联锁控制药量，解决了调控滞后，药剂浪费的问题。完善注水泵频率与分水器压力、分离器液位、反应器排油/气/泥、相变炉安全保护、相变炉炉管温度与天然气流量等关键工艺环节的自动联锁控制，提高了设备安全运行时率。如图7、图8、表2所示。

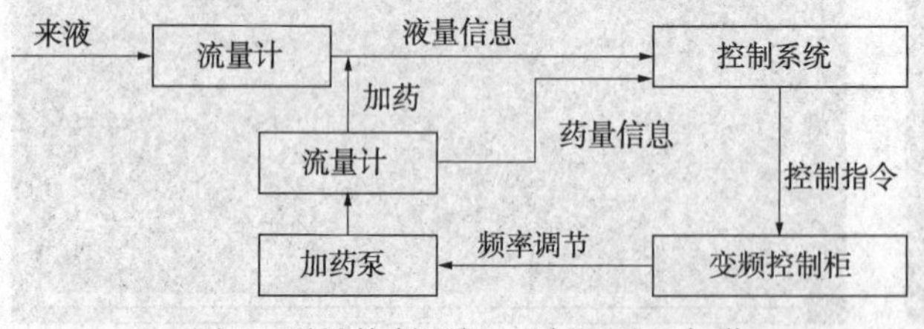

图7 联锁控制逻辑(示例：油区加药)

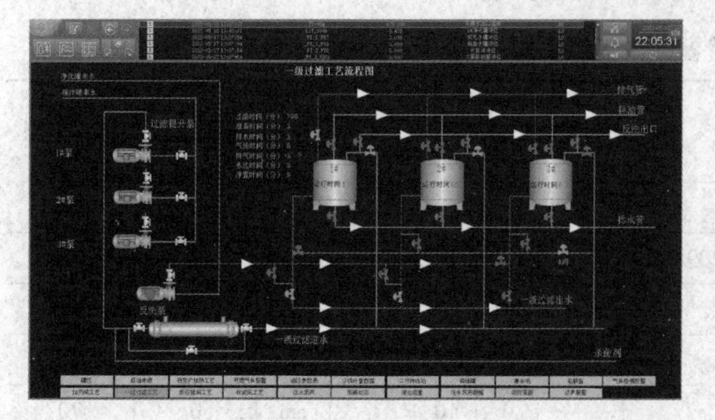

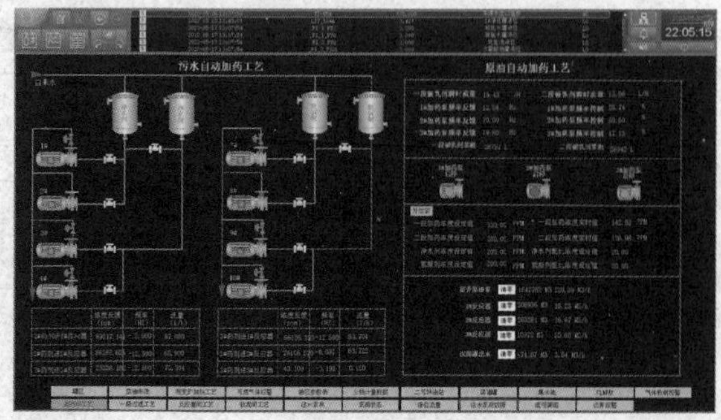

图8 自动联锁控制展示(部分)

表 2　联锁控制参数设置(部分)

单元名称	工艺、设备名称	监控画面名称	控制功能	控制类型	控制输出	关联点位	触发条件	连锁关系	连锁停止对生产的影响及安全隐患	处理措施
注水泵房	1-4#号注水泵	注水泵房/注水泵房数据	调节注水压力	PID 控制	_SR_101_AO_TX 或者_SR_102_AO_TX	分水器管线压力(_PT_209_TX)	1#变频器或 2#变频器频率与分水器压力连锁	自动调节注水泵频率，保证注水压力保持在 15.9MPa	无较大影响	手动调节频率控制注水压力
分离器间	1、2 号分离器	原油来液/油区参数表	调节分离器液位	单回路控制	LIC1101/1102. MV	1#-2#分离器液位 LIT1101/02	液位小于等于 40cm； 液位 40~60cm； 液位 60~80cm； 液位 80~100cm； 液位 100~120cm； 液位大于 120cm	液位小于等于 40cm，阀门全关； 液位 40~60cm，开度 15%； 液位 60~80cm，开度 30%； 液位 80~100cm，开度 50%； 液位 100~120cm，开度 90%； 液位大于 120cm，开度 100%	无较大影响	手动调节阀门开度调整液位
	相变炉连锁保护	相变炉加热工艺/油区参数表	1#相变炉炉筒温度	PID 控制	FIT_08A	TT-01A	炉筒温度	根据生产需要的炉筒温度，调整天然气量	会对原油加热效率产生影响	可切换手动模式，调整天然气量与风量
原油加药	一段加药	原油参数表/调储罐	一段破乳剂实时流量	PID 控制	BPBIC_0105/0106. MV	SFT_03/04	一段破乳剂浓度实时值偏离设定值	加药瞬时流量与原油系统来液量联锁	无较大影响	可切换手动模式调整频率对药剂流量进行控制
	二段加药		二段破乳剂实时流量	PID 控制	BPBIC_0107. MV	SFT_01/02	二段破乳剂浓度实时值偏离设定值	加药瞬时流量与原油提升泵来液量联锁	无较大影响	可切换手动模式调整频率对药剂流量进行控制
水区加药	1#加药泵	加药间工艺/液位流量	2#净水剂实时流量	PID 控制	SR106A/B/C	YJ2J1	净水剂浓度实时值偏离设定值	1#反应器流量与 2#净水剂流量联锁	无较大影响	可切换至工频模式，手动调整泵出口流量
	2#加药泵		2#净水剂实时流量	PID 控制		YJ2J2		2#反应器流量与 2#净水剂流量联锁	无较大影响	
	3#、4#加药泵		2#净水剂实时流量	PID 控制		YJ2J3		3#反应器流量与 2#净水剂流量联锁	无较大影响	
	7#加药泵		3#净水剂实时流量	PID 控制	SR10TA/B/C	YJ3J1	絮凝剂浓度实时值偏离设定值	1#反应器流量与 3#絮凝剂流量联锁	无较大影响	
	8#加药泵		3#净水剂实时流量	PID 控制		YJ3J2		2#反应器流量与 3#絮凝剂流量联锁	无较大影响	
	9#、10#加药泵		3#净水剂实时流量	PID 控制		YJ3J3		3#反应器流量与 3#絮凝剂流量联锁	无较大影响	

3.3 电子巡检

依据现场实际需求，确定视频监控设备技术参数(防爆性、控制功能等)、部署节点、通讯链路。在关键工艺节点安装高清网络摄像机，防爆区域防爆型、非防爆区域普通型，室外云台(设置自动轮询预置点)、室内定向(拍摄关键设备、人员出入口)。建设视频监控存储设备(硬盘录像机)、监控客户端(电视墙)。敷设视频专用网络(光缆、网线、交换机)，联通高清网络摄像机、视频监控存储设备、监控客户端。

自定义监控画面分组与切换时间，将传统的人工按时巡检转变为视频故障巡检，通过视频图像可及时发现设备故障停运、管线跑冒滴漏等异常生产事件，事件发现时长由120分钟缩短至20分钟以内，有效提升联合站安全生产管控能力，如图9、图10所示。

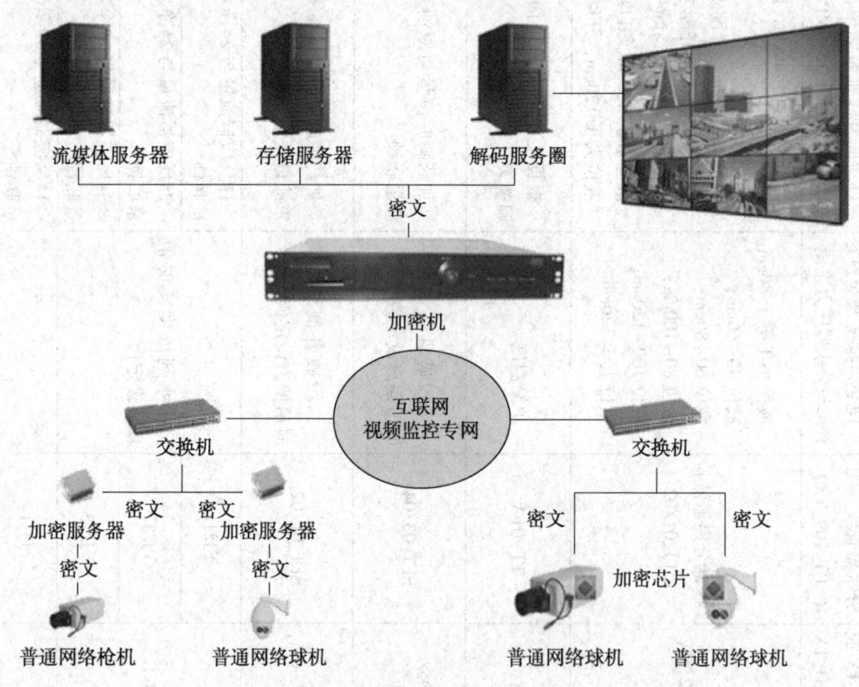

图9　视频监控系统架构

图10　按网格划分生产单元(部分)

建立基于生产数据和视频图像的双重监控系统，在“桌面”实现对生产全流程运行情况的“触觉”与“视觉”双重感知，丰富了远程监控手段，提高了站库生产运行管控能力。

4 人才队伍转型

4.1 专业培训

分批次选派4名技术骨干在机关及科研单位开展“四新技术”轮训，重点培养技术创新和攻关能力。通过技术大讲堂加大员工对工艺、运行、设备设施、电气自动化、安全等业务的掌握能力，累积培训132人次，培养一批既懂信息技术又懂生产管理的一体化复合型技术骨干。

4.2 岗位融合

持续组织班长参加作业区班组长现场实践轮训，成立班组长分协会，推进成果转化，培养“会干、会写、会讲、会做思想工作”的优秀班组长。通过以老带新，师徒结对全覆盖，开展理论集中培训、6个岗位实践培训、自主维护维修绑定培训，多渠道培养会操作、会维护、会分析、会应急的复合型操作人员，联合站高级工及以上人员占比90%，核心技能骨干队伍逐渐形成。

5 生产运行管理优化

5.1 管理扁平化

将技术和安全业务合并，管理及技术岗位由19个整合为10个，缩减48%；合并注水、污水和原油等工艺节点，操作岗位由10个整合为3个，缩减70%；将白班、夜班、保运班合并为大班组运行，管理层“直达”班组管理，整合班组4个，缩减65%。最终实现由传统的驻岗值守转变为“实时监控+按需巡检”，减少低效巡检工作量80%以上，管理效率明显提升，如图11、图12所示。

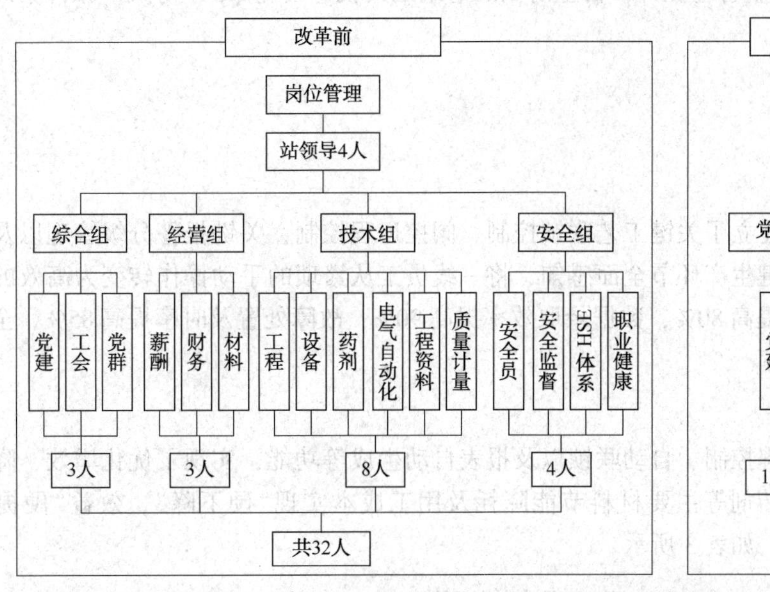

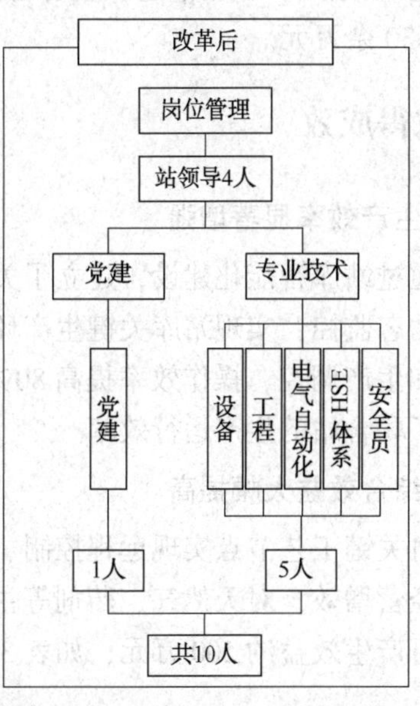

图11 管理及专业技术岗位改革优化

5.2 优化考核体系

打破行政级别、干部、工人界限，根据岗位综合表现评选优秀员工，给予提高奖金系数奖励。联合站每月拿出奖金总额的10%对提质增效做出贡献的员工进行奖励，对安全隐患排查超过5个一般隐患以上的班组扣减奖金的50%，查出10个以上的扣减100%。以效益效率、价值创造为导向，实施差异化薪酬激励，做到三个不一样，即“主动干和被动干不一样、干的多和干的少不一样、干的好和干的差不一样”，奖金差距达到40%以上，进一步激发全员创新创效活力。

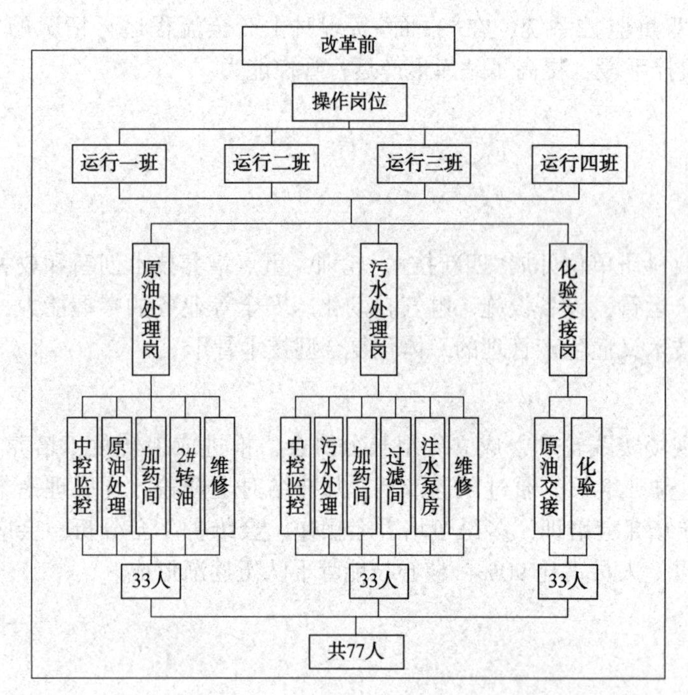

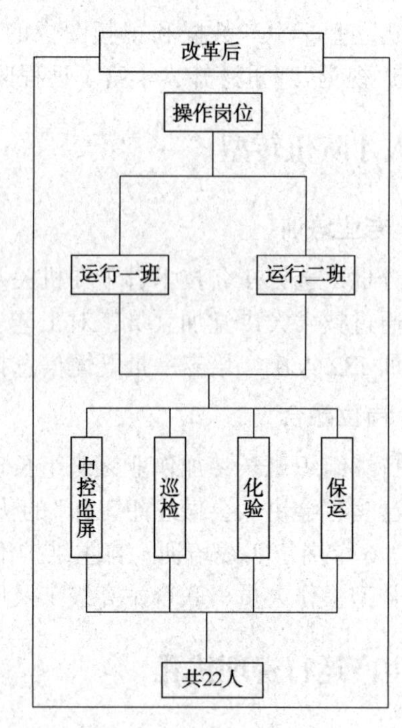

图12　操作岗位改革优化

5.3　转变生产模式

坚持"四精"要求，在优化增效、降本增效、经营增效上下功夫，通过生产节点和成本管控点，找出成本管控的关键，联合站率先在作业区开展自主清罐；机泵自主维修等提质增效工作；优化工艺改造12余处；积极推进质量管理提升，自主研制的清罐工具获得国优QC一等奖。累计节约各项成本530余万元。

6　取得成效

6.1　生产效率显著增强

通过站库智能化建设，建立了关键工艺联锁控制、阀控远程控制，关键报警分级管理以及高清视频动态监控，实现站库关键生产环节全面感知，将一线员工从繁琐的手动操作转变为高效的数据分析和生产调控，操作效率提高80%，数据录取效率提高90%，故障处置及时率提高85%，全方位提高了联合站的生产运行效率。

6.2　综合效益大幅提高

对关键工艺节点实现远程控制、自动联锁以及报表自动生成等功能，实现了优化增效、降本增效、经营增效，对天然气、药剂等主要材料节能降耗及用工成本实现"硬下降"，效益"硬提升"，每年可产生效益约500万元，如表3所示。

表3　综合效益测算

编号	关键节点	效益点说明	效益类型	计算结果
1	远程控制	1. 降低员工劳动强度； 2. 缩短操作时间，提高工作效率	节省人工	产生效益450万元/年
2	原油加热自动控制	1. 减少天然气用量； 2. 原油药剂精细化管理	节省能耗	产生效益12万元/年
3	液位、压力、温度单参数趋势报警	及时发现原油、污水库存异常升高、管线压力变化，节约应急处置费用	控制风险损失，减少产量损失	产生效益30万元/年

续表

编号	关键节点	效益点说明	效益类型	计算结果
4	加药自动联锁	油水处理过程动态调节管理，减少加药量，降低加药浓度	节省能耗与损耗成本	药剂研制、工艺改进存在关联，效益计算比例未明确
5	报表自动生成	实时数据自动采集、汇总，减少报表用工	节省人工及办公费用	效益计算为折算人工成本，不再重复计算

7 结论

集输站库高效模式下物联网升级改造，实现由传统“劳动密集、岗位值守、定时巡检”分散管理模式向“少人值守+集中监控+故障检修”新模式转变，形成“管理+技术+核心技能骨干”的用工模式，巡检工作量降低80%，生产操作效率提高50%，各类事件发现、处置时率较之前缩减70%以上，运行班组由小班制整合为大班制，压减班组数量65%，操作岗位优化70%，用工数量由74人优减至32人，压缩幅度近60%，年均创效500万元以上。同时，以“数字化、少人化、精益化”为特色的稀油站库改革样板，释放了员工劳动力潜能，为新型油田作业区集输站库改革提供了可复制、可推广的“示范窗口”。

参考文献

[1] 李兵元，李国荣，韩梦蝶，马卫东. 油气处理多站库智能调控系统研究[J]. 中国管理信化，2021，24(14)：108-111.

[2] 史永波，刘洪华. “智能油田”技术的发展及应用[J]. 化工管理，2017(09)：24.

[3] 柴玉清，王晓春，田红霞. 油田集中供热系统优化研究[J]. 资源节约与环保，2015(05)：9. DOI:10.16317/j.cnki.12-1377/x.2015.05.013.

[4] 赵金龙，丁健，王如涛，曹晔. 油气处理站库智能预警与诊断系统研究与应用[J]. 中国管理信息化，2013，16(16)：44-46.

[5] 张凯，姚军，徐晖，孙洪亮，刘均荣. 油田智能生产管理技术[J]. 油气田地面工程，2009，28(12)：62-63.

[6] 李忠伟. 电子巡检系统在自动化泵站中的应用[J]. 机电工程技术，2006(11)：98-99.

[7] 杨年武，刘为民. 高压注水泵站的自动调控装置[J]. 中国设备工程，2002(08)：25-26.

浅谈计算机视觉在油田中的应用

张建河　陈亚颐　罗李黎　程新忠　赵　昱

（中国石油新疆油田公司准东采油厂）

摘　要　随着油田物联网技术不断发展，生产管理者不仅能够实时监控油田生产数据，而且通过视频监控油田生产现场画面。计算机视觉是人工智能的一项关键技术，它正在迅速进入石油和天然气行业，为创新和增长创造巨大潜力。将先进的计算机视觉技术应用到油田视频监控领域是广大石油科研人员一直在探索的方向，无论是在油田自动化领域，利用计算机智能识别油气泄露，还是在地质勘探开发领域，利用计算机视觉智能辅助勘探，计算机视觉技术都能充分发挥计算机技术的核心力量，为油田智能化的发展提供强有力的保证。

关键词　石油工业；物联网；油气田开发；计算机视觉；视频监控

随着油田物联网技术不断发展，生产管理者不仅能够实时监控油田生产数据，而且通过视频监控油田生产现场画面。计算机视觉是人工智能的一项关键技术，它正在迅速进入石油和天然气行业，为创新和增长创造巨大潜力。在很多行业，人工智能已经引发了实质性的变化，改变了竞争规则，公司不再依赖以人为本的传统流程，而是旨在使用人工智能技术创造价值。

人工智能技术在石油行业随着物联网技术的发展逐渐开始推广应用。计算机视觉和边缘 AI 领域的新兴技术和突破使分布式计算机视觉应用具有高度可扩展性。现代边缘计算和深度学习将计算机视觉从云端转移到网络边缘。物联网与设备上机器学习的结合允许以高计算效率实时处理分布式摄像机的视频流。这些技术进步使构建具有大量连接端点（AIoT）的大规模深度学习应用程序成为可能。

因此，使用连接到计算设备的远程摄像头来构建任务关键型的大规模计算机视觉系统成为可能。与传统的物联网传感器和低功耗设备相比，视频监控提供了一种非接触式方法，可提供有关复杂物体和情况的丰富信息。借助具有视觉能力的计算机，可以自动执行人工任务并加速流程、提高运营效率并减少人为操作错误或主观性。

1　计算机视觉应用综述

计算机视觉是一门研究如何使机器“看”的科学，更进一步的说，就是是指用摄影机和电脑代替人眼对目标进行识别、跟踪和测量等机器视觉，并进一步做图形处理，使电脑处理成为更适合人眼观察或传送给仪器检测的图像，如图 1 所示。

计算机视觉油田行业应用主要包括：

1）维护和使用寿命预测

2）安全和合规监控

3）可靠性，减少业务中断

4）风险评估、结构健康监测

5）可持续性和资源优化

6）无损检测和检验

7）分析系统的疲劳和腐蚀

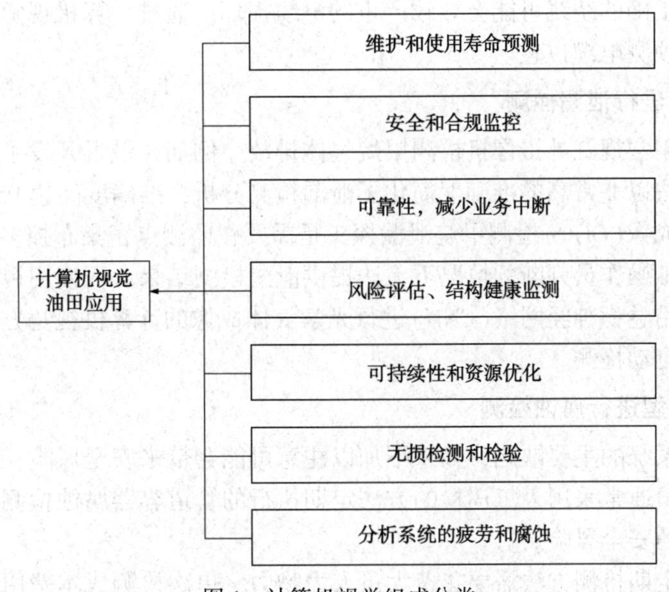

图 1　计算机视觉组成分类

2　应用案例

石油和天然气公司通常采用人工智能技术，主要目标是通过工业自动化(工业 4.0)提高运营效率，这通常会转化为加速流程和降低运营风险。因此，本文主要以宏观的视角，研究计算机视觉对于油田行业的一些流行案例，以便于给油田生产管理者带来借鉴，为油田物联网的智能化发展助力。

2.1　石油或天然气管道大规模检查

评估石油或天然气管道系统以确定其在使用中或极端危险事件下的状况和健康状况给管道运维带来了巨大挑战。深度学习方法通过从视频监控和自动化采集的压力和流量关键数据建立分析模型，利用计算机视觉模型对大规模管道系统进行条件评估。

首先，视觉图像需要使用传统的计算机视觉方法在像素级进行预处理。接下来，应用深度学习模型(例如 R-CNN)来评估不同关键参数的状况。应用实验表明，深度学习模型能够快速准确地检测出损伤位置和程度。因此，与传统模型相比，在空间和故障点监测上进行大规模油气管道评估的潜力很大。

2.2　远程油气田监测

使用摄像头实时监控油气田，实现油田现场自动化和数字化运维。通过使用机器学习技术监控和预测抽油机运转状况来提高石油和天然气的生产率。

石油和天然气行业的数字化转型由低成本传感器和高性能计算驱动，分布式系统可直接在数据源(边缘智能)从大数据中提取高价值信息。多维度的视频监控(比如热感应、毫米波雷达监测、红外视频等)和相对较低的成本允许大规模视频分析，而无需附加额外的传感器。

2.3　模拟仪表的自动识别

计算机视觉可用于读取油井压力、温度等模拟仪表。具有计算机视觉的摄像头用于自动读取液位、压力、温度、流量值。视觉算法使用颜色分割来检测仪表指针和刻度标记的位置。通过机器算法识别比人工手抄仪表数据更快、更准确，有助于避免危险事故，大大减少和降低了生产故障中断时间，间接提高油井产量。

2.4　具有计算机视觉的电缆绕线自动化

在石油和天然气行业，电缆用于修井和储层评估。在从井中取出工具串时，通常处于张力下的钢缆缠绕在鼓上，不正确的绕线可能会导致严重的电缆损坏。通过计算机视觉应用程序可以用来检测假脱机异常并实时预测电缆位置。

2.5 使用计算机视觉进行泄漏检测

机器视觉用于使用常规红外摄像机检测甲烷气体排放。例如，最近开发了基于深度学习的甲烷检测用例。自动化方法以非常高的准确度简化了泄漏检测分析，准确度高达95-99%。

传统的光学气体成像(OGO)检测甲烷泄漏探头是需要在监测点密集布控多个探头实现油气泄露监测，并且在没有人工操作员判断的情况下无法提供泄漏检测结果。而使用视频监控仅需在监测点布控一个摄像头，利用卷积神经网络(CNN)进行光学气体成像的计算机视觉方法能够使用甲烷泄漏图像进行训练以实现自动检测。

2.6 使用深度学习模型进行腐蚀检测

腐蚀是油气管道系统的主要缺陷，如果不加以注意可能会带来安全风险，给油田企业造成重大的的经济损失。而油田通常采用人工巡检的方法定期执行的管道容器腐蚀检测任务，从而加大巡检人员油气中毒或窒息的安全风险。

此外，采用人工定期检测方法需要花费大量人力物力，单次检测成本费用极高。可以深度学习方法分析摄像机的视频图像以自动执行检查任务来降低腐蚀检测生产成本。检查过程中的一个关键指标是腐蚀点存在。因此，计算机视觉可以成功发腐蚀点(图2)，从而降低人工检测成本，并根据大数据定量检测结果建立分析预判模型，更好地制定预防或纠正措施的决策。

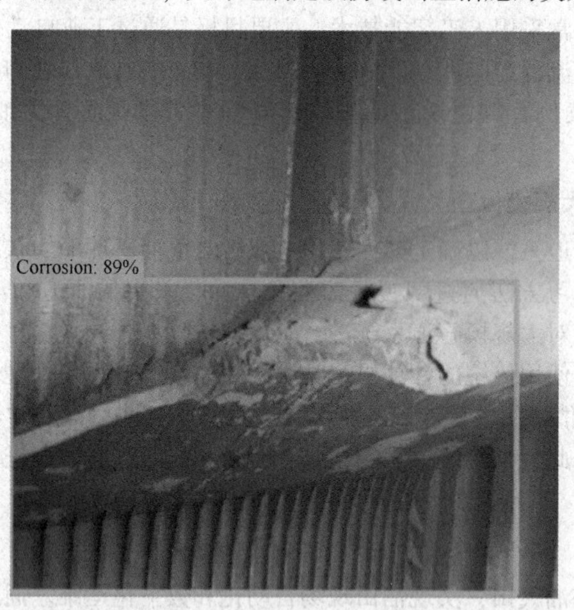

图2 使用自定义训练的模型通过深度学习进行腐蚀检测

2.7 地质评估与人工智能辅助勘探

计算机视觉工具用于根据从井中提取的岩石样本图像进行岩石分类。因此，应用了深度神经网络(DNN)。传统的岩石物理解释方法非常耗时，结果在很大程度上取决于专家的主观判断。

通过测试对比，与专家人工解释相比，ML模型的准确率为92%，比手动方法快约1000倍。专家通过研究发现，与第二次人工解释相比，第二次人工解释的准确度为91%。这表明人工智能方法明显加速解释过程，更重要的是，在解释过程中排除个人主观性。

2.8 AI视觉智能火灾探测

火灾是最严重的事故原因之一，可能导致人员伤亡、生产损失和设备损坏。在石油和化工设施中，通过视频监控人工发现着火点。然而，当在大规模环境中安装数百个摄像机时，人员几乎不可能同时兼顾来及时发现火灾。人的主观性、分心和视觉感知限制了安全监督员的准确性。

智能火灾探测将计算机视觉方法应用于摄像机的视频以探测火灾。该方法使用背景减法来检测运动并降低计算复杂度。目标检测和图像分类模型在每帧 27.4ms 的检测时间内以 98.4% 的速率执行火灾检测，准确率高达 99.9%。

3 结束语

目前，随着物联网的广泛应用，油田自动化应用趋于智能化发展。边缘 AI 使得将 AI 视觉能力从云端迁移到现场成为可能，从而实现大规模应用。石油和天然气行业中计算机视觉的新应用主要旨在提高维护、安全、管理、生命周期可持续性、质量和运营效率。将先进的计算机视觉技术应用到油田视频监控领域是广大石油科研人员一直在探索的方向，无论是在油田自动化领域，利用计算机智能识别油气泄露，还是在地质勘探开发领域，利用计算机视觉智能辅助勘探，计算机视觉技术都能充分发挥计算机技术的核心力量，为油田智能化的发展提供强有力的保证。

参 考 文 献

[1] 尹宏鹏. 基于计算机视觉的运动目标跟踪算法研究[C]. 重庆大学博士学位论文，2009，: 1-3.
[2] 周邵萍，郝占峰，韩红飞，等. 基于应变模态差和神经网络的管道损伤识别[J].《振动、测试与诊断》，2015，(2)：106-109.
[3] 张斌，毛顺丹，杨铁梅. 基于 Mask-RCNN 的指针式仪表自动识别研究[J]. 科学技术创新，2020，(20)：10-23.
[4] 李林. 井下数据无线电磁短传系统设计研究[C]. 中国石油大学(华东)硕士学位论文，2010，: 15-20.
[5] 蒲宏斌. 油气管道泄露检测技术研究[J]. 中国石油和化工标准与质量，2019，(17)：10-20.

浅谈油田物联网多通信技术管理平台的开发研究

秦朝辉　吴　东　谢亚莉　戴　静　赵　军

（中国石油新疆油田公司准东采油厂）

摘　要　中国石油新疆油田分公司准东采油厂所辖区域偏远广阔，作业区分散，大部分油区在准噶尔盆地生态自然保护区内。为了油区绿色低碳发展，场站实现可靠的无人值守，需要提高油田智能化水平，将油田的井、间、站远程接入物联网进行监控管理。物联网网络建设应用了有线、无线通信传输技术、TCP/IP 技术等，实现核心机房、作业区汇聚机房、端点设备到2000余口油气水单井及120余座计量站的全覆盖。所以多场景、多技术、多设备涵盖光传输、路由交换、无线网桥、LORA 网关、卫星通讯等技术广泛应用于油田现场。如何解决多应用场景、多通讯技术下的远程网络统一管理，成为整个管理环节中的盲点、痛点，通过探索新的网络管理模式，满足物联网的高效运维和管理成为亟待研究的技术课题。

关键词　多通信技术；物联网；网络管理平台；私有协议；智能调度

1　油田物联网现状分析

准东油田作业区大多处于戈壁、沙漠地带，自然环境恶劣，油田生产网络链路长，存在着点多面广的特点。统计得知，本厂物联网内1500余台 IP 设备，纳入统一网管系统管理的设备仅100余台，管理对象为核心交换、汇聚交换、工控服务器及无线主网桥。未纳入统一网管的网桥从站和 LORA 网关设备占比60%，覆盖作业区油气生产主片区，其网络覆盖率和稳定性将直接影响计量站、井场生产数据的可靠传输。

随着采油厂油气生产物联网的建成，生产和管理必须向智能化、分布化、综合化的方向发展。多年的信息化建设，导致网络基础资源规模庞大，无线设备众多，尤其是大量网桥和 LORA 网关设备，不能使用标准的 Snmp 协议进行网络监控和管理，导致网络管理难度大，后期维护管理效率低。因此需要针对性研究，开发出一套能够对企业级大量的不同协议网络设备进行有效的监控管理的系统，实现对数千台网桥网关设备和基础的交换机、路由器等 IP 网络设备的主动监控，远程统一管理，向全维度立体直观的运维体系发展。所以，针对现有油田的网络设备和链路的运行监控要求，为解决现有油田网络维护工作量日益增大的问题，需要获得针对性的高可靠性油田网络综合监控管理支撑服务，来提升油田的网管效率，就成为当前油田网络运维的一个重要需求。

2　平台研发的意义和目标

将油田生产物联网所需的无线宽窄带设备纳入统一网管，通过分级（厂级、作业区级）、分类（网桥、网关、交换机等）管理，实现对采油厂物联网的主动监控，故障主动发现，缩短故障发现、处理告警的时间，提高厂级、作业区两级监控人员的监控效率，协助油气生产现场运维人员快速定位排除故障，必须要建设一个通用的无人值守远程网络管理平台，促进采油厂数字化转型和智能化发展，实现油区绿色低碳发展。

建设油田网络综合监控管理系统，需要充分考虑油田网络的典型性网络设备和架构，油田网络的主要故障发现和判定规则，油田网络的运维支撑特点等因素。综合考虑，需建设的“油田网络综合监控管理系统"要能够实现对不同厂家、不同类型、不同地域的路由器、交换机、以及油田网络特定设备(网桥、网关等设备)进行集中监控、集中维护、集中管理。同时，通过现场实地调研和与使用部门人员的具体需求沟通，整个平台系统功能设计是密切围绕使用人员的针对性需求，结合标准的网管监控软件的功能设置，打造适合油田生产部门和管理人员真实需要的平台软件系统。

具体来说，该系统应具备如下能力：

(1) 对可网管网络设备(包括交换机、路由器和典型的网络服务)进行集中的在线存活监控(通过 PING、Snmp 响应存活测试)和告警；

(2) 对可网管网络设备(包括交换机、路由器)进行集中的性能和管理。包括包括网络设备的基础信息，端口、端口属性、端口状态、端口带宽、端口流入流出流量等；

(3) 支持网络拓扑功能，具备分层管理，中继电路和设备故障图示，告警传递，设备性能查看，设备端口状况实时查看，设备端口流量时序图等；

(4) 具备多图监控能力，可以实现自定义任意数量的多图，自动排列，自动刷新等功能；

(5) 具备汇总监控能力，可以实现自定义任意数量的汇总，自动汇聚时序图，自动刷新等功能；

(6) 具备故障发现和告警，包括设备存活告警、性能阈值告警、端口状态告警、端口流量阈值告警、端口带宽占用阈值告警、网络质量告警、以及网桥设备存活及指定参数阈值等针对性故障发现告警等类型的故障告警和管理，实现拓扑声光告警，邮件告警手段；

(7) 具备多种基础统计报表和通过定制实现一定针对性分析报表的功能；

(8) 对当前现场主要使用的博达讯工业级桥接 BodaCOM 网桥设备监控分析的实现，能够对设备验证支持的需求实现定制开发；

鉴于无线网桥、LORA 网关的技术特点及设备底层数据的对接开发工作量，该课题计划分为两期实现，一期实现 700+台无线网桥的拓扑分层、存活监测等管理，二期实现对井场前端 LORA 网关的统一管理。

3　平台研发的技术路线和重点新技术

本平台建设以高性能、高稳定性和实用设计为原则，采用多层高性能架构设计，可管理多个监控对象。采用全 B/S 架构，提供丰富的网络运行状态、网络监控和网桥设备监控功能，操作简单，模块化设计，功能和性能可扩展、易扩展，可靠的多线程底层结构标准、可靠、安全，本课题从系统构架、技术构架、网络构架、网络安全、功能结构等几个方面部署实现。

本平台建设采用轻量级微服务架构，即系统多模块自由拼装和组合。重点是攻克了具有私有协议的网桥设备接口的特性(接口效率低、单一请求响应)的统一管理难题，采用了监控智能调度方案，使用多任务并行和性能检测智能调度算法，结合网桥设备性能压力，自动分配接口调用，有效解决设备接口性能问题，使私有协议设备能进行可靠的监控和管理。从而实现对企业级大量的网桥设备进行有效的监控，发现故障能够及时告警，保障了不同协议设备监控的统一、及时、稳定的管理。

4　平台架构的优势

4.1　高可靠和高稳定性

由于系统可有多个功能模块或多个系统模块组合，当一个功能或一个功能模块发生故障后不会影响系统的其他功能，即使在更新发布新版本系统也不会对系统的运行产生较大的影响。

4.2　可分布式部署

可以采用多服务器分布式部署，减轻服务器压力，提高系统运行效率上限。

4.3　易扩展

系统由多模块组合，对于系统的数据采用全接口的形式传递和调度，统一和规范的接口模式，能够很方便的进行功能扩展升级。

4.4　跨平台

本次系统开发采用微软最新的 . net core6. 0 框架，支持 windows 系统、linux 系统、国产操作系统的部署。

4.5　数据安全

由于软件国产化趋势，本次系统采用 PostgreSQL 国产数据库，系统的关键数据进行了加密存储，所以本系统的数据安全采用了运营商级别的保护。

5　平台框架实现

5.1　物理框架

可以将服务全部能力部署在物理设备上，为长期可靠运行考虑，采用冗余的高可靠架构，如图 1 所示：

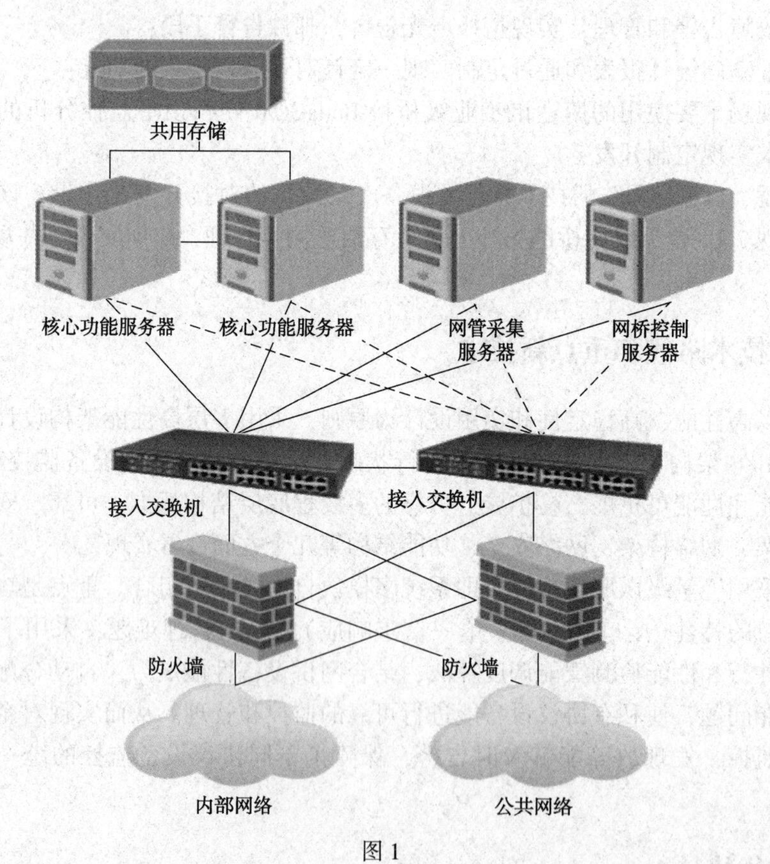

图 1

架构说明：

（1）台数据库服务器，运行系统的数据库；

（2）台后台管理服务器，作为监控数据存储和功能核心服务器，部署管理站点、数据集中存储和分析等功能；

（3）台网管采集服务器实现对常规网络设备的 Snmp 数据采集；

（4）台网桥控制对接服务器实现网桥设备的对接、数据采集和控制。

5.2 系统架构

系统采用适配层、网管监控层、应用层三层架构模式，适配层采用底层采集引擎，实现对现场网络设备自动发现，网络设备信息采集及控制，并同步实现网络设备基础信息的存储与备份；网管监控层实现设备存活自动监控、网络流量/性能监控、设备端口状态监控；应用层实现网络拓扑管理和网络质量监控，同时提供告警配置管理、各类数据统计分析报表功能。

系统最上层为用户提供友好的功能操作界面，可使用 WEB 实现后台管理，后续可灵活实现移动终端管理。

系统实现节点管理、配置管理、端口管理、网络设备管理、流量监控、网络质量监控、监控任务自动分发等功能，可灵活扩展升级，为网络服务监测、多地系统主动/被动检查监测，数据差异检查同步、LORA 网关对接、数据修正管理、服务器管理、设备配置管理等多种后续功能模块提供开发接口。架构如图 2 所示。

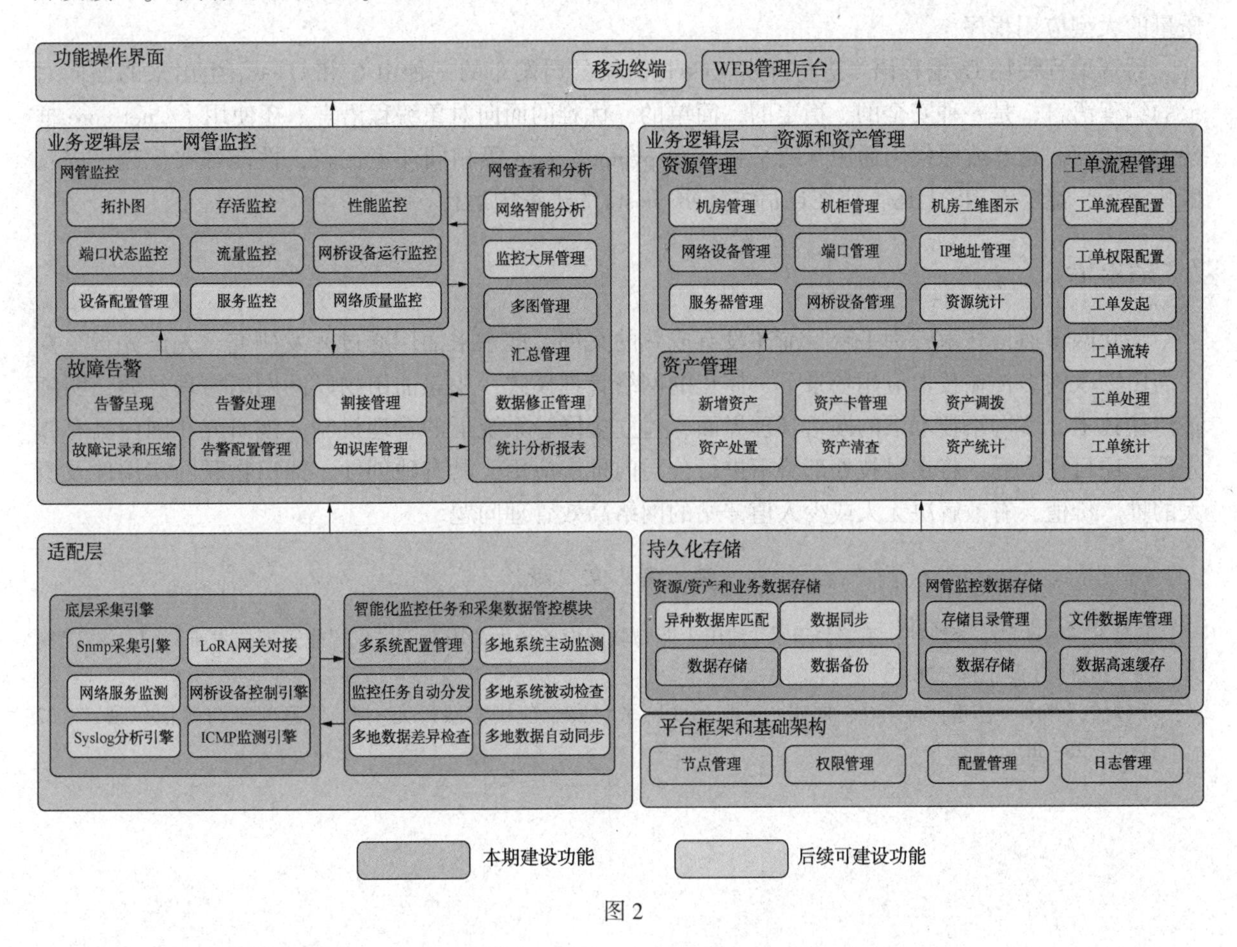

图 2

针对性功能架构说明：

（1）支持多种网管监控和呈现分析手段，包括网络设备存活监控、网络端口状态监控、网络端口流量监控及网络端口属性监控等；

（2）通过对接网桥设备控制接口，实现对指定网桥设备的运行监控和配置集中控制；

（3）支持资源管理功能，包括网络设备、网桥设备、服务器设备、网络端口等都能进行有效的管理；

（4）支持标准的闭环故障处理逻辑，能够自动进行告警信息接收、分析、压缩、调整和呈现，并通过闭环的方式进行故障告警事件的管理和处理；

（5）具备多种网管分析报表，能够以图文方式提供多种信息分析统计表格，并能导出再利用。

6 开发工具及编程技术

开发工具版本使用 Microsoft Visual Studio 17.1.2，数据库使用 PostgreSQL 13.2.1，浏览器适用范围为谷歌浏览器及使用谷歌内核的浏览器(例如：Google Chrome、360 极速浏览器、搜狗高速浏览器等)。

前端编程使用 Vue3+Typescript 等前沿开发技术。vue 作为一款轻量级框架，可以进行组件化开发，数据与结构相分离，使代码量减少，从而提升开发效率，易于理解；vue 最突出的优势在于对数据进行双向绑定，使用虚拟 DOM；vue 相较于传统页面通过超链接实现页面跳转，vue 会使用路由跳转不会刷新页面；vue 是单页面应用，页面局部刷新，不用每次跳转都请求数据，加快了访问速度，提升了用户体验。TypeScript 是 JavaScript 的超集。只要是 js 可以执行的平台(浏览器，node)，TypeScript 都可以使用。TypeScript 的引入增加了代码的可读性和可维护性，有助于开发高质量的大型应用程序

后端编程使用 C#编程语言进行开发，C#是微软公司发布的一种由 C 和 C++衍生出来的面向对象的编程语言，是一种安全的、稳定的、简单的、优雅的面向对象编程语言。还使用了 .net core 框架，.net core 是开放源代码通用开发平台，跟 python、java 等相同环境比较，性能都要优越；内置依赖注入，能够在 IIS 上运行或在自宿主(self-host)的进程中运行。

7 结束语

物联网多通信技术管理平台目前还没有成熟的案例，准东采油厂通过开发研究，先试先行，探索油田物联网多传输技术应用场景下一体化的网络管理模式，积累油田物联网网络管理经验；明晰多传输技术、多网络技术下的网络管理界面，建立多网管系统下的管理机制。该研究在国内具有领先性，项目完成后，将在科技处部署下进行公司内推广应用，具有独创性、油田物联网实用性及极大的推广价值，有效解决无人或少人值守站的网络高效管理问题。

参 考 文 献

[1] 王逸飞，杨欣欣，李慧颖，王美，于示. 油田工业物联网设备全生命周期一体化智能管理技术研究[J]. 智能制造，2021(S1)：224-226.

[2] 叶林信，郭刚，杨超，唐萍峰，周娟. 工业互联网平台安全应用实践研究[J]. 信息安全与通信保密，2022(09)：28-36.

油田计量间精准热掺输系统的自动化设计及应用

吴 琼 鹿洪义 王立宇 张 淼 谢 韬 宋 凯 熊立为 王弼楠

(中国石油天然气股份有限公司吉林油田公司)

摘 要 油田作为我国非常重要的能源生产企业，在生产了大量能源的同时，又造成了大量能源的消耗。原油在输送过程中所使用的燃料为原油和天然气，且消耗量巨大。因此，如何在原油输送的过程中减少能源的消耗，有着非常重要的意义。目前各油田的热掺输工艺基本处于粗放控制阶段，精度低能耗高、安全风险高等问题还没有解决。以中国石油吉林油田分公司技术攻关的开展为例，针对计量间的精准智能热掺输控制和自动计量进行试验，使用具备自适应功能的先进性控制系统及高可调比与自洁功能等特性的调节阀，试验结果良好，极具推广价值。

关键词 精准智能控制；热掺输控制；节能降耗

1 掺输系统现状及存在的问题

1.1 运行温度偏高

吉林油田大部分接转站掺输水出站温度为60~70℃，集油管线回计量间温度高于凝固点5~10℃左右，高温运行造成了大量热能的浪费。

1.2 管道腐蚀结垢严重

掺输水质为碳酸氢钠型水质，在55~65℃时水质为强结垢性水质，大部分钙镁离子在此状态下将会以碳酸盐的形式析出，导致掺输系统严重结垢，升高了管道缩径压力，制约系统的正常运行，影响了管道的运行安全。

1.3 人员匮乏老化严重，人力难以为继

人员日趋匮乏并普遍老化的情况下，仍依靠人力实现生产，其控制精度将更难得到保证，也同时不得不减少计量频次，为此甚至出现了一些不真实的上报资料，对正常生产产生了很大影响。

1.4 影响参数多，参数波动大，难以投自动运行

计量间掺输环回油温度控制受计量间掺输水来水温度、来水压力、回油压力、原油温度、环境温度、串联多井开停井作业、油井间歇出油等很多参数影响，掺输环长度差异较大，温度调节控制滞后严重；多掺输环均属并联安装，各自独立调节互相影响，极易引起系统振荡，实现计量间掺输环安全精准控制一直是自动控制领域的老大难问题。

2 前期工作

2.1 计量间概况

作业×区×站××#计量间位于工艺流程的末端，有三个掺输环和三口注水井在运行，目前采取个人承包的管理方式。

2.2 掺输环基本情况(表1)

表1

参数 \ 环号		x环	y环	z环
油井数量		3	1	3
环线长度		1180	540	2340
环综合含水	%	26.61	44.76	71.52
日产液量	t	2.8	4.6	4.5
凝固点	℃	33	33	33
控制滞后时间	分钟	60	30	120
掺输水压力	MPa	0.70~0.90	0.60~0.85	0.80~1.05
计量间来水温度	℃	正常60，范围50~65		
计量间来水压力	MPa	正常1.27，范围1.08~1.4		
回油总管压力	MPa	正常0.6，范围0.5~0.7		
环境温度	℃	-40~30		

2.3 调节阀计算选型

2.3.1 调节阀计算

调节阀选型应根据需求极限来计算调节阀最大 C_v 值和最小 C_v 值，再根据调节阀的额定 C_v 值选取合适的调节阀口径并检查可调比是否能满足控制要求。

根据液体 C_v 计算公式

$$C_v = 1.17 \times Q \times \sqrt{\frac{G}{P_1 - P_2}} \tag{1}$$

式中，Q 为液体流量，m^3/h；G 为液体比重，高含水原油比重约为0.95；P_1 为阀门进口压力，kg/cm^2；P_2 为阀门出口压力，kg/cm^2。

计算结果如表2所示。

表2

需求流量/(m^3/h)		来水压力/MPa	掺输水压力/MPa	调节阀 C_v 值
来水故障状态	5	1.08	1.05	10.41
节能掺输状态	0.1	1.4	0.60	0.40

回油总压为0.6MPa，根据调节阀 S 值为全开时调节阀两端压降与管路总压降的比可知来水故障时所需调节阀 S 值为：

$$S_{故} = \frac{P_{干压} - P_{掺水压力}}{P_{干压} - P_{回油压力}} = \frac{1.08 - 1.05}{1.1 - 0.6} = 0.06 > S \tag{2}$$

选择调节阀 S 值为0.05，选择可调比 R 为300，验算调节阀实际可调比为：

$$R_{实} = R\sqrt{S} = 300 * \sqrt{0.05} = 67 \tag{3}$$

$$R_{实} \geqslant \frac{Q_{max}}{Q_{min}} = \frac{5.0}{0.1} = 50 \tag{4}$$

可调比验算合格。考虑本次改造计量间掺输环换线长度约为2400米，实际掺输环长度存在4000米以上环线，需要适当放宽设计参数。因此，控制系统所需调节阀为低 S 值节能、高可调比调节阀，调节阀额定 C_v 值为12.0，可调比为500，S 值为0.05。

2.3.2 调节阀选型

针对掺输水易结垢、含原油、颗粒等情况，调节阀必须选择自清洁能力强，防堵性能好，抗冲刷抗腐蚀性能好，尤其是小开度小流量时仍具有极好的自清洁能力与抗冲刷能力。管线故障时需要实现切断以便于补管操作，调节阀双向切断性能必须好。管线压力波动较大，易引起控制波动，需要抗波动能力强调节阀。

我们选用了具有国内领先水平的四川新华林自控科技有限公司生产的万能阀作为掺输控制阀，完全满足系统需求。该阀使用陶瓷阀座，超音速喷涂碳化钨阀芯，耐冲刷能力超强，使用寿命长。特殊的流道设计，流道中无死区，自清洁能力非常强。多级节流设计，抗压力波动能力强，可有效缓冲管道系统波动。双向高压差切断，便于补管操作。超宽的可调比，超低的S值，可实现节能控制。

3 配套改造与现场试验

3.1 精准热掺输控制原理简述

根据单井(环)的产液、含水率、计量间来水温度、来水压力、回油压力、回油温度、原油温度、环境温度、掺输环长度等参数，通过智能算法对参数进行优化处理，在智能自适应模式下自动收敛出掺输环控制系数——目标掺输系数，目标掺输系数在管路状态稳定情况下与回油温度成正比，掺输环PLC通过计量间来水温度、来水压力、回油温度、环境温度，实时计算出当前掺输环的掺输系数与目标掺输系数进行比对，经过PID运算后控制调节阀进行调节，实现掺输环前置反馈控制，避免回油温度严重滞后带来的控制问题。

掺输环PLC使用回油温度、掺输水压力、掺输水温度与掺输系数形成安全联锁，防止回油温度过低、管漏失压、上游泵站故障等意外情况对掺输安全的影响。上位机可通过回油温度、掺输水压力、回油压力、掺输水温度、计量间来水温度、计量间来水压力等参数对掺输环运行状态进行远程监控。

多掺输环统一由计量间PLC协调控制，避免多掺输环同时剧烈调节引起管路水力失衡，实现稳定掺输。

3.2 计量间改造

现以一个计量间掺输环及翻斗计量器的正常生产与计量操作为例加以说明(工艺仪表自控流程图如图1、图2所示)：

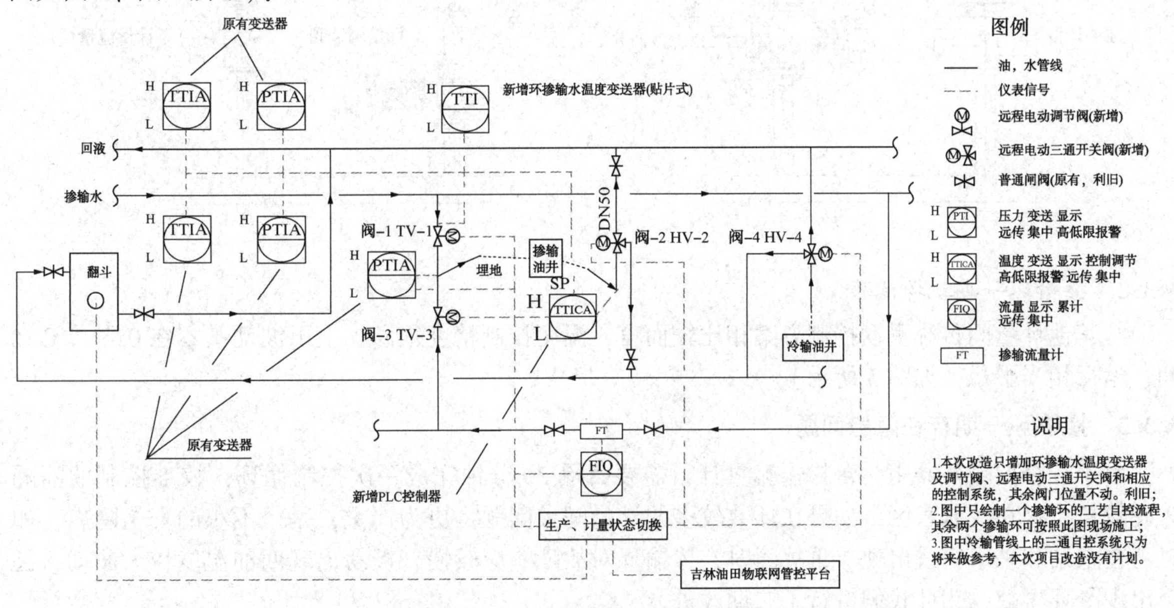

图1 计量间掺输环远程计量系统工艺仪表自控流程图(一期)

(1) 生产状况：原掺输水闸阀由新增电动调节阀替代，原掺输回液线上的两个 DN50 闸阀改为一个远程自控三通阀，掺输水调节阀 TV-1 以适当开度调节掺输环温度，三通阀 HV-2 动作方向为：掺输水和油井来液去生产汇管。

(2) 计量状况：在上位电脑界面或计量间现场 PLC 触屏上，点击计量操作。此时掺输水调节阀 TV-1 关闭，掺输水调节阀 TV-3 开启以适当开度调节掺输环温度，三通阀 HV-2 动作方向改变：掺输水和油井来液去翻斗罐，计量斗数后进入生产汇管，完成该环的计量操作。

计量操作可分为远程和现场手动两种形式：

(1) 远程计量形式：正常计量的时候，在队部监控室完成；

(2) 现场手动形式：现场仪表故障处理及调试的时候，在计量间 PLC 触屏上或队部监控室电脑上点击切换按钮，使得操作及维修人员也可以在现场完成相应操作。

计量结果的导出可由系统自行生成并形成报表：

$$掺输环(或单井)产量=翻斗计量总数-掺输水表数$$

3.3 一期改造

受现场条件等诸多因素限制，我们先进行了掺输环的一期改造。

3.3.1 仪表设备安装简图

因条件限制，三个掺输环暂共用原计量间唯一的一台掺输流量计，每隔 30 分钟完成一次控制循环。掺输环投用初始阶段，先人工调试掺输水环到基本稳定状态，在智能自适应模式下经过几个小时的运行(需要管路状态稳定)系统自动收敛出最佳掺输环控制系数——目标掺输系数，目标掺输系数在管路状态稳定情况下与回油温度成正比。然后自动切换到生产模式，每 30 分钟根据采集的计量间来水温度、计量间来水压力、回油温度、环境温度，计算出当前掺输环的掺输系数与目标掺输系数进行比对，经过 PID 运算后控制调节阀进行调节，如果计算掺输系数低于目标掺输系数，PLC 发出指令增大阀门开度，以增大掺输系数，反之亦然，如图 2 所示。

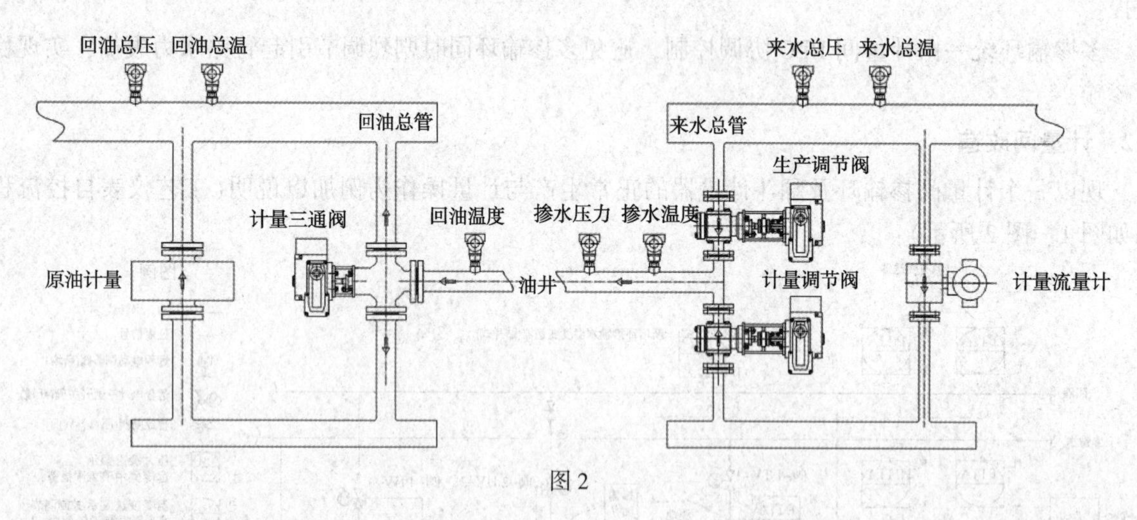

图 2

3.3.2 掺输环一期现场试验

与其他计量间传统手动控制方案相比较而言，温度控制精度很高，上下波动基本在 0.5~1℃之间，运行相当平稳，如图 3 所示。

3.3.3 掺输环一期存在隐患问题

由于三个掺输环共用一台掺输流量计，需要每隔 30 分钟完成一次控制循环，校准控制的间隔时间较长，存在控制盲区，如果在环数较多的计量间，问题将更为严重，是个不小的安全隐患。如碰巧在泵站和来水管线出现严重故障时，掺输环对故障响应较慢，极易出现回油温度较大波动，甚至出现凝环事故，为此我们进行了二期改进。

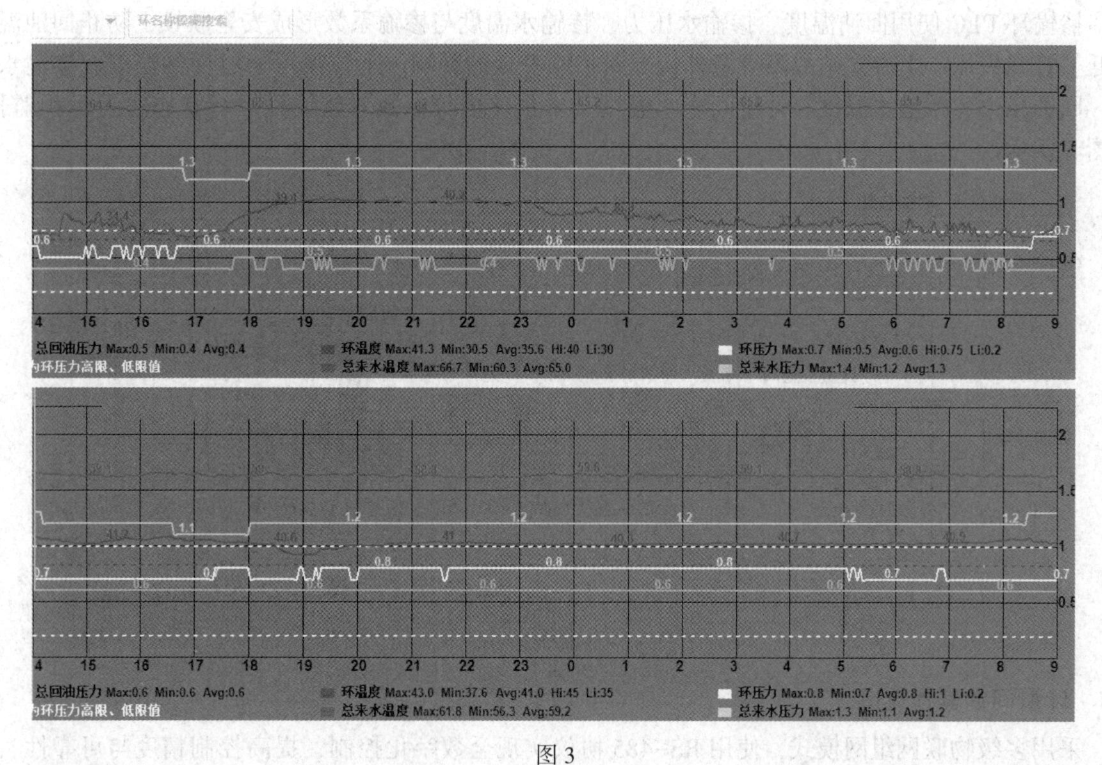

图 3

3.4 掺输环二期改造

3.4.1 仪表设备安装简图

在一期改造的基础上，取消计量调节阀，每个掺输环使用独立流量计，消除控制盲区，对于泵站及来水管线故障能做出及时的反应，可实时修正掺输系数，达到连续稳定的精确控制。二期改造中虽增加了单环掺输流量计，但由于减少了一台计量调节阀，故每个掺输环的投资反而减少了4000~5000 元。工艺仪表自控流程图如图 4 所示，工艺流程说明不做赘述。

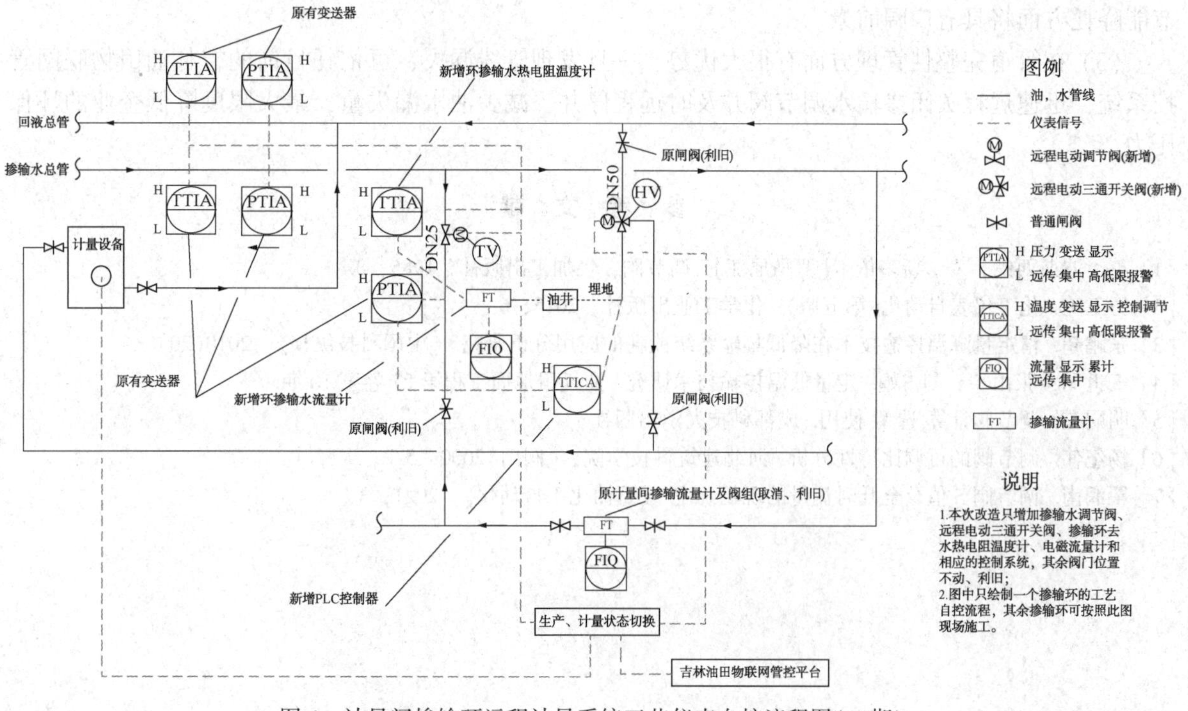

图 4 计量间掺输环远程计量系统工艺仪表自控流程图(二期)

掺输环 PLC 使用回油温度、掺输水压力、掺输水温度与掺输系数形成安全联锁，防止回油温度过低、管漏失压、上游泵站故障等意外情况对掺输安全的影响。上位机可通过回油温度、掺输水压力、回油压力、掺输水温度、计量间来水温度、来水压力等参数对掺输环运行状态进行远程监控，如图5所示。

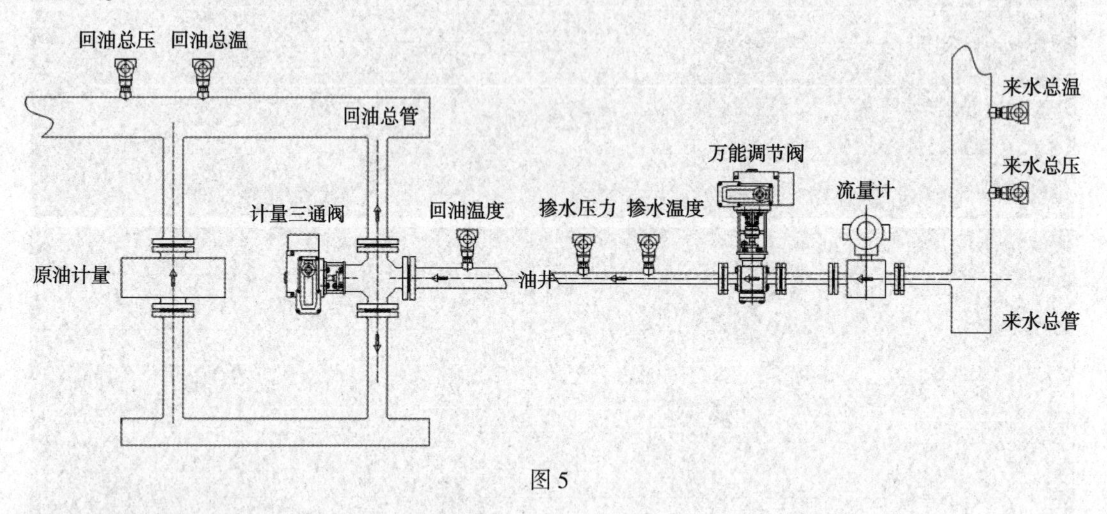

图5

3.5 计量间的其他改造

采用多级物联网组网模式，使用 RS-485 协议实现全数字化控制，提高控制精度与可靠性，降低设备维护难度。传输系统为4G无线传输，可并入吉林油田公司物联网管控平台。计量间内安装实时监控摄像头，用于监控计量间漏失等情况，可并入吉林油田物联网管控系统。

4 结论

（1）自本计量间实施自动化控制以来，明显降低了采油工人的日常工作量，提高了工作质量，解决了多年以来的掺输环温度无法实现自动控制的老大难问题，极具推广价值。

（2）由于可以做到精确的温度卡边控制，为下一步真正实现低温极限掺输提供了技术保障，在节能降耗方面将具有广阔前景。

（3）在管道完整性管理方面有很大优势，一旦发现管线漏失，可依托目前的吉林油田物联网管控系统，迅速远程关闭掺输水调节阀并及时远程停井，减少油水漏失量，最大限度降低企业的环保压力。

参 考 文 献

[1] 英．波斯西纳，麦．斯多依卡【罗马尼亚】．调节阀，烃加工出版社，1985，8.
[2] 厉玉鸣．化工仪表自动化(第五版)．化学工业出版社，2015，6.
[3] 张鹏超．精定量降温掺输技术在降低集输系统能耗的应用分析研究．《中国科技纵横》，2010(20).
[4] 王世局，张雨涛，刘占娟．定量低温掺输技术研究．油气田地面工程第27卷第10期.
[5] 明赐东．调节阀计算 选型 使用．成都科技大学出版社.
[6] 杨纪伟．调节阀的可调比特性分析．河北建筑科技学院，《阀门》2000，5.
[7] 瞿润南．调节阀S值及全开时流量的现场确定．《石油化工自动化》，2021，3.

文南油田油水装卸智能管控无人值守技术研究应用

况永光

（中国石化中原油田分公司文留采油厂）

摘　要　文南油田多年来一直致力于油水装卸管控技术创新研发，逐步完善了油水装卸管控系统，满足指导生产的基本需求，解决了油水装卸交接计量误差大等问题。但随着企业发展的不断深入，现有油水装卸作业管理中出现的设备老化严重、安全系数低；自动化程度低，人工计量、计算、报送，效率低下等落后局面现象，与信息化、自动化生产，科学管理需求仍存在较大差距，无法满足信息化建设、自动化生产、科学管控等需求。

关键词　智能管控；油水装卸管控技术；高效安全生产

智能管控技术就是在油田企业的生产过程中，通过自动化手段，进行数据信息采集，通过对数据的加工处理、分析预测，形成决策意见，通过自动调节实现作业过程自动控制的技术。

文南油田油水装卸管理共设两个岗位：卸油台和加水站。其中卸油台负责文南油田单井拉油的切水、称重、收集、含水测定、油量计算和原油中转的重任，日处理污水 300m^3、日收集原油 100m^3。加水站担负着全厂热、凉水供应任务，日供应热水 500m^3，凉水 50m^3。相关设备存在许多问题，提升油田智能管控水平是老油田向市场转轨面临的急需解决的问题。

1　文南油田现状及存在问题

1.1　管理设备多、自动化程度低

卸油台和加水站用于油水装卸的设备较多，主要有 80t 地磅 1 台、打油打水泵 3 台、热水炉 6 台、污水回收泵 2 台，储油、储水罐 3 具。这些设备投产时间长（5~10 年）、自动化程度低，全部需要人工操作启停，可控性差，难以保证长期、平稳运行。

1.2　油水装卸工作量大、劳动用工多

卸油台每天接待车辆 40 余次，每天岗位员工要对进入站内的每一辆卸油车量进行监督切水、过磅称重计量、监督卸油、化验含水、计算油量等工作。由于繁重的任务和艰苦的工作环境，该岗位一直采用“四班三倒”的工作制度运行，还要配备至少 1 名班长，2~3 名大班轮班，保障有 10~12 人负责日常维护工作和应急替班。

加水站设有 5 个热水加水口，2 个凉污水加水口和 2 个清水加水口，每天近 35 车次，每车加水都需要人工开关阀门操作，工作量比较大。加水站有岗位工人 8 名，劳动用工也较多，不符合油田优化用工，减员增效的发展方向。

1.3　计量误差大、精度低

卸油台原油计量采取人工取样化验含水、过磅称重计量重量、手动计算纯油的方式计算油量。取样采用定时或加密方式人工取样和做样，然后进行计算平均含水，此方法代表性差，容易出现人为误差，计量精度低。

1.4　参数采集不全面、信息化程度低

卸油台仅在打水、打油泵出口安装了压力变送器对泵出口压力进行了采集，加水站也只采集了

热水炉出口温度，油水装卸管理还处在原始的人工巡检抄取生产参数的模式，工作效率低下。

1.5 现场监控不完善、管理盲区大

油水装卸区域仅有卸油台切水、卸油现场安装1处防爆枪击，由于投运年限久，缺少维护，目前也无法实现巡航巡护，智能固定在一处查看有限区域。加水站更是没有一处摄像监控，油水装卸管理存在巨大盲区。

2 油水装卸智能管控主要技术创新成果

2.1 创新单拉原油自动计量技术

单拉原油自动计量技术是为了解决文南油田原油装卸作业中员工劳动强度大、原油计量误差大等问题。实现了文南油田单拉原油在线含水分析，密闭自动计量，智能自动过磅称重，大大提升计量精度，提高装卸油效率。主要研究了储油罐密闭装车、原油在线含水分析、密闭自动计量、智能自动过磅等技术。

2.1.1 储油罐密闭装车

文南油田单拉井装油现采用简单自流方式运行，主要存在以下几方面问题：

（1）自流装卸过程中由于卸油管无法插入罐车下部，存在二次喷溅挥发。

（2）文南油田单拉井卸油管为自购橡胶管，无导静电功能，自流装卸过程中易产生静电聚集，具有重大安全隐患，如图1所示。

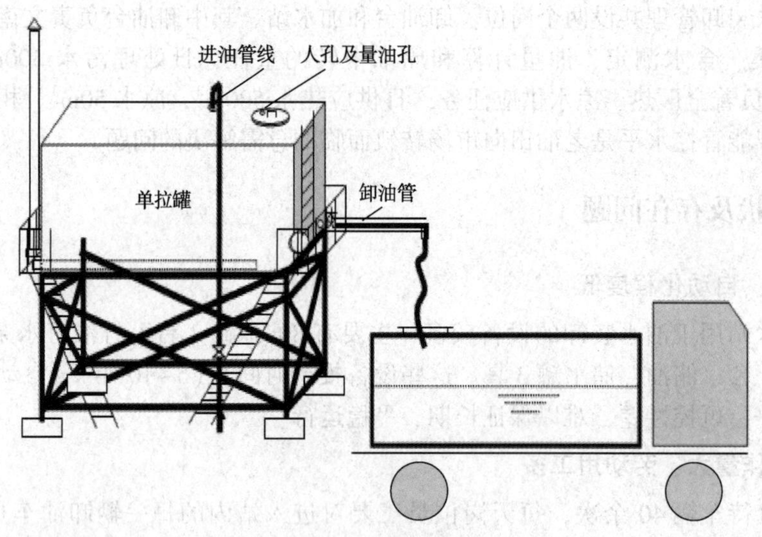

图1 单拉井自流卸油示意图

文南油田针对现有罐车装车过程存在问题组织专人进行攻关，研究对策如下：

(1)重新设计卸油工艺方式，采用下入式卸油工艺，防止喷溅挥发及卸油过程产生静电聚集。

(2)卸油软管更换为导静电卸油专用管，防止静电聚集，如图2所示。

经过技术改造，实现了罐车转油过程全密闭，大大减少油气损耗。

2.1.2 密闭卸油自动计量

卸油过程中由过滤器过滤原油中杂质。安装于卸油管线上的复合型含水分析仪实时测量瞬时流过管线中原油的含水率，并将原油含水率转化为电流信号输出到控制室采集箱。

卸油计量系统记录开始卸油时间、结束卸油时间、累计卸油时间、瞬时含水率、平均含水率、油量、水量、总量单位、井号、卸油口号、过磅员、押运员、司机等数据；并可打印每辆罐车计量小票。可生成日报表、按时间查询报表、按关键字询报表等各种报表。方便操作人员查询原始数据和打印报表，真正实现罐车卸油计量系统自动化。

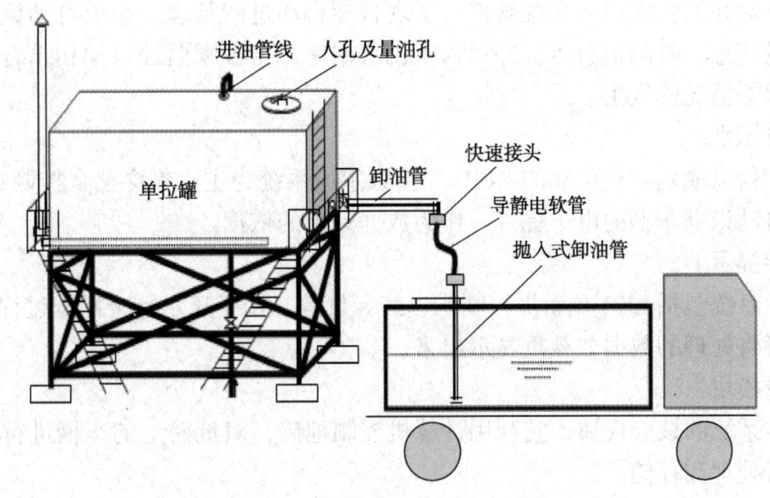

图2 单拉井卸油改造示意图

2.1.3 密闭卸油计量改造

（1）密闭卸油罐

由于原使用油罐为敞口油罐，无法达到密闭卸油，通过研究决定将卸油罐更换成适应密闭卸油的密闭油罐，以达到降低油气损耗。自主设计密封罐，为了便于清理和排污，将罐底设计成斜板方式的罐底，并通过厂技术部门协调对全厂30多部罐车进行卸油口密闭改装，安装不锈钢快接活接头与复合型含水分析仪连接，罐车在卸油时很方便快捷的就可以牢固与密闭油罐连接好，达到密闭卸油。

（2）安装过滤器

在复合型含水分析仪前端安装过滤器，有效杜绝罐内沉沙，并解决杂质对含水分析仪影响，保证测量精度。

（3）含水自动计量检测

① 数据的采集与控制功能。实时含水率、平均含水率、温度、液位等信号的实时监测采集，根据要求和数学模型进行计算，自动生成相关的数据，并生成要求的报表。

② 各种数据报表具有自动存储和历史数据可查询功能，报表的内容被加密处理。

③ 无论何种情况下退出，具有自动记忆和存储数据的功能，保证相关数据不丢失。

④ 登陆系统具有访问权限设置，防止非操作人员操作。

（4）含水自动计量检测技术优势

① 采用电容式原理，非接触测量，无活动部件，既保证了很高的测量分辨率，又具有很强的油品适应性。

② 仪器探头采用316不锈钢加F4的组合，可适应酸、碱性液体和包括甲苯等有机溶剂在内的绝大多数被测介质。

③ 一次仪表为截断法兰式结构，可直接替换油田早期安装的放射性含水率仪表。

④ 内置温度传感器，仪器无需外接温度变送器便可进行温度测量显示和对含水率测量结果进行温度补偿。

⑤ 中文文字+数字就地显示，独创3键非接触式按键，方便操作。

⑥ 智能通信，软件可现场升级。

⑦ 安装方便快捷，无前后直管段的要求，对流态流速不敏感。

2.1.4 智能自动过磅

文南油田文二联合站卸油台原有过磅系统全靠人工操作和计算，过磅效率低、计量误差大。智能自动过磅管理技术结合了射频识别技术、车牌识别技术、通讯技术、自动控制技术、数据库技术。并专门开发针对卸油台应用的系统软件，实现智能自动过磅管理。系统自动记录进出卸油台的车辆车牌号、重量信息、时间信息等，并写入主机数据库，与视频监控录像相结合，能有效杜绝认为误差，防止作弊等情况的发生。

（1）车辆信息识别

车辆信息识别仪以成熟安全可靠的 RFID 非接触感应系统为主，贯穿整个控制过程。采用 RFID 射频识别技术，自动识别车辆的电子标签，作为数据处理的依据。

（2）声像引导提示

声像引导提示系统包括 LED 显示屏、喇叭、红绿灯等。用于显示整个操作过程中，提示司机应该如何操作，并可将处理的数据如载重显示出来。

（3）过磅称重模块

过磅称重是本系统的核心模块，它利用计算机控制地磅，对地磅上的车辆进行称重，并把结果传输到服务器进行处理和存储。

（4）视频监控报警系统

视频监控系统实现过磅过程的全程监控录像，以便对整个过程进行实时监督及事后调查取证。

（5）数据库系统

数据库采用微软的 SQL SERVER2000 大型数据库，采用独有的双数据库数据同步技术，保证数据的安全可靠，永不丢失。

（6）脱机工作

出于安全考虑，设计脱机模式。当过磅主机与服务器中断(网络中断或服务器维护)时，过磅主机在 30 秒内自动转入脱机工作模式，把过磅数据暂时保存在本地，当网络恢复时再自动上传，不会丢失任何数据。且整个切换过程完全无需人工参与。

（7）软件管理系统

软件是整个系统的灵魂，由它实现对各个设备的控制管理。读取设备的信号，并发出控制指令，记录车辆的过磅数据。同时本系统具备完全自动操作功能，系统自动进行读卡、定位、称重、记录、电子屏显示、记录都是自动工作。

智能自动过磅管理技术具有准确度高、稳定性强、可靠性大、计量速度快、易实现等优点。该技术的引进实现了卸油台车辆过磅计量的智能化，提高了卸油台车辆过磅效率，大大减少了计量出错率，为卸油台将来实现无人值守计量的智能化管理打下技术基础。

2.2 加水站自动化控制技术

2.2.1 热水炉自动控制

针对加水站热水炉落伍老旧等问题，对热水炉燃烧器进行改造，结合热水站生产实际将新型全自动高效燃烧器成功在热水炉上投运，实现热水炉高效自动控制。

（1）控制系统工作原理

开启加热炉电源开关后，燃烧器风扇电动机通电，空气活门开到最大功率位置，燃烧器吹扫炉膛、清除易燃易爆气体，吹扫结束风门回到最小输出功率位置；燃烧器自动点火，3s 钟后，控制调节天然气流量的两极电动阀门和探测火焰的安全装置同时启动，安全装置监测到火焰后，使之持续一段时间，断开点火变压器，点火结束。

（2）技术创新

1）改加热炉为正压工作方式，大大降低电耗。

2）降低燃气压力。采用国产天然气减压阀和过滤器，将来气压力从 0.25MPa 降低至 0.02MPa，满足了燃烧器所需燃气压力。

3）合理调节燃烧器功率。在保证燃烧器与加热炉功率配套的基础上，根据气压变化调节设备用气量，使燃烧器低段在最小燃气压力下的输出功率达到或者接近额定值。

(3) 应用效果评价

1) 高效自动燃烧器的设计参照欧盟 EN676 的标准制造，采用光、机、电一体化配置，利用比例调节机构实现燃烧比例配风，根据受控参数变化情况程控器驱动比例调节机构动作，燃气控制阀门及风门在比例调节机构拉动下同步平滑调整，保证受控参数与设定值一致的同时使整个燃烧过程中空燃比不变，使燃气快速充分的与助燃空气混合燃烧，火焰稳定，燃烧率≥99%。

2) 燃烧器控制系统具有自动预吹扫、自动点火、火焰检测、熄火保护等功能，它可以对整个燃烧过程实现全自动控制。

3) 燃烧器设有检漏与火焰检测自检系统。能在启动前自动对电磁阀进行检测，只有检测值在规定范围内时燃烧器才能点火。否则燃烧器锁定报警而不能工作，保证设备安全。

4) 采用常闭式气压阀使燃烧器的点火可靠，系统断电时气压阀自动关闭，切断燃气供应，保证燃烧器的安全。

5) 控制箱面板上的数显温度仪表，可显示当前炉膛内加热介质温度。实现了火焰随温度自动调节，减轻了操作工人的劳动强度。

6) 加热炉炉效大大提高。风机功率的降低，减少了加热炉排烟损失，同时，燃气与空气预混合技术提高了燃料的燃烧效率。由此，加热炉的系统效率大大提高，节能效果显著。

2.2.2 加水站自动加水

为方便管理、便于统计和防止指损耗，我们改变以往人工加水方式，在热水加水管线、凉污水加水管线、清水加水管线上设置智能刷卡定量加水系统，用户可现场刷卡操作加水。智能刷卡定量加水系统主要包括：管道布置系统(管道布置、泵、流量计、电磁阀)、IC 卡操作控制器，IC 卡充值软件等。控制器带 RS485 通信接口，信号通过 MODBUS RTU 通信协议，RS485 通信接口与值班室 PLC 系统进行通讯。

(1) 自动加水系统组成

1) 管道布置系统。

2) IC 卡操作控制器。

3) IC 卡充值软件。

(2) 自动加水系统的控制过程

IC 卡插入后根据需要在定量控制器内设定好需要控制的数值，按启动后，定量控制器输出信号打开泵或控制阀，流量计开始计量并输出对应的瞬时流量信号到定量控制器，定量控制器根据流量计瞬时流量信号进行换算并完成累计；当累计数值达到所设定好的控制数值时，定量控制器输出开关信号关闭泵或控制阀，从而完成一次定量控制操作的功能。

2.3 油水装卸智能管控技术

文南油田油水装卸智能管控平台按照“感知油水装卸运行状态、设备实时状况，计量指标检查对比，控制与优化”的建设思路，研发了生产监控、生产运行、智能分析、安全应急指挥四部分功能模块，实现对油水装卸工艺及设备的监视和控制，为安全高效运行提供支撑。

(1) 生产监控功能

研发生产监控功能，将目前卸油台、加水站已建成的各实时监控系统进行整合、集成和优化，主要包括视频监控系统、安全监控系统、计量统计系统、在线数据采集等。生产监控能够真实的反映出设备的运行状态，减少人工巡检次数，提升工作效率，如图 5 所示。

(2) 生产运行功能

研发生产运行功能，主要包括生产报警管理、自动控制两部分。生产报警有工况异常报警和参数超限报警，生产报警管理能够保障在运行过程中，及时发现、迅速处理异常工况。在简化员工工作量的同时提升了对生产异常情况的反应速度。

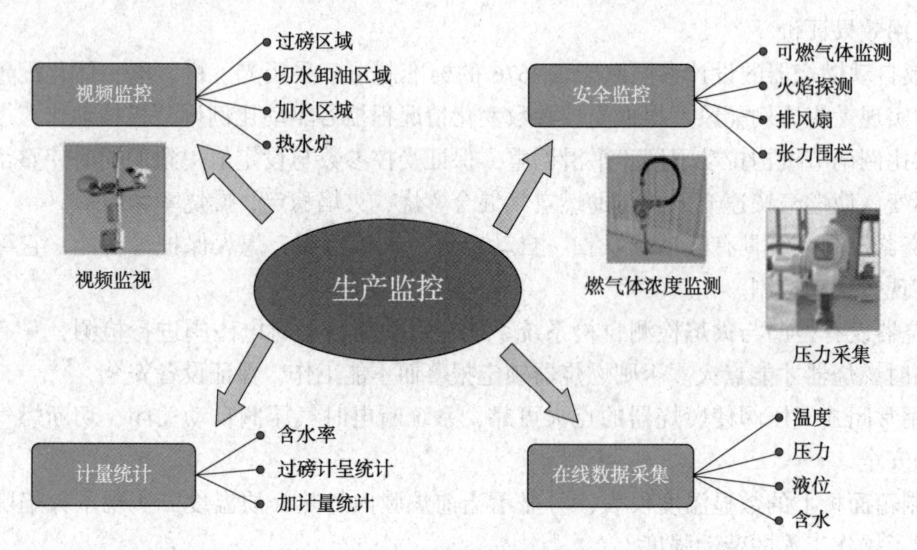

图5　生产监控功能图

（3）智能分析功能

智能分析功能应用互联网+现场仪表技术，对现场实时数据进行收集、整理和统计，实现根据各项生产数据自动生成过磅计量统计报表、拉油日报、加水站报表等，代替了传统的资料录取和填报工作。

（4）安全应急指挥

研发安全应急指挥模块，在油水装卸智能管控系统平台中存储油水装卸各岗位的各种安全应急预案，当生产运行过程中发生安全事故时，系统根据发生危险的地点和具体参数情况启动相应的安全应急预案，提示各岗位操作人员应采取的相关汇报和处理措施；同时，调出相关地点的视频监控，便于指挥人员及时了解现场情况，制定相应的临场应变措施。通过安全应急指挥系统，能够大幅度缩短各级相关部门对于事故情况的响应时间，为安全事故的有效处置提供支持。

3　现场应用效果分析

通过文南油田油水装卸智能管控技术的现场应用，实现了文南油田罐车转油过程全密闭，智能自动过磅计量，加水、切水、卸油区域视频实时监控，刷卡自动加水，热水炉智能自动控制，污水自动回收，主要设备工作状态在线监测，智能控制，报表自动生成等，大大提高文南油田油水装卸系统自动化程度，创新了油田油水装卸管理方式。

减少了用工费用年可节约人工费用225万元，优化人员还可进行外部市场创收；减少天然气用量，年节约资金71.54万元；减少用电费用，热水炉、打油泵等设备自动化变频控制，提高了运行效率，节约用电。年节约电费5.5万元。

4　结论与认识

（1）本项目设计的智能管控技术系统规范，能够完整的、有机的集成六项主要技术达到文南油田油水装卸智能管控的目的；

（2）文南油田油水装卸智能管控技术的研究与应用，能够全面提升采油四厂油水装卸管理水平，具有显著的经济价值和广阔的应用前景；

（3）油区智能管控技术能较好的满足老油田生产、管理、安全等方面的需要，优化劳动用工、提高劳动生产率，值得在油田相关领域推广应用。

油田管理区油气数据质量控制分析与信息化技术研究

杜秀铎　马文韬　郑元黎　孙瑞霞　李　欣

（胜利油田石油开发中心有限公司）

摘　要　任何行业的数据统计工作，最后的汇总数据都是来源于基层，管理者决策的依据来源于直观的统计数据，胜利油田的统计数据自然也不例外。面对繁琐、重复的统计数据，计算机具有处理速度快、准确度高的优势，在一定程度上能够减轻统计人员的负担。本文首先分析了管理区统计数据的现状，其次探讨了胜利油田管理区油气数据质量全过程控制的方法，最后给出了提高管理区油气数据质量的信息化方案，助力油田提高基层油气数据质量，实现油田高质量发展。

关键词　信息化技术；智能化；管理区；油气数据质量；人工智能

管理区油气数据质量的高低决定了统计工作的有效性，不恰当的决策往往由于参差不齐的基层统计数据导致，质量较差的数据很难形成决策的依据，存在一定的局限性。本文分析了管理区统计质量的现状，包括基层统计人员分析问题的能力参差不齐、基层统计人员身兼数职、人员变动、标准不一的数据格式等因素严重影响了统计数据的质量。因此，加强对胜利油田管理区数据统计方法的研究具有重要的现实意义。

1　管理区油气数据质量现状

胜利油田的统计工作即需要提供准确、可靠的数据，又要预测和分析生产、经营趋势，从而为决策者提供科学依据。然而，在油田数据统计实践工作中，一些管理区的统计数据工作往往耗时、耗力，重复繁琐，使统计工作变得枯燥无味。油气数据质量参差不齐的主要有以下几个方面：

1.1　部分基层统计人员分析问题的能力较为薄弱

目前，部分管理区将重心放在了数据收集、统计和报告上，对油气数据质量控制不够重视。一些统计人员认为，他们的主要工作是统计数据，如 SCADA 系统数据的查询、PCS（油气生产指挥系统）报警情况的数据统计、EPBP（中国石化油田勘探开发业务协同平台）的数据录入、综合业务平台中数据的查询、测、录井系统数据的录入、采油每日晨报的数据统计等，统计分析则变成了一种负担，由于这种概念的存在，大大降低了管理区统计数据的质量。大部分管理区都有自己相对统一的统计数据分析方法，工作人员将采油队收集的现场数据或者仪器仪表等数据通过有线或者无线的方式传输到 SCADA 系统中，仅仅是采用简单的方法对数据进行了统一和分类，统计人员分析数据的能力较差，简单的数据分析方式并不能完全反应复杂的油水井生产运行情况，管理区统计人员的主观因数影响决策主要体现在以下几个方面：

（1）示功图的形状往往反应了油井生产的工况，一般正常情况下的示功图为平行四边形，其他不规则的图形往往是油井工况出现问题导致，管理区生产指挥中心科室的工作人员主要根据自己的经验对示功图数据产生的问题进行录入并且对出现问题的示功图进行简单的数据分析，大概推测问题的根源，制定相应的设计方案。

（2）PCS 中每天都会产生大量的数据，如井口温度、电流大小、最大、最小载荷等，工作人员进行统计数据整理，由于统计数据人员参差不齐，有些工作人员对数据的录入缺乏正确与否的判断或者由于经验不足，对可能产生的异常数据不知道产生的原因，导致油气数据质量较低，数据准确性较差等。

1.2 基层统计人员任务繁重，变动频繁

1.2.1 管理区统计基础薄弱，统计人员身兼数职

目前，管理区统计工作量逐年加大，但基层统计人员并没有随之增加。有些基层统计人员除了完成上级布置的报表、各项统计调查等任务，还要承担通知文件转发、科室活动组织、绩效考核及签到等工作，这些工作都使得基层统计人员力不从心，有些人员会疲于应付，严重影响了油气数据质量。

1.2.2 管理区人员变动频繁

部分管理区统计人员的频繁变动如外闯、调离等，业务素质参差不齐，严重影响和束缚着统计工作的开展。一些管理区的统计人员在一年当中频繁的更换岗位，统计人员的变动有时候会导致工作交接上出现问题，新的统计人员要经过一系列的培训，学习相关软件的使用等，由于新的统计人员对统计工作不够熟练，因此，造成油气数据质量参差不齐，频繁的人员变动会导致有些管理区的统计人员本身不愿投入更多的时间和精力去学习和钻研新的统计业务知识，特别是由于统计人员兼职多，忙于其他工作，往往缺乏统计工作所需要的信息化知识，对一些统计指标和统计口径理解不够透彻，造成油气数据质量较差。

1.3 不规范数据格式影响统计质量

对于油气生产行业，数据的统计和分析都需要耗费大量的人力、物力、财力，是一项枯燥、繁琐的工作，然而很多管理区对数据利用率较低，数据统计人员任务重、人员不足，很多数据的录入如 EPBP、PCS 数据格式不规范，严重影响了统计数据的质量和统计效率，使数据质量控制进展较慢，因此，利用信息化技术的方式提高数据质量和数据统计效率尤其重要。

除此之外，油气数据质量还受统计人员的思想认知、责任心、业务素质、工作方法、绩效及数据统计人员的工作环境等因素影响。

2 完善管理区油气数据质量全过程控制的方法

2.1 树立以服务整个油田数据质量控制的理念

胜利油田要推广面向基层统计控制质量流程，包括统计质量控制系统、方法、工具的应用和基层油气数据质量管理，建立健全基层统计数据平台，将该平台的统计数据转化为有价值的产品，提供全面、准确的生产、销售数据、报告、趋势等其他具体数据信息。油田能够利用这些基层数据信息指导各部门开展工作，不仅为了提高管理区统计数据的质量，也是提升了整个油田统计工作的质量，通过提高数据统计工作的质量，能够提升决策的效率，降低管理的成本。

2.2 加强管理区各环节的监督和全程控制

管理区数据的收集、处理、分析和评估等因素都会影响数据的质量，油田要提高数据统计分析的质量，油田二级单位需要加强与各管理区的联动工作，加强数据收集工作，要严抓管理区数据质量管理，对站库设备运行相关信息数据采集不全、不规范的问题，做好前端采集限制和质量规则约束；加强对入湖数据质量的抽查，重点对 EPBP 数据资源入湖的检查，不断优化运行规则，加强调研交流，督导数据整理，督导数据整改，持续跟进整改情况，完善和确认数据规则，结合数据质量监控模块，整改出现的问题数据，基于各业务部门意见，听取反馈完善意见。

2.3 提高管理区统计数据人员的责任意识

管理区统计人员的个人能力参差不齐，有些人的技能和专业资格较低，导致数据统计质量差，

直接影响了统计数据的可靠性，因此，统计人员应该积极参加油田举办的培训班如：EPBP 井下数据质量提升培训班，并持证上岗，应加强对人员信息化技能的学习，将井下数据与信息化有机结合，包括井下信息化模块的应用、井下作业结算流程的信息化等内容，提高井下作业数据的质量。重视有关油气数据质量的活动，如“我来说规则”活动，要充分利用 EPBP 首页模块中的“质检规则提报”、“问题在线提报”等模块，加强自我责任意识和岗位责任感。

3　信息化技术在提高管理区油气数据质量的应用

采用信息化技术统计数据比传统方式更加准确、高效。本文将列举数据报表的自动定制、生产数据可视化、人工智能等信息化技术。

3.1　数据报表的定制

油田信息化与日常的生产密不可分，而报表系统是油气数据质量系统中的重要组成部分采用信息化的方式实现对管理区报表的自动定制非常重要。

3.1.1　数据报表定制的优势

传统的报表系统，报表的结构、查询条件、用户交互、细节展示等信息都是以静态的方式固化在系统中，因此在系统开发测试到实施部署的整个阶段，因应用环境变化等因素而必须调整报表设计时必须修改系统源代码。传统报表设计方式灵活性差，开发维护困难且不具备通用性和可移植性，生产管理报表系统包含大量生产投入和产出要素等基础数据都需要经手工录入系统。

因此，需要采用一种低代码开发工具进行数据报表定制，该系统的优势在于数据统计人员不需要深厚的专业知识，只需要了解基本的逻辑和组件即可构建所需要的报表，通过较短时间的培训即刻上岗；提高了数据统计的效率，通过使用可视化的界面和与构建的组件，开发人员可以在短时间创建所需要的报表；后期易于维护，由于架构简洁，使得修改功能、结构、更新应用更加的灵活、方便。

3.1.2　数据报表定制的过程

（1）通过原型设计界面工具设计出数据报表的界面。假设要定制采油生产日报表，需要设计出具有单位名称、单位代码、单元代码、采油方式、井号、日期、油压、套压等因素的界面，所有数据列的数据源字段名、宽度、对齐方式等要与该报表在数据库中存储的数据表对应字段一致，数据报表原型界面如图 1 所示。

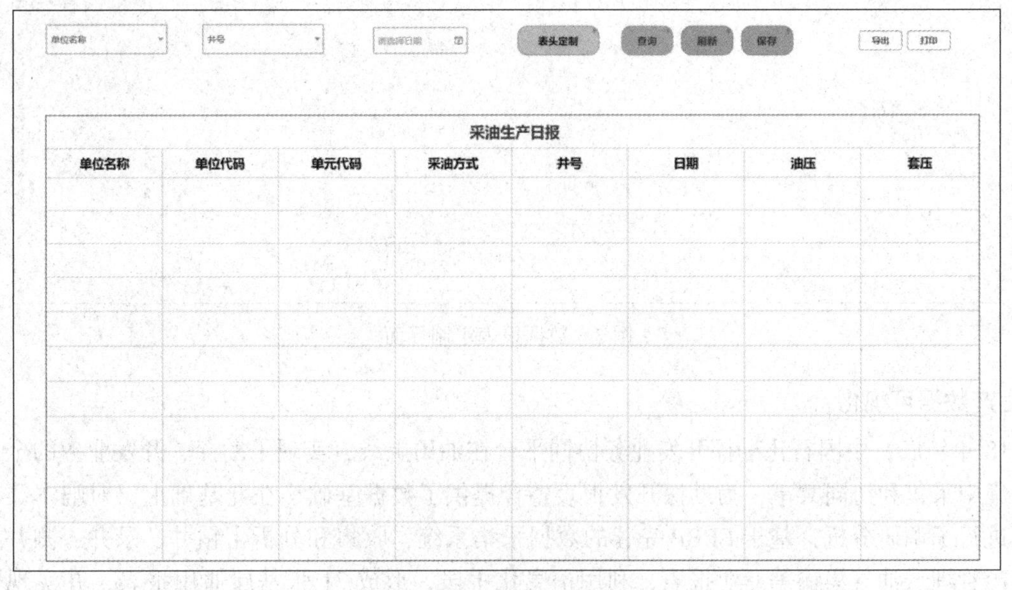

图 1　数据报表原型界面

(2) 通过低代码生成工具生成查询接口并且在数据服务平台上进行发布，然后再使用低码平台选择需要定制的报表模板与采油数据集进行绑代，最后定义事件逻辑和表单的设计，数据绑定界面如图 2 所示。

图 2　数据绑定界面

3.1.2　数据报表定制的结果

采用低代码生成的采油数据报表如图 3 所示，报表可以根据具体的统计工作进行定制，能过实现对管理区以及注采站的分组分类，以及实现分组产量的自动小计和当日产量的自动合计等，在一定程度上减轻了管理区统计人员的负担，使得查看报表更加的方便。

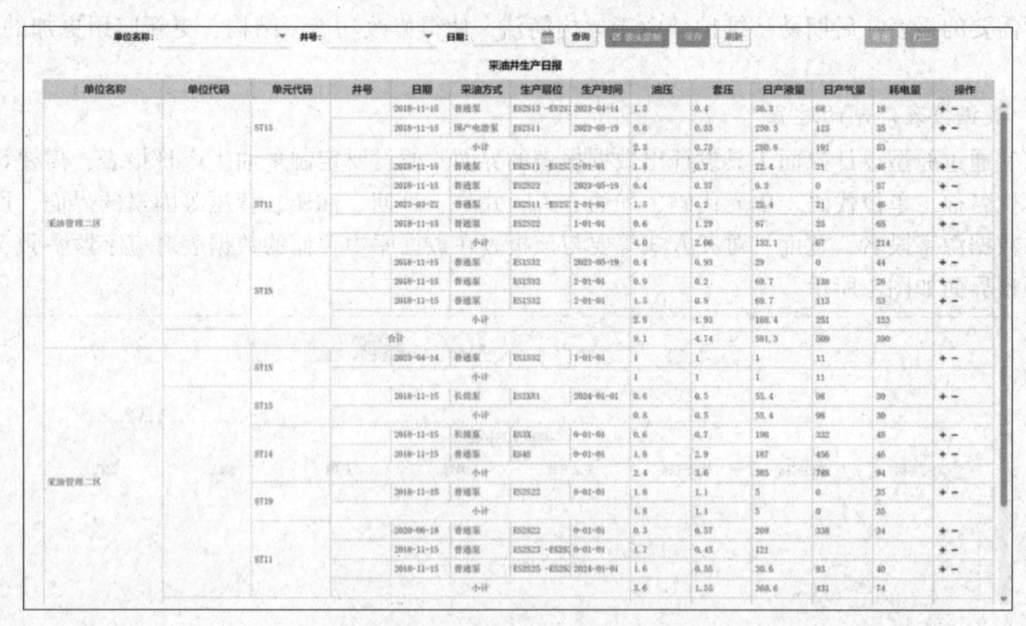

单位名称:　　井号:　　日期:　　查询　表头定制　保存　刷新

采油井生产日报

单位名称	单位代码	单元代码	井号	日期	采油方式	生产层位	生产时间	油压	套压	日产液量	日产气量	耗电量	操作
采油管理二区		ST13		2018-11-15	普通泵	ES2S13 -ES2S	2023-04-14	1.5	0.4	30.3	68	18	+ −
				2018-11-15	国产电潜泵	ES2S11	2023-05-19	0.8	0.33	230.5	123	35	+ −
			小计					2.3	0.73	260.8	191	53	
		ST11		2018-11-15	普通泵	ES2S11 -ES2S	2-01-01	1.5	0.2	22.4	21	46	+ −
				2018-11-15	普通泵	ES2S22	2023-05-19	0.4	0.37	6.3	0	57	+ −
				2023-03-22	普通泵	ES2S11 -ES2S	2-01-01	1.5	0.2	22.4	21	46	+ −
				2018-11-15	普通泵	ES2S22	1-01-01	0.6	1.29	67	25	65	+ −
			小计					4.0	2.06	132.1	67	214	
		ST1N		2018-11-15	普通泵	ES1S32	2023-05-19	0.4	0.93	29	0	44	+ −
				2018-11-15	普通泵	ES1S32	2-01-01	0.9	0.2	69.7	138	26	+ −
				2018-11-15	普通泵	ES1S32	2-01-01	1.5	0.8	69.7	113	53	+ −
			小计					2.8	1.93	168.4	251	123	
	合计							9.1	4.74	581.3	509	390	
采油管理二区		ST1N		2023-04-14	普通泵	ES1S32	1-01-01	1	1	1	11		+ −
			小计					1	1	1	11		
		ST15		2018-11-15	长冲泵	ES2X81	2024-01-01	0.6	0.5	55.4	98	30	+ −
			小计					0.8	0.5	55.4	98	30	
		ST14		2018-11-15	长冲泵	ES3X	0-01-01	0.6	0.7	198	332	48	+ −
				2018-11-15	普通泵	ES48	0-01-01	1.8	2.9	187	456	46	+ −
			小计					2.4	3.6	385	788	94	
		ST19		2018-11-15	普通泵	ES2S22	0-01-01	1.8	1.1	5	0	35	+ −
			小计					1.8	1.1	5	0	35	
		ST11		2020-06-18	普通泵	ES2S22	0-01-01	0.3	0.57	209	338	34	+ −
				2018-11-15	普通泵	ES2S23 -ES2S	0-01-01	1.7	0.43	121			+ −
				2018-11-15	普通泵	ES2S25 -ES2S	2024-01-01	1.6	0.55	30.6	93	40	+ −
			小计					3.6	1.55	360.6	431	74	

图 3　数据报表定制界面

3.2　生产数据可视化

2018 年年底，中国石化勘探开发业务协同平台在油田上线，实现了勘探、开发业务的全面覆盖和数据集中采集和协同共享，为勘探开发报表整合提供了数据基础。在此基础上，对吧本文对油田管理区进行了调研分析，基于 EPBP 完善的数据采集系统，收集和分析了钻井、录井、测井、采油气、生产管理、油气集输等专业报表，利用信息化手段，形成 31 张基层通用报表，并实现了实现基层岗位报表数据的可视化，减轻了劳动强度，提高了基层工作效率。

3.2.1　生产数据可视化的优势

通过在管理区调研发现：很多管理区出现了统计的数据量较大、井组注采变化不易观察并且海量的数据容易引起审美疲劳等问题。因此，需要找准管理区对生产数据可视化的业务需求，为管理区级统计人员减负，对井组注采相关数据进行统一分析整合，利用数据处理工具实现对井组注采曲线的自动生成。

3.2.2　生产数据可视化的过程

(1) 分析了某井组注采对应曲线需要的字段，以油水井生产数据为例，对应的数据表如表 1 所示，其中，水井包括井组名称、单井井号、日期、油压、日注等字段数据，油井包括井组名称、单井井号、日期、日产液、日产水、含水、动液面等字段数据。

表 1　某注采井组数据表

井号	类别	2008.1	2	3	4	5	6	7	8	9	10	11
×××	油压	13.2	13.5	14.3	9.7	13	12.5	12.5	13.2	13.8	13.4	14
	日注	68	52	53	68	95	85	81	88	73	59	67
×××	日产液	23.1	18.6	21.5	49.9	36.5	35.6	27.4	24.6	28.2	30	34.4
	日产油	6.8	6.1	7	12.1	15.5	10.5	5.6	3.4	3.7	3.7	3.7
	含水	70.6	67.2	67.4	75.8	57.5	70.5	79.6	86.2	86.9	87.7	89.2
	动液面	503	362	306	901	650	751	672	656	735	812	917

(2) 确定数据来源分析对应关系及平台。经过调研分析，各字段需要的数据接口为注采井组基础信息、采油生产数据、含水分析、液面测试记录，将字段数据与接口中的数据对应，数据服务平台具有完善的服务管理与管控能力，提供完善的数据访问机制，采用该平台建立起数据交互的桥梁，如图 4 所示。

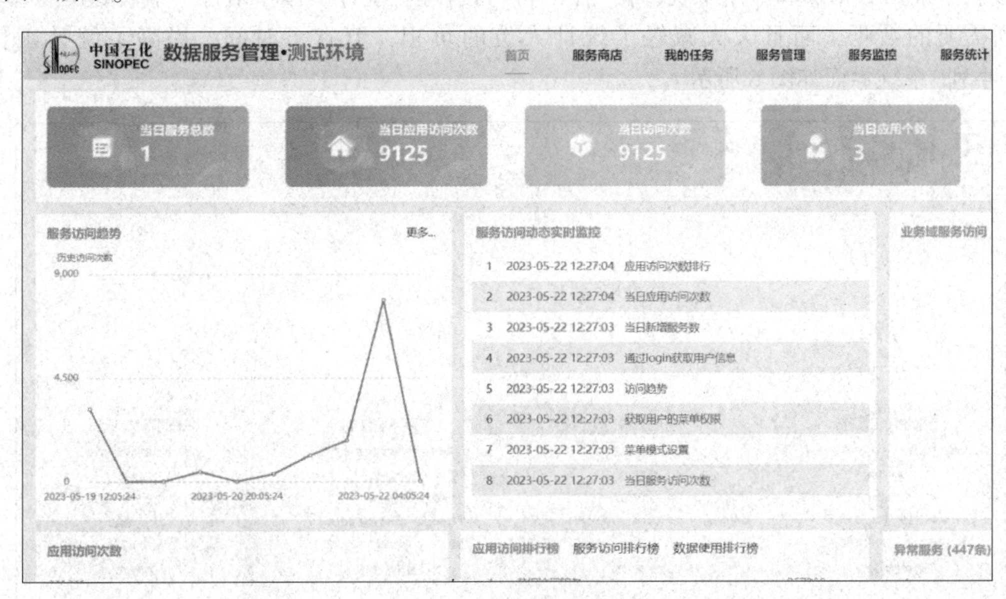

图 4　数据管理服务平台

(3) 低代码平台定制。首先申请相应数据接口，在赛鲁班低代码平台上设置完标题、表头、绑定数据、实现查询功能后，进行曲线定制，设置六条坐标轴，调整曲线界面，绑定数据，添加查询功能等，然后通过接口将测试环境查询服务和曲线进行绑定，最后在数据管理服务平台上完成发布服务，实现井组注采对应曲线的自动生成，使生产数据可视化。

3.2.3　生产数据可视化的结果

数据可视化曲线如图 5 所示。

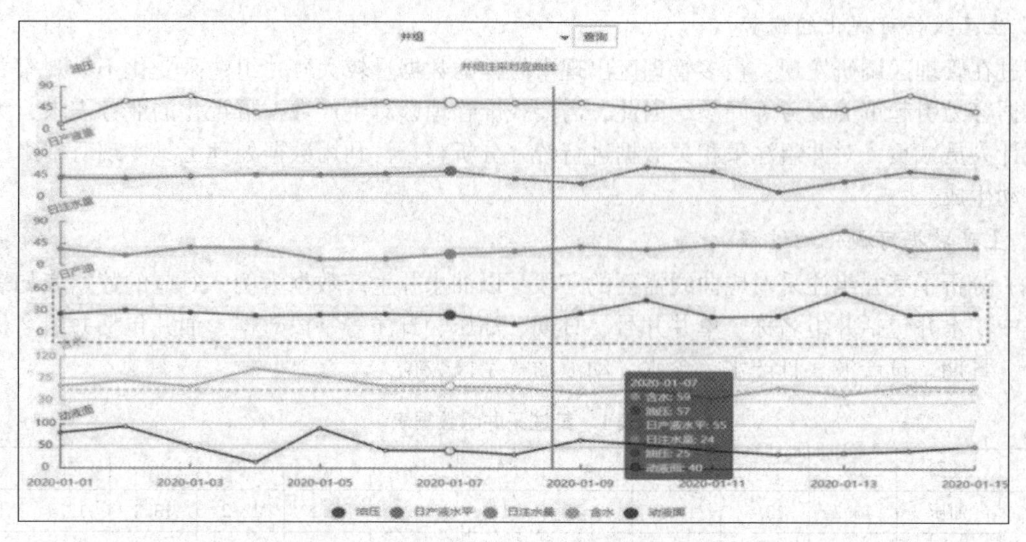

图5　数据可视化曲线

3.3　人工智能在统计工作中的应用

3.3.1　人工智能的定义

人工智能(AI)是研究、开发用于模拟、延伸和扩展人多理论、技术及应用系统的一门新技术科学，具有计算智能、感知智能、认知智能的特点。大数据和人工智能相互依赖，密不可分，采用大数据、人工智能的方法对提高统计数据的质量已经成为了一个热点。

3.3.2　胜利油田AI——“胜小利”

“胜小利”是由胜利油田自研的大模型人工智能助手，“胜小利”不仅学习了大量的油气专业知识，还接入了油田数据库和应用系统，将“胜小利”与管理区统计工作相结合，不仅能快速、较准确的获得所需要的数据，而且大大减轻了统计人员的负担，节省了时间，提高了统计工作的效率，“胜小利”系统界面如图6所示。

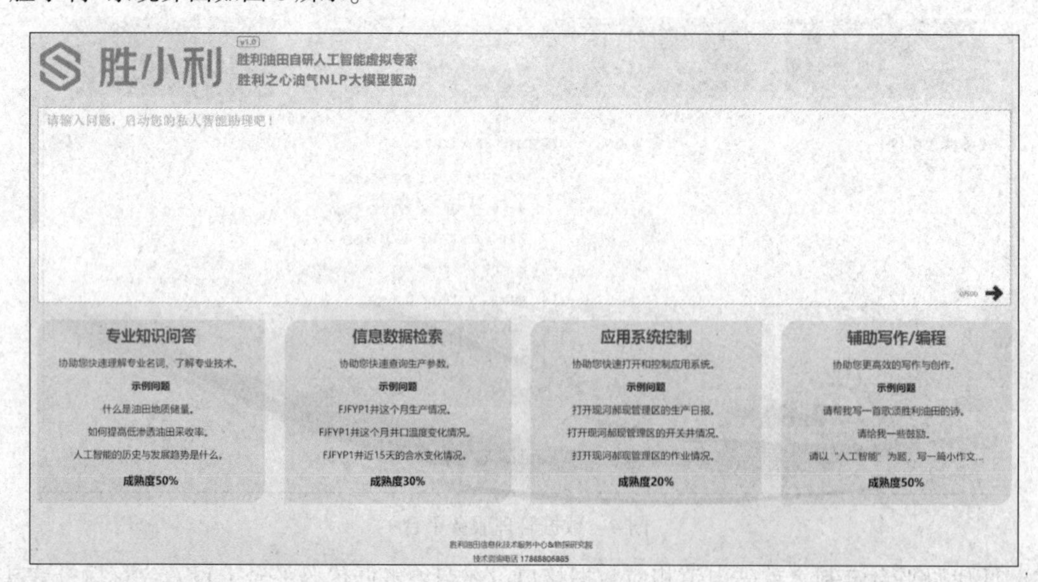

图6　“胜小利”界面

“胜小利”的主要功能有专业知识问答、信息数据检索、应用系统控制和辅助写作或编程的功能。

(1) 专业知识问答。“胜小利”能够协助管理区基层统计人员快速查阅所需要的统计数据，目前，“胜小利”已经学习了两万项油气勘探开发专业知识，能够帮助统计人员快速了解专业知识等。

（2）信息数据检索。利用“胜小利”的信息数据检索功能，能够协助统计人员实现快速查询生产数据，如查看某井某一天的日油、日液、含水等数据。

（3）应用系统控制。目前“胜小利”接入了接入了 PCS、岗位 OA 等部分模块，能够穿透传统应用系统，按统计人员的需求直达功能模块，如查看某管理区的生产日报等。

（4）协助写作和编程。“胜小利”可以协助统计人员创作文案、报告、稿件、公文等并且可以完成简单的编程任务。

4 结语

综上所述，统计质量是统计工作的基础。统计数据的质量不仅影响统计工作的质量和效率，还影响各级管理人员决策的准确性和科学性。因此，管理区要将提高统计质量和质量控制作为统计工作的核心，树立服务于整个油田的意识，加强统计数据各环节的监督，统计人员应该重视信息化的培训，运用信息化的方式如管理区数据报表的定制、生产数据曲线的可视化提高统计工作的效率，学会使用“胜小利”、用好“胜小利”，提高数据统计的效率，提升数据统计的质量，促进油田的高质量发展。

参 考 文 献

[1] 李英，龚恒. 浅谈煤炭企业统计管理工作[J]. 中小企业管理与科技，2010.
[2] 汪红霞. 浅谈煤炭企业油气数据质量的监控[J]. 中小企业管理与科技：上旬刊，2011.
[3] 李广，王建林，赵利强，等. 基于 Silverlight 的柔性生产报表系统的设计[J]. 计算机工程与设计，2013(7).
[4] 卢笑天，唐慧佳. 基于 XML 的可定制查询报表系统的设计与应用[J]. 计算机工程与设计，2014(5).

油田数字化转型对企业高质量发展的影响

马文韬　杜秀铎　王　燕　郑元黎　何东良

（胜利油田石油开发中心有限公司）

摘　要　在如今的环境下，数字化转型工作面临着艰巨的挑战和新的机遇。油田企业的数字化转型工作部门应该顺应时代的潮流，进行更加数字化的转型，从而节约人力和有限的资源，减轻数字化转型工作业务负责人员的负担。本文将油田企业数字化转型工作和“数字化”紧密结合，阐述“数字化”对油田企业数字化转型工作可能产生的影响，并对其未来进行探讨，从当前的实际情况出发，结合如今的现场生产运行实际情况，给出合理的建议和有关方向。

关键词　数字化；数字化转型工作；油田企业；行业转型；企业发展

1　当前情况下的油田统计分析工作

1.1　概论

大数据时代下，如今的油田行业数字化转型工作转型已经开始从“数据收集”向“数据分析”转变。在胜利油田，近年来信息化工作逐渐开始有了新的成效，很多井已经可以做到自动收集当时的井口有关信息，并传输到相关的服务器，不再需要人力进行相关数据的采集，一定程度上解决了部分难题，减少了工作量和人力的使用。但是在数据分析中，绝大多数的工作依然由人类承担，很多重复性很高、技巧性很低的工作仍由统计分析部门的员工来完成，而这一部分工作实际上绝大多数都可以由计算机自动生成。同时最重要的是，随着企业规模和新开井数的不断扩大和增多，每日上报收集的数据也在迅速的增长，统计分析人员面临巨大的工作量和工作压力。而作为每日工作必不可少的统计分析工作对企业的管理决策和日常生产状况起着决定性的作用，这为油田行业的统计分析工作提出了更大的挑战。其主要问题主要存在于以下四个方面：

（1）如何更好的完成统计分析从“数据收集”向“数据分析”的转变。

（2）随着数据量的不断增加，如何利用数字化模式减少人员的工作量。

（3）数据化统计分析工作在企业高质量发展中的地位、优势及实践。

（4）目前的数字化转型工作大多数情况下是各个部门各自为阵，各部门的数据链很难融合在一起。

而目前想要解决这四个方面的问题，需要改善统计分析人员的综合素质，充分挖掘有效数据，帮助企业在数字化转型的浪潮中优化转型措施。

1.2　当前国内外数字化形势

国外一些大的石油企业已经建立有统一数据管理中心，能够实现信息集成、共享以及勘探等方面工作的协调，广泛应用高性能知识管理系统以及计算等，在勘探开发协同工作和决策方面应用有虚拟现实中心。

20 世纪 80 年代，国外跨国油田企业已经开始应用 ERP，当前 ERP 系统的应用已经覆盖约 90% 石油企业，部分企业已经实现了全球范围整合。网络化、模型化也就是集成化和科学化，这是当前国外石化工业信息化和计算机化的主要特征。例如著名的沙特阿美国家石油公司、挪威国家石油公司等，其信息化起步早，发展速度快，目前的信息化水准高，很多统计分析工作也都已经进入全面数字化阶段，节约出大量的人力物力。并且，从上世纪九十年代以来，全球范围内的大型油田企业都开始大力实施 MES，并开始尝试将 MES 系统与 REP 系统集成在一起。相比较于这些信息化技术起步较早的世界知名跨国油田企业，我国的石油化工行业数字化程度不强，但是在近几年，以胜利油田为例，其信息化近几年来虽然有所成效，例如 EPBP 系统、PCS 系统以及 SCADA，但是仍与国外有较大差距。目前而言，在统计分析领域，其差距更为巨大。

2 数据化转型分析

随着各项互联网技术的不断发展和成熟，各项技术在石油油田行业的运用也越来越多。云技术、物联网、人工智能等技术都能运用到其中来减少人员的参与从而减少人员投入，提高容错率。

2.1 人工智能(AI)技术

对于人工智能的定义，从这个学科诞生以来，就备受争议。著名的尼尔逊教授对人工只能是这样定义的："人工智能是关于知识的学科——怎样表示知识以及怎样获得知识并使用知识的科学。"但实际上，这种定义过于局限，没有与日常的生产生活相结合，相比较而言我比较喜欢美国麻省理工学院的温斯顿教授的说法："人工智能就是研究如何使计算机去做过去只有人才能做的智能工作。"这反映了人工智能基本的思想和实践作用，就是利用 AI 去完成原本由人类完成的，需要人类的智力的，可能需要复杂的思考方式的工作。而对于石油油田行业而言，能够首先由 AI 胜任的工作必须具有以下几种特点：重复性、简易性、并用性。

而所谓重复性，顾名思义，每天都要做的、工作内容差不多的、反复的工作内容，这种工作往往不需要复杂的思考和健全的 AI 神经网络，能够迅速的训练简易的 AI 就可以胜任工作，同时不需要长时间的持久的训练。简易性是指这类工作往往工作内容多，从事相关的工作人员累，工作难度低，非常适合 AI 进行定岗试验。而并用性则是指完成 AI 训练之后，AI 只经过小幅度的修改就可以投入新的业务工作中，减少了经济消耗。AI 在生产实际中的提升主要体现在以下四个方面：

(1) 运用 AI 能提高风险感知能力的全面性

运用 AI 统计分析和巡检等业务方面，通过摄像头、传感器、提前的数据约束等来实现对类型的风险及隐患的检测与排查，并能够快速的将结果数字化显示出来。员工只需要处理出现的问题或隐患即可，大大节约了人力。在统计分析方面，对于每天都需要收集的数据、报表等，通过提前训练 AI 和提前做好有关数据约束，在当天的报表数据出现异常情况时，AI 可以迅速的进行分析，并将分析结果反馈给工作人员，从而大大减少工作量，解放生产力。

(2) 运用 AI 提高决策效率

通过知识图谱，AI 可以对报表数据等信息进行迅速的快速的处理，并且错误率远远低于相关从业人员的评估。

(3) 减少对人员的依存度

通过对新员工的少量培训，让其掌握控制 AI 的方法就可以替代过去若干熟练的工人。而传统的统计分析模式需要依靠老员工大量的经验来通过异常数据分析油井可能出现的问题，培养新人需要投入大量的精力和时间。同时 AI 可以提高自动化程度，减少对人员的依存度。

(4) 降低运营成本

在可以通过 AI 对事故进行预防，从而降低事故发生的概率，进而减少停工停产时间，减少运营成本，提高运营效率。

2.2 当前数字化转型工作数字化中的问题

数字时代来临，业务不断扩展，促使油田统计在企业运营中发挥着越来越大的作用，但是目前而言，油田数字化转型工作依然存在问题，以至于数字化转型工作存在问题。想改善这种情况，必须探讨目前数字化转型工作转型中出现的问题。

2.2.1 数据挖掘和分析水平不足

在我们不断努力之下，当前的胜利油田信息化建设已经初具规模，但是总体而言还是处于初级阶段，信息化内容仍然处于信息数据的筛选收集和简单的分析。企业每天所需要的关键信息数据依然来自统计部门。而数据的分析和预测结果由人类完成，影响因素很多，例如业务人员的业务水平高低、对数据的认知水平、甚至是当日的工作状态等。所以由人工来完成相关工作效率较低、主观性高、质量参差不齐。特别是目前数据规模的不断扩大，无法对数据进行有效的数据挖掘，不能实现准确的预测，从而对企业产生影响。

2.2.2 传统统计分析不能适应现在时代背景的要求

应集团公司减少成本，增加效益的要求，现在油田企业普遍开展减员增效的工作。这使得很多企业的数字化转型工作开始向辅助职能转变，专职统计人员越来越少，需要统计分析的数据却越来越多，这就使得整个统计部门的专业性开始下降。而统计人员仍在使用传统的方式来对付日新月异的生产数据和预测需求，使得效率无法得到有效的提升。

2.2.3 作业统计报表中的不足

目前在胜利油田，每日的作业统计报表需要分析处理大量的数据，并根据数据是否异常总结可能出现的有关问题。统计报表中，很多数据都不能直接通过井口的各种传感器直接获得，必须通过人工计算分析处理后才能得出，这就产生了大量的工作量。而这些工作每天都是重复的、相同计算方法的，可以快速的通过计算公式数字化完成的。如图1是某日生产运行作业报表的一部分，可以看出很多数据都是可以通过信息化、数字化自动生成的。通过一个例子可以变相说明，目前胜利油田还是有很多方面可以使用信息数字化方式来节约人力物力。

1	主体作业队	油气井下	17	小修设备	13	6	3	5	4	3	6
2	局工程公司	井下作业		大修设备	2						1
3	社会队伍	承包商	35	试油设备							
合计			52	合计	15	6	3	5	4	3	7

图1 生产运行作业报表截图部分

2.3 AI技术在生产中的应用

当前生产中AI技术目前主要应用在以下三个方面：

(1) 利用AI智能化，不仅可以在每日的生产数据的生成、统计和分析中扮演重要角色，在油田行业安全生产方向也有很大的舞台。在绝大多数单位的生产指挥中心中，指挥安全生产的工作还是由人来做，工作压力大，容错率低，尽管现在很多监控系统都融合了AI模式，但是还是没有真正做到AI独立完成，很多情况下必须由人类辅助。而利用AI不断的学习可能出现的违规情况，就可以自动识别出井场上的特殊情况，速度更快，虽然准确率可能不及人类，但是可以更早的发现问题。如图2所示，为当前的主流监控系统部分截图。框内为AI自动检测出的问题，比如井场出现人物活动报警、检测到未佩戴安全帽等违规行为。

图2 监控系统

(2) 当前在胜利油田中应用互联网技术的还有智能安全帽。智能安全帽主要利用物联网，空间定位，移动通信、云计算、大数据、AR和AI等技术，同时能实现16大功能，且能真正落地解决各行业施工中的一系列安全和管理问题，137°超广角前置摄像头，让拍摄呈现更广视野，1080P+1300万像素，更是让图像画质无损，细节不失真。应用范围广泛，例如电力、工程、码头、矿业、铁塔，制造业，能源等领域，如图3所示。

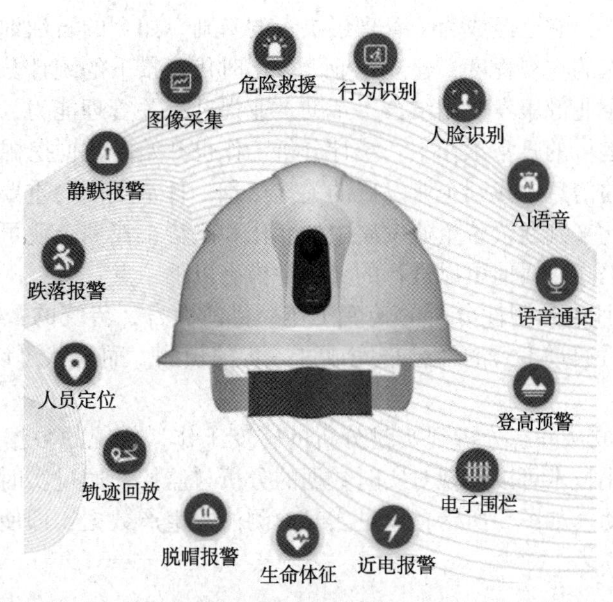

图 3　智能安全帽功能大全

(3) 横向上整合视频会议、可视电话、视频监控、固定电话、华为 WeLink 等系统，满足便捷沟通需要；纵向上向基层延伸，实现油田、二级单位、生产现场之间联通，为生产调度、突发事件、应急会商等业务提供高效的通信支撑，形成符合油田特色的"智慧指挥调度"示范工程，如图 4 所示。

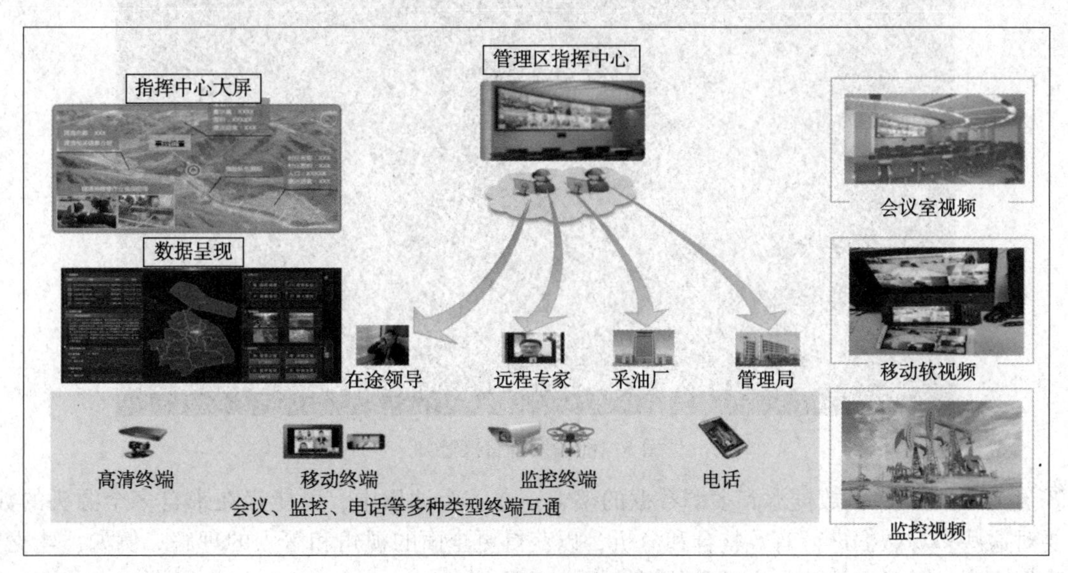

图 4　统合通信架构

3　企业数字化转型的具体措施

传统的数字化转型工作在企业中大多以报表和分析报告的形势展现结果，并且都是事后统计分析，具有滞后性，不利于油田企业及时应对瞬息万变的市场环境。随着互联网技术的高速发展，统计分析人员可以随时读取企业的相关数据信息。为了适应企业的高质量发展，帮助管理决策者可以及时掌握一线的生产数据，即使做出管理部署或改变运作方式，当前的油田企业应该整理内外所有的数字资源，然后在电脑或手机端上显示生产数据，才能符合与时俱进的企业高质量发展道路。

3.1　企业数字化转型工作转变的方式

3.1.1　改变数据分析统计理念

为了进一步增产，减少成本，企业不能进一步保持传统的统计分析流程，而统计分析是石油油田行业不可缺少的一部分，它已经成为了管理层决策的基础。如今的石油油田企业应该正视这种改变，加强对统计分析工作的重视程度，建立企业大数据时代背景下的统计分析发展策略，使得统计分析工作能够有效地与企业健康发展相结合，帮助企业提升有关管理能力，改变管理方式。越来越多的信息开始进入生产运行的日常工作中，统计分析工作也开始向数据挖掘和预测转变。

为了能在越来越多的信息中找到企业发展的关键信息，日常生产的重要信息，一定要时刻总结市场竞争中的规律，以此来判断改善企业发展中的变化和趋势，找到企业可能存在的问题并及时改正，帮助企业不断发展提高。目前可以进行的具体举措有以下三点：

① 完成从描述性统计到预测性分析的转变工作。目前而言，传统的数据分析通常侧重于描述数据的现状和趋势，然后通过工人的经验来完成进一步的预测。而现状可以通过 AI 等技术进行预测性分析。

② 进一步推广并完成从静态分析到实时分析的转变工作。传统的数据收集和分析是依靠静态的数据集进行，而数字化技术可以实现对实时数据的分析与监控。通过实时数据分析，可以及时发现问题和机会并采取行动。如图 5 所示，通过实时检测油井生产数据，即使调整操作策略，提高产量和效率。

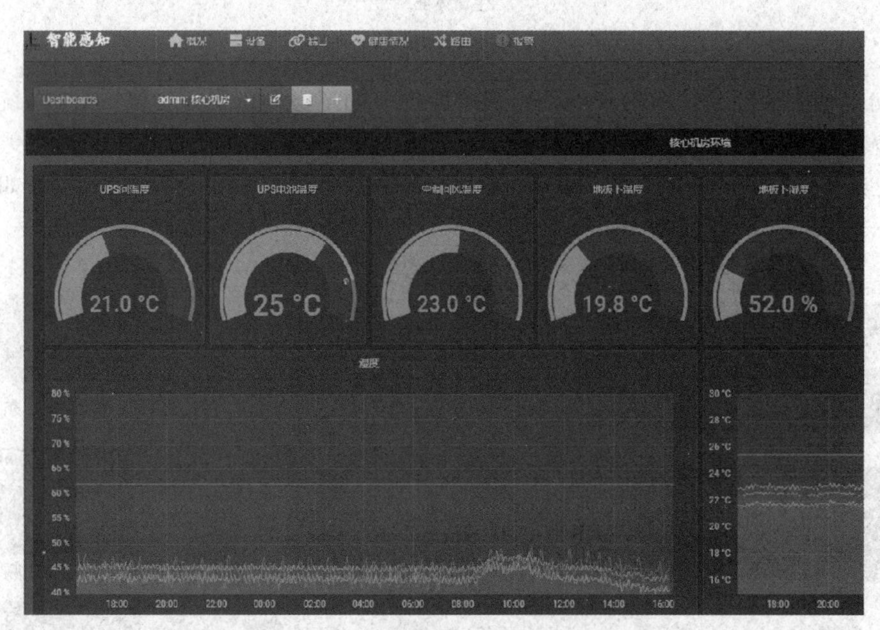

图 5　前端设备智能感知

③ 继续完成从单一数据源到多源数据的整合。在一个油田中，可能存在来自多个源头的数据，我们要对这些多源数据进行有效整合和分析，以获得更全面的视角和深入的理解。例如，建立数据湖或数据仓库，并且采用数据集成和数据挖掘来实现。

3.1.2　不断完善数据共享平台

在企业数字化转型的过程中，由于石油油田行业的特点：生产规模大、工艺流程复杂、生产所需的原材料或基础设施多、产品类型复杂等，油田企业所涉及的各项数据类型更加繁杂，各种各样的数据有各种各样的约束条件，使得数字化进程十分困难。所以要对企业生产运行中的各个阶段的数据都有监控，动态数据的提供会严重影响企业的生产经营和发展。如果数据能够实时的反应在生产中相关的数据，通过这些数据来调整企业的生产经营，保证企业在多变的市场环境下的经济效益。因此，油田企业应当建立数据共享平台。

这种数据共享平台会根据访问者的权限为访问者提供不同的访问页面，页面上的数据也会有所不同。这些数据来源于企业各个生产环节中传感器或其他数据货期装置所获取的实时数据，同时这些数据也反应了生产生活中的实时状态，依靠这些实时数据，可以对生产状态进行时刻的调整，以符合当前的生产需要。同时对某些重要的生产数据设定警戒值，一旦出现不符合设定的警戒值的情况，离开就会报警，然后提供一个可能的改进措施，这对于企业日常工作和平衡结算都有着非常重大的意义。

完善数据共享平台：制定明确的数据共享政策和准则，确保数据的攫取合法、合规和安全。在确保访问安全的同时，建立适应数据共享需求的架构，确保数据本身的安全。同时对上传到平台的数据进行标准化控制，以确保数据的一致性和可互操作性。

3.1.3 提升统计分析人才水平

为了能够完美的完成统计分析数字化转型工作，企业应该建立一个专业的数字化团队，或者寻找合适的数字化团队与其进行长期的合作。同时也不能忘记加强对统计分析人员的相关培养和培训，因为有很多核心的数据是企业的机密信息，尤其是石油油田行业，这些机密不能被外人所触及，所以起码应该保持一个能够随时运营维护相关数字化产业的团队，以保证数据的安全性。

加强统计人员的日常数据处理水平还能够更好地贴合数字化系统，使其对各个系统的业务流程有一个清晰的掌握。加强信息统计人员使用新工具的能力，提升数据挖掘、收集、统计的综合能力。只有做到专业知识和企业的具体情况进行有机地融合才能够将信息分析和预测工作的效果发挥出来，帮助企业做出正确的临时决策。

提升统计分析人才水平：开展专门的培训和教育计划，以提高统计分析人才的专业知识和技能。可以包括内部培训课程、外部的培训机构合作、在线学习平台等。提供实践机会，在学习中实践，增加对实际情况的理解和洞察。最后增加激励和奖励机制，鼓励统计分析人才不断的自己提升技能素养。

3.2 建立企业数据链

对于一个企业内部的数据链，很多时候，一个部门的数据难以与其他部门实时共享，各个部门使用各个部门的系统，各个系统直接没有关联，在实际生产中经常出现问题。应该建立一个共用或互有访问接口的系统或系统链，使得单位各部门各系统之间有所关联，每个系统都可以通过权限判断等措施，来判断用户是否有访问其他系统的权限，以此来获取其他系统中的信息。这样，数字化转型工作就可以融合在一起，形成数据链，减少工作量。

合理的企业数据链目标是在企业内部构建和管理完整的数据价值链，从而实现数据的高效获取、整合、存储、分析和应用，从而支持企业决策和业务运营。以胜利油田为例，当前胜利油田很多部门很多科室使用单独的系统，各个系统之间没有接口，相互独立，我们首先应该建立数据采集和整合机制，收集来自不同业务系统和数据源的数据，并进行数据清洗、转换和整合，以此提高数据质量。目前，胜利油田已经开始有关业务系统的整合和回迁工作，同时搭配数据湖和云存储，可以更好的管理企业的数据资产，并完成有关企业数据链的完整建设工作。

4 总结

在油田企业运行的过程中，数字化转型工作就是不断收集信息、分析信息、得出结论，汇集各方的数据，并作为企业决策的重要参考依据。因此如果能够保证统计分析结果的正确性和科学性，那么对于企业发展和决策的重大作用绝对不能忽视。但是在数字化背景下，油田行业数字化转型工作方面的不足会对工作的展开产生制约，所以应该推进一系列改革政策，推动其数字化转型。首先数字化转型提供了更准确、全面和实时的数据基础。其次，数字化转型促进了数据驱动和决策测的优化。此外，数字化转型加强了数据共享和合作。通过数字化转型，企业可以实现高质量发展，提高决策效率、优化生产效果，并在竞争激烈的市场中取得持续的竞争优势。

参 考 文 献

[1] 王玲. 信息化引领石化行业能效未来研究[J]. 中国石油和化工标准与质量，2018，38(05)：84-85.
[2] 周云霞，宋育贤. 国外石化信息技术应用特点及趋势[J]. 国外油田工程，2001(02)：29-31.
[3] 薛晓燕. 大数据背景下石化企业统计分析工作研究[J]. 石化技术，2019，26(12)：238-239+231.
[4] 陈建东. 移动视频采集在煤炭企业安全生产中的应用探索[J]. 中国信息化，2014，239(15)：55-57.

长输油气管道无人值守站建设技术篇

在全球能源需求快速增长过程中，长输油气管道是油气资源外输的大动脉，如何保证其安全高效平稳运行显得尤为重要。为提高长输油气管道智慧化水平，增加信息化、数智化等技术应用程度，无人值守站建设技术重要性日益显现。在本篇论文集中，将从数字化无人值守站场建设、无人值守站场综合安防管理应用、管网智能控制系统研究、无人机巡检应用实践等方面系统总结分析应用实践案例，并探讨在建设过程中所面临的挑战与解决方案。通过本论文集的研究成果，我们期望能够推动长输油气管道无人值守站建设技术的进一步发展，为相关领域的专家学者提供有价值的参考和指导，并希望这些研究成果能够促进无人值守站技术与长输油气管道的安全高效运行相结合，保障油气资源外输通道的畅通。

省级天然气管网公司
在无人站建设上的功能应用探索

朱　振　顾鹤麟

（国家管网集团广东省管网有限公司）

摘　要　面对天然气作为清洁能源发展的新形势，我国天然气长输管道企业正坚定不移地走新型化、智能化、信息化道路，积极探索"无人站"建设与"区域化"管理。"无人站"已逐渐成为天然气长输管道企业数字化转型、智慧化、降本增效、提高本质安全的关键支撑。

广东省管网公司根据广东省"全省一张网"战略目标开展了"2021"工程建设，即2020年实现管道天然气通达广东省21个地市目标。2018年，联合多家设计院，经充分调研论证，公司提出了"2021"工程"有人值守、无人操作、远程控制、区域管理"十六字方针，输气站场设计、建设均执行十六字建设管理原则。本文以广东省管网公司"2021"工程建设为背景，介绍了省级天然气管网公司在"无人站"建设道路上的功能应用探索。

关键词　省级天然气管网；无人站；激光云台；远程运维；计量诊断

1　前言

进入21世纪，以人工智能、大数据、云计算、物联网等为标志的第四次工业革命正孕育兴起，开启了智能时代的序幕。天然气管道企业应紧紧抓住这一历史性的发展机遇，积极探索实践智能管道、智慧管网的发展道路。在这一过程中，站场作为基本关键的生产单元被赋予更多的责任和更高的要求。

随着油气行业自动化控制水平和设备设施可靠性的显著提升，加上集中调控、远程诊断、远程运维技术的日渐成熟，传统24小时值守盯屏监控模式与当前天然气管道安全高标准高管理要求不再匹配，与珠三角经济高速发展形势下人力资源配置不再匹配。同时，站场、阀室的工艺运行数据传统监控已无法满足管网的"智能化、智慧化"管理的要求。

为了满足全面远控、集中监视、远程诊断、远程运维的功能要求，自动分输全面远控、激光云台泄漏监测、PLC远程运维、计量远程诊断、工艺仿真及工业大数据中心等技术被引入作为"无人站"建设的基本技术要求。更加全面的周边态势感知数据通过工业物联网技术汇集到调控中心，在调控中心进行集中展示、存储、处理和分析，为天然气管网"无人站、区域化"形势下的安全生产运行决策提供数据支撑。

2　"无人站"建设的必要性

"无人站"建设是打造智慧互联管网战略目标的需求。根据集团"两大一新"战略，基础数字孪生体及工业互联网平台建设，采用大数据、云计算、物联网等新技术，实现油气管网"全面感知、综合预判、一体化管控、自适应优化"目标，站场信息的"全面感知、一体化管控"是构建智慧互联大管网的基础。

"无人站"建设是适应数字化转型和创新发展战略的需要。数字化转型作为现阶段集团公司发展的重大举措，通过数字化与管道运营深度融合，能进一步提升企业效益、提高站场本质安全、降低人工运维成本。通过“无人站”监视、调控中心集中监控，实现站场的数字化是实现管网数字化转型的基础。

“无人站”的建设是提高站场本质安全的需要。“无人站”将实现区域集中巡检，实现站场安全风险点的全面管控，有利于加强设备设施完整性管理，有效提高设备故障维修的及时性，提强设备的可靠性，提高站场本质安全水平。

3 广东省管网公司简介

国家管网集团广东运维中心(广东省管网)是国家石油天然气管网集团有限公司的直属企业。广东省管网前身是成立于 2008 年的广东省天然气管网有限公司，融入国家管网集团前股权结构为广东能源集团 28%、中海油 26%、中石化和中石油各 23%，是国内首家采用纯“管输”运营模式的省级管网公司，负责建设运营全省一张网，为各类资源主体和下游市场用户提供公平开放和公平竞争的服务平台，管输费执行全省“同网同价”政策。

2020 年 10 月，广东省管网整体划入国家管网集团，成为首个以市场化方式融入国家管网集团的省级管网公司，被国家管网集团和广东省人民政府作为省网融入样板工程来打造。

2021 年 8 月，组建成立国家石油天然气管网集团有限公司广东运维中心，负责受托运维国家管网集团在粤天然气管道。目前广东运维中心受托运维管道 3196 公里，初步形成以珠三角为中心、横跨粤东西北的全省“一张网”。“十四五”期间，规划新建管道 1700 多公里，到 2025 年运维管道里程达到 5400 公里以上，如图 1 所示。

图 1 广东省管网管道示意图

4 全面感知、全面远控功能应用探索

4.1 全面远控功能

“2021”工程在工艺设备全面远控方面依托原 CDP 设计标准，结合省网安全运行特点，以生产工艺全面远控，工艺流程自动切换为自动化逻辑控制目标。

自控逻辑包含正常启站逻辑、正常停站逻辑、分离器故障切换逻辑、计量回路切换逻辑、调压故障切换逻辑、单用户启输逻辑、单用户停输逻辑、正反输切换逻辑以及自动分输控制逻辑。自控逻辑的投用，减少了站场运维工、调度员人为操作失误的风险，提高了天然气管道整体运行管控水平，如图 2、图 3 所示。

4.2 安全保护功能

除常规工艺流程远控逻辑外，安全保护功能是生产安全保护红线。在安全保护功能方面，广东省管网公司“无人站”设置有独立于基本过程控制系统的安全仪表系统。在机柜间、工艺区边缘、逃

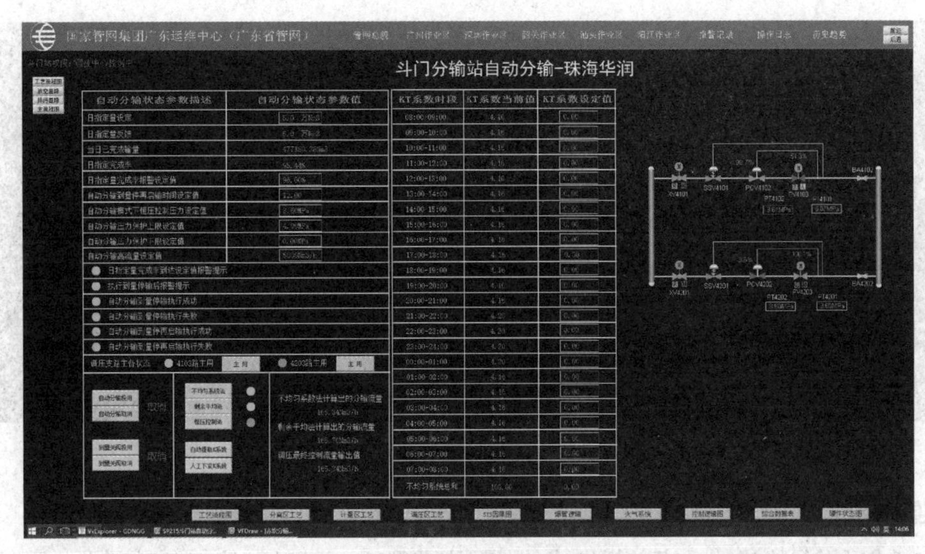

图 2　自动分输逻辑示意图

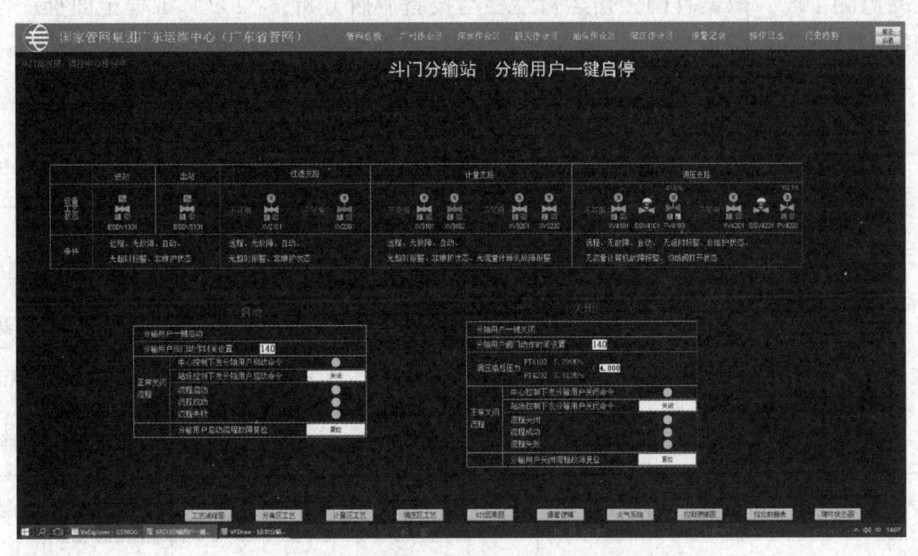

图 3　分输用户启停逻辑示意图

生门处均有 ESD 按钮，该按钮为两常闭回路，并且具备断路、短路诊断功能，有效防控 ESD 按钮回路异常导致误动作风险。同时，干线截断阀爆管保护功能由 PLC/RTU 实现，采用双压力变送器二选二表决机制，具有较强的安全冗余度与可操作性，如图 4、图 5 所示。

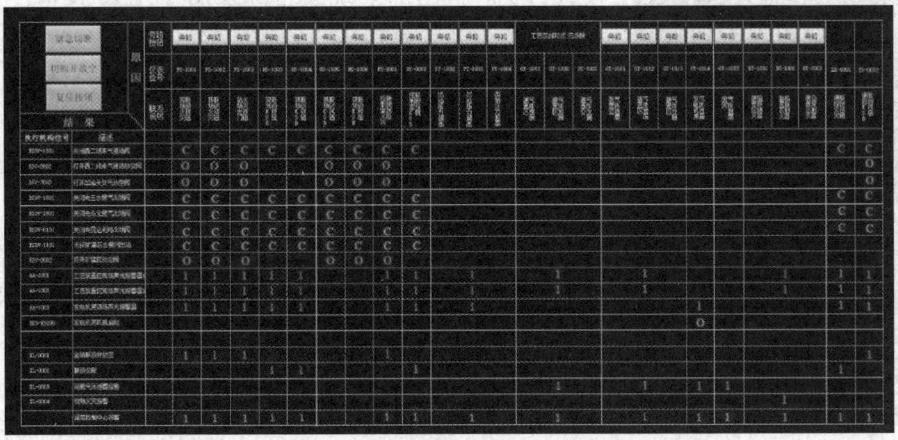

图 4　安全仪表系统因果逻辑图

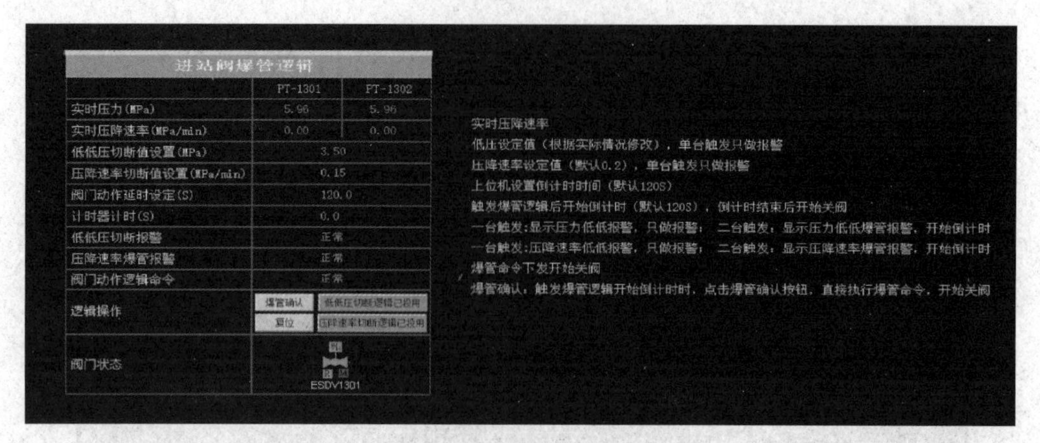

图 5　干线截断阀爆管保护逻辑图

4.3　泄漏监测功能

常规固定式可燃气体检测方式包括点式红外、点式激光、对射红外、对射激光，同时也有超声波的间接泄漏监测手段，根据省网公司运行经验与设备调研分析，“2021”工程全面推广使用激光云台泄漏监测技术，如图 6 所示。

检测方式	灵敏度	可靠性	气体选择性	响应速度	稳定性	使用寿命	量程范围	大批量使用经济性	维护保养
红外式	较高		燃			年内			
红外对射式	2%LEL.m 较高	一般	非单元 素烃类可燃	≤10s	一般	3–5年	较大	价格适中	一年标定
泄漏可闻 噪声检测	——	一般	任何气体	≤1s	较好	5–10年	大	价格较高	无漂移 基本免维护
光纤振动原理	±0.1 非常高	较高	任何气体	≤1s	较好	5–10年	一般	价格高	无漂移基本免
激光对射式	2ppm.m 较高	较高	单一	≤1s	较好	5–10年	大	价格高	无漂移定期维护
激光云台扫描式	2ppm.m 非常高	较高	单一	≤1s	较好	5–10年	大	价格高	无漂移定期维护
超声波气体泄漏 测探器	——	较高	任何气体	≤1s	较好	10年以上	大	价格适中	无漂移基本免维护

图 6　不同可燃气体泄漏检测技术对比

激光云台检测

数据名称	数据
激光云台浓度	0ppm
激光云台报警	●
激光云台故障	●
激光云台 俯仰位置	4996
激光云台 水平位置	29937
激光云台 预置点到达	到达
激光云台 预置点编号	1081

图 7　激光云台数据监视

激光云台甲烷检测系统是一套基于可调谐半导体对甲烷浓度进行实时检测的系统设备。采用 TDLAS 技术，通常使用单一窄带的激光频率扫描一条独立的气体吸收线，并且无需设置反射器，利用激光在气体中的漫反射进行信号接收。如果在监测仪与反射面之间有甲烷气体，激光将被部分吸收，监测仪接收到反射回的激光并测量其吸收率，来判断目标区域是否产生了天然气泄漏，如图 7 所示。

受温度、湿度、风速、粉尘等环境影响，可燃气体泄漏释放形成的气团大小严重影响激光云台监测结果。根据《石油天然气工程可燃气体检测报警系统安全规范》，激光云台甲烷检测系统不作为标准可燃气体监测系统，仅作为可燃泄漏的预警报警功能使用。目前，广东省网激光云台投用 50 余台，激光云台作为一台可燃气监测仪表，其信号直接接入 SCADA 系统，均能在一定程度辅助值班人员发现可燃气泄漏，如图 8 所示。

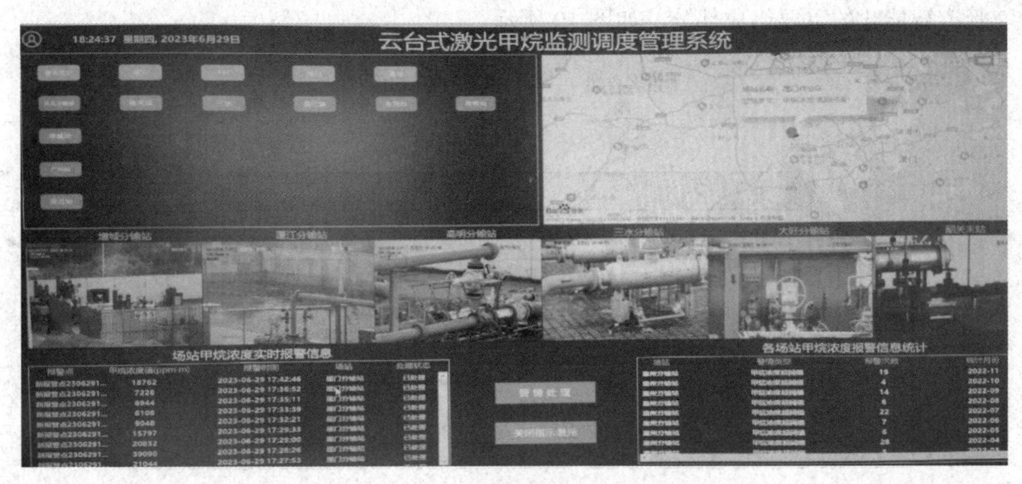

图 8　激光云台数据集中监视

5　远程诊断、远程运维功能应用探索

推行“无人站”管理模式，解放了站场运维值守人员实时盯屏，工艺设备运行参数监控职责转移到调控中心侧，设备巡检职责也转移到了调控中心侧。

广东省管网公司自建调控中心一座，负责所辖二级调控管道远程监控任务。为实现远程诊断、远程运维，规划建设实现了集中监视报警功能、应急指挥功能、设备远程运维诊断功能、管道完整性管理功能、通信一张网运维管理功能、工控网络安全管控与态势感知功能等。远程诊断、远程运维是省网公司未来运检维一体化管理模式下专业化运维中心的关键功能。

5.1　PLC 远程诊断功能

PLC 远程诊断系统主要实现现场 PLC/RTU 的故障诊断与远程维护。PLC/RTU 的远程诊断包括内部各个模块(如 CPU 模块、电源模块、通信模块、冗余模块、DI 模块、AI 模块、DO 模块等)的状态信息，不同的模块包含不同的状态信息，如运行状态信息、故障状态信息、通道状态信息等，如图 9 所示。

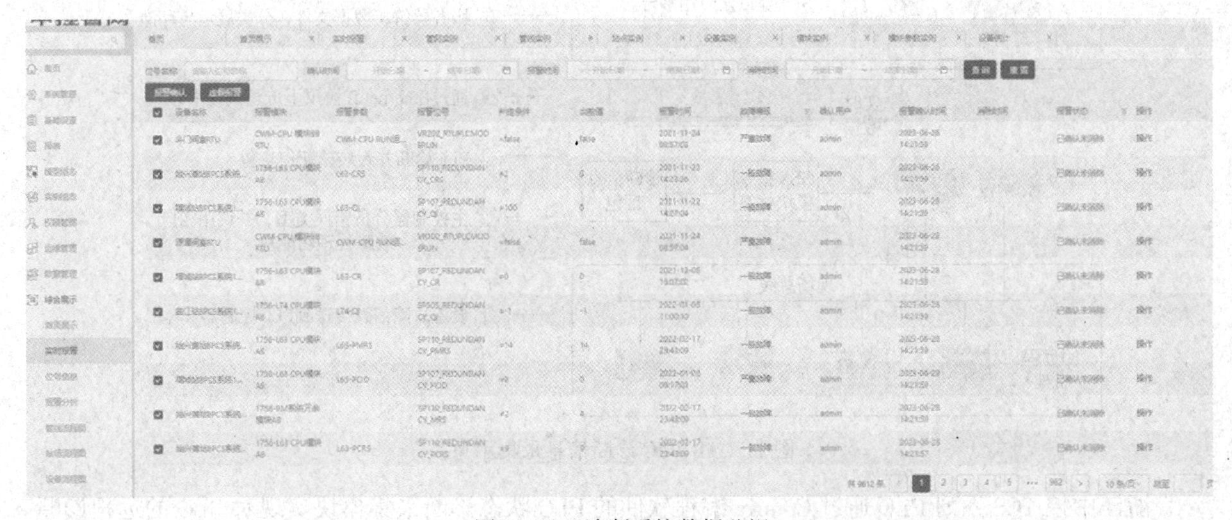

图 9　PLC 诊断系统数据监视

广东省管网调控中心新建设了一套 SCADA 系统，与各站场阀室控制系统 PLC/RTU 进行直接通讯，并采集诊断数据，保存至 SCADA 数据库中。PLC 远维系统以 SCADA 系统采集的控制系统诊断数据为基础，对所辖的站场及阀室 PLC/RTU 系统进行设备建模及组态，并发布至 PLC/RTU 远维系

统工作站，为自动化运维人员提供设备远维的监视界面，实现 PLC/RTU 设备的监视与诊断，是实现天然气管道智能化的重要组成部分，如图 10 所示。

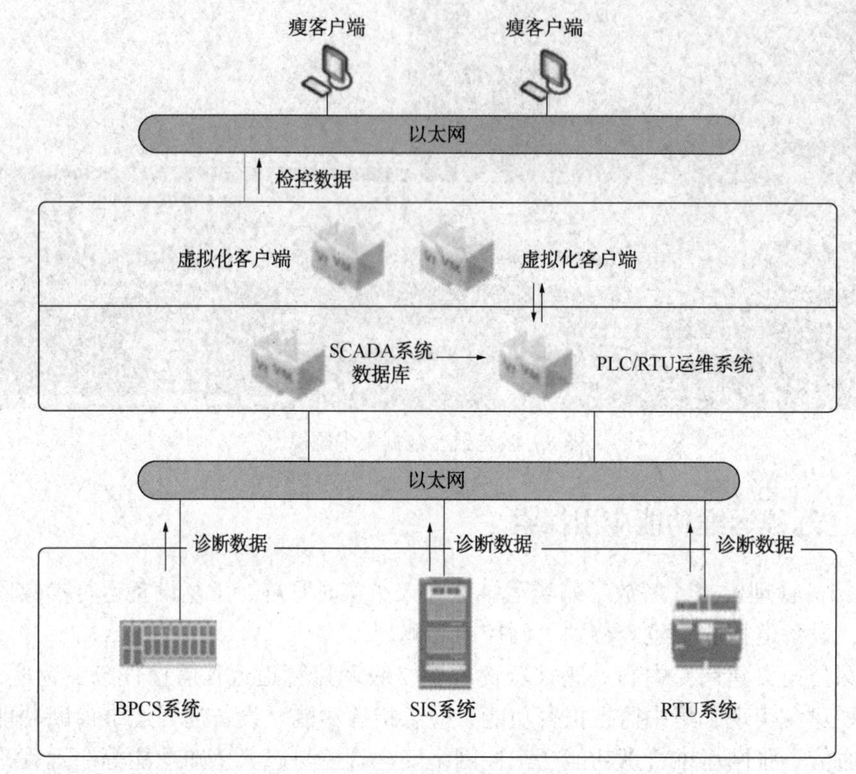

图 10　诊断系统数据路由

AB ControlLogix 系列 PLC 通过 Logix5000 编程软件的 GSV 功能块和模块标签来建立系统的状态信息标签，然后通过 RSLinx 的 OPC 通信功能，实现数据采集。AB PLC 诊断信息采集过程如图 11 所示。

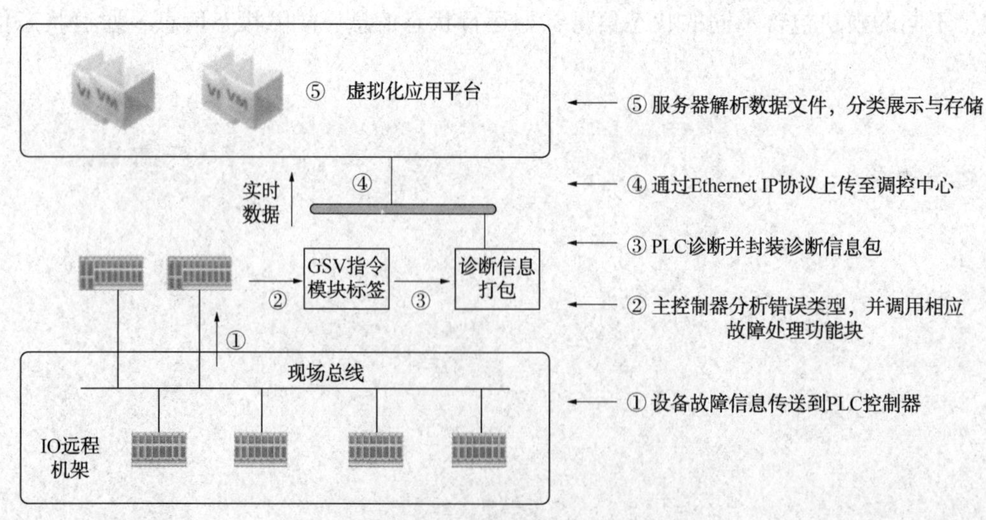

图 11　AB PLC 诊断信息采集示意

浙江中控 TCS 系列 PLC 通过 Contrix 编程软件的 PLC 状态诊断采集模块实现对 PLC 的远程诊断功能。SUPCON PLC 诊断信息采集过程如图 12 所示。

BB RTU 的诊断信息可以通过激活 BB RTU 硬件组态方式获取，诊断信息采集过程如图 13 所示。

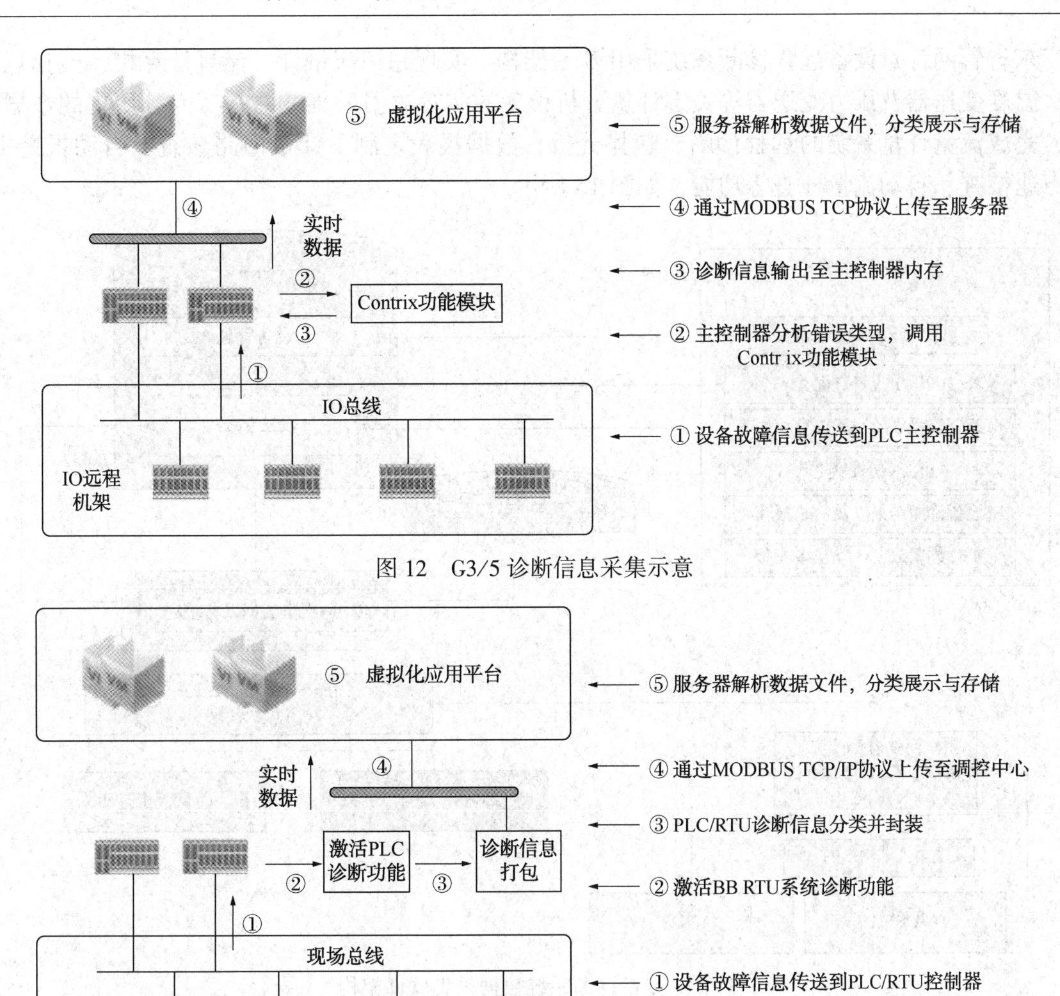

图 12　G3/5 诊断信息采集示意

图 13　BB 诊断信息采集示意

5.2　计量设备远程诊断功能

计量远程诊断系统可实现从广东省管网调控中心直接对站场超声计量系统进行诊断、测试和监控。通过计量远程诊断充分发挥超声计量系统的技术优势，有效分析计量系统运行状况并及时发现计量设备故障，由故障性维修转为预防性维护，提高工作效率并节省计量设备现场管理成本，如图 14 所示。

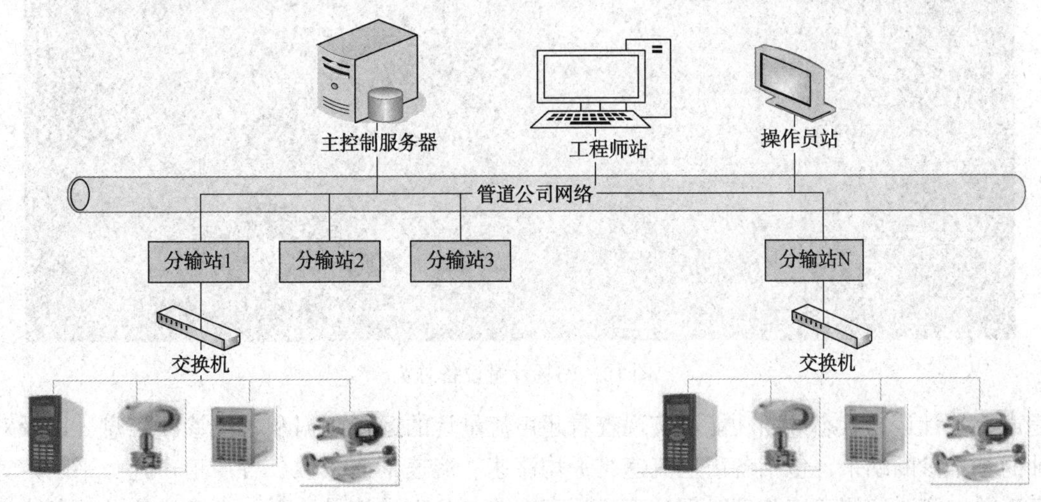

图 14　计量诊断系统架构图

广东省管网计量设备远程诊断系统采用B/S架构，实现超声流量计、流量计算机、气相色谱分析仪、温度变送器及压力变送器等关键计量分析设备的实时数据采集，并在实时、历史的数据库基础上，完成流量计量系统的远程诊断、趋势分析、数据报表定制、计量回路核查、自动报警提示、自动声速核查、自动流量核查等功能，如图15所示。

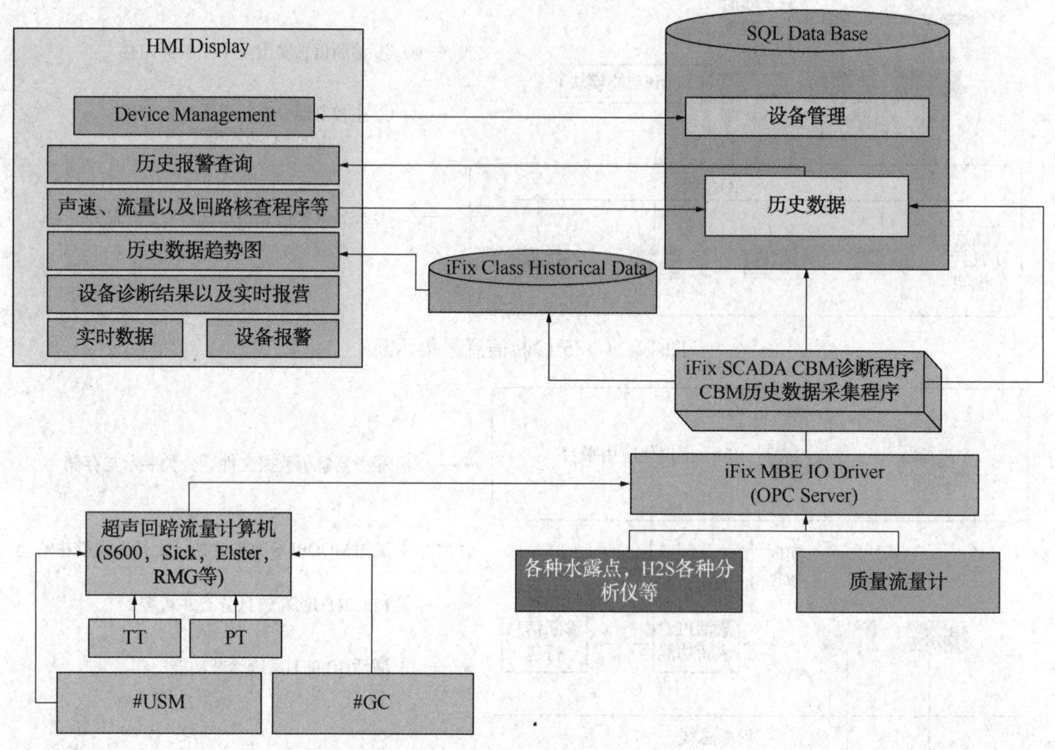

图15　计量诊断系统数据采集软件架构

计量站场设备运行状态监视功能可实现站场计量回路运行状态集中监视。包括超声流量计、流量计算机、温度变送器、压力变送器的运行状态、报警信息，如图16所示。

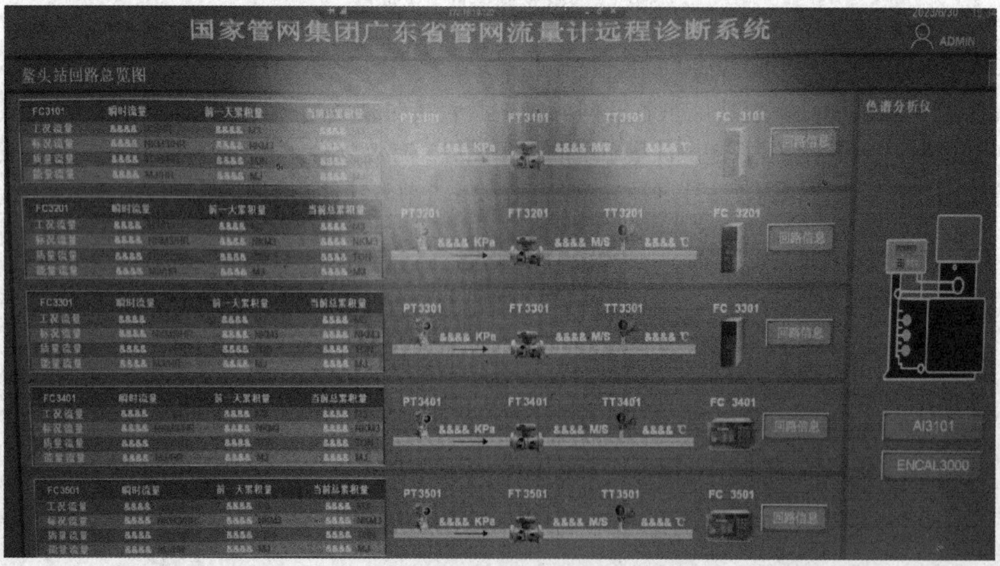

图16　站场计量设备总览

超声流量计运行状态诊断功能可实现查看超声流量计的运行数据和各类诊断信息，以及对超声流量计的基本诊断结果，包括各声道流速、平均流速、流速剖面系数、各声道声速、平均声速、各声道声速差、实时实测声速与实时理论声速的声速差、各声道信号质量、各声道增益、各声道接收率、各声道信噪比，以及计算出的高级诊断指标如各声道旋涡角、脉动流、交叉流、流体流态分布对称性等技术指标进行实时监测。如果某项指标超出限定范围，系统发出警示信息，提醒操作人员进行处理，如图 17 所示。

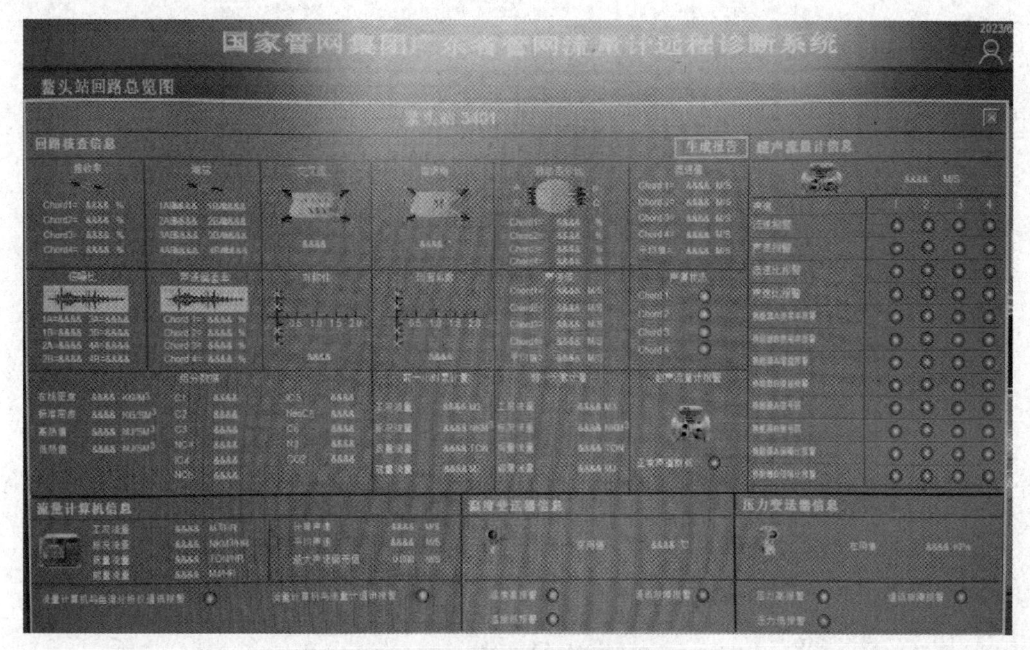

图 17　站场流量计数据监视

流量计算机运行状态诊断功能可实现查看流量计算机运行状态，记录超声流量计、色谱分析仪的通讯状态，记录气体流速、以及监测流量计算机的各项计算结果如工况流量、标况流量、质量流量和能量流量等。用户可用流量核查程序对其结果进行验证。同时通过报警(实时报警界面)的触发，记录流量计算机的通讯状态以及通讯故障或流量计算机停止运行的时间、操作员确认的时间以及流量计算机恢复的时间，如图 18 所示。

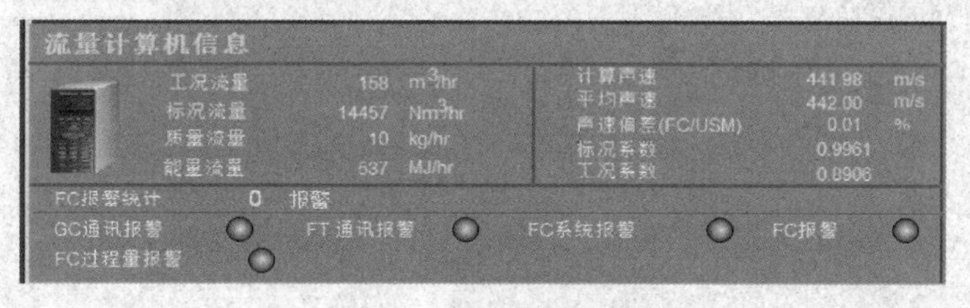

图 18　站场流量计数据

气相色谱分析仪运行状态诊断功能可实现查看气相色谱分析仪实时检测结果、设备运行状态以及设备报警信息。实时对气相色谱分析仪的检测结果进行监控，当检测结果超出限定时，系统发出报警，对专业运维人员发出警示，并每天生成报告对设备运行状况进行记录为专业运维人员进行分析设备运行状态提供数据依据。

超声流量计声速核查功能，可兼容 Daniel、Elster、Sick、RMG 和中核维思，用于核查超声流量计、超声流量计系统和计量辅助系统的运行状况。

远程诊断系统自动在线采集每个计量站场、每条计量回路的超声流量计、色谱分析仪、温度变送器和压力变送器的各种测量数值，并按照 AGA 10 进行实时的声速计算，用于比较理论声速和实测声速之间的偏差。除此之外，远程诊断系统还按照 JJG1030《超声流量计检定规程》的方法每天自动对在用计量回路进行声速检验，并将诊断结果生成诊断报告，当出现异常时发出警告。每天在用回路的声速检验诊断报告可以通过报告管理工具进行查询、显示、存储、导出和打印，如图 19 所示。

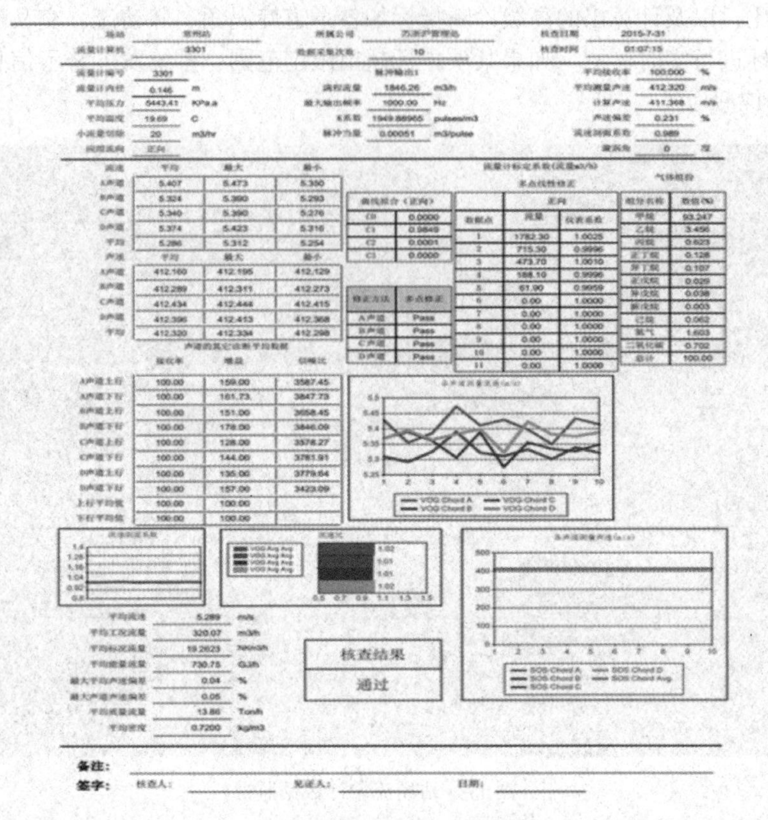

图 19　站场流量计数据

5.3　工艺仿真运算功能

广东省管网公司天然气工艺仿真系统采用艾默生离线、在线仿真系统，如图 20 所示。

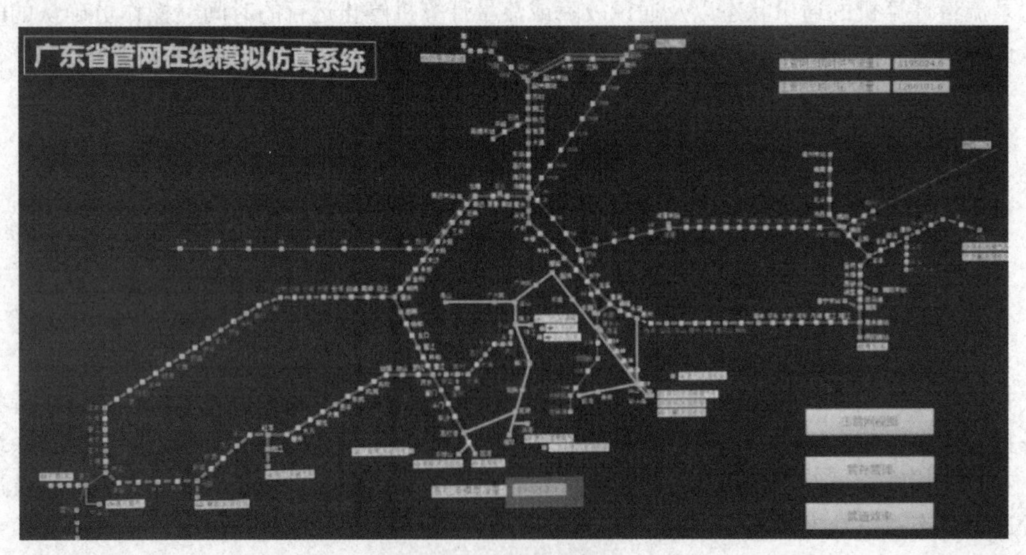

图 20　仿真一览图

离线仿真 PipelineStudio 可以为简单和复杂的管网建模，也可以包括阀门、调节器、存储、冷却器和加热器等管道软件。管道网络由一系列管道和软件通过共同的端点连接在一起，通过直观和全面的图形用户界面(GUI)快速配置，管道元素属性(如管道长度、壁厚、粗糙度和标高)通过对话框或表指定。在线仿真 PIPELINEMANAGER 根据管道数学模型利用管道软件元件的质量守恒、能量守恒和动量守恒，确定流体在管道内流动的瞬态水力和热力状态。这能够描述管道的完全瞬态行为，并且是为了适应可能发生的压力和流量的快速变化所必需的，如图 21 所示。

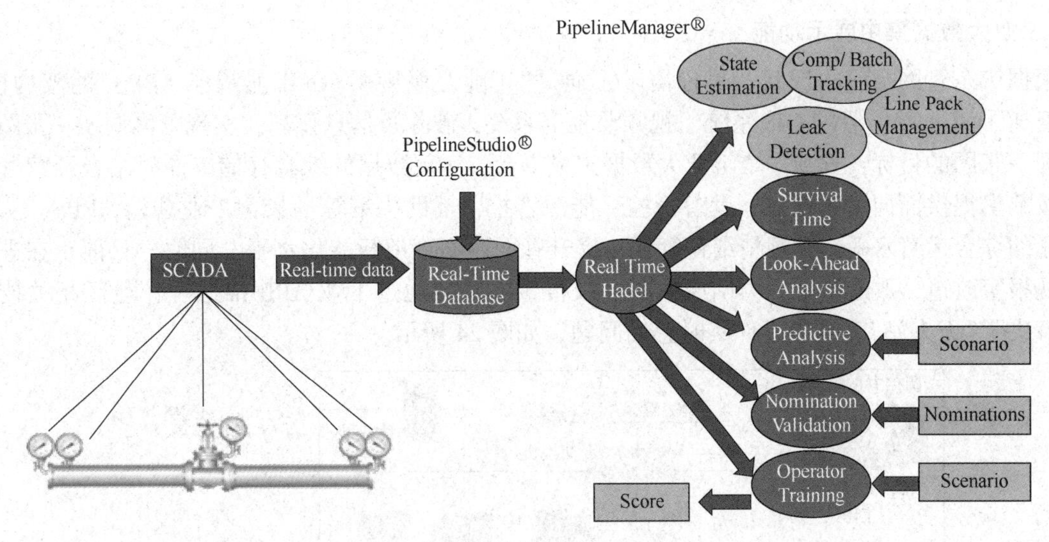

图 21　数据流

广东省管网公司工艺仿真运算可实现水力学坡降、过压欠压发现、管存产能管理、组分跟踪、清管跟踪、管道效率计算、工况分析及前景预测等功能，如图 22、图 23 所示。

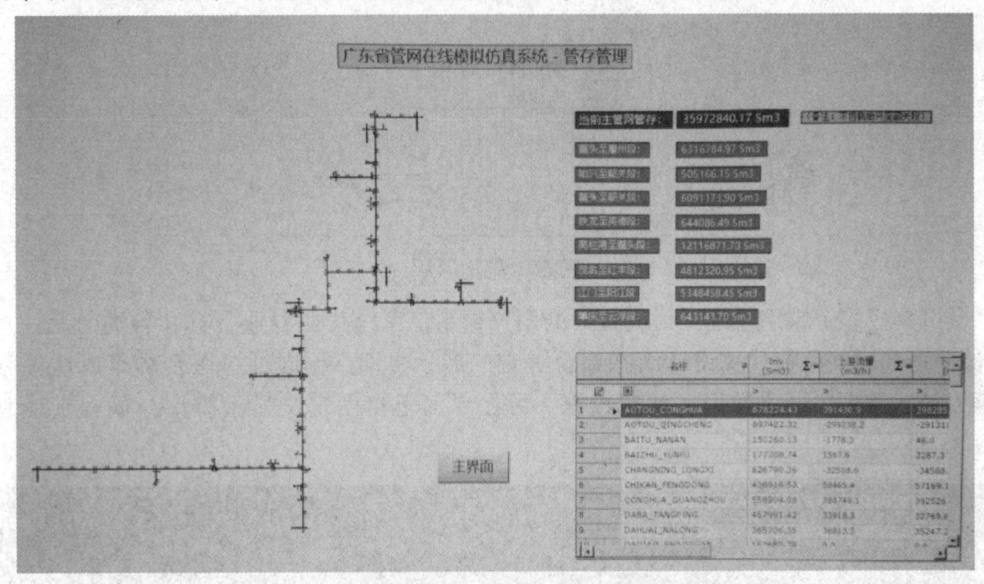

图 22　管存管理

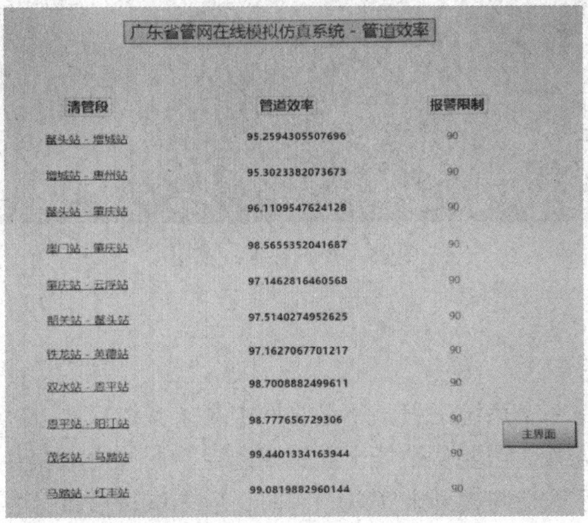

广东省管网在线模拟仿真系统 - 管道效率

清管段	管道效率	报警限制
鳌头站 - 增城站	95.2594305507696	90
增城站 - 惠州站	95.3023382073673	90
鳌头站 - 肇庆站	96.1109547624128	90
崖门站 - 肇庆站	98.5655352041687	90
肇庆站 - 云浮站	97.1462816460568	90
韶关站 - 鳌头站	97.5140274952625	90
铁龙站 - 英德站	97.1627067701217	90
双水站 - 恩平站	98.7008882499611	90
恩平站 - 阳江站	98.777656729306	90
茂名站 - 马踏站	99.4401334163944	90
马踏站 - 红丰站	99.0819882960144	90

主界面

图 23　管道效率

5.4 工业大数据集中展示功能

根据广东管网当前的现状及目标需求，通过“工业互联网平台+工业智能 APPS”的架构模式，互联互通了 SCADA、管网 GIS 系统、视频监控等系统，破除了信息孤岛，实现管网调度一张图、监控管理一张图的目标，打造一个工业大数据集成平台，实现数据的综合存储。同时结合经营管理需求，按节奏提供面向生产管控、设备管控、能源管控、辅助决策等场景化工业智能 APPS，从而提升企业的综合运营水平，实现精细化管理，提升管网调度管理智能化水平。同时，目前正在进行集中监视报警改造，改造结束后，调控中心一级报警将直接通过工业 APP 推送至作业区相关技术岗位，解决了“无人站”对异常事件实时感知问题，如图 24 所示。

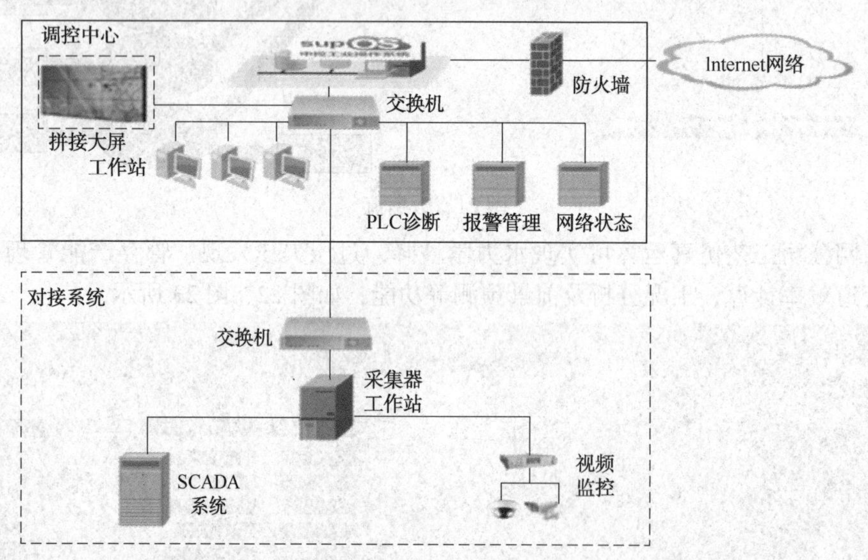

图 24　架构示意

该平台可集成多个应用系统，形成统一的用户体系。系统集成专业工具和各类图元，并配备专业 UI 设计，可通过托拉拽快速设计组态综合美观的展示界面。同时通过平台的集成性，可综合展示输气相关指标数据、报警数据、视频数据，可在界面上自由定义显示模型，报表或其他展示界面，如图 25 所示。

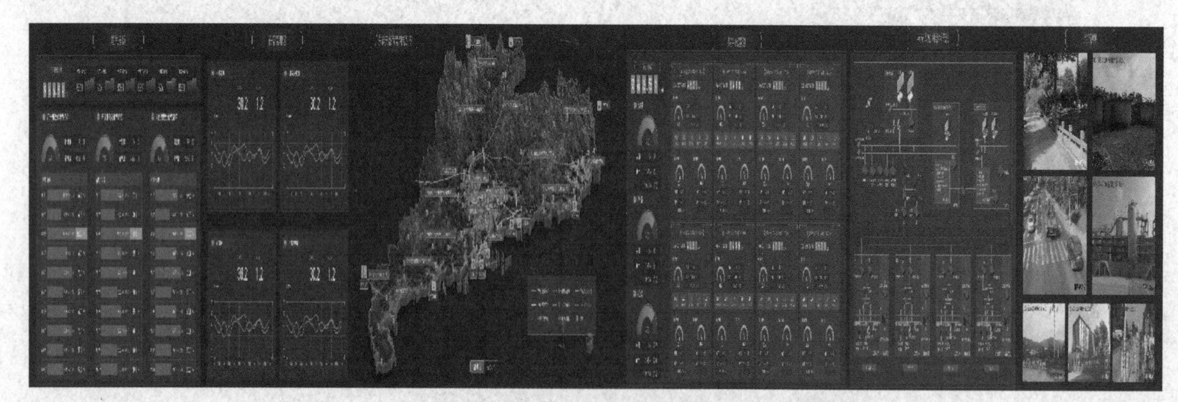

图 25　生产数据一览图

6　结束语

无人站与区域化管理是一个系统工程，不是管网中某条支线或某几个站通过提高建设标准、提升功能要求就可以实现的无人，需要从站场全面感知远控、调控中心集中监控远程运维、运检维一体化的风险分析和管理体系改造与提升来实现。同时，应先试行后推广，先少人再无人的原则徐循渐进、稳步推进无人站建设。

关于长输天然气管道
数字化无人值守站场建设的探索

周　巍　缪全诚

（中海广东天然气有限责任公司）

摘　要　随着国内天然气管线建设的快速发展及管网的形成、工业自动化水平的逐步提升，通过技术与管理手段提高管道系统安全运行效率的需求也越发迫切。目前国内绝大多数的天然气输气站场为24小时有人值守，随着自动化技术和设备可靠性的提升，可降低操作人员安全风险和运营成本的无人值守站场成为未来主流趋势。文中借鉴国内外长输天然气管道公司无人值守站场建设案例，结合某长输天然气管道公司以“无人值守、远程监护、区域管理、运检维一体化”为目标的数字化无人值守试点建设，对数字化无人值守场站建设成功的做法及良好的实践进行研究，具有借鉴意义。

关键词　长输天然气管道；无人值守站场；自动控制；HAZOP分析；SIL定级

1　公司概况

中国海油某长输天然气管道公司地处于珠三角地区，现有在编员工279人，管理运营351公里天然气管道、30座输气站（含计量站）、14座阀室和16座阀井，有四个气源，供应链辐射广州、珠海、澳门、中山、江门等粤港澳大湾区城市，为珠江西岸民生及工业用气、燃气发电提供的有力保障。到目前累计向粤港澳大湾区输气320亿方，安全供气十五年。

2　开展数字化无人值守场站建设的背景

为了进一步优化管道运行管理体制，建立国际先进水平管输公司，该公司根据公司发展规划，统筹考虑，开展长输天然气管道数字化无人值守站场探索研究及建设工作，采用“由点带面”的方式推动整体数字化转型，促进公司管理变革，实现降本增效，为企业高质量发展提供重要支撑。

3　无人值守站场建设调研情况

目前，国内无人值守场站正处于起步阶段，由于缺少相应的国家标准、行业标准作为无人站建设的依据，无人站的设计及建设成为了巨大的挑战，为了解行业内已建设无人值守站场公司的建设情况、运维模式、设计原则、管道制度等内容，2019年4月该公司相关人员组成调研小组。赴中中石油某输气公司、北京天然气某管道公司进行无人化站场建设现场调研并查阅国外数字化无人值守场站建设相关资料。

中石油某输气公司目前共计管辖178座站场，其中实施数字化无人站场22座。其数字化站场为阀室改扩建而成。由于受限于征地困难等因素，无法按照标准分输站进行设计、改造，通过使用橇装化设备，在原有阀室征地的基础上将阀室改造成数字化站场，实施无人值守，有人看护，区域化巡检。

北京天然气某管道公司目前总里程5307公里，站场80座，阀室220座，实施无人化站场20座。其无人化站场输气工艺流程一般较为简单，且进行了相应优化，多数均为进出站、越站、过滤、计量，而调压流程及装置多数由下游用户自行建设。无人值守站场建设位置，一般与下游用户接气站场之间存在一定距离。若站场系统故障中断供气，从分输站到用户站场管线储气可进行一定时间的保供。

国外天然气行业自动化及区域化管理起步较早，在站场设计之初，便引入无人值守站场的概念。国外石油和天然气公司大多采用集中调控管理，自动化水平高，管道公司配置的机构及人员比较精简，人员素质高。由于国外劳动力价格普遍较高，管道巡线工数量较少，一般采用无人机巡线、直升机巡线、卫星扫描等方法加强管道安全监控，也在一定程度上推动高科技手段的广泛应用。

4　长输天然气管道数字化无人值守试点站建设实践

该公司结合国内外无人值守站建设调研及自身场站建设实际情况，以“无人值守、远程监控、区域化管理、运检维一体化”为建设目标，采用先易后难，逐步推进的建设方式，完成了数字化无人值守试点站建设工作，并开展试点运行工作。

4.1　试点站概况

该试点站于 2005 年建成并投产使用，建有 SCADA 数据采集与监视控制系统及 ESD 紧急停车系统，场站所有生产数据已上传 SCADA 系统，并通过生产专用网络将生产数据传输至调度中心，当发生事故、火灾或爆炸等其他紧急情况时，站场及调度中心均能实现快速停站操作，可避免对人员及设备造成更大的伤害。另外，场站还建设有视频监控、火灾报警、门禁控制及周界报警等安防控制系统，除火灾报警系统外，其他安防系统均已实现调度中心远程控制功能。

场站原设计为“有人值守、无人操作”，目前运维管理为有人值守、有人操作、区域化管理，设备检修及维护工作由公司专业维修组组织开展并负责具体实施工作。

4.2　工作流程

结合试点站无人值守的建设要求、结合场站已有设备设施、控制系统及生产运营等实际情况，制定了数字化无人值守试点站工作流程，如图 1 所示。

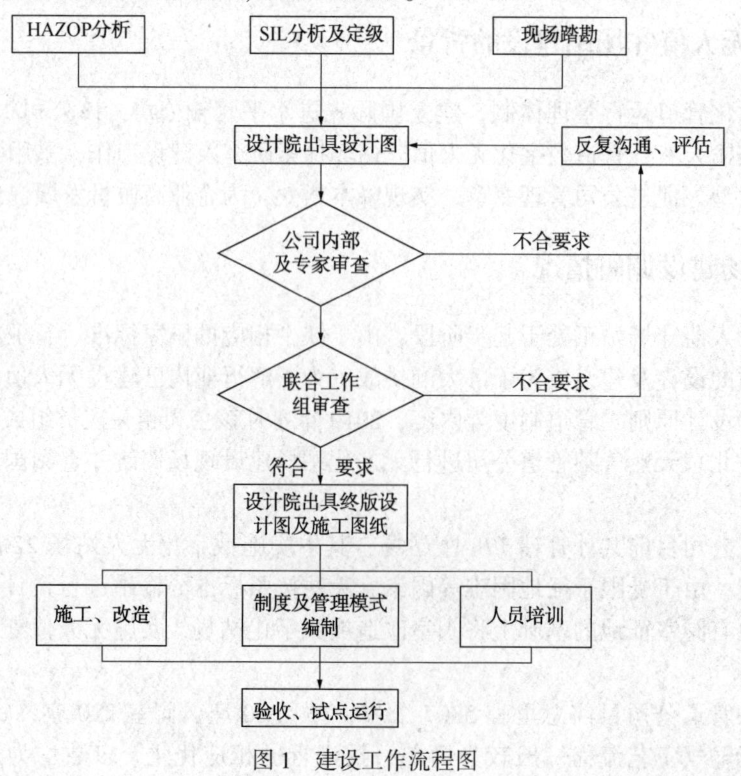

图 1　建设工作流程图

4.3 HAZOP 分析、SIL 分析及定级

4.3.1 HAZOP 分析及建议

数字化无人值守试点站 HAZOP 分析主要覆盖试点场站，针对相关气量分输流程进行了简单梳理，并给出建议，本次 HAZOP 分析是在该公司提供的 HAZOP 节点描述及分析资料的基础上，经 HAZOP 小组讨论分析汇总而成，HAZOP 建议如下：

1）核实确认现场探测器覆盖范围，提高现场可燃气体探测系统可靠性；

2）考虑增加电气系统辅助设施系统状态及报警信号并上传中控；

3）建议工艺专业设计改为放空阀可远程控制，但不设置连锁；增加安全阀设备状态数据上传；

4）核实监控设施位置，数量，明确监控设施的维护及冗余备份需求，考虑对部分监控信息进行智能化处理；

5）考虑增加暖通辅助设施系统状态及报警信号并上传中控；

6）自控系统扩容，增加设备状态数据上传，优化站场报警分级设置。

4.3.2 SIL 分析及定级

SIL 定级分析是根据 IEC61511：3 的附件 F 中 LOPA 方法进行，是一种简化的风险评估方法，LOPA 提供了场景风险的近似数量级，是一种处于定性与定量之间的方法。本次无人值守试点站 SIL 分析及定级结合数字化无人值守试点站 HAZOP 分析报告、试点站工艺流程 PID 图、试点站站场控制系统配置框图及 ESD 连锁因果图/逻辑图，对数字化无人值守场站建设试点站识别出来的 SIF 回路进行了逐项分析和讨论，通过 SIL 分析会议，通过对数字化无人值守建设试点站识别出来的 SIF 回路进行逐项分析和讨论，得出站场 ESD、站场放空 SIF 功能回路所需的 SIL 等级为 SIL1。

4.3.3 分析定级结论

经过 HAZOP 分析及 SIL 分析及定级确认：

1）试点站上游连接为海气终端，下流连接为天然气输送主管道，无大型电厂及其他大气量用户；工艺生产流程较为简单，场站设置两路计量、两路过滤分离，无调压设备，现有安全仪表系统满足数字化无人值守场站建设要求。

2）通过 HAZOP 分析得出，开展数字化无人值守建设，需对场站原有的通讯、仪表、安防及工艺设备进行升级改造，扩大气体检测的范围，提升调控中心对现场的感知能力，实现数据的智能处理，降低风险，同时需进一步提升设备运行的可靠性。

4.4 主要建设成果

为提高调控中心对现场的感知能力、提升站场自动化控制水平，实现场站的无人值守运行，结合现场实际改造需求，邀请有资质设计院完成数字化无人值守试点站相关设计工作，，根据设计图共计开展 7 个专业改造并开展无人值守运维模式及制度体系建设工作，计划将逐步推行长输天然气管道数字化无人值守场站建设工作。

4.4.1 仪表改造

增设激光云台可燃气体检测仪、红外火焰探测器，设定自动检测轨迹，实现全区域 PPM 级可燃气体的实时监测功能，监测数据实时上传至调度中心。

4.4.2 电气改造

对配电系统进行改造，UPS 双机冗余配置，增设 UPS 动环主机监控系统、远程通风控制系统、电力远程控制系统，增强配电系统的可靠性及稳定性，实现电力系统实时监测及远程控制能力。

4.4.3 工艺改造

结合现场工艺情况，增设安全阀起跳监视系统，增设放空系统的远程控制功能，并接入自控系统内并远传至调度中心，实现安全阀起跳的远程监视及站场的远程放空。

4.4.4 通讯专业

全站新增超清全景摄像机、红外监控视频系统、网络广播系统，实现全区域、全天候视频监控及远程控制喊话功能。

4.4.5 暖通改造

控制室、机房增设基站式精密空调、温湿度变送器，实现空调远程开关及温度控制功能，为设备的安全稳定运行提供适宜的环境。

4.4.6 自控系统扩容

将上述各专业新增系统的远控信号接入自控系统，实现远程集中监视及控制功能，提升站场的整体感知和控制能力。

4.4.7 总图改造

拆除原铁艺围栏，增设实体围墙、增设刺丝缠绕防护网及振动光纤，新增工艺区逃生门，提升现场安全防护能力。

4.5 无人值守场站试点运行

4.5.1 运检维一体化

打破传统的天然气场站有人值守的传统运行、维修各自分离、独立的模式，充分利用鲜有人力资源，优化场站运行、维检管理模式，将维修及运行人员进行再培训并重组成为运检维人员，在完成辖区内站场巡检工作的同时，承担所辖区域内场站内设备的的日常维护及检修工作，实现区域内运检维一体化作业方式，提升作业效率。

4.5.2 集中监视

通过将场站工艺设备及生产辅助设备数据采集上传至调度中心，将原由场站负责本站的数据监视、设备操作转变为由调度中心负责全线站场生产数据的集中监视及设备操作，原场站人员集中至中心场站，负责所辖区域内场站的集中巡检、集中维护、异常确认及应急处置。

4.5.3 区域化管理

在运检维一体化、集中监视的基础上，对车程在30分钟以内的相邻的场站按照作业区域进行人员及业务的整合，按照“运检维”一体化的作业方式，对生产运行，设备维护、管道管理等实行统一的集中管理。

5 数字化无人值守场站建设的经验总结

5.1 无人值守站场的先进性

无人值守站场运行模式由分散巡检模式改变为“运检维”一体化巡检模式，集中调控、集中监视、集中巡检可以减少人员在危险区域(输气站场)的停留时间和活动人数，降低人员安全风险；有效提高巡检广度、深度和频次，提早发现系统运行隐患，提高设备本安性；减少因人员培训不到位或操作人员业务不熟练等人为因素导致误操作，提高人行为的本安性；减少站场办公和生活相关的建筑设施、场站辅助人和运行操作人员数量，在一定程度上减少投资和运行成本；升级改造原有系统存在品牌多和老旧的问题，提升系统运行稳定度。

5.2 无人值守站场的局限性

无人值守站场也存在一定的局限性，其对设备自动化、信息化要求较高，对设备的可靠性要求较高，前期改造的成本加大。控制逻辑难度大，存在联调联试不充分，遗留隐患的风险。系统容错性要求高，且缺少实际运行经验，风险考虑不全面。大多数无人值守站场都是将已建成的天然气输气站场改造成为无人值守站场，原站场为设计有人员编制的情况下开展的安全条件审查、设施设计审查及验收，均需征得原审批部门的同意，存在审批风险。

6　无人值守站场建设的意义

建设无人值守站场是输气站场智能化、数字化的重要举措，无人值守站场的出现是天然气行业生产自动化、科学管理发展的重要标志。试点运行后，场站的运维模式由“有人值守、有人操作”逐步向“无人值守、远程操作、区域化管理、运检维一体化”转变，实现了建成已投产长输天然气管道由有人模式向无人模式的转变，为中国海油长输天然气管道无人值守建设迈出坚实的一步，同时也为国内其他建成已投产长输天然气管道无人值守建设提供经验借鉴。

参　考　文　献

[1] 曹聪. SIL定级在LNG接收站的应用[J]. 化学工程与装备，2018(11)：238-240.

[2] 李毅，王磊，周代军，贾彦杰，舒浩纹，廉明明. 输油气站场区域化创新管理模式探讨[J]. 油气田地面工程，2019，38(11)：85-89.

[3] 张世梅，张永兴. 天然气长输管道无人站及区域化管理模式[J]. 石油天然气学报，20419，41(6)：139-144.

城镇燃气管网稳态仿真基础模型构建研究

朱玉奎[1]　路　遥[2]　李玉良[3]　柳建军[1]　李成志[1]　刘丽君[1]

（1. 昆仑数智科技有限责任公司智慧天然气与管道事业部；
2. 山东中石油昆仑燃气有限公司；3. 山东金捷燃气有限责任公司）

摘　要　本文讨论城镇燃气管网稳态仿真模型构建和求解问题，包括摩阻、密度、比热容等基础参数的计算方法，网络拓扑结构的表示方法以及管道、压缩机、阀门等管网基础元件的数学模型。本文还讨论了城镇燃气管网稳态仿真模型的数值解法，最后给出了稳态仿真的一个算例。

关键词　稳态；仿真；天然气；管网；模型

我国城镇燃气由天然气、液化石油气和人工煤气三类气源组成。近年来，天然气由于清洁、高效、储量大的特点在城镇能源日常消耗中占据越来越大的比例。“双碳”目标的提出加快了我国天然气管网的建设步伐，我国对天然气的需求量与日俱增，这在客观上对城镇燃气管网输配系统的性能以及调度人员对管输工艺流程的控制技术提出了更高的要求。

城镇燃气管网的大规模建设必然涉及管网的规划设计、运行维护及智能调度的方方面面。目前天然气管网建设规模日益庞大，网络结构日趋复杂，管理、调度人员想要全面掌握管网的运行状态变得愈发困难，这对城镇燃气管网的日常管理提出了严峻挑战。

在我国，SCADA 系统已经在城镇燃气管网运行监测领域广泛应用，SCADA 系统对管网部分关键节点工艺运行数据的实时监测可以为调度人员提供决策依据，有利于保障燃气输配系统的高效、经济和稳定运行。然而，通过 SCADA 系统只能获得部分监测节点的工艺运行参数，无法掌握全网的工艺运行状态，数据采集存在盲区。为全面准确掌握城镇燃气管网实时运行工况，提高城镇燃气管网安全监测系统的可靠性和准确度，有必要对城镇燃气管网全网实施仿真建模分析。管网仿真可为天然气管道建设项目在规划设计、运营调度和优化控制领域提供决策依据，并为在未来运行过程中可能遇到的问题提供技术支持和参考解决方案。

城镇燃气管网仿真分为稳态仿真和瞬态仿真两类。稳态仿真是以天然气在管道稳定流动为假设条件的，在管网拓扑结构已知的前提下，给定管网中某些节点的工艺参数来计算剩余节点的工艺参数。稳态仿真计算过程不受时间因素的影响，只考虑位置对管网各点工艺参数的影响。天然气管网瞬态仿真基于以下事实：管网中各点的压力、流量、温度等工艺参数是时间和位置的函数，这导致瞬态仿真的求解比稳态仿真更加复杂。从数学的角度讲，天然气管网稳态仿真和瞬态仿真最后都转化成微分方程组的求解问题，有所不同的是：稳态仿真问题转化成一个不含时间参数的常微分方程组，瞬态仿真问题转化成一个包含时间参数和位置参数的偏微分方程组，相应的求解稳态和瞬态问题的数值解法也有差异。

由于求解瞬态仿真方程组时，需要先求解稳态方程组，并将稳态方程组的解作为瞬态方程组的初始条件，所以稳态仿真是瞬态仿真的基础。本文主要讨论城镇燃气管网的的稳态仿真问题，主要内容包括：天然气管网稳态仿真基础、天然气管网稳态仿真的数学模型，最后给出了天然气管网稳态仿真的一个算例。

1　天然气管网稳态仿真基础

天然气管网仿真基础包括摩阻、密度、比热容、黏度、总传热系数的计算以及管网拓扑结构的图表示法，其中摩阻、密度、比热容、黏度、总传热系数这些量是管道数学模型的重要输入参数，管网拓扑结构的图表示法是利用计算机实现管网各元件之间连接关系自动识别的必要条件，它们共同构成了管网仿真的数学基础。

1.1 摩阻

气体管流的摩擦阻力系数(简称摩阻系数)在本质上与液体的没有区别。它的值与流动状态、管道内壁粗糙度、连接方法、安装质量及气体的性质有关。各国提出的计算摩阻系数 λ 的公式很多，它们或者是雷诺数的函数 $\lambda=\lambda(R_e)$，或者是管壁粗糙度的函数 $\lambda=\lambda\left(\frac{K_e}{D}\right)$，或者同时是两者的函数 $\lambda=\lambda\left(R_e,\ \frac{K_e}{D}\right)$。

$$R_e=\frac{\rho wD}{\mu} \tag{1}$$

层流区：$R_e<2000$

$$\lambda=\frac{64}{R_e} \tag{2}$$

临界区或临界过渡区：$2000<R_e<4000$

$$\lambda=0.0025\sqrt[3]{R_e} \tag{3}$$

紊流区：$R_e>4000$

$$\frac{1}{\sqrt{\lambda}}=-2\lg\left(\frac{K_e}{3.7D}+\frac{2.51}{R_e\sqrt{\lambda}}\right) \tag{4}$$

式中，R_e为雷诺数；ρ 为气体的密度，单位：kg/m^3；w 为气体的体积流量，m^3/s；D 为管道的内径；K_e为管道绝对粗糙度，mm。

(4)式为柯列勃洛克公式，是一个隐式方程，求解时可采用抛物线迭代法来求解。

1.2 状态方程

天然气为可压缩气体，其密度随着压力和温度的变化而变化。因此需要一个描述气体压力、密度和温度之间相互关系的方程，即气体状态方程。天然气物性计算常用的方程有 PK、PR、BWRS 等经验方程。其中 BWRS 状态方程由于适用范围广、精度高，成为天然气数值计算中最为常用的状态方程，本文也是基于该状态方程开展天然气管网仿真的研究。以下仅给出 BWRS 状态方程。

BWRS 状态方程为：

$$p=\rho RT+\left(B_0RT-A_0-\frac{C_0}{T^2}+\frac{D_0}{T^3}-\frac{E_0}{T^4}\right)\rho^2+\left(bRT-a-\frac{d}{T}\right)\rho^3+\alpha\left(a+\frac{d}{T}\right)\rho^6+\frac{c\rho^3}{T^2}(1+\gamma\rho^2)\exp(-\gamma\rho^2) \tag{5}$$

式中，p 为天然气压力，kPa；T 为天然气温度，K；ρ 为天然气密度，kmol/m^3；R 为气体常数，$R=8.3143$kJ/(kmol·K)。

A_0、B_0、C_0、D_0、E_0、a、b、c、d 和 γ 为状态方程的 11 个参数。对于纯组分 i 的这 11 个参数和临界参数 T_{ci}、ρ_{ci}及偏心因子 ω_i 关联如下：

$$\rho_{ci}B_{0i}=A_1+\omega_i \tag{6}$$

$$\frac{\rho_{ci}A_{0i}}{RT_{ci}}=A_2+B_2\omega_i \tag{7}$$

$$\frac{\rho_{ci}C_{0i}}{RT_{ci}^3}=A_3+B_3\omega_i \tag{8}$$

$$\rho_{ci}^2\gamma_i=A_4+B_4\omega_i \tag{9}$$

$$\rho_{ci}^2b_i=A_5+B_5\omega_i \tag{10}$$

$$\frac{\rho_{ci}^2 a_i}{RT_{ci}}=A_6+B_6\omega_i \tag{11}$$

$$\rho_{ci}^3 a_i=A_7+B_7\omega_i \tag{12}$$

$$\frac{\rho_{ci}^2 c_i}{RT_{ci}^3}=A_8+B_8\omega_i \tag{13}$$

$$\frac{\rho_{ci} D_{0i}}{RT_{ci}^4}=A_9+B_9\omega_i \tag{14}$$

$$\frac{\rho_{ci}^2 d_i}{RT_{ci}^2}=A_{10}+B_{10}\omega_i \tag{15}$$

$$\frac{\rho_{ci} E_{0i}}{RT_{ci}^5}=A_{11}+B_{11}\omega_i e^{-3.8\omega_i} \tag{16}$$

式中：A_i、B_i为通用常数；T_{ci}为第i种组分的临界温度；ρ_{ci}为第i种组分的临界密度；ω_i为第i种组分的偏心因子。

对于混合物，BWRS状态方程采用以下混合规则，如下式：

$$A_0=\sum_{i=1}^{11}\sum_{j=1}^{11} y_i y_j A_{0i}^{1/2} A_{0j}^{1/2}(1-k_{ij}) \tag{17}$$

$$B_0=\sum_{i=1}^{11} y_i B_{0i} \tag{18}$$

$$C_0=\sum_{i=1}^{11}\sum_{j=1}^{11} y_i y_j C_{0i}^{1/2} C_{0j}^{1/2}(1-k_{ij})^3 \tag{19}$$

$$D_0=\sum_{i=1}^{11}\sum_{j=1}^{11} y_i y_j D_{0i}^{1/2} D_{0j}^{1/2}(1-k_{ij})^4 \tag{20}$$

$$E_0=\sum_{i=1}^{11}\sum_{j=1}^{11} y_i y_j E_{0i}^{1/2} E_{0j}^{1/2}(1-k_{ij})^5 \tag{21}$$

$$a=\left(\sum_{i=1}^{11} y_i a_i^{1/3}\right)^3 \tag{22}$$

$$b=\left(\sum_{i=1}^{11} y_i b_i^{1/3}\right)^3 \tag{23}$$

$$c=\left(\sum_{i=1}^{11} y_i c_i^{1/3}\right)^3 \tag{24}$$

$$d=\left(\sum_{i=1}^{11} y_i d_i^{1/3}\right)^3 \tag{25}$$

$$\alpha=\left(\sum_{i=1}^{11} y_i \alpha_i^{1/3}\right)^3 \tag{26}$$

$$\gamma=\left(\sum_{i=1}^{11} y_i g_i^{1/2}\right)^2 \tag{27}$$

式中，y_i为气相混合物中第i种组分的摩尔分数；k_{ij}为组分i与组分j的交互作用系数($k_{ij}=k_{ji}$)。

1.3 密度

密度的计算基于BWRS状态方程。

将BWRS状态方程写成如下形式：

$$F(\rho)=\rho RT+\left(B_0RT-A_0-\frac{C_0}{T^2}+\frac{D_0}{T^3}-\frac{E_0}{T^4}\right)\rho^2+\left(bRT-a-\frac{d}{T}\right)\rho^3+\alpha\left(a+\frac{d}{T}\right)\rho^6+\frac{c\rho^3}{T^2}(1+\gamma\rho^2)\exp(-\gamma\rho^2)-p \tag{28}$$

采用抛物线法求解密度，迭代公式如下：

$$\rho_{k+1}=\frac{\rho_{k-1}F(\rho_k)-\rho_k F(\rho_{k-1})}{F(\rho_k)-F(\rho_{k-1})} \tag{29}$$

1.4 比热容

比热容求解过程如下：单一理想气体在低压下的比定压热容和比定容热容分别采用式(30)和式(31)求解：

$$c_{\mathrm{p}}^{0}=B+2CT+3DT^{2}+4ET^{3}+5FT^{4} \tag{30}$$

$$c_{\mathrm{v}}^{0}=B+2CT+3DT^{2}+4ET^{3}+5FT^{4}-R \tag{31}$$

式中，c_{p}^{0} 为气体在低压下的比定压热容，kJ/(kg·K)；c_{v}^{0} 为气体在低压下的比定容热容，kJ/(kg·K)；A、B、C、D、E 和 F 为计算常数。

混合气体在低压下的比热容为：

$$c_{\mathrm{p}}^{0}=\frac{\sum y_i M_i c_{\mathrm{p}i}^{0}}{\sum M_i} \tag{32}$$

$$c_{\mathrm{v}}^{0}=\frac{\sum y_i M_i c_{\mathrm{v}i}^{0}}{\sum M_i} \tag{33}$$

式中，M 为气体分子质量。

高压下真实的比定压热容和比定容热容与理想气体的值差别很大。根据热力学分析，高压下的比定容热容为：

$$c_{\mathrm{v}}=c_{\mathrm{v}}^{0}+\Delta c_{\mathrm{v}} \tag{34}$$

$$\Delta c_{\mathrm{v}}=\int_{0}^{\rho}-\frac{T^{2}}{\rho^{2}}\left(\frac{\partial^{2}p}{\partial T^{2}}\right)\mathrm{d}\rho=\left(\frac{6C_0}{T^3}-\frac{12D_0}{T^4}+\frac{20E_0}{T^5}\right)\rho+\frac{d}{T^2}\rho^2+\frac{3c}{\gamma T^3}[(2+\gamma\rho^2)\exp(-\gamma\rho^2)-2] \tag{35}$$

高压下比定压热容与比定容热容为：

$$c_{\mathrm{p}}=c_{\mathrm{v}}+\frac{T}{\rho^{2}}\frac{\left(\frac{\partial p}{\partial T}\right)_{\rho}^{2}}{\left(\frac{\partial p}{\partial \rho}\right)_{\mathrm{T}}} \tag{36}$$

1.5 黏度

工程上常通过密度和相对密度计算天然气的动力黏度，其求解过程如下：

$$\mu=C\exp\left[x\left(\frac{\rho}{1000}\right)^{y}\right] \tag{37}$$

$$x=2.57+0.2781\Delta+\frac{1063.6}{T} \tag{38}$$

$$y=1.11+0.04x \tag{39}$$

$$C=\frac{2.415\times(7.77+0.1844\Delta)T^{1.5}}{122.4+377.58\Delta+1.8T}\times10^{-4} \tag{40}$$

$$\Delta=\frac{\rho}{\rho_{\mathrm{a}}} \tag{41}$$

式中，T 为天然气温度，K；ρ 为天然气密度，kg/m³；μ 为天然气动力黏度，mPa·s；Δ 为天然气相对密度；ρ_{a} 为标准状况下空气密度，kg/m³，在 $p_0=101.325\mathrm{kPa}$，$T_0=273.15\mathrm{K}$ 时，$\rho_{\mathrm{a}}=1.293\ \mathrm{kg/m^3}$；在 $p_0=101.325\mathrm{kPa}$，$T_0=293.15\mathrm{K}$ 时，$\rho_{\mathrm{a}}=1.206\mathrm{kg/m^3}$。

1.6 总传热系数

管内气体与周围介质间的总传热系数可由下面的式子确定：

$$\frac{1}{KD_{\mathrm{w}}}=\frac{1}{\alpha_1 D_{\mathrm{n}}}+\sum_{i=1}^{n}\frac{\ln\dfrac{D_{i+1}}{D_i}}{2\Gamma_{\mathrm{w}}}+\frac{1}{\alpha_2 D_{\mathrm{w}}} \tag{42}$$

式中，K 为总传热系数，W/(m^2·K)；α_1 为管内气流至管内表面的放热系数，W/(m^2·K)；α_2 为管道外表面至周围介质放热系数，W/(m^2·K)；D_n 为管内径，m；D_{w} 为管道的最外径，m；D_i 为管道、绝缘层等的内径，m；D_{i+1} 为管道、绝缘层等的外径，m；Γ_{w} 为管材、绝缘层等导热系数，W/(m·K)。

管内气流至管内表面的放热系数 α_1 可根据下列准则方程求得：

$$Nu=0.021Re^{0.8}Pr^{0.43} \tag{43}$$

式中，Nu 为努塞尔数，$Nu=\dfrac{\alpha D_{\mathrm{n}}}{\Gamma}$；$Re$ 为雷诺数；Pr 为普朗特数，$Pr=\dfrac{\mu c_{\mathrm{p}}}{\Gamma}$。

埋地时，管道外表面至周围介质放热系数 α_2 可根据下面的式子求得。更多周围介质为其他类型时的 α_2 的计算可参见相关文献。

$$\alpha_2=\frac{2\Gamma_{\mathrm{g}}}{D_{\mathrm{w}}\ln\left[\dfrac{2H}{D_{\mathrm{w}}}+\sqrt{\left(\dfrac{2H}{D_{\mathrm{w}}}\right)^2-1}\right]} \tag{44}$$

式中，Γ_{g} 为土壤的导热系数，W/(m·K)；H 为土壤埋深。

1.7 管网拓扑结构表示方法

长输管道通常为单管，枝状和环状网络较少，拓扑结构相对简单；城镇燃气管网总体呈环状，在其内部呈现出枝状和环状结构并存的态势；与长输管道相比，城镇燃气管网总体呈现出点多、面广、线长的特点，即设备设施多、管线总量大、分布范围广。上述特点在客观上决定了城镇燃气管网网络建模比长输管道要更加复杂，需要结合具体情况选择合适的计算机表示方法完成管网的拓扑结构建模工作。

利用计算机表示管网结构图的目的是实现管网拓扑结构的电子存储和自动识别，是管网仿真的重要准备工作之一。根据图论的知识，常用的管网计算机表示方法有连接表、节点-节点表示法、节点-支管表示法和组合表示法四种。本文采用组合法表示天然气管网的拓扑结构。

对于某个管网，各元件间连接的节点编号为 1，2，…，N_{node}，元件编号 1，2，…，N_{elem}。图 1 中箭头表示正方向，该管网共有 8 个节点和 8 个元件，即 $N_{\mathrm{node}}=8$，$N_{\mathrm{elem}}=8$。

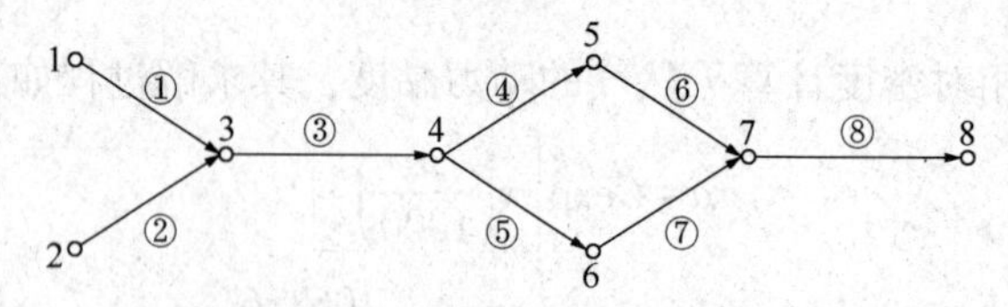

图 1　简单管网示意图

将节点-节点和节点-支管表示法结合在一起便得到组合法。由数组 T、数组 AT 和数组 TL 组成。数组 T 仍为定位数组，数组 AT 储存元件的编号，数组 TL 储存节点编号，其中数组 AT 的数据有正负，而数组 TL 全为正。图 4 给出图 3 所示的简单管网的组合法表示矩阵。

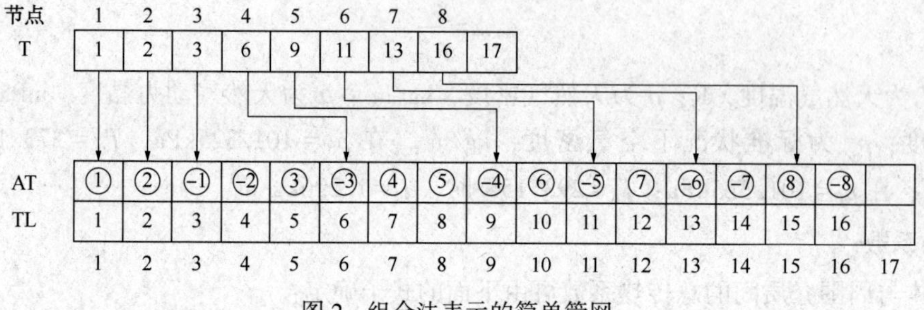

图 2　组合法表示的简单管网

取节点 6，从数组 T 中找到 T(6)= 11 和 T(7)= 13，则在数组 AT 和 TL 中找 AT(11)、AT(12)和 TL(11)、TL(12)，即-5、-4 和 7、7。这表示节点 6 在管道 5 的终点，与节点 4 相邻，节点 6 到节点 4 的方向与所规定的管道方向相反；节点 6 在管道 7 的起点，与节点 7 相邻，节点 6 到节点 7 的方向与所规定的管道方向相同。组合法既能方便地表达节点与节点之间的联系，又能表示节点与元件之间的关系。

2 天然气管网稳态仿真数学模型

天然气管网最基本的组成结构为管道、压缩机、阀门和气源，压缩机通常位于长输管道中，城镇燃气管网中通常没有压缩机。本节将依据这些元件在管网中的作用及特点，分别建立数学模型，形成完善的天然气管网稳态仿真数学模型。

2.1 管道的数学模型

管道是管网中最为重要的元件，天然气管网仿真即通过数值计算方法再现管道内天然气的流动状态。在城镇燃气管网中，管道变径现象较为常见，管材具有多样性。目前，城镇燃气管网中使用的室外地下中压与低压管道常见管材有钢管、聚乙烯复合管(PE 管)、钢骨架聚乙烯复合管和焊接钢管。不同管径和材质的管道具有相异的水力学和热力学特性，天然气在管道中流动时压力、流量和温度的变化是它们共同作用的结果。

管道稳态求解的基础变量为体积流量 q，压力 p 和温度 T。用来描述天然气在管道内流动状态的控制方程称为管道的数学模型，包含连续性方程、动量方程和能量方程，其中前两者又可称为水力方程，后者称为热力方程，具体表达式如下：

连续性方程
$$\frac{\partial(\rho q)}{\partial x}=0 \tag{45}$$

动量方程
$$q\frac{\partial q}{\partial x}+\frac{A^2}{\rho}\frac{\partial p}{\partial x}=-\frac{\lambda}{2d}q|q|-gA^2\sin\theta \tag{46}$$

能量方程
$$q\frac{\partial T}{\partial x}=\frac{1}{\rho c_v}\left[-T\left(\frac{\partial p}{\partial T}\right)_\rho\frac{\partial q}{\partial x}+\frac{\lambda}{2}\frac{\rho|q|^3}{A^2D}-\frac{4AK(T-T_g)}{D}\right] \tag{47}$$

式中，ρ 为天然气密度，kg/m^3；q 为天然气体积流量，m^3/s；x 为轴向空间变量，m；A 为管道横截面面积，m^2；p 为气体压力，Pa；d 为管道内径，m；λ 为水力摩阻系数；θ 为管道倾斜角，rad；g 为重力加速度，m/s^2；T 为天然气温度，K；c_v 为天然气比定容热容，J/(kg·K)；K 为总传热系数，$W/(m^2 \cdot K)$；T_g 为周围介质的温度，K；D 为管道外径，单位：m。

2.2 压缩机的数学模型

在城镇燃气管网中很难见到压缩机，压缩机主要存在于天然气长输管道，作用是为天然气提供在管道中流动的动力。按照工作原理的不同，压缩机分为体积型和速度型两类。长输管道上应用的压缩机主要是体积型的活塞式往复压缩机和速度型的离心式旋转压缩机。由于长输干线管道的管径和流量日益增大，以及离心式压缩机本身的优点，使得离心式压缩机在输气干线上占有绝对优势。

天然气从长输管道通过城市门站汇入城燃管网，有时需要把长输管道和城燃管网联合做仿真计算，所以当研究城镇燃气管网仿真时也要用到压缩机的数学模型。

离心式压缩机的工作特性可以用其“特性曲线”来刻画，通常包括：

(1) 压力比 ε(或出口压力 p_{out})与入口体积流量 q_{in} 之间的关系曲线，即 $\varepsilon=f_1(q_{in})$ 或 $p_{out}=f_2(q_{in})$；

(2) 效率 η_p 与入口的体积流量 q_{in} 的关系曲线，即 $\eta_p=\varphi(q_{in})$；

(3) 功率 N 与进口条件下的体积流量 q_{in} 的关系曲线，即 $N=\psi(q_{in})$；

不同种类或型号的压缩机都有其特定的工作特性曲线，即使是同一台压缩机，当转速改变时，其性能曲线也随之改变。

在天然气管网稳态仿真中，一种简单的处理方式是将压缩机看作一个黑匣子，只关心压缩机进出口处的压力、流量和温度共6个参数，而忽略气体在其内部流动情况。具体的，采用以下三个方程：描述流量变化的方程(48)式，描述压力变化的方程(49)式和描述温度变化的方程(50)式作为压缩机的通用数学模型。

$$\rho_{in}q_{in}-\rho_{out}q_{out}=0 \tag{48}$$

$$p_{out}-\varepsilon p_{in}=0 \tag{49}$$

$$T_{out}-T_{in}\varepsilon^{\frac{k-1}{k}}=0 \tag{50}$$

$$\varepsilon=a+bq_{in}+cq_{in}^2 \tag{51}$$

式中，in代表压缩机进口位置；out代表压缩机出口位置；ρ为天然气密度，kg/m^3；q为天然气体积流量，m^3/s；p为气体压力，Pa；T为天然气温度，K；ε为压缩机的压缩比；k为多变指数。

压比与压缩机转速和入口处的流量相关，但是通常情况下已知的是额定转速下的流量特性曲线，那么如何求得任意转速下的流量特性曲线呢？通常的做法是首先应用相似定理将额定转速下的流量特性曲线$\varepsilon_1=f_1(q_{in})$转化成目标转速下的流量特性曲线$\varepsilon_2=f_2(q_{in})$，然后在$f_2$上任取3个点$(q_{in,1}, \varepsilon_{2,1})$，$(q_{in,2}, \varepsilon_{2,2})$，$(q_{in,3}, \varepsilon_{2,3})$代入(51)式，解方程得到$a$，$b$，$c$的值，这样就可以求得目标转速下压比$\varepsilon$与入口流量之间的函数关系式。

2.3 阀门的数学模型

$$\rho_{in}q_{in}-\rho_{out}q_{out}=0 \tag{52}$$

$$\rho_{in}q_{in}-C_g\rho_{in}\sqrt{\frac{(p_{in}^2-p_{out}^2)}{Z\Delta T_{in}}}=0 \tag{53}$$

$$T_{out}-T_{in}+(p_{out}-p_{in})\left\{\frac{1}{c_p}\left[\frac{T}{\rho^2}\frac{(\partial p/\partial T)_\rho}{(\partial p/\partial \rho)_T}-\frac{1}{\rho}\right]\right\}_{out}=0 \tag{54}$$

式中，in代表阀门进口位置；out代表阀门出口位置；ρ为天然气密度，kg/m^3；q为天然气体积流量，m^3/s；p为气体压力，Pa；T为天然气温度，K；$C_g=f(FR)$，C_g为阀门的流量系数，FR为阀门开度，Z为在上游温度和平均压力下的压缩因子；Δ为相对空气的气体比重；c_p为天然气比定压热容，J/(kg·K)。

2.4 气源数学模型

$$q=q(t) \tag{55}$$

$$p=p(t) \tag{56}$$

$$T=T(t) \tag{57}$$

式中，ρ为天然气密度，kg/m^3；q为天然气体积流量，m^3/s；p为气体压力，Pa；T为天然气温度，单位：K。

2.5 节点数学模型

流量平衡 $$\sum_{i=1}^{N_{in}}\rho_{in,i}q_{in,i}=\sum_{j=1}^{N_{out}}\rho_{in,i}q_{out,j} \tag{58}$$

压力平衡 $$p_{in,1}=\cdots=p_{in,N_{in}}=p_{out,1}=\cdots=p_{out,N_{out}} \tag{59}$$

能量平衡 $$T_{out,1}=\cdots=T_{out,N_{out}}=\frac{\sum_{i=1}^{N_{in}}|c_p mT|_{in,i}}{\sum_{j=1}^{N_{out}}|c_p m|_{out,j}} \tag{60}$$

式中，N 为元件个数，下标 in 为入口，下标 out 为出口。ρ 为天然气密度，kg/m^3；q 为天然气体积流量，m^3/s；p 为气体压力，Pa；T 为天然气温度，K；c_p 为天然气比定压热容，J/(kg·K)。

2.6 天然气稳态水热力计算

水力、热力去耦求解将天然气管网仿真的求解过程分解成两部分：水力部分和热力部分。求解时，先求解水力方程得到压力和体积流量(流速)，再根据已求得的水力参数求解热力方程得到温度参数。研究表明，该方法能在几乎不影响数值精度的前提下，将热力参数隔离出来，在一定程度上减小了复杂水力条件下热力参数对水力参数的影响，提高了稳定性；而且在求解过程中采用两个小方程组代替一个大方程组，加快求解速度。因此，天然气管网的稳态与瞬态仿真都采用水力、热力去耦求解策略，只不过一些细节不同而已。

天然气稳态水力热力去耦求解流程如图 3 所示。

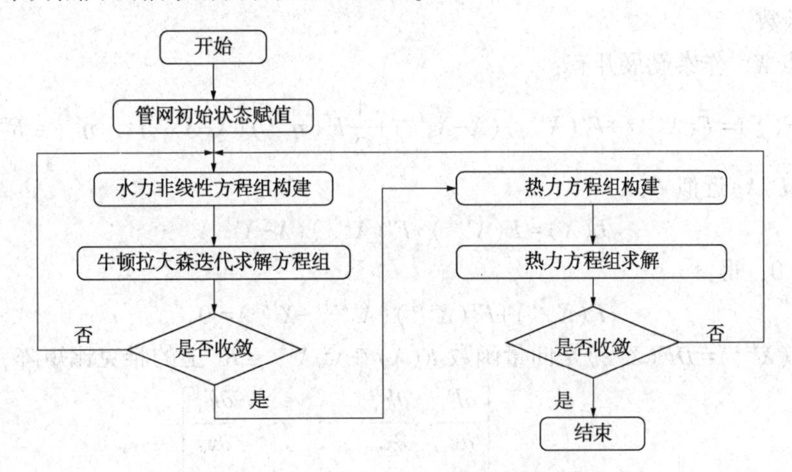

图 3　管网稳态水力热力解耦求解示意图

2.6.1　水力方程组构建

管道采用如图 4 所示的均分网格：

1　2　i　i+1　N+1

图 4　稳态管道网格划分

在图 4 所示的离散网格上，针对微元管段 i 的中心点，即节点 i+0.5 处，对流项采用中心差分格式进行离散。管道的连续性方程和动量方程的离散结果如下所示：

连续性方程
$$\rho_i q_i - \rho_{i+1} q_{i+1} = 0 \tag{61}$$

动量方程
$$q_i \frac{q_i - q_{i+1}}{\Delta x} + \frac{A^2}{\rho_{i+\frac{1}{2}}} \frac{p_i - p_{i+1}}{\Delta x} = -\frac{\lambda}{2d} q_{i+\frac{1}{2}} \left| q_{i+\frac{1}{2}} \right| - gA^2 \sin\theta \tag{62}$$

其中：$\rho_{i+\frac{1}{2}} = \dfrac{\rho_i + \rho_{i+1}}{2}$，$q_{i+\frac{1}{2}} = \dfrac{q_i + q_{i+1}}{2}$，$\rho_i = BWRS(p_i)$，$\rho_{i+1} = BWRS(p_{i+1})$。

由 BWRS 状态方程可知，$\rho = BWRS(p, T)$，由于采用水热力解耦方式，水力计算过程中温度 T 是已知值，因此密度 ρ 只是压力 p 的函数，即 $\rho = BWRS(p)$。因此 60、61 式可变为：

$$BWRS(p_i) q_i - BWRS(p_{i+1}) q_{i+1} = 0 \tag{63}$$

$$q_i \frac{q_i - q_{i+1}}{\Delta x} + \frac{A^2}{BWRS(p_{i+\frac{1}{2}})} \frac{p_i - p_{i+1}}{\Delta x} = -\frac{\lambda}{2d} q_{i+\frac{1}{2}} \left| q_{i+\frac{1}{2}} \right| - gA^2 \sin\theta \tag{64}$$

管道节点处的连续性方程和动量方程可以简化为下列表达式：

$$FP1_{j,i}(p_i, q_i, p_{i+1}, q_{i+1}) = 0 \tag{65}$$

$$FP2_{j,i}(p_i, q_i, p_{i+1}, q_{i+1}) = 0 \tag{66}$$

其中，$FP1_{j,i}$代表管道j位于i节点处的连续性方程的离散形式，$FP2_{j,i}$代表管道j位于i节点处的动量方程的离散化形式。

从式(64)和(65)中可以看到，连续性方程和动量方程中基础变量只有体积流量q和压力p。

最后联立压缩机，阀门的流量-压力特性方程，节点处流量-压力平衡方程及边界条件，便得到水力方程组。值得注意的是：水力方程组是非线性方程组，需要采用迭代逼近的方式求解。牛顿拉夫森迭代法是一种求解非线性方程组的常用有效方法，因此采用该方法求解水力方程组。

2.6.2　牛顿-拉夫森方法简介

对于非线性方程组：

$$F(X)=0 \tag{67}$$

式中：$X=(x_1, x_2, \cdots, x_n)^T \in R^n$，$F(X)=[f_1(X), f_2(X), \cdots, f_3(X)]^T$ 是定义在 R^n 上取值于 R^n 的向量值函数。

将$F(X)$在点$X^{(k)}$作泰勒展开有：

$$F(X)=F(X^{(k)})+F'(X^{(k)})(X-X^{(k)})+\frac{1}{2}F''(\eta^{(k)})(X-X^{(k)})^2,\ \eta^{(k)} \in R^n \tag{68}$$

取线性函数$L(X)$近似$F(X)$：

$$L(X)=F(X^{(k)})+F'(X^{(k)})(X-X^{(k)}) \tag{69}$$

令$L(X^{(k)})=0$，得：

$$F(X^{(k)})+F'(X^{(k)})(X^{(k+1)}-X^{(k)})=0 \tag{70}$$

69式中，$F'(X^{(k)})=DF(X^{(k)})$是向量函数$F(X)$在点$X^{(k)} \in R^n$上的雅克比矩阵，如下所示：

$$DF(X^{(k)})=\begin{bmatrix} \frac{\partial F_1}{\partial x_1} & \frac{\partial F_1}{\partial x_2} & \cdots & \cdots & \frac{\partial F_1}{\partial x_n} \\ \frac{\partial F_2}{\partial x_1} & \frac{\partial F_2}{\partial x_2} & \cdots & \cdots & \frac{\partial F_2}{\partial x_n} \\ \vdots & \vdots & \vdots & \vdots & \vdots \\ \vdots & \vdots & \vdots & \vdots & \vdots \\ \frac{\partial F_n}{\partial x_1} & \frac{\partial F_n}{\partial x_2} & \cdots & \cdots & \frac{\partial F_n}{\partial x_n} \end{bmatrix} \tag{71}$$

根据式(69)有：

$$X^{(k+1)}=X^{(k)}-(DF(X^{(k)}))^{-1}F(X^{(k)}) \quad (k=0,1,2,\cdots) \tag{72}$$

记$\Delta X^{(k)}=X^{(k+1)}-X^{(k)}$，给定初值$X^{(0)}$，得到牛顿拉夫逊法的迭代格式：

$$\begin{cases} DF(X^{(k)})\Delta X^{(k)}=-F(X^{(k)}) \\ X^{(k+1)}=X^{(k)}+\Delta X^{(k)} \end{cases} \quad (k=0,1,2,\cdots) \tag{73}$$

迭代终止标准取为$\max\limits_{1\leqslant i\leqslant n}|\Delta X_i^{(k)}|<\varepsilon$或$\|F(X^{(k)})\|<\varepsilon$。

其中方程组$DF(X^{(k)})\Delta X^{(k)}=-F(X^{(k)})$是线性的，可以采用高斯消元法求解。

2.6.3　热力方程组的构建

如图4所示离散网格，针对微元管段i的中心点，即节点$i+0.5$处，对流项采用中心差分格式离散。管道的能量方程(47式)的离散结果如下：

$$q_{i+\frac{1}{2}}\frac{T_{i+1}-T_i}{\Delta x}=\frac{1}{\rho_{i+\frac{1}{2}}c_v}\left[-T_{i+\frac{1}{2}}\left(\frac{\partial p}{\partial T}\right)_{\rho_{i+\frac{1}{2}}}\frac{q_{i+1}-q_i}{\Delta x}+\frac{\lambda}{2}\frac{\rho_{i+\frac{1}{2}}|q_{i+\frac{1}{2}}|^3}{A^2D}-\frac{4AK(T_{i+\frac{1}{2}}-T_g)}{D}\right] \tag{74}$$

其中，

$$\rho_{i+\frac{1}{2}}=\frac{\rho_i+\rho_{i+1}}{2},\ q_{i+\frac{1}{2}}=\frac{q_i+q_{i+1}}{2},\ T_{i+\frac{1}{2}}=\frac{T_i+T_{i+1}}{2},\ \rho_i=BWRS(p_i),\ \rho_{i+1}=BWRS(p_{i+1})$$

最后联立压缩机、阀门的热力特性方程，节点处热力平衡方程以及气源的温度边界条件，便可以构建热力方程组。需要注意的是，该热力方程组也是非线性方程组，同样可以采用牛顿拉夫森迭代法求解。

3 应用案例

稳态仿真实例管网拓扑结构如图 5 所示。具体结构数据见表 1～表 4。管道均为水平管，管径，壁厚和粗糙度分别为 720mm，10mm，0.005mm。天然气组分为 100% CH4。地温恒温为 10℃，总传热系数 $K=1.74\mathrm{W/(m^2 \cdot K)}$。标准压力 101.325kPa，标准温度 20℃。

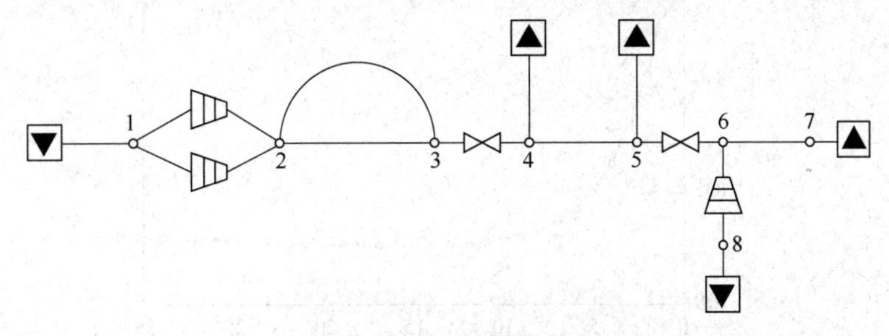

图 5 稳态仿真示例管网拓扑结构示意图

表 1 管网结构数据-管道

管段	1	2	3	4
起点	2	3	4	6
终点	3	3	5	7
管长/km	30	25	25	25

表 2 管网结构数据-压缩机

阀门	1	2
起点	3	5
终点	4	6

表 3 管网结构数据-气源

气源编号	1	2
体积流量/(m^3/h)	5000	3000

表 4 压缩机性能曲线

流量/(m^3/h)	扬程/m	效率/%
0	4.5	0
750	4.2	40
1500	3.8	60
2250	3.2	70
3000	2.3	78

表 5 阀门的流量系数

阀门编号	1	2
Cg_{max}/m^2	100	100
Cg_{min}/m^2	0	0

3.1 空间步长设置

兼顾效率与精度的前提下，空间步长取为500m。

3.2 稳态仿真结果

图6~图8给出了管网稳态仿真中管道1的体积流量，压力和温度随距离的变化情况。

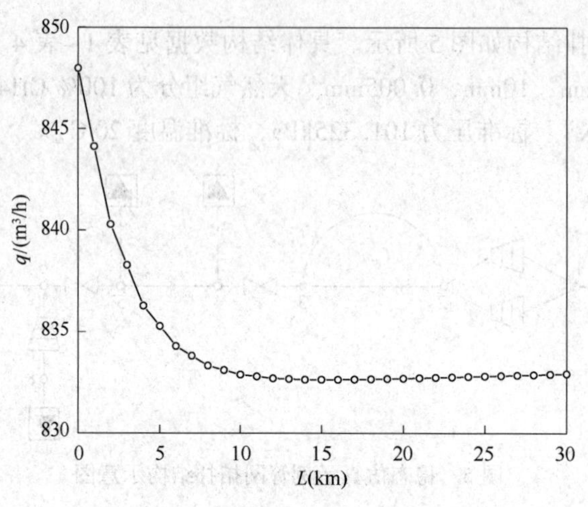

图6　管道1的体积流量随距离变化情况

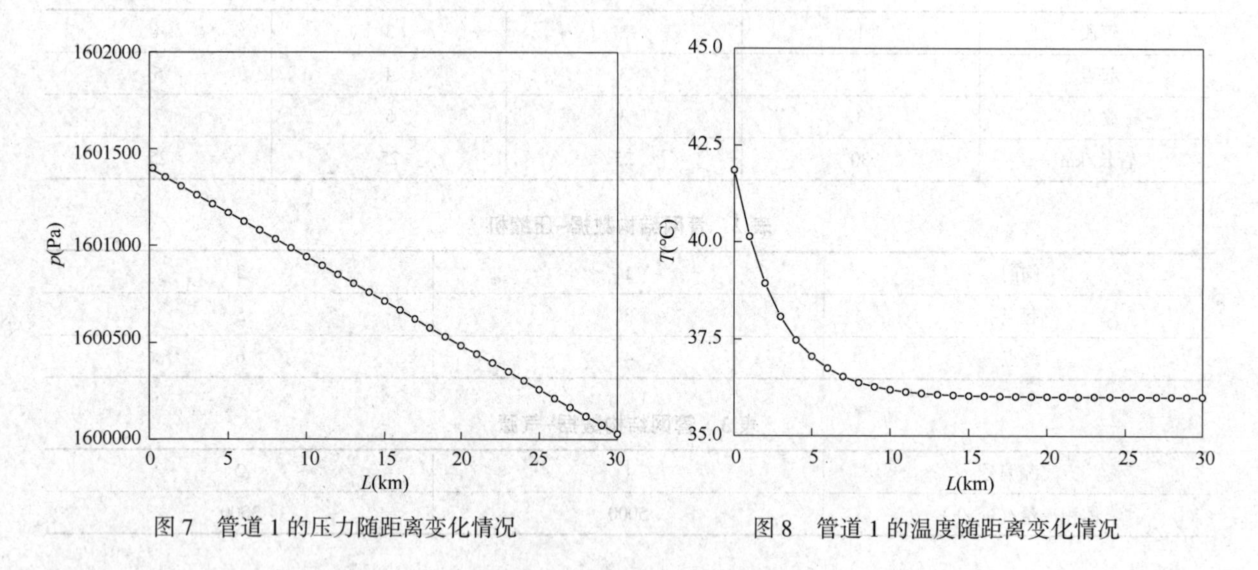

图7　管道1的压力随距离变化情况

图8　管道1的温度随距离变化情况

参　考　文　献

[1] 李玉星，姚光镇. 输气管道设计与管理[M]. 第二版. 东营：中国石油大学出版社，2008：108-112.

[2] 孙华，曲昊. 基于抛物线法的顶杆拉深毛坯尺寸计算[J]. 武汉船舶职业技术学院学报，2020，19(01)：98-100.

[3] 张立侠，郭春秋. 基于BWRS状态方程的天然气偏差因子计算方法[J]. 石油钻采工艺，2018，40(06)：775-781.

[4] 杨广峰，杨帆，杨霆浩，崔静. 五种状态方程对饱和气液相密度的预测[J]. 油气田地面工程，2018，37(08)：9-12.

[5] 刘毅，周绍骑等. 基于BWRS方程的压缩空气压缩因子计算[J]. 后勤工程学院学报，2014，30(04)：66-71.

[6] 李桂亮，袁天强. BWRS方程常用数值解法分析[J]. 内蒙古石油化工，2011，37(09)：42-43.

[7] 李健秀. BWRS状态方程密度的快速算法[J]. 石油化工，1990(09)：622-626.

[8] 何一坚，孔家煊等. CFD方法修正流体液相比定压热容测量精度研究[J]. 高校化学工程学报，2019，33(06)：1314-1322.

[9] 苑伟民，杨文川等. 理想气体比热容计算公式的对比研究[J]. 石油工程建设，2021，47(02)：25-29.
[10] 常勇强，曹子栋等. 多组分气体热物性参数的计算方法[J]. 动力工程学报，2010，30(10)：772-776.
[11] 王霞，卢坤. 天然气混合气体黏度计算方法[J]. 延安大学学报(自然科学版)，2011，30(02)：54-55.
[12] 于忠. 超临界酸性天然气密度黏度变化规律实验研究[D](硕士学位论文). 中国石油大学，2011.
[13] 李柏桐，郭天民. 油藏流体高压黏度的实验测定与关联[J]. 石油勘探与开发，1990(06)：72-79.
[14] 马焱，孙皓等. 埋地管道总传热系数影响因素研究[J]. 中国石油和化工标准与质量，2022，42(18)：139-141.
[15] 周刚. 基于量纲分析的含蜡热油管道总传热系数预测模型[J]. 西安石油大学学报(自然科学版)，2020，35(01)：84-88.
[16] 冯文亮，白冬军. 直埋保温管道传热系数测试与分析[J]. 区域供热，2019(05)：38-43.
[17] 刁兆斌，付子文等. 总传热系数对渤海流动保障设计的影响差异[J]. 石化技术，2020，27(12)：72-73.
[18] 童睿康. 多气源混输条件下复杂天然气管网稳态仿真研究[D](硕士学位论文). 长江大学，2021.
[19] 黄志，韩春春等. 非等温输气管道的稳态仿真[J]. 石油机械，2018，46(10)：103-109.
[20] 聂子豪. 基于稳态仿真的天然气管网多目标优化运行技术研究[D](硕士学位论文). 西安石油大学，2015.
[21] 向月. 基于 CPU+GPU 异构计算的天然气管网瞬态仿真方法及其应用研究[D](硕士学位论文). 中国石油大学(北京)，2018.
[22] 宇波，王鹏等. 基于分而治之思想的天然气管网仿真方法[J]. 油气储运，2017，36(01)：75-84.
[23] 谢东仁，王伟，李爱军. 一种改进的牛顿-拉夫森算法[J]. 计算机仿真，2008(11)：335-338.
[24] 何伟，孙雷. 牛顿-拉夫森算法在相平衡计算中的应用研究[J]. 石油勘探与开发，1999(04)：68-71.
[25] 王芳，赵美宁，王立党. 基于牛顿_拉夫森数值算法的杆机构位置求解[J]. 西安工业学院学报，2005(03)：220-222.
[26] 李娟娟，俞一彪，芮贤义. 结合牛顿-拉夫森函数计算语音线谱对参数的高效算法[J]. 信号处理，2014，30(12)：1479-1485.

输油管道运行摩阻预测数据模型与应用

柳建军[1] 孙法峰[2] 沈 亮[2] 刘丽君[1] 朱玉奎[1]

（1. 昆仑数智科技有限责任公司；2. 国家石油天然气管网集团有限公司油气调控中心）

摘 要 摩阻变化能够宏观反映输油管道运行趋势，提出“生产数据+机器学习”的运行摩阻预测数据模型框架，克服了摩阻计算机理模型复杂、难以用于预测的不足。基于上述框架，应用LSTM方法建立了原油管道输送摩阻预测数据模型、应用随机森林和GBDT算法建立了成品油管道批次输送摩阻预测数据模型。在国内西南地区应用案例中预测摩阻平均绝对误差小于0.2MPa/100km，表明利用数据建模方法可有效解决输油管道运行摩阻预测难题，指导管道智能化的运行。

关键词 输油管道；摩阻预测；数据模型；机器学习；LSTM

1 引言

经过几十年运行，作为国家经济发展动脉的长输油气管道，积累了海量的运行数据和丰富的调度经验。传统的基于管道运行机理模型的研究手段和管理方法，保障了油气管道安全、经济运行，但由于某些机理模型过于复杂、或不存在显式机理，目前还存在某些生产难题限制了油气管道运行管理水平进一步提升，如高含蜡原油管道清管时机的判断，以及成品油管道批次输送界面位置预测等。

近年来，大数据在工业数据领域的参数预测、设备监测和运行优化等方面发展迅速，有效提高了工业控制系统的运行管理水平，也让基于管道运行数据反向建立输油管道运行数据模型作为复杂机理模型的补充成为可能。本文选取输油管道运行宏观量摩阻作为数据建模对象，基于大数据分析和人工智能方法，建立了原油管道输送摩阻预测数据模型和成品油管道批次输送摩阻预测数据模型，并应用上述摩阻预测辅助复杂原油、成品油管道优化运行。

2 输油管道运行摩阻预测数据模型

2.1 输油管道运行数据特点

长输油气管道的生产数据具有海量性（volume）、多样性（variety）、高速性（velocity）、真实性（veracity）、可见性（visibility）和价值（value）“6V”工业大数据特性，同时具有更强的专业性、关联性、流程性、时序性和解析性等，由于同一工况受多个参数影响，因此具有模型维度高的特点。

在长输油气管道运行中，调度员利用SCADA系统的压力、流量等参数，结合管道的设备状态变化和报警信息等实现管道的远程监控运行。随着管道自控通信、物联网技术的发展以及调度员远程调控运行经验和业务知识的积累，结合SCADA系统的实时数据及历史数据，探索将运行经验、业务知识结合系统报警信息等进行数据理论化和模型化，构建参数预测和工况智能识别模型，并使用实际生产数据驱动模型提高模型的预测精度和适应性，将是未来管道智能化发展的途径。

2.2 摩阻含义

流体在管道中作沿程流动时，由于流体层间的摩擦和流体与管道壁面之间的摩擦所形成的阻力称为摩擦阻力，由此产生的压降称为管道摩阻损失，它与磨擦系数、管道总长度、管内径、介质的重量流量、介质密度有关。严格意义上，流体沿程摩阻存在机理模型，但由于影响因素较多，如果按机理模型计算将非常复杂，同时摩阻计算机理模型构建过程中需要对参数进行理想假设和简化，影响误差，自适应性差。在实际应用时，通常从摩阻造成管道压降的意义出发，使用下面公式计算。

$$h_s = P_C - P_R + \rho \times g \times (H_C - H_R) \tag{1}$$

$$h_k = \frac{h_s}{L_R - L_C} \times 100 \tag{2}$$

$$h_f = \left(\frac{Q}{Q_{基准}}\right)^{-1.75} \times h_k \tag{3}$$

式中，h_s为站间摩阻，MPa；h_k为百公里摩阻，MPa；h_f为基准摩阻，MPa；P_C 为管段起点压力，MPa；P_R 为管段终点压力，MPa；ρ 为密度，kg/m^3；g 为重力加速度，m/s^2；H_C为管段起点高程，m；H_R 为管段终点高程，m；L_C 为管段起点里程，km；L_R 为管段终点里程，km；Q 为管段体积流量，m^3/h。

已知管段前后压力时，通过上述公式可以快速计算出管段摩阻，应用于历史摩阻分析。如果需要预测摩阻变化趋势时，由于管段前后压力也将未知，上述公式则无法应用，此时可以考虑建立摩阻预测数据模型。

2.3 摩阻预测数据建模框架

2.3.1 整体框架

基于“生产数据+机器学习”，建立如图 1 所示的输油管道运行摩阻预测数据模型框架。以输油管道数据采集与监视控制系统(SCADA)采集的生产运行历史数据为基础，通过摩阻计算公式形成不同工况条件下历史摩阻样本库，选取适当的机器学习方法针对原油或成品油管道建立摩阻预测数据模型，接入生产运行实时数据后将实时摩阻与预测摩阻进行比较，实现输油管道运行摩阻的检测、预测和监测。

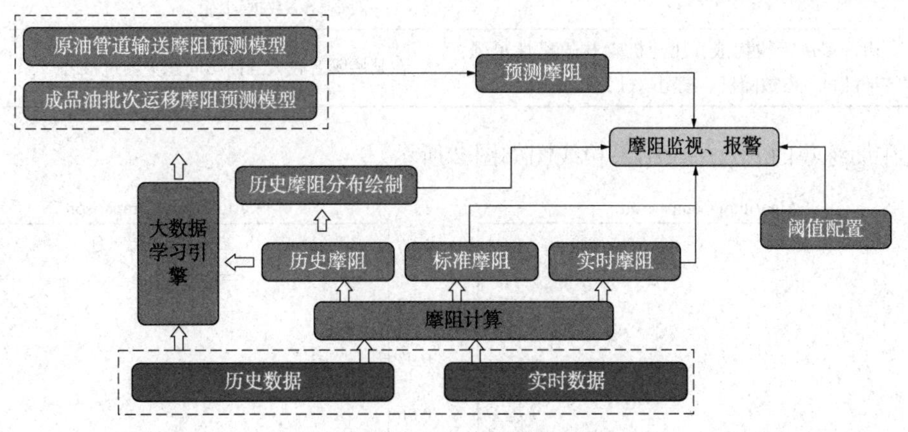

图 1 输油管道运行摩阻预测数据模型框架

2.3.2 大数据学习方法筛选

输油管道运行摩阻预测数据模型框架的核心是大数据学习引擎。对于不同介质、不同预测工况可以采用不同的学习方法。运行摩阻值是典型的时间序列，满足如下基本特征。

- 趋势性：摩阻随着时间进展或自变量变化，呈现一种比较缓慢而长期的持续上升、下降、停留的同性质变动趋向，但变动幅度可能不等。
- 周期性：摩阻由于外部影响随着自然季节或时段的交替出现高峰与低谷的规律。
- 随机性：时序种个别数值为随机变动，但整体呈统计规律。
- 综合性：实际变化情况一般是几种变动的叠加或组合。

原油管道输送介质单一，运行工况相对简单，运行摩阻变化影响因素较少，采用长短期记忆人工神经网络(LSTM)方法建立输送过程运行摩阻数据模型。成品油管道输送介质多样，批次输送过程中存在混油情况，建立数据模型时对大数据学习方法要求较高。选取比较了SVM、KNN、决策树和几种集成算法如Adaboost、GBDT、随机森林、极端随机回归树(ExtraTrees)等8个回归算法建立摩阻预测模型，训练集的测试效果如表1所示。比选后发现KNN、随机森林以及GDBT算法表现良好。

表1　大数据学习方法比较

算法类型	优　点	缺　点	r^2均值
KNN	简单好用，易理解，精度高；可用于数值型和离散型数据	计算复杂性高；空间复杂性高；数值很大的时候，计算量太大；样本不平衡问题	0.991
SVM	泛化错误率低，计算开销不大，结果容易解释；解决小样本情况下的机器学习问题	对参数调节和函数的选择敏感	0.95
决策树	具有很高的复杂度和高度的非线性关系，比多项式拟合拥有更好的效果；模型容易理解和阐述，训练过程中的决策边界容易实践和理解	由于决策树有过拟合的倾向，完整的决策树模型包含很多过于复杂和非必须的结构。但可以通过扩大随机森林或者剪枝的方法来缓解这一问题；较大的随机数表现很好，但是却带来了运行速度慢和内存消耗高的问题。	0.984
Adaboost	可以使用各种回归模型构建弱学习器；不易发生过拟合	对异常样本敏感，异常样本在迭代中可能获得较大权重，影响强学习器的预测准确性	0.938
GBDT	在相对少的调参时间情况下，预测的准确率也可以比较高(相对SVM来说)可以灵活处理各种类型的数据(连续和离散)	由于弱学习器之间存在依赖关系，难以并行训练数据；如果数据维度较高时会加大算法的计算复杂度	0.985
随机森林	支持多种树集成，可以形成强大的异构集成算法；在随机挑选样本和特征，可以减少异常点的影响，降低过拟合	耗时耗内存：每个基分类器的准确率不是很高，所以要求有大量的基分类器才能取得良好的效果分界线是100，所以整体的训练时间很长，一般适合小数据训练	0.991
ExtraTrees	由许多决策树构成，比随机森林随机性更强；特征随机、参数随机、模型随机、分裂随机	在某些噪音较大的回归问题上会过拟合	0.984

各算法在训练集的r^2效果及结果箱线图如图2所示。

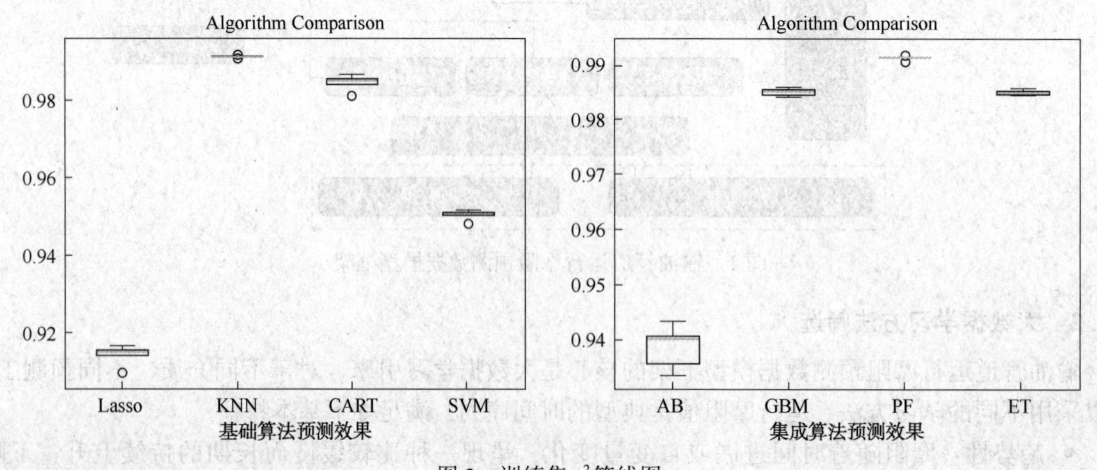

图2　训练集r^2箱线图

2.4　原油管道输送摩阻预测数据模型

与循环神经网络模型类似，LSTM模型同样具有输入层、隐藏层和输出层，输入的数据信息主要通过隐藏层的分析处理得出最终结果。长短期神经网络模型在每一个神经元的内部都加入了称为“GATE”的结构，主要作用为控制神经元信息的出入口，对数据进行输出和读取等，从而避免模型拟合过程中出现梯度爆炸或消失的情况。实际上，LSTM 神经网络模型与循环神经网络模型的根本不同在于前者在每个神经元内部加入了三个控制门，一个是输入门(Input gate)，另一个是输出门(Output gate)，还有一个是遗忘门(Forget gate)。三道控制门可以对内部的数据信息进行有选择性的记忆，从而对参数进行反复修正。模型具体结构如图 3 所示。

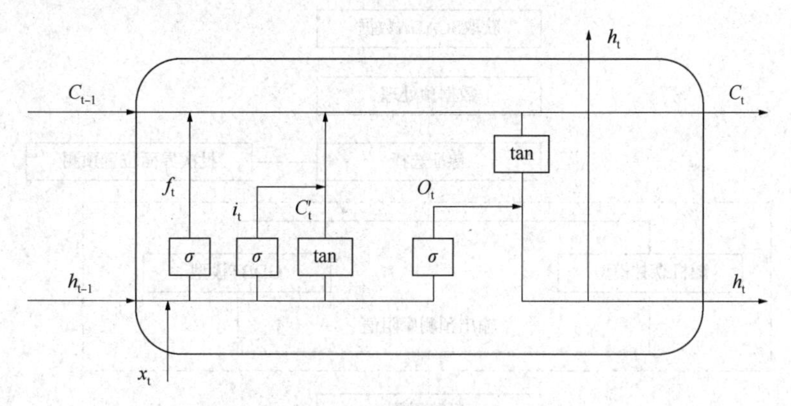

图 3　LSTM 模型展开图

C_t：时间点 t 下神经元的状态；h_t：时间点 t 下神经元的输出值；

x_t：时间点 t 下神经元的输入值；f_t：遗忘门，决定丢弃的信息；

i_t：输入门，决定信息的输入；o_t：输出门，决定信息的输出。

采用 LSTM 方法对原油管道运行摩阻进行预测，但现有的 LSTM 模型有以下几个问题：①通过前 n 个数据预测未来 1 步数据，这显然不能满足工程上对时效性的需要；②通过前 n 个数据预测未来 m 步数据，但该方法只适用于 m 小于 6 左右的情况，因为随着预测步数的增多，输入集全更新为预测值，而预测值本身就存在一定误差，误差将持续累积向后传递，整体预测误差累积上升。所以必须对 LSTM 模型进行一定调整以解决该问题。

(1) 模型的预测过程：假设输入数据$X_n=(X_{-n},\ \cdots,\ X_{-1},\ X_0)$，采用循环预测模式，即上次的预测值 p，添加到输入数据集中，然后再预测新的 p 值，循环往复，直到达到预测步数为止。

(2) 为了能有效利用随着时间产生的摩阻真实数据，解决由于多步预测带来的误差累计传递问题。在 LSTM 模型的基础上对每次测试的输入数据选取做了调整，利用周期性滑动窗口来选取每次输入的训练数据，让 X_n 能随时间进行更新，也就是每隔一段时间将测试集的预测值重新替换成真实值。

假设时间步长为 3，X_1，X_2，X_3…为真实值，p_1，p_2，p_3…为预测值，图 4 给出了 LSTM 模型的在一个周期内的预测过程：

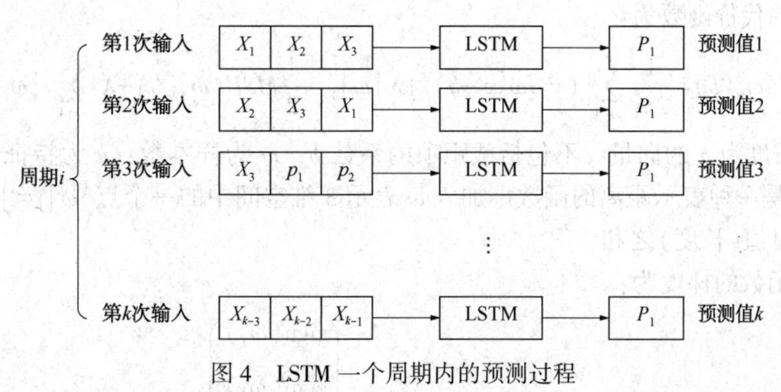

图 4　LSTM 一个周期内的预测过程

(3) 周期的确定：画出预测误差随时间步长变化的曲线图，找到预测误差突变对应的时间步长，该步长即为周期。

2.5 成品油管道批次输送运行摩阻预测数据模型

批次输送摩阻预测模型属于回归模型，经过多种算法比选，最终确认采用基于随机森林和GBDT两种集成学习算法共同决策，预测摩阻值并对当前批次输送摩阻进行实时监测。技术路线如图5所示。

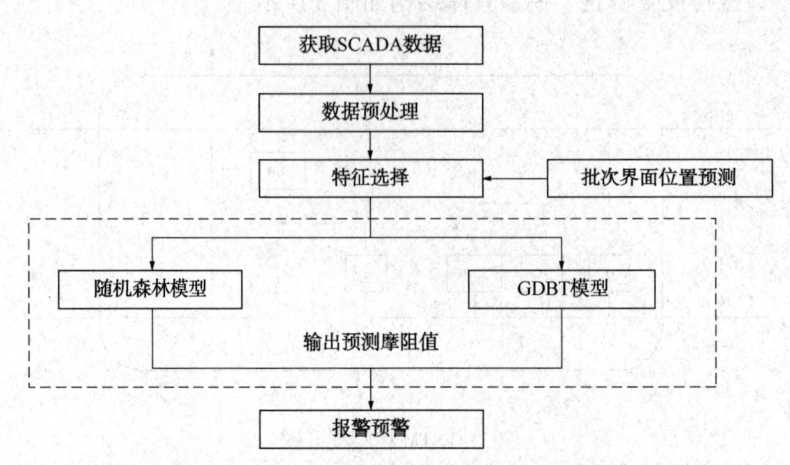

图5 成品油管道批次输送运行摩阻预测数据建模技术路线图

考虑到影响批次界面运移摩阻计算因素多、影响程度不均以及数据挖掘算法能力限制，有必要在相关性分析基础上筛选出影响程度较大的主要特征，再进行预测模型建立。

(1) 相关性分析

皮尔森相关系数也称皮尔森积矩相关系数(Pearson product-moment correlation coefficient)，是一种线性相关系数，是最常用的一种相关系数。记为r，用来反映两个变量X和Y的线性相关程度，r值介于-1到1之间，绝对值越大表明相关性越强。

定义总体相关系数ρ定义为两个变量X、Y之间的协方差和两者标准差乘积的比值，如下：

$$\rho_{X,Y}=\frac{\operatorname{cov}(X_i,\ Y)}{\sigma_{X_i}\sigma_Y}=\frac{E[(X_i-\mu_{X_i})(Y-\mu_Y)]}{\sigma_{X_i}\sigma_Y} \tag{4}$$

式中，X_i表示第i个特征，Y表示目标特征(类标签)，cov(·)是协方差，相关准则只适用于检测分类特征和目标特征之间的线性依赖关系。

LASSO回归在回归的基础上增加了正则化项，实现了约束参数从而防止过拟合的效果。但是LASSO之所以重要，还有另一个原因：LASSO能够将一些作用比较小的特征的参数训练为0，从而获得稀疏解。也就是说用这种方法，在训练模型的过程中实现了降维(特征筛选)的目的。

LASSO回归的代价函数为：

$$E(\omega,\ b)=\frac{1}{2m}\sum_{i=1}^{m}(y_i-\omega^T x_i-b)^2+\lambda|\omega|_1=\frac{1}{2}MSE(\omega,\ b)+\lambda\sum_{i=1}^{n}|\omega_i| \tag{5}$$

式中，ω是长度为n的向量，不包括截距项的系数b；m为样本数；n为特征数；$|\omega|_1$为参数ω的L_1范数，也是一种表示距离的函数。加入ω表示3维空间中的一个点$|\omega|_1=|x|+|y|+|z|$，即各个方向上的绝对值(长度)之和。

LASSO代价函数的梯度为：

$$\nabla_{(\omega,b)}MSE(\omega,\ b)+\alpha\begin{pmatrix}\operatorname{sign}(\omega_1)\\ \operatorname{sign}(\omega_2)\\ \vdots\\ \operatorname{sign}(\omega_n)\end{pmatrix} \tag{6}$$

其中

$$\operatorname{sign}(\omega_i)=\begin{cases}-1(\omega_i<0)\\0(\omega_i=0)\\+1(\omega_i>0)\end{cases}\tag{7}$$

（1）将批次运移数据按次数以 7：3 划分训练集和测试集，并以训练集为基准对训练集和测试集数据进行数据清洗及归一化处理。

（2）设定随机森林和 GBDT 默认参数及随机种子。

（3）将预处理后的训练集样本，输入初始化参数模型构建随机森林及 GBDT 模型，如 6 图所示。

（4）通过 GreadSearch 进行参数优化，选择效果最佳的参数作为模型最终参数。

（5）将两个摩阻的预测结果进行加权求和，确定最终摩阻值并输出。

（6）以当前时刻的生产运行状态数据，如压力、流量等，预测未来 2 小时摩阻数据，并绘制摩阻曲线，设定报警阈值，供调度人员参考。

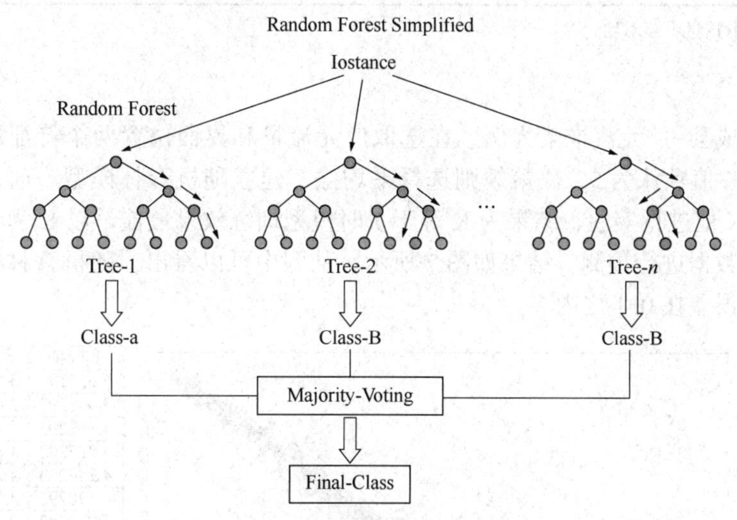

图 6　随机森林构建示意图

3　应用实例

选取国内西南地区原油、成品油管道各一条作为应用实例，验证输油管道运行摩阻预测数据模型有效性。

3.1　原油管道运行摩阻预测实例

采用平均绝对误差（MAE）和均方根误差（RMSE）来对模型的预测精度进行评价，表示的是预测值与真实值之间的差异或距离，假设 $\widehat{y_i}$ 为预测值，y_i 为真实值，计算公式如下：

$$MAE=\frac{1}{m}\sum_{i=1}^{m}|\widehat{y_i}-y_i|\tag{8}$$

$$RMSE=\sqrt{\frac{1}{m}\sum_{i=1}^{m}(\widehat{y_i}-y_i)^2}\tag{9}$$

以 2020 年运行数据为例，对兰成原油管道 5 个站间、11 次清管间数据进行了摩阻预测，预测方法为站在后 20%验证数据中的每个点，用之前的数据训练模型，预测时长分别为 24 小时、36 小时、48 小时和 72 小时，表 2 为预测误差情况，97.9%的预测误差小于 0.2MPa/100km。

表 2　兰成原油管道正常输送摩阻预测绝对误差表 MPa

序号	管段	清管间次	摩阻预测时长			
			24 小时	36 小时	48 小时	72 小时
1	陇西-武山	1-2 间	0. 011042	0. 021334	0. 023108	0. 023743
2		2-3 间	0. 049799	0. 063316	0. 07143	0. 069961
3	武山-小川	2-3 间	0. 018901	0. 021679	0. 02473	0. 031416
4		3-4 间	0. 0254	0. 031632	0. 049102	0. 054159
5		4-5 间	0. 045998	0. 081947	0. 082996	0. 108959
6	小川-广元	1-2 间	0. 082436	0. 020491	0. 026021	0. 032312
7		2-3 间	0. 03323	0. 040742	0. 047363	0. 052693
8	广元-江油	2-3 间	0. 074924	0. 076913	0. 064363	--
9		5-6 间	0. 085415	1. 170466	0. 119415	0. 019662
10	江油-彭州	1-2 间	0. 04801	0. 036833	0. 04011	0. 036633
11		2-3 间	0. 021881	0. 028552	0. 028061	0. 030413

注："--"表示预测数据量不够对比。

3. 2　成品油

以兰成渝管道成县-广元汽推柴为例。在选取广元流量和界面位置两个特征的情况下，距离度量选择欧氏距离，K 值默认为 5，决策规则选择平均法，建立随机森林模型。通过交叉验证法，分别对 1-10 之间的 K 值进行实验，结果为 K 等于 7 时模型训练效果最佳。以 K 为 7 重新建立随机森林模型，对测试集数据进行预测，结果如图 7 所示。从图中可以看出，随机森林模型在测试集中表现良好，预测结果误差在 0. 1 之内。

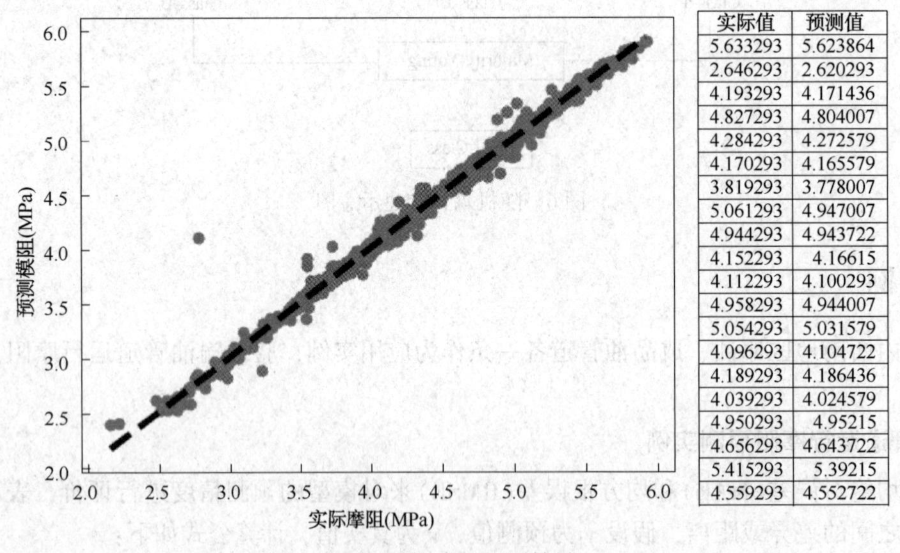

实际值	预测值
5.633293	5.623864
2.646293	2.620293
4.193293	4.171436
4.827293	4.804007
4.284293	4.272579
4.170293	4.165579
3.819293	3.778007
5.061293	4.947007
4.944293	4.943722
4.152293	4.16615
4.112293	4.100293
4.958293	4.944007
5.054293	5.031579
4.096293	4.104722
4.189293	4.186436
4.039293	4.024579
4.950293	4.95215
4.656293	4.643722
5.415293	5.39215
4.559293	4.552722

图 7　批次摩阻预测结果

4　结论

通过以上研究，可以获得如下结论：

(1) 提出了基于“生产数据+机器学习”的输油管道运行摩阻预测数据模型框架，在此框架下应用合适的机器学习方法建立了原油管道输送摩阻预测数据模型和成品油管道批次输送摩阻预测数据模型。针对国内西南地区原油、成品油管道实际运行数据，验证了输油管道运行摩阻预测数据模型有效性。

(2) 大数据挖掘方法不依赖于理论机理，可将历史数据和实时数据进行综合分析，得到多维度、宏观的时空关联特性，并根据预测结果进行调参优化，提升了预测结果的准确性和适应性。大数据挖掘方法与传统理论方法并不矛盾，在研究过程中，可利用理论方法的参数，确定模型的影响因素，提升研究效率。

(3) 未来，还需增大训练集规模、扩大训练范围，不断提高预测模型适用性，同时也可以尝试针对清管、泄漏等更为复杂的非稳态工况下摩阻变化建立预测数据模型。

参 考 文 献

[1] 吴军. 智能时代[M]. 北京：中信出版社，2016.

[2] 杨筱蘅. 输油管道设计与管理[M]. 东营：中国石油大学出版社，2006.

[3] ZHAO F，FENG J S，ZHAO J，et al. Robust LSTM-autoencoders for face de-occlusion in the wild[J]. IEEE Transactions on Image Processing，2018，27(2)：778-790.

[4] 于涛，刘丽君，陈泓君等. 长输油气管道大数据挖掘与应用[J]. 物联网学报，2020，4(3)：112-119.

[5] 吴潜. 大数据背景下石化工业实现智能制造的思考[J]. 化学工业，2016，34(2)：15-18.

基于异常工况识别诊断的管道泄漏监测技术研究

杜　选　杨　阳　朱玉奎　刘丽君　李成志

（昆仑数智科技有限责任公司）

摘　要　管道泄漏事件伴随管道服役期增加，管道本身材质变化以及外界因素等时有发生，目前针对管道泄漏检测方法多为压力波法与流量平衡法相结合。这种方法检测灵敏度高，定位精度好，但也容易受到站场各种工况影响其准确度和误报率。本文提出基于异常工况智能识别诊断方法，梳理不同管道工况条件下压力流量变化趋势，研究压力信号小波去噪方法和基于统计方法的工况特征提取方法，构建工况智能识别诊断算法，排除异常工况对管道泄漏监测过程中造成的误差和干扰，准确有效地对泄漏情况进行监测并报警。

关键词　工况识别；泄漏监测；特征提取；滤波降噪；诊断识别

近年来，随着输油管道敷设距离的延长，服役期的增加，由于运行磨损、设备老化、腐蚀以及地理和气候环境变化和人为损坏等，管道泄漏时有发生，油气管道泄漏不仅给生产、运营单位造成巨大的经济损失，而且会对环境造成污染、严重影响沿线居民的身体健康和生命安全。一定量的石油或天然气泄漏会引发燃烧、爆炸等事故，威胁着油气管道沿线附近居民的生命和财产安全，同时也会污染周边环境，破坏生态平衡，造成较大的经济损失和社会恐慌。

目前主流的管道泄漏检测方法，主要是压力波法与流量平衡的方法相结合的方法。这种方法主要的优点是检测灵敏度较高，定位精度好，但也容易受到实际运行中油品批次、物理性质、感知计量仪表精度、压力信号中混杂的噪声等因素干扰。随着管道工业的不断发展，感知端仪器仪表精度逐渐提高，针对外界噪声干扰，有效的滤波技术也在管道泄漏监测和定位方法中不断优化完善。虽然目前有的泄漏监测系统通过 SCADA 系统提供数据源，但管道泄漏监测仍然会受到站场的各种工况影响，例如停泵、开关调节阀或调节阀故障、不同密度油品进入站、倒罐、切罐等。传统的压力波或流量平衡法无法检测出上述具体工况，从而导致泄漏检测系统的误报或漏报。本文提出的基于异常工况识别诊断的管道泄漏监测技术，在传统泄漏检测方法技术上，通过对管道异常工况进行在线诊断识别，排除异常工况引起的干扰和误差，准确有效地对泄漏情况进行监测并报警。

1　典型工况压力异常波动规律分析

1.1　启泵、停泵

管线上油料的输送在首站由给油泵输出，进而在首站和中间（热）泵站进行加压并长输至下站。启泵和停泵发生在有泵的站，即首站和中间热（泵）站，当站内有油泵或主泵开启时，分别可称为启主泵和启给油泵，当两种泵关闭时，也分别称为停主泵和停给油泵。在发生启停泵工况时，调节阀会配合同时有所变动，因此将同时使当前压力和流量发生变化。

1.2　切泵

切泵的含义是切换当前运行的给油泵或主泵。该工况发在有泵的站，即首站和中间热泵站，根据切换的泵类型不同，可分为切给油泵和切主泵。切泵包含启泵与停泵两个过程，实际工况为启某一台或几台给油泵（或主泵）、同时关闭另一台或几台给油泵（或主泵）。依据两过程先后顺序的不同，可分为先停再起和先起再停。切泵的操作顺序可能因调度员的操作习惯不同而不同，将影响压力和流量的实际变化过程。

1.3 甩泵

甩泵指管线正常运行状态时，由于非正常操作等不可控因素造成输油泵停机。一般而言，正常停泵前将会对调节阀的阀位进行人工调整，但甩泵发生时，调节阀不会被预先变动，这是在阀位状态上判别甩泵发生的主要标准。在压力流量上，甩泵的表现方式是事故泵上游压力上升，下游压力下降，上下游的流量均下降。

1.4 调节阀变动、调节阀突变、阀门误关断

调节阀变动、调节阀突变、阀门误关断都是指调节阀的阀位发生了变化，阀门误关断是调节阀突变的一种。调节阀变动是人工对调节阀的阀位进行调整的正常工况，而调节阀突变是一种非人为操作的前提下阀位发生了变动的异常工况，两工况都包含调节阀开、关两种，各自的进出站压力流量变化特征如下：

① 当调节阀打开过程为 $x\%\rightarrow100\%$（调节阀开度增大）时，相当于调节阀打开，此时进站压力下降则流量上升；出站压力上升则流量上升。

② 当调节阀打开过程为 $100\%\rightarrow x\%$（调节阀开度减小）时，相当于调节阀关闭，此时进站压力上升则流量下降；出站压力下降则流量下降。

阀门误关断是调节阀突变的一种，即调节阀开度减小至0。它也是一种非人为操作的异常工况，其上下游压力流量变化特征为上游压力上升、流量下降，下游压力下降、流量下降。

1.5 泄压阀误动作

泄压阀误动作指预定压力没有达到最大时就开始释放压力，其工况表现类似于小型泄漏，具体表现为进站压力下降、流量上升，出站压力下降、流量下降。它的特点是当压力开始下降时，流量变化也比较明显。

1.6 下载燃料油

下载燃料油发生在有加热炉的站场，它的通俗理解就是站场放出一定量的油料。在下载燃料油工况发生时，进出站压力和流量会发生一定变化，但程度相对轻微。下载燃料油工况的具体表现为进站压力下降，流量上升，出站压力下降，流量下降，即所谓“三降一升”，它的工况表现与管线泄漏相同。判别下载燃料油工况时一般需要考虑压力表的位置。进一步地，若能同时对本站和上下站的压力及流量变化情况进行综合分析，结果判别将更为准确。

1.7 切罐

切罐指当前与站内管线连接的油罐发生改变。在本项目所涉及的石兰、惠银、长呼三条管线中，切罐一般发生在首、末站。当切罐发生在首站时，表现的压力，流量特点不明显，当发生在末站时，正常表现为下游压力下降，上游压力和流量变化不大。

1.8 启输、停输

启输和停输是一对相反的工况，其含义是管线开始输送油料和管线停止输送油料。此工况仅发生在首站，启输的首要规则为首站给油泵自全部关闭状态变为有给油泵开启，停输的首要规则为自有给油泵开启的状态变为给油泵关闭。但启输、停输对管线工况有着复杂的影响，为了安全平稳输送或停止输送油料，长输管线的各站将伴随多次阀位的变化，进而导致各站压力、流量连续波动，因此其工况相对难于判断。

1.9 提量、降量

提量与降量描述的是由于调节阀动作导致流量的提升与降低。当调节阀开度变大、变小时，将分别对应产生提量、降量工况，两工况下进出站压力流量变化特征分别如下：

① 当调节阀打开过程为 $x\%\rightarrow100\%$，即调节阀打开程度增大时，若进站压力下降则流量上升；出站压力上升则流量上升，最终表现为提量。

② 当调节阀打开过程为100%→x%，即调节阀打开程度减小时，若进站压力上升则流量下降；出站压力下降则流量下降，最终表现为降量。

通过整理，上述工况的文字描述可形成如下工况名称和实际工况的对应关系表(启输、停输除外)，其中，对应关系以进出站的压力和流量、发生场所条件以及操作属性(人为或非人为)共同决定。如表1、表2所示。

表1　工况参数变化表

	切泵_停泵	切泵_起泵	下载燃料油	调节阀突变_开	调节阀突变_关
进站压力	上升	下降	下降	下降	上升
出站压力	下降	上升	下降	上升	下降
进站流量	下降	上升	上升	上升	下降
出站流量			下降	上升	下降
发生位置	首站，中间站	首站，中间站	有加热炉的站场		
操作	人为	人为	人为	非人为	非人为

表2　工况参数变化表

	阀门误关断	泄压阀误动作	切罐	甩泵	提量	降量
进站压力	上升	下降	下降	上升	下降	上升
出站压力	下降	下降		下降	上升	下降
进站流量	下降	上升		下降	上升	下降
出站流量	下降	下降		下降	上升	下降
发生位置			首站，末站			
操作	非人为					

基于本表以及此前对工况含义及表征的描述可看出，部分工况在压力和流量变化趋势的具体表征上有所重复。因此，不仅要依据宏观趋势，而且要继续结合压力和流量的变动程度、工况的发生位置和操作性质对工况进行综合判断。

2　管道压力信号去噪方法

2.1　小波信号去噪原理

信号分析中有用信号通常表现为低频信号，噪声信号通常表现为高频信号。信号可以由小波分解后的小波系数来描述，小波系数越大，其携带能量越多。小波去噪的基本思想就是根据噪声与信号在各尺度上的小波系数具有不同表现这一特点，将各尺度上由噪声产生的小波分量，特别是将那些噪声分量占主导地位尺度上的噪声分量去除，然后将保留下来的小波系数利用小波算法，重构出原始信号中的有用信号。

在利用小波变换信号处理方法对压力传感器采集到的信号进行滤波消噪时，需要选择合理的小波基函数和恰当的小波变换分解层数。最优基和最优尺度的选取是决定消噪质量的关键。

2.2　最优小波基的确定

小波基函数的选择应当视具体分析信号的不同而不同，常用的几种经典小波基函数有*haar*小波，*dbN*小波，*symN*小波和*coifN*小波等。*haar*小波一般处理效果最差，在此不再分析。目前小波去噪质量的评价指标主要有4种：均方根误差、信噪比、互相关函数以及平滑度。

根据上述四个指标，采用MATLAB编程，依次评价*db*族(*db*2~*db*10)小波基，*sym*族(*sym*2~*sym*8)小波基和*coif*族(*coif*1~*coif*5)小波基对环道所采集的平稳运行时的压力信号的消噪效果，所要考察的21个小波基相应的序号依次为1~21。依次求取这些小波基对信号进行去噪的四个评价指标的具体数值，并将结果分别绘制成如图1所示的形式。

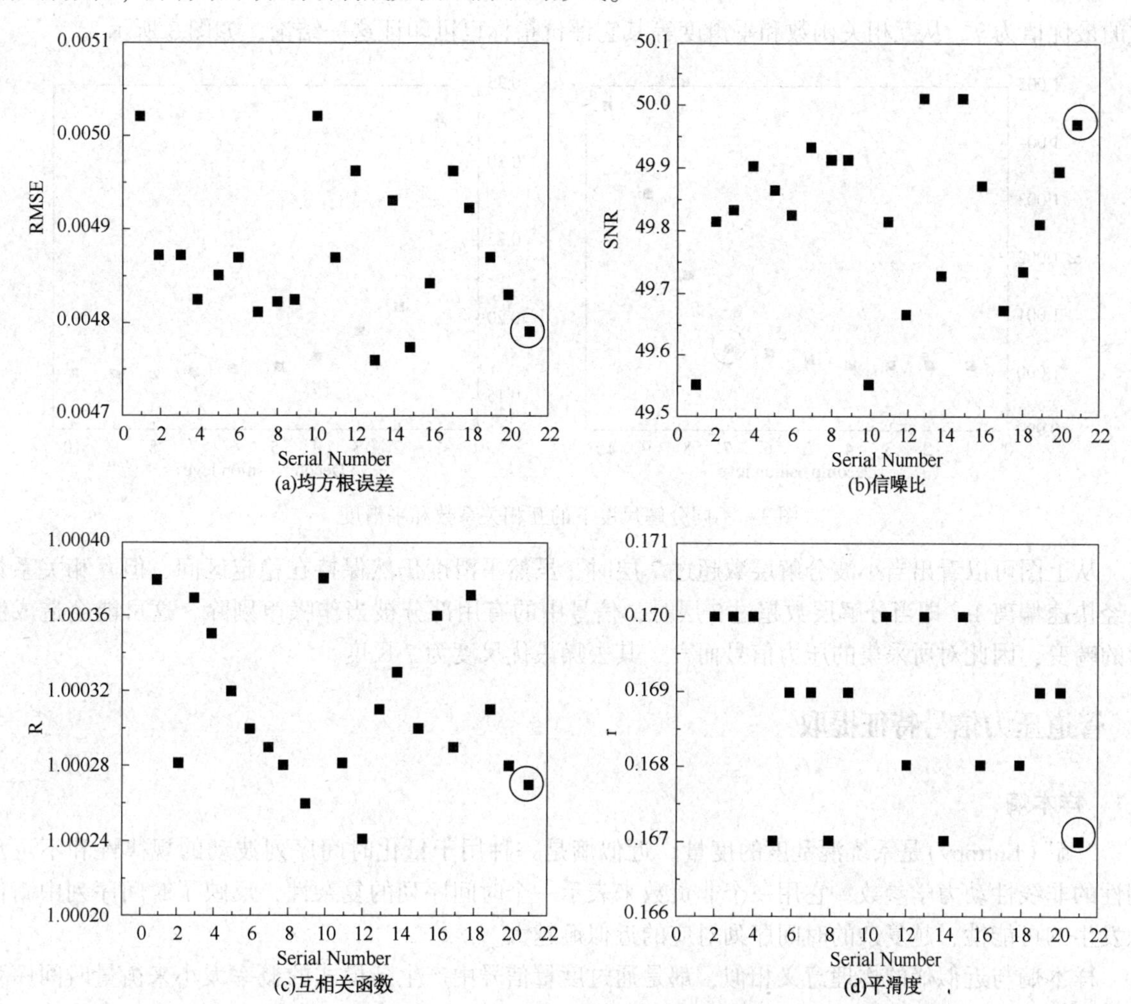

图1　不同小波处理后的评价指标(a)均方根误差(b)信噪比(c)互相关函数(d)平滑度

分析可知，在编号为21的*coif*5小波基函数处理下的各项指标都较优，因此对所采集的这一具体压力信号而言，其去噪最优基为*coif*5小波基函数。

2.3　最优分解尺度的确定

在利用小波变换信号处理方法对压力波动信号进行滤波去噪时，分解尺度的把握对滤波去噪的质量会产生较大的影响。若分解尺度较低，则去噪不完全，信号中仍然保留大量噪声成分；若分解尺度较高，则会造成过度滤波，致使信号中的有用成分被误认为噪声而被滤除。因此，合理地确定小波分解的尺度是小波去噪的关键之一。

基于均方根误差变化判别法（*VRMSE*）确定小波去噪的最优尺度，其计算式为：

$$VRMSE=RMSE(k+1)-RMSE(k)$$

式中，$RMSE(k)$为第k层对应的均方根误差。当*VRMSE*的数值开始趋于稳定或接近于0时，可认为此时的小波分解层数最优。

选取*coif*5小波基函数对压力波动信号进行从1到10层的小波分解，计算每层分解后的均方根误差并求取*VRMSE*，结果如图2所示。

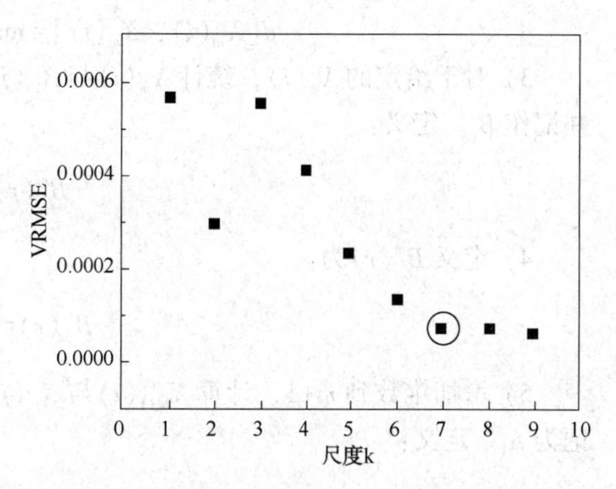

图2　不同分解尺度下的均方根误差变化值

由图可以看出，当 $k=7$，即分解层数为7时均方根误差变化值开始趋于平稳，则可认为分解层数的最优值为7。从互相关函数和平滑度等其它评价指标也可印证这一结论，如图3所示。

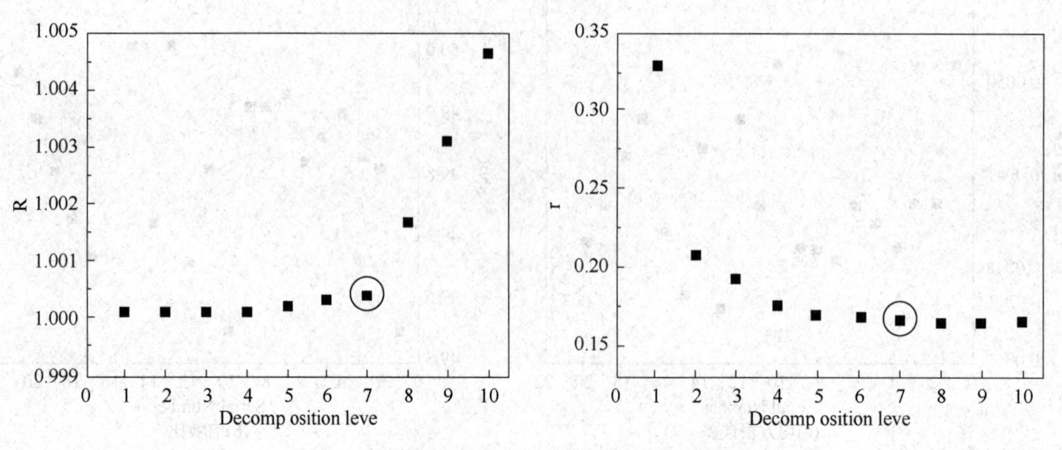

图3　不同分解尺度下的互相关系数和平滑度

从上图可以看出当小波分解层数超过7层时，虽然平滑度仍然保持在稳定区间，但互相关系数已经快速偏离1。即当分解层数超过7层时，信号中的有用部分被当作噪声剔除，这可能会造成波形的畸变，因此对所采集的压力信号而言，其去噪最优尺度为7尺度。

3　管道压力信号特征提取

3.1　样本熵

“熵”(Entropy)是系统混乱度的度量。近似熵是一种用于量化时间序列波动的规律性和不可预测性的非线性动力学参数，它用一个非负数来表示一个时间序列的复杂性，反映了时间序列中新信息发生的可能性，越复杂的时间序列对应的近似熵越大。

样本熵与近似熵的物理意义相似，都是通过度量信号中产生新模式的概率大小来衡量时间序列复杂性，新模式产生的概率越大，序列的复杂性就越大。与近似熵相比，样本熵具有两个优势：样本熵的计算不依赖数据长度；样本熵具有更好的一致性。

一般地，对于由 N 个数据组成的时间序列 $\{x(n)\}=x(1),\ x(2),\ \cdots,\ x(N)$，样本熵的计算方法如下：

1）按序号组成一组维数为 m 的向量序列，$X_m(1),\ \cdots,\ X_m(N-m+1)$，其中 $X_m(i)=\{x(i),\ x(i+1),\ \cdots,\ x(i+m-1)\}$，$1\leqslant i\leqslant N-m+1$。这些向量代表从第 i 点开始的 m 个连续的 x 的值。

2）定义向量 $X_m(i)$ 与 $X_m(j)$ 之间的距离为两者对应元素中最大差值的绝对值。即：

$$d[X_m(i),\ X_m(j)]=\max_{k=0,\cdots,m-1}(|x(i+k)-x(j+k)|$$

3）对于给定的 $X_m(i)$，统计 $X_m(i)$ 与 $X_m(j)$ 之间距离小于等于 r 的 $j(1\leqslant j\leqslant N-m,\ j\neq i)$ 的数目，并记作 B_i。定义：

$$B_i^m(r)=\frac{1}{N-m-1}B_i$$

4）定义 $B^m(r)$ 为：

$$B^m(r)=\frac{1}{N-m}\sum_{i=1}^{N-m}B_i^m(r)$$

5）增加维数到 $m+1$，计算 $X_{m+1}(i)$ 与 $X_m(j)$ 之间距离小于等于 r 的 $j(1\leqslant j\leqslant N-m,\ j\neq i)$ 的数目，记为 A_i。定义：

$$A_i^m(r)=\frac{1}{N-m-1}A_i$$

6）定义 $A^m(r)$ 为：

$$A^m(r)=\frac{1}{N-m}\sum_{i=1}^{N-m}A_i^m(r)$$

这样，$B^m(r)$ 是两个序列在相似容限 r 下匹配 m 个点的概率，而 $A^m(r)$ 是两个序列匹配 $m+1$ 个点的概率。样本熵定义为：

$$SampEn(m, r)=\lim_{N\to\infty}\left\{-\ln\left[\frac{A^m(r)}{B^m(r)}\right]\right\}$$

当 N 为有限值时，可以用下式估计：

$$SampEn(m, r, N)=-\ln\left[\frac{A^m(r)}{B^m(r)}\right]$$

根据管道工况产生机理，不同工况压力信号所携带能量不同，复杂性也不同，如图 4 为管道停泵、启泵、切罐、调节阀关和调节阀开五种不同工况压力信号的样本熵。在一定程度上可以实现样本类型的区分。

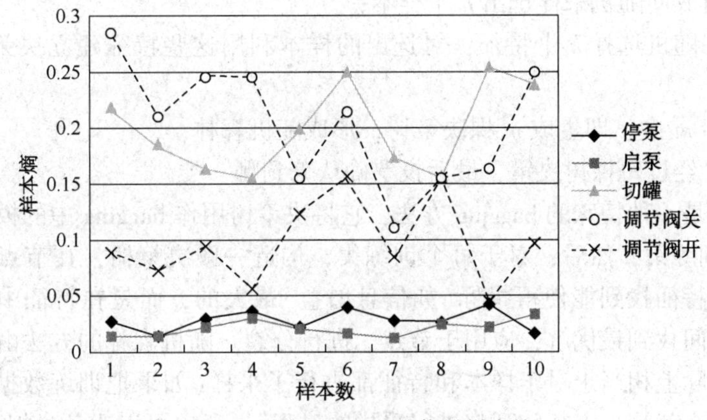

图 4　五种不同工况的信号样本熵

3.2　峭度

在管道工况识别研究中，大部分学者都选择直接将信号的峭度值作为特征值，或者先进行信号分解，将信号分量的峭度值构成特征向量，用于描述管道泄漏工况的特征。峭度指标是无量纲参数，对冲击信号特别敏感，特别适用于信号突变的诊断。信号的峭度：

$$K_j=\frac{1}{N}\sum_{i=1}^{N}\left(\frac{x_i-\bar{x}}{\sigma_i}\right)^4$$

式中，x_i 为信号的幅值，$\bar{x}$ 为信号的均值，σ 为信号的标准差，N 为信号的采样长度。

如图 5 为管道停泵、启泵、切罐、调节阀关和调节阀开五种不同工况压力信号的峭度。对样本类型的区分程度同样比较好。

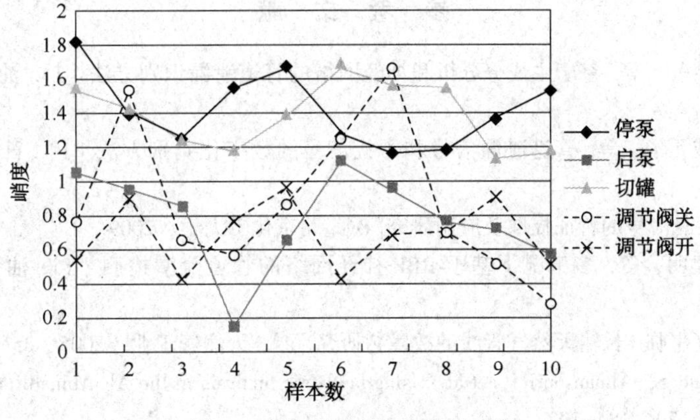

图 5　五种不同工况的信号峭度

4 管道异常工况识别诊断模型

随机森林是在bagging算法的基础之上加了一点小小的改动演化过来的。bagging算法是在原始的数据集上采用有放回的随机取样的方式来抽取 m 个子样本，从而利用这 m 个子样本训练 m 个基学习器，从而降低了模型的方差。而随机森林的改动有两处，第一：不仅随机的从原始数据集中随机的抽取 m 个子样本，而且在训练每个基学习器的时候，不是从所有特征中选择最优特征来进行节点的切分，而是随机的选取 k 个特征，从这 k 个特征中选择最优特征来切分节点，从而更进一步的降低了模型的方差；第二：随机森林使用的基学习器是CART决策树。

随机森林随机选择的样本子集大小 m 越小模型的方差就会越小，但是偏差会越大，所以在实际应用中，一般会通过交叉验证的方式来调参，从而获取一个合适的样本子集的大小。所以随机森林除了基学习器使用CART决策树和特征的随机选择以外，其他方面与bagging方法没有什么不同。

随机森林大致过程如下：

① 从样本集中有放回随机采样选出 n 个样本；

② 从所有特征中随机选择 k 个特征，对选出的样本利用这些特征建立决策树(一般是CART，也可是别的或混合)；

③ 重复以上两步 m 次，即生成 m 棵决策树，形成随机森林；

④ 对于新数据，经过每棵树决策，最后投票确认分到哪一类。

随机森林实际上是一种特殊的bagging方法，它将决策树用作bagging中的模型。首先，用bootstrap方法生成m个训练集，然后，对于每个训练集，构造一颗决策树，在节点找特征进行分裂的时候，并不是对所有特征找到能使得指标(如信息增益)最大的，而是在特征中随机抽取一部分特征，在抽到的特征中间找到最优解，应用于节点，进行分裂。随机森林的方法由于有了bagging，也就是集成的思想，实际上相当于对于样本和特征都进行了采样(如果把训练数据看成矩阵，就像实际中常见的那样，那么就是一个行和列都进行采样的过程)，所以可以避免过拟合。

5 结论

本文根据管道运行规律特征，在管道运行理论基础上，综合前人研究基础，采用了对管道信号有良好区分效果的统计方法提取信号特征；并总结专家工况识别判断经验，研究管道工况规律特征，提出基于异常工况识别诊断的管道泄漏监测技术，对管道运行工况进行智能识别，具有较好的工况识别效果，排除异常工况对管道泄漏监测的影响，能够较好地辅助调控人员快速决策控制，对降低管网运行安全风险具有重要的意义。

本论文来源于中国石油天然气集团有限公司科学研究与技术开发项目，项目名称《天然气管网及站场智能管控系统研发》，项目编号2021DJ7304。

参 考 文 献

[1] 刘啸奔，张宏，夏梦莹，等. 基于主成分分析和神经网络的管道泄漏识别方法［J］. 油气储运，2015，34(7)：737-740.

[2] 林伟国，王晓东，戚元华，等. 管道泄漏信号和干扰信号的数字化判别方法［J］. 石油学报，2014，35(6)：1197-1203.

[3] 陈萍. 压电式管道泄漏信号的特征提取及应用研究[D]. 北京化工大学，2009.

[4] 龚骏，税爱社，包建明，等. 多工况下基于RBF神经网络的管道泄漏检测［J］. 油气储运，2015，34(7)：759-763.

[5] 霍春勇，董玉华，高惠临. 长输天然气管线的故障树研究［J］. 天然气工业，2005，25(10)：99-102.

[6] Alkhaledi K，Alrushaid S，Almansouri J，et al. Using fault tree analysis in the Al-Ahmadi town gas leak incidents[J]. Safety Science，2015，79：184-192.

[7] Wu X, Xiao C Y, Xu X Y. Research on a Nonlinear Fuzzy Comprehensive Assessment Method for Oil & Gas Pipeline Failure Based on Fault Tree Analysis[J]. Applied Mechanics & Materials, 2012, 187(15): 304-310.
[8] 靳世久, 孙家鼐. 强环境噪声下地下管道泄漏检测[J]. 天津大学学报, 1994. 27(6). 782-787.
[9] 杨宗凯. 小波去噪及其在信号检测中的应用[J]. 华中理工大学学报, 1997(2): 2-5.
[10] 廉朝海. 基于小波分析的输油管道泄漏检测方法研究[D]. 大庆: 大庆石油学院, 2005.
[11] 唐家秀, 颜大椿, 基于神经网络的管道泄漏检测方法及仪器[J]. 北京大学学报(自然科学版), 1997(3).
[12] 杜卓明, 屠宏, 耿国华. KPCA 方法过程研究与应用[J], 计算机工程与应用, 2010.

基于深度学习的光纤预警智能分类识别方法研究

李成志　薛东东　杨　阳　柳建军　杜　选　朱玉奎　刘丽君

（昆仑数智科技有限责任公司智慧天然气与管道事业部）

摘　要　本文针对管线光纤预警应用中对入侵事件的误报、漏报现象，提出了基于LSTM-CNN的模式识别策略，在特征相似的信号识别中，对时序特征的提取可有效提升准确率，相比于传统的ANN与单独的CNN网络均存在显著的优势，在实际应用中，将YOLO、HED、DeepEdge等处理时空图特征图块可实现位置的自动提取与LSTM-CNN相结合，从可实现光缆全线的自动化模式识别。

关键词　光纤预警；特征提取；模式识别；φ-OTDR

光纤预警系统由于其本质安全、分布式监测、超灵敏检测等优势，广泛应用于天然气管网及站场对第三方破坏、场站人员非法入侵监测上的安全预警，目前采用的光纤预警系统虽然监测距离和灵敏度基本可满足管道及站场的防护需求，不过高灵敏度在实际应用过程中带来的高误报率会导致虚警事件增多，从而造成安防成本增加。现有光纤预警系统通过对入侵行为、第三方破坏事件特征直接提取或奇异值分解特征降维时空域特征向量，利用入侵事件特征量学习，训练支持向量机或神经网络，利用AI智能识别算法实现对预警事件类型识别，从而提高安全预警系统的识别准确率、响应速度，降低误报。

1　光纤预警系统原理

光缆同时作为传感器和信号传输元件，光纤预警系统通过传感光缆探测管道沿线或站场周界的异常扰动，并对扰动进行定位，达到预警目的。因此借助一根光缆即可实现海量点式传感器的铺设，实现大范围、长距离振动、应变、温度的分布式测量。光纤具有无源、本质安全、抗电磁干扰、耐化学腐蚀等特点，在应用过程中，威胁示警与模式识别是光纤预警的主要任务，准确地判断事件类别有利于帮助用户采取合理的应对措施，从而避免更大程度的经济损失。分布式光纤振动传感技术可以分为以相面光时域反射仪（φ-OTDR）为代表的光时域反射型和以SAGNAC、马赫泽德干涉仪（MZI）为代表的干涉型测量结构。其中φ-OTDR理论成熟，具备出色的事件定位功能，同时具备瑞利散射曲线、时空图、时域曲线等多种数据呈现方式。

φ-OTDR系统向传感光缆以固定的脉冲发生频率发射测量光脉冲，当光纤所在的物理场变化时，光脉冲与光纤作用产生的后向瑞利散射光反映相应物理量的改变，光纤的弯曲、扭转、断裂等都会造成测量光相位的改变。设传感光纤总长度为L，则输出端测量光的相位延迟可表示为

$$\varphi=2\pi\frac{nL}{\lambda_0}=\beta L \tag{1}$$

式中，$\lambda0$为测量光标准波长（一般指中心波长）；β为测量光在光纤中的传播常数；n为测量光所在介质的折射率。进一步对式（1）求微分，即

$$\Delta\varphi=\beta\Delta L+L\Delta\beta=\beta L\frac{\Delta L}{L}+L\frac{\partial\beta}{\partial n}\Delta n+L\frac{\partial\beta}{\partial d}\Delta d \tag{2}$$

式（2）中，$\Delta\varphi$包括应变效应引起的光纤长度变化、弹光效应引起的纤芯折射率变化、泊松效应

引起的光纤直径变化。

探测器在某时刻接收到的瑞利后向散射是该时刻所有到达探测器光敏面的散射脉冲的线性叠加，设传感光纤共包含 N 个散射中心，它们的位置依次为 z_1、z_2、⋯ z_N，光纤中瑞利散射中心的尺度小于探测脉冲波长(1550nm)，在一个脉冲宽度(远大于波长)量级的范围内考虑时，大量的瑞利散射中心可近似看成均匀分布随探测脉冲在光纤内传输而陆续产生的瑞利散射脉冲也可近似看作均匀分布，如图 1 所示。

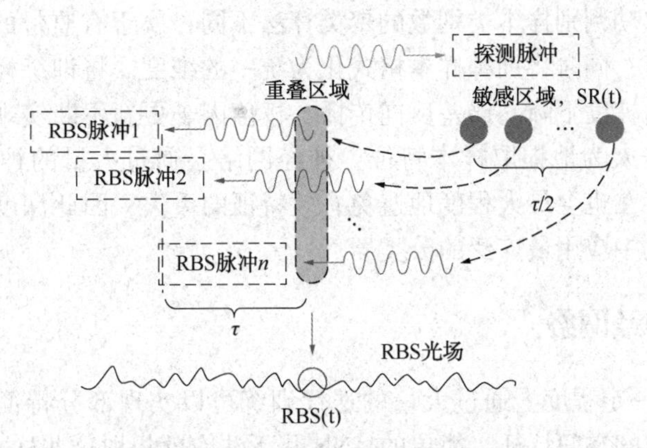

图 1　瑞利散射光场的叠加过程图

红圈代表接收端在某时刻 t 探测到的瑞利后向散射，该时刻的瑞利后向散射由所有接触重叠区域(黄色竖状区域)的瑞利散射脉冲叠加形成。传感光纤上的敏感区域与瑞利散射曲线上的点具有一一对应关系，因此可以通过分析瑞利散射曲线上某点的时域变化，获得传感光纤上对应敏感区域的扰动情况。瑞利散射曲线的强度就与光纤上的诸多散射点建立了对应关系，当某点受到来自外部的扰动时，导致的折射率变化及相位变化会引起瑞利散射曲线强度差异，通过对不同时刻瑞利散射曲线作差，就可以实现对振动事件的定位。

2　神经网络及研究现状

传统的人工神经网络(Artificial Neural Networks，ANNs)是最基本的深度学习实例，它以一定的机制来模仿人的神经系统，其原理是将一定数量的神经元即处理单元通过互连模型连接成网络来进行分类识别，模拟人的认知过程，包括形象思维、分布式记忆、自学习以及自组织的过程，它模仿人的神经网络行为特征，进行分布式并行信息处理。其基本组成单位是神经元，图 2 为神经元的基本结构，包括输入节点、权值矩阵、偏置矩阵、激活函数、输出节点。

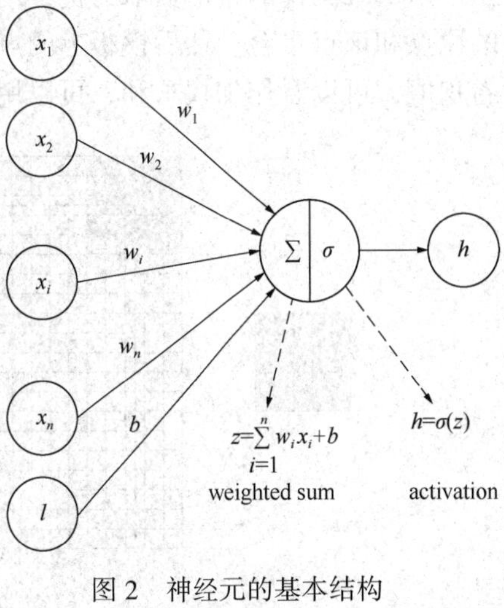

对于输入数据 $x=\{x_1, x_2, x_3, \cdots\cdots, x_n\}$ 来说，神经元的输出为

$$h=\sigma\cdot(w^T x+b)=\sigma\cdot(\sum_{i=1}^{n} w_i x_i+b_i) \tag{3}$$

图 2　神经元的基本结构

式(3)中，ω 为各输入节点至神经元的权值矩阵；b 为各节点至神经元的偏置矩阵；σ 为激活函数，常见的包括 sigmiod、tanh、relu 等。

前馈神经网络(Back Propagation，BP)包括输入层、隐含层、输出层，在训练时随机初始化参数，并开启循环迭代计算输出结果，并与实际结果进行比较从而得到损失函数。根据计算值与实际值的差值更新变量使损失函数结果值处于极小值点，当达到误差阈值时停止循环。BP 网络本质上是基于梯度下降法的模型优化，通过求取损失函数的梯度以最快的速度更新改变各节点权值因子，最终使得该网络的识别误差最小。BP 神经网络模型的基本训练过程分为三步：1) 训练模型；2) 测试模型的预测能力；3) 检测模型的性能。

常规的深度学习是指使用神经网络作为工具，通过多层处理，逐渐将初始的“低层”特征表示转化为“高层”特征表示后，用“简单模型”即可完成复杂的分类等学习任务。BP 网络是深度学习最简单的概念实例，在 ANN 的基础上衍生出卷积神经网络、循环神经网络、目标检测网络、深度置信网络等具备更强大运算功能和更高识别精度的深度学习算法，作为一种基于多轮迭代和大量神经元的自适应学习模型，与自动判别样本类别数的聚类算法不同，属于有监督的学习方式，其主要任务是赋予样本相应的标签值，同时将训练样本格式化为统一的维度。将训练样本输入设计好的神经网络之后，通过损失函数的梯度下降、误差反向传播、权值因子更新不断实现模型的优化。这种学习方式的最大优点在于无需人为地提取样本特征，神经网络会通过大量的神经元完成特征的自动提取，同时大量神经元的存在也会最大程度地避免有效特征的丢失，因此深度学习取代常规的机器学习算法成为目前事件识别中应用最广泛的分类器。

3 卷积算子与循环神经网络

传统的 ANN 尽管在一定程度上通过大量的迭代训练可以实现部分特征的自动提取，但是。例如曲线的轮廓特征、图像的空间特征，简单的 ANN 是无法有效提取这些样本特性。

卷积算子是基于离散卷积计算的特征提取模型，当样本数量增多、网络输入复杂度增加、目标特征类别深化的情况下，可改善传统的 ANN 识别精度不足的缺陷，对于两组连续信号 f_1 和 f_2，其卷积定义为

$$f(t)=f_1*f_2=\int_{-\infty}^{\infty}f_1(\tau)f_2(t-\tau)d\tau \tag{4}$$

连续信号通常都需要被转换为离散点，两组离散信号 f_1 和 f_2 的卷积则定义为

$$f=f_1(n)*f_2(n)=\sum_{k=-\infty}^{\infty}f_1(k)f_2(n-k) \tag{5}$$

以二维图像的特征提取为例，用一个模板和一幅图像进行卷积，对于图像上的一个点，让模板的原点和该点重合，然后模板上的点和图像上对应的点相乘，然后各点的积相加，就得到了该点的卷积值，可以看作加权求和，可以用来消除噪声、特征增强，如图 3 所示。

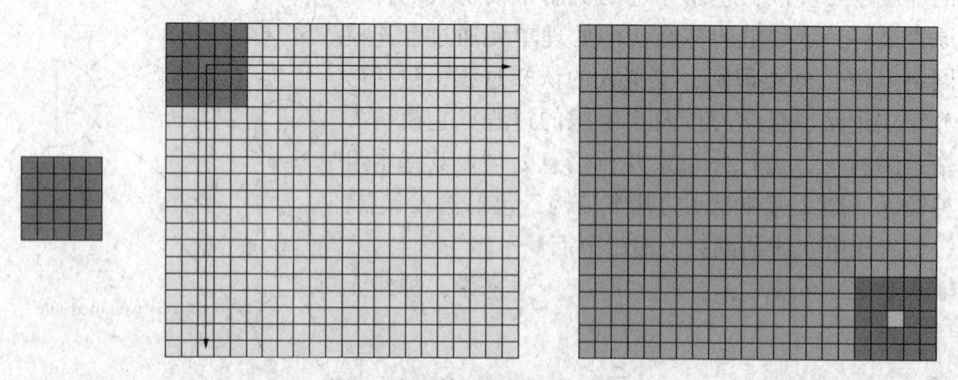

图 3　卷积算子滑动运算过程

标准的卷积神经网络由激活函数层、卷积层、标准化层、池化层、全连接层组成。在将学习数据输入卷积神经网络前，需在通道或时间/频率维对输入数据进行归一化，不同的卷积算子可以提取出不同方向的特征。

图 4 中，不同算子可以分别提取出图片中纵向、横向、斜向的特征，将曲线结合一维卷积算子，可以有效地获取曲线上特征脉冲的幅值、数量、持续时间以及曲线的整体轮廓特征；将图像结合二维卷积算子，可以极大程度地提取目标的空间分布特征，从而提升分类器的识别精度。

在光纤信号的识别中，时域曲线、频谱、时频谱是主要的分类器输入，其中频谱和时频谱分别通过一维卷积算子和二维卷积算子就可以实现特征提取。LSTM 作为循环神经网络(Recurrent Neural Network，RNN)的一种典型代表，在序列的演进方向进行递归且所有节点(循环单元)按链式连接的递归神经网络，循环神经网络具有记忆性、参数共享并且图灵完备，因此在对序列的非线性特征进行学习时具有一定优势。LSTM 通过记忆体实现时间序列的短期记忆，同时依靠细胞态维持长期记忆，当前记忆体的输出不仅取决于网络输入，还取决于上一个记忆体的输出，通过遗忘门、输入门、输出门三个门结构来实现对信息的筛选和记忆，结构如图 5 所示。

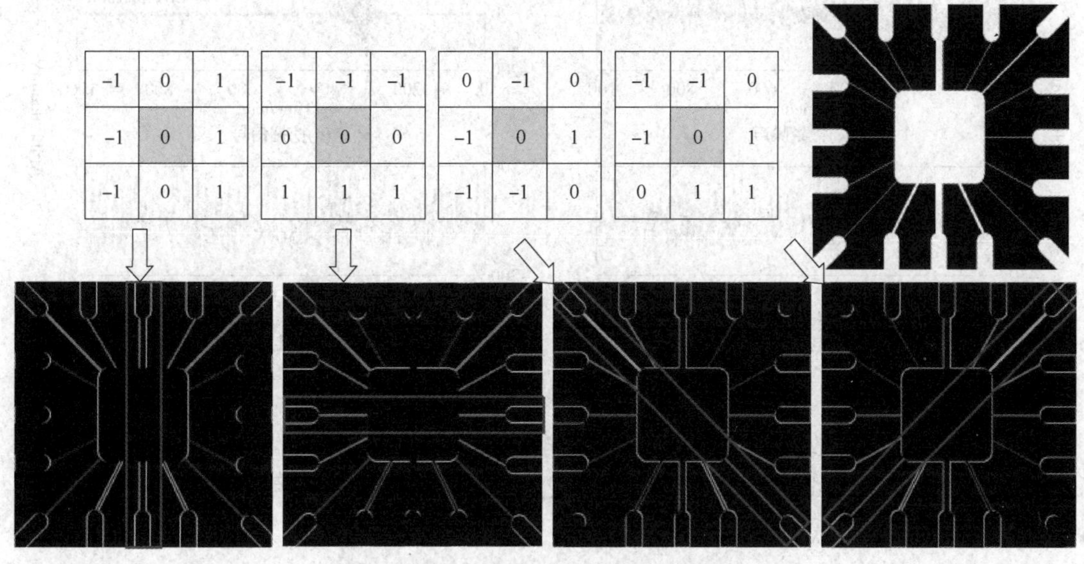

图 4　不同卷积算子的空间特征提取效果

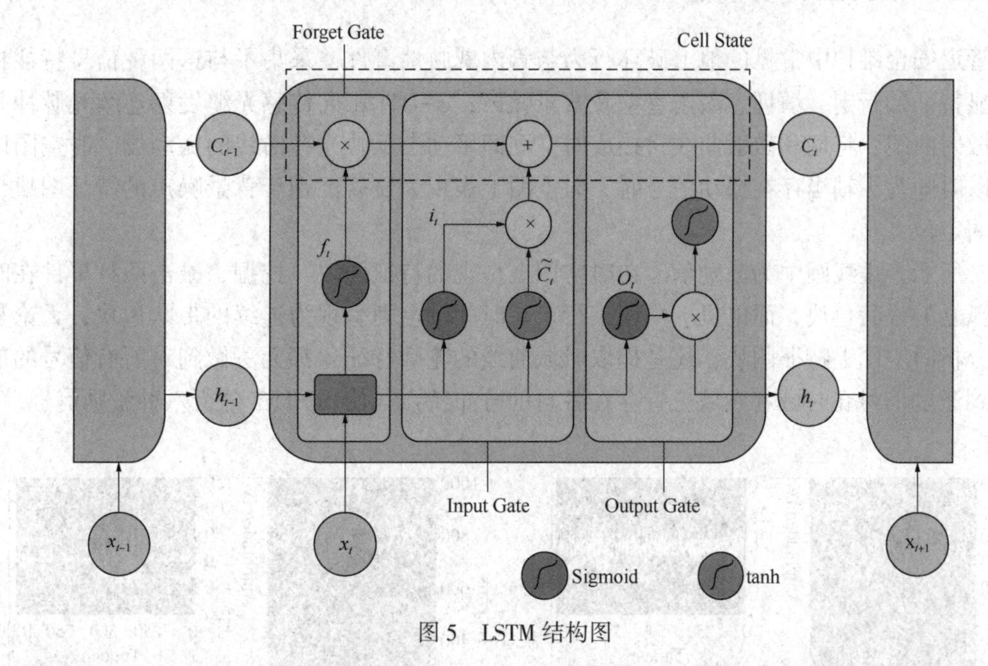

图 5　LSTM 结构图

利用 LSTM 对 φ-OTDR 的信号提取时序特征，输入为包含 1000 个采样点的时域信号，每层循环体的数量为 40，训练集为一段 620s 的连续信号，包含 2.2 中所有类别的事件。设置 window_size 为 64，batch_size 为 32，epochs 设置为 120，窗口移动长度 shift 为 2，验证集划分比例为 0.2，优化器选择“SGD”，momentum 为 0.8。学习率的初始值设置为 1e-8，损失函数选择“Huber”，评价指标选择“mae”，训练共耗时 56 分钟。RNN 的层数分别选择 2、3、4。训练结果如图 6 所示。

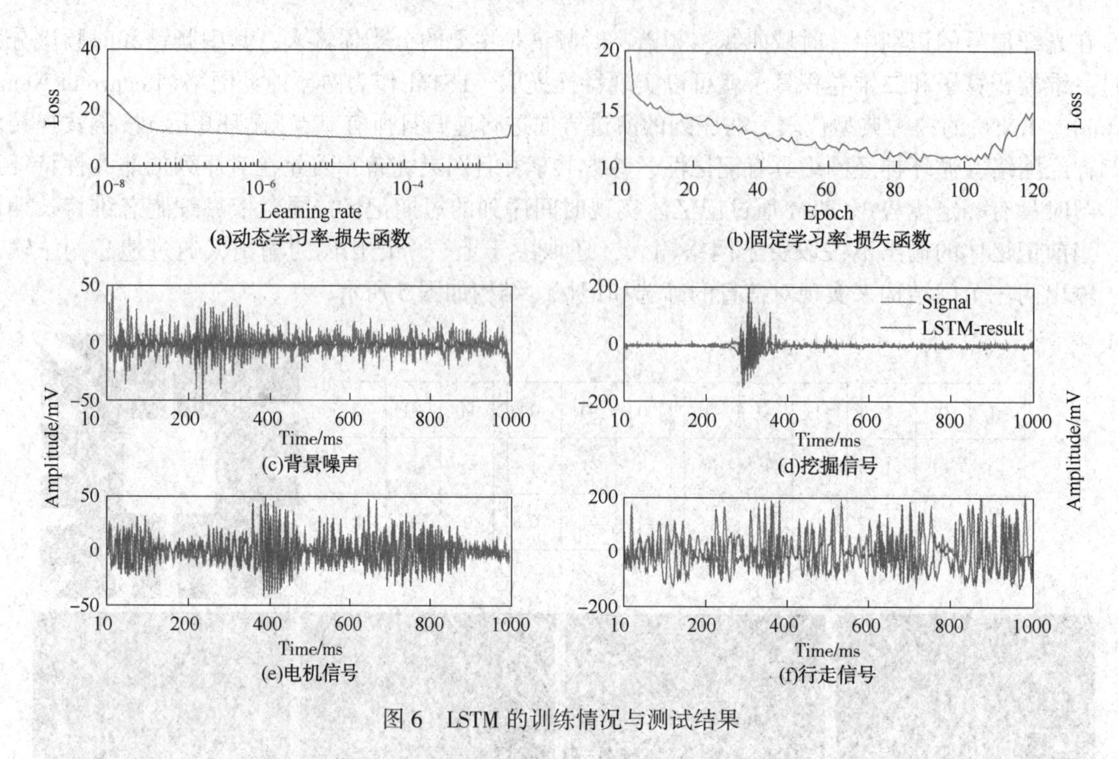

图6 LSTM的训练情况与测试结果

如图6所示，损失函数随着学习率的增大逐渐减小并趋于稳定；在学习率超过1e-3之后，损失函数出现了轻微震荡，因此在设置最佳学习率之后，模型迅速收敛并且预测误差也显著降低，在保留目标特征的同时也降低了噪声的干扰。

4 基于CNN-LSTM的分类器

针对管道安全维护中常见的地上破坏行为与管内威胁性事件，采集了与这两种信号特征相近或不具备明显特征的行走、填埋、敲击管壁及背景噪声，φ-OTDR向传感光缆发射连续光脉冲并接收后向瑞利散射曲线，将瑞利散射曲线拼接成时空图即可动态反映光缆沿线的振动场。时空图以距离为横轴，以时间为纵轴当存在振动信号时，时空图上表现为显著区别于背景噪声的特征图块，从而实现事件的定位。

如图7所示，虚线圆中为激励信号在时空图上呈现的特征图块，挖掘、敲击两种事件在时间轴上表现为孤立的块状色块，而电机、填埋、行走在时间轴上则呈现为连续的带状色块，无论是从形态学角度分析时空图上特征图块，还是提取时域曲线的轮廓特征，都无法做到对所有信号的准确识别，考虑到激励信号在时域和频域上皆存在各自的分布特点，使用STFT分析六种激励信号，如图8所示。

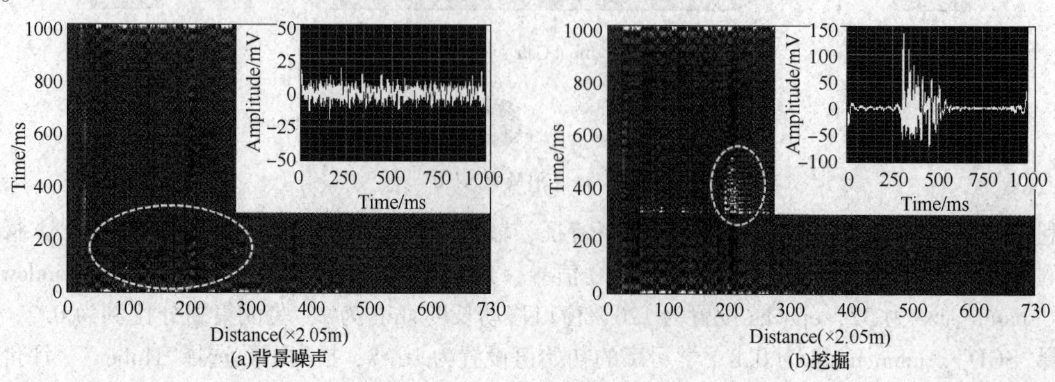

图7 激励信号在时空图上的呈现以及其时域曲线

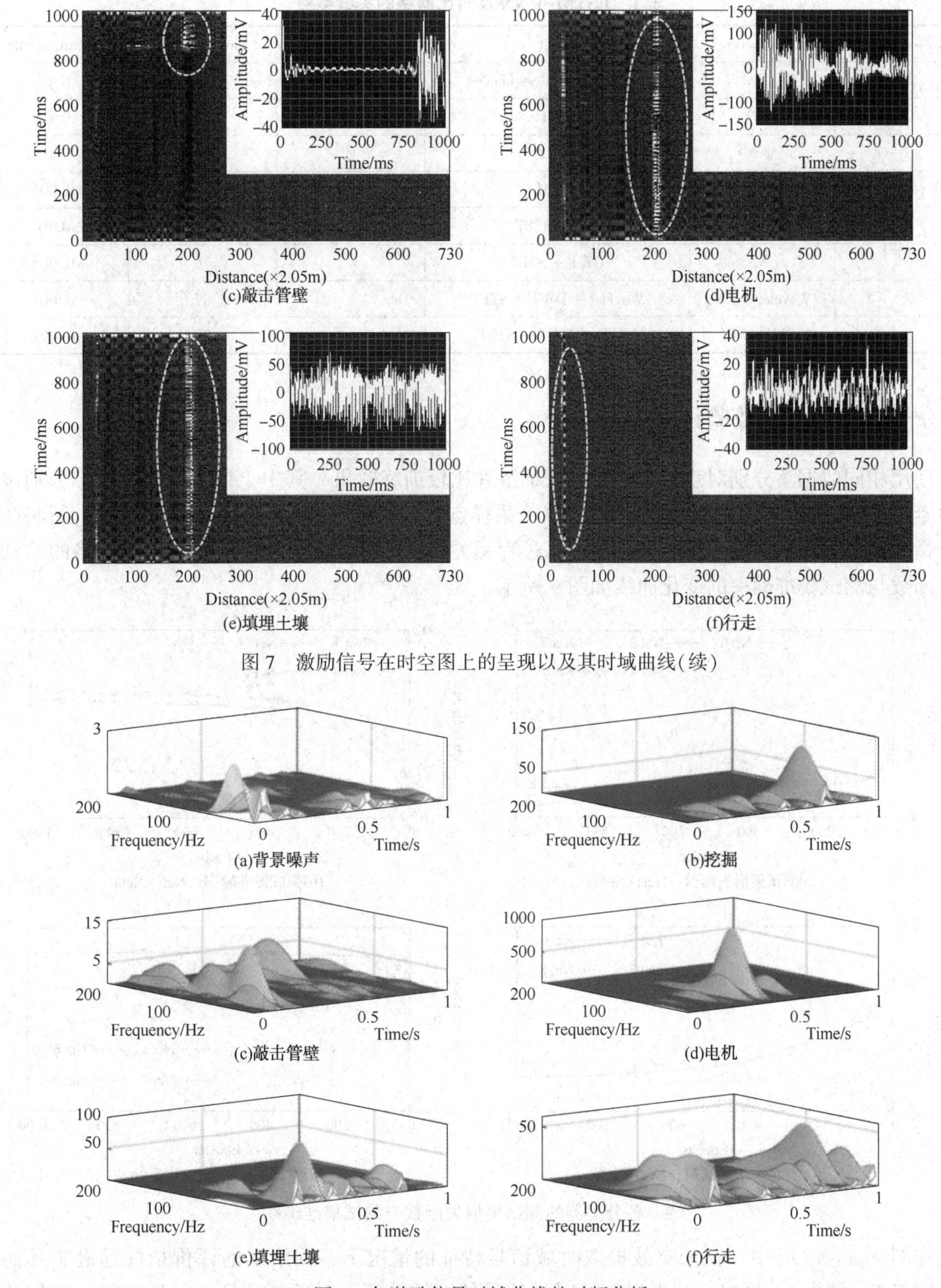

图 7 激励信号在时空图上的呈现以及其时域曲线(续)

图 8 各激励信号时域曲线的时频分析

时域曲线相比于时空图的更多细节特征，通过融合其轮廓特征、时序特征、能量特征等，可以极大程度地提高事件分类的准确性，通过时空图对振动信号定位，并索引对应位置的时域曲线、其频谱、时频谱构建训练样本，通过卷积算子提取其轮廓特征、频域特征和时频域特征。在确定 LSTM 的最优参数的情况下，设计了以时域曲线及其 DWT 与 STFT 为网络输入，以 LSTM 及 CNN 为主要框架的神经网络。通过提取输入信号的时域特征、频域特征、时频域特征并完成特征融合实现模式识别的既定目标。对比 ANN、CNN、LSTM 在内的多种网络，各网络的关键参数如表 1 所示。

表 1　LSTM-CNN 及对比网络的关键参数

Net number	Net structure	Input	CNN layers	Layers nodes	Learning rate
1	ANN	Time-domain Sequence	0	38	0. 01
2	ANN	DWT	0	20	0. 05
3	ANN	STFT	0	90	0. 05
4	ANN	LSTM	0	38	0. 001
5	ANN	DWT+STFT	0	96	0. 01
6	CNN	DWT + STFT	4	76	0. 005
7	Wavelet-CNN	Wavelet + DWT + STFT	6	87	0. 001
8	LSTM-CNN	LSTM + DWT + STFT	6	87	0. 001

5　分类器性能测试及验证

使用相同数据集分别对表 1 中网络展开训练并比较训练效果。其中，训练集与测试集分别包括 6658 组与 2140 组样本，每组样本包含 1000 个采样点，训练集评价指标与训练样本相关，而测试集评价指标则仅取决于网络训练结果，与训练过程无关，更能反映网络的性能优劣，各网络的测试集损失函数与测试集准确率的变化曲线如图 9 所示。

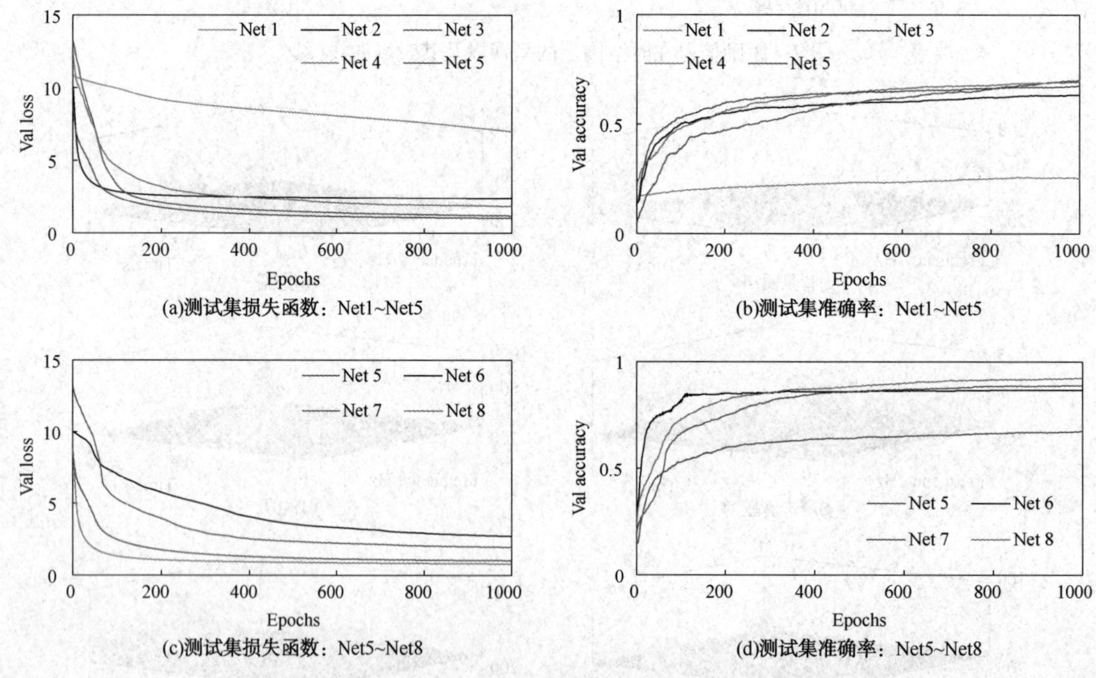

图 9　各分类器的测试集损失函数与测试集准确率

在图 9(a)和(b)中，在未有效提取时域信号特征的情况下，网络 1 的评价指标远逊于其他网络。网络 2、网络 3、网络 4 分别提取了时域信号的频域特征、时频域特征、时序特征，它们的各评价指标相似，准确率均约为 70%，相对于网络 1 有显著的提高。网络 5 在 ANN 的结构下将网络 2 与网络 3 相结合，但并未表现出显著的优越性，这说明单纯通过特征的叠加是无法进一步改善神经网络性能的。

在图 9(c)和(d)中，网络 6 在网络 5 的基础上增加了一维卷积算子和二维卷积算子，其准确率增加至 85. 8%，但是其损失函数较高。网络 7 与网络 8 则在网络 6 的基础上分别增加 Wavelet 与 LSTM 提取样本的时序特征，它们的测试集准确率分别提升至 88. 85%和 92. 87%，它们的训练集准确率也分别达到了 91. 2%和 96. 8%。在损失函数的比较中，网络 6、网络 7 则相比网络 5 均存在劣势。只有网络 8 在损失函数和准确率的评价中均处于最佳状态。损失函数与准确率都是总体性指标，进一步比较具体事件的精确率与召回率，如图 10 和图 11 所示。

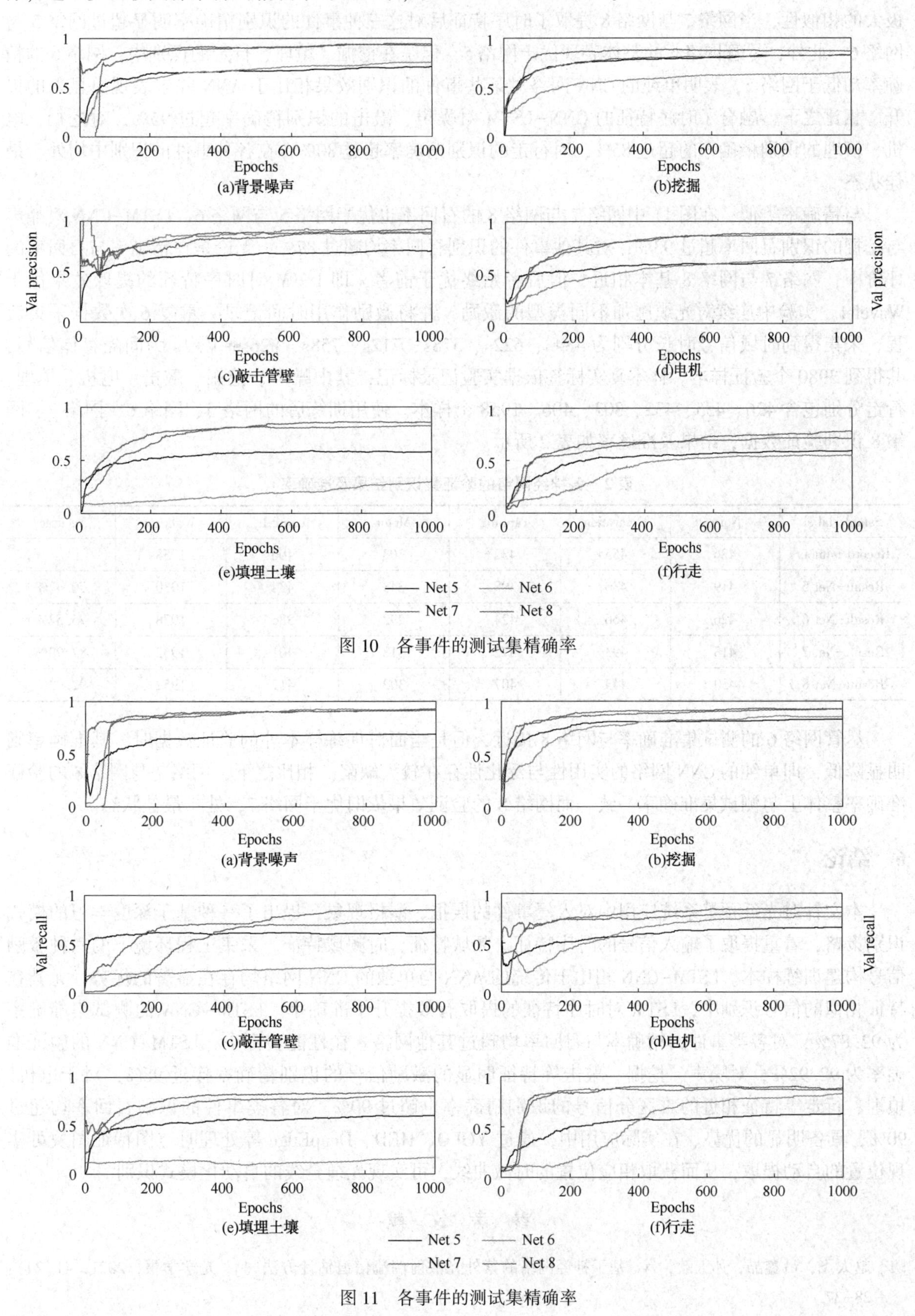

图 10 各事件的测试集精确率

图 11 各事件的测试集精确率

在各事件识别的表现中，在图 10 中网络 7、网络 8 对噪声、电机、填埋、行走都呈现出显著优于网络 5、网络 6 的表现。电机、填埋、行走这三种信号在时域曲线形态及频域能量分布上均存在极大的相似性，当网络 7 与网络 8 提取了时序特征后对这三种事件的识别精确率明显超过网络 5 与网络 6。此外，尽管网络 6 的整体表现优于网络 5，但是在挖掘、填埋、行走的识别中，网络 6 的精确率却低于网络 5，表明单纯的 CNN 网络对某些事件的识别效果相比于 ANN 并未表现出显著的提升。相比之下，融合了时序特征的 CNN-LSTM 对噪声、敲击的识别精确率超过 95%，对挖掘、电机、填埋的识别精确率的超过 85%，对行走的识别精确率超过 80%，在各种事件的识别中均处于最佳状态。

与精确率类似，在图 11 中网络 7 与网络 8 的召回率也优于网络 5 与网络 6，LSTM-CNN 对噪声与挖掘的识别召回率超过 93%，对其他事件的识别召回率均超过 87%。无论是在精确率与召回率的评价中，网络 7 与网络 8 基本相近，但后者始终优于前者，即 LSTM 对时序特征的提取效果优于 Wavelet。实验中连续对光缆施加不同类型的激励，并将激励作用时间记录。重复 6 次数据采集流程，采集得到时域信号时长分别为 484s、622s、578s、712s、758s、826s。以 1s 为间隔存储信号，共得到 3980 个验证样本。样本真实标签依据实验记录标记，其中噪声、挖掘、敲击、电机、填埋、行走分别包含 426、455、432、303、406、1958 个样本。使用训练后的网络 5、网络 6、网络 7、网络 8 识别验证数据，结果及准确率如表 2 所示。

表 2　各神经网络的验证集识别结果及准确率

Sample label	Noise	Excavation	Tapping	Motor	Landfill	Walking	Accuracy
Record number	426	455	432	303	406	1958	
Result-Net 5	419	436	398	343	434	1930	70. 47%
Result-Net 6	426	466	424	292	386	1978	75. 52%
Result-Net 7	413	493	372	318	401	1962	87. 98%
Result-Net 8	430	443	407	302	412	1952	92. 92%

尽管网络 6 的测试集准确率与网络 8 接近，但是当面对训练样本外的验证数据时，其准确率则明显降低，即单纯的 CNN 网络的实用性与泛化性存在较大缺陷。相比之下，网络 7 与网络 8 的验证准确率整体上与测试集准确率一致。而网络 8 的验证效果依旧优于网络 7，处于最佳状态。

6　结论

本文针对光纤预警系统应用中对入侵事件的误报、漏报现象，提出了一种基于深度学习的模式识别策略，着重提取了输入信号的时序特征、频域特征、时频域特征。采集工程环境下的六种激励信号构建训练样本。LSTM-CNN 相比于传统的 ANN 与单独的 CNN 网络均存在显著的优势，尤其在特征相似的信号识别中，LSTM 对时序特征的提取有效提升了准确率。LSTM-CNN 的测试集准确率为 92. 87%，对各类事件的精确率与召回率均超过其他网络。在性能验证中，LSTM-CNN 的验证准确率为 92. 92%，对噪声、挖掘、敲击等特征明显的激励信号的识别精确率接近 98%，对于电机、填埋、行走等特征相近的难区分信号的识别精确率也超过 90%。对各类事件的识别召回率均超过 90%，具备明显的优势。在实际应用中，通过 YOLO、HED、DeepEdge 等处理时空图特征图块可实现位置的自动提取，从而获取相应位置的时域曲线，可实现光缆全线的自动化模式识别。

参 考 文 献

[1] 赵太飞，吕鑫喆，孙玉歆，等. 基于神经网络的紫外光散射湍流信道估计方法[J]. 光学学报，2021，41(24)：28-37.

[2] 刘乾，谢昱，李琳，等. 基于人工神经网络的超冷原子实验多参数自主优化系统[J]. 中国激光，2021，48

(24): 182-189.

[3] 巩稼民，刘芳，吴艺杰，等. 基于神经元网络和人工蜂群算法的拉曼光纤放大器设计方案[J]. 光学学报，2021，41(20): 24-32.

[4] 陈思思，陈明惠，马文飞. 基于多通道的光学相干层析成像视网膜图像自动分类研究[J]. 中国激光，2021，48(23): 109-118.

[5] Zhu Junjun, Jiang Quansheng, Shen Yehu, et al. Application of recurrent neural network to mechanical fault diagnosis: a review[J]. Journal of machine science and technology, 2022, 36(2): 527-542.

[6] Chong Bian, Shunkun Yang, Jie Liu, et al. Robust state-of-charge estimation of Li-ion batteries based on multichannel convolutional and bidirectional recurrent neural networks[J]. Applied Soft Computing, 2022, 116: 108401.

[7] Mohammad K. Nammous, Khalid Saeed, Paweł Kobojek. Using a small amount of text-independent speech data for a BiLSTM large-scale speaker identification approach[J]. Journal of King Saud University-Computer and Information Sciences, 2022, 34(3): 764-770.

[8] Chao Zeng, Changxi Ma, Ke Wang, et al. Predicting vacant parking space availability: A DWT-Bi-LSTM model[J]. Physica A: Statistical Mechanics and its Applications, 2022, 599: 127498.

[9] 陈湟康，陈莹. 基于具有深度门的多模态长短期记忆网络的说话人识别[J]. 激光与光电子学进展，2019，56(3): 031007.

[10] Jinhua Li, Desen Zhu, Chunxiang Li. Comparative analysis of BPNN, SVR, LSTM, Random Forest, and LSTM-SVR for conditional simulation of non-Gaussian measured fluctuating wind pressures[J]. Mechanical Systems and Signal Processing, 2022, 178: 109285.

[11] Haowen Hu, Xin Xia, Yuanlin Luo, et al. Development and application of an evolutionary deep learning framework of LSTM based on improved grasshopper optimization algorithm for short-term load forecasting[J]. Journal of Building Engineering, 2022, 104975.

[12] Jinghua Zhao, Dalin Zeng, Yujie Xiao, et al. User personality prediction based on topic preference and sentiment analysis using LSTM model[J]. Pattern Recognition Letters, 2020, 138: 397-402.

[13] Tomislav Petković, Luka Petrović, Ivan Marković, et al. Human action prediction in collaborative environments based on shared-weight LSTMs with feature dimensionality reduction[J]. Applied Soft Computing, 2022, 126: 109245.

[14] Federico Landi, Lorenzo Baraldi, Marcella Cornia, et al. Working Memory Connections for LSTM[J]. Neural Networks, 2021, 144: 334-341.

[15] Zhou Sha, Hao Feng, Xiaobo Rui, et al. PIG Tracking Utilizing Fiber Optic Distributed Vibration Sensor and YOLO[J]. Journal of Lightwave Technology, 2021, 39(13): 4535-4541.

[16] 王鸣，沙洲，封皓，等. 基于LSTM-CNN的φ-OTDR模式识别[J]. 光学学报，2023，43(05): 0506001.

[17] Ming Wang, Hao Feng, Zhou Sha, et al. φ-OTDR pattern recognition based on CNN-LSTM[J]. Optik, 2023(272), 170380.

[18] Mahadevkar, Supriya, V, Khemani, Bharti, Patil, Shruti, et al. A Review on Machine Learning Styles in Computer Vision-Techniques and Future Directions[J]. IEEE ACCESS, 2022(10), 107293-107329.

[19] JU Y Y, WU L C, LI M, et al. A novel hybrid model for flow image segmentation and bubble pattern extraction[J]. Measurement, 2022, 192: 110861.

[20] CHEN Z S, FU J, PENG Y J, et al. Baseline Correction of Acceleration Data Based on a Hybrid EMD-DNN Method[J]. Sensors, 2021, 21(18): 6283.

[21] FANG T H, ZHENG C L, WANG D H. Forecasting the crude oil prices with an EMD-ISBM-FNN model[J]. Energy, 2022, 125407.

[22] MA H X, ZHANG C, PENG T, et al. An integrated framework of gated recurrent unit based on improved sine cosine algorithm for photovoltaic power forecasting[J]. Energy, 2022, 256: 124650.

[23] MOU H L, YU J S. Transfer learning with DWT based clustering for blood pressure estimation of multiple patients[J]. Journal of Computational Science, 2022, 64: 101865.

[24] 宋鹏，谭玉梅，李学华，等. 基于小波变换的紫外光通信信号工频干扰去除方法研究[J]. 光子学报，2021，50(7): 0706002.

[25] AZIM N M, SARATH R. Combined classification models for bearing fault diagnosis with improved ICA and MFCC feature set[J]. Advances in Engineering Software, 2022, 173: 103249.

[26] ZHOU Y, LIU Y Y, WANG N, et al. Partial discharge ultrasonic signals pattern recognition in transformer using BSO-SVM based on microfiber coupler sensor[J]. Measurement, 2022, 201: 111737.

[27] LUO N, WANG Y F, GAO Y, et al. kNN-based feature learning network for semantic segmentation of point cloud data[J]. Pattern Recognition Letters, 2021, 152: 365-371.

[28] SERAFIN M, JOAQUIN A, TAHANI C, et al. A cost-sensitive Imprecise Credal Decision Tree based on Nonparametric Predictive Inference[J]. Applied Soft Computing, 2022, 123: 108916.

[29] HUANG X L, LI Z H, JIN T L, et al. Fair-AdaBoost: Extending AdaBoost method to achieve fair classification[J]. Expert Systems with Applications, 2022, 202: 117240.

[30] M. A. Ganaie, M. Tanveer, P. N. Suganthan, et al. Oblique and rotation double random forest[J]. Neural Networks, 2022, 153: 496-517.

[31] HE J, LIN Q F, WU J T, et al. Design of the color classification system for sunglass lenses using PCA-PSO-ELM[J]. Measurement, 2022, 189: 110498.

基于 Unet 和 Dotspatial 的长输管道两侧建筑物 & 构筑物提取和可视化管理初探

程　斌　李秩欣

（东方通用航空摄影有限公司）

摘　要　长输管道一定范围内的建筑物 & 构筑物对管道的正常运行存在潜在危险，如何简单、快速、全面、准确、实时掌握管道周边建筑物 & 构筑物的空间信息，为长输管道日常管理和应急救援工作提供有力的信息支撑，成为长输管道管理亟需解决的问题之一。随着人工智能、航天遥感、航空摄影、云计算、数据挖掘、地理信息系统(GIS)等技术与方法的不断发展与成熟，基于深度学习的方法对高分辨率影像进行建筑物 & 构筑物目标信息的提取成为可能。本研究利用 Unet 方法对低空航拍无人机影像进行建筑物与构筑物的自动分割识别，并对其精度进行了讨论。同时设计开发了一套 GIS 可视化系统用于识别结果的管理。通过研究发现基于 Unet 和 GIS 可视化系统能够快速准确提取研究区建筑物和构筑物目标对象，并进行高效管理。研究成果可以为长输管道的日常管理和应急救援提供数据支撑。

关键词　长输管道；建筑物及构筑物；深度学习；目标识别；GIS 可视化系统

1　引言

我国的长输管道分布广、跨度大，长输管道一定范围内的建筑物 & 构筑物对管道的正常运行存在潜在危险。为了能够及时遏制危险的发生，改善人工巡检存在的调查周期长、部分地区难以到达和人为漏报等情况，近年来，多采用更为高效的无人机巡检的方式，积累了大量的高分辨率无人机影像数据。如何高效精准的提取出高分辨率无人机影像上的建筑物 & 构筑物的信息成为了亟待解决的问题。

随着对人工智能研究的逐渐深入，以及航空摄影、云计算、数据挖掘、地理信息系统(GIS)等技术与方法的不断发展与成熟，涌现出了一批以高分辨率航空影像为基础的目标提取算法。从算法的实现的阶段数上看，大致可以分为：两阶段目标检测算法、多阶段目标检测算法及单阶段目标检测算法。两阶段目标检测算法，需要进行两阶段的处理：1)候选区域的获取，2)候选区域分类和回归，也称为基于区域(Region-based)的目标检测算法，代表算法有 Faster R-CNN、Mask R-CNN 等；两阶段和多阶段目标检测算法统称级联目标检测算法，多阶段目标检测算法通过多次重复进行步骤：1)候选区域的获取，2)候选区域分类和回归，反复修正候选区域，使得输出的预测区域与真实标签区域的 IOU 逐级递增，代表算法有 Cascade RCNN；单阶段目标检测算法是将检测目标边框当作一个回归问题，不使用候选区域生成网络，直接在卷积神经网络中提取特征来判断和预测目标分类和位置信息。

本次研究采用 Unet 算法，以长输管道两侧一定范围内的高分辨率无人机影像为基础，结合 Dot Spatial 可视化 GIS 组件，实现了对长输管道一定范围内的建筑物 & 构筑物的准确识别和可视化管理，为长输管道日常管理和应急救援工作提供有力的信息支撑。

2　数据选择与方法分析

2.1　识别影像的选择

高分辨率影像主要包括航天影像和航空影像，航天影像主要指通过航天卫星获得的影像数据，航空影像指通过有人机、无人机、热气球等设备获得影像数据。其中，卫星遥感影像的空间分辨率最高可达0.3m(星下点)，国产卫星能够获得的遥感影像分辨率最高为1m(高分二号卫星，星下点空间分辨率为0.8m)。航空影像根据所携带的成像设备，空间分辨率最高可达3cm(理论上为1cm，但实际使用中多选择3~50cm)。高分辨率遥感卫星影像适用于大范围面状区域的研究，因为卫星影像的运行轨迹是设定好的，只有卫星过境时方可获得目标区域的影像数据。同时，空间分辨率要比航空影像低。高分辨率航空影像具有获取速度快、空间分辨率高和实时性强等特点，被广泛应用于国土、矿山、林业、水利等多个行业，因为航空影像获取方式的便捷性，其更适用于点状和带状区域。

2.2 基于影像的目标识别方法

（1）基于光谱及形态学指数的目标提取方法

光谱信息是高分辨率影像的重要特征，地物从地面发射电磁波，在经过大气吸收、折射和散射等作用后，在进入感光设备时，通过专业光学元器件形成不同的光学波段范围数据，常见的有蓝、绿、红、近红外、中红外、热红外等波段范围，不同地物在不同波段具有不同的光谱特征体现，常见的多光谱遥感卫星有陆地资源系列卫星、中巴卫星、高分1号和2号卫星等。MODIS是比较有代表性的高光谱卫星。同时，不同地物具有不同的形态学特征，通过计算可得对应的形态学指数数据，利用地物在图像上的光谱特征和形态学指数，可实现特定目标的提取。但是，地物的光谱特征容易混淆，出现“同物异谱和同谱异物”的情况，部分目标提取错误率较高。

（2）基于深度学习的高分辨率影像目标信息识别

深度学习是人工智能的重要研究方向之一，利用深度学习方法在图像上进行目标识别是当下的研究热点之一，深度学习的思想与方法被广泛应用于特征学习、分类、地物划分和场景理解等环节和领域。深度学习方法往往能够将地物光谱、形态、纹理等多要素进行结合来提高目标信息识别精度。

基于深度学习方法对高分辨率影像进行目标信息提取比较重要的一个步骤是样本集的构建，原则上样本集越多、质量越好，通过对样本集进行学习后能够获得较为详细和充足的地物特征，即其他环节不变的情况下，更多的样本集对应更好的目标提取结果。影响深度学习在高分辨率影像上目标提取精度的另一个因素是深度学习网络模型参数，如何更好的设置对应参数是学者们一直在解决的问题之一。

2.3 基于影像的目标识别方式

（1）基于商业软件的高分辨率影像目标信息识别

ERDAS IMAGINE、ENVI、易康(eCognition)等商业遥感软件提供了众多分类算法，包括监督分类和非监督分类两种分类执行方式，分类模型/分类器包括统计分类、模糊分类、领域分类、神经网络分类、混合像元分解、面向对象分类等。

商业软件往往需要使用人员具有一定的专业背景(遥感与GIS)，并对研究区地类信息具有一定的熟悉方可建立可信的分类规则，继而保证分类精度。

（2）基于定制研发的影像目标识别

在实际应用中，因为目标对象和区域的差异性，并没有一个通用性较强的软件或者算法、模型能够适合大多数目标信息的提取，往往会结合目标、区域和影像特征，设计相对应的目标识别流程，选择适用的算法、模型对目标对象进行提取。常用的算法和模型有AlexNet卷积神经网络模型、基于AlexNet和VGG(Visual Geometry Group)网络的双流深度网络，基于U-Net(U-shaped Networks)模型全卷积神经网络、深度残差网络、ResNet(Residual Networks)等。

通过对高分辨率影像、深度学习等相关文献的查阅与分析，根据待识别目标对象及区域的特征，在数据层面：选择合适的空间分辨率影像，影像空间分辨率太低，将会影响到目标识别精度，影像分辨率过高，又会增加影像获取成本和目标识别耗时。在方法层面：选择自主构建目标识别流程和算法模型的方式会更加灵活、准确。现有的商业软件无法提供一键式的目标识别，需要目标识别人员具有一定的专业知识，并对目标识别区域具有一定的了解。

2.4 Dotspatial可视化GIS组件

DotSpatial是一个NET 4.0的GIS库，具有空间数据读取、绘制、分析、以及扩展等功能。可用于：在 .NET 窗体或 Web 程序下显示地图，读写矢量、网格和栅格数据，符号化和标注，数据投影，读取并显示属性表，空间分析，读取 GPS 数据等。

3　应用研究

3.1　数据集的构建

通过收集、处理高分辨率影像，建立不同时相、不同地理背景、不同空间尺度的管道两侧建筑物 & 构筑物数据集，在数据集数量不多的时候，可以通过算法对已有样本就行旋转、升 & 降尺度、增加噪声等处理，达到增加样本数量的目的。

考虑到会有新的影像数据，本次研究关于数据集的更新提出两种方式，第一种：在收集到新的高分辨率影像后，手动和算法标注两种方式相结合的形式主动建立样本数据，用于充实已有的数据集。第二种：在对管道两侧建筑物 & 构筑物进行识别后，对于确认无误的识别信息，自动进行样本的建立并加入数据集。

3.2　识别流程

在对管道两侧建筑物 & 构筑物特征进行分析与总结的基础上，结合影像光谱、纹理、颜色等特点，构建基于深度学习的管道两侧建筑物 & 构筑物目标的识别流程与方法，主要包括影像预处理、影像特征提取、语义分割、特征融合、多任务添加、建筑物 & 构筑物边缘锯齿处理、识别结果自动矢量化、数据入库等。

3.3　识别方法

Unet 网络是一种图像语义分割网络，图像语义分割网络让计算机根据图像的语义来进行分割。Unet 发表于 2015 年，属于 FCN 的一种变体。Unet 的初衷是为了解决生物医学图像方面的问题，由于效果确实很好后来也被广泛的应用在语义分割的各个方向，比如卫星图像分割，工业瑕疵检测等。Unet 和 FCN 都是 Encoder-Decoder 结构，结构简单但很有效，如图 1 所示。

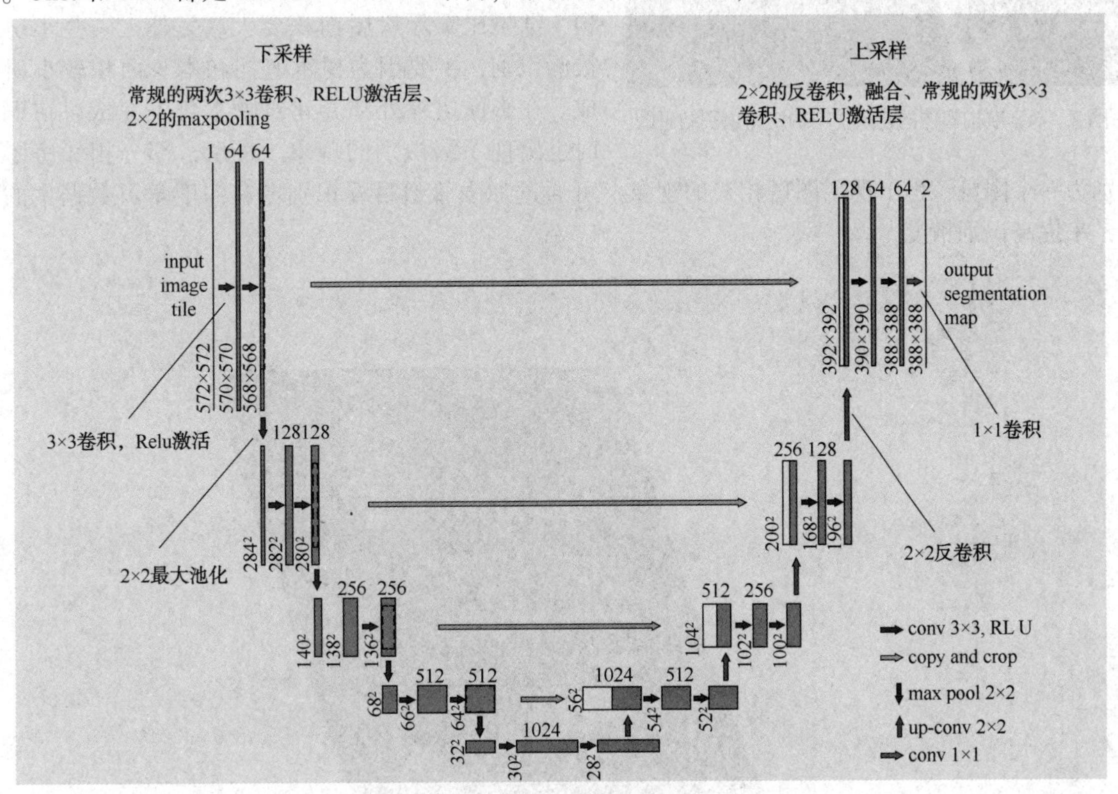

图 1　Unet 原理图

3.4 识别试验

为了验证深度学习对基于高分辨率影像进行管道两侧建筑物 & 构筑物目标识别的可行性，选择南方某区域空间分辨率为 5cm 的无人机航拍影像进行建筑物 & 构筑物的识别，详细信息见表 1。

表 1 建筑物与构筑物影像识别信息表

序号	名 称	信 息
1	电脑信息	外星人笔记本电脑，I7 处理器，16G 运行内存，GTX1660ti 显卡，500G 固态硬盘，windows10 64 位系统
2	算法 & 模型	Unet
3	开发语言	Python 3.6
4	开发平台	PyCharm 2020
5	数据集	本地构建的样本集

图 2 基于航拍影像的建筑物与构筑物识别结果图

实验结果：图 2 航拍影像时相为 7 月，管线两侧有行车路、汽车、裸地、树木、楼房等。图 3 为基于 DotSpatial 组件设计与开发的 GIS 可视化系统截图，主要功能包括 GIS 工具、识别结果的统计分析、识别结果报表、识别算法的调起等。

3.5 精度分析

从图 2 中可看出，研究区建筑物形态不一，主要以楼房为主，也存在小型房屋。在图 3 中，建筑物的识别效果尚可，通过人机交互判读方法，90%的建筑物被识别出来，但因为部分建筑物为楼房，在影像中非正视视角，有倾斜，部分识别结果并非房屋屋顶，结果比实际房屋面积要大。另外，一些小房屋被漏识别，主要因为树木遮挡和本身面积较小所造成。在影像边缘处部分建筑物本身不完成，在识别时也出现了漏识别的现象。最后，部分相邻房屋被识别为一个图斑，也出现了图斑相交的现象。可通过加强管道目标识别专有深度学习数据集的建设，来提高识别精度。

图 3 基于 Dotspatial 组件的建筑物与构筑物 GIS 可视化管理系统界面

4 结论与展望

（1）通过构建数据集利用 Unet 深度学习算法能够快速识别建筑物 & 构筑物目标，可以为管道安全日常巡护提供数据支撑，但仍需要不断增加本地样本集的数量，进而提升识别精度。基于 Dotspatial 可视化 GIS 组件设计与开发的管理系统能有效提升管道的可视化、数字化和科学化管理水平。

（2）长输管道所处地理场景多，且区域差异明显，增加了管道两侧建筑物 & 构筑物的识别难度。通过对长输管道所经过区域进行地理场景划分，建立相应的深度学习数据集。同时，根据不同地理区域的特征，在深度学习算法 & 模型选择和参数设置做相应调整可提高识别精度。

（3）为了保证识别精度，建议选择经过正射校正处理的影像数据，但在保证识别精度的同时，也引入了大数据量处理周期长、对硬件设备要求高的问题。可通过分块提取，多集群处理。根据用户指定的工作范围大小，自动根据道路、河流等明显线状地类对工作区进行分割，避免对建筑物造成切割，继而影响到识别精度。

参 考 文 献

[1] 何维龙. 基于 Mask R—CNN 的无人机影像建筑物检测方法研究[D]，东华理工大学，2019.

[2] Watts Adam-C，Ambrosia Vincent-G，Hinkley Everett-A. Unmanned Aircraft Systems in Remote Sensing and Scientific Research：Classification and Considerations of Use[J]. Remote sensing，2012，4(12)：1671-1692.

[3] 李德仁，李明. 无人机遥感系统的研究进展与应用前景[J]. 武汉大学学报(信息科学版)，2014，39(5)：505-513.

[4] 范荣双，陈洋，徐启恒，等. 基于深度学习的高分辨率遥感影像建筑物提取方法[J]. 测绘学报，2019，48(1)：34-41.

[5] 吴隐，韩东，姚雪玲，等. 基于无人机高分辨率航空影像的榆树疏林空间分布格局及其地形效应[J]. 热带地理，2019，39(4)：531-537.

[6] 陈昂，杨秀春，徐斌，等. 基于面向对象与深度学习的榆树疏林识别方法研究[J]. 地球信息科学学报，2020，22(9)：1897-1909.

[7] Li M，Lei M，Blaschke T，et al. A systematic comparison of different object-based classification techniques using high spatial resolution imagery in agricultural environments[J]. International Journal of Applied Earth Observations & Geoinformation，2016，49：87-98.

[8] O'Connell，Jerome，Bradter U，Benton T G. Wide-area mapping of small-scale features in agricultural landscapes using airborne remote sensing[J]. ISPRS Journal of Photogrammetry and Remote Sensing，2015，109：165-177.

[9] 遥感软件介绍[EB/OL]. https://www.cnblogs.com/supersyg/archive/2007/09/11/890081.html,2007.

[10] 李亚飞，董红斌. 基于卷积神经网络的遥感图像分类研究[J]. 智能系统学报，2018，13(4)：550-556.

[11] Chen D，Shang S，Wu C. Shadow-Based Building Detection and Segmentation in High-Resolution Remote SensingImage[J]. Journal of Multimedia，2014，9(1)：181-188.

[12] 伍广明，陈奇，Shibaski R，等. 基于 U 型卷积神经网络的航空影像建筑物监测[J]. 测绘学报，2018，v. 47(06)：178-186.

[13] 李志强. 基于深度学习的城市建筑物提取方法研究[D]. 北京建筑大学，2019.

[14] Xu Y，Wu L，Xie Z，et al. Building extraction in very high resolution remotesensing imagery using deep learning and guided filters[J]. Remote Sensing，2018，10(1)：144.

基于 LSTM 方法的用气负荷预测的燃气管网运行方案设计

柳建军[1]　黄　龙[2]　薄叶会[2]　朱玉奎[1]　田　娜[1]　刘丽君[1]

（1. 昆仑数智科技有限责任公司；2. 中国石油天然气股份有限公司天然气销售山东分公司）

摘　要　天然气是一种灵活、清洁、低碳的能源，为了实现我国碳达峰碳中和的目标，我国对天然气的需求日益增加，燃气管网规模不断扩大。燃气管网的运行方案和天然气用户负荷息息相关。本文建立了基于 LSTM 方法的负荷预测模型，该模型在输入单一历史负荷变化数据情况下，能够预测天然气用户负荷变化，预测误差不超过10%。本文还对比了不同超参数下，该模型的预测效果，并确定了模型最优超参数的取值。使用该负荷预测模型结合管网状态仿真模型，模拟未来的管网运行状态，判断是否需要调节燃气管网的运行方案。在某北方燃气管网的实际应用中，根据预测负荷变化，分析管网状态仿真结果，调整了燃气管网的运行策略，保障了该燃气管网经济、稳定的运行。

关键词　燃气管网；长短期记忆神经网络；天然气短期负荷预测

1　前言

天然气作为一种具有灵活性、安全性、清洁性和低碳排放等优势的能源，对于中国实现碳达峰碳中和任务具有极其重要的作用。在工业企业和城市居民供暖等方面，天然气将逐渐取代煤炭消费，因此，除受到复杂的社会因素影响，中国天然气的表观消费量在 2022 年下降，其余年份，中国天然气的表观消费量都逐年增加，如图 1 所示。

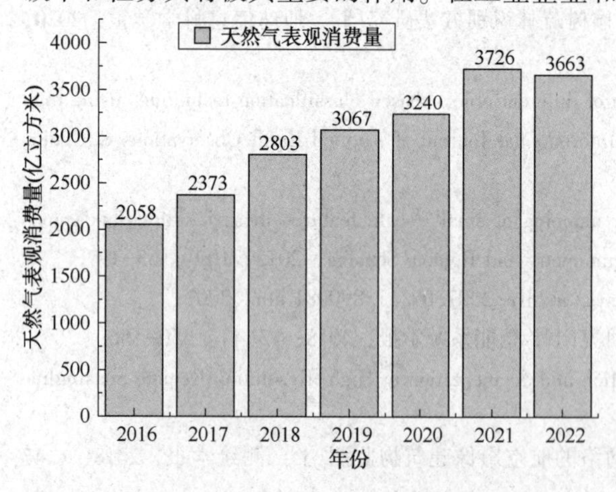

图 1　我国历年天然气表观消费量

随着我国天然气表观消费量的增长，我国对天然气的储存和运输提出了更高的要求。因此，天然气管网规模不断扩大，我国已形成了“横跨东西、纵贯南北、覆盖全国”的全国油气管道格局。然而，管网调度中心需要协调天然气供需并监控管网运行状态。随着各地区的管网拓扑结构越来越复杂，管网调度中心的调度难度越来越大。但只要能够预测用户负荷的大小，就能使用仿真软件模拟管网未来的运行状态。根据管网未来的运行状态，管网调度中心可以针对性的调整管网运行方案，保障管网经济、可靠的运行。

用户负荷预测是经典的时间序列问题，常见的预测模型如图 2 所示，主要包括两个种类：传统回归模型与智能预测模型。

自 1949 年 Hubbert 等人提出基于正态分布的 Hubbert 曲线并使用该曲线对美国和世界的石油和天然气产量进行预测以来，天然气负荷预测已经成为一个重要的研究领域。传统的回归模型，如 1987 年由 Herbert 等人建立的天然气负荷回归预测模型和 2007 年由 Volkan 等人提出的 ARIMA 和 SARIMA 模型，然而该类模型只能在特定场景、特定用户的负荷预测上取得较好的效果。

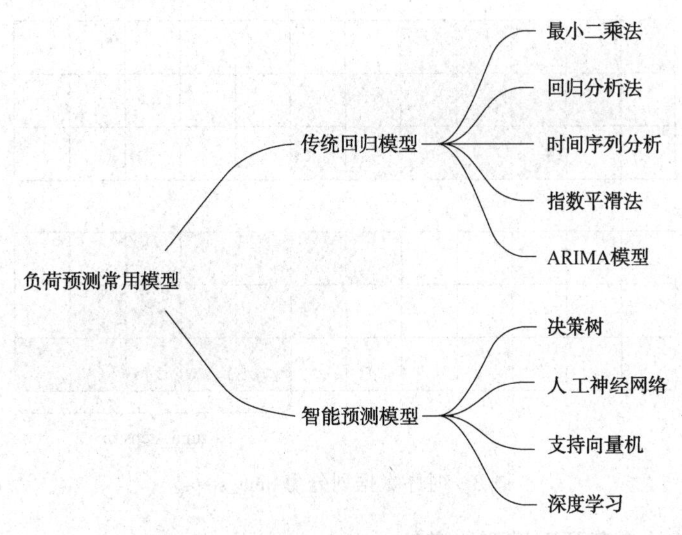

图 2　天然气负荷预测常用方法

近年来，智能算法模型在天然气负荷预测方面也取得了显著进展。例如，2001 年，谭羽非等人首次在国内建立了 BP 神经网络模型进行天然气负荷预测。2018 年，Merkel 等人利用深度学习构建了天然气负荷预测模型。2021 年，Vinayak Sharma 等人基于天然气负荷历史数据、气温数据等，建立了四种不同的智能算法负荷预测模型，并根据不同的预测需求选取不同的模型进行预测。上述智能算法模型想保持较高的预测准确性需要丰富的数据种类基础。当数据种类单一时，相比于其它智能算法模型，LSTM 智能算法模型在时序数据预测上有更为杰出的表现。其在配电网负荷预测及油气井井速预测等领域都取得了较好的效果，在仅有股票价格波动数据的基础上对股票价格预测时也取得了较好的效果。

因此，本文尝试使用 LSTM 智能算法模型对仅能提供用户负荷、无法提供其余参数的燃气管网进行负荷预测建模，并根据负荷预测结果结合燃气管网运行状态仿真模型调整燃气管网运行方案，保障燃气管网安全、平稳的运行。

2　基于 LSTM 方法的用气负荷预测模型

在燃气管网运行中，根据各用户的天然气负荷调整燃气管网的运行状态至关重要。本文选择使用 LSTM 智能算法模型，并选取合理的模型参数，对天然气负荷进行预测。根据负荷预测结果，我们可以调整燃气管网中的压缩机运行状态、气源的供气压力等，以确保燃气管网能够满足各用气负荷点的需求，并同时满足管网压力状态的输送要求。这种基于负荷预测的管网运行调整方案，可以提高管网的运行效率和安全性，减少经济损失。

2.1　负荷数据的预处理

在进行天然气负荷预测之前，需要对所有的天然气负荷历史数据进行处理。首先对数据进行归一化处理，本文采用最小-最大规范化方法将数据放缩到 0~1 之间，放缩公式如式(1)。

$$x_{new}=\frac{x-x_{min}}{x_{max}-x_{min}} \tag{1}$$

在预测问题中，未来变化由最近的历史变化情况决定。由于天然气历史负荷数据是一长串时序数据，因此将天然气历史负荷数据归一化之后，还需要将数据内容窗口化。并确定使用多长的历史负荷数据预测下一条数据，本文将长度为 n 的历史负荷数据称之为 time_steps，使用一个 time_steps 去预测下一个时刻的负荷大小。确定 time_steps 之后，本文划分天然气历史负荷的长串时序数据。time_steps 数据窗口如图 3 所示。图中浅紫色表示设置的长度为 n 的 time_steps，该序列不断后移，直至将整串时序数据全部处理为 time_steps。

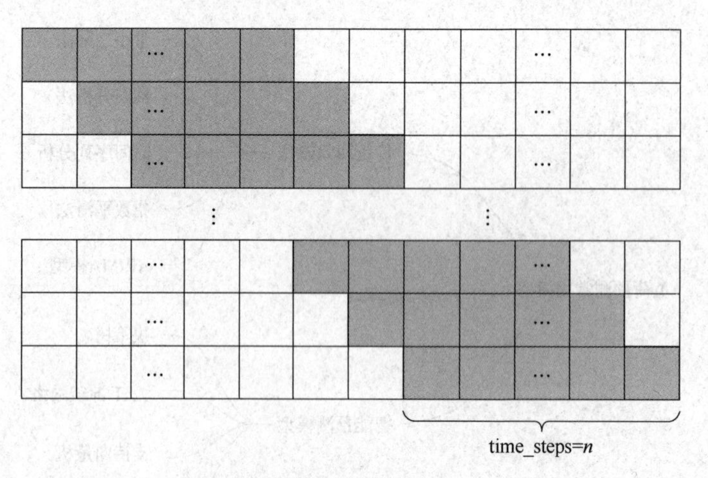

图3 时序数据划分为 time_steps

2.2 基于 LSTM 方法的负荷预测模型的搭建

本文采用 LSTM 模型预测各用户天然气负荷的变化情况。Hochreiter 和 Schmidhuber 在 1997 年首先提出 LSTM 模型，该模型是传统循环神经网络的一种，解决了传统循环神经网络中梯度消失和梯度爆炸的问题。该模型在处理序列数据方面具有较强的能力，能够捕捉和利用序列中的依赖关系，使得对序列数据的预测更加准确。

LSTM 智能模型通过引入记忆单元和门控机制解决了梯度爆炸和梯度消失的问题，并且能够利该特性捕捉时间序列数据中的依赖关系。LSTM 智能算法基础由记忆单元组成，单元状态包括一个基础时序输入 x_t，两个迭代输入 C_{t-1} 和 h_{t-1}，两个迭代输出 C_t 和 h_t。其中，C_t 为记忆单元的状态，能够记录时序数据中的隐藏特点和依赖关系，h_t 作为整个记忆单元的输出，作为当前记忆单元的计算结果。

每个记忆单元内部包括三个门，分别为遗忘门、输入门、输出门，统称为门控机制。其中，遗忘门能够控制整个记忆单元中历史状态信息的保留程度，使用 *sigmoid* 激活函数计算，计算值越接近 1 表明需要保存的历史状态信息越多，计算值越接近 0 表明需要保存的历史状态信息越少，计算公式如式(2)。

$$f_t = sigmoid(W_f * (x_t + h_{t-1}) + b_f) \tag{2}$$

输入门能够控制当前时刻输入 x_t 的信息保留程度，使用 *sigmoid* 激活函数计算，计算值越接近 1 表明需要保存的当前时刻 x_t 的信息越多，计算值越接近 0 表明需要保存的当前时刻 x_t 的信息越少，如式(3)。然后计算输入门对记忆单元状态的影响，如式(4)。当天然气的负荷信息经过遗忘门和输入门之后，可以计算更新记忆单元的状态 C_t，如式(5)。

$$i_t = sigmoid(W_i * (x_t + h_{t-1}) + b_i) \tag{3}$$

$$\overline{C}_t = \tanh(W_c * (x_7 + h_{t-1}) + b_c) \tag{4}$$

$$C_t = f_t * C_{t-1} + i_t * \overline{C}_t \tag{5}$$

输出门能够控制上一时刻单元状态 h_{t-1} 的信息对当前时刻状态 h_t 的影响，使用 *sigmoid* 激活函数决定上时刻单元状态信息对当前时刻状态信息的影响程度如式(6)。再使用 *tanh* 函数将单元状态映射到-1 和 1 之间后，将映射结果与输出门计算的信息 o_t 相乘之后得到整个记忆单元的输出 h_t，如式(7)。

$$o_t = sigmoid(W_o * (x_t + h_{t-1}) + b_o) \tag{6}$$

$$h_t = o_t * \tanh(C_t) \tag{7}$$

经过一次记忆单元后，记忆单元的状态 C_t 和计算结果 h_t 都会被更新，然后作为下一次计算的迭代输入。每一次记忆单元的计算仅用到 time_steps 当前时刻的输入 x_t，记忆单元迭代计算 n 次后，才完成记忆单元的计算过程，如图 4 所示。

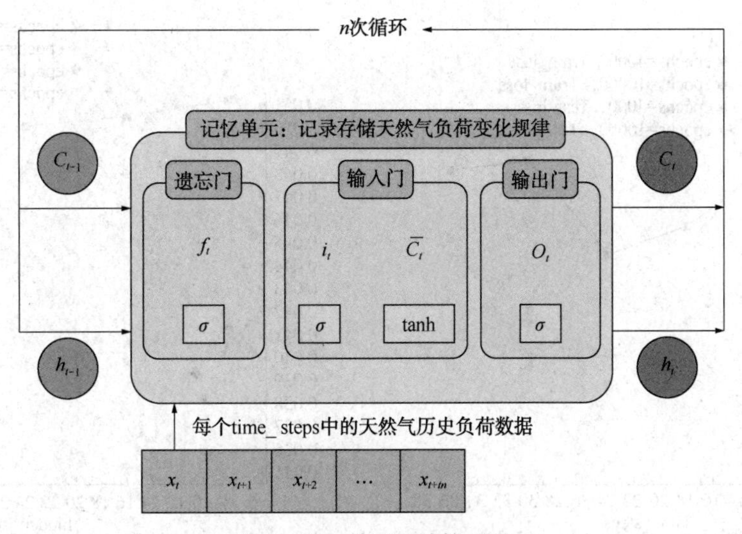

图 4　记忆单元的计算过程

整个记忆单元计算完成后，将最终的迭代计算结果 h_{t+n} 传入全连接层网络，最终输出预测值，整体计算过程如图 5 所示。

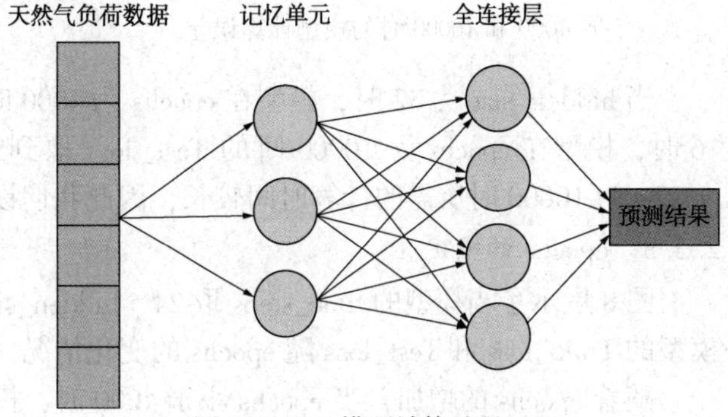

图 5　LSTM 模型计算过程

模型的优化器选用 Adam 优化器，计算模型的 Train_loss(训练误差)和 Test_loss(测试误差)。误差计算公式如式(8)。

$$loss=\sqrt{\frac{\sum(y_{pred\_i}-y_{true\_i})^2}{n}} \tag{8}$$

2.3　模型超参数的确定

在 LSTM 负荷预测模型中，主要超参数包括：time_steps、hidden_size、epochs 和 num_layers。其中，time_steps 表示历史负荷数据的长度；hidden_size 表示神经网络隐藏层中隐藏单元的数量；epochs 表示训练集中数据的训练次数；num_layers 表示神经网络中隐藏层的数量。这些超参数的选取对模型的性能和计算时间有着重要的影响。

为了确定 LSTM 负荷预测模型的初始超参数大小，本文综合考虑了多篇文献的研究成果。在此基础上，我们确定了模型的初始 time_steps 为 24，hidden_size 为 24，num_layers 为 1，学习率为 0.0001，epochs 为 4000 和 10000 两种情况。这些超参数的选择是基于对现有研究的综合分析和实验结果的总结。为了确定最优的超参数组合，本文采用了控制变量法。首先，我们固定其余超参数，然后逐个改变特定的超参数，观察 Train_loss(训练误差)和 Test_loss(测试误差)的变化。我们选择 Train_loss 和 Test_loss 均较小且所需计算时间较短的超参数值作为最优超参数值。这样可以有效地提高模型的预测准确度和计算效率。

2.3.1　time_steps 的确定

图 6 展示了当模型的 hidden_size 取 24，num_layers 取 1，学习率取 0.0001，epochs 分别为 4000 和 10000 时，模型的 Train_loss 和 Test_loss 随 time_steps 的变化情况。

在 time_steps 小于 24 时，随着 time_steps 的增加，模型的测试误差和训练误差整体上逐渐降低。当 time_steps 大于 24 时，Train_loss 和 Test_loss 的变化出现了波动且较大。因此，我们设置模型参数 time_steps 为 24。

2.3.2　hidden_size 的确定

图 7 展示了当模型的 time_steps 取 24，num_layers 取 1，学习率取 0.0001，epochs 分别为 4000 和 10000 时，模型的 Train_loss 和 Test_loss 随 hidden_size 的变化情况。

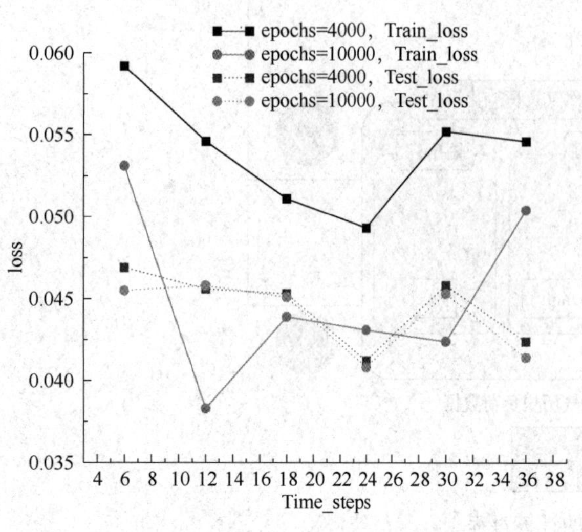

图6　不同 time_steps 下，epochs 取 4000 和 10000 时的模型计算误差

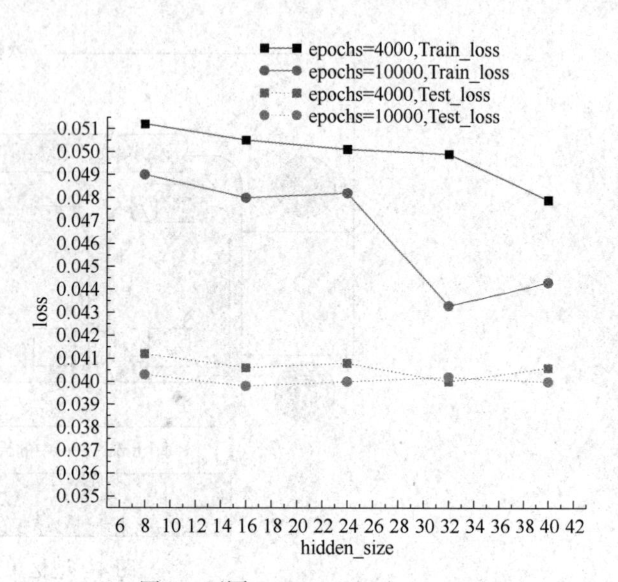

图7　不同 hidden_size 下，epochs 取 4000 和 10000 时的模型计算误差

当 hidden_size 为 32 时，模型在 epochs 为 4000 时的 Test_loss 达到了最低值。而当 hidden_size 为 16 时，模型在 epochs 为 10000 时的 Test_loss 取到最低值，但两者的偏差仅为 1%左右。考虑到 epochs 为 10000 时所需的计算时间较长，因此我们设置模型参数 hidden_size 为 32。

2. 3. 3　epochs 的确定

图 8 展示了当模型的 time_steps 取 24，hidden_size 取 32，num_layers 取 1，学习率取 0. 0001 时，模型的 Train_loss 和 Test_loss 随 epochs 的变化情况。

随着 epochs 的增加，当 epochs 小于 4000 时，模型的测试误差逐渐降低。但当 epochs 超过 4000 时，测试误差开始出现波动并逐渐增加。考虑到计算时间和计算精度的平衡，我们设置模型参数 epochs 为 4000。

2. 3. 4　num_layers 的确定

根据吕宜生等人的研究，在车流量预测任务中，深度学习模型的隐藏层数不应超过 4 层。类似地，天然气管网负荷预测任务也需要考虑模型的深度。因此，本文在 time_steps 取 24，hidden_size 取 32，学习率取 0. 0001、epochs 取 4000 时，比较了隐藏层数分别取 1～4 层的计算结果，如图 9 所示。

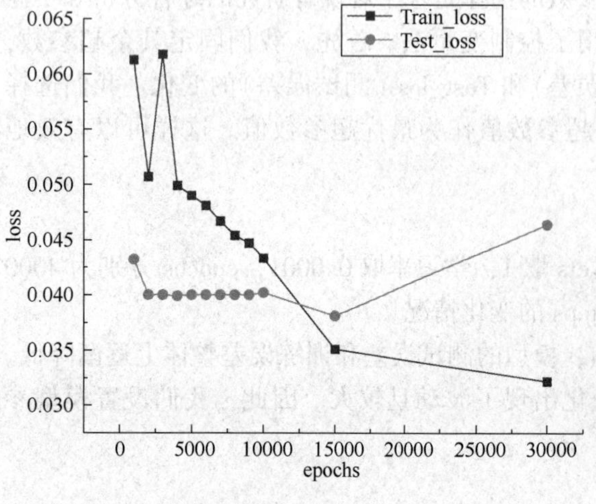

图8　不同 epochs 下，time_steps 为 24、hidden_size 为 32 的模型误差

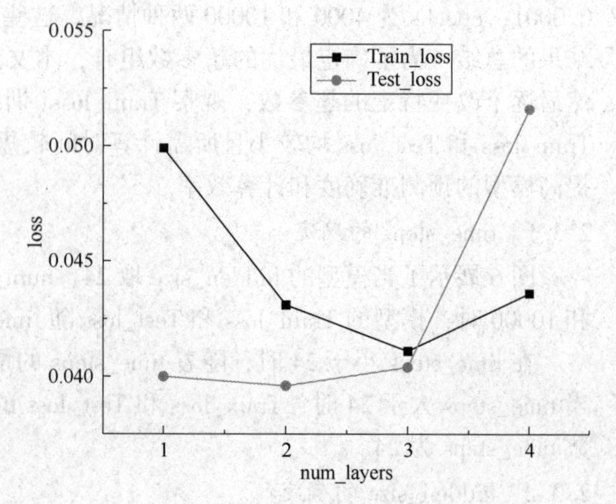

图9　不同 num_layers 下，time_steps 为 25、hidden_size 为 32 的模型误差

当 num_layers 低于 3 时，Test_loss 差异不大，Train_loss 有明显的下降，但是计算时间显著增加。同时，当 num_layers 为 4 时，模型的 Test_loss 有明显的上升，表明出现了“过拟合”的问题。综合考虑计算时间与计算准确性，我们选择 num_layers 为 1。

2.4 模型检验

根据 2.3 节，综合考虑负荷预测模型的精度和计算时间，选取 time_steps 为 24、hidden_size 为 32、epochs 为 4000、num_layers 为 1、学习率为 0.0001、epochs 为 4000 作为最优的超参数组合。

本文使用某燃气管网的负荷点 X 的实际数据进行模型检验。使用该套最优超参数的负荷预测模型的计算结果如图 10 所示。

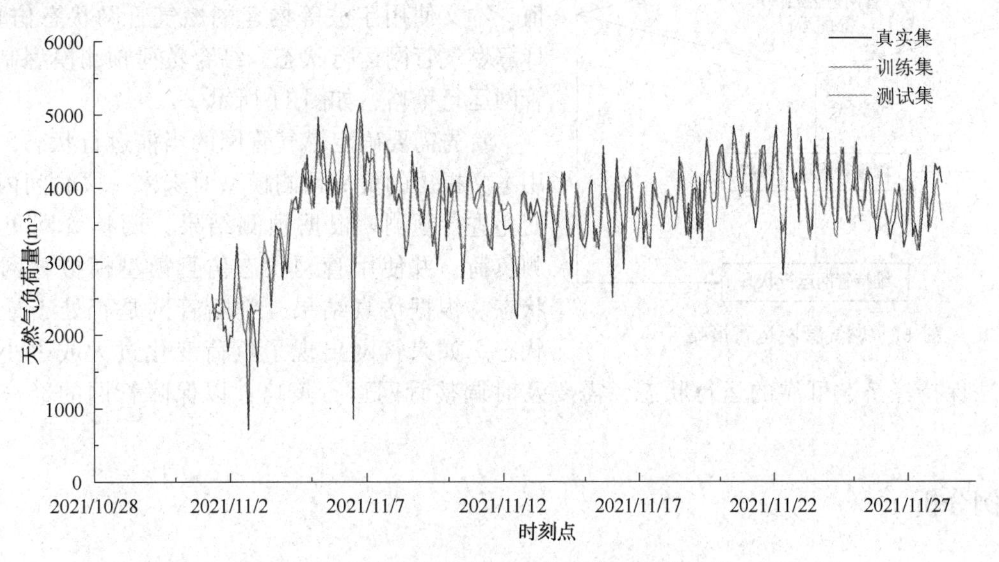

图 10 某小型燃气管网负荷点模型预测结果

图 10 中横坐标为时刻点，每个时刻点之间相距两个小时。纵坐标单位为标况下的天然气负荷，真实集为负荷点 X 的天然气负荷变化，训练集为模型对负荷点 X 过去负荷变化规律的学习效果，测试集为模型预测的负荷点 X 负荷变化情况。即使负荷点 X 的负荷变化较为复杂，预测较难，但本模型的预测趋势仍与实际保持一致，预测误差仅为 7.13%，满足工程实践需要。

3 基于仿真的燃气管网运行策略验证

随着天然气的广泛应用和需求的不断增加，天然气管网调度面临着许多问题和挑战。本文将从以下几个方面介绍天然气管网调度面临的问题和挑战。一：天然气管网调度面临的一个主要问题是供需关系不平衡。天然气的供应和需求在不同地区和不同时间段之间存在巨大差异，而天然气管网的容量是有限的，管网调度需要采取合理的策略和措施，确保天然气的供应和需求能够平衡。二：管网的安全问题也是天然气管网调度面临的一个重要问题。管道泄漏、爆炸等问题可能会导致人员伤亡和财产损失。因此，管网调度需要保证管网各处压力满足压力大小限制，需要对管网进行定期的检查、维修和更换，以确保管网的正常运行和安全。三：天然气市场竞争激烈，管网调度需要考虑市场竞争的因素，以确保天然气的价格和供应能够满足市场需求。管网调度需要灵活应对市场变化，制定合理的价格和供应策略，降低管网运行经济成本，提高市场竞争力。

为了解决这些问题与挑战，天然气管网仿真技术被广泛应用。天然气管网仿真可以实现以下目的：模拟管网的供需情况，包括天然气的产量、消费量、输送能力等因素，以预测管网的运行状况和性能。模拟管网的容量限制，包括管道的直径、长度、压力等因素，以评估管网的承载能力和安全性。模拟天气变化对管网的影响，包括温度、湿度、风速等因素，以预测管网的运行状况和性能。优化管网的运行策略，包括调整天然气供需、管网容量、管网布局、管网设备等，以应对管网

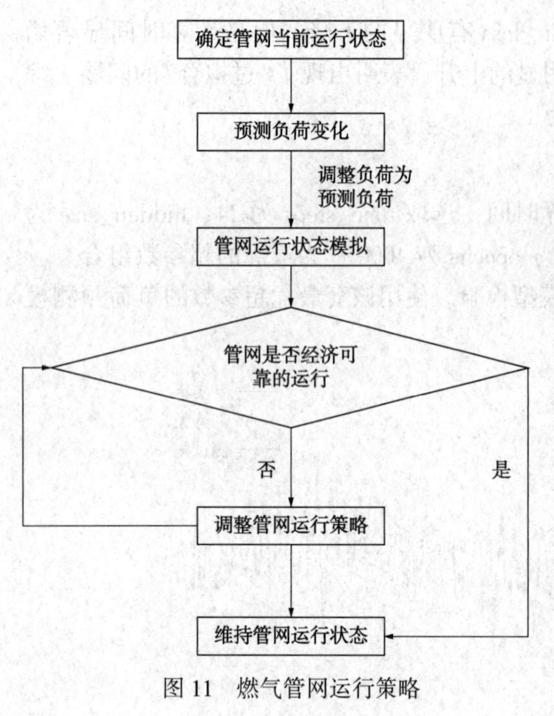

图11 燃气管网运行策略

调度面临的各种问题和挑战。提高管网的运行效率和经济性，减少能源浪费和环境污染，以实现可持续发展。

通过模拟和预测管网的运行状况和性能，天然气管网仿真技术可以制定相应的优化策略，包括调整天然气供需、管网容量、管网布局、管网设备等，以确保管网的稳定运行和市场需求的满足。因此，天然气管网仿真技术在天然气管网调度中具有重要的应用价值。本文使用宇波等构建的燃气管网状态仿真模型，计算燃气管网运行状态，结合负荷预测模型制定燃气管网运行策略，如图11所示。

首先需要确定燃气管网的当前运行状态，然后使用本文提出的负荷预测模型对未来一段时间内的负荷变化进行预测。根据预测结果，调整管网负荷为预测负荷，并使用管网状态仿真模型模拟管网的运行状态。根据仿真结果，判断管网是否处于最佳运行状态。如果管网出现了负荷变化过大或过小，导致管网无法保持经济、可靠的运行状态，需要及时调整管网运行策略，以保障管网的经济性和可靠性。

4 案例分析

4.1 管网介绍

某北方燃气管网的拓扑结构如图12所示。该管网由气源供气点、用气负荷点、阀门和管道组成。管网的主干线长度为218km，其中包括2个气源供气点和11个用气负荷点。每个用气负荷点与主干线之间都有一条支线管道。其中，有8个负荷点用气相对稳定且用量较小，而另外3个负荷点(A、B、C)的用气量较大且波动较大。根据实际需求，负荷点A、B和C的压力均不能低于0.5MPa。

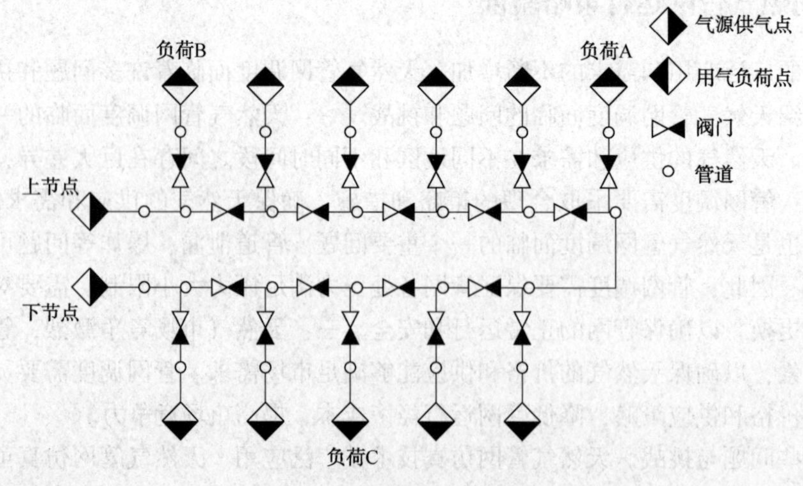

图12 某实际燃气管网

4.2 负荷点的用气预测

管网中共有11个负荷点，其中8个用气量稳定且很小不做预测。使用前文建立的LSTM负荷预测模型对其中用气量较大，且波动相对较大的负荷点(A、B、C)进行负荷预测。使用负荷点 A、B、C 在之前运行状态下得 300 条历史数据作为输入数据，预测的输出负荷变化状况如图 13~图 15 所示。

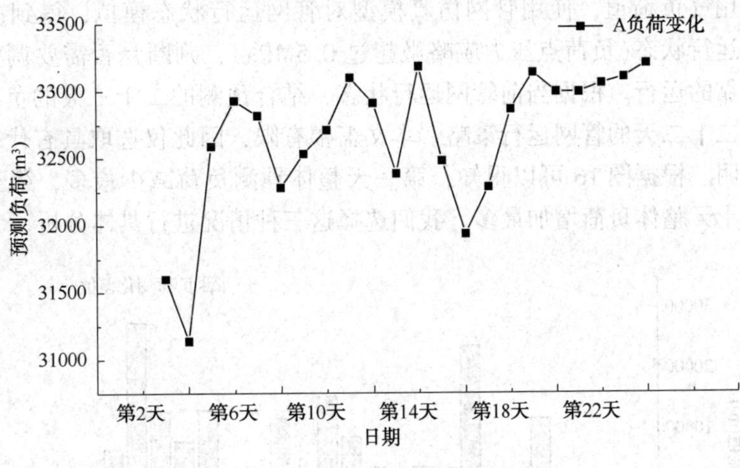

图 13　负荷点 A 的负荷需求变化

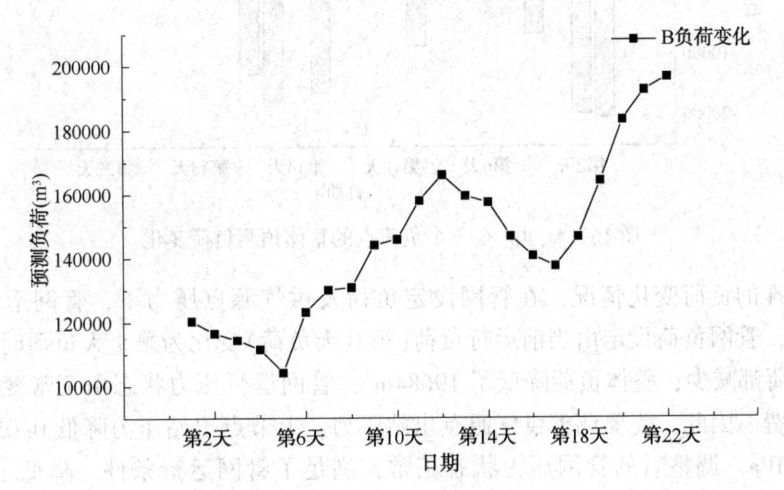

图 14　负荷点 B 的负荷需求变化

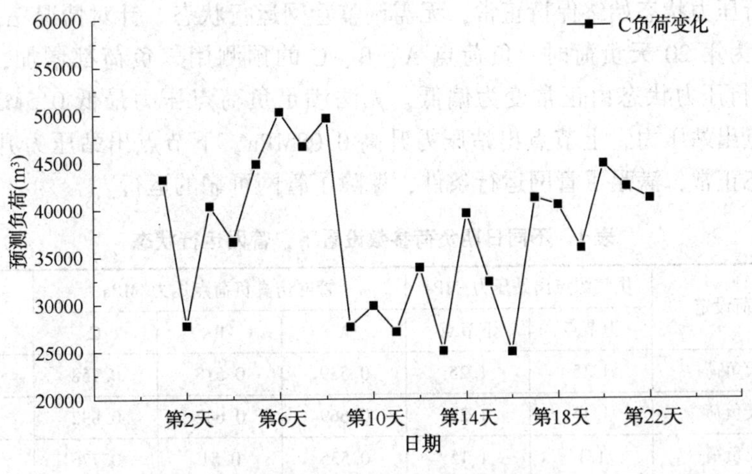

图 15　负荷点 C 的负荷需求变化

4.3　基于负荷预测结果的管网调度方案设计

天然气管网调度的主要目标是确保燃气管网能够满足各用户点的用气负荷，并同时维持管网压力在合理范围内。通过设计合理的天然气管网调度策略，可以在满足管网负荷需求的前提下，确保管网以经济且可靠的方式运行。具体的管网调度策略设计方法如图 16 所示。由于该北方燃气管网不包含压缩机站，因此主要通过调整供气源点的出站压力来控制整个管网的压力和流量状态。

确定管网当前运行状态后，保持供气源点的出站压力不变，将A、B、C各点的用气负荷大小调整为次日的预测用气负荷值，使用管网仿真模型对管网运行状态模拟，得到次日的管网运行状态。分析管网次日运行状态(负荷点压力应略微超过0.5MPa)，判断是否需要调整管网运行策略以保障管网经济、可靠的运行。根据当前管网运行状态，结合预测的二十二天的负荷变化，循环使用上述方法制定未来二十二天的管网运行策略。本文篇幅有限，因此仅选取具有代表性的预测负荷变化情况进行具体说明。根据图16可以得知，第一天整体预测负荷减少最多，第五天整体预测负荷几乎无变化，第二十天整体负荷增加最多。我们选择这三种情况进行具体分析。

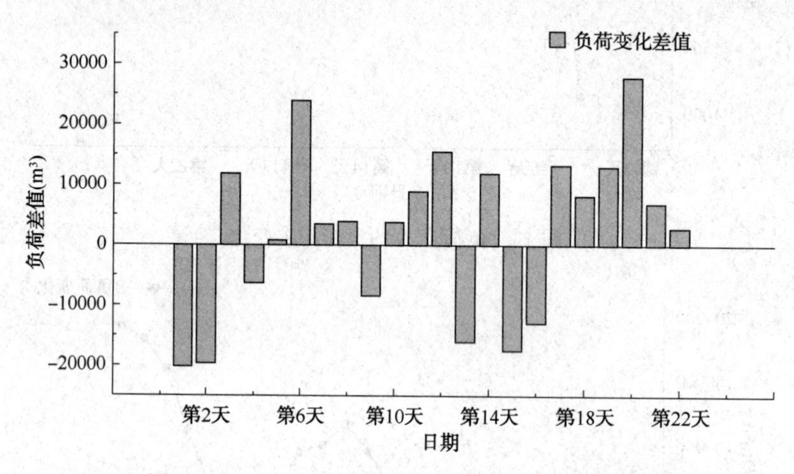

图16　A、B、C三个负荷点的整体预测负荷变化

根据三种特殊的负荷变化情况，在管网设定负荷及供气源点压力下，管网运行状态如表1所示。针对情况一，管网负荷设定由当前运行负荷(第0天负荷)变化为第1天负荷时，负荷点A、B、C的预测用气负荷都减少，整体负荷降低了19684m^3，管网运行压力状态由正常变为偏高，造成了不必要的经济浪费。因此，需要调整供气源点出站压力，上节点出站压力降低0.05MPa，下节点出站压力降低0.1MPa。调整后的管网压力状态正常，满足了管网运行条件，降低了管网运行成本。针对情况二，管网负荷设定由第4天负荷变化为第5天负荷时，负荷点A、B、C的预测用气负荷变化不大，管网运行压力状态始终保持正常，无需调整管网运行状态。针对情况三，管网负荷设定由第19天负荷变化为第20天负荷时，负荷点A、B、C的预测用气负荷都增加，整体负荷增加了27876m^3，管网运行压力状态由正常变为偏低，无法满足负荷点压力最低0.5MPa的要求。因此，需要调整供气源点出站压力，上节点出站压力升高0.08MPa，下节点出站压力升高0.2MPa。调整后的管网压力状态正常，满足了管网运行条件，保障了管网可靠的运行。

表1　不同日期负荷参数设置下，管网运行状态

	管网负荷设定	供气源点出站压力/MPa		管网仿真负荷点压力/MPa			管网压力状态
		上节点	下节点	A	B	C	
情况一	第0天负荷	1.15	1.25	0.539	0.518	0.758	正常
	第1天负荷	1.15	1.25	0.669	0.642	0.892	偏高(需调整)
	第1天负荷	1.1	1.15	0.535	0.51	0.776	正常(调整后)
情况二	第4天负荷	1.12	1.12	0.512	0.504	0.702	正常
	第5天负荷	1.12	1.12	0.532	0.517	0.663	正常
情况三	第19天负荷	1.42	1.35	0.606	0.534	0.888	正常
	第20天负荷	1.42	1.35	0.45	0.483	0.763	偏低(需调整)
	第20天负荷	1.5	1.55	0.636	0.502	0.98	正常(调整后)

根据负荷预测结果结合管网运行状态仿真模型，根据管网仿真状态结合管网负荷需求与管网限制条件，判断是否需要调整管网运行策略，保障管网经济、可靠的运行。

5 结论

燃气管网在实际运行时，需要根据不同用户的负荷变化调整燃气管网的运行方案。本文基于 LSTM 智能算法构建了天然气负荷预测模型。模型使用用户提供的天然气历史负荷变化数据预测用户负荷未来的变化状况。使用该模型，在仅提供几百条历史负荷数据的情况下，能够预测不同类型用户的负荷变化，预测误差不超过 10%。针对某北方燃气管网的案例，根据负荷预测结果，结合燃气管网状态仿真模型，判断燃气管网能否经济、可靠的运行。根据该北方燃气管网可执行的管网状态调节方式，及时升高或降低管网供气源点的出站压力，保障了燃气管网经济、稳定的运行。本文的方法能够有效地提高燃气管网的运行效率和可靠性，为燃气行业的发展提供了有益的参考。

参考文献

[1] 陈国群，郑建国，柳建军，彭世垚，张明. 油气管网仿真技术现状与展望[J]. 油气储运，2014，33(12)：1278-1281.

[2] HUBBERT M K. Energy from fossil fuels[J]. Science，1949，109(2823)：103-109. DOI:10.1126/science.109.2823.103.

[3] HERBERT J H，SITZER S，EADES-PRYOR Y. A statistical evaluation of aggregate monthly industrial demand for natural gas in the U. S. A[J]. Energy，1987，12(12)：1233-1238. DOI:10.1016/0360-5442(87)90030-2.

[4] Ediger V S，Akar S. ARIMA forecasting of primary energy demand by fuel in Turkey[J]. Energy Policy，2007，35(3)：1701-1708.

[5] 谭羽非，陈家新，焦文玲，余其铮. 基于人工神经网络的城市煤气短期负荷预测[J]. 煤气与热力，2001，21(3)：199-202. DOI:10.3969/j.issn.1000-4416.2001.03.002.

[6] Merkel G D，Id R J P，Brown R H. Short-Term Load Forecasting of Natural Gas with Deep Neural Network Regression[J]. Energies，2018，11(8)：2008.

[7] Vinayak Sharma，Data-driven short-term natural gas demand forecasting with machine learning techniques[J]. Journal of Petroleum Science and Engineering，2021，108979，ISSN 0920-4105. DOI:10.1016/j.petrol.2021.108979.

[8] Oussama Laib，Toward efficient energy systems based on natural gas consumption prediction with LSTM Recurrent Neural Networks[J]. Energy，2019，Volume 177，Pages 530-542，ISSN 0360-5442，DOI:10.1016/j.energy.2019.04.075.

[9] Hochreiter，S.，& Schmidhuber，J. (1997). Long short-term memory. Neural computation，9(8)，1735-1780.

[10] 葛磊蛟，赵康，孙永辉，等. 基于孪生网络和长短时记忆网络结合的配电网短期负荷预测[J]. 电力系统自动化，2021，45(23)：41-50.

[11] Xiangling Li. A well rate prediction method based on LSTM algorithm considering manual operations[J]，Journal of Petroleum Science and Engineering，2022，210(110047)，DOI:10.1016/j.petrol.2021.110047.

[12] 彭燕，刘宇红，张荣芬. 基于 LSTM 的股票价格预测建模与分析[J]. 计算机工程与应用，2019，55(11)：209-211.

[13] Nuno Silva，João Soares，Vaibhav Shah，Maribel Yasmina Santos，Helena Rodrigues. Anomaly Detection in Roads with a Data Mining Approach[J]. Procedia Computer Science，2017，121.

[14] Y. Lv，Y. Duan，W. Kang，Z. Li，Traffic flow prediction with big data：A deep learning approach，IEEE Trans. Intell. Transp. Syst. 16(2014)865-873，DOI:10.1109/TITS.2014.2345663.

[15] 宇波，王鹏，王丽燕，向月. 基于分而治之思想的天然气管网仿真方法[J]. 油气储运，2017，36(01)：75-84.

管道站控 PLC 系统性能实时监测与量化评价方法

董秀娟[1] 赵浩羽[2]

[1. 国家管网集团北京管道有限公司；2. 中国石油大学(北京)信息科学与工程学院]

摘　要　可编程逻辑控制器(Programmable Logic Controller，PLC)作为一种具有微处理器的工业运算控制器，在油气管道输送领域有着广泛的应用，也是油气管道站场控制系统核心控制设备。针对站控 PLC 缺乏在线性能监测与评价问题，本文首先提出了一种 PLC 设备部分内部参数信息获取与筛选方法以实现对 PLC 系统的实时性能监测。然后，通过计算具有特定监测对象针对性的二级指标得分建立了站控 PLC 系统整体性能量化评价模型。在某管道企业站控 PLC 系统上的实践证明了本文所提方法的有效性，并对保障无人或少人状态下油气管道站控系统的安全、可靠运行具有重要意义。

关键词　油气管道；站控系统；PLC；在线监测；性能评价

近年来，随着国内油气行业数字化转型的不断发展，油气长输管道站场“远程控制、无人值守、无人操作”的管理控制模式一直被广泛关注。集数据采集、监视控制等功能于一身的 SCADA 系统在油气长输管道领域有着十分广泛的应用，SCADA 系统能够对油气长输管线全线各站的工艺过程进行监视与控制，为油气长输管线的正常运行提供了有力保障。站控系统是 SCADA 系统的基础，主要通过一类远程终端装置，如可编程逻辑控制器或远程终端单元完成数据采集、数据远传及现场控制功能。PLC 以其及时性好、可靠性高、控制性强、大量级的输入/输出通道等优势用于站场工艺的自动控制，而小巧轻便、宽温度适用性的远程终端单元则主要用于远程阀室的自动控制。对于 PLC 这类现场控制级设备来说，自身运行性能的优劣将直接影响整个控制系统的控制作用能否达到预期目标。站控 PLC 系统一旦出现问题，则可能导致系统失去对整个站场的自动控制，并引发后续一系列工艺及操作的切换，极大影响生产的正常进行。因此，有必要掌握站控 PLC 系统的实时运行状态，并对其性能进行评价，建立站控 PLC 运维和管理制度，以期能够为日后无人值守设备在线监测技术的相关工作提供参考与借鉴。

1　需求分析

站控 PLC 系统安装在各工艺站场的控制室或机柜间内，多为模块式 PLC 设备，模块间可通过卡槽等实现连接并规则排列在控制室或机柜间内，主要由 CPU 模块、电源模块、通讯模块、I/O 模块等构成，以 AB-Controllogix 系列模块式 PLC 为例，其结构如图 1 所示。

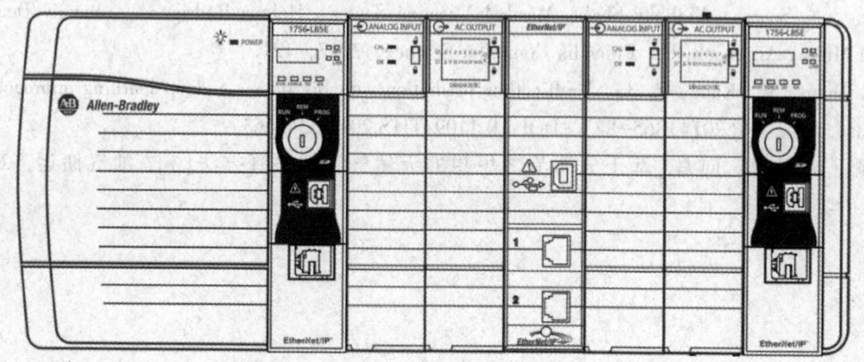

图 1　AB-Controllogix 系列模块式 PLC 结构

PLC 系统的稳定性高于一般的控制系统，但若使用不当，系统的稳定性就会受到影响。由于工业现场环境恶劣，各种电、磁场分布复杂，易使正常生产中的 PLC 系统受到不可预料的干扰并导致电源模块、I/O 模块、通讯模块等发生故障，从而造成控制系统难以正常运转，甚至发生严重生产事故。

（1）电源模块故障

电源模块在长时间工作中，市电电压和电流的波动冲击是不可避免的，同时 UPS 电源在长时间的工作中，电池的性能也会逐渐降低，供电也易变得不稳定，因此控制器会存在掉电风险，直接导致工艺过程处于可怕的“失控”状态。

（2）I/O 模块故障

I/O 模块的故障主要反映在通道的损坏上，主要原因是由于过流带来的冲击，或长期使用导致设备本身老化而造成的性能不稳定，I/O 通道的不稳定将直接影响控制信号的上传下达，最终导致控制信号失效，使得系统丧失相应的控制功能。

（3）通讯模块故障

通讯模块受到的外部环境干扰主要来自大电流磁场造成的通讯不稳定，严重情况下将导致通讯设备直接损坏或通信效率降低。

在油气管道实际生产过程中，PLC 控制系统的不稳定运行时有发生。如 2008 年 6 月 15 日 21：00 临濮线输油管线濮阳站值班人员发现“控制柜中 PLC 的 CPU 模块故障指示灯闪烁，系统控制失灵，罐区液位、温度参数无变化，系统不再刷新”现象，但单凭此现象工程师无法得知故障的具体情况，如不及时处理，便可能出现严重生产事故，最终查出故障是由 5 槽 RTD 模块硬性故障所导致；2009 年 8 月 20 日 9：00 临濮线输油管线聊城调度中心值班人员报“莘县站出站温度不再刷新”，现场人员无法第一时间得知问题所在，需联系工程师由工程师再行诊断处理，增加了事件解决的时间成本，最终发现问题由 PLC 模拟量通道损坏导致，更换到冗余通道即可。

综上，作为控制系统的中枢，PLC 系统的稳定运行对生产起着极其重要的作用。控制系统故障的发生，轻则损坏设备，影响生产；重则导致整个系统瘫痪，造成极大的经济损失，甚至危及生命安全。传统 PLC 系统巡检方式单一，主要依靠人工巡检如观察机柜指示灯等物理信息的定性方式，缺乏量化监测方法，且当面向大数量级生产设备巡检任务时，人工巡检成本加大，传统方式难以做到大规模和实时化监测。对站场 PLC 系统进行运行状态的实时监测并形成一套完整的量化评价体系十分重要。

2 评价策略与方法

目前，我国油气管道行业站场控制系统 PLC 设备主要来自于美国 Rockwell 公司旗下的 AB-Controllogix 系列产品，仍有部分管线使用法国 Schneider、德国 SIEMENS 的相应产品。由于 PLC 设备国产化起步较晚，因此应用较少。但值得注意的是，我国于 2019 年投入运行的中俄东线天然气管道工程北段站控 PLC 系统采用了浙江中控的 PLC 产品，极大推动了我国 PLC 设备国产化进程。本文以管道站控系统中常用的 Controllogix 系列 PLC 为例，设计 PLC 系统性能在线监测的量化评价方法，该量化方法对于不同厂家产品具有普适性。

性能评价的主体目标是以固定的频率更新计算 PLC 系统各项性能指标分数，并将性能指标分数存储到实时性能数据库中，通过一定的通信方式和可视化过程最终呈现在油气调度中心或站控值班室实时监控显示屏幕上，以便工作人员第一时间发现故障问题和及时了解 PLC 系统运行状态。

性能评价方法的实现主要包含两部分关键技术，分别为“数据信息获取”与“评价模型建立”。数据信息获取是通过一定方式读取控制器内部与系统性能相关的参数数据，并将数据信息储存在目标位置，供评价模型使用；性能评价模型建立主要利用处理后的数据参数，结合数学逻辑公式，分析计算并最终得到百分制的量化指标分数，分数越高表征 PLC 系统状态越好。

2.1 数据信息获取

数据信息获取的目标是寻找能够访问控制器参数数据的方法，从而利用该数据评价PLC系统运行性能。文献[8]对PLC系统自检与诊断作出了要求，要求PLC厂商提供利用应用程序回送存储器、处理单元、I/O通道等状态信息的方式。文献[9]中给出了Controllogix系列PLC设备的部分内部参数信息读取方式，这使得信息获取过程变得方便、简单。该方式主要是在控制程序中添加相应的程序网络段，通过调用GSV指令块以达到获取控制系统数据信息的目的，数据信息将作为系统性能评价模型的输入变量。GSV指令块可读取控制系统参数信息如表1所示：

表1 GSV指令可读取信息表

对象名称	功能描述	对象名称	功能描述
Controller	提供有关控制器执行的状态信息	Routine	提供有关例程的状态信息
Controller Device	提供控制器的物理硬件的相关信息	Safety	提供有关安全状态和安全签名的信息
DF1	提供串口组态的DF1通信的相关信息	SerialPort	提供串行通信有关信息
FaultLog	提供有关控制器的故障信息	Task	提供有关任务的状态信息
Module	提供有关模块的状态信息	Redundancy	提供系统冗余的状态信息
Program	提供有关程序的状态信息		

表1中可读取信息数目可达百余条，且各状态信息表征的功能属性不尽相同。因此，在众多信息条目中筛选出足够数目的可用数据信息作为评价模型输入是模型搭建的关键。根据实际生产过程监控需要，最终筛选出30余条数据信息作为评价模型的关键输入，并确定了以控制器工况、冗余状况、通信质量、I/O通道状态、模块状态、故障信息等为主的输出性能指标，这里定义为系统性能的二级指标，如下图2所示：

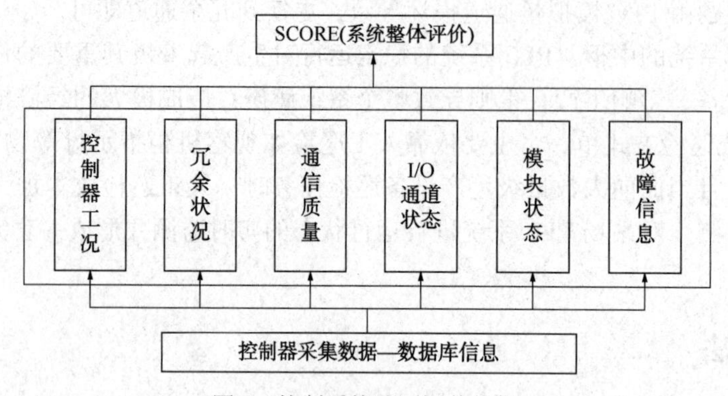

图2 控制系统监测评价指标

1）控制器工况：用来监测控制器CPU、任务执行、程序执行的实时状态

2）冗余状况：用来监测控制系统冗余组态、数据更新等实时状态

3）通信质量：用来监测控制系统通信过程的响应效率等实时状态

4）I/O通道状态：用来监测各卡槽、位点、I/O通道的实时状态

5）模块状态：用来监测如电池模块、通信模块、储能模块等特殊功能模块实时状态

6）故障信息：用来反馈监测控制器故障、冗余组态故障等实时情况

2.2 基于实时性能数据的评价模型

性能评价模型的建立分为两部分，一部分是系统性能的整体指标分数模型，另一部分是具有特定监测对象针对性的二级指标分数模型，如控制器工况、冗余状况等的计算。系统整体指标分数模型的评价原理是参考各二级指标分数得到总体分数的方式，模型如式(1)所示：

$$\text{Score} = \sum_{i=1}^{n} \beta_i Y_i + Y_{Fault} \tag{1}$$

式中：β_i 为权重且有 $\sum_{i=1}^{n}\beta_i=1$；Y_i 为基于二级指标模型得到的分数，是 0-100 之间的正数；Y_{Fault} 为故障信息二级指标所扣分数；Score 为当前的 PLC 控制系统的性能综合得分情况；当 Score 出现负值时，Score=0。

二级指标分数模型是基于数学描述的百分制模型，这类模型以足够数目的可用关键数据信息为基础，将符合某一类性能指标特性的数据信息纳入该类性能评价的模型体系，利用数学描述方式对数据进行百分制转化，同时采用权重算子计算方法将各百分制分数综合，从而得到该类性能的指标分数，达到量化评价目的，控制器工况、冗余状况、通信质量、模块状态均采用此种评价方式。百分制转化过程是模型建立的核心内容，其原理主要是利用数据信息的实时返回值进行转化，常用的转化过程有分段函数描述、线性化描述、权值描述等。

1）分段函数描述

以控制器工况指标中 Task 对象的 Rate 属性为例，其返回值主要表征任务的两次执行时间间隔，以微秒为单位，其百分制转化方式采用分段函数描述，计算公式如下式(2)所示：

$$Y_{\text{rate}}=\begin{cases}100 & x\leqslant MAX\\0 & ELSE\end{cases}\tag{2}$$

式中：x 为返回值大小；Y_{rate} 为任务的两次执行时间间隔数据信息的指标分数；MAX 则为某一设定值，当且仅当返回值小于该允许执行时间设定值时，系统任务执行状态良好。

2）线性化描述

以控制器工况指标中 Program 对象的 LastScanTime 属性为例，其返回值表征上一次程序扫描时间，扫描时间长则表征系统性能较差、反之则较好，因此其百分制转化采用线性化描述，即：

$$Y_{Lastscan}=\begin{cases}100 & x\leqslant X_{\text{low}}\\100-20*\dfrac{x-X_{\text{low}}}{X_{\text{mid}}-X_{\text{low}}} & X_{\text{low}}<x\leqslant X_{\text{mid}}\\80-20*\dfrac{x-X_{\text{mid}}}{X_{\text{high}}-X_{\text{mid}}} & X_{\text{mid}}<x\leqslant X_{\text{high}}\\60-20*\dfrac{x-X_{\text{high}}}{X_{\text{warn}}-X_{\text{high}}} & X_{\text{high}}<x\leqslant X_{\text{warn}}\\40 & x>X_{\text{warn}}\end{cases}\tag{3}$$

式中：$Y_{Lastscan}$ 为返回值大小；$Y_{Lastscan}$ 为上一次程序扫描时间数据信息的指标分数；X_{low}、X_{mid}、X_{high}、X_{warn} 分别为某一设定值以保证指标分数在 0-100 范围内变化。

3）权值描述

以控制器工况指标分数模型为例，其主要由内存占用百分比以及 CPU 工作负荷两部分分值结合相应权重计算得到，计算公式如式(4)所示：

$$Y_1=\theta_1 Y_{\text{Data per}}+\theta_2 Y_{CPU\text{ work}}\tag{4}$$

式中：θ_1 为内存占用百分比权重；$Y_{\text{Data per}}$ 为内存占用百分比分数；θ_2 为工作负荷权重；$Y_{CPU\text{ work}}$ 为 CPU 工作负荷分数；其中 $\theta_1+\theta_2=1$；Y_1 为控制器工况指标分数。

二级指标中还包括一类故障信息指标，其评价实现过程是利用实时性能数据库中的故障信息数据，参考文献中的 PLC 常见故障，并根据故障严重程度和相关经验定义一定负分值，最终累计在系统整体评价模型式(1)中。

由于工业现场 I/O 点数庞大，因此基于 I/O 通道状态的二级评价指标稍有不同。通过 GSV 指令采集到各 I/O 通道的地址与故障信息，监测 PLC_RxSx_Fault 数据的实时 BOOL 量返回值即可研判 I/O通道状态。但由于其数量级较大，不适用于数学描述表征某一通道状态，因此考虑综合所有通道状态得到 I/O 通道性能分数。其中，每一独立或多个 I/O 通道发生故障或状态不良情况，总体指标分数即拉低。关键位置的关键 I/O 通道只要一路出现故障或状态不良，指标分数拉低为 0；次要位置的次要 I/O 通道只要一路出现故障或状态不良，则指标分数拉低为 50；其余正常情况指标分数为 100。一旦 I/O 通道状态部分性能评分为 0 或 50，系统随即进入 I/O 通道状态检测，及时返回相应故障通道的地址或标号。

3 模拟验证

为证明所提量化监测评价方法的实用性与有效性，本文利用该方法对某管道企业站场 PLC 系统的性能进行了在线监测，并搭建了评价系统界面。所用参数数据信息为现场采集的 PLC 正常运行情况下的数据，针对不同类型的 PLC 系统问题，通过修改部分数据库中数据的方式人为模拟故障的发生，以验证评价方法的及时性、有效性。主要设计的故障类型分别有 I/O 通道异常损坏、控制器掉电、CPU 超负荷运行、冗余组态失效、系统通信中断、模块卡件异常等。数据信息每 5 秒采集一次，监测情况以相同频率刷新。

1）I/O 通道异常损坏情况，在实际生产过程中较为常见，这一过程的模拟实现主要通过定义某一 I/O 通道的 PLC_RxSx_Faul 数据，如选择将 R1S6 通道 PLC_R1S6_Faul 置 1 等。其模拟实时监测结果如图 3 所示，此时故障信息分值为-100；I/O 通道状态分值拉低为 0；整体分值为 0；系统界面提示“R1S6 通道故障”；控制器工况、CPU 工作负荷、通信质量等分数均有所下降。

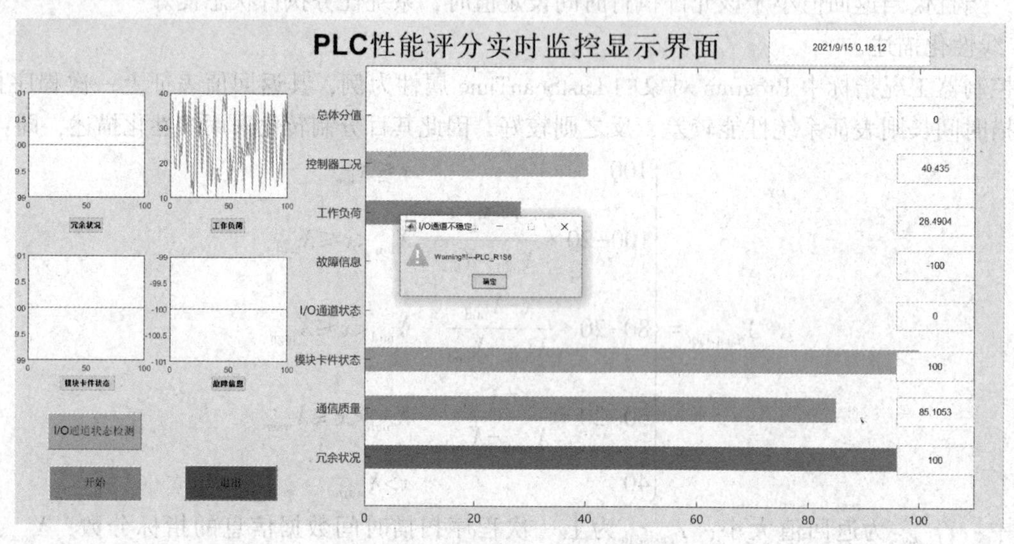

图 3 I/O 通道异常损坏监测结果

2）CPU 超负荷运行情况，主要由于系统长期处于高负荷运行状态，处理器运行过程迟滞导致，因此将参与控制器工况评价的“内存占用百分比”、“上次程序执行时间”等设定在较高水平，模拟监测结果如图 4 所示。此时系统 CPU 工作负荷得分降为极低水平；控制器工况与总体分值显著降低。

3）冗余组态失效情况，冗余设备是主控制器失效后的备用控制设备，一旦主控制器故障与冗余组态失效同时发生，工艺过程将完全处于“失控”状态。该过程的模拟故障通过将参与冗余状况评价的“RedundancyEnabled”属性置于较低水平等实现，模拟监测结果如图 5 所示。此时系统故障信息得分为-100 分；冗余状况分值与总体分值拉低为 0；模块卡件状态、通信质量、控制器工况、CPU 工作负荷显著降低；

综合以上部分模拟结果，该性能评价方法的有效性得到了较好的验证。方法的优势在于能够实现快速灵活响应，对系统故障及工作状况进行实时监测，有效减少了基于传统巡检方式的时间成本，极大增强了控制系统故障查询的锁定能力，有着较为广阔的应用前景和持续开发潜力。

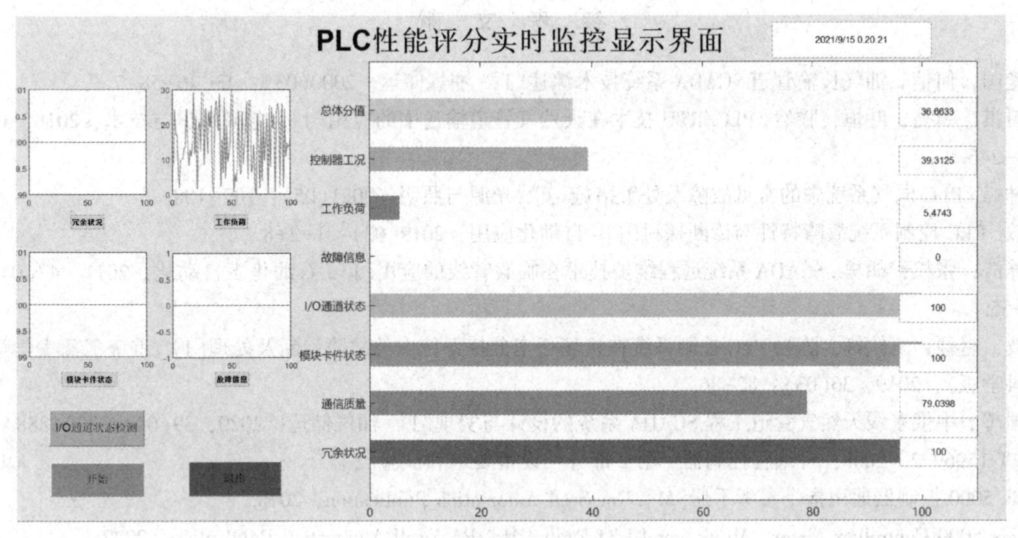

图 4　CPU 超负荷运行监测结果

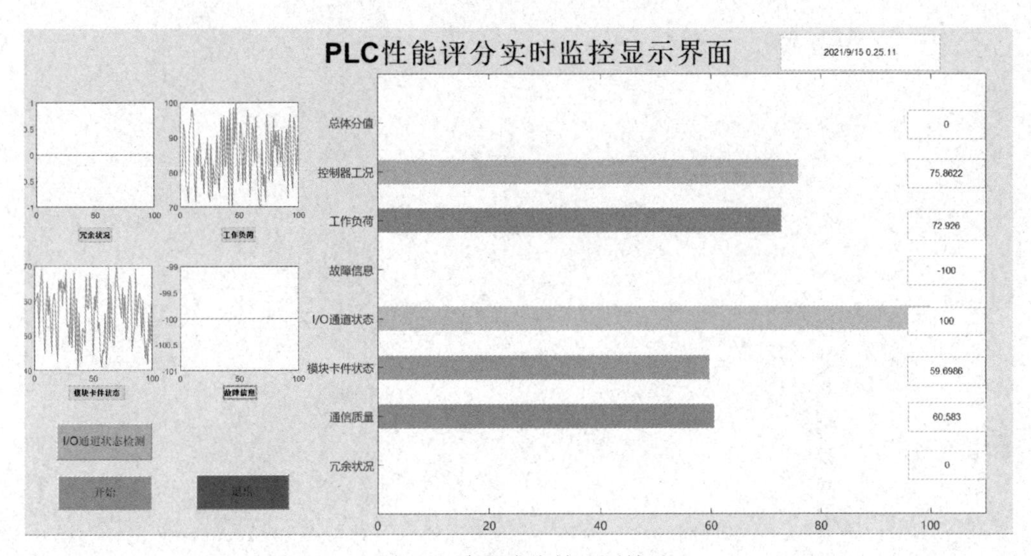

图 5　冗余组态失效监测结果

4　总结与展望

本文从 PLC 控制器设备可靠性角度综合分析了油气长输管道站控 PLC 系统实现在线监测与性能评价的意义，进而提出了一种管道站控 PLC 系统性能在线监测与量化评价方法，有效利用站控 PLC 内部参数数据建立评价模型，形成了一套完整的、具有性能针对性的评价体系，并最终搭建了系统平台验证其实用性与有效性。

目前，本文中基于量化评价模型的控制器性能监测方法在国内尚属首例。因此，针对站控 PLC 系统性能监测的量化评价问题仍有许多瓶颈需要突破，作者认为，后续工作可从以下几方面开展，如基于控制器内部参数的 PLC 系统性能的中长期预测模型建立；影响控制器性能的主次要因素分析；PLC 控制器逻辑程序标准设计；基于专家系统的 PLC 系统性能故障排查与解决方案设计；基于 PLC 系统性能评价方法的 PLC 设备选型办法等。期待该方法的提出能够为日后无人值守设备在线监测技术的相关工作提供参考与借鉴，从而持续推动油气管道行业面向“无人化/少人化”运行体系建设的发展。

参 考 文 献

[1] 吴爱国，何信．油气长输管道SCADA系统技术综述[J]．油气储运，2000(03)：43-46+58-7.

[2] 王树祺，魏亮，叶恒，滕然．PLC/RTU技术在天然气管道输送中的应用[J]．电脑知识与技术，2018，14(27)：244-246.

[3] 佘林峰．PLC电气系统中的常见故障及处置措施[J]．光源与照明，2021(05)：107-108.

[4] 方赦．PLC控制系统故障特性与诊断探讨[J]．自动化应用，2019(03)：1-2+8.

[5] 汤养浩，张权，胡勇．SCADA系统远程维护技术在临濮管线的应用[J]．石油化工自动化，2011，47(04)：50-52+55.

[6] 吴波，赵颖，王钦娅，陈强PLC控制系统在机场行李分拣系统中的故障诊断及处理[J]．重庆工商大学学报(自然科学版)，2019，36(03)：82-86.

[7] 赵国辉．中俄东线天然气管道工程SCADA系统的设计与实现[J]．油气储运，2020，39(04)：379-388.

[8] GB/T 15969.2—2008，可编程控制器．第2部分：设备要求和试验[S].

[9] Logix 5000控制器通用指令参考手册[M]. Rockwell Automation Publication，2018.

[10] Logix 5000 Controllers Major，Minor，and I/O Faults[M]. Rockwell Automation Publication，2022.

浅谈天然气无人值守站建设模式

王意茹

（国家管网集团北京管道有限公司北京输油气分公司）

摘　要　随着天然气站场数字化建设的全面推进、数字化管理平台的不断深入应用、数字化管理体系的不断完善。依托数字化 SCADA 系统远程操控配套建设，天然气站场的无人值守模式正在成为一种新型的站场管理模式。文章主要介绍了国内外无人值守站发展现状，天然气无人值守应具备的条件，阐述了天然气无人值守站场管理方式。

关键词　天然气；无人值守；建设标准；生产管理

天然气无人值守站的建设是以数字化建设为基础，以 SCADA 控制系统为依托，实现场站生产运行的无人值守和远程控制。通过建设无人值守站，可以避免员工暴露在高风险环境之中，提高了人的安全性；采用自动化、数字化、智能化技术提高了运行的可靠性和效率，从而达到安全、可靠、高效的基本要求。

1　国内外无人值守站发展现状

国外对天然气站场无人值守理念已经提出了很多年，天然气无人值守站场实现远程监控管理的有效性和可靠性不断提升，避免因为人为操作失误产生的不安全因素，降低管道运行成本，提高管道的运行效率。但是无人值守站场的建设涉及因素比较多，想要达到真正的无人值守还需要不断改进。

北美一些天然气站场的管理主要以无人值守为主，采取远程调度中心控制方式，配备专业的维护人员对管辖内的站场、管道进行维修和管理，主要负责的内容有管道维修、设备检修等，一些天然气企业可能将以上服务承包给有资质的第三方服务商，与其签订相应的合同，通过合同的法律效率保障管道运营和应急处置质量。

我国目前大部分的天然气管道站场以远程调控中心控制和监控为主，有人在站场值守，一部分设备实现自动控制远程操作，一部分设备采取就地人工操作。管道沿线相应的位置都设置管理站，对所处区域内的管道运行进行管理和维护，同时还有专门的巡护人员、检修人员、巡检人员等。站场需要全天候 24 小时有人值守，对站场的日常运行及工艺操作进行管理，同时也可以将站场的维修、维护工作承包给有资质的第三方服务商。

天然气无人值守站场具有很多优势，可以大幅提升远程监控管理的有效性和可靠性，避免因为人为操作失误产生的不安全因素，降低管道运行成本，提高管道的运行效率。

2　无人值守站建设标准

2.1　设备设施

（1）建立完善的监测、报警、巡检智能监测平台，实现 24 小时实时环境监测，应用自动巡检技术（智能巡检）替代人工巡检。

（2）完善分类分级报警机制，确保不同类型不同等级报警有对应的专业人员分析处理，对报警信息进行有效的优化管理，防止报警泛滥，实现有效报警。报警管理系统具有报警优先级设定、过滤无效及虚假报警、保证有效报警输出，提升报警响应速度以及具备历史记录及趋势预测等功能。可以进行有效的管理和评估，进行环比分析，对导致长期和大量报警的工艺和设备瓶颈进行改造消缺，形成管理闭环。

(3) 站场工艺装置采用SCADA自动逻辑系统进行控制，实现调度远程自动控制替代站场控制，实现自动分输以适应各种不同用户自动化控制的需求，实现日指定的自动精准控制。

(4) 设备设施、仪表控制系统、电气及通信网络具备高可靠性，以及完善的远程诊断手段，保障主要工艺系统自动、安全、平稳运行。

(5) UPS系统升级成双机冗余热备UPS系统，将UPS系统信息上传到控制系统，提高UPS系统可靠性，同时增加远程监控功能。UPS电池增配电池监控系统并接入控制系统，实现UPS电池信息的远程监控功能。UPS电池间、配电间增设防爆轴流风机，实现远程通风功能，对配电柜进行改造，实现远程监控和远程断电功能。

(6) 发电机具备自启动功能，通过ATS自动切换装置保障供电。同时实现ESD、火灾报警时，切断发电机自启动功能。

(7) 工艺设计允许自动切换或考虑充分的设计余量，当故障发生时可自动进行事故处理，尽量不影响正常运行，为人员赶赴现场争取充足的时间。

(8) 对于站内重要的控制回路，按照兼顾可靠性又兼顾可用性的原则，仪表采用2oo3的结构。

设置仪表偏差报警：在同一监测点设置多台变送器时，设多值比较画面，出现偏差时进行报警。多台变送器可以在同一检测点处设置分别进SIS和PCS的仪表，或者采用2oo3的结构。偏差值报警限可设5%(可根据具体应用调整)，在同一检测点上任意两块变送器间偏差超过偏差限设定值时，应进行偏差报警，提醒操作员及时对仪表进行维护，从软件上提供仪表可用性，避免因仪表故障引发事故。

(9) 建立完善的故障识别诊断系统。通过视频、红外热成像以及激光扫描式可燃气体检测技术，识别火焰、跑冒滴漏、设备超温、阀门卡堵、法兰腐蚀、保温层脱落和微小泄漏。通过建立隐患大数据，开发故障预测、诊断系统。

(10) 辅助系统纳入监控系统，包括安防系统、消防系统、锅炉系统等。

① 周界安防系统需要与视频监控系统实现报警联动功能；紧急情况报警联动功能，当触发无人值守站ESD，使安装门禁系统的紧急逃生门自动打开，中心调度实时显示现场报警情况，并可以通过视频和语音进行远程指挥及时处置。

② 消防报警系统联动功能，消防报警信息经综合智能控制模块接入控制系统，报警时，控制中心监控端实时声光告警，同时联动视频监控系统和门禁控制系统。

③ 锅炉系统压力、温度等报警信息接入控制系统；报警时，实现控制中心关闭锅炉，切断气源。

2.2 技能型员工

(1) 建立管理、技术、技能人才队伍。

(2) 建立有效的不同系列不同等级人才能力素质标准、培训体系，提高员工职业素养。

(3) 操作运行人员向维护技能型人员转化，打破基层专业、工种分工，开展基于维护维修作业的培训。

(4) 建立科学、有效的评估考核体制，提高人员工作积极性。

(5) 成立专业的维护、维修、保养队伍。

3 无人值守站管理方式

3.1 管理制度

(1) 确定岗位设置的基础上，制定岗位职责及工作标准，形成制度化管理。确保职责明确，标准清晰。

(2) 建立涵盖作业区全业务的管理工作流程，确保管理快捷高效。

(3) 针对无人值守站、作业区运行模式，制定相应的操作规程，保证员工对无人值守站远程及现场操作有章可循。

3.2 监控模式

结合作业区分输站生产实际，监控调整到调控中心，实现对分输站监控、报警信息分析与处置、工艺流程调整、远程操作等功能。工艺、设备设施、仪表、电气、通讯、辅助系统监控的参数定期自动存档，自动分析，取消人工记录数据。

3.3 巡检模式

按照每日、每周、每月不同周期设置日常巡检、专业巡检、联合巡检，巡检时检查的内容不同、侧重点不同，保证全周期对设备设施仪器仪表进行全方面检查，根据风险等级、发生的概率确定不同的巡检周期，同时根据检查项目的专业难度确定巡检负责人。巡检质量高低取决于巡检周期、巡检内容制定是否合理，巡检人员是否具有相匹配的能力。

3.4 维修维护模式

(1) 维护模式，维护按照设备设施维护周期，定期维护。随着维护人员能力不断提升，从部分自主维护维保到全部自主维保。

(2) 维修模式，维修从难易程度、配件到货周期两个维度进行管理。易维修，有配件的维修，可以同巡检、周期性工作、临时性工作、维护时一并开展。难维修，配件到货需要周期的，配件具备条件时，根据维修作业等级组织维修。

3.5 应急模式

(1) 以就近原则进行应急处理。

(2) 根据无人值守站数字化、智能化实际情况，修订适合现场实际的应急预案，包括事件预判、油气调控中心前期处理、作业区人员到达后的处置。

(3) 定期进行演练，修订完善应急体系。形成“控制快，人员少，风险低，效率高”的应急处置程序，提高员工应急处置能力。

3.6 风险防控

针对无人值守站、作业区运行特点，从潜在人的因素、物的因素、环境因素、管理因素4个方面进行风险识别，并按照LEC定量评价法分类分级管理，绘制安全风险管控图，确定无人值守站风险防控重点，明确防控措施，逐级对风险进行管控，确保风险可控。

3.7 隐患管理

以大数据方式管理隐患，建立隐患数据库，实现可统计，可分析。对隐患进行分类分级管理，对隐患分类分级同时对整改责任单位责任人进行分类分级管理。定期对隐患进行分析，解决发生隐患的本质问题：例如管理问题、员工能力不足、设计缺陷等。

3.8 作业管理

针对现有管理模式作业过程资料人工填写，效率低、跟踪查询不便的问题，对日常作业管理(如维修作业、维护作业等)和危险作业管理以提升工作效率为目标，建立智能作业管理系统，将常规作业和危险作业通过移动终端进行电子化管理，实现票据在线审批、任务自动推送、标准实时提醒、资料分类统计。

4 结论

实施天然气无人值守站场不仅仅是技术方面的问题，还受到运行控制标准的制定、数字化智能化技术和设备的可靠性、人员技能水平、管理方式及社会因素等方面的影响。天然气无人值守站场的建设模式，对天然气企业的长远发展是利大于弊的，但要实现无人值守目标，还需要进一步在技术水平、控制标准、设备可靠性及人员技能上实现突破。虽然我国实施天然气站场无人值守进程比较晚，也存在一些问题，但从长远来看，无人值守站场的建设实施对于天然气站场向更高标准、更先进管理方式迈进有着重要的作用。

参 考 文 献

[1] 韩玓，谢文科，李君，等．无人值守站系统应用效果评价[A]．第十二届宁夏青年科学家论坛石化专题论坛论文集[C]．2016.

[2] 张锡恒．无人值守天然气站远程监控的实现[J]．自动化应用．2021(08).

[3] 杨光．天然气工程概论[M]．北京：中国石化出版社，2013.

[4] 王遇冬．天然气开发与利用[M]．北京：中国石化出版社，2011.

[5] 刘成龙，黄华艳．薛岔作业区无人值守站的建设与探索[J]．化工管理．2017(32).

[6] 梁晓龙，牛生辉．天然气输气站场智能分输控制过程分析[J]．石油化工自动化．2021(05).

[7] 梁怿，彭太翀，李明耀．输气站场无人化自动分输技术在西气东输工程的实现[J]．天然气工业．2019(11).

[8] 张伟，张煜，王军锋，等．基于物联网的无人值守井站技术研究与应用[J]．石油化工应用．2017(10).

无人值守站场综合安防管理应用研究

王金培

（国家管网集团北京管道有限公司）

摘　要　随着国内天然气管道建设的快速发展，天然气管网规模日益增大。与之相对应，天然气站场管理模式的变革也全面推广，区域化管理模式普及，无人值守、少人值守站场建设和运营力度加大。站场安防系统作为重要的管理手段，要由依靠“人的主观管理”升级为“技术的智能管理”。在天然气管道站场传统安防系统的基础上，建立基于数字化、智能化和高度集成管理的综合性管理系统，打通底层基础数据，同时变革传统的展示形式，实现运行环境全方位监控，降低人为原因产生的不确定或不安全因素所带来的风险，成为天然气站场管理的一个重要技术手段。

关键词　综合安防；视频融合；无人值守站场；智能管理

目前天然气站场建设有多套安防及监测系统，包括工业电视监控、周界入侵报警、泄漏监测、火气监测、门禁、防爆扩音等系统。一方面，系统多但各自独立运行。各系统产生大量的基础数据，但信息不互通，关联性差，智能化程度低；另一方面，中心监控难度大。运维人员需要监控多屏信息，处理各类告警，监视主要用肉眼，判断和处理由主观决定。

随着无人化、少人化站场建设和运营力度的加大，现有安防系统网络结构、组成模式和运维方式已不能满足生产和管理的要求。推动数字化转型发展，建设综合安防管理系统，把各子系统作为功能模块统一接入、统一展示、统一管理，实现数据整合和多维度分析，配以更合理的展示方式，把站场安防由依靠“人的主观管理”升级为“技术的智能管理”成为研究的方向。

1　系统规划

1.1　网络规划

随着数字化的发展，视频监控等安防数据所占带宽日益增大，如果仍采用传统安防网络的星型结构显然不能满足信号传输的需求，特别是中心点的带宽压力过大；另一方面，从系统安全性角度出发，视频分析、集中存储和转发分部分进行，更有利于发生故障后影响范围降到最小。

综合安防管理系统的网络，设中心一级平台，为监控和管理的中心。按区域划分为多个二级平台，主要管理本区域内的站场。三级平台即为站场。如图 1 所示。一级平台可以管理设备、系统配置、信号调用和监视，但不承担存储和转发功能。二级平台实现信号的集中存储，视频分析和流媒体转发，调度指挥中心、管理处、作业区的信号调用，由二级平台完成。三级平台为站场的本地端，具备管理设备、系统配置、实时监控和信号本地存储的功能。

1.2　功能设计

综合安防的系统功能主要包括数据融合、多域联动、智能监控和人员管理四大功能模块，如图 2 所示。

数据融合模块是整个综合安防管理系统的基础。模块通过对前端采集器和接口的管理，运用大数据和人工智能技术，将工业电视监控、周界入侵报警、泄漏监测、火气监测、门禁子系统的基础数据进行挖掘、数据共享和综合调用分析，为多域联动和智能监控提供数据基础和结构依托。所有的数据定义、设置、编辑、管理均由综合安防管理系统完成，前端设备仅仅是数据的采集。

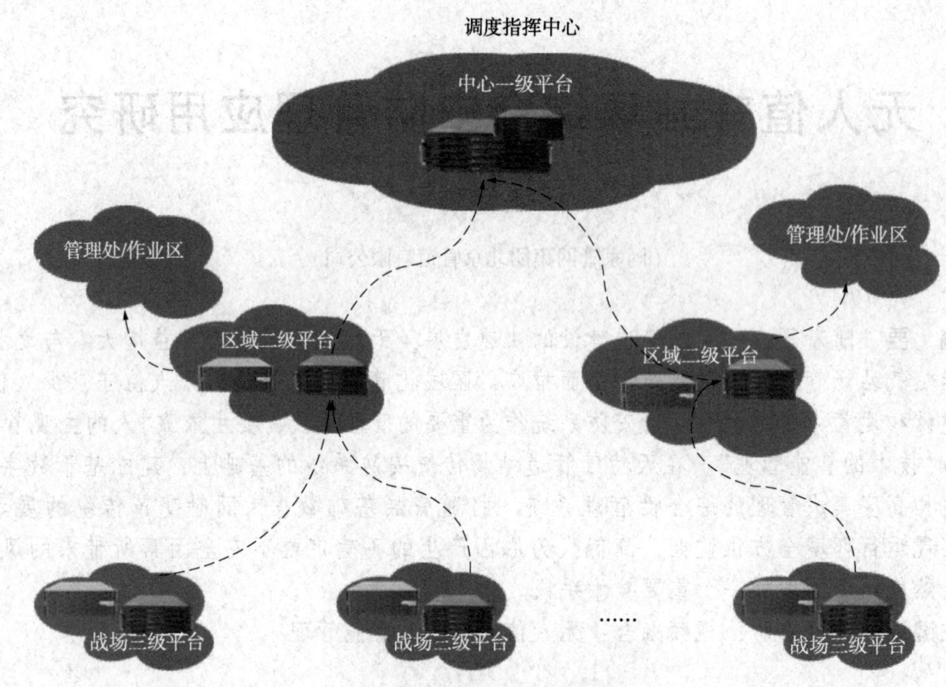

图1　综合安防管理系统网络架构图

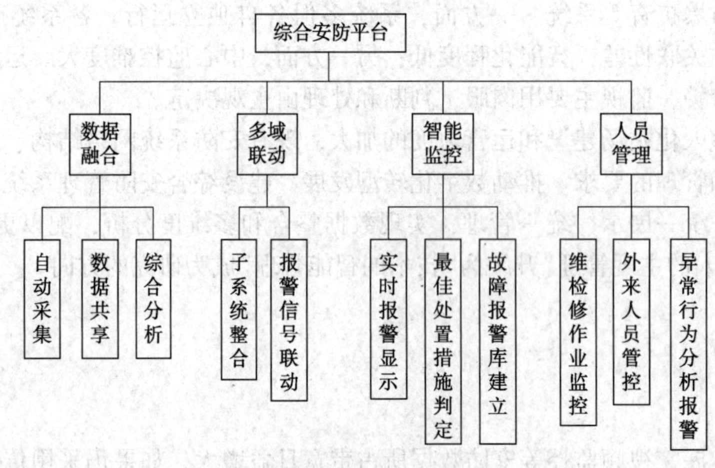

图2　综合安防系统功能模块

多域联动模块在数据融合的基础上，将各子系统从基础层面整合，实时监测各子系统的运行状态，全面实现报警信号的共享、归类、分析和综合调用，从而实现报警信号的联动。

智能监控在多域联动的基础上，开启全天候在线诊断，当报警产生，会综合汇总各路信息进行判断，结合行为和事件智能分析，及时发现生产运营过程中的安全隐患，有效防范各类安全事故的发生。另外系统会定期筛选符合条件的报警信息及视频资料，建立故障报警库，为持续提升安全管理能力提供基础数据和决策依据。

人员管理模块是针对站内维检修作业和外来人员管控而设。结合人员定位系统，实现对站内人员的实时监控。并结合智能监控模块，利用计算机视觉技术对监控场景的视频图像内容进行分析，提取场景中的关键信息，并形成相应事件和告警。

2　系统特色

本系统具有以下几个特色：

2.1 数据最大化共享

不做简单的子系统之间的调用、联动，而是从底层传感器采集到各种视频、报警、地图等基础数据，如视频文件、语音信息、地图数据与报警数据等，形成底层数据库，各个子系统形成动态链，所有的数据定义、设置、编辑、管理、统计分析，展示都由综合安防管理系统完成，真正做到数据整合。

2.2 全站一张图

通过构建三维模型，结合视频融合技术，实现全站一张图的可视化管控，各系统底层数据打通后，信号根据管理需求综合报警联动，简化日常操作管控工作内容，提高监控效率，提升决策速度。

2.3 智能判断

全时段开启在线监测和诊断，接入智能运维服务器判断系统健康状况，另外接入视频分析服务器，诊断内容包括人的不安全行为、物的不安全状态，从而实现“技术的智能管理”。

3 技术难点

3.1 子系统前端对接

综合安防管理系统接入多个不同厂家、不同结构的子系统，子系统协议是否开放和协议的完整性，要逐一测试。部分子系统是模拟信号的设备，需要给带有地址的开关量模块。

综合安防管理系统需要开发完整的功能，一方面系统软件编辑需要确保数据的读取和展示，以及使用习惯和原系统一致，另一方面，根据综合安防的功能要求，系统需要做数据的筛选、逻辑关联和展现。

3.2 视频融合和全景展示

因为建设成本和传输带宽的限制，站场一般仅在功能区域设置有限摄像机，满足基本的监控需求。另外摄像机的安装高度普遍较低，给视频融合工作带来困难，主要体现在：安装高度和覆盖区域不够造成的视频图像的畸变校正困难；基于区域及特征相关进行图像拼接资源有限；B/S 架构下传输的限制和视频融合后图像的数据处理等问题。

4 结论

站场综合安防管理系统是基于数字化、网络化、智能化、行业化和高度集成管理的系统，该系统依托于传统站场安防系统，但并不是简单的系统级联，而是从底层进行数据采集和分析，打破传统的系统结构和技术壁垒。另外根据站场无人化、少人化的特点，减轻集中监视的负担，引进视频融合技术，实现“全站一张图”展示。提升安全管理的智能化水平，保障国家能源和管道安全。

参 考 文 献

[1] QGGW BP0156—2022. 陕京管道综合安防平台技术要求[S].

[2] 姜晗，康楠，周津卉，刘亮，等．基于全数字化协同设计的天然气管道工程站场设计[J]. 油气田地面工程，2021，40(09)：45-50.

[3] 王金江，于昊天，张凤丽，等．基于数字孪生的智慧油气站场设计与开发[J]. 油气储运：1-7.

中外油气管道无人值守站场比较分析

邱姝娟

（国家管网集团西部管道公司）

摘　要　介绍了中外油气管道企业无人值守站场建设的做法，总结了北美等地区无人值守站的特点和经验。从运行控制、工程质量、人员素质、运营环境、设备设施可靠性、设备维修、社会依托、法律法规等方面分析了双方存在的差异。提出了借鉴国外无人站建设经验，研究应用替代人工巡检和现场值守的技术措施的建议，同时指出应加强管道保护法治建设，为管道安全运行创造良好环境，也为无人值守站建设夯实必要的基础。

关键词　油气管道；无人站；中外差异分析

当前国家管网集团公司提出建设“智慧互联大管网”战略目标，将工业互联网、大数据、云计算、5G、人工智能等技术广泛应用于油气管网建设与运营，其中建设管道无人值守站场是一项重要内容。本文通过对比中外管道企业无人站建设和管理方式，分析了其中的经验做法以及存在的差异，通过推广应用新技术，进一步改善企业运营环境，提升国内管道企业站场无人化建设和管理水平。

1　北美等管道站场普遍推行无人值守

Enbridge 管道公司。为北美地区最大的油气管道输送企业，干线管道分布在加拿大境内 8200 公里，美国境内 5500 公里，以及数量庞大的支线管道。按照无人值守设计，数条管道并行铺设，采用大站管小站的区域化管理模式。区域子公司设在中心泵站，配备 20~30 人，负责管理 1~2 个无人职守中间分输站和中间泵站，管理约 50~100 公里的管道。大型及特种维修采用外委的方式。无人值守站场一周巡检两至三次，根据维修计划分时间段完成常规维检修，如临时发现设备故障后通知检修部门进行维修。

SNAM 管道公司。为意大利国有天然气基础设施建设和运营管理公司，主营业务包括输气、储气和 LNG 气化。总人数约 3000 人，总部人数约 400 人。拥有意大利 94%的输气管网，长 3. 25 万公里，年输气量达 751 亿立方米；拥有 9 座储气库，工作容量 167 亿立方米；3 座 LNG 接收站，气化能力 87 亿立方米/年/。SNAM 公司共有 13 座压气站，50 台燃驱压缩机组。每座压气站平均设置 9 名值守人员，其中站长 1 名、技术员 3 名、操作员 5 名。夜间由调控中心远程监控，现场无人监视，联络站和压气站无周界防范系统，无视频监控系统。无人站、阀室列入管道巡检内容，根据位置不同巡检周期不同，一般为每两周一次。应急情况下要求维修人员 35 分钟内到现场。

Kern River 管道公司(美国)。管道全长 2688 公里，管径 914~1066 毫米，共有 11 个压气站、15 个输入计量站、57 个输出计量站。实行统一集中调控指挥，有职员 170 人，负责管道运行操作、监控、计量交接、维修计划协调和应急事故处理等。实现了完全中控，全线启停输、流程切换、压缩机组启停、分输流量控制等各项操作均由程序控制完成。大部分技术支持和管线、设备维护检修业务由外部专业队伍提供服务。11 个压气站均为无人值守站，由专业人员定期巡检和日常维护。由于盐湖城压气站所在地区人口相对稠密，又毗邻机场，场区安装了视频监控系统，其余压气站所处位置比较偏僻，人烟稀少，未安装视频监控系统，但全部安装了周界报警系统。

俄罗斯国家石油股份公司(Transneft)。输油管道总长度超过 6. 8 万公里，泵站 500 多座，储罐容积2400万立方米。其所属某管道全长1259公里，全线采用无人站场管理，调控中心集中控制，从事现场操作的240余名员工负责设备维保和应急抢险作业。用工水平达到0.19人/公里。

国外管道无人值守站场具有以下特点。(1)实行统一集中调控指挥。调控中心负责对公司所属管道进行运行操作、监控、计量交接、维修计划协调和应急事故处理等，统一远程控制、站场无人值守、定期巡检。管道运行实现了完全中控，全线启停输、流程切换、机组启停、分输流量控制等各项操作均由程序控制完成。(2)普遍设置区域维护机构。负责所辖区域内站场、管道的日常巡检，以及基本设备维护、故障处理和维修。有人值守压气站/泵站也仅为白天值班负责日常巡检及维护，晚上和周末离站。分输站均实现无人值守，部分偏远地区压气站/泵站实现无人值守。(3)站场人员配备少而精。小型压气站/泵站(10~15MW压缩机2~3台)通常配备2~3名值班人员；中型压气站(20~30MW压缩机组3~4台)配备3~4名值班人员；大型压气站(20~30MW压缩机组5~8台)配备8~9名值班人员，区域运维公司配备20~30人。(4)委托专业公司维护设备。设备维修、保养及大修等工作，制定相应的维检修计划，由第三方专业工程公司或设备厂家定期负责。管理工程师负责设备出现异常时的判断和控制，及时通知专业人员(第三方或设备生产厂家)管理和维修。

2 国内无人值守站场处于起步阶段

我国管道行业发展初期，形成了以单条管线为管理单元、单个输油气站场为管理基点进行运营管理的站场管理模式。由各输油气站场现场采集运行数据并向上汇报，上级调度中心、分公司对运行数据进行汇总分析后下达调度指令，再由各输油气站场实施现场工艺操作。随着管道自动化水平稳步提升，目前大部分站场均可远程控制(调控中心或站控室)，站控室有人值守，定时巡检，有一定的设备维护和应急能力，区域维抢修中心和维抢修队人员24小时值班待命。

近年来，管道运营管理模式逐步向区域管理调整，即：通过技术改造使输油气站场具备远程控制和集中监视运行条件，将现有输油气站场按区域整合为作业区统一管理，打破过去按线管理的传统点线式管理模式，改变站场值守操作的工作模式，形成油气调控中心远程调控运行、分公司调度室远程巡检、作业区集中维修的油气管道站场管理模式。

国家管网集团于2021年上半年进行了区域化管理改革，成立了山东运维中心、广东运维中心等，解决同一区域内管道管理交叉重叠问题，以期降低管理成本、提高管理效率。西部管道公司、西南管道公司、西气东输公司、山东输油有限公司等油气管道企业尝试转型区域化管理，生产效率、劳动生产率等都有很大改善。西部管道公司是国内最早开始探索区域化管理的管道企业之一，按照“管辖半径不大于80公里，维抢修反应时间不超过1小时”的原则划分作业区，将原3~5个输油气站合并为一个作业区，确定了24个作业区和15个独立站场，由作业区对所辖站场集中管理，运检维一体化，为实现站场无人值守奠定了基础。

3 条件和环境差异比较分析

员工素质。北美劳动力市场发达，站场周边就地就可以招聘到相关技专业术人员，工作经验丰富，专业技术能力过硬，通常具有几十年的岗位经验，能独自处理各类问题。相比之下，国内企业员工在培训、资历、经验、能力等方面还存在较大差距。

工程质量。国外管道建设周期普遍较长，管道建成投运后，数年内基本不需要改造和大型维修。例如北美的Alliance管道全长全长3836公里，建设周期为10年，其他管道的建设周期也都在5年以上。而国内管道建设受项目工期、设计文件质量、施工人员素质、施工工序规范性、施工监理等因素影响，造成很多工程遗留问题，投产之日往往也是改造开始之时，增加了运营期维护工作量。

设备可靠性。国内管道早期建设基本采用进口设备，设备维护维修受制于国外厂家。近年来，国内大力推进关键设备国产化项目，逐步实现了压缩机组、PLC、流量计、阀门等关键设备及散材的国产化替代，实现了自主制造，降低了采购及维护、维修成本。同时也存在各类设备设施的可靠性参差不齐的情况，导致运营期设备设施维护维修工作量增大。

设置管廊带。美国管网总长达到了400万公里，其中干线管道81万公里，分布在数条管廊里。有6-7条管道并行，同介质的管道之间可以互相注入，整个管网系统具有多气源、多通道的特点，保障输送的可靠性和灵活性，如单一站场发生关断对整体输送能力影响不大。国内重要干线截断阀如果出现误关断或站场触发ESD，短时间内临近压气站将因运行压力超高导致停机，对上游进气或下游用气造成严重影响。

设备维护。北美等实行完全市场化模式，管道及设备维护依托当地专业公司或设备厂家负责。设备出现异常情况第三方公司或设备生产厂家能够快速赶赴现场进行处理和维修。对于压缩机组、泵机组等大型设备，还可交由设备场景的全球诊断中心进行24小时实时监测诊断，及时进行预警、发现故障隐患，保障设备可靠性。国内管道维护市场化程度低，各管道企业都要组建自己的维修机构，能力不足和资源浪费的情况同时存在。

政府监管。美国联邦政府由交通部(DOT)油气管道安全室(OPS)、能源部下属的联邦能源监管委员会(FERC)、国家运输安全委员会(NTSB)、国土安全部、环境保护局、司法部等部门负责油气管道安全事务，大部分州政府也设立了油气管道监管机构，形成了较为健全的监管体系。建立了国家统一管道地图系统(NPMS)和管道统一呼叫中心(“811”电话)。国内目前没有明确的管道安全监管部门，对企业的监管和服务尚未完全到位。

法律法规。国外法律体系比较完善，管道企业外部环境比较宽松。我国早在10多年前就颁布了《石油天然气管道保护法》，但一直未作修订，也没有制定配套法规和规章。法律规定难以适应不断变化的形势，打孔盗油、违法占压和施工挖掘活动长期屡禁不止，企业外部环境没有得到根本改善。

4 结语

我国油气管道目前还处于发展阶段，各种原因制约了无人值守站场建设的推进。随着数字化、智能化技术快速发展，为无人值守站场的建设提供了新的思路，依托大数据、5G、人工智能等新兴技术，借鉴国外成功经验，研究替代人工巡检和现场值守的技术手段。同时也应不断加强管道保护法治建设，为管道安全运行创造良好环境，也为无人值守站建设夯实必要的基础。

参 考 文 献

[1] 李柏松，王学力，徐波，等．国内外油气管道运行管理现状与智能化趋势[J]．油气储运，2019，38(3)：241-250.

[2] 张鹏．中外天然气管道运行管理差距及对策[EB/OL]．(2016-05-20)[2018-06-21]．http：//www. a-site. cn/article/226979. html.

[3] 高津汉．天然气管道无人化站场的理念及设计要点[J]．石化技术，2019，26(1)：169-170.

[4] 张世梅，张永兴．天然气长输管道无人站及区域化管理模式[J]．石油天然气学报，2019，41(6)：139-144.

[5] 王亮，焦中良，高鹏．中国天然气管网“专业化管理+区域化运维”模式探讨[J]．国际石油经济，2019，27(10)：33-43.

[6] 聂中文，黄晶，于永志，等．智慧管网的建设进展及存在的问题[J]．油气储运，2020，39(1)：16-24.

[7] 董红军．长输管道网格化管理实现基础与实施设想[J]．油气储运，2020，39(06)，601-611.

音叉密度计在原油管道在线无人计量中的应用研究

辛冠莹[1] 张玉龙[1] 谷海军[1] 赵百龙[1] 田 源[1]
马永明[1] 刘付刚[1] 何宏彦[1] 马 骋[2]
（1. 中国石油长庆油田分公司第二输油处；2. 中国石油长庆油田分公司第十一采油厂）

摘 要 为了精准计量在管道中输送的原油，需要对原油体积、温度、压力、密度、含水等参数进行测定。基于目前的自动化技术，原油体积流量计变送器、温度变送器、压力变送器、含水分析仪都实现了在线计量和数据自动采集。原油密度是表征原油品质指标的重要参数之一，也是在净化原油自动计量中，难以通过自动化仪器准确在线测定的参数，而准确测量原油密度，直接关系到交接双方的利益。同时在原油储输环节，由于油田产区增加导致油品交接口数量增多，计量工作不仅需要配置大量的计量化验人员，而且测量误差容易受到环境、工人操作习惯等因素的影响，难以满足“无人值守站”新型生产管理模式的运行管理需要，因此相关机构和学者持续开展自动测密技术研究。本文以某西北某油田输油处研究设计的音叉密度计应用为基础，介绍了音叉密度计的原理和性能参数，阐述了音叉密度计在净化原油管道中的应用情况，对实际检测结果进行了总结分析，验证了所设计的音叉密度计在净化原油管道在线计量中的应用可行性。在文章最后对音叉密度计在储输中的优化和推广应用前景进行了说明。

关键词 密度测定；音叉密度计；在线测量；无人计量；原油密度；输油管道

为了精准计量在管道中输送的原油，需要对原油体积、温度、密度、含水等参数进行测定，基于目前的自动化技术，原油体积流量计变送器、温度变送器、压力变送器、含水分析仪都实现了在线计量和数据自动采集。原油密度是表征原油品质指标的重要参数之一，是原油动态计量、静态计量的重要参数，也是在净化原油自动计量中，难以通过自动化仪器准确在线测定的参数，而准确测量原油密度，直接关系到贸易双方的利益。因此，即使是在原油生产单位内部，原油密度的测量也受到高度重视。近几年，国内油田发展迅速，原油新探明储量区块不断开发利用，相关井场、联合站、输油站、储存库不断地建设投用，各个系统之间需要进行精准的计量，既是衡量企业生产效益的需要，更是安全管控的需要(从液量分析管输的运行安全)。在计量交接工作中，测密是一项重要的工作，并且有严格的测量管理规定。随着原油产量、交接口数据量增大，按传统的用工分配模式越来越凸显出问题与不足：一是工作量增加，用工指标依然保持不变，工作的质量和效率降低；二是人工操作存在不确定误差，测量误差容易受到环境和心情、疲劳程度的影响；三是油气企业大力推进“无人值守站”建设，控制用工，重复性的工作亟需以自动化替代。为了推进密度测量自动化进程，西北某油田输油处持续开展管线在线密度技术研究，试验了射线法测定密度、超声波法测定密度等技术在输油生产中的应用，上述技术由于设备体积、改造环节、测量程序、测量精度等方面与实际工作存在偏差，推广应用的可行性偏低，因此密度自动测量工作始终是一个需要克服的瓶颈问题。

鉴于此，笔者联合研究攻关，以音叉测密技术为原理研制高精度的密度自动测量装置，结合实际的运行条件进行了模拟验证试验，继续在实际输油生产场景中安装并采集检测数据，通过大量的数据对比工作，验证该技术在原油管道在线密度测定方面的可行性，对具体试验条件下的精度和结果适用性进行分析。结果表明该音叉密度计能够用于实时密度监视测量工作，现场原油密度测值准确、稳定，本研究也对下一步的优化改进方向以及推广应用的注意事项进行了研究。

1 原油密度测量技术现状

我国石油业中现行原油管道密度测量方式多采用取样蒸馏化验法测量原油密度，此类方法为离线测量，属于国内油田普遍采用的传统计量方法，但是测量技术取样繁琐、安全风险大，而且离线测量也不能实时反映流动的油品密度，已逐步被各种在线测量方法所替代。现有的主要在线测量方法有振动管式密度法、电导法、微波法、射线法、同轴线相位法、电容法等。

随着科技的不断进步，国内外都在线密度测量技术方面进行研发，大量的在线原油密度测量仪应用到生产现场，比如国内生产的：SH-JK-1型短波射频井口远传密度计量系统，为采用短波法的在线原油密度测量仪；YSH-ZB型原油密度测量仪属于高频电磁波的在线原油密度测量仪，测量范围较广且精度较高；JDY系列原油密度测量仪基于γ射线法测量原油密度。国外在线原油密度仪中，YS系列在线原油密度仪采用短波为工作频率，可以在0~100%量程内测量管输流体的密度。

日本生产的SK-100型原油密度测定仪，采用高频电磁波感应式测量技术，仪器检测范围大，分辨率高，精度大于0.01%；美国DE公司CM-3型智能密度测试仪，采用射频导纳专利技术研发设计，优点是不受温度压力和流体的矿化度影响；挪威Roxar公司、美国的Phasase Dynamic公司的原油密度测量系统基于微波法；美国PI公司的红眼密度测量仪，基于大量红外线照射过油水混合物时光学性质会发生改变的基本原理研制而成的，采用独有的光学传感技术，通过分析处理近红外线透过流体后的反射光，透射光和折射光的特性，利用光谱分析技术进行测量。

2 音叉密度计基本原理

音叉密度计是根据共振原理而设计，此振动元件类似于两齿的音叉，叉体因位于齿根的一个压电晶体而产生振动，振动的频率通过另一个压电晶体检测出来，通过移相和放大电路，叉体被稳定在自然谐振频率上。当液体流经叉体时，振动发生改变，引起谐振频率变化，从而通过电子处理单元计算出准确的密度值。

在密度测量过程中，音叉液体在线式密度变送器在内部温度传感器，可自校正温度对被测介质密度的影响，现场压力变化对实测密度值没有明显影响。音叉密度计的安装方式主要有直插入安装(低流速)、斜插入安装(高流速)、固定安装套件安装(定制安装套件)。

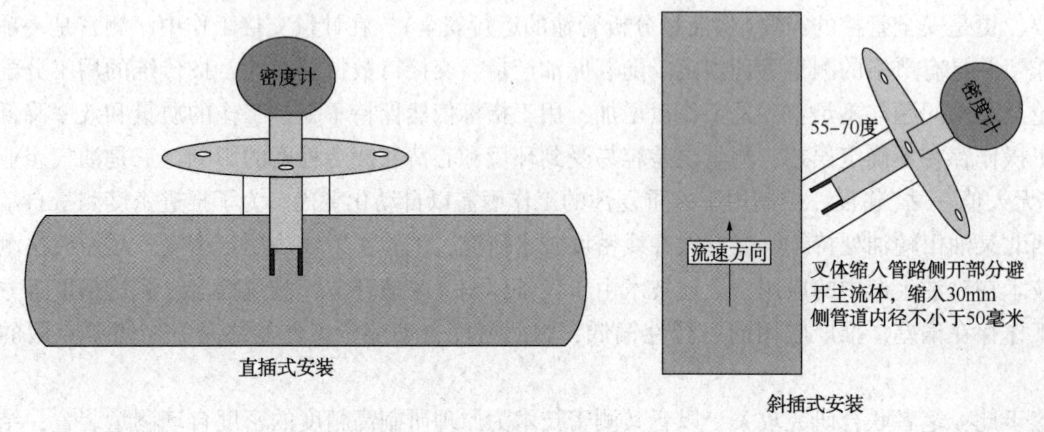

图1 音叉密度计安装方式

3 音叉密度计在输油管道密度测量中应用

目前，笔者对原油在线密度测量技术难题进行了攻关，以“管输净化原油密度在线测定技术深化研究”项目为依托，试验精度准确度可以达到万分之五，与人工手工测密精度一致，具备在生产应用中的技术条件；安全性能方面，按照油田生产现场防暴标准进行了设计了，符合生产现场的应用安全条件。

- 音叉密度计测量范围：0～3g/cm³，采用24V直流供电，输出4～20mA电流，分辨率0.0001g/cm³，IP65防护等级。

图2 音叉密度计实物图

4 音叉密度计检测结果分析

在某输油站输油管道现场安装了2台音叉密度计，数据同步传输到SCADA系统，实时记录密度数据，并自动生成密度检测数据曲线，人工开展音叉密度计数据与人工测量数据的对比分析工作。具体试验结果如表1所示。

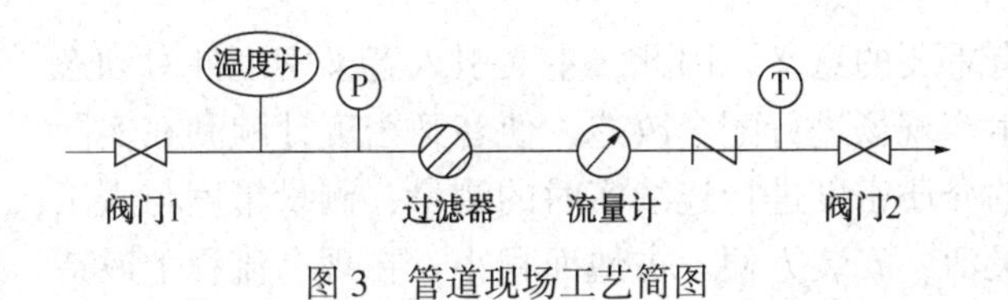

图3 管道现场工艺简图

图4 生产现场安装的音叉密度计

表1 试验结果汇总

序号	日期	时间	地点	排量	手工测样值	密度计显示值	差值
1	11.29	9：00	A站1#外输流量计	645	0.8396	0.8395	-0.0001
2	11.30	21：00	A站1#外输流量计	669	0.8396	0.8395	-0.0001
3	12.02	13：00	A站1#外输流量计	671	0.8395	0.8395	0
4	12.04	5：00	A站1#外输流量计	660	0.8397	0.8395	-0.0002
5	12.05	21：00	A站1#外输流量计	531	0.8392	0.8395	0.0003
6	12.07	13：00	A站1#外输流量计	323	0.8395	0.8396	0.0001
7	12.09	5：00	A站1#外输流量计	527	0.8395	0.8395	0
8	12.21	13：00	A站1#外输流量计	545	0.8395	0.8396	0.0001

表1为选取摘部分音叉密度计与人工测密的对比，图5为对2020年某两个月的所有数据进行了分析汇总，由表1和图5可得：

(1) 音叉密度计安装初期由于常量参数设置不准确，自动测密与人工测密数据有偏差，经过校准后数据偏差降低，自动测密与人工测密数据基本一致；

(2) 音叉密度计检测有效值可精确到万分之一，密度检测具备一定的精准度；

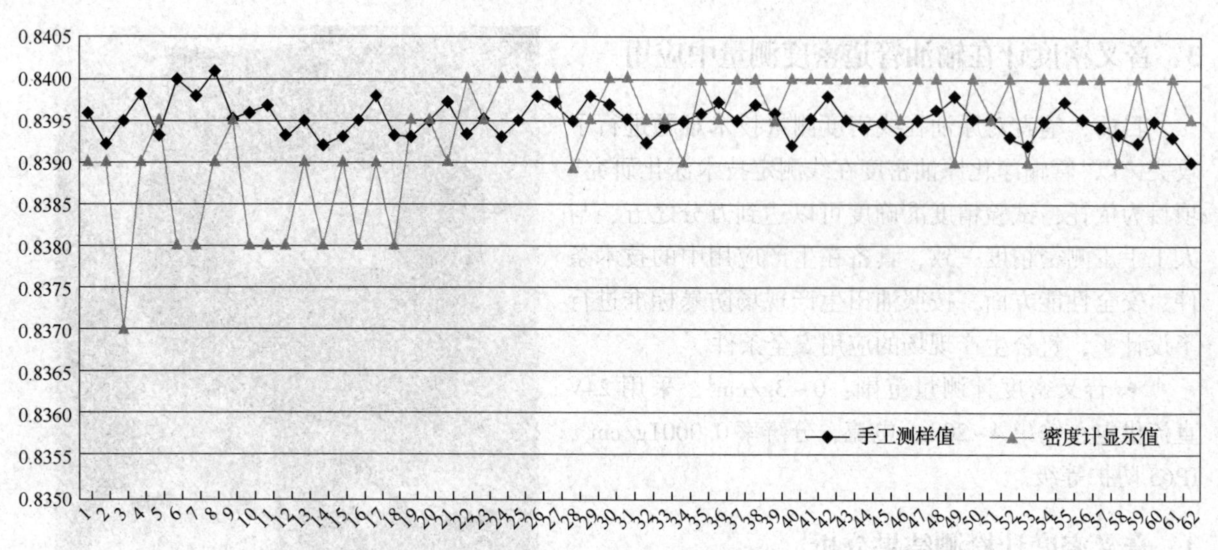

图 5　数据的对比分析

（3）音叉密度计可以实时采集密度参数，不受时间和空间的影响，其检测数值可通过 RS485 或 HART 接口直接通讯，在专业用户软件环境下，用户可直接对其进行在线故障诊断、节点配置和数据存储；

（4）音叉密度检测数据不会因人员、环境变化而变化，测量结果稳定；

（5）音叉密度计应用后，可使传统测密工作实现自动化，也使管输原油计量化验相的原油液量、含水、温度、压力、密度等参数全部实现了自动化测定，为实现计量工作的无人化提供了基础技术支撑。

5　结论

在智能油田的建设中，原油密度在线测量具有重要的意义。因此，本文引入音叉密度计对动态原油输送管道进行密度在线测定的应用研究，对生产现场进行配套改造，使音叉密度计顺利在实际生产中进行试验应用。该音叉密度计能对管道中的介质密度进行连续实时的测量，测量精度与人工测量一致，达到万分之一；同时测量点的选取更灵活，安装方便、占地面积小，在现有流程上改造安装工艺要求简便，施工难度小。与其他密度测量装置相比，无节流元件、结构简单，几乎无压力损失，免除了放射性物质对操作人员健康的威胁，并且对腐蚀性强的材质或介质选择更为广泛、经济。

本文所设计的管输净化原油密度在线测定技术测量精度较高，适用性良好，下一步需要重点解决安装布线问题和不同流量条件下的测量准确度问题，在全面完善后可以考虑制定相关技术的在线测定技术标准。该音叉式密度计对于实时监测计量输油管道内的原油密度具有重要意义。

参　考　文　献

[1] 姚亚彬，李震，苏波，等．音叉密度计在克拉 2 气田的应用[J]．石油管材与仪器，2014，28(2)：31-33.

[2] 刘爽．基于音叉技术的原油密度计研究[D].

[3] 杨春成，刘世景．原油密度的在线测量方法[J]．油气田地面工程，2002(04)：138.

[4] 唐桃波，余厚全，陈强，等．音叉式液体密度计测量仪的设计[J]．长江大学学报自然科学版：理工(上旬)，2016，013(022)：14-18.

[5] 张咪，陈德华，王秀明．利用压电音叉研究流体粘度和密度的关系[C]//2018 年全国声学大会.

滩海输气管道非均匀沉降应力智能预测研究

赖乐年[1]　林　涛[1]　马小明[2]

（1. 中海广东天然气有限责任公司；2. 华南理工大学）

摘　要　沿海滩涂地区极易发生非均匀沉降，由此可能导致埋地输气管道发生受力及变形，甚至拉裂等严重后果，如何确定非均匀沉降对管道的影响严重程度、剔除干扰因素和进行智能预测、预警是行业内重点关注的难题。通过对管道进行长期应力监测试验，对监测数据进行分析；使用 Matlab 软件建立相关影响因素的多元线性回归方程，建立应力预测模型，模型精度在 3.6%内（表 4）；分析管道参数及土体参数对管道应力应变的影响程度，通过有限元分析法验证预测模型准确性，两者误差在 5%内（表 5）；使用 C++配合 Qt-desinger 软件进行风险管控智能预测平台开发，为管道沉降治理工作提供智能预测和预判功能，使治理工作更具计划性和经济性，并提出了管道防沉降风险管控措施。上述非均匀沉降的管道应力智能预测方法，可为同地质条件输气管道的安全管理工作提供借鉴。

关键词　非均匀沉降；应力；有限元分析；智能预测；风险管控

天然气是我国能源战略发展重点资源，预计 2035 年我国天然气需求量达到 6000 亿立方米，其约 48%国内自产，52%需要依赖进口。从海上进口液化天然气和通过海上平台钻取天然气是大势所趋，因此配套的输气管道、LNG 接收站、输气站及阀室等需建设在沿海滩涂地区。滩海地区的软土地基极易产生非均匀沉降，威胁着输气管道安全，沉降量达到一定程度后，没有及时治理可能发生天然气泄漏及爆炸事故。因此，对滩海地区输气管道进行应力分析和风险管控研究具有重要意义。

马小明等研究了不均匀沉降的管道应力测量值与有限元分析的比较，分析了土体参数对管道不均匀沉降的影响；沙晓东等使用 CAESAR II 研究输气管道应力与温度、工作压力和管径的变量关系；赵欢等采用非线性接触模型研究确定应力集中的区域；孙颖等、张一楠等、吴昊等分别基于有限元法研究了管道热应力与温度、壁厚等的影响关系，研究了土体沉降对跨越结构应力场的影响及对跨越水平段应力场的变化规律；Iimura 通过监测沉降数据和建立弹性地基梁模型，推导了沉降地区埋地管道的应力公式，并对管道应力值进行了评估；Kouretzis 等通过分析土壤沉降变形特征，建立埋地管道的应力应变分析模型等。以上学者对管道应力应变的影响因素及敏感性分析的研究较多，对管道非均匀沉降应力智能预测的研究较少。一般情况下管道应力监测系统，仅对管材应力应变值进行采集、分析和警报，常因无法有效剔除环境和土体参数等因素变化的干扰，导致设置的预警值和触发应急处置的条件相对保守，由此会产生误报情况，且易因误报导致管道运营公司产生非必要的检查和治理费用。据此，本文旨在研究滩海输气管道非均匀沉降应力预测模型，提供智能预测和预警功能，使不均匀沉降治理工作更具计划性和经济性。

1　综合评估流程

以广东某阀室天然气管段为例，该管段的主管道从外部滩海软土地进入阀室局部混凝土硬化地基，随后在阀室内连接放空管，出阀室后进入外部滩海软土地基（图 1）。主管道为

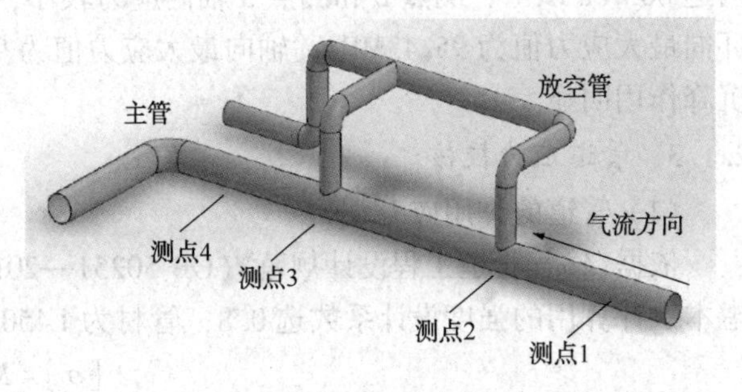

图 1　输气管道建模图

$\phi914\times22.2$mm L450，埋深1500mm，放空管为$\phi750\times15$mm L450直缝埋弧焊钢管，部分安装在地上，管材均为直缝埋弧焊钢管。

依据该输气管道的安装方式、地质条件、管道埋深等特殊工况，结合国内外做法，制定了非均匀沉降管道应力智能预测和风险管控的评估流程(图2)。

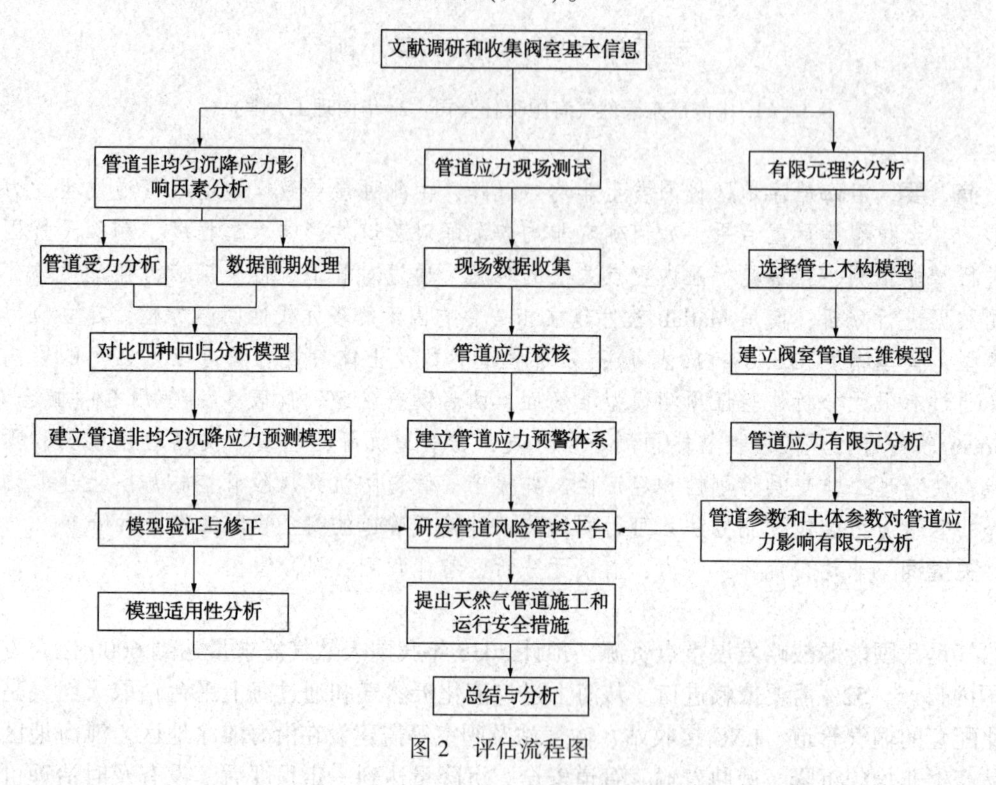

图2　评估流程图

2　试验方法与研究内容

首先进行管道应力监测试验和数据分析，二是建立管道非均匀沉降应力预测模型，三是有限元分析法进行预测模型验证，四是研发管道风险管控平台和研究管道安全措施。

2.1　滩海输气管道应力监测试验

2.1.1　试验方案

采用电阻应变片，通过静态应变仪对埋地和地上管道关键部位开展试验。自2014年至2020年长期记录测点应变值，进行应力校核。测点1为外部滩海软土地进入阀室混凝土硬化地基，测点2~3在阀室内连接放空管，测点4从阀室混凝土地基进入外部滩海软土地基(图1)。

2.1.2　试验数据分析

选取2020年1月~12月4个测点应力数据进行分析(图3)。测点1和测点4环向应力较大，月均达80MPa以上；测点2和测点3轴向应力较小，月均约为10MPa；该管段测点1和测点4的附加环向最大应力值为95.43MPa，轴向最大应力值为95.07MPa，此两处水泥地基和填埋土壤的非均匀沉降作用明显。

2.1.3　管道应力校核

(1) 管道的许用应力

依据《输气管道工程设计规范》(GB 50251—2015)，管道许用应力计算如公式(1)所示。综合考虑本次计算用的强度设计系数选0.8，管材为L450，依据式(1)计算管道许用应力为360MPa。

$$[\sigma]=K\cdot\sigma_s \tag{1}$$

式中：$[\sigma]$为管道许用应力，MPa，K为强度设计系数无量纲；σ_s为管材屈服强度，MPa。

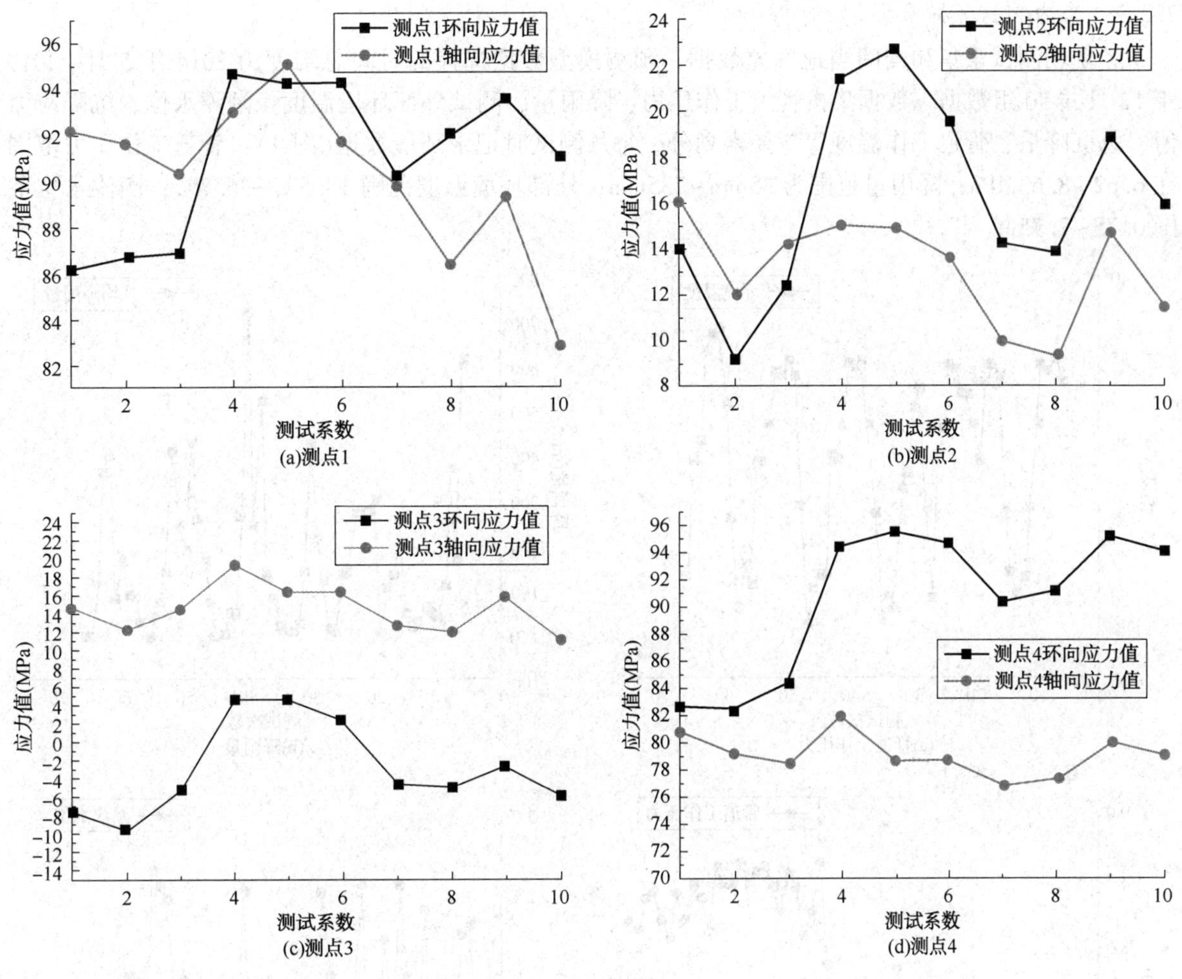

图 3　应力数据分析

（2）管道的 Von-Mises 应力

依据冯·米塞斯准则式，管道 Von-Mises 应力计算如公式(2)所示，计算结果见表 1。应力平均值为 198.32MPa，最大值为 236.26MPa，管道各测点均符合强度校核要求，管道处于安全状态。

$$\sigma_{\mathrm{MISES}}=\frac{1}{\sqrt{2}}\sqrt{(\sigma_Z-\sigma_\theta)^2+(\sigma_\theta-\sigma_J)^2+(\sigma_J-\sigma_Z)^2} \tag{2}$$

式中：σ_{MISES} 为冯·米塞斯应力，MPa；σ_z 为第一主应力，MPa；σ_θ 为第二主应力，MPa；σ_J 为第三主应力，MPa。

表 1　测点综合应力最大值　　MPa

测点号	1	2	3	4
最大 Von-Mises 应力	236.26	168.31	154.68	234.01

2.2　管道非均匀沉降应力预测模型

2.2.1　管道非均匀沉降应力影响因素分析

对沉降应力因素分析：①管道工作压力和工作温度、土体载荷等作用都可能使管道产生应力应变；②大量降雨时管道周边土体的孔隙水压力增加，导致管道受到四周回填土的压力载荷作用变大；③外部温度升降会导致土体固结或松弛，进而改变管道受到四周回填土的束缚作用；④该管段敷设在填海地区，地下水丰富。主要影响因素归纳为：管道工作压力、降雨量、外部环境温度和潮汐水位等。

2.2.2 应力测试数据采集

经现场测试采集和查阅当地气象数据，预测模型数据选择的时间总维度为 2014 年 5 月~2019 年 12 月共 50 组数据。数据集按管道工作压力、降雨量、测试外部环境温度、潮汐水位、沉降应力值、总沉降量、管道工作温度等 7 要素划分。每月测试时记录环境数据(图 4)：管道工作压力范围在 6.62~8.63MPa；降雨量范围为 35mm~735mm；外部环境温度范围 18.5℃-36.7℃；潮汐水位范围 0.75~2.75m。

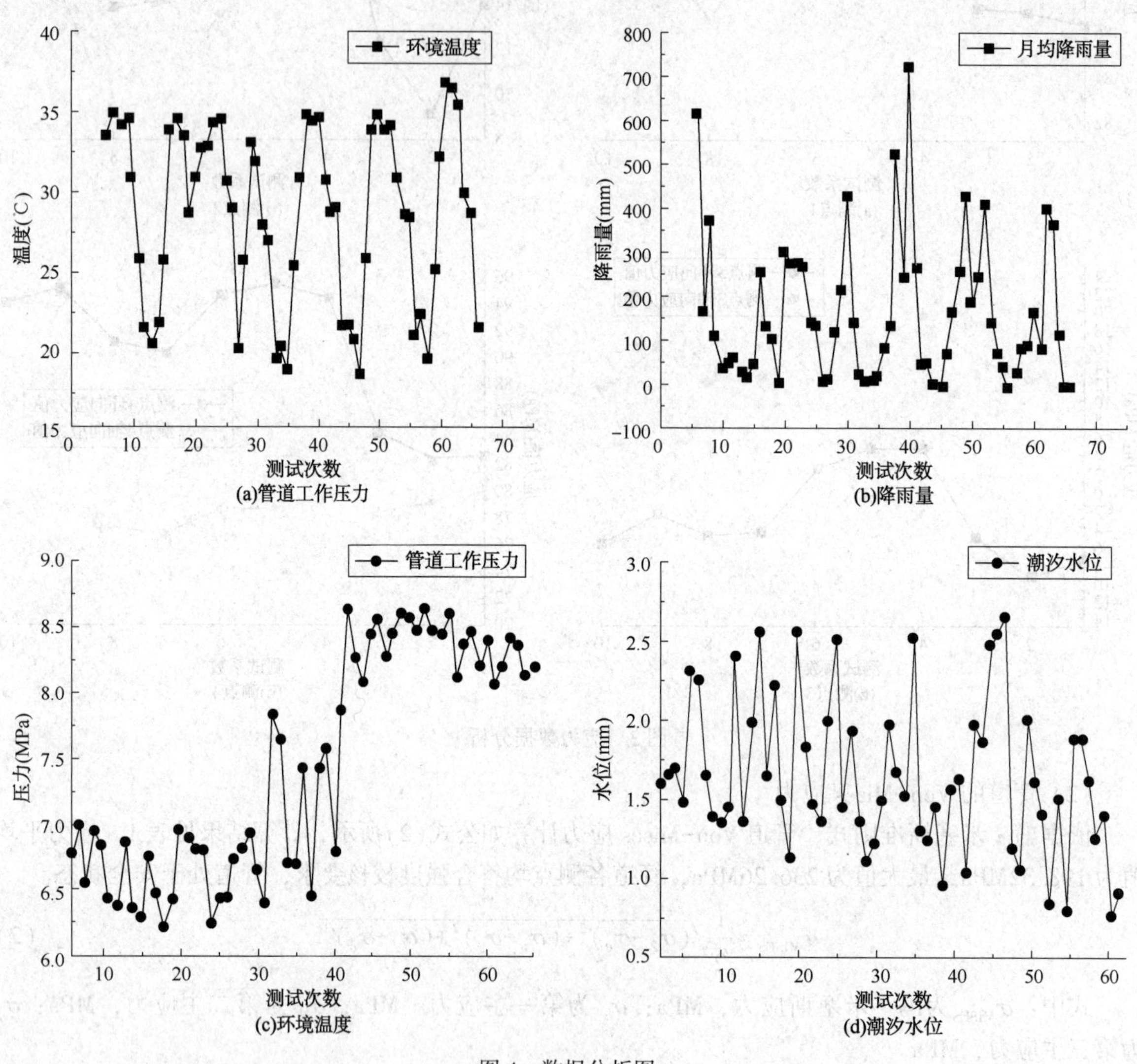

图 4 数据分析图

2.2.3 应力影响因素数据处理

对管道工作压力低于 0MPa、温度低于 0℃等异常数据进行预先处理，使用数据插值法对个别数据缺失异常进行修复，在 MATLAB 数学软件上对上述数据集进行数据分析，通过函数计算得出自变量和因变量的相关系数矩阵，关系越显著则颜色越靠近黄色(图 5)。

2.2.4 管道非均匀沉降应力预测模型

预测模型为理论公式推导和预测部分，依据静力平衡方程推导理论公式，分为内外压力差产生的应力和试验前后温度差产生的应力，公式中的 σ_A、σ_B 使用回归方程表示，使用管内工作压力、潮汐水位、降雨量、外部环境温度等特征值进行计算得出。

(1) 环向应力预测模型计算如公式(3)所示：

$$\sigma_h=\sigma_{ph}+\sigma_T+\sigma_A \tag{3}$$

（2）轴向应力预测模型计算如公式（4）所示：

$$\sigma_Z=\sigma_{pz}+\sigma_B \tag{4}$$

（3）内外压力差产生的应力：

管道在持续运行状态下，由持续荷载即内压、自重以及其他外载荷产生的轴向应力、环向应力计算如公式（5）、公式（6）所示：

$$\sigma_{pz}=\frac{\left|\frac{1+K_0}{2}\gamma_t H_p \pi D_0+\gamma_g \pi D\delta+\frac{\pi D_1^2\gamma_i}{4}-P\right|\cdot D}{4\delta} \tag{5}$$

$$\sigma_{ph}=\frac{\left|\frac{1+K_0}{2}\gamma_t H_p \pi D_0+\gamma_g \pi D\delta+\frac{\pi D_1^{\ 2}\gamma_i}{4}-P\right|\cdot D}{2\delta} \tag{6}$$

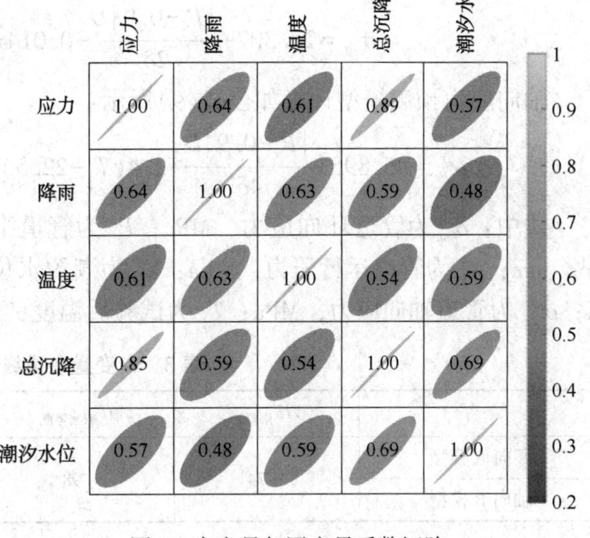

图 5　自变量与因变量系数矩阵

（4）试验前后温度差产生的应力：

与管道材质的弹性模量、线性膨胀或收缩系数及温差相关，依据线膨胀定律、虎克定律及拉压应力表达式，推导出试验前后温度差产生的应力计算如公式（7）所示：

$$\sigma_T=E\alpha(T_1-T_0) \tag{7}$$

式中：σ_h 为管道环向应力，MPa；σ_{ph} 为管道内外压力差产生的环向应力，MPa；σ_T 为试验前后温度差产生的应力，MPa；σ_A 为其他特征值的管道环向应力附加值，MPa；σ_z 为管道轴向应力，MPa；σ_{pz} 为管道内外压力差产生的轴向应力，MPa；σ_B 为其他特征值的管道轴向应力附加值，MPa；K_0 为静止侧压力系数；γ_t 为土体容重，N/m^3；H_p 为管顶覆盖土厚度，mm；D_0 为管道外径，mm；γ_g 为管道容重，N/m^3；γ_i 为管道容重介质容重，N/m^3；D 为管道平均直径，mm；D_1 为管道内径，mm；δ 为管壁厚，mm；P 为管道工作压力，MPa；E 为管材弹性模量，MPa；α 为线性膨胀、收缩系数；T_1 为试验后温度，K；T_0 为实验前温度，K。

（5）回归模型统计检验

对部分模型进行筛选，因数据量限制选择多元线性回归、支持向量机回归、回归树和高斯过程回归进行对比。经对比分析（表 2），多元线性回归模型的平均绝对误差、平均相对误差和均方根误差最小，拟合程度较好，因此最终选取多元线性回归模型。

表 2　四种回归模型统计数据

回归模型类别	平均绝对误差		平均相对误差		均方根误差		相关系数	
方向	环向	轴向	环向	轴向	环向	轴向	环向	轴向
多元线性	3.65	3.04	7.13	6.24	3.96	3.65	0.812	0.793
支持向量机	3.89	3.58	7.89	7.10	4.17	3.94	0.71	0.72
回归树	4.23	3.42	8.23	6.88	4.59	3.75	0.73	0.68
高斯过程回归	4.14	3.25	7.76	6.37	4.44	3.80	0.64	0.70

（6）构建管道非均匀沉降应力预测模型

在 Matlab 中运用多元线性回归获得环向应力和轴向应力的预测模型（式 8、式 9）。预测模型中自变量多重线性检验（VIF）和显著性检验符合要求（表 3），多重线性检验是为了防止自变量间存在线性关系，当 VIF 小于 5，认为不存在共线性。两个模型的检验值均小于 0.05，回归方程效果较好。

环向应力预测模型计算如公式(8)所示：

$$\sigma_{Ph}=27.307+\frac{|P_i-0.9|D}{2\delta}-0.014x_1+1.002x_2+0.313x_3-5.707x_4 \tag{8}$$

轴向应力预测模型计算如公式(9)所示：

$$\sigma_{Pz}=45.895+\frac{|P_i-0.9|D}{4\delta}+2.4(T_1-22.5)-0.015x_1+0.372x_2+0.118x_3+0.293x_4 \tag{9}$$

式中：σ_{ph}为管道环向应力，MPa；P_i为管道工作压力，MPa；D为管道直径，mm；δ为管壁厚，mm；χ_1为管内运行压力，MPa；χ_2为潮汐水位，mm；χ_3为降雨量，mm；χ_4为外部环境温度，K；σ_{pz}为管道轴向应力，MPa；T_1为试验后温度，K。

表3　自变量多重线性和显著性检验

	$VIF_{降雨量}$	$VIF_{环境温度}$	$VIF_{总沉降量}$	$VIF_{潮汐水位}$	显著性检验值P
环向A模型	1.74	1.98	1.04	1.16	2.49×10^{-5}
轴向B模型					5.34×10^{-9}

(7) 验证和修正应力预测模型

根据管道工作压力添加修正系数，按降雨量、环境温度、潮汐水位等因素划分级别，对比预测值与实测值的相对误差(表4)，研究模型适用性。添加修正系数后，相对误差减少，预测模型具有一定实用性，当降雨量达500~650mm和潮汐水位位于2.0~2.5m时模型预测效果最佳。

表4　自变量多重线性和显著性检验

管道工作压力/MPa	6.71	6.47	7.86	7.62	8.2	8.36
环向应力预测模型相对误差/%	−7.2	−7.82	3.57	+2.44	+9.06	9.35
轴向应力预测模型相对误差/%	−6.34	−6.89	3.12	+2.89	5.4	6.22
修正后环向预测模型相对误差/%	−1.97	−1.47	3.57	2.44	1.95	−1.58
修正后轴向预测模型相对误差/%	−1.74	−2.72	3.12	2.89	2.98	3.22

2.3　管道应力有限元分析及预测模型验证

2.3.1　阀室输气管道有限元模型

选择Drucker-Prager系列屈服准则作为土壤本构模型，对阀室的管道土壤尺寸为30＊5＊5m³，将埋土划分为A、B、C三部分，A和C为软土地基，B为混凝土地基。给A、C添加沉降位移。

3.3.2　阀室输气管道应力有限元分析

(1) 管道初始应力有限元分析

经建模分析管道初始应力，管道Von-Mises等效应力最大值120.21MPa，位于测点1附近；最大轴向应力值119.07MPa，位于测点2附近，该条件下初始应力值测试结果误差为4%。

(2) 非均匀沉降管道应力有限元分析

经加载非均匀沉降载荷作用后分析(图6)，管道较大应力集中在测点1和测点4附近，最大Von-Mises等效应力值228.76MPa，小于管道许用应力，处于安全状态。该条件下应力模拟值相对误差不超过6%。

(3) 管道参数对管道应力影响分析

考虑土体沉降量为100~180mm时，针对管道不同的埋深、管径及壁厚等参数，进行对应的管道最大Von-Mises应力值分析(图7)，结论为：①沉降量较小时，管道埋深对其应力应变影响较小；②沉降量增加，管道直径增大则其应力应变明显增加；③管道壁厚越大则其应力应变越小。

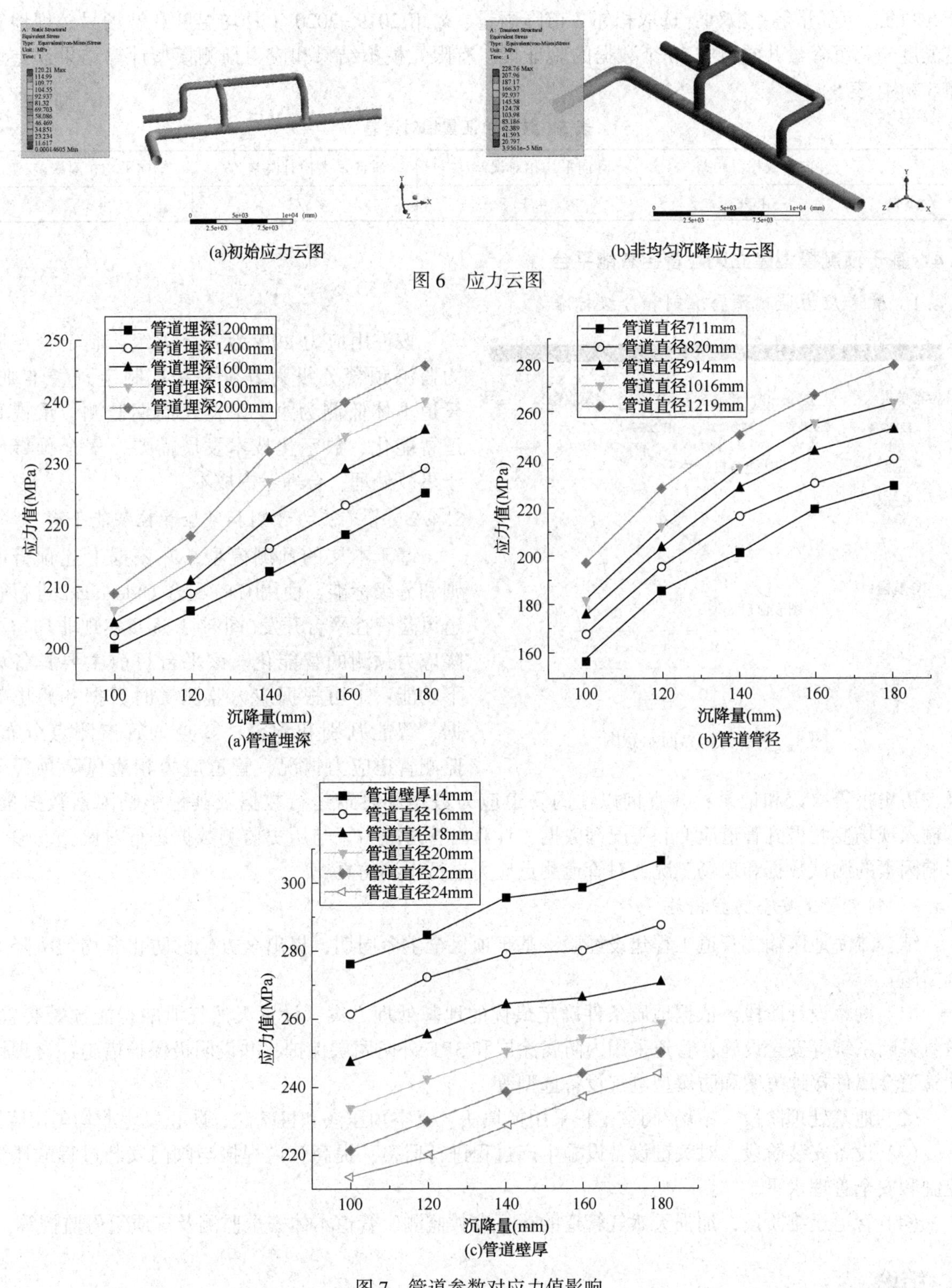

图6　应力云图

图7　管道参数对应力值影响

(4) 土体参数对管道应力影响分析

针对土体不同的弹性模量(2~20MPa)、粘聚力(10~70KPa)及内摩擦角(15°~35°)等参数，进行对应的管道最大 Von-Mises 应力值分析，结论为：①在沉降量较小时，土体弹性模量对管道应力应变影响较小；②随着沉降量增加，土体内摩擦角和土体粘聚力的增大则管道应力应变明显增加。

(5) 应力预测模型验证和修正

依据变量关系，通过 Workbench 有限元模拟，月均沉降量为 2.35mm，以此基础构建误差不大于5%的总沉降量等差数列；选取相邻Z市降雨量、Y市2019-2020年月均温度和站场另一埋地管道温度与总沉降量共同组成20个数据的验证集，有限元模拟结果和应力预测模型计算结果误差均在5%内(表5)。

表5　数据验证集相对误差

	环向最大相对误差/%	环向平均相对误差/%	轴向最大相对误差/%	轴向平均相对误差/%
验证集	4.98	4.16	4.78	4.08

2.4　基于预测模型建立风险管控智能平台

2.4.1　管道应力监测预警准则和分级标准

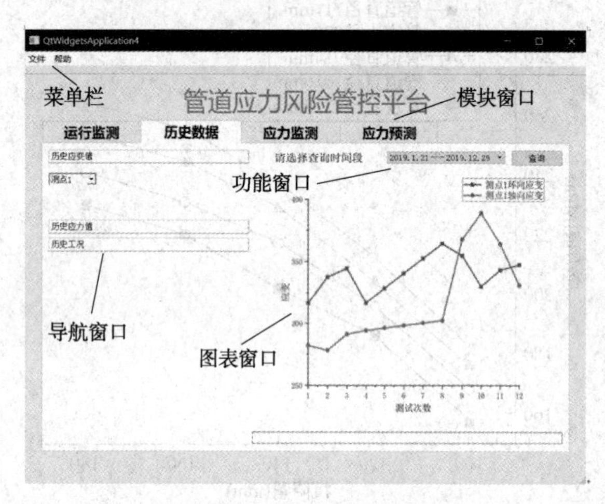

图8　平台初始界面示意图

按许用应力20%为一个等级，制定管道应力监测预警分级为五个等级；制定预警准则：管道本体监测为主，坚持长周期监测，重视管道智能化、数字化技术发展需要；安全预警优于事故处理；合理考虑成本。

2.4.2　管道应力预测和风险管控智能平台

基于本文的预测模型，并依据上述预警准则和分级标准，使用C++配合Qtdesinger进行管道风险管控平台开发(图8)，逐步实现非均匀沉降应力预测的智能化。该平台目前主要具备如下功能：①可根据应力监测实时数据和历史数据，智能判别和预警；②查询管道测点分布、监测管道应力情况、管道应力相应风险预警分级，历史报警次数和记录；③查询以往的管道应力数据和管道运行数据及其他影响因素数据集；④输入现场监测得到管道应变和工况等数据，计算出管道应力，与历史监测数据进行对比；⑤输入影响因素的测试数据和现场工况，对管道测点应力进行预测仿真。

2.4.3　制定管道安全防护措施

结合滩海地区输气管道工程建设经验，基于项目全生命周期，提出全方位的防止非均匀沉降安全措施：

(1) 勘察设计阶段，依据地质条件确定最优的地基处理方案；设置天然气泄漏智能预警装置、紧急关断系统等安全设施；管道采用内防腐涂层和3PE外防腐层保护，并设阴极保护措施；合理设计管道金属件接地方案和防爆型电气设备选型等。

(2) 地基处理阶段，站场/阀室工程采用换填法、真空预压法和桩基法，防止发生非均匀沉降。

(3) 设备安装阶段，对关键设备设施生产过程进行监检，提高管道焊接与阀门安装过程的质量控制和安全管理水平。

(4) 管道运维阶段，加强天然气管道的运行参数监测、管道本体安全监测及气质组份监控等。

3　结论

(1) 通过电阻应变片监测管道应力并校核管道强度，得出管道最大环向及轴向应力的位置均位于不同的地基交接处附近，在管道项目的设计、建设及运行过程中应对此制定相关防止非均匀沉降方案。

(2) 使用Matlab建立基于管道应力影响因素的多元线性回归方程，得出管道应力预测模型，使用修正系数后，模型精度在3.6%内。通过有限元建模加载非均匀沉降载荷，管道最大Von-Mises应力与现场检测结果相符。随着土壤沉降量增加，管道的直径增加或管道壁厚减小，或土体的内摩擦角和土体粘聚力增加，管道应力应变均有明显增加。有限元模拟、应力预测模型计算的结果与历史数据验证集对比，两者误差均在5%内。本文管道非均匀沉降应力预测模型具有较好的实用性。

（3）基于C语言和QTdesinger进行管道应力智能预测和风险管控平台开发，并从项目不同阶段分析，提出软土地质条件下的管道沉降具体应对措施，为滩海输气管道工程安全管理工作提供参考。

参考文献

[1] 徐博，金浩，向悦，等．中国“十四五”天然气消费趋势分析[J]．世界石油工业，2021，28(1)：10-17.

[2] 冯毅，周志豪，马小明．沿海地区非均匀沉降下阀室管道安全运行研究[J]．机械制造，2020，58(12)：41-44.

[3] 马小明，周启超．非均匀沉降下高压天然气管道失效概率分析[J]．化工机械，2020，45(1)：41-44.

[4] 马小明，康逊．埋地管道不均匀沉降的应力及影响因素分析[J]．重庆大学学报，2017，40(8)：45-52.

[5] 沙晓东，陈晓辉，黄坤，等．输气管道应力影响因素分析[J]．天然气与石油，2013，31(1)：1-4.

[6] 赵欢，邓荣贵，高阳．回填土不均匀沉降引起管道力学性状变化的分析[J]．路基工程，2014，172(1)：69-72.

[7] 孙颖，吕超．基于有限元的输气管道热应力及影响因素分析[J]．西华大学学报(自然科学版)，2018，37(2)：19-22.

[8] 张一楠，马贵阳，周玮，等．沉降土体对管道跨越结构应力影响的分析[J]．中国安全生产科学技术，2015，11(8)：106-110.

[9] 吴昊，马贵阳，项楠，等．土体沉降对管道跨越结构水平管段应力场的影响分析[J]．辽宁石油化工大学学报，2017，37(5)：22-25.

[10] Iimura S. Simplified mechanical model for evaluating stress in pipeline subject to settlement[J]. Construction &Building Materials，2004，18(6)：469-479.

[11] Kouretzis G P，Karamitros D K，Sloan S W. Analysis of buried pipelines subjected to ground surface settlement and heave[J]. Canadian Geotechnical Journal，2015，52(8)：1058-1071.

[12] 冷建成，钱万东，周临风．基于应力监测的油气管道安全预警试验研究[J]．石油机械，2021，49(6)：139-144.

[13] 陈严飞，马尚，董绍华，等．地基不均匀沉降下大型储罐变形规律和预测方法研究[J]．油气田地面工程，2021，40(3)：50-55.

[14] 汪仕旭．基于归一化的公路软土路基不均匀沉降预测[J]．岩土力学，2021，36(3)：51-55.

[15] 输气管道工程设计规范：GB 50251—2015[S].

[16] 康逊．天然气管道在非均匀沉降状态下的应力测试与分析[D]．广州：华南理工大学，2017

[17] 赖乐年，吴凯，张勇，等．南方沿海地区淤泥地质条件的天然气站场防沉降设计和实践[J]．当代化工研究，2021，92(15)：161-163.

省级天然气管网智能控制系统研究与应用

沈国良　季寿宏　陈迦勒　蔡　坤

（浙江浙能天然气运行有限公司）

摘　要　对于省级天然气管网来讲，自动控制水平的高低直接衡量着其在长输天然气管道上的技术能力和运营成本。近年来，随着人工智能技术、分布式云技术的发展、以及先进控制算法的研究，省级天然气管网控制技术也得到了重大革新。通过新技术的引入和应用，浙江省级天然气管网打造了一个输配全自动化控制、数据分散式云部署的私有云控制平台，并实现了监控远程集中化、调度综合智能化、运维管理区域化的高效率生产模式。本文主要以浙江省天然气智能化站场建设为案例，着重描述其在工控系统的智能化过程中，基于传统控制系统所进行的技术改造及技术革新。

关键词　私有云；数据采集；组分分发；先进控制；计划调度；运维模式

浙江省级天然气管网近年来飞速发展，截至2020年营运管道里程将达到2000公里，输气站场达到90余座。随着管网规模进一步扩大，传统运行模式暴露出了诸如调度负荷呈指数级增加、人员需求矛盾突出、故障应急响应时间长等弊病，无法适应精细化、现代化的管理需求。同时为解决管网安全运行与经济效益的矛盾，浙江浙能天然气运行有限公司（以下简称浙能公司）对传统管理运行模式进行创新，提出“区域运维管理+调度集中调控”的新模式，由此对天然气控制系统的自动化程度也有了更高、更全面的要求：一是要构建一个高效、稳定的数据和系统平台，并且契合公司生产管理体系；二是要解决集中监控后，海量数据分析及报警管理与监控人员需求之间的矛盾，完成人机交互功能设计；三是要实现全自动输配功能，同时提高输配系统的稳定性以及实现对输配工况的实时监测；四是要根据大量供气用户的需求，制定安全、准确、可行的供气计划，并设计系统来按时按需制定输配任务。

1　管理模式

传统的省级天然气管网主要分为本地站场和调度中心两级监控，并设置为主辅关系，站场和调度均设置若干人员进行24小时值班；2018年浙能公司率先实现了“区域中心站”集中监控的运行模式，并实现了运维一体化管理；2019年，在“集中监控——运维一体化”的基础上，通过对站场和调控的智能化改造，进一步实现了“调度集中监控、区域运维管理、就地应急处置”的生产模式，并全网应用。

① 调度集中调控：在杭州设有调控中心，负责省级管网的统一调度指挥、远程监控操作、应急保供协调等。基于“多气源、一环网”的管网格局，调控中心采用“全局调度、分区监控”的管理模式，在业务上分为调控和集控两部分。其中，根据省级管网运行工况和用户地域分布，将全网分为浙东、浙西、浙南、浙北、浙中五大集控区，每个集控可以远程控制所辖区域内的站场阀室；而调控功能将从原来的面向设备中脱离出来，不再对设备进行控制，但保留全网的数据采集和监视功能，通过全息调度台对全网的气量负荷进行监控、用户管理和计划量下达、管网运行工况分析和管网安全报警管理等功能。

② 区域运维管理：以省内地级市为单位，将其所属的站场运行、维护人员与管道保护人员整合，共成立10个管理处（杭州、湖州、嘉兴、绍兴、宁波、台州、温州、丽水、金华、衢州），负

责所辖区域内设备设施、管道线路的巡检、维修、保护和应急响应等，负责辖区生产任务组织、属地政策处理和业务对接。

③ 就地应急处置：根据站场地理位置、用户响应要求，在相应的就地站场设置 2 名工作人员，在“运维一体化”的背景下，工作人员一方面作为就地站场的备用监控人员，与调度中心形成互备关系；另一方面作为设备故障时的第一现场人员，起到应急处置的功能。另外应政府安保要求，将工作人员同时作为反恐防暴人员进行配备，从而实现人力资源的充分利用。

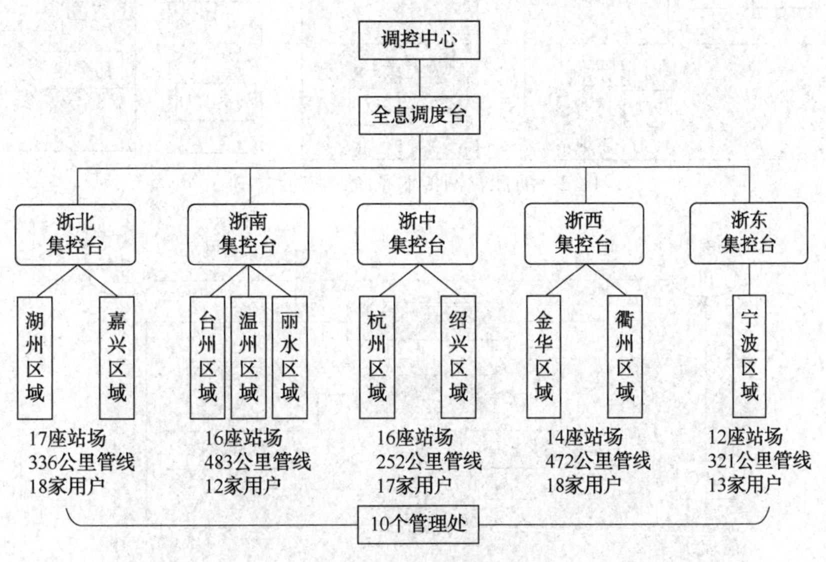

图 1　浙江管网管理体系

2　系统构架

浙江省级天然气管网智能控制系统主要分为上位和下位两部分，其中就地站场(包括无人站和驻守站)的下位系统均采用 PLC 控制器，主要为施耐德昆腾及 M580 系列、罗克韦尔 Controllogix 系列，阀室采用小型 RTU 控制器，包括 Micro850、T-BOX、M340 等。上位系统主体由一个分布式私有云平台和一个工程管理中心组成，但在功能应用上分为本地站场监控系统和调度 & 区域监控系统两部分，HMI 软件统一采用 AVEVA 公司的 SYSTEM PLATFORM(简称 IAS，下同)以及 INTOUCH 系列。整套系统设计调度中心、区域管理中心(处)控制、本地站控三级控制，同时具备现场设备的就地手动控制功能。

2.1　数据传输

浙江天然气管网随同管道敷设有伴行光缆，同时通过 SDH 和网络交换设备组成了一个管网专用的省级通信网络。在数据传输层面主要将网络分为站控和中控两个网络，其中站控网络为一个本地局域网，站控系统就地采集、处理、显示和指令下发，属于备用功能；中控网络为省网的主体，连接本地站场、管理处和调度中心，也是云平台的数据交互的基础链路。

中控网络中的数据流向由 PLC 及 RTU 开始，在管理处汇聚入私有云平台，经 IAS 的数据采集处理后形成实时、历史、报警三种数据，分别向调度中心和管理处监控系统传递数据，同时接受远控指令，控制现场设备，从而实现集控功能。另外衔接设备网，为后端的大数据分析系统提供样本，并为技术人员提供全面的设备信息用于远程诊断。

2.2　分布式云平台

在网络系统的基础上，采用传统的服务器+存储的方式，在每个管理处部署硬件节点建设云平台，一是利用服务器之间的 HA 设置，实现服务器故障时的无扰切换功能；二是在全网划分四个负载互备区域，利用云的 Vmotion 功能，实现区域内各节点负载的相互迁移，解决节点容灾问题。

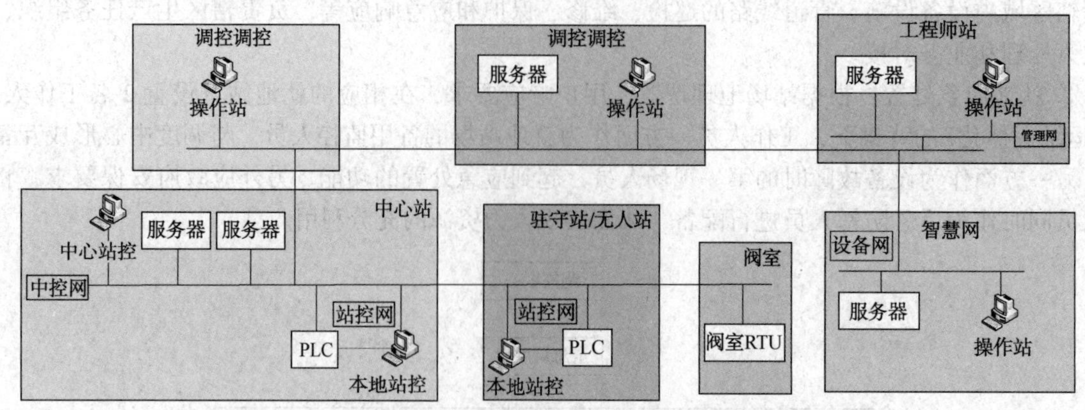

图2 浙江管网传输系统结构示意图

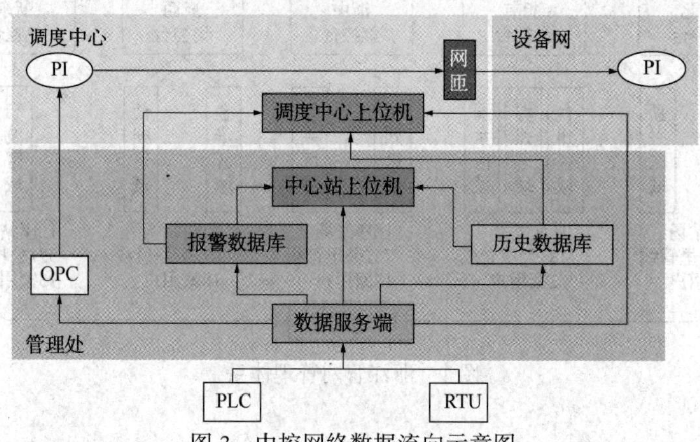

图3 中控网络数据流向示意图

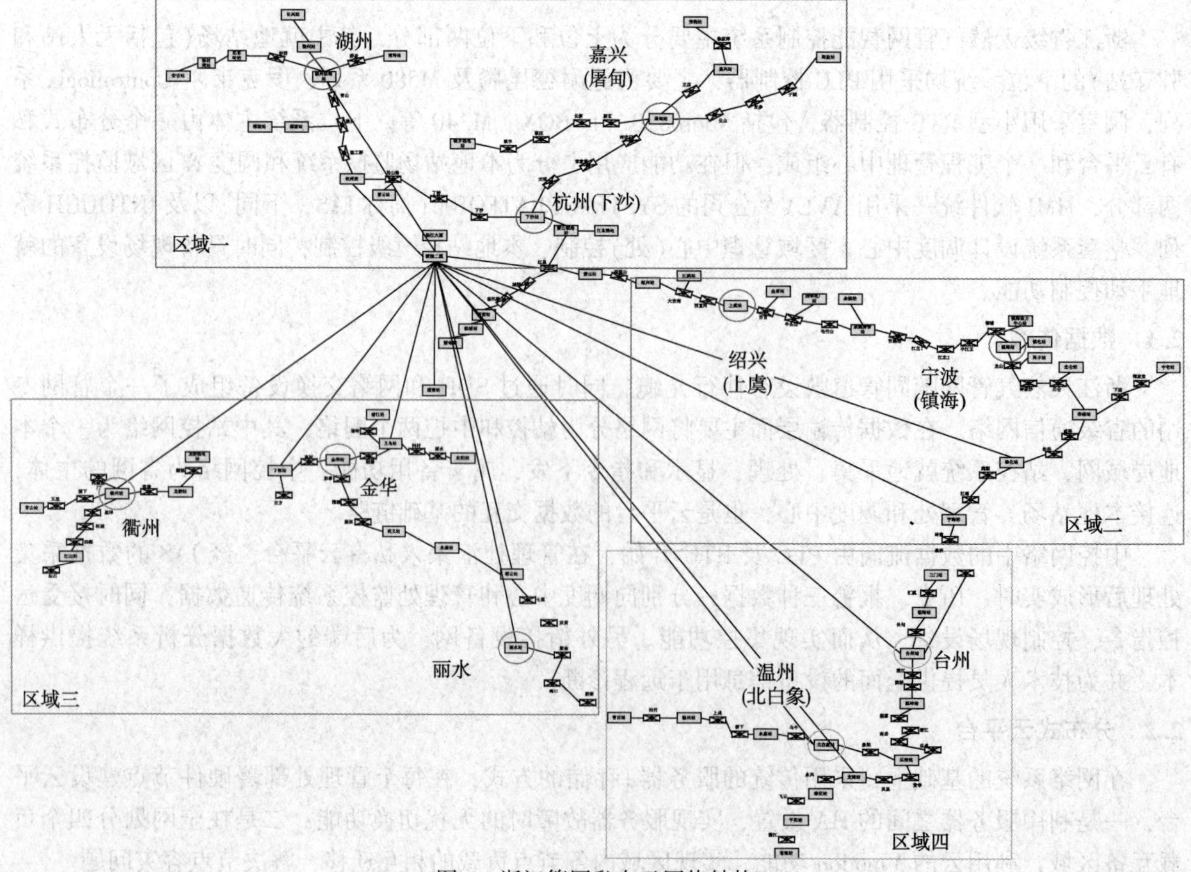

图4 浙江管网私有云网络结构

整体层面上，平台共分为四层，自下而上分别为基础硬件层、软件载体层、操作系统层和应用软件层。基础硬件层有服务器群和相应的通信网络组成；软件载体层采用 VMware vSphere 及 ESXI 体系结构，同时连接各硬件节点，形成一个统一的平台；操作系统层主要 Windows 操作系统；应用软件层主要为一个统一的 IAS 架构，并包含数据采集、数据处理、历史存储、报警记录、备份管理、组分分发等功能；此外在调度中心设置一个工程管理中心，主要负责对云平台、网络系统、工控软件进行远程、统一开发及管理。

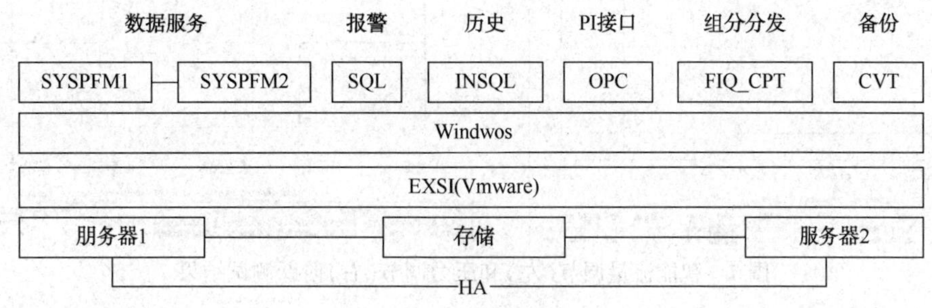

图 5　私有云平台软件层

3　技术特点及功能

3.1　智能调节

调节支路联动智能调节实现了对多条调节支路的协调控制、负载自动分配、支路补偿调节功能。区别于传统的 PID 控制算法，在调节算法的改进上主要包括三个方面，一是通过随机森林模型建立流量预测模型，对流调过程中的流量变化起到预测的作用；二是根据模型预测流量变化趋势，在模糊算法中提前计算误差和误差变化，对底层的 PI 控制器参数进行计算；三是底层采用增量型 PI 控制，通过输出阀位开度增量来实现对多支路的联动控制。

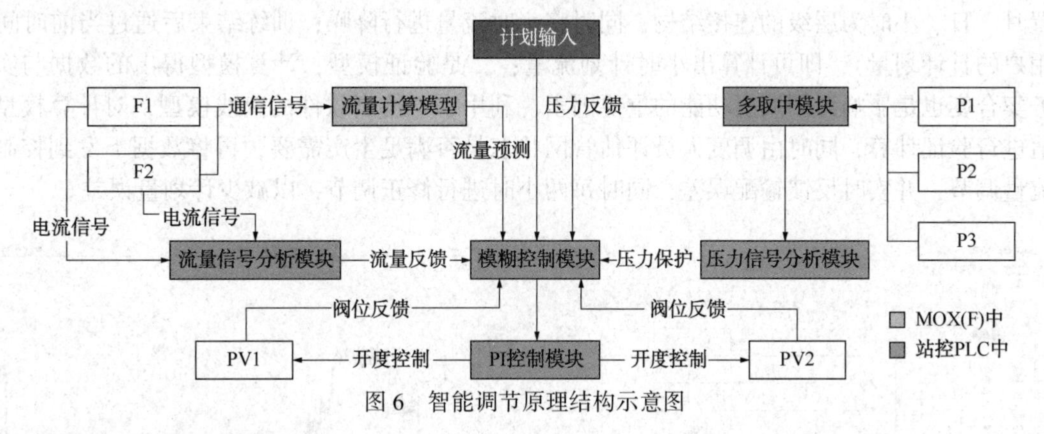

图 6　智能调节原理结构示意图

通过智能控制算法的动态调节，能够良好的适用在供电厂用户、供城市燃气用户、供工业用户等多种业务场景，满足多种类型的自动化控制需求，并具有以下几个特点：

① 实现流量的精准控制和压力的高品质调节性能；

② 支路联动控制解决了多支路调节过程中的耦合问题，同时实现了主支路故障时备用支路的动态补偿功能；

③ 通过设定限压调流和限流调压功能，实现对压力和流量的同时控制，满足监控需求。

3.2　计划调度

计划调度功能实现了对调度用户日供气计划量的精确智能控制，其主要原理为通过数据分析，将各用户的日计划量转换成 24 个小时输配量，然后进入管网仿真模型进行计算，校核及验证管网的负荷变化和剩余能力，最后将各小时计划量下发至站点控制系统进行精准控制，同时自动实时计算计划量与实际输气量的偏差，并进行纠偏。

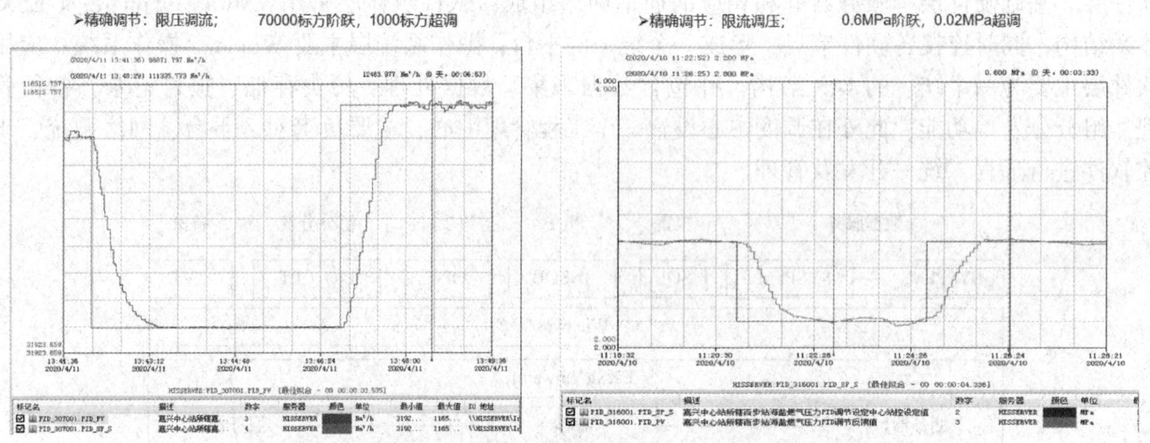

图7　智能流量调节(左)和压力调节(右)阶跃测试结果

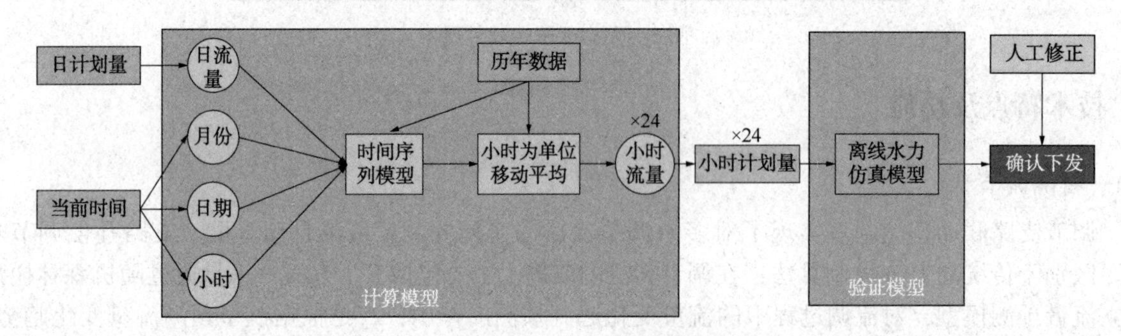

图8　计划调度任务计算原理示意图

计划调度功能包括两个模型：一是计算模型，采用时间序列学习网络模型及移动平均算法，分别设置月、日、小时为层级的连接结构，同时将小时流量进行降噪；训练结束后通过当前时间(月、日和用户的日计划量)，即可计算出小时计划流量；二是验证模型，计算模型得出的数据与实际生产业务契合度也是影响计划调度功能的重要因素，利用水力仿真软件的离线模型，对计算模型所得的数值进行验证计算，同时由调度人员评估管网状态是否满足生产需要，再将数据下发到控制系统进行流量调节，并实时反馈输配误差，同时每两小时进行修正调节，以减少计划量误差。

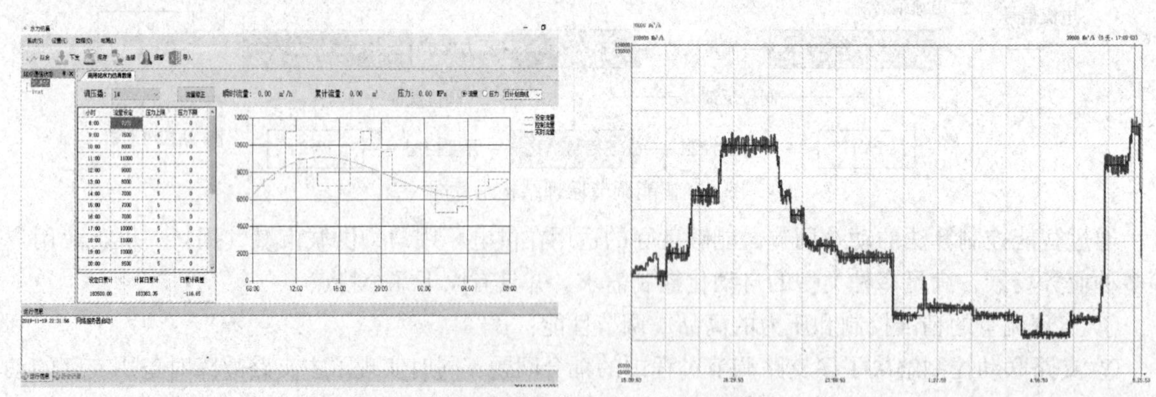

图9　计划调度输配仿真(左)及实际反馈(右)

3.3　工况分析

工况分析是以单个站场为单位对站场输配生产中的相关参数和状态进行综合分析，判断生产工艺是否存在异常，起到预警和智能监控的目的，以减少运行人员的监盘工作量。分析系统主要包含两部分，一是直接从设备、系统中直接获取的故障信息，并结合所属的工艺设备的关键性进行分级报警；二是对生产工艺参数进行分析，包括：①智能调节功能中的流调模型，实现对压力、流量、阀位的综合分析判定工况状态，②考虑流量的敏感性，针对实时工况流量建立监督模型，监控流量计状态的同时，辅助判定生产状态。

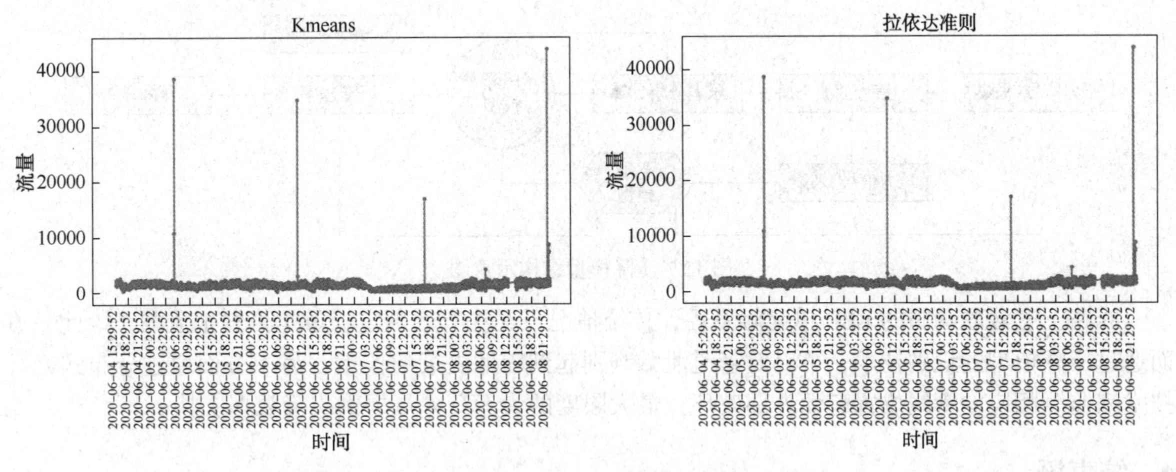

图 10　流量模型的聚类分析(左)及拉依达准则分析(右)

3.4　线路保护辅助监测

浙江省天然气管网的线路保护在运行监测端设置了三个系统用于辅助决策，一是基于管道伴行光缆开发的分布式光纤监测系统，二是线路上气液联动阀的 LBP 控制系统，三是用于异常压降判别的线路压降监测模型。通过建立三者之间的联动机制来实现对管道泄漏进行综合分析。

分布式光纤主要采用 φ-OTDR 光纤传感技术，利用光在传感光纤中的瑞后向散射原理，把具有一定周期的脉冲光传入传感光纤后产生后向瑞利散射光，当传感光纤受到外界振动时，光相位在振动位置发生改变，最终导致瑞利散射信号的振幅发生改变，因此通过解调探测散射信号的振幅变化，可实现对振动源的位置定位和还原振动源的振动特性，提取特征波形来判定管道周边是否受到侵害。

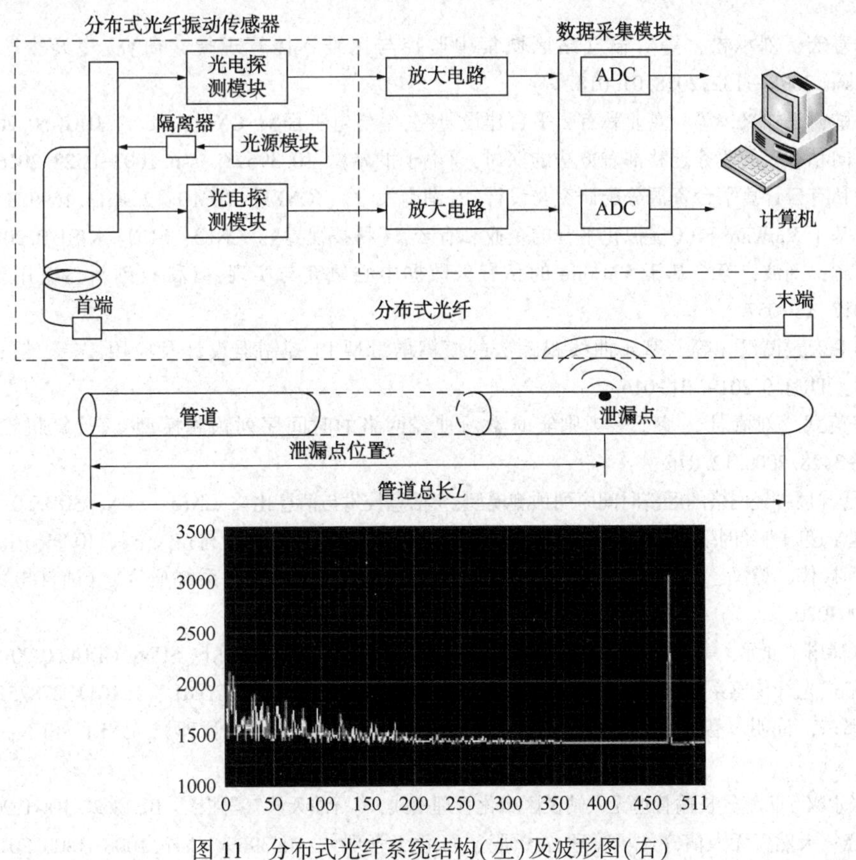

图 11　分布式光纤系统结构(左)及波形图(右)

而压降模型是模仿LBP的计算方法，同时基于历年数据根据不同的管网情况建立压降阈值库，达到对异常的压降情况进行识别和报警的目的。

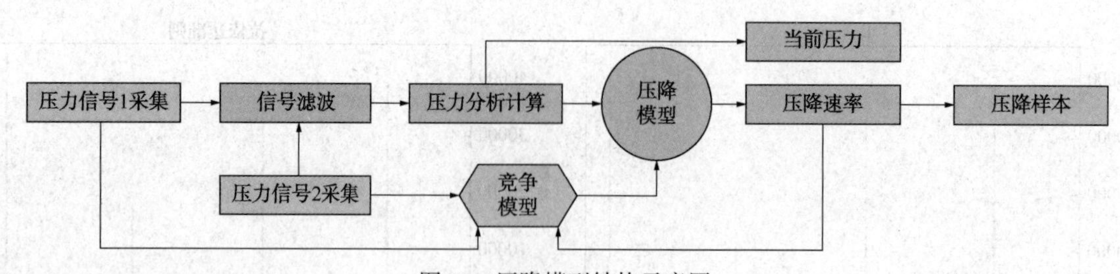

图12　压降模型结构示意图

线路上气液联动阀的LBP单元触发后，传统情况下无法有效判定管道是否发生泄漏，因此一方面通过压降模型的识别技术，可以对管道泄漏判别起到辅助决策的作用，另一方面通过分布式光纤技术来监测相应的管线位置有无外部破环，最大限度的为运行人员提供决策数据支持。

4　结束语

随着自动化水平的提高和先进控制技术的发展，天然气行业也由传统的人工就地操控模式向集中自动控制模式转变，同时大量人工智能技术的引入和应用，也为管网的智能化和站场的无人化提出了新的方向，并逐渐成为行业发展的方向和趋势。近年来浙江天然气管网在智能化建设方面进行了深入的研究和开发，已基本建成了一套集决策、分析、诊断、监控、计划、输配、管理为一体的天然气站场智能调度控制系统，实现了对省级天然气管网的初步智能化控制，大大缓解了管网和人力的矛盾。但是要全方位实现管网的无人化运行，还需要在智能巡检、深度感知、行为分析、灾害预防等多个方面进行深度开发，其中的技术难题和科研投入，更需要多个企业或者多个行业共同研究，以实现技术的实际应用。

参　考　文　献

[1] 滕卫明，季寿宏，刘承松，等．输气站区域集中监控与运维一体管理模式研究，《天然气技术与经济》，10.3969/j.issn.2095-1132.2018.01.018.

[2] 黄梁，陈鲁敏，王加兴，等．企业私有云平台建设研究，《机电工程》，CNKI：SUN：JDGC.0.2014-08-028.

[3] 叶红良．面向私有云的业务迁移部署方法的探讨，《电子世界》，10.3969/j.issn.1003-0522.2016.23.108.

[4] 孔俊．企业私有云计算平台资源分配研究与设计，《湖南大学》，CNKI：CDMD：2.1013.169923.

[5] 李罡．构建基于VmWare ESX虚拟化平台的企业私有云，《科技视界》，CNKI：SUN：KJSJ.0.2013-25-066.

[6] 杨娟，沈明辉，刘波，等．基于VMware的私有云数据中心研究与实现，《科技创新与应用》，CNKI：SUN：CXYY.0.2017-18-057.

[7] 沈国良，季寿宏，谭汉，等．基于曲线跟踪法的模糊增量型PI控制器设计及应用，《天然气技术与经济》，CNKI：SUN：TRJJ.0.2019-01-016.

[8] 邢立宁，陈英武，刘荷君．基于多规则实时学习神经网络的时间序列预测模型，《计算机工程》，10.3969/j.issn.1000-3428.2006.12.076.

[9] 崔馨心．基于深度神经网络的经济时间序列预测模型，《信息技术与信息化》，CNKI：SUN：SDDZ.0.2018-11-049.

[10] 尹汉钊．基于递归神经网络与集成算法的时间序列预测应用研究，《西安电子科技大学》，10.7666/d.y1866190.

[11] 沈国良，苏祥伟，谭汉，等．基于复合BP神经网络的天然气工况监测系统研究，《浙江电力》，10.19585/j.zjdl.201903020.

[12] 龚朝阳，张晨琳，龚元，等．光纤微流传感技术研究进展，《光电工程》，CNKI：SUN：GDGC.0.2018-09-011.

[13] 何俊．分布式光纤传感系统关键技术研究，《哈尔滨工业大学》，CNKI：CDMD：1.1011.278751.

[14] 张晓烨，郭东，许明．智能化控制在大型天然气场站中的应用，《化工管理》，CNKI：SUN：FGGL.0.2019-15-086.

[15] 张世梅，张永兴．天然气长输管道无人站及区域化管理模式，《石油天然气学报》，10.12677/JOGT.2019.416112.

[16] 高皋，唐晓．天然气无人值守站场管理方式研究，《化工管理》，10.3969/j.issn.1008-4800.2017.07.105.

数字化转型趋势下城燃企业智慧管网信息化建设研究

杨　坤　张安磊　戴智夫

（武汉城市天然气高压管网有限公司）

摘　要　随着我国"数字中国"建设战略的明确，数字化转型进程明显加快，城燃企业应积极推进数字化转型，将信息技术逐步与管网基础设施相融合、与天然气生产运行相融合、与管网运营管控相融合。通过对站场、阀室以及输气管道的智慧化升级改造，同时对现场数据进行分析、挖掘、模拟仿真，使生产运行及安全管理实时情况进行全方位立体化展示，提高事故应急处理能力，保障输气管道、提升站场供应天然气的安全可靠性。

关键词　数字化转型；生产运行；信息技术；智慧化；立体化展示

1　引言

当前，国际上新一轮科技革命和产业变革持续推进，随着云计算、大数据、物联网、人工智能、区块链等新一代技术的不断深化应用，激发数据要素创新驱动潜能，打造提升信息时代生存和发展能力，加速业务优化升级和创新转型，已成为城燃企业在这一新型数字化商业环境中新的核心竞争力。

近年来，城镇燃气事故频发，国家陆续出台了《全国安全生产专项整治三年行动计划》、《全国城镇燃气安全排查整治工作方案》等政策文件，对高速发展的城镇燃气行业的市场监管和安全管控提出更高的质量要求，而天然气资源季节性与地域性不均衡的问题也已成为困扰城燃企业拓展经营规模的主要问题之一。随着燃气安全和燃气经营的双向变化，与国家政策的鲜明导向，为城镇燃气行业提供了一个新的发展方向，那就是融入数字经济时代，充分利用数字化技术赋能燃气行业，进行智慧燃气建设，从本质上提升燃气安全水平。此外，燃气企业通过智慧燃气建设，实现数智化转型发展，融入智慧城市建设已经势在必行。

2　城燃企业智慧管网建设意义

智慧管网是指通过现代化的信息技术手段，实现全面的燃气管网智能化升级，从而提高其安全性、可靠性和经济性，使城镇燃气下游用户能够享受到更加安全、舒适、便捷、环保的燃气服务。智慧管网建设对于城燃企业有着重要的意义。一方面，利用有效的技术手段代替现场人员操作，降低人为原因产生的操作不确定性和不安全因素，提高场站和管线的运行效率和可靠性。另一方面，利用大数据等技术、数据建模等智能分析技术，实现生产异常预警、故障诊断、气量调度预测等功能，从而为公司管理层提供科学的决策依据。

3　城燃企业智慧管网信息化建设意义及原则

智慧管网的建设需要综合各种技术手段和资源，包括燃气传感器、物联网、大数据、人工智能等一系列现代化技术手段。智慧管网信息化是基于上述技术实现城燃企业管网数字化管理和智能化运营的重要方法。智慧管网信息化建设应遵从软件开发项目建设指导原则，即充分利用现有先进、成熟技术和考虑长远发展需求，统一布局、统一设计、规范标准、突出重点、分布实施。具体来说：

（1）统一性。智慧管网数据按照数据类型、来源进行统一存放，其数据格式应保持一致。

（2）前瞻性。智慧管网信息化建设应充分考虑国家及企业标准、软硬件的先进性以及网络的灵活性。高起点规划，从业务实处出发，满足企业未来5-10年发展需求。

（3）安全性。智慧管网信息化建设应充分考虑网络及数据安全，在不影响正常业务流转的前提下在网络边界处设置防火墙网闸等网络隔离设备，同时应对服务器进行安全基线配置并部署工控主机安全卫士。

（4）阶段性。智慧管网信息化建设应根据企业实际情况分步骤进行建设，优先建设实现实用性强，急需的业务功能单元。对涉及较多设备新增及更换的业务功能单元，列入下一步规划中。

4 某公司智慧管网信息化建设思路

4.1 智慧管网信息化数据中心建设

数据中心是智慧管网信息化建设的基石，将数据搜集并进行分类管理，利用相应算法分析、预测、计算是智慧管网信息化建设的主要任务。某公司现已建成了SCADA、视频监控、周界防护、门禁、生产管理等系统，积累了大量生产运行数据。但系统数据库零散分布，且相互之间没有关联，为了防止信息孤岛的出现，应对系统数据进行整合。同时根据实际生产安全管理需要，对数据内容进行扩容完善，使其更为立体的展示公司实时生产运行动态的同时，使分析预测更加准确。某公司根据管理需要，计划建设三个数据中心，即：生产运行数据中心、管道完整性管理数据中心以及安防管理数据中心。

（1）生产运行数据中心。对场站工艺数据、设备数据以及巡检数据进行管理。

（2）管线管理数据中心。对管道定位、阴极保护实时数据、周边环境数据、巡线数据、阀室数据、三桩一牌进行管理。

（3）安防管理数据中心。对场站及管线视频监控、场站周界防护、门禁数据进行管理。

4.2 管网智慧化建设

（1）感知数据采集。利用天然气管网SCADA监控系统。对管道本体(管网运行压力、流量、温度、超限信息、报警信息)，管道周边(潜在的的第三方施工、泄露、人员及车辆行为、阴保情况)，场站运行数据及环境数据(场站泄露、人员行为等情况)进行实时采集。

（2）管网控制及辅助功能。通过系统提供安全可靠的遥控、遥调等控制功能，实现全线输气系统的启动与停输控制；各站的启动与停输控制；操作过程的全部记录自动生成。

（3）管网数据组态。绘制运行管网3D模型图，显示整个输气管网的动态工艺流程。

（4）管道完整性管理。对包括管道设备的内检测、法定检验(包括全面检验、年度检查)、外检测及各类检测或检验的全生命周期管理。并对各类检测数据(计划、缺陷、维修维护等)进行可视化的展示与分析。

（5）建立天然气管线地理信息系统。形成管网图形数据、地形背景图形数据、管网设备设施属性数据、天然气业务属性数据。

（6）管道腐蚀防护监测管理。通过智能阴保管理、杂散电流和排流管理、管道防腐层管理、绝缘接头管理、阴极保护有效性评价管理等功能，实现管道腐蚀防护统一性管理。

4.3 绿色管网信息化建设

绿色低碳是城燃企业可持续发展的基础，建设绿色管网是管网智慧化建设目标之一，通过对场站环境、能源、碳排放数据进行实时监测，及时优化能源使用。同时积极推进新能源项目，最大限度做到节能减排。

(1) 环境监测。通过配置温湿度传感器等环境监测设备，监测各点位短时间段内的变化情况曲线图。并记录环境调节设备(空调、加湿器、风机等)动作行为。

(2) 能耗监测。通过仪表实时采集水、电、气等总耗能数据，主要设备能耗，辅助生产设施能耗及生活设施能耗，并进行能耗数据分析。

(3) 碳排放监测。对公司车辆、废水、废气进行相关碳排放的转化及管理，通过相关监测设备对碳排放进行跟踪管理。

(4) 能耗数据分析。对场站水电气进行历史数据监控，通过增加相关监测设备设施来记录能源消耗情况，动态监控能耗指标，及时优化能源使用。

(5) 清洁能源利用。根据场站、阀室能源使用情况，推进光伏及风力发电项目。最终使其成为场站主要能源输入方式。

4.4 场站智慧化建设

(1) 自控系统升级。通过自动控制技术、通讯技术及测控技术等，以安全、经济的方式达到无人值守、远程控制。尽可能不改变原工艺流程，减少对原工艺及站控系统的改造。

(2) 安防监控与周界入侵报警系统升级。利用张力围栏、AI 智能识别预警、人脸识别等技术，使场站周界管理更为精准可靠。

(3) 网络系统升级。网络的可靠性是智慧场站重要的指标之一。通过对现有网络进行带宽升级，对数据通道及设备进行备份冗余，实现智慧场站与调度中心网络高效运行。

(4) 智慧场站 3D 数字建模建设。利用建模技术、SCADA 系统数据，实现智慧场站工艺区的实景工艺模型图，并实时展示管线线)、各电动阀门状态、流量计、变送器实时数据。

4.5 调度智慧化建设

(1) 调度智慧化建设以 SCADA 系统为枢纽，形成核心数据中心，将场站工艺数据，管线运行数据进行实时汇总和展现，同时根据调度需求进行数据的分析、挖掘、模拟仿真，实现宏观决策和计划指导。对 SCADA 系统进行功能扩展，从调度决策、报警整合、数据孪生、模拟仿真等 4 个方面进行功能扩展。其侧重于个性化调度分析辅助决策，补充公司管理。

(2) 调度决策平台。其功能将由下游计划量收集汇总、日调度数据汇总展示、月度购销气数据报表生产及分析、管存实时计算、气源调度、每日运行日志自动生成、输差分析、供需平衡分析等功能。通过数据图形化展示、报表自动生成及分析输出，为公司科学调度提供有益的帮助。

(3) 数据报警平台。某公司场站现有 SCADA、视频及周界监控系统。其主要监控公司工艺数据、场站周边环境是否处于正常状态。未来，随着智慧管网不断深入，会产生管网工艺、周边环境、场站中人的行为、物体的状态等多种类型数据。这些数据实时产生，依靠人工来完成辨识，工作量巨大。其报警数据来源众多，也不利于调度中心人员进行日常管理。通过对场站 SCADA、周界监控、智能安防、甲烷泄露监测、UPS，管线智能阴保、智能视频监控等产生的报警进行整合及统一输出，由调度中心与场站现场人员共同处理，完成报警作业单的填报，最终形成各项报警处理的闭环管理。

(4) 数据孪生平台。因此，数据孪生着重解决场站、管网数据统一展示。首先通过内检测数据，场站、阀室、桩、管网监视设备定位、建立管网数字地图。同时将管网智能监视数据(智能阴保桩、振动地钉)等进行实时展示，通过点击场站、阀室查看各场站实时工艺及生产数据汇总、场站平面图、工艺流程图、安防监控图像；通过点击管网视频监控点查看该点的视频监控数据。

(5) 模拟仿真平台。实时数据展示、汇总分析，报警整合及闭环管理可满足公司日常管理需要，并为决策提供数据支撑。模拟仿真则进一步提升公司场站及管线本质安全。一方面，该平台可实现对主要经营数据的分析管理。通过万能查询数据库中存在的任何字段，供用户自定义查询，并提供图表、数据等分析。另一方面，通过生产运行数据进行大数据分析及建模，生成功能算法后形成特定功能的模拟仿真。

(6) 通过技术与管理手段持续完善网络特别是工控网络安全性。

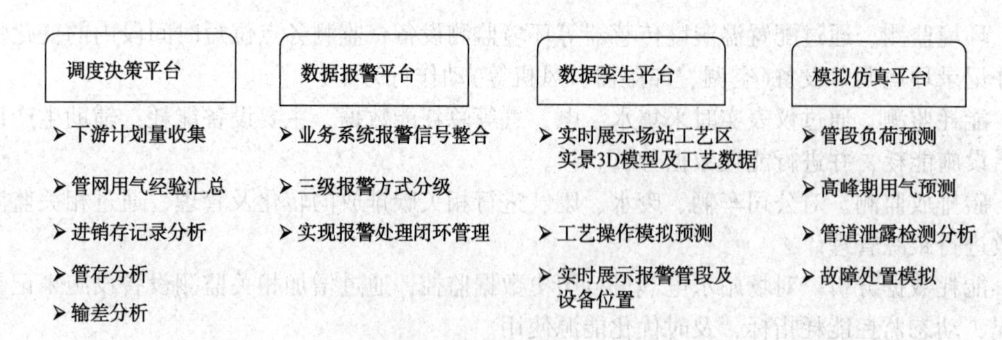

图1 调度智慧化建设平台功能布局

4.6 调度中心灾备冗余建设

(1) 建设主备调度中心。在主、备用调度中心各设置一套SCADA系统，并形成双调度中心互为热备冗余的方式，当场站与主调度中心进行正常通信时，数据通过有线、无线网络实时传输至主调度中心，并与副调度中心系统进行实时同步。当场站无法与主调度中心进行正常通信时，对网络指向进行切换，数据通过有线、无线网络实时传输至备用调度中心

(2) 数据库建设。建设SCADA系统镜像数据库(实时型数据库)，利用SCADA镜像库进行数据高速存取。

(3) 网络安全管理。主备调度中心是工控、安防系统的核心，其数据存储的安全性，系统运行的稳定性，数据通道的可靠性要求均较高。中心工控、安防系统需在网络边界处增设网络安全设备，并安装工控主机安全卫士，从而大幅度提升系统服务安全性及稳定性。

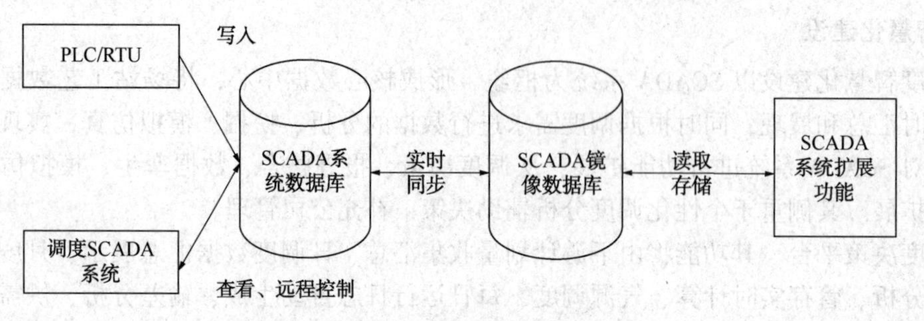

图2 调度中心SCADA系统数据库

5 总结

当今是数字化时代，企业只有进行数字化转型，才能够有较好的生存和发展空间。短期看，城燃企业进行智慧管网信息化建设的目标为提质增效，提升本质安全，推动企业安全发展，力争打造燃气行业数字化转型标杆企业。但智慧管网信息化建设不是一蹴而就的，需要长期发展实践。企业应积极把握数字技术所带来的新契机，推动智慧管网建设。同时，通过外部协作与内部管控，解决在数字化转型中的外在约束与内在桎梏，并探寻与之发展相契合的数字化转型路径，加快进入以数字化、信息化为主导的智慧燃气发展新阶段。

参 考 文 献

[1] 余巫各．城市燃气智慧管网技术的研究[J]．城市燃气．2023(03)．
[2] 邱帆．智慧管网应用与分析[J]．设备管理与维修．2019(18)．
[3] 张晓红．“智慧管网”建设的实现与技术研究[J]．低碳世界．2021，11(11)．
[4] 李志福．三维智慧管网信息系统的建设与探索[J]．中国测绘．2021(12)．
[5] 孙艳茹．基于ArcGIS的智慧管网系统管线综合应用设计[J]．网络安全和信息化．2021(06)．
[6] 王馨莹．数字孪生软件在智慧管网建设中的应用[J]．化工设计通讯．2023，49(04)．

无人值守天然气场站可行性分析

李　蒙　宋继刚　姚文轩

（武汉城市天然气高压管网有限公司）

摘　要　随着科技水平的提高，依靠智能化、自动化、数字化的数据采集与监控系统可以实现天然气场站的无人值守，减少了运营成本，提高了场站管理效率。本文针对我公司高压调压站无人值守的功能实现方式及安全管理方式进行了分析，为该场站的运行管理提供参考意见。

关键词　管理现状；技术支撑；安全管理；应急管理；结论

当前，创建节约型、创新型、可持续发展的行业已成为社会发展的主旋律。燃气行业同其他资源行业一样要健康快速发展，需采取先进技术和管理经验，改革经营模式，降低运营成本，提高资源调度效率。随着天然气管理技术的日趋完善，自动化水平的不断提高，天然气场站逐步向无人值守的方向发展，其间经历了有人值守站—站内自动控制—远程数字化控制—无人值守的发展过程。

1　管理现状

目前天然气行业比较常见的无人值守场站大体分为两种方式。一种是场站内部配备专人值守，但正常运行时无须值守人员操作，主要由调控中心远程控制，出现异常时由站内人员维护；第二种是这种模式对场站设备自动化、智能化有较高的要求，设备故障率低，远程操作可行性较高。目前比较理想的场站运营模式：正常运行时站内不设置值守人员，实行远程控制，区域中心集中监视的模式。实行区域化管理，以集中待班、周期巡检的方式进行维护保养和应急处理。

2　技术支撑

2.1　工艺运行模式

无人值守天然气调压站调压流程自动选路功能，也是实现场站无人值守的关键技术体现。公司场站调压流程进出口阀门均应采用费希尔久安电动阀门，采用一用一备的两条调压支路向下游输气。在正常情况下，主调压路的调压器向下游管路供气，备用调压路处于热备份状态。运行线路的设备出现故障时，下游管道压力降低。当压力降到备用线路调压器的设定值时，备用线开始进入工作状态，向下游输送气体。以场站调压器出口压力为 0.8MPa 为例，调压流程共设置两路，主调压流程中的调压器出口压力若设定为 0.8MPa，则备用支路调压器出口压力会设定为 0.75MPa。在场站运行过程中，主调压流程中的调压器设备故障时，导致出口管路压力低于 0.75MPa 时，控制信号会反馈给备用支路调压器，使其打开，实现调压流程的切换。

2.2　自控系统功能

目前公司调压站调压系统具备压力调节、限流控制、分流控制等功能，采用 PID 控制为主，结合模式选择、限值保护、主备线路冗余、区间模式等多种功能。在正常情况下，处于压力调节状态，控制器和工作调压阀的作用是控制下游供气压力在规定的范围内。当供气流量超过设定值时，切换到流量控制状态，此时控制器输出控制信号，限制分输流量。场站自控系统专为无人值守情况设定了区间模式。当夜间需要无人值守时，可以设定压力区间和流量区间，专用控制器在用户设定的区间范围内自动调节。我公司目前好几个场站采用压力区间运行模式，根据下游管网的需求设定上下限压力值，既满足下游输气要求，又确保管网不会超压影响安全。

场站站控系统通过监控和数据采集(SCADA)系统对现场的工艺及设备的压力、压差、温度、流量、阀门状态、泄露报警、视频监控、通讯、安防等进行监测和控制，由PLC与相关组件构成，它可以自动实现对现场设备控制，与现场仪表、执行机构、其他系统等连接，进行数据传输交换；并能接受来自调控中心计算机系统的控制命令并向其传送实时数据。

3 安全管理

3.1 场站运行模式

我公司现行将所有管道与场站采取分区管理模式，以中间站作为片区中心，以高压管道长度不超过100公里、车程不超过2小时为管理半径，与相邻的站场、管线、阀室组成一体化作业单元，充分发挥片区专业技术与应急处置的辐射优势，实行统一、集中管理。公司场站下游为管径DN150的两路管道，采取切断阀、监控调压器和工作调压器的工艺模式。根据公司现行人员配置情况以及燃气场站的发展趋势，公司高压调压站根据自身设备设施以及供气量情况，建议采取“白天站长维护，夜间无人值守，保安定时巡检”的管理模式。

为了更好地集中整合资源，我公司可采取中心站和管线所片区管理的方式，贯彻实行“集中监控，分区操作”的模式。通过这一模式，调度中心和管线所中心站的任务主要是对无人值守场站实行数据监控、视频监视、收集信息、分析、记录、接收和转发调令以及进行阀门开关操作。管线所维抢修负责对无人值守站进行巡视维护、事故处理、操作现场，以及设备的定期维护保养等工作。当无人值守场站出现异常情况时，由中心站运行值班人员及时反馈到管线所负责人，通过统一调配与协调，组织人员到调压站进行查看，及时解决问题。

3.2 巡查管理

场站采用站长与保安结合的模式对场站进行管理，白天站长带领保安一起对场站所有设备进行安全检查。站长负责日常的基本实物、设备维修、人员培训、外来接待等工作。保安作为辅助人员，熟悉场站记录抄写、设备检漏、治安保卫、应急演练以及巡查等工作。由于场站采用“白天站长维护，夜间无人值守，保安定时巡检”的模式，保安人员巡查尤为重要。场站保安的巡查分为白天的周界检查，与站长的安全检查以及夜班的设备点检。场站安保人员白天定时对场站周界进行检查，对安防系统的可靠性进以及围墙周边情况进行核实；每天与站长对场站动静密封点进行两次安全大检查，及时发现设备异常并解决；安保人员夜间不仅需要对场站周边进行检查，还需要定时抄录重要温度、压力数据，及时对异常情况进行汇报。因此，安保人员需要较高的素质以及责任心，掌握重要设备以及数据的正常情况，熟悉基本紧急操作。

3.3 应急管理

在选择管线所办公地点时，以其所在区域内场站具体的分布情况为基础，在满足燃气场站应急处置要求的基础上，对维修组的驻地进行科学合理的设置。从原则上来看，维修组的工作半径需要在50公里或者是90分钟的车程以内。公司场站无人值守时，片区人员从市内到达现场时间在60分钟左右。

同有人值守的燃气场站相比，无人场站包括的总操作时间是集合维修人员、到达燃气场站现场的时间、做好前期准备工作、常规运维操作这四个工作环节花费的时间之和，这就在一定程度上对管理人员的事故处理能力提出了更高的要求。因此，在日常工作过程中，维修人员需要不断的加强对典型事故案例、安全活动日等其他方面材料的分析和学习，以便能够不断地提升自身处理紧急事故的能力，从而在不断提升自身安全工作意识的基础上，提升处理燃气场站突发性应急事故的效率。

根据目前场站运行十年的经验，场站需要去现场的维修的主要事项有场站停电、安防系统报警、泄漏报警。对于泄漏问题，我公司目前运行可控，一般更换压力表、安全阀以及变送器会存在安装不规范造成的微漏，可以通过多次核查来解决该问题；针对安防报警，在无人值守时可采取旋转摄像头查看现场的方式进行核实，目前场站多为飞鸟、雨滴以及树叶造成的误报警；针对场站停电，发电机采取市电自动切换启动模式，维抢修人员还需在此时间奔赴现场进行核实并关注相关设备。

4 总结

结合现行我公司实行的分区管理模式以及场站的设备情况，为公司场站夜间无人值守提供了可行性，采用"白天站长维护，夜间无人值守，保安定时巡检"的模式。通过该模式，首先站长带班检查保证场站设备的运行正常，并能够做到设备的日常保养维护；再次依靠高度集成化、智能化、自动化的系统，可以实现对场站及周边环境实时动态监控与设备运行操作；最后通过地聘安保人员进行巡检，采取人机结合的巡查模式，确保能够掌握场站数据的变化。公司场站主要作为下游燃气公司的补充气源，通过公司统一调度与输配，可以将供气时间尽量安排到白天，夜间不进行输气作业。实行的片区管理模式以及人员的调配为场站应急处置提供了安全保障，也为公司场站的夜间无人值守场站夯实了基础。

参 考 文 献

[1] 罗霄，史大源，陈钰婷．天然气长输管道场站电气设备安全运行探究 m 科技资讯，2022. 20(11)：50-52.

[2] 吴远银，周岳洪，李通．天然气长输管道无人站及区域化管理 m 石化技术，2022. 29(01)：242-243.

[3] 付家安智能化燃气场站建设探究，2021，(06)：221-222.

[4] 董红军，马云宾．输油气站场智能巡检系统设计与实现用油气储运，2020，39(05)：570-575.

油气储运无人值守站场智能化建设探讨

田晓龙[1]　张金源[1]　秦晶晶[2]　孙钟阳[1]

（1. 中国石油天然气销售分公司；2. 中咨工程有限公司）

摘　要　随着科技的不断发展，人工智能和自动化技术逐渐在各个行业应用。油气储运行业是一个关键和复杂的领域，其在能源供应链中起着至关重要的作用。本文将探讨油气储运行业中无人站场智能化建设的必要性和可行性，以及该技术的潜在优势和挑战。国家从“十二五”到“十四五”数字经济政策逐步深化，企业进行数字化转型和智能化发展是所有大型企业面临的一道必做题。本文旨在探讨油气储运行业无人站场的智能化建设，通过实地调研和案例分析，研究了无人站场的现状和发展趋势。研究表明，智能化建设可以提高无人站场的运行效率和管理水平，降低安全风险和环境污染。本文提出了无人站场智能化建设的关键技术和实施策略，为油气储运行业的可持续发展提供了参考。

关键词　油气储运；天然气；无人值守站场；智能化

随着科技的不断进步，智能化建设在各行各业中得到了广泛应用。油气储运行业作为国家重要的能源领域，其运行安全和管理水平直接影响到国家的经济和民生。无人站场是油气储运行业中的重要组成部分，其运行效率和管理水平直接影响到整个油气储运系统的性能。因此，无人站场的智能化建设具有重要的意义。

1　国内外技术现状分析

1.1　国内技术现状与发展趋势

随着国内社会经济发展，管道设计标准逐步提高，近年来新建管道在设计和配置上比较先进，主要设备和系统已接近或达到国际先进水平。为进一步优化管理模式，国家管网几大运行企业（如西部管道公司、北方管道公司、西气东输公司等）均在全面探索无人站及区域化管理模式，旨在提高管道运行效率，践行优化运行、以人为本的核心理念，并通过技术改进和运维制度调整，来保证管道在“区域化管理”运行模式下的运行安全。

西部管道公司自2009年开始开展“无人站”建设，以典型站场HAZOP分析为切入点开展适应性改造的方式，形成了站场区域化建设“五步法”，搭建了集中监视系统，实施了作业区模式下的集中监视。将所辖管道及站场划分了28个作业区，9座中心站，已基本实现区域化管理。每个作业区将管辖2-5座中间站场，除作业区所在站场外其他站场均实行“无人值守”，作业区对所辖站场实行集中管理，集中监视、集中巡检、集中维护。其中压气站、油库、泵站实现了少人值守模式，分输站场基本实现了无人值守管理模式。目前西部管道公司正在开展进一步无人站建设规划，寻求依托智能化手段，继续推进无人值守站建设。

北方管道公司目前全面推进站场“区域化管理”建设。已有9个分公司完成了区域化改造。作业区负责管辖站场和阀室的工艺设施设备的定期集中巡检和维护保养。各站场达到“无人操作，无人值守，有人看护”的自动化水平，同时，搭建集中监视系统、实现了“集中调控，集中监视，集中巡检”的管理水平。首次在盖州压气站实现了压气站远程一键启停控制功能试验，并在中俄东线工程各压气站场进行推广，为压气站的无人值守奠定了基础。

西气东输管道公司于2010年开始按照“集中监视、集中巡检、远程控制”的管理思路，逐步推行“运检维一体化、大专业综合管理”的区域化管理模式。搭建了集中监视系统，实现了所辖437座阀室和141座站场的集中监视，站场用工数量大面积缩减，全公司50%以上的场站实现了无人值守，科级机构从70个减至30个，人员减少600余人，截至2019年西气东输用工水平已实现0.2人/公里。

天然气销售公司自2016年以来，逐步开展了支线管道项目无人值守场站的建设工作，已经在湖南的6条支线(岳阳~巴陵~长岭~临湘支线、汨罗-平江支线、汨罗-湘阴-屈原支线、长沙-益阳支线、涟-新支线、衡阳-炎陵)、广东的2条支线(揭阳支线、潮州支线)、辽宁的大连瓦长支线、贵州的都匀凯里项目等项目推行。

港华燃气集团也在无人站建设上进行了一些探索，2023年3月8日，港华智慧运行平台试点上线，以准确完备的管网、设备设施数据库为基础，依托地理信息系统(GIS)和物联网(IoT)、视联平台为能力底座，构建涵盖GIS、设备物联、设施管理、视频聚合的一体化业务平台，并通过运维业务的移动化、图形图标可视化、数字化，实现数据融合、风险评估分析、隐患管理、综合研判决策、预警应急响应与高效联动处置等功能，提供强大的数据、模型分析展现能力，为深度数据挖掘和指导决策构建智慧运维及安全管理长效机制。为实现站场无人值守及智能运维奠定了基础。

1.2　国外技术现状与发展趋势

上世纪90年代以来，以北美为代表的发达国家油气管道企业大范围实施站场无人化管理模式。

北美Alliance输气管道全线运行维护人员120人，管线管道全长3836公里。包括21座压气站、35座计量站、90座远控线路截断阀室和1座液化处理场。管道实行统一集中调控指挥，调控中心实现对站场进行监控和管理。站场主要设备的维修由供货商承包，所有站场均实现了无人值守，无人站场一周巡检两至三次，查看站场内设备的运转情况及相关的运行参数。作业人员根据维修计划分时间段完成常规维检修。

北美Kern River输气管道，共有职员170人，管辖管道约2688公里，包括11座压气站、15座输入计量站，57座输出计量站。所有站场均为无人值守站。实行统一集中调控指挥，调控中心负责对公司所属管道进行运行操作、监控、计量交接、维修计划协调和应急事故处理等。公司大部分技术支持和管线、设备维护业务采取外委的方式，由外部专业队伍进行专业化服务公司进行管理。

1.3　国内外差异对比分析

通过研究，国内外在无人站建设和运行上存在的内在和外在的差异如下：

规模方面：国外的大多数站场实现了无人值守，但站场的规模都属于小型站场，大多以泵站、计量站或小型压气站(2-3台10-15MW压缩机)为主，中型压气站(3-4台20-30MW压缩机组)基本还留有一定数量的运行人员，目前调研了解的暂无大型合建压气站(6-8台20-30MW压缩机组)无人值守的案例。

人员素质方面：北美劳动力市场发达，具有大量专业和技术人员，站场周边就地就可以招聘到相关技术人员，员工居住地离站场能保证在30分钟车程以内。国外的运行维护人员工作经验丰富、专业技术能力过硬，通常具有几十年的岗位经验，技术全面，能独自处理各类问题。与之相比，国内的人员在培训、资历、经验、能力等方面还存在很大差距。

施工质量方面：国外管道建设周期普遍较长，能有效全包建设质量，管道建成投运后，数年内基本不需要改造和大型维修，例如北美的Alliance管道建设周期为10年，其他管道的建设周期也都是5年以上。而我国的管道建设受项目工期、设计文件质量、施工人员素质、施工工序规范性、施工监理等因素影响，造成很多工程遗留问题，投产之日往往也是改造开始之时，导致运营期增加很大一部分维护工作量。

设备设施可靠性：我国管道早期建设基本全采用进口设备，设备维护维修受制于国外厂家。近年来，我国大力推进主要生产设备国产化项目，逐步实现了压缩机组、PLC、流量计、阀门等主要生产设备及散材的国产化替代，实现了自主制造，避免被西方卡脖子，降低了采购及维护、维修成本，但同时，也存在各类设备设施的可靠性参差不齐的情况，还有很长一段路要走，也导致运营期设备设施存在大量的维护维修工作量。

运营环境方面：国外管网比较发达，美国管网总长达到了400万公里，其中干线管道81万公里，管道干线分布在几条管廊里，经常6/7管道并行，同介质的管道之间可以互相注入，整个管网系统具有多气源、多通道的特点，保障输送的可靠性和灵活性，单一站场关断对整体输送能力影响不大。国内的西气东输等几条重要管线是我国的能源输送命脉，特别是冬季保供期间，一旦任何一条管道干线截断阀出现误关断或站场触发ESD，20分钟内临近压气站将因运行压力超高导致停机，干线截断阀达到高压关断值而保护关阀，进而引发全线各站超压保护停机，短时间内对上游进气或下游用气造成严重影响，一旦发生将严重影响管线安全平稳运行，后果将无法接受。在新疆部分地区，防恐维稳形势严峻，站场需投入大量人力进行安全保卫。

设备维护维修方面：国外管道行业实行完全市场化模式，管道及设备维护依托当地的专业公司，由第三方专业工程公司或设备厂家定期负责该设备的维护与维修。设备出现的异常情况，第三方或设备生产厂家能够快速赶赴现场进行处理和维修。对于压缩机组、泵机组等大型设备，还可交由设备场景的全球诊断中心进行24小时实时监测诊断，及时进行预警、发现故障隐患，保障设备可靠性。另外，国外制造业非常发达，油气管道业发达的北美，管道设备基本为本地生产，出现故障后，即使管道公司无法解决，当地厂家也会帮助解决。

社会依托方面：欧美发达国家将油气长输管道作为国家的第五大交通运输方式，并上升到国家经济和能源战略高度进行管理。多起油气管道的重大事故，促成了部门分工明确、权责明晰、政企沟通协调的管理体制和机制。例如美国联邦政府由交通部(DOT)的油气管道安全室(OPS)、能源部下属的联邦能源监管委员会(FERC)、国家运输安全委员会(NTSB)、国土安全部下属的重要基础设施保障办公室和国家基础设施保护中心、内务部矿物管理部、环境保护局、司法部7个部门负责油气管道安全事务，大部分州政府也设立了能源管理部门和油气管道监管机构，彼此分工明确，形成了较为健全的监管体系。美国还建立了国家统一管道地图系统(NPMS)，作为国家制定管道检测计划、安全管理和应急响应的重要决策支持工具。该系统包括州际或州内天然气和危险液体管道输送、LNG装置及危险液体接卸储罐等的相关地理空间数据及其属性。设立了国家管道统一呼叫中心(“811”电话)，要求施工方拨打“811”电话，并与管道运营商进行沟通，共同制定管道的安全保护措施，以避免施工引起管道意外事故。

法律法规方面：美国与管道安全相关的法律包括《管道安全法》、《管道监测、保护、执法安全法令》、《联邦规章典》中有专门的管道设计、安装、运行、维护、应急等内容；加拿大相关法律包括《能源管理法》、《石油天然气操作法》、《环境评估法》、《陆上石油天然气管道条例》、《管道穿跨越调理》、《管道信息保护条例》等，法律体系比较完善。而我国虽然发布了《石油天然气管道保护法》，但与其他相关法律之间存在一些冲突，同时缺乏专业的监管机构，政府只负责审批，基本不承担为管道企业服务的职能，《管道保护法》条文得不到有效落实。

综上所述，相比较发展了上百年的国外油气管道行业，我国的油气管道还处于发展阶段，各种原因制约了无人站建设的推进，束缚了国内管道企业的手脚。随着近年来数字化、智能化技术快速发展，为无人站的建设提供了一个新的思路，就是依托大数据、5G、人工智能等新兴技术，实现站场的各项业务的智能化管理，在站场无人模式下，实现对站场的智能化调度运行、综合智能巡检、设备智能化诊断及健康管理、管道风险全面监测、安保一体化管控、突发风险的及时发现和快速处置。

2 无人站场智能化建设的优势

2.1 提高安全性

引入人工智能和自动化技术可以降低人为因素对安全的影响。无人站场可以通过传感器和监控设备实时监测油气储运过程中的温度、压力等变化，及时发现和处理潜在的安全隐患。

2.2 提高工作效率

无人站场智能化建设可以自动化执行一些例行工作，如油气运输、储存和装卸等操作。这样可以减少人力资源的浪费，提高工作效率和生产能力。

2.3 降低运营成本

无人站场智能化建设可以减少人工投入量，从而降低运营成本。自动化设备和系统的维护和升级成本也相对较低。

3 需要解决的关键技术问题

对于新建项目无人值守站场，从工艺流程、监控及自动化系统、自控逻辑、站场总体布置、供配电、通信等方面如何进行建设，如何保证各工程建设的一致性和符合性。什么样的站场可执行无人值守管理，针对无人值守管理标准，所对应适应性分析的标准要求有哪些。站场无人值守模式下，如果实施应急管理，当发生突发情况时，如何开展应急指挥，如何了解现场实际情况，合理、高效的调配各种应急资源，需建立怎样的应急管理体系等关键技术问题都是无人值守站场建设过程中面临的关键技术问题。

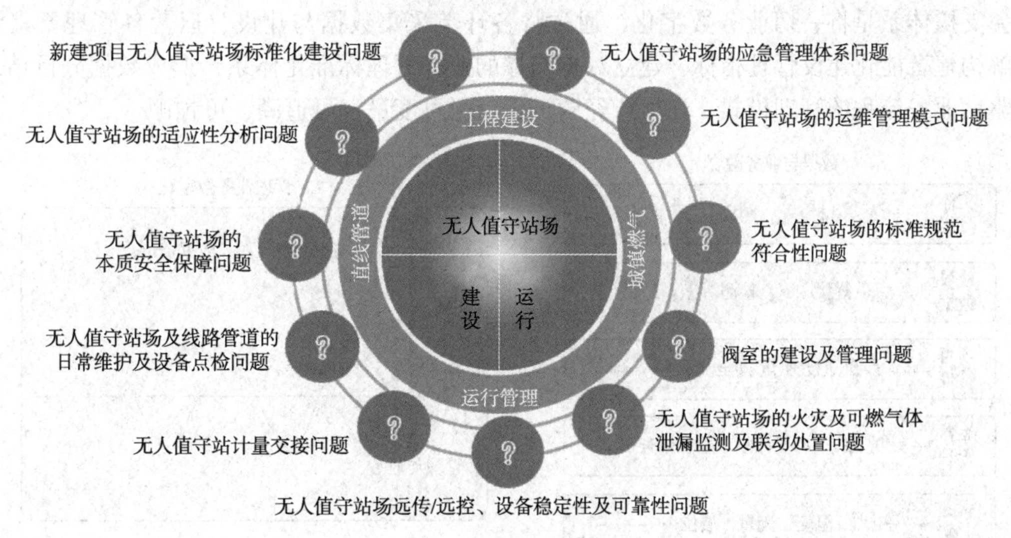

图1 关键技术问题

4 技术创新点

(1) 通过站场全面自动化、设备远程诊断、站场巡检等技术，实现城镇燃气门站及调压站的无人值守管理。

(2) 通过梳理无人值守管理模式下工艺、自控、消防、建筑、总图、给排水、供配电、通信等各系统功能需求，提出针对性提升方案，实现支线管道及城镇燃气管道无人值守站场的标准化设计。

(3) 针对支线管道站场、城镇燃气站场特点，通过对过程控制系统、安全仪表系统、流量计算机、安防监控系统及工控网络进行集成，实现无人值守站场监控系统的最优化设计。

（4）通过全面采集支线管道、城镇燃气站场主要生产设备诊断管理数据，依托诊断管理平台，实现支线管道、城镇燃气站场主要生产设备的健康状态实时监测、远程诊断、维护及管理。

（5）采用可燃气体扩散模拟技术，对站场速扫式探测器运行轨迹进行优化，实现无人值守站场气体泄漏风险的可靠检测。

（6）针对支线管道站场、城镇燃气站场特点，研究、形成支线管道及城镇燃气无人值守站的适应性及运维管理、应急管理体系研究成果。

5 无人站场智能化实施

5.1 传感技术的应用

传感技术在无人站场智能化建设中起着关键作用。温度、压力、流量等传感器可以即时获取关键数据，并通过通信网络传输到数据中心进行实时监控和分析。

5.2 数据分析和决策支持系统

通过对实时数据进行分析，可以帮助运营人员了解系统状态并快速做出决策。决策支持系统可以利用大数据分析技术，提供预测性维护、优化生产计划和资源分配等功能。

5.3 自动化设备的应用

自动化设备如机器人、自动控制系统等可以自动执行制定的工作任务，如油气输送、储存和装卸等。这些设备可以根据预设的参数和算法，实现高效、安全的运行。

5.4 业务支撑体系

业务支撑体系是将一切业务数字化，通过将各环节采集数据与建设、运营各管理要素深度融合，分解构建智能化建设管理指标，建立数据支撑的业务管理标准化体系，形成数据分析结果反哺业务，驱动业务流程的管理模式，让生产经营过程变得可度量、可追溯、可预测。

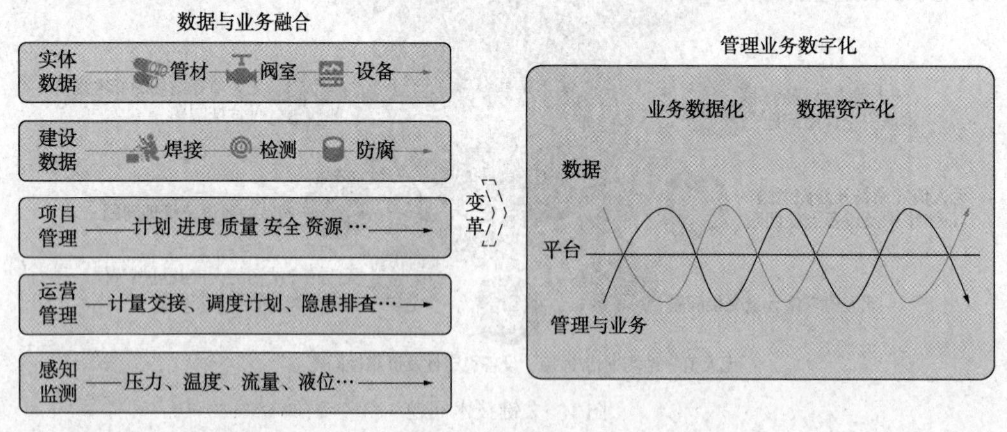

图2 业务支撑体系

5.5 场景智能化服务支撑体系

场景智能化服务支撑体系聚焦于智能化业务场景“怎么切入”和“怎么建设”的问题。参考国家和行业智能化标准规范，评估分析自身当前智能化应用成熟度和当前智能化建设的薄弱环节和重点方向，形成智能化成熟度评估模型和智能化建设体系文件。针对无人站场管控场景如何与人工智能、大数据、图像分析等技术结合和应用给出指导建议，已建、在建或新建项目可依据智能化服务体系文件，结合站场特点、资金投入等因素实现各业务场景的智能化、模块化应用建设。

图 3　场景智能化服务支撑体系

6　结束语

油气储运行业无人站场智能化建设是一个具有广阔前景的发展方向。该技术可以提高安全性、工作效率和经济效益。尽管智能化建设面临一些挑战，但通过合理规划和有效管理，可以充分发挥其优势，推动油气储运行业的发展。紧密结合站场无人值守模式下的各项业务需求，针对支线管道、城镇燃气管道所必需的各项关键技术开展深化研究。实现站场(支线管道分输站，城镇燃气门站、储配站、天然气供应站、天然气气化站、调压站)及阀室建设阶段的标准化设计、模块化建设、信息化管理，实现运行阶段站场无人值守、运检维一体化管理，最终达到提升站场本质安全、优化管理模式、提高运行管理效率、提升企业运营效益的目标。

参　考　文　献

[1] 杨军元，代兴，赵福来，等．探讨我国管道区域化运行维护的实现路径[J]．国际石油经济，2015，(1)：88-94.

[2] 曹闯明．油气长输管道巡检中的智能视频监控技术[J]．油气储运，2018，37(10)：1192-1200.

[3] 李毅，王磊，周代军，等．输油气站场区域化创新管理模式探讨[J]，油气田地面工程；2019，38(11)：85-89.

[4] 梁怿，彭太翀，李明耀．输气站场无人化自动分输技术在西气东输工程的实现[J]．天然气工业，2019，39(11)：112-116.

[5] 曹永乐，姚红亮．基于西气东输中卫压气站集中监视模式的实现与分析[J]．石油规划设计，2017，28(4)：38-40.

[6] 张世梅，张永兴．天然气长输管道无人站及区域化管理模式[J]．石油天然气学报，2019，41(6)：139-144.

[7] 赵光志，蔡亮，苏彦杰．美国长输管道安全法规标准体系研究[J]．全面腐蚀研究，2019，33(2)：1-4.

复合式固定翼无人机巡检应用实例

郭轶闻　叶玲俞　陈小勇

（中国石油天然气股份有限公司天然气销售广东分公司）

摘　要　针对天然气管道巡检工作中大型复合式固定翼无人机的应用问题，探讨如何部署无人机巡检系统和优化无人机实施方案，以尽可能提高巡检质量和巡检效率，同时对使用过程中的发现问题进行梳理，给出改进措施和建议，为后续开展无人机应用提供参考和支撑。

关键词　无人机；覆盖区域；管道巡检

当前无人机应用已逐渐从军事领域向民用领域延伸，无人机行业取得高速发展，在国民经济建设中的农林植保、管线巡查、应急救援、气象监测、国土资源测绘、航空摄影、科考研究和公共安全服务等各种领域已有上百种应用需求。其潜在市场空间巨大，可拓展性强，不断在一些新的应用领域充当起全能手角色。现阶段天然气管线巡检工作对于无人机的应用还处于初级阶段，运行单位大多使用小型无人机对有较难到达的限较小区域管道实施查看，大型无人机在巡检工作中的应用实例较少，本文通过总结揭阳天然气管道工程对于大型复合式固定翼无人机的应用经验，探讨大型无人机的相关建设方案，及在管道巡检过程中能够起到的作用。

1　项目简介

1.1　项目背景

揭阳区域内存在揭阳天然气管道工程及揭东天然气综合利用工程两条支线管道，其中：揭阳天然气管道工程项目包括1条干线和2条支线，管道全长146.8km；揭东天然气综合利用工程包括1条干线，管道全长30km。两条支线管道周边气候环境相似，沿途全年三分之二的时间温度超过30℃以上，日照充足雨量充沛，终年无雪少霜，对根生作物生长非常有利，使得管线沿途植被极为茂盛，森林覆盖率达到46.9%，且管线沿线山地、丘陵地形占比80%以上，山区极为陡峭，人员难以攀登，下阶段巡检人员将面临巡检任务量大，部分山区、密林巡检困难等一系列难题。

为解决投产后的日常巡检问题，揭阳昆仑公司开拓思路，与全国各无人机服务商进行联系，对不同类型无人机系统进行调研，力求通过无人机巡检系统解决下阶段所面临的巡检问题，并有效辅助属地巡检人员巡检工作，提升工作效率。

图1　山区地形

图2　一线巡检人员调试无人机

1.2　无人机系统介绍

经过深入研究、比对，揭阳天然气管道工程无人机系统最终采用彩虹 CH-806C 复合式固定翼大型无人机飞行平台。该平台配有完整软硬件系统，包括无人机飞行平台、地面站、实时图传保障和保障设备四部分，具体如下表：

表 1　无人机配置比对图

序号	产品名称	设备名称	配　　置	推荐数量	备注
1	无人机飞行平台	无人机及系统	CH-806C、动力系统(电机、电调、螺旋桨)、机载	1 套	
		吊舱	30 倍变焦可见光+红外载荷	1 套	
2	地面站	地面站	航线链路地面站含安全箱、多功能触摸地面站含安全箱	1 套	
3	实时图传保障	中继系统	中继系统，实时图像传输	1 套	
4	保障设备	电池等	多轴电池、固定翼电池、地面站用电池、地面站用电池座	1 套	
		充电器	无人机电池充电器	1 套	
		包装箱	航空铝箱	1 个	

图 3　无人机俯览图

表 2　无人机的主要性能参数

<table>
<tr><th colspan="2">项　　目</th><th>参 数 描 述</th><th>项目</th><th>参数描述</th></tr>
<tr><td colspan="2">类别</td><td>垂直起降复合翼</td><td>动力系统</td><td>电动</td></tr>
<tr><td colspan="2">材质</td><td>航空复合材料</td><td>巡航速度</td><td>80km/h</td></tr>
<tr><td colspan="2">最大载荷</td><td>3kg</td><td>最高速度</td><td>110km/h</td></tr>
<tr><td colspan="2">有效作业半径</td><td>30km</td><td>抗风能力</td><td>6 级</td></tr>
<tr><td colspan="2">飞行模式</td><td>全自动/半自动/手动飞行</td><td>防水等级</td><td>小雨</td></tr>
<tr><td colspan="2">最大起飞重量</td><td>20kg</td><td>续航时间</td><td>2.5h</td></tr>
<tr><td colspan="2">最大使用海拔</td><td colspan="3">4500m</td></tr>
<tr><td colspan="2">最大升限</td><td colspan="3">2000m</td></tr>
<tr><td colspan="2">通信频率</td><td colspan="3">1430MHz~1444MHz、840.5MHz~850MHz</td></tr>
<tr><td colspan="2">对外接口</td><td colspan="3">RS232、RJ45、USB、SDI、HDMI、S-BUS</td></tr>
<tr><td colspan="2">定位配置</td><td colspan="3">支持 RTK+PPK，精准定位</td></tr>
<tr><td rowspan="5">外形尺寸</td><td>机体尺寸</td><td colspan="3">机身长：1.7m，翼展：3.2m</td></tr>
<tr><td>机身</td><td colspan="3">航空复合材料</td></tr>
<tr><td>机翼</td><td colspan="3">航空复合材料</td></tr>
<tr><td>机臂</td><td colspan="3">3K 碳纤维</td></tr>
<tr><td>起落架</td><td colspan="3">碳纤维</td></tr>
</table>

1.3　CH-806C 无人机的系统优势

- 续航时间长；
- 兼容多种载荷；
- 吊舱引导飞机改变轨迹跟飞目标，创新的触控操作；
- 差分双天线定向，不惧强磁干扰；
- 斜 45 度专利设计，体积小，重量轻；
- 三轴机械增稳，电子增稳，保障视频始终水平，无黑边，无像旋转；
- 智能识别人、车等特定目标，支持多个目标的智能识别；
- 预知目标和实时视频的 AR 叠加，如实时显示管线、城市和建筑的名称等。

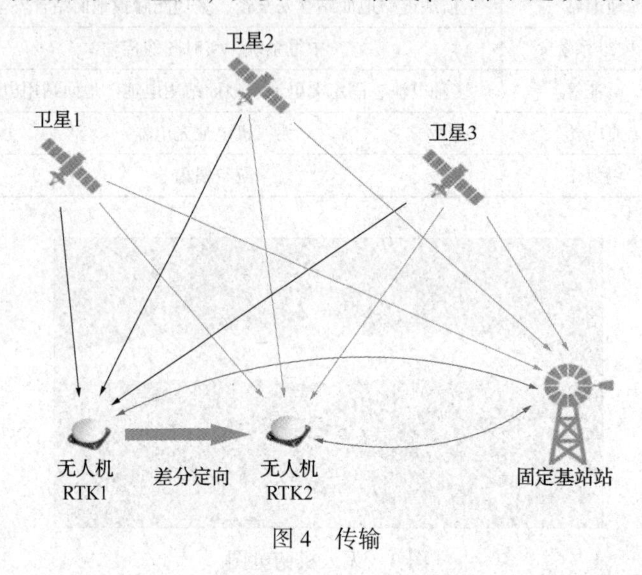

图 4　传输

2　整体实施方案

2.1　基础设施设置方案

2.1.1　飞行基地设置

揭阳天然气管道工程全线仅有一处有人值守场站，为普宁分输清管站，该站位于普宁市大坝镇，距离管线上游国家管网揭阳分输站管线 40.5 公里，距离大南海分输站管线 78 公里。

揭阳昆仑公司将普宁分输站作为起降飞行基地负责起降和无人机操作维护，后勤维护设备、飞行控制设备及相关操作系统皆设置于普宁分输站，相关飞控人员驻扎在站内，操作时在站内室外广场及调控中心操作无人机。

2.1.2　临时应急备用起降点设置

为保证无人机飞行安全，无人机系统内设置有临时应急备用起降点，在遇到极端天气等紧急情况时，无人机可自主就近选择临时应急备用起降点进行降落。

图 5　CH-806C 无人机系统中继信号站

揭阳昆仑公司现场人员与无人机技术人员相结合，对沿线场站阀室进行定位测量，并确定非防爆区范围大小能够符合无人机降落条件。最终在除普宁分输站之外的七处场站、阀室非防爆区内分别设置了临时应急备用起降点，最大程度上保证无人机飞行和起降安全。

2.1.3 中继通信基站设置

CH-806C 系统可使用中继通信基站实现无人机实时信号的无限延展，每个基站信号覆盖半径 30 公里。

在经过实地信号监测后，综合考虑高山对信号的影响，本项目在普宁分输站设置 1 处主基站，在 1#阀室、4#阀室及 6#阀室设置 3 处中继通信基站，确保无人机在巡检过程中全程数据实时传输。

2.2 巡检方案

因无人机可以快速更换电池进行复飞，揭阳昆仑公司计划除恶劣天气外(大雾天、6 级以上大风、雷阵雨或中雨以上天气)，每天对管道沿线进行往返 2 次巡检。每日分 2 个架次，涵盖揭阳天然气管道工程主干线全线，具体安排为：

第 1 个架次：从普宁站前往揭阳分输清管站沿线飞行巡查管道，飞完全程，最后返回普宁站，单程约 40km 往返约 80 公里，用时约 1 小时。包括途径 2#阀室和 1 号阀室，进行全阀室区域重点盘旋扫描巡查；

第 2 个架次：从普宁站前往揭阳分输清管站沿线飞行巡查管道飞完全程，最后返回普宁站，单程约 80 公里，往返约 160 公里，用时约 2 小时。包括途径 3#阀室、4 号阀室、5 号阀室、6 号阀室和大南海分输站，进行全区域重点盘旋扫描巡查。

揭阳首站到大南海分输站管线全长 80 公里，一次巡检往返里程为 160 公里，CH-806C 无人机在 80km/h 的速度下保守续航时间 2.5 小时，总续航里程 200 公里以上，完全满足大南海分输站的巡检要求。如遇到节假日或者紧急情况，无人机可以增加巡检频次，或对关键点进行不间断巡检。

图 6 巡检方案示意图

2.3 安全保障方案

2.3.1 飞行器自动检测

无人机具备智能检测功能，飞行前对自身实施自动检测，判断电磁、电池、飞控等飞行器自身条件和一定的外部条件是否允许飞行，不具备飞行条件会自动提醒操作人员，无人机本体未通过自检无法飞行。

2.3.2 飞行器应急保护措施

无人机具备多项自我保护功能。包括失联保护、断电保护、应急返航和保护降落保护功能，在系统中可进行设置：

当非航线失联返航阶段，飞机出现遥控器链路通讯异常，飞机将强制自动进入返航状态。

当非航线失联降落阶段，飞机出现遥控器链路通讯异常，飞机将直接在当前位置降落。

当飞机处于航线飞行阶段，飞机出现遥控器链路通讯异常，飞机会直接返航或直接降落。

当动力出现故障，飞机自动切固定翼动力或多旋翼动力保障飞行安全。

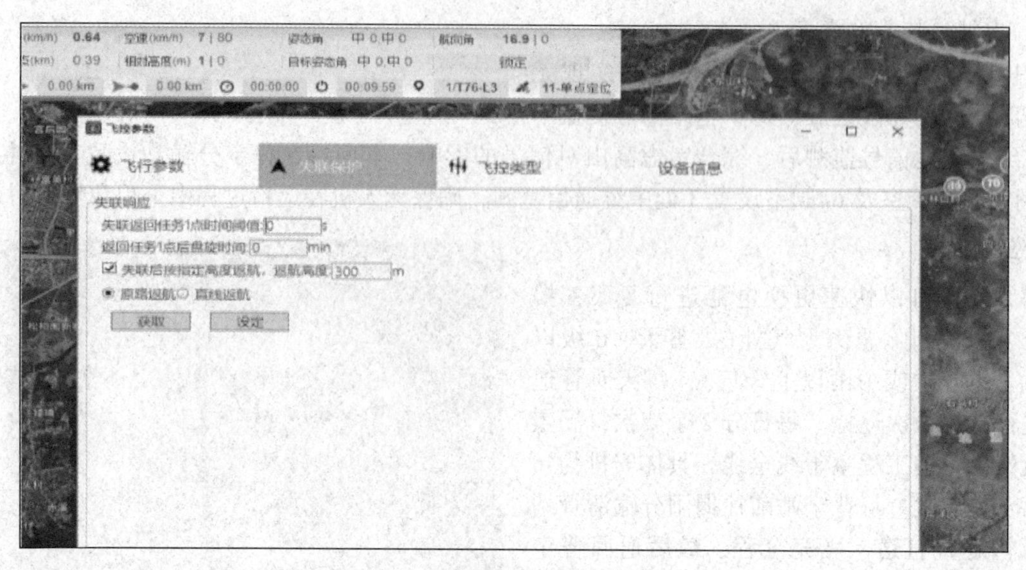

图7 应急保护措施设置界面

2.3.3 第三方保险

彩虹CH-806C无人机系统为大型无人机系统，通过保险公司相关认证，已经纳入保险公司投保业务。在无人机系统飞行前可对系统中的飞行器进行全额投保，并增加第三者险，在飞机出现坠落损坏后由保险公司出资对飞机进行维修或者更换，如造成第三者受伤，也由保险公司进行理赔，确保运行方揭阳昆仑公司不再承担任何其他费用。

2.3.4 航线保障措施

彩虹CH-806C无人机系统为大型无人机系统，巡检飞行航线需要进行专门申请，揭阳昆仑公司积极与市应急局和南部战区、民航空管门通过沟通，上报规划航线，确认航线内无禁飞区，并上报相关手续，完成航线的申请工作，确保无人机飞行过程中合法合规。

3 无人机系统实施效果

3.1 快速响应

因管线较长，人员配置有限，现阶段揭阳昆仑公司巡检人员仅能保证一周完成一次全线巡检任务，但随着无人机系统的投用，无人机可以每天至少对全线巡检2个频次，使管理人员能够第一时间掌握管线周边情况。

在进入5月以来，揭阳地区出现持续暴雨天气，随着无人机系统的投用，在遭遇暴雨、大风或强台风、强对流天气等灾害天气后，原本人员和车辆无法短时间内进入查看受灾部位的情况，但现在无人机可以立即快速起飞，在高空直线抵达受灾中心处，获取现场实时信息。无人机能够代替我们的巡检人员安全快速到达现场，第一时间获取现场资料，包括沿线管道或阀室或分输站的受灾情况，以便于迅速做出救援或采取应急措施。

无人机搭配振动光纤系统也有着极好的效果，在振动光纤系统发出警报信息之后，无人机可以快速安全飞达该处疑似施工部位进行确认，查看该处是误报还是确实有工程车在作业。

表3 无人机应急快速到达各阀室时间

分输站和阀室	准备时间	到达时间
普宁分输站起点	5分钟	0分钟
揭阳分输站	5分钟	20分钟
1号阀室	5分钟	10分钟

续表

分输站和阀室	准备时间	到达时间
2号阀室	5分钟	7分钟
3号阀室	5分钟	8分钟
4号阀室	5分钟	15分钟
5号阀室	5分钟	20分钟
6号阀室	5分钟	25分钟
大南海分输站	5分钟	30分钟

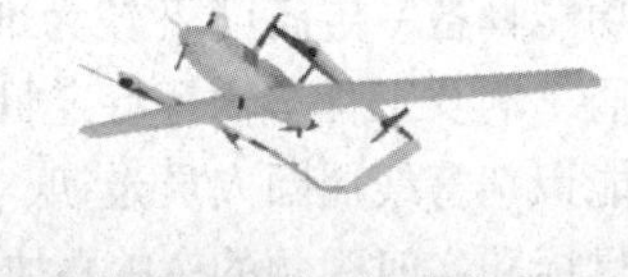

图8　暴雨过后巡检实际画面

3.2　施工监控

在特殊地区进行现场管道施工时，可以采取无人机快速飞行，进行每日或根据时间需要监控施工安全和施工进度，并确定周边环境是否存在风险，确保施工风险可控、安全可控、进度可控。

在3#阀室地灾抢险过程中，无人机系统每日对施工部位周边山体进行监控，获得了较好的应用效果。

3.3　应急公共救援、地方联控等

固定翼无人机系统在应急公共救援、地方联控方面存在着巨大潜力，并可通过视频直播使政府相关部门立即掌握事故现场情况。

图9　3#阀室抢险现场

图10　甬莞高速匝道大型交通事故处理现场

在飞行过程中无人机系统共发现火灾2起，重大交通事故1起，揭阳昆仑公司已于揭阳市应急局进行沟通，商讨下一步双方复合式固定翼无人机的联动机制。

4 下阶段优化方向

CH-806C是一款大型垂直起降复合翼无人机，其从军用察打一体的CH-806型号演变而来，还具备多项拓展功能，支持多种应用挂载。下阶段揭阳昆仑公司将继续推进无人机系统建设，增加相应模块，挖掘CH-806C复合式固定翼无人机平台潜力。

4.1 智能识别功能

该项功能已可以成熟应用，在试飞过程中已经完成现场演示，后续可直接挂载到揭阳燃气无人机进行实际巡检。

该功能具备一定高度下较为准确的智能识别能力，能够快速智能识别出人员、摩托车、电动车、普通车辆及工程车辆等特定目标，并第一时间进行报警提示，支持多个目标的同时智能识别；具备智能识别管线周围人员走动、施工占压、工程车辆功能模块，具备常见故障报警功能，同时可以预知目标和实时视频的AR叠加，如实时显示管线、城市和建筑的名称等。

图11 汕昆高速旁烧荒引起的火灾

图12 普通车辆、工程车辆、人员自动识别

4.2 高后果区智能识别

本功能技术成熟可靠，已由无人机服务商完成开发工作，后续可根据揭阳项目的需要对系统进行升级。

升级后该功能具备到达高后果区的实时提醒、虚拟边界设置和报警功能，具备对特定客户的指向性服务。

4.3 高空激光遥感监测功能

激光甲烷检测技术已经较为成熟，现阶段激光遥感检测探头可挂载在CH-806C飞行平台进行沿途燃气泄露检测。

光学口径	65mm
检测目标	甲烷(CH_4)
技术原理	TDLAS
静态检测限	5ppm.m
最远检测距离	0.1m~150m(无合作目标)
最快响应时间	25ms (40SPS)
检测范围	0~ 100000 ppm.m

图13 参数

4.4 图像自动对比功能

图像自动对比功能在行业内属于正在研发的功能，目前没有成熟应用，可以作为科研课题进行研究。

目前可以通过软件自动拍摄加人工观察的方式实现关键部位图像对比，如下图所示，一般对选定目标，在同一位置同一条件进行拍照，再进行自动或人工比对分析。

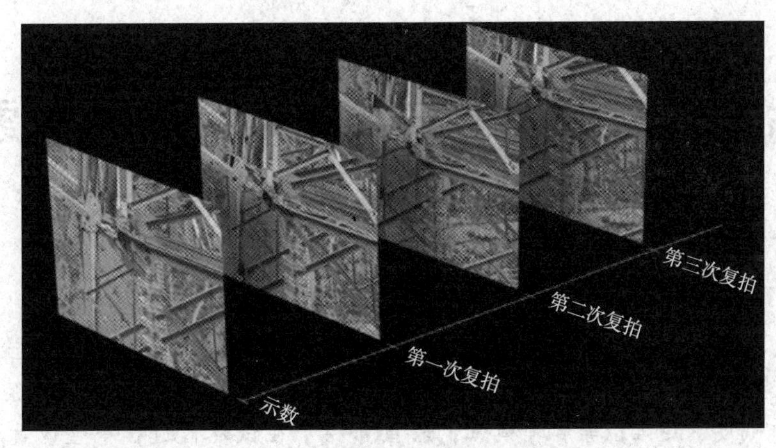

图 14　比对

5　结论

本文对揭阳昆仑公司复合式固定翼无人机系统应用状况进行了分析，从不同角度对无人机巡检的技术要求进行了研究。相比于传统的人工巡检方式，大型复合式固定翼无人机的优势在于：1)可以大幅减少运维人员的数量并缩短巡检时间，实现减人增效，具有更高的经济效益；2)可以减少运维人员到现场的次数，降低了人工巡检可能带来的人员触电、交通事故等安全风险；3)无人机携带全屏测温高灵敏红外热成像技术，识别能力强，有效解决了人工巡检时不易发现的天然气泄露等不易发现的问题；4)无人机巡检系统可自动结合历史数据进行对比分析、设备健康评估等，从而提高了揭阳公司精细化科学管理水平。综上所述，采用无人机巡检，对天然气行业用科技手段提升大规模管理水平具有重要参考意义。

参 考 文 献

[1] 魏凌，杨宏伟．民用无人机飞行轨迹测量方法及评估[J]．无线电通信技术，2023，49(4)．
[2] 张斌，林斌，杨彦彰，等．国内民用无人机系统标准体系构建现状[J]．中国标准化．2019(S1)：124-127.
[3] 王湛，王江东，杨宏伟．民用轻小型无人机系统检测认证研究[J]．质量与认证，2019(12)：52-54.
[4] 马德进，陈洋，朱振华．面向河道巡检的多无人机协作路径规划[J/OL]．控制工程．
[5] Hussein I I，Stipanovic D M. Effective coverage control for mobile sensor networks with guaranteed collision avoidance [J]. IEEE Transactions on Control Systems Technology，2007，15(4)：642-657.
[6] Wang Y，Hussein I I. Awareness coverage control over large-scale domains with intermittent communications [J]. IEEE Transactions on Automatic Control，2010，55(8)：1850-1859.

揭阳天然气管道无人值守场站运行管理探索与实践

丛德文　马哲斌　王魁军

（中国石油天然气股份有限公司天然气销售广东分公司）

摘　要　揭阳天然气管道无人值守场站按“无人值守、无人操作、远程控制、自动/人工定期巡检”理念设计和运行，本文介绍了由4大功能单元共18个技防系统组成的无人值守管控体系和调度、运维检等管理模式，着重介绍了在试运行过程中整改优化取得的认识，为同类无人值守试运投产运行管理提供借鉴和参考。

关键词　无人值守；技防系统；运维检

1　揭阳天然气管道无人值守场站设计理念

1.1　揭阳天然气管道简介

揭阳天然气管道从西气东输三线闽粤支干线揭阳分输清管站接气，全长146.8km，分为“一干两支”。其中干线长度约123.5Km，设计压力10MPa，管径813mm；占陇支线长度21.7Km，设计压力10MPa，管径D508mm；广东石化支线长度1.6km，设计压力6.3MPa，管径D508mm。全线设置3座分输站、7座阀室，其中普宁分输清管站为中心调控站；大南海分输站和占陇分输站设计为无人值守场站。目前其干线、广东石化支线已投入试运行。

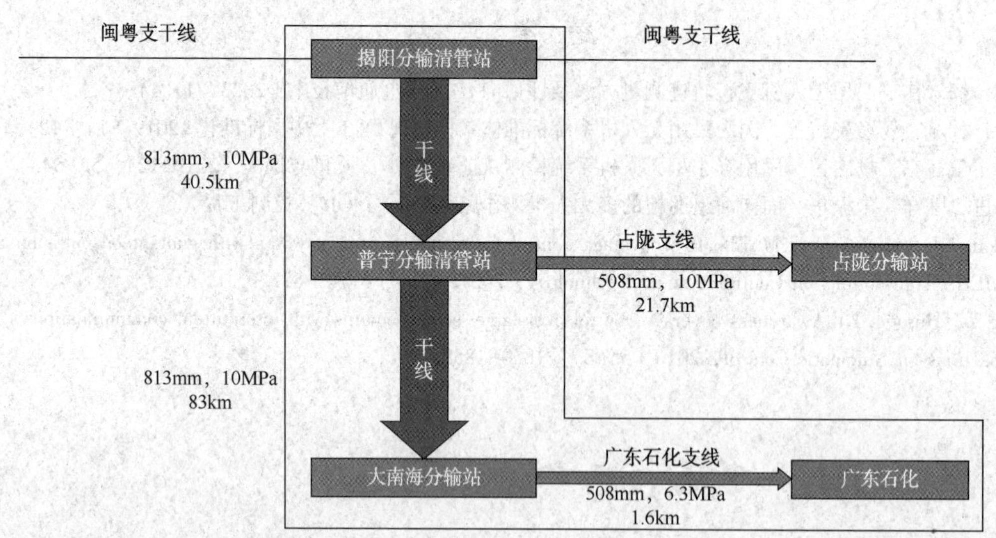

图1　揭阳管道运行区域示意图

1.2　揭阳天然气管道无人值守场站设计理念

揭阳天然气管道按照无人值守场站技术要求进行设计。通过SCADA、视频监控、振动光纤预警等技防措施对沿线站场、阀室进行监视和控制，实现全线的监控、调度、管理和运行，保障管道安全、平稳和高效运行，实现无人场站“电子化、智能化、自动化、集中化”管理理念。

2　无人值守场站技防管理体系

揭阳无人值守场站技防管理体系由4大功能单元共18个子系统组成。

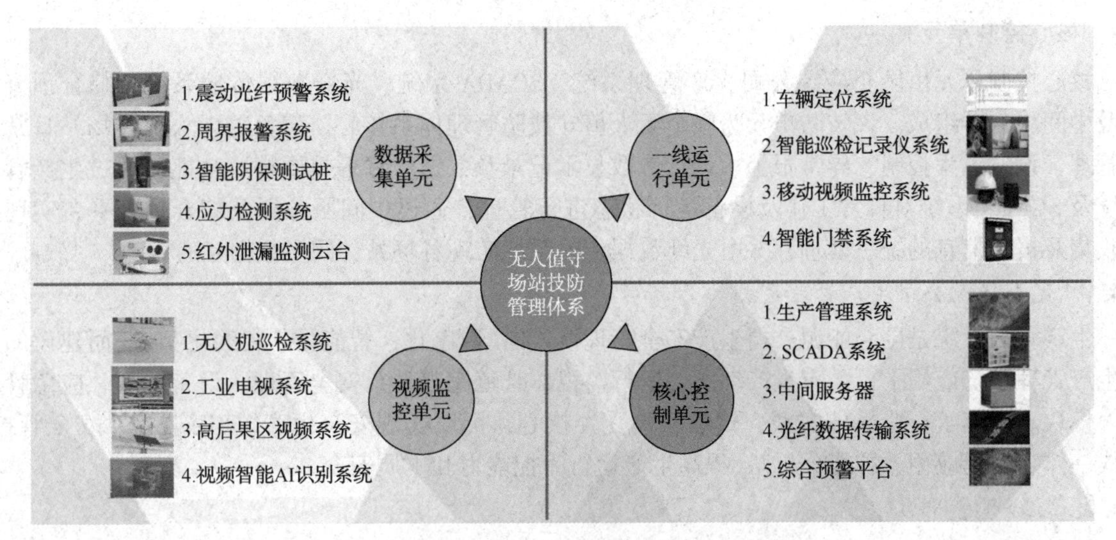

图2　揭阳管道无人值守场站技防体系示意图

2.1　数据采集单元

数据采集单元由振动光纤预警系统、红外泄漏检测系统、应力检测系统、智能阴保系统及周界报警系统组成。

2.1.1　振动光纤预警系统

揭阳管道同沟铺设一根72芯振动光纤，在负责全线设备通讯的同时，打造地下振动光纤系统，用于管道周边环境预警。当光纤周围出现挖掘、爆破等人为施工行为，或者出现地质灾害，如山体滑滑坡、局部地震等情况时，振动光纤系统可根据振动幅度初步判断振动类型，第一时间进行报警，并显示报警区域，提示管理人员哪一区域出现了潜在危险，需要立即前往该区域查看。通过这项功能，管理人员能够实时掌握管线周边环境，第一时间发现沿途管线潜在危险，填补人工、无人机巡检之间的管道运行监控空档，真正的实现了24对管道周边环境进行监控。

2.1.2　应力检测系统

为实时掌握地下管道受力情况，在易发生地灾情况、存在重大隐患等关键部位设置管道应力贴片系统，可以实时监测管道受力情况。该系统采用无线传输方式，通过管道上的应力贴片监测管道应力数值，并根据提前设定的安全数值范围进行分析，使管理人员能够实时掌握管道受力情况。

2.1.3　智能阴保系统

为能够实时监控管道电位状态，揭阳天然气管道在关键部位设置虫洞型智能测试桩，可以通过无线信号传输检测数据，将管道电位情况实时传回中控室内，人员不必到达现场进行检测就能够确认现场情况，不间断检测管道电位情况。

2.2　视频监控单元

视频监控单元由视频智能AI识别系统、高后果区监控、视频监控系统、固定翼无人机巡检系统组成。该技防单元通过对现场实时监控，使站控值班人员能够实时观看现场视频画面，掌握现场详细情况。

2.3　一线运行单元

一线运行单元由车辆定位系统、巡检记录仪系统、移动视频监控系统、智能门禁系统组成。该技防单元主要面向管理人员，实时掌握一线员工、车辆的实际运行情况，并且可以通过巡检记录仪、移动视频布控球及现场扩音器第一时间了解员工实时工作情况，通过实时视频对员工工作流程进行指导和监督，并及时与一线员工进行沟通交流。

2.4 核心控制单元

核心控制单元由昆仑能源公司生产管理系统、SCADA系统、光纤数据传输系统、综合预警平台及中间服务器组成。该技防单元为整个无人值守技防管理体系核心，肩负着无人值守场站日常工作管理、设备远程控制、异常报警、运行参数显示记录及数据传输等重要核心功能，通过生产管理系统及SCADA系统对日常工作及设备运行状态进行管理，通过中间服务器及综合预警平台实现数据收集及报警信息的统一处理，并由光纤数据传输系统实现各场站、阀室数据互通。

2.4.1 昆仑能源公司生产管理系统

生产管理系统是昆仑能源公司生产安全管理模式向“数字化、智能化、集约化”转变而建设的一套生产管理系统应用平台，有生产动态、运行监视、管道完整性、安全管理、设备管理、应急管理六大模块。借鉴了行业最佳实践，聚焦风险受控核心，可以实现安全生产“实时监控、安全管控、平战一体、便捷应用、智能分析”，提高生产运行管控能力和本质安全。

2.4.2 综合预警平台

以昆仑能源有限公司生产管理系统为抓手，整合SCADA、周界报警、高后果区监控、智能阴保和无人机巡检等所有技防系统报警信息，打造综合预警平台，实现管道、场站、设备运行全过程智能协同、智能联动，感知事故警情、预测风险隐患，切实提升自动化水平与安全管控能力。

3 无人值守场站管理模式

揭阳管道无人值守场站管理模式为调控中心远程统一控制、运维检中心管理现场，实现“场站运行自动化，操作控制远程化，运行维护集约化”管理，达到“无人值守、无人操作、远程控制、自动/人工定期巡检”要求。降低人工和运营成本，提升管控效率。

3.1 管理机构

按“站场无人值守运行、项目公司调控中心统一调控、运维检一体化管理”理念，揭阳昆仑公司设置调控中心和运维检中心管理无人值守场站和管道。

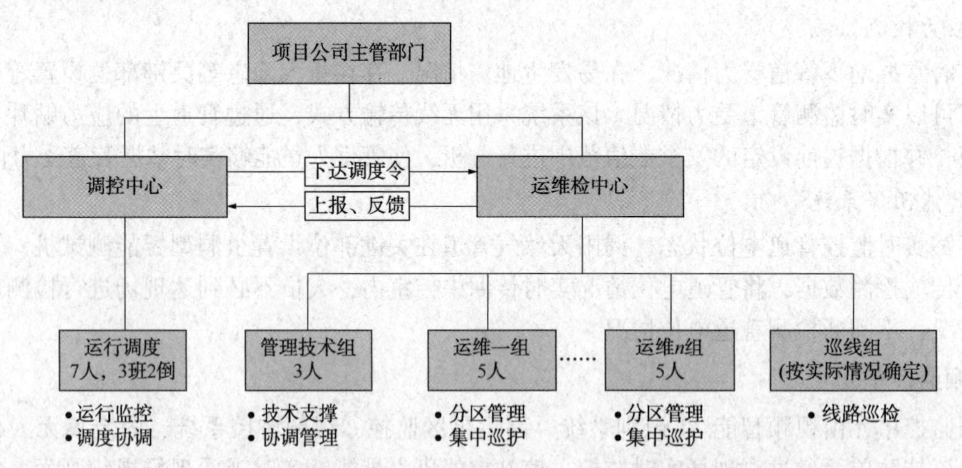

图3 揭阳管道无人值守场站管理机构隶属关系图

3.2 调度管理

调控中心设9人，其中调控主任1人，调控人员8名，采用四班三倒工作模式，通过站控SCADA系统执行上级指令，实现站内数据采集及处理、联锁保护、调节控制、顺序控制、连续控制以及对工艺设备运行状态的监视，并与上级调度控制中心交换各种数据与信息。

3.3 运维检管理

运维检中心下设4个小组，各小组划有属地责任区域，负责各自区域内的场站、阀室管理工作，由运维检中心领导统筹安排工作。

3.4 巡检管理

巡检管理模式以人工巡检为主，技防巡检为辅。按5公里1人招聘属地化巡线工巡检管道。投用高后果区视频系统、AI识别系统、复合式固定翼无人机巡检系统及振动光纤预警系统，打造空中无人机巡查，地下振动光纤预警，高后果区摄像头监控等技防措施配合巡检人员的人机结合精准化巡检模式。

4 运行管理认识与体会

揭阳天然气管道在转入试运行期间，对单一用户供气，要求不可中断和平稳供气，但2022年12月16日、12月28日连续出现断供事件。经过安全管理、工艺、电气、仪表、自控、管道、调度、维抢修、工程等专业深度剖析，对无人值守场站运行管理过程工艺、自控、通信、供配电、管道与设备管理等方面进行全方位整改和优化，实现揭阳管道无人值守场站“安全、平稳、受控、高效”运行，顺利完成保供任务。并在整改优化过程中取得以下运行管理认识：

4.1 严格按照设计落实每一处细节

大南海分输站配电柜内原设计为分励脱扣装置，但厂家未严格按照设计进行施工，错误安装了欠压脱扣装置，导致站内外电中断恢复后柴油发电机无法自动恢复供电，是导致12.16断电事件原因之一。所以施工过程中，应对照设计文件每一处细节明确相关系统、设备是否满足设计文件要求，尤其一些设备的内部构架及关键元器件，一定要与设备厂家进行细致确认，确保严格执行设计文件中规定的技术参数。

4.2 设备参数必须逐一排查、核实和验证

大南海分输站调压撬工作调压阀出厂力矩保护值默认为30%，在运行期间没有对该项参数进行核实和调整，是导致2022年12月28日减供的原因之一。因此设备设施各项参数，尤其是隐藏参数必须逐一排查、核实和验证。

4.3 设备的可靠性和程序的稳定性需要时间进行验证

在对单一用户保供期间，因多重原因导致部分设备和技防措施出现了异常状况，督导专家和现场值班人员紧急处理，故障得以最终排除。通过运行实践验证，必须实现工艺、自控、通信、供配电等系统完成专项风险排查和评估；调度、维抢修、场站巡检、管道巡护、人员履职能力、制度体系建设、应急响应能力、生产管理系统应用以及场站本质安全等方面必须经过一定时间的实践检验，才能开展无人值守场站试运行。

4.4 工况变化较大时必须制定不同工况下的PID控制程序

在对单一用户保供期间，前期使用同一套PID控制程序去应对气量剧烈波动的异常工况，期间出现5次异常情况，均是通过人工干预险情才得到有效控制。之后在总部专家的指导下，针对不同工况，重新编制了两套不同的PID控制程序，在人员未干预下成功处置了3次突发异常工况。

4.5 调压撬备用路宜采用热备设置

当调压撬备用路处于冷备状态时，主用路出现异常时需要值班人员人工操作才能启动备用路，会极大延长应急反应时间。因此为提高应急反应速度，调压撬备用路宜设置为热备模式，在主路出现异常情况时，备用路能够及时自行启动，保证下游用户不出现断供情况。

4.6 手动调节工作调压阀应小幅度、快速调整

在运行过程中，手动操作工作调压阀门时调节幅度过大，导致阀门卡死现象，因此手动调节工作调压阀时，应采取“小步快跑”调节模式，每次采取小幅度调节，确保阀门顺利启闭。

4.7 电信系统所有设备必须保持兼容

揭阳天然气管道采用两套视频监控系统，在视频上传时出现不兼容、无法视频上传的问题。因此在采购相关电信系统时，应考虑不同设备系统的兼容性，避免不同通讯系统之间出现兼容问题，重要信息无法及时传输。

4.8 必须打造满足无人值守场站运行的专业队伍

电器、仪表、自控等专业人才在无人值守场站运行中起到核心的关键作用，创建无人值守场站，必须通过培训、人才引进等多种形式来培养、锻炼自己的人才，满足无人值守场站运行的专业技术人才要求。

4.9 必须与上下游单位生产调度部门保持良好沟通

加强上下游沟通协作，建立信息沟通专班，掌握上下游用气工艺流程，掌握剧烈波动等异常工况信息，预判异常工况风险，协商异常工况管控方案，采取异常工况应急措施，实现按要求顺利供气。

参 考 文 献

[1] 高皋 . 天然气无人值守站场管理方式研究[J]. 化工管理，2017. 2.

揭阳天然气管道自动化通信系统优化提升

孔祥宇　黄志远　张晓宇

（中国石油天然气股份有限公司天然气销售广东分公司）

摘　要　针对项目公司及所属场站、阀室自动化通信系统开展全面诊断评估分析，覆盖场站、阀室所有业务类型，梳理整体网络架构，深入排查揭阳天然气长输管道自动化通信网络存在的问题并解决问题。通过对排查整改情况，进行经验梳理总结，为其他项目公司及所属场站、阀室自动化通信系统诊断评估整改形成提鉴资料。

关键词　自动化通信；网络拓扑；广播域自动化通信系统

1　背景介绍

通过实地排查、网络测试和人员访谈等方式，深入了解揭阳天然气管道自动化通讯系统在施工、运行中的实际状况，认真分析问题发生的根本原因，通过细致梳理发现：揭阳管道自通气以来经常出现全线SCADA数据传输严重丢包现象，场站和阀室自控数据传输多次中断(2022年6月揭阳管道3#、4#阀室网络通信链路中断、2023年2月25日大南海分输站到普宁站通讯链路中断、3月2日揭阳管道全线数据自控通信数据上传中断)，视频监控与SCADA工控系统混网、工控IP段未进行VLAN二层广播域划分、管道通信光缆部分纤芯损耗过大、监视阀室备用纤芯被新增业务占用、办公网络IP冲突等多项问题，管道自动化通信网络架构混乱，严重影响了管道安全生产平稳运行，无法满足为广东石化重大项目的供气保障要求，也给后期管道无人值守运行带来安全隐患。

为避免问题再次发生，及时消除工程自动化通信网络中断带来的风险，组织对揭阳天然气管道工程自动化通信系统开展了全面诊断评估，覆盖揭阳管道场站、阀室所有业务类型，全面梳理揭阳管道整体网络架构，深入排查自动化通信网络存在的问题。

2　保质保量，推进自动化通信网络问题优化整改的几方面措施

2.1　网络拓扑和路由IP整体规划

结合揭阳昆仑公司网段信息及所属各门站、阀室、办公网络需求，对IP网段进行整体规划，实现了各门站、阀室、办公网络的二层广播域隔离，杜绝网络风暴产生，强化网络访问限制。并结合IP网段规划信息和数据通信特点，重新调整了揭阳天然气管道自动化网络通信网络拓扑结构。

揭阳昆仑公司机关拓扑整改后，普宁分输站通过20M专线接入揭阳昆仑公司机关的中兴6804路由器上，棉湖、惠来营业厅等接入揭阳机关办公网络交换机，最终通过34M专线上传至广东分公司，形成一个树状拓扑，整体网络延迟明显降低，全面提升了自控网络系统的稳定性和可靠性。

并要求揭阳昆仑公司明确了科技信息管理人员，并按照信息化网络机房建设标准要求，设立专用网络机房，对现有通讯线缆进行梳理，统一标志标识，建立网络通讯设备和IP使用台账。

2.2　自控系统及网络路由调整

协调指导自动化通信系统实施单位按工程原设计方案，在大南海分输站、普宁分输站、白塔门站、洪阳门站分别部署两台自控路由器和自控交换机，实现了硬件冗余和主备链路自动切换，保障整体网络畅通。通过自控系统独立组网，有效避免了数据混网，提高了系统传输效率。同时完成普

宁分输站的自控系统拓扑进行整改，减少交换机之间的串联。

要求自动化通信系统实施单位在普宁分输站、大南海分输站以及3#-6#阀室各补充一台工业交换机，并按照设计规范进行VLAN划分，实现了阀室视频监控和自控数据的逻辑隔离。

协调指导自动化通信系统实施单位将揭阳天然气管道的中间数据库工作站迁移至普宁分输站机房服务器机柜，对IP地址调整和中间数据库接口配置，重新启用了工作站和中间数据库。

2.3　通信系统配套整改工作

一是光传输系统：指导光传输厂家按照原设计文件对光传输系统组网方式进行重新配置，将线性拓扑整改为树状连接方式，实现不同阀室间的数据传输隔离。结合现场业务和运行需求实际，删除多余业务配置，同时将工业电视业务传输带宽由10M提升到40M，有效保障大容量业务的高速传输。按照设计要求，补充光传输系统公务电话。现场完成光传输系统各项业务测试，及时确认并消除现场业务告警。

二是工业电视监视系统：结合本次网络拓扑路由调整和IP规划，重新梳理工业电视系统组网方式，优化网络结构和设备配置，及时消除现场多处混网的问题，专用网络传输带宽提升了400%，系统网络延迟由1600ms-2000ms降低至200ms以内，系统响应效率提升了近10倍；重新分配网络摄像机和存储服务器的IP地址，通过存储服务器双网卡IP地址配置，优化内网IP地址使用数量，将原先六十余个内网IP降低至6个管理IP，内网IP地址节约90%。新建IP地址使用管理台账，提高现场设备运行和管理效率；现场处理了大南海分输站2#、3#摄像头黑屏故障。

三是办公网络及综合布线：根据本次IP地址整体规划，对揭阳昆仑公司整体办公网络IP地址进行了重新分配，建立了办公网络IP地址使用台账，将内网IP地址使用对应到每名员工，并对揭阳昆仑公司机关和普宁分输站等生产作业场所的综合布线系统进行梳理，全新新增网络机柜3个，重新梳理了通信线缆走向，补充制作标志标识，极大提高了后期生产运行管理工作效率。

四是管道光缆排查：协调自动化通信系统实施单位对揭阳天然气管道工程管道全线光缆损耗情况进行测试，对测试数据进行统计分析，梳理存在光缆中断和损耗值过大的区段等问题，协调施工单位统一进行整改。针对揭阳管道72芯光缆和普宁分输站内24芯光缆的使用情况进行现场梳理和业务标注，方便后期人员的运维管理。

五是网络安全防护：结合自动化通信整改优化总体方案，组织开展网络拓扑路由调整和IP地址优化工作。指导自动化通信系统实施单位对普宁分输站的防火墙、网闸等设备进行IP和配置参数调整，将办公网络、自控数据、工业电视三大业务分别接入防火墙上，通过防火墙“接口对”功能，实现了三个业务网络在二层广播域隔离，提高了安全防护等级，避免网络风暴影响其他网络，系统安全性和可靠性提升了300%。

3　结论与建议

本次开展的自动化通信系统整改优化工作，全面系统的解决了揭阳天然气长输管道自通气以来各类网络通信故障。通过对网络拓扑和路由IP的全面规划，有效避免了网络环回和IP冲突，确保了整体网络系统的健全性和完整性；对照工程设计文件，现场补全自控系统路由器和交换机，实现了SCADA系统数据双链路双冗余的实时切换，有效提高了自控系统数据传输的稳定性和耐用性；现场督导各通信设备厂家完成施工尾项，并针对重点部位和关键设备开展专项优化提升，使多项重要业务的数据带宽成倍增加，传输延迟大幅降低，系统整体安全性和可靠性提升了300%。为巩固整改成果，持续优化提升，进一步建立长效常态提升机制，提出以下几点建议：

3.1　继续做好后续整改工作，持续推进网络优化提升

揭阳昆仑公司全面梳理本次自动化通信网络整改过程中发现的问题，结合本次整改实施工作的典型经验做法，举一反三，持续做好揭阳管道施工遗留问题和网络等保测评问题整改的督办工作。

EPC 项目部和揭阳昆仑公司要继续核实揭阳天然气管道工程设计文件、施工图纸、场站控制系统数据单等施工设计文件，根据生产业务需求实际，尽快启用普宁分输站至揭阳昆仑公司机关的 2M 公网链路，全面加强自控系统数据链路的可靠性和稳定性。

3.2 优化关键设备冗余和网络拓扑结构

目前揭阳昆仑公司自动化通信系统均按照主备用冗余设计，但揭阳昆仑公司机关通过一条 34M 运营商专线上传，现行网络拓扑中如防火墙、中兴路由器、网闸等关键设备没有冗余机制，揭阳昆仑公司要结合生产运行实际增加关键设备的冗余备件。

揭阳昆仑公司还要深入了解揭阳昆仑公司机关路由器和交换机等网络设备的详细配置参数，根据数据通信流量和负载情况进行网络拓扑进行优化完善，持续提升揭阳天然气管道数据传输的可靠性和稳定性。

3.3 强化承包商管理工作，加大现场监护力度

揭阳天然气管道工程通讯整改目前涉及多家单位，整改中存在多单位交叉施工配合，并出现了个别单位违规修改关键设备配置，为保障后续揭阳昆仑公司自动化通信系统平稳运行，揭阳昆仑公司要优化现有多方沟通机制，严格承包商考核办法，进一步完善施工调试人员进场作业监督制度，落实“一操作、一监督、一复核、一记录”的工作职责。

3.4 加强专业队伍建设，开展区域对标整改

揭阳昆仑公司要强化自动化通信专业人才队伍建设，建立并完善通信系统操作运行管理制度，通过组织基层场站专业人员开展针对网络拓扑结构和自动化通信主要设备的基础知识培训，增强解决自动化通信系统现场故障的系统思维和日常操作维护水平。还应结合“2.25”和“3.2”管道自控通讯中断事件，积极开展自动化通讯突发事件应急演练，全面强化现场应急处理能力。

高含硫气田集输管道数字化安全管控技术探索与研究

黄元和[1]　张爱鸿[1]　张小龙[2]

（1. 中国石化西南油气分公司采气二厂；2. 中国石化西南油气分公司 HSE 督察大队）

摘　要　本论文旨在探索和研究高含硫气田集输管道的数字化安全管控技术。随着我国经济的快速发展和天然气需求的增加，对高含硫气田的开发利用具有重要意义。然而，高含硫气田开采过程中存在诸多安全风险，如自然灾害、腐蚀、设备故障和第三方破坏等。为了有效管控这些风险，本研究通过多年的实践和探索，构建了高含硫气田集输管道的"三位一体"智能管控技术体系，包括地下管控、地面管控和空中管控。其中，针对腐蚀问题，提出了综合防腐工艺技术和腐蚀监测技术；针对泄漏问题，建立了分布式光纤安全预警系统；针对地质灾害问题，建立了地质灾害评价体系和监测系统；同时，还借助无人机技术实现了应急联动和巡检。通过这些技术手段，能够实现泄漏和突发事件的及时管控和预警，提升管道安全稳定运行能力，降低损失。本研究对于高含硫气田的数字化安全管控具有重要的参考价值和实际意义。

关键词　高含硫气田；集输管道；管线测漏；地质灾害；无人机；智能管控

随着全球经济的快速发展和能源结构的转型，天然气作为一种清洁、高效的能源资源正日益受到全球范围内的关注和重视。天然气行业作为能源行业中的重要组成部分，在能源供应、经济增长和环境保护方面发挥着重要的作用。因此，研究天然气行业的发展前景具有重要的理论和实践价值。全球能源需求的增长趋势对天然气行业的发展提供了巨大的机遇。随着全球人口的增加和工业化进程的加速，能源需求不断增长，尤其是在新兴经济体和发展中国家。天然气作为一种清洁、高效的能源资源，具有丰富的储量和广泛的应用领域，能够满足不同行业和部门的需求。因此，天然气行业将继续受益于全球能源需求的增长。

能源结构的转型和环境保护要求的提高也为天然气行业带来了新的发展机遇。随着全球对气候变化和环境污染的关注度不断提高，各国纷纷制定了减少碳排放和促进清洁能源发展的政策目标。相对于传统的化石能源，天然气燃烧产生的二氧化碳和其他污染物更少，具有较低的环境影响。因此，天然气作为过渡能源和清洁能源的替代品，将在能源结构调整和碳减排方面发挥重要作用。天然气行业的国际市场也呈现出广阔的发展前景。随着跨国天然气管道和液化天然气（LNG）终端的建设和扩张，天然气贸易的国际化程度不断提高。各国之间的天然气供应合作和贸易往来日益频繁，形成了一个全球范围内的天然气市场。这为天然气行业的国际化发展和市场竞争提供了良好的机遇。

天然气行业作为全球能源供应和清洁能源转型的重要组成部分，具有广阔的发展前景。然而，天然气行业也面临着一系列的挑战和风险。首先，天然气资源的可持续供应和开发成本是天然气行业发展的重要考虑因素。尽管全球天然气储量相对较为丰富，但部分地区的储量分布不均，导致资源供应的不稳定性。另外，天然气的开采、运输和储存技术要求高，并且需要投入大量的资金和人力资源。伴随着我国经济高速发展，天然气作为清洁优质能源紧缺的压力日益突出，对外依存度已超过 40%，国家能源安全形势严峻。我国海相领域天然气资源十分丰富，大部分含硫，安全高效开发利用此类资源对保障国家能源安全、促进国民经济发展具有十分重要的意义。"十一五"以来，中国石化在四川盆地东北部相继发现并开发了普光、元坝等海相深层高含硫气田。这些发现和开发的海相深层高含硫气田，为中国石化以及整个天然气行业带来了巨大的机遇和挑战。通过有效的开发利用和技术创新，可以为我国提供更多的清洁能源资源，推动国家能源安全和经济发展。然而，开发过程中也需要面对腐蚀、安全风险等问题，需要采取有效的管控措施和技术手段。因此，进一步研究和探索高含硫气田的开发与安全管控技术，对于推动天然气行业的可持续发展具有重要意义。

1 高含硫化氢气田开发面临问题

目前高含硫化氢气田是国内开发的重要天然气田。主要位于四川盆地的海相地区，地理位置优越，地质条件丰富，拥有大量的含硫天然气资源。该类气田的开发主要针对海相深层地层，其中包含高含硫化氢的天然气储层。高含硫化氢是一种有毒气体，对人体和环境有严重危害，因此对于高含硫气田的开采和处理过程需要高度的安全措施和技术支持。

高含硫化氢气田的开发面临着诸多挑战和难题。首先，由于气田地处海相地区，面临自然灾害的风险较高，如地质灾害和水灾等。这对气田的设备和管道安全提出了严峻要求。其次，高含硫化氢天然气具有较强的腐蚀性，对管道和设备的损害较大，需要采取有效的腐蚀防护措施。此外，管道的布设路径穿越山区、农田、道路等复杂地形，容易受到第三方破坏和人为损坏的影响。高含硫气田集输系统含硫天然气泄漏影响因素多，主要存在自然灾害、腐蚀、设备故障、第三方破坏等潜在风险，潜在问题点多面广，每年6~9月是高含硫气田发生地质灾害的高风险期，酸气管道途径山地、农田、道路、河流、村庄，地域范围广，面临着第三方施工破坏，农民耕作损坏、安全距离内违章占压和根深植物损坏防腐层等风险。

高含硫气田一般具有高压、高含硫化氢、高含二氧化碳等因素，具有较强的腐蚀性，同时高含硫化氢也使高含硫气田开采具有极高的危险性。目前，高含硫气田集输管道大都埋于地下，致使它的腐蚀检测手段极其有限，监测成本也极高。

因此，针对高含硫化氢气田开发所面临的问题，有必要研究和探索有效的解决方案。为有效管控泄漏、自然灾害、第三方破坏等突发事件，通过多年探索实践，逐步形成以腐蚀控制、泄漏报警为主的地下管控、以自然灾害预防为主的地面管控、以无人机应急联动为主的空中管控，构建起高含硫气田集输管道“三位一体”智能管控技术体系，保障气田安全稳定运行。

2 研究目的及意义

本论文旨在研究高含硫气田的开发与管理，以解决该气田面临的问题和挑战，提出有效的解决方案和技术手段，以确保气田的安全、高效开发和可持续运营。目的是深入分析高含硫气田的特殊情况和存在的问题。该气田所面临的挑战包括自然灾害、腐蚀、设备故障和第三方破坏等多种因素。通过对这些问题的深入研究和分析，可以全面了解高含硫气田开发中的风险和安全隐患。

其次，本论文旨在探索适用于高含硫气田的安全开发技术和管理策略。针对高含硫气田的特点，本研究将研究腐蚀防护、泄漏预警、安全监测等关键技术，提出适用于高含硫气田的解决方案。这些技术和策略将为气田的安全开发提供科学依据和技术支持，有助于降低事故风险，保障人员、设备和环境的安全。本论文还将提出高含硫气田的集输管道管理方案。由于大多数管道埋设于地下，腐蚀检测手段有限，监测成本高昂。因此，研究将侧重于探索适用于高含硫气田集输管道的巡检、维护和应急处理等方面的管理措施。这将有助于确保管道系统的安全稳定运行，提高管道的运行效率和可靠性。

本论文意在研究高含硫气田的开发与管理将为其他类似气田的开发和管理提供借鉴和参考。通过总结和归纳适用于高含硫气田的最佳实践经验，可以提供对类似气田的指导和参考，推动天然气行业的可持续发展。研究成果可以为保障能源安全提供支撑。高含硫气田作为国内丰富的天然气资源之一，其安全高效的开发与管理对保障国家能源安全具有重要意义。通过研究高含硫气田的问题和挑战，提出解决方案和技术手段，能够更好地利用这些资源，减少对外依存度，提升国家能源安全性。且高含硫化氢气田的开发可能对环境产生负面影响，如气体泄漏和水体污染。通过研究高含硫气田的安全开发技术和管理策略，可以降低对环境的影响，保护生态环境，推动绿色可持续发展。

本论文为实现构建起高含硫气田集输管道“三位一体”智能管控技术体系，保障气田安全稳定运行，运用包括周期批处理、阴极保护、管道杂散电流排流的综合防腐工艺技术以及超声波检测仪(UT)、电指纹(FSM)、漏磁检测等管道腐蚀监测技术，DAS分布式光纤安全预警系统泄漏报警为主的地下管控；管道地质灾害评价以及管道地质灾害监测系统为主的地面管控；以无人机应急联动以及管道应急疏散广播为主的空中管控，构建起高含硫气田集输管道“三位一体”智能管控技术体系来实现以高含硫气田集输管道数字化安全管控技术的实际开展。

3 管控技术应用现状及效果分析

3.1 地下管控技术

3.1.1 建立管道腐蚀防护技术

高含硫气田形成以缓蚀剂加注与周期批处理、阴极保护、管道杂散电流排流的综合防腐工艺技术，确保了高含硫气田集输系统腐蚀整体受控，年平均腐蚀速率控制在0.023mm/年以内，远远低于标准0.076mm/年的要求，如图1所示。

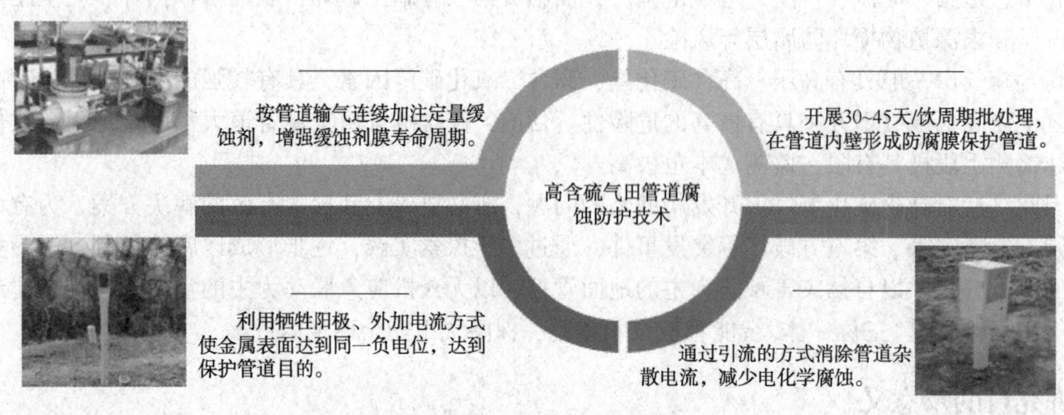

按管道输气连续加注定量缓蚀剂，增强缓蚀剂膜寿命周期。
开展30~45天/次周期批处理，在管道内壁形成防腐膜保护管道。
高含硫气田管道腐蚀防护技术
利用牺牲阳极、外加电流方式使金属表面达到同一负电位，达到保护管道目的。
通过引流的方式消除管道杂散电流，减少电化学腐蚀。

图1 高含硫气田管道腐蚀防护技

3.1.2 建立管道腐蚀监测技术

在腐蚀监测上，高含硫气田主要采用超声波检测仪(UT)、电指纹(FSM)、漏磁检测、涡流检测等技术，构建管道腐蚀监测体系，为腐蚀防护技术措施研究与制定提供有力支撑，能够及时有效的发现管道内部和外部的腐蚀缺陷、施工缺陷以及制造缺陷，如图2所示。

在管道表面按照电阻矩阵，通过施加电流，监测矩阵电场变化分析管道金属损失情况。
利用超声波波形反射和穿透时间变化来监测管道壁厚变
漏磁检测通过采集管道磁化后磁力线异常分析，发现管道金

图2 管道腐蚀监测技术

3.1.3 建设分布式光纤安全预警系统

为了防止人工挖掘、机械挖掘、山体滑坡、管道腐蚀等原因对输气管道造成破坏，达到对破坏事件提前预警、管道状态进行实时监测，结合高含硫气田油气管道现场实际情况，利用光纤分布式声波检测系统(DAS)设备，实现管道泄露、外力入侵的实时监测，预警，报警。通过网站、短信等多种形式将报警信息推送至相关人员。

如图3所示，DAS预警系统利用光反射与干涉原理，脉冲光信号经过脉冲光放大器放大滤波后经环形器注入光纤，当光纤某部位受到扰动时，该处光波相位会改变。由于干涉作用，光相位变化引起光强度改变，通过对携带扰动信息的光信号进行分析处理，实现对泄漏和入侵精确探测，如图4所示，进行实时监测声波频率、相位和振幅，实现管道泄漏、第三方入侵事件精确定位(定位精度5m)并及时预警。

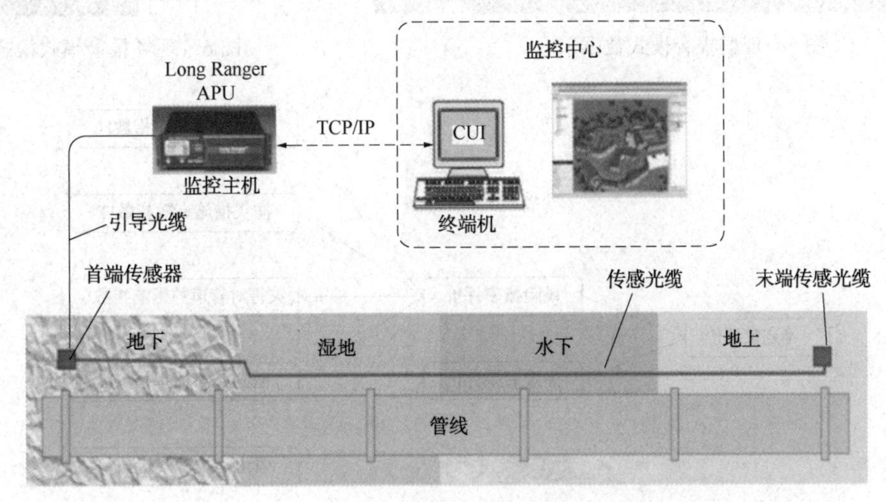

图3 分布式光纤预警系统架构图

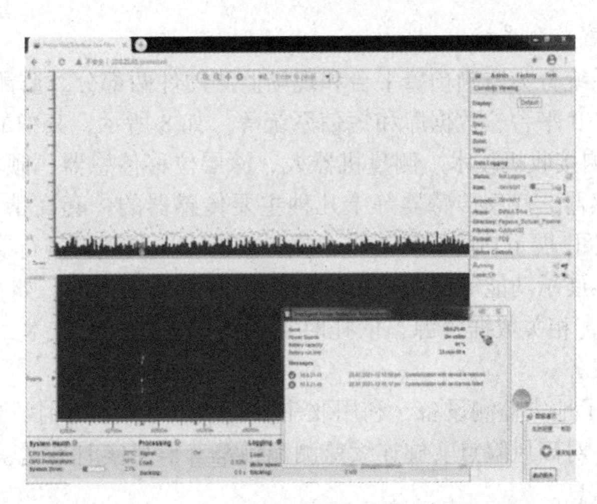

图4 分布式光纤预警系统现场预

例如某气田，2019年以来，通过4年时间开展DAS(分布式光纤声波振动监测系统)连续监测，建立气田管网监测信号特征数据库，智能识别不同扰动行为，形成管道泄漏、机械挖掘、人工作业、暗流冲击四种预警模式。定位精度小于3米，事件识别准确率大于95%，如图5、图6。

3.2 地面管控技术

3.2.1 建立管道地质灾害评价体系

借助气田地质灾害特征调查，通过管道地质灾害半定量评价方法，制定了高含硫气田地质灾害风险概率评价指数计算方法，明确4种风险概率参数类型(滑坡、崩塌、水毁)，61个独立因素值

(a、b、c等), 282个取分值(权重), 指导地质灾害预防工作, 如图7所示。提前准确的预判滑坡、管道位移、地质失稳等风险, 有效的采取工程治理措施或者防范措施, 避免了地灾事故的发生。

图5　现场报警模式数据采

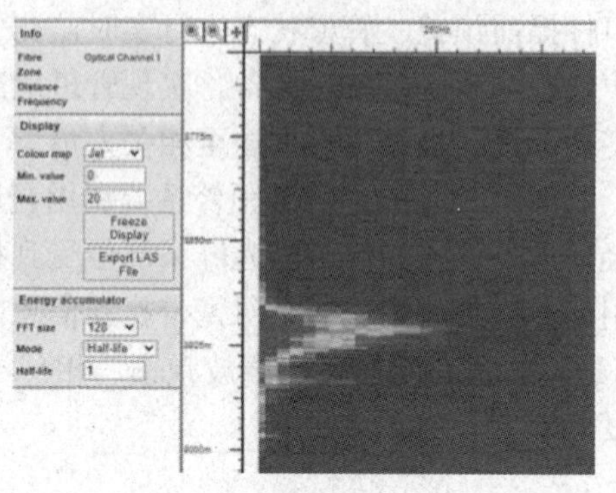

图6　现场报警模式模式识

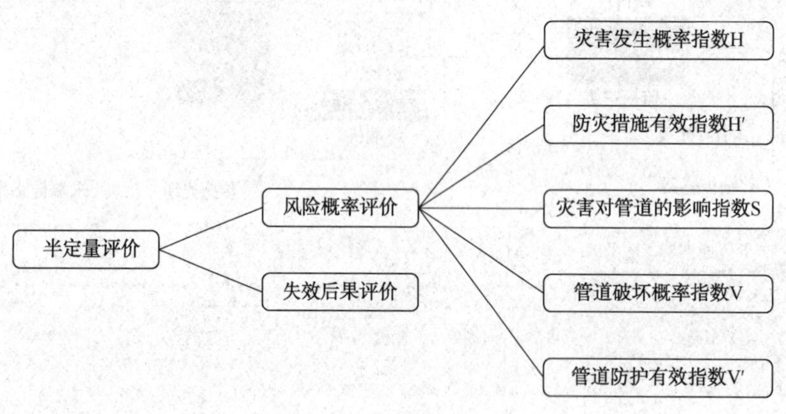

图7　元坝管道地质灾害评价体

3.2.2　建设管道地质灾害监测系统

管道地质灾害监测系统分为监测预警平台和现场监测硬件两部分。监测预警平台主要包含监测数据解码软件SMOS、WEB平台、数据库和短信系统等。如8所示, 其中的SMOS(South Monitoring System)是集北斗多星监测接收机技术、测量机器人、深层位移传感器、倾斜传感器、裂缝传感器、土压力传感器、渗压传感器、气象传感器等十几种主要传感器的一套高精度监测软件平台。SMOS平台具有地质灾害"一张图"展示功能, 可对平台接入的所有监测项目进行统计分析及综合展示, 且视频监控数据展示、三维展示功能等使用户可实时了解监测异常情况。如9所示, 地质灾害"一张图"基于现有各类地质灾害相关数据资源, 依托时空一体化管理服务技术, 结合具体业务数据实现地质灾害信息三维空间服务。

某气田在11处投用了地灾监测设备, 利用北斗卫星、拉线式位移计、深部位移计、雨量监测、地下水位监测5种手段, 对高风险点实施连续监测和预警, 信息实时推送, 运行4年来, 为应对地质灾害提供了及时预警信息。

3.3　空中管控技术

3.3.1　建设无人机应急联动系统

通过无人机系统软件开发、通信链路搭建、空中泄漏搜索定位、远程投弹点火等技术集成, 建立以无人机为核心的巡检与应急联动安全管控平台, 见图10。通过该项技术曾多次发现管线周边第三方作业、通信铁塔、高压电力铁塔、火炬塔架螺栓松动、附件缺失的问题, 防止了风险事件的发生。

3.3.2　形成管道应急疏散广播运行体系

建立覆盖管道及场站1300m的范围内的所有住户、医院、学校等地域的应急疏散广播系统, 实现小广播、大功率号角和防空警报器的多重防护，保障应急情况下及时通知周边人员疏散撤离，如下图 11。该广播系统能够实现终端和系统的双向通讯，可以 24 小时连续监控广播终端的工作状态、电源状态，以及终端具有一键求救按钮，可实现广播的精准维护和管理，并且在应激状态下及时发现需要帮助的人员，实现精准定位，快速营救的目的。

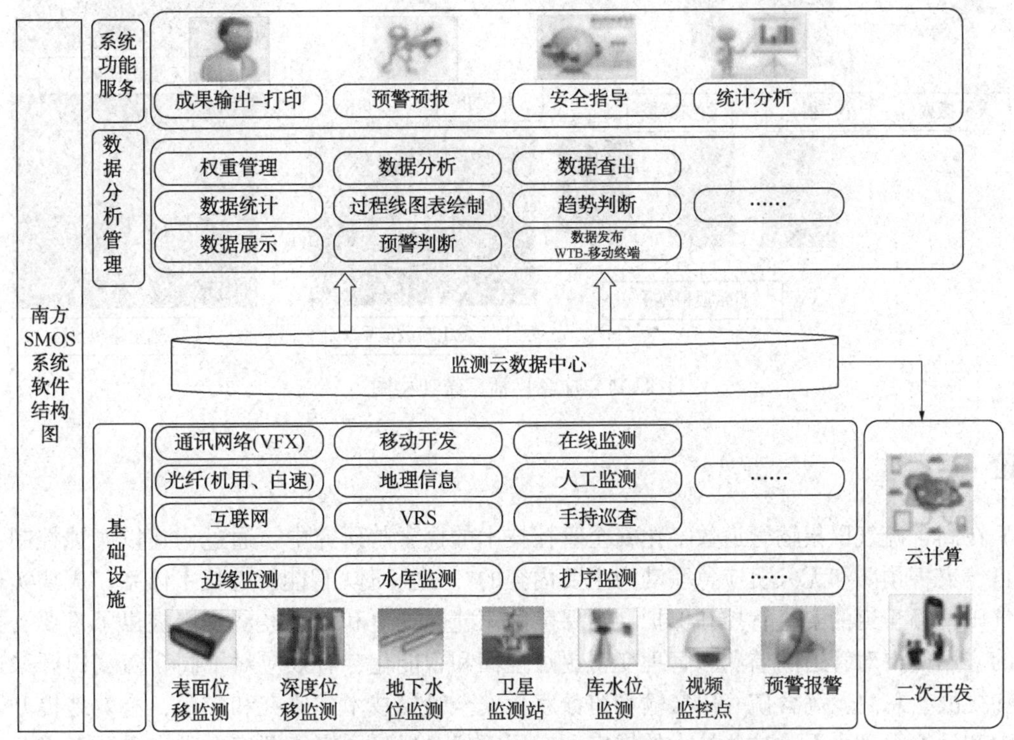

图 8　SMOS 设计功能示意图

图 9　地质灾害"一张图"示例

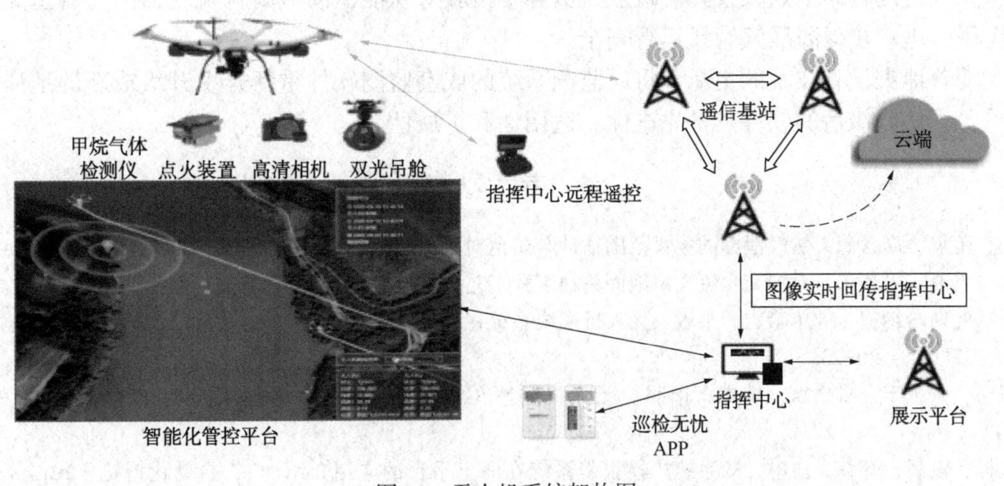

图 10　无人机系统架构图

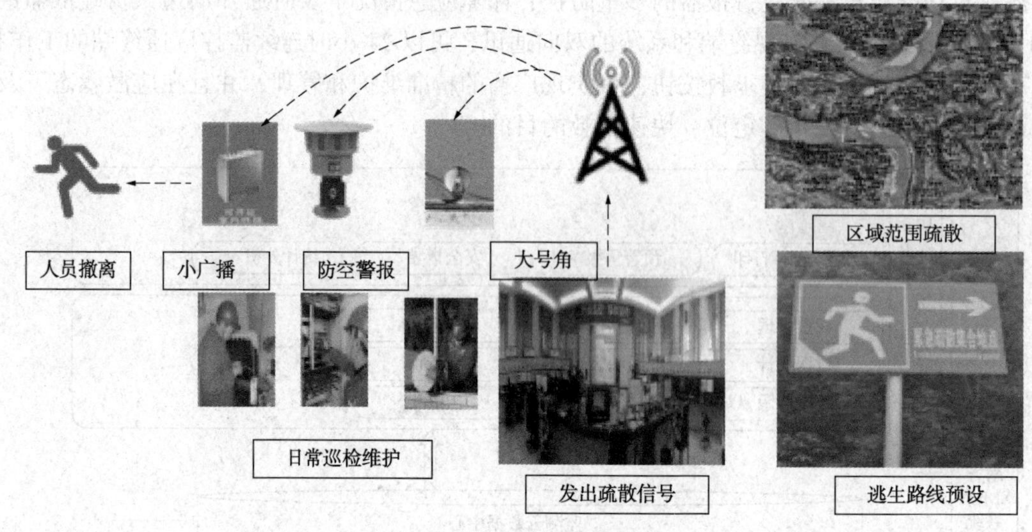

图11　应急广播系统架构图

4　结论

（1）在高含硫气田集输管道数字化安全管控技术的探索与研究中，通过构建以腐蚀控制、泄漏报警、自然灾害预防和无人机应急联动为主要内容的"三位一体"智能管控技术体系，成功实现了对高含硫气田集输管道的安全管控和保护，为保障国家能源安全和促进经济发展提供了重要支持。这些技术的应用使得对管道的监测和管理变得更加全面和智能化，有效应对了高含硫气田开采过程中的风险和挑战。总之，高含硫气田集输管道数字化安全管控技术的研究和应用，有效地提升了管道安全防护和运行管理水平。这些技术的推广和应用不仅对保障国家能源安全具有重要意义，也为促进经济发展提供了可靠支持。未来，我们还需不断完善和创新这些技术，以应对不断变化的能源安全挑战，为可持续发展提供更可靠、高效的能源供应保障。

（2）目前系统数据还比较分散，综合利用率不高，下步可通过构建酸气管线"三位一体"智能管控平台，实现数据共享和应急联动。当有异常事件发生时，平台将第一时间推送报警信息，并将精确报警位置发送给无人机及应急广播疏散系统，实现"先期预防、实时监测、智能预警、快速处置"，提升管道安全管控与防护能力，降低泄漏与破坏带来的损失。

（3）随着无人机技术的飞速发展，可通过对无人机设备升级更换及配套控制地面站系统功能优化升级，更精准的实现无人机正射影像处理及智能算法辅助地表异常判断、无人机可燃气体管道泄漏监测、无人机远程高空点火投弹、疏散人员异常搜救等功能，助力高含硫气田酸气管道无人机巡检深度应用，进一步保障酸气管线运行安全。

（4）随着地灾设备技术的更新，将原监测系统的成套监测软件重新开发升级成新的地质灾害监测软件平台，使升级后的软件具备先进性、适用性和扩展性。

参　考　文　献

[1] 邱奎，范忠．高含硫天然气泄漏的危害范围估计与防范对策[J]，石油勘探与开发，2004(03)：55-58+78-79.

[2] 朱国，冯宴，姚华弟．元坝高含硫气田地面集输工程工艺技术研究[J]，化学工程与装备，2015(11)：70-72.

[3] 赵果，叶斯哈纳提·叶尔哈力，吴敏．无人机巡线系统在高含硫集输管道中的应用研究[J]，油气田地面工程，2018，37(02)：20-23.

[4] 李器宇，张拯宁，柳建斌，郭峰，李明．无人机遥感在油气管道巡检中的应用[J]，红外，2014，35(03)：37-42.

[5] 蒋徐标，洪毅，郑伟，白琳．双系统广播报警系统在海上平台的应用介绍[J]，自动化博览，2013，30(05)：56-58.

[6] 肖丁铭，刘学勤，李锐．可寻址的调频广播在普光气田中的应用[J]，硅谷，2013，6(06)87-88.
[7] 白路遥，施宁，伞博泓，李亮亮，马云宾，时建辰，蔡永军．基于卫星遥感的管道地质灾害识别与监测技术现状[J]，油气储运，2019，38(04)：368-372+378.
[8] 荆宏远，郝建斌，陈英杰，付立武，刘建平．管道地质灾害风险半定量评价方法与应用[J]，油气储运，2011，30(07)：497-500+474.
[9] 钟威，高剑锋．油气管道典型地质灾害危险性评价[J]，油气储运，2015，34(09)：934-938.
[10] 肖丁铭，刘学勤，李锐．数字气田建设总体规划及实施[J]，天然气与石油，2010，28(03)：10-14+65.
[11] 马海骄，陈勇智，田炜，梅永贵，马永忠．油气田数字化的规划、建设、运行维护与应用[J]，油气田地面工程，2013，32(04)：10-11.

计算机视觉技术在无人值守站场地面管道泄露检测中的应用

向 伟 严小勇 卜 淘 王 腾 张 伟 阴丽诗
王 坤 王林坪 张 云 严 曦

（中国石化西南油气分公司采气四厂）

摘 要 随着WR气田的不断开采，地面集输管道泄露事件频繁发生，对正常生产造成严重影响。目前WR气田无人值守站场采用人工定期巡检和固定式可燃气体探测仪监测管道泄露，但人工巡检泄露管道发现不及时、固定式可燃气体探测仪灵敏度易受站场环境影响预警能力低。为此，提出一种基于计算机视觉技术的无人值守站场地面管道泄露检测方法。在分析现有管道泄露检测方法和计算机视觉技术上，以能应用在无人值守站场视频监控上实时检测为目标，建立了基于计算机视觉Tiny-yolo v4目标检测模型的WR气田无人值守站场地面管道泄露检测模型，通过增加Tiny-yolo v4模型特征提取网络层数和调整特征提取层卷积核数量，增强Tiny-yolo v4目标检测模型对管道泄露图像的检测能力。结果表明：①采用迁移学习训练的改进后Tiny-yolo v4目标检测模型能最大限度地避免站场复杂环境对模型检测结果的影响，对站场地面天然气管道泄露、污水管道泄露的检测精度均值达到95.86%，模型实时检测速度达到49.7fps，模型训练时间缩短86.3%。结论认为：改进后的Tiny-yolo v4目标检测模型有更好的管道泄露图像检测能力，结合站场视频监控将对无人值守站场地面管道重点部位提供更好的泄露检测预警能力。

关键词 天然气管道泄露；污水管道泄露；泄露检测；无人值守；深度学习；目标检测

图1 流程区可燃气体探测仪

截止2020年4月，WR气田已探明储量超千亿方，全面建成后年产能达到30亿立方米，满足1600万家庭年用气，具有重大发展潜力。由于WR气田地层存在SRB（硫酸盐还原菌）、气井压裂液重复使用、气井投产初期出砂严重等问题，随着开采深入，地面集输管道腐蚀穿孔事件频频发生，对正常生产造成严重影响。目前WR气田无人值守站场管道泄露的发现主要依靠人工定期巡检，人工巡检存在以下问题：1. 无人值守采气井站每6小时巡检1次，无人值守单井站每3天巡检1次，管道泄露发现周期较长；2. 夜晚和雨雪天气下人工巡检工作强度大、管道泄露发现难度大。所以，WR气田无人值守站场管道泄露检测的及时性、准确性是一个值得注意的问题。

1　采气站场可燃气体检测和管道损伤检测技术

1.1　固定式可燃气体探测仪

目前 WR 气田采用固定式可燃气体探测仪监测气体泄露，流程区可燃气体探测仪如图 1 所示，6 井式无人值守站场至少安装有 6 个固定式可燃气体探测仪，井口 4 个、流程区 2 个。

固定式可燃气体探测仪在使用过程中主要存在以下问题：

（1）由于位置固定，可燃气体泄漏并不能覆盖整个场站。

（2）灵敏度不高，只对高浓度气体泄漏才能起到作用，对轻微的渗漏无反应；更由于场站处于空旷地带，场站气体泄漏时无法聚集，气体泄漏时探测器也无响应，管道泄露检测灵敏度普遍不高。

（3）气体泄漏时无法精确的判断泄漏位置，只能人工查看检测泄漏点。

（4）目前使用探头维护保养成本高，探头两年需更换一次。

（5）泄露检测信号是通过电缆传输到值班房机柜，无法远传到值班人员手机或者总站中控室。

1.2　防爆云台甲烷检测摄像机

防爆云台甲烷检测摄像机使用可调谐半导体激光吸收光谱技术检测甲烷浓度，具有远距离，高灵敏度，响应快，覆盖广，抗干扰能力强等优点，防爆云台甲烷检测摄像机及实时监控画面如图 2、图 3 所示。

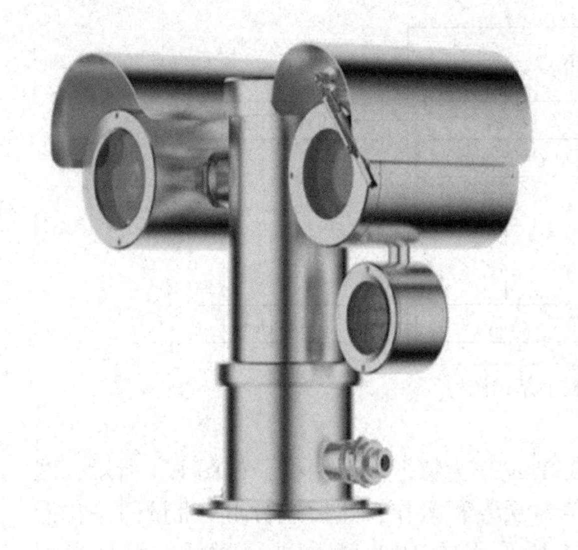

图 2　防爆云台甲烷检测摄像机

图 3　防爆云台甲烷检测摄像机管道泄露实时监控画面

无人值守单井站只需配备 1 台防爆云台甲烷检测摄像机对井口和流程区实行轮番巡检，建设价格约 20 万；6~8 井式无人值守站场需要配备 2~3 台防爆云台甲烷检测摄像机对井口和流程区实行轮番巡检，建设价格约 40~60 万，价格昂贵，无人值守站场实际应用起来难度较大。

1.3　管道泄露漏测技术

在天然气生产井站、天然气集气总站管道检测领域，常用超声波检测、涡流检测、负压力波检测、光纤传感检测等检测方法，但此类方法受到管道类型限制。近年来，Bin Liu 等人通过弱磁法对油气管道损伤进行检测，Chen Wang 等人通过 IA-SVM 模型对海底油气管道的腐蚀情况进行预测，孙宝财等人运用改进的 GA-BP 算法对油气管道腐蚀剩余强度进行预测，黄玉龙运用基于边缘检测的数学形态学分割算法对石油管道缺陷进行检测，刘晓等人采用扫描电镜-能谱(SEM-EDS)、X 射线衍射(XRD)和红外光谱(IR)等射线检测技术对油气田管道破损情况进行检测，何健安等人利用 BP 神经网络和 SVM 分类器对集油气站管道泄漏区域进行检测，但机器学习和图像处理的管道缺陷检测方法，缺陷检测准确率不高，易受到现场复杂环境的影响，运用弱磁法仅对平行状态的管道有一定的检测效果，在现场实际环境下对管道进行检测不适用。

1.4 基于深度学习的管道表面缺陷检测技术

随着深度学习的发展，深度卷积神经网络模型具有强大的特征提取能力，在目标检测和损伤检测上有较好的效果，王立中、蔡超鹏、汤踊等人利用基于候选框的 Faster R-CNN 目标检测模型分别对带钢表面缺陷、金属轴表面缺陷、输电线路部件缺陷进行检测，毛欣翔等人利用基于回归的 YOLO V3(You Only Look Once V3)目标检测模型对连铸板坯表面缺陷进行检测，Faster R-CNN 和 YOLO V3 目标检测模型有较高的检测准确率，但 Faster R-CNN 和 YOLO V3 目标检测模型模型体积较大，实时性检测所需硬件条件高，无法应用在站场摄像头上进行实时检测。

YOLO V4(You Only Look Once)是 2020 年提出的一种基于回归的深度学习目标检测模型，Tiny-yolo v4 模型源于 YOLO V4，是 YOLO V4 的简化版本，Tiny-yolo v4 模型结构如图 4 所示。

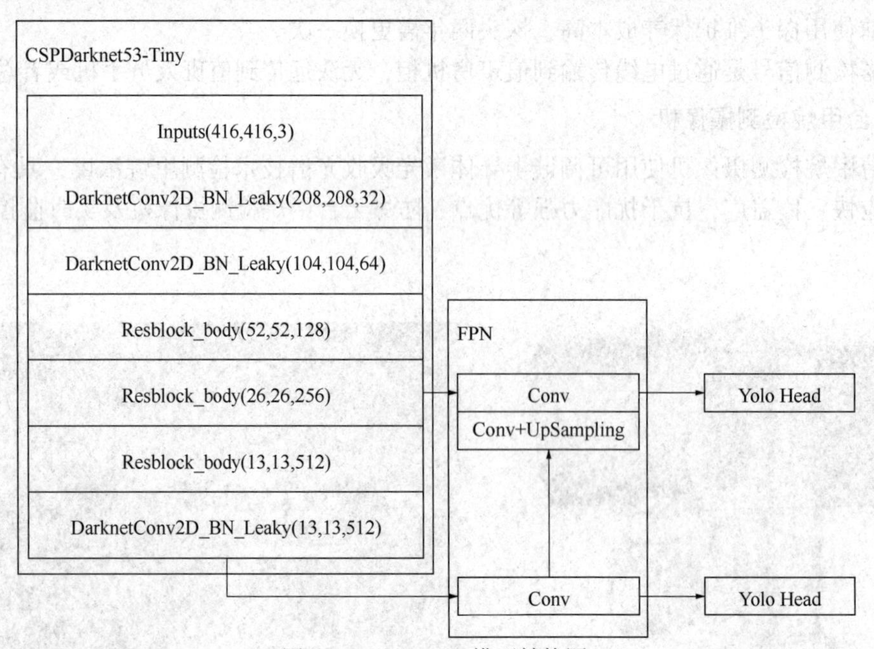

图 4 Tiny-yolo v4 模型结构图

Tiny-yolo v4 目标检测模型主要有 2 部分创新点：

(1) Tiny-yolo v4 目标检测模型采用 CSPDarknet53-Tiny 作为特征提取网络，如图 1.4 所示，网络首先输入 416 * 416 大小图像特征，接着网络进行第一层卷积操作，然后进行 BN 批量归一化操作，为了加快模型检测速度，并没有采用 YOLO V4 所采用的 Mish 函数进行激活，而是采用 LeakyReLU 函数进行激活并输出，第二层卷积操作和第一层卷积操作相同。第三、四、五层网络均采用具有残差结构连接 Resblock_body 模块进行特征提取，第六层网络卷积操作同第一层相同。Tiny-yolo v4 网络结构仅有 600 万参数，比 YOLO V4 减少约 10 倍参数量，大幅降低 Tiny-yolo v4 模型大小，并且使 Tiny-yolo v4 模型的检测速度大幅提升。

(2) Tiny-yolo v4 模型在目标检测部分增加了 FPN 结构，将深层 13 * 13 大小特征通过上采样后向 26 * 26 大小特征传递，增加网络特征的多样性，提升网络目标检测效果。

Tiny-yolo v4 模型与典型目标检测模型对 COCO 数据集检测结果对比如表 1 所示。

表 1 Tiny-yolo v4 模型与典型目标检测模型性能比较

模型	mAP/%	检测速度/fps	模型	mAP/%	检测速度/fps
Tiny-yolo v4	40.2	11	Tiny-yolo v3	29	14
YOLO V4	57.3	3.5	SSD	43.1	4.2

Tiny-yolo v4、YOLO V4、Tiny-yolo v3、SSD 等 4 种典型目标检测模型对公开 COCO 数据检测结果表明：

YOLO V4 模型的检测效果最好，目标检测精度均值达到 57.3%，但其检测速度仅为 3.5fps，检测速度较慢；SSD 模型目标检测精度均值达到 43.1%，有较好的检测效果，但其检测速度仅为 4.2fps，检测速度较慢；Tiny-yolo v4 模型目标检测精度均值达到 40.2%，检测速度达到 11fps，有较好的检测效果和较快的检测速度；Tiny-yolo v3 模型目标检测精度均值为 29%，检测速度达到 14fps，有较快的检测速度，但检测效果一般。

从 Tiny-yolo v4 与 3 种典型目标检测模型对比结果可知，Tiny-yolo v4 目标检测模型对公开 COCO 数据集的检测性能和检测速度均比较突出，现将 Tiny-yolo v4 目标检测模型在对站场地面天然气管道泄露图像和污水管道泄露图像进行检测实验。

2 实验过程和结果分析

2.1 地面管道泄露位置和泄露部件分析

2021 年 WR 气田共发生各类泄漏事件 128 起，从泄露位置分布来看，井口高压管线占比 27%、井口节流阀组撬占比 26%、轮换计量撬占比 17%、分离器占比 11%、两相流量计占比 3%、其他泄露占比 16%，如图 5 所示，井口高压管线、井口节流阀组撬、轮换计量撬、分离器是巡检人员和泄露检测装置重点关注的位置。从泄露部件分布来看，弯头占比 34%、焊缝占比 24%、三通占比 17%、阀门占比 11%、直管线占比 10%、其他泄露占比 3%，如图 6 所示。因此，无人值守站场地面流程中的弯头、焊缝、三通、阀门、直管线是巡检人员和泄露检测装置重点关注的部件。

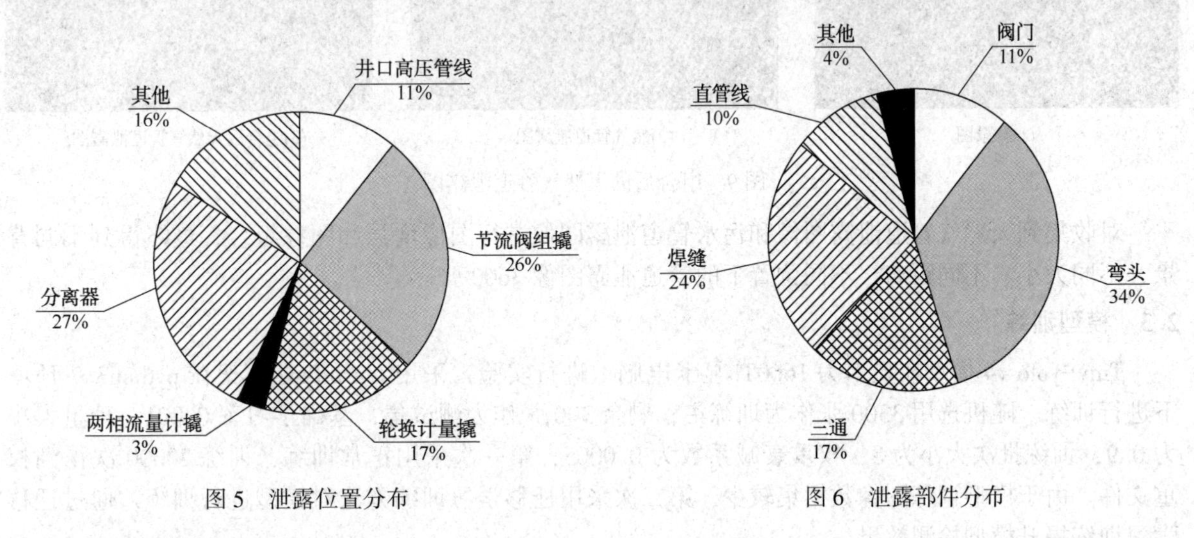

图 5 泄露位置分布　　图 6 泄露部件分布

2.2 管道泄露图像数据集收集和制作

本文收集到的管道泄露图像覆盖了春、夏、秋、冬、白天、黑夜、晴天、雨天，收集到天然气管道泄露图像和污水管道泄露图像共 384 张，如图 7、图 8 所示。将收集到的管道泄露图像采用图像处理算法进行数据增强，将管道泄露图像进行不同程度的亮度变化和 90°、180°、270°的旋转角度变化处理，将 1 张问题图像增强为 8 张亮度不同、旋转角度不同的问题图像，增强巡检问题图像数据集的数量和多样性，提高模型的泛化性能和检测精度，数据增强后的天然气管道泄露图像和污水管道泄露图像共 3100 张。

为了提高模型对远距离、目标小的管道泄露图像检测能力，将人工近距离拍摄的大目标图像增强为远距离拍摄的小目标图像。为了提高模型对不同背景下管道泄露图像的检测能力，将管道泄露图像缩小后放在不同背景里进行组合，收集到组合天然气管道泄露图像和污水管道泄露图像共 500 张，如图 9 所示。

图7　天然气管道泄露图

图8　污水管道泄露图

(1)背景图

(2)然气管道泄露图

(3)组合后天然气管道泄露图

图9　组合后的天然气管道泄露图

对收集到天然气管道泄露图像和污水管道泄露图像进行图像增强和图像组合，最终得到不同背景、不同大小、不同距离、不同位置下的管道泄露图像3600张。

2.3　模型训练

Tiny-yolo v4模型在显卡为1660Ti显卡电脑上进行实验，采用tensorflow框架在python3.7环境下进行训练，随机选用3300张作为训练集，剩余300张作为测试集，基础学习率0.001，动量大小为0.9，训练批次大小为8，权重衰减系数为0.0005，第一次采用正常训练，训练20000次得到权重文件。由于模型训练图像数据集较少，第二次采用迁移学习训练方法对模型进行训练，通过迁移学习训练提升模型检测效果。

采用平均精度均值mAP(mean Average Precision)和交并比IOU(Intersection Over Union)作为评价准则，模型的mAP值越高，代表模型的检测效果越好。将IOU阈值设为0.5，2次模型训练的检测精度均值mAP、实时检测速度、训练完成时间如表2所示，模型迁移学习训练后的检测精度均值mAP如图10所示。

表2　Tiny-yolo v4模型训练结果

Tiny-yolo v4模型训练	mAP/%	检测速度/fps	训练完成时间
第一次训练，正常训练	87.62	52.4	18h
第二次训练，迁移学习训练	89.98	52.4	2.5h

第一次正常训练，Tiny-yolo v4模型对天然气管道泄露图像和污水管道泄露图像检测的平均精度均值为87.62%，模型管道泄露检测效果一般；实时检测速度为52.4fps，模型实时检测速度较

快；模型训练完成需要 18 小时，模型训练速度较慢。

第二次采用迁移学习方法训练，迁移学习训练后的 Tiny-yolo v4 模型对天然气管道泄露图像和污水管道泄露图像检测的平均精度均值为 89.98%，模型检测平均精度均值较模型正常训练提高 2.36%，模型管道泄露检测效果一般；实时检测速度为 52.4fps，模型实时检测速度较快；模型训练完成仅需要 2.5 小时，迁移学习训练模型所需时间较模型正常训练所需时间缩短 86.1%，模型训练速度较快。

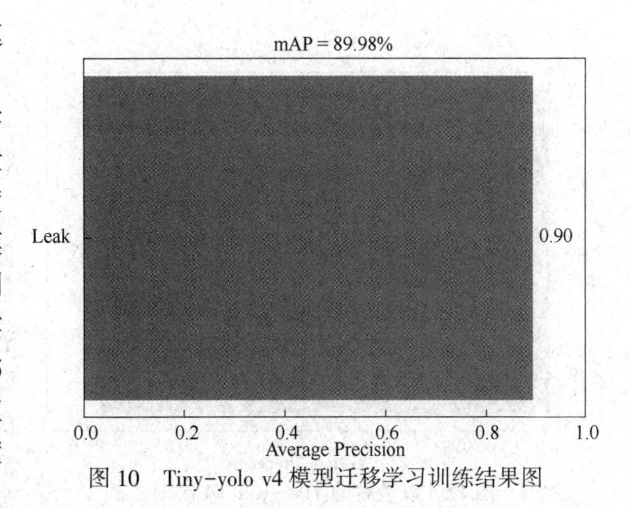

图 10　Tiny-yolo v4 模型迁移学习训练结果图

3　模型改进

为了提升 Tiny-yolo v4 模型管线泄露图像的检测能力，本文对 Tiny-yolo v4 模型特征提取网络进行改进，在 Tiny-yolo v4 模型特征提取网络的第 6 层残差结构连接层后增加了 1 层残差结构连接层，并将该层的卷积核数量调整为 1024，如图 11 所示。

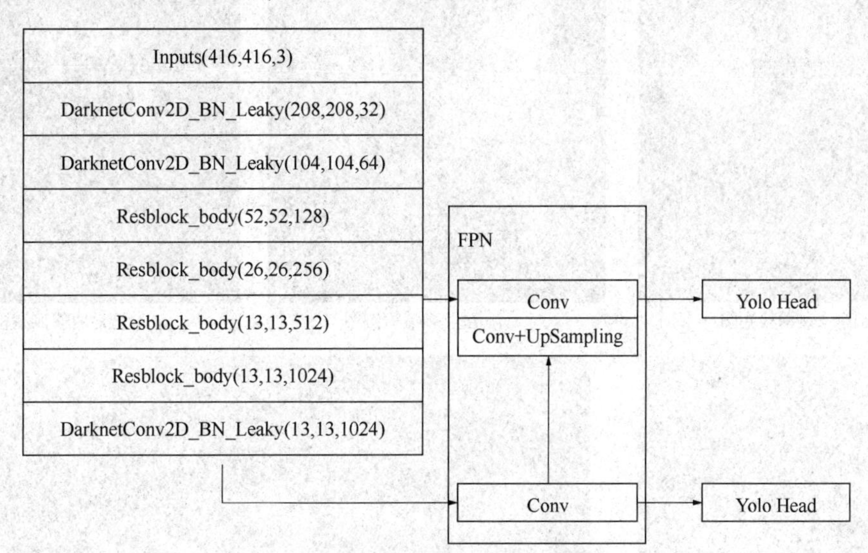

图 11　改进后的 Tiny-yolo v4 模型网络结构

通过对 Tiny-yolo v4 模型特征提取网络增加 1 层特征层，来提升特征提取网络的特征提取能力，从而提升模型检测能力；接着将特征提取层的卷积核个数调整到 1024，提升模型的学习能力和信息处理能力。

改进后的 Tiny-yolo v4 模型正常训练 1 次、迁移学习训练 1 次，得到模型的平均检测精度均值 mAP、实时检测速度、训练完成时间如表 3 所示，模型改进后迁移学习训练的检测精度均值 mAP 如图 12 所示。

表 3　改进后的 Tiny-yolo v4 模型训练结果

Tiny-yolo v4 模型训练	mAP/%	检测速度/fps	训练完成时间
第一次训练，正常训练	87.62	52.4	18h
第二次训练，迁移学习训练	89.98	52.4	2.5h
第三次训练，模型改进后正常训练	94.24	49.7	18.3
第四次训练，模型改进后迁移学习训练	95.86	49.7	2.5

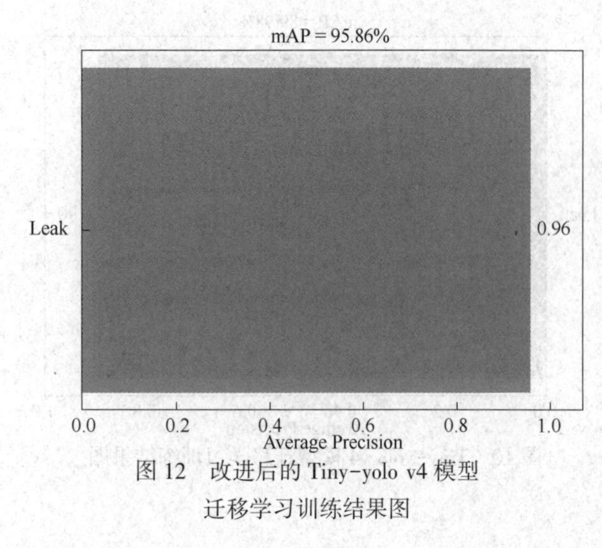

图 12　改进后的 Tiny-yolo v4 模型迁移学习训练结果图

第三次训练是改进后的模型正常训练，改进后的 Tiny-yolo v4 模型对天然气管道泄露图像和污水管道泄露图像检测的平均精度均值为 94.24%，模型的管道泄露检测效果较好；实时检测速度为 49.7fps，模型实时检测速度较快；模型训练完成需要 18.3 小时，模型训练速度较慢。

第四次训练是改进后的模型采用迁移学习方法训练，迁移学习训练的改进后的 Tiny-yolo v4 模型对天然气管道泄露图像和污水管道泄露图像检测的平均精度均值为 95.86%，模型检测平均精度均值较模型正常训练提高 1.62%，模型的管道泄露检测效果较好；实时检测速度为 49.7fps，模型实时检测速度较快；模型训练完成仅需要 2.5 小时，迁移学习模型训练所需时间较模型正常训练所需时间缩短 86.3%，模型训练速度较快。

迁移学习训练的改进后 Tiny-yolo v4 模型对管道泄露图像进行测试，测试结果如图 13、图 14 所示。

(a)弯头刺漏检测图

(b)法兰刺漏检测图

(c)节流后直管刺漏检测图

(d)节流后直管刺漏检测图

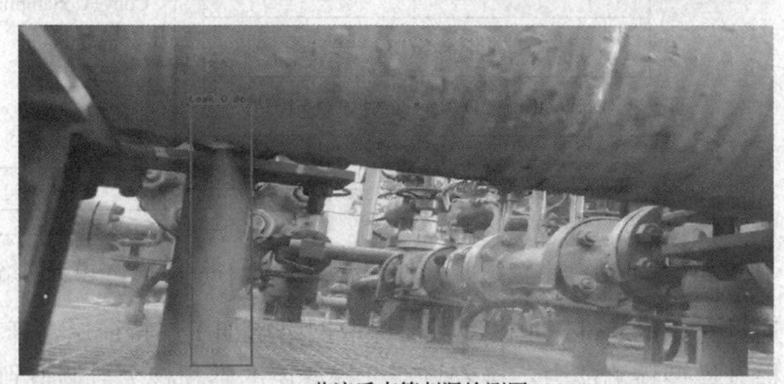

(e)节流后直管刺漏检测图

(f)管汇台法兰刺漏检测图

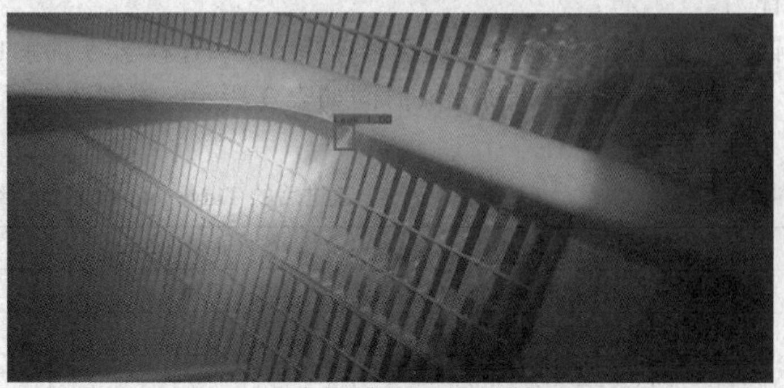

(g)弯头后直管段刺漏检测图

图 13　天然气管道泄露检测图

(a)直管段刺漏检测图 (b)弯头刺漏检测图

(c)直管段刺漏检测图 (e)弯头刺漏检测图

(e)直管段刺漏检测图 (f)直管段刺漏检测图

图 14　污水管道泄露检测图

迁移学习训练的改进后 Tiny-yolo v4 模型能准确检测出天然气管道泄露位置和污水管道泄露位置，对天然气管道弯头、直管段、法兰泄露等图像的检测得分值为 1.0、1.0、1.0、0.97、0.86、0.97、1.0，检测得分值较高，模型检测框选位置准确，对天然气管道泄露位置具有较好的检测效果。对污水管道弯头、直管段图像的检测得分值为 1.0、1.0、1.0、1.0、1.0、1.0、1.0，检测得分值均为 1，模型检测框选位置准确，对污水管道泄露位置具有更好的检测效果。

4　结论

针对 WR 气田无人值守站场地面管道人工巡检泄露管道发现不及时、固定式可燃气体探测仪灵敏度易受站场环境影响预警能力低。本文采用 Tiny-yolo v4 模型对管道泄露图像进行检测，对天然气管道泄露图像和污水管道泄露图像的检测精度均值达到89.89%。

为了提升Tiny-yolo v4模型对天然气管道泄露图像和污水管道泄露图像的检测能力，增加Tiny-yolo v4模型的特征提取层数，并调整了特征提取层数的卷积核数量，采用迁移学习训练的改进后Tiny-yolo v4模型对天然气管道泄露图像和污水管道泄露图像的检测精度均值达到95.86%，模型检测速度为49.7fps，有较好的管道泄露位置的检测能力，配合站场视频监控将对WR气田无人值守站场地面管道重点部位提供更好的泄露检测预警能力。

参 考 文 献

[1] 王璞，等．油气管道安全与环境风险监控预警法规研究[J]．西南石油大学学报(社会科学版)，2018，20(01)：19-28.

[2] Bin Liu，Luyao He，Zeyu Ma，et al. Study on internal stress damage detection in long-distance oil and gas pipelines via weak magnetic method[J]. ISA Transactions，2019，89.

[3] Chen Wang，Gang Ma，Junfei Li，Zheng Dai，Jinyuan Liu. Prediction of Corrosion Rate of Submarine Oil and Gas Pipelines Based on IA-SVM Model[J]. IOP Conference Series：Earth and Environmental Science，2019，242(2).

[4] 孙宝财，武建文，李雷，等．改进GA-BP算法的油气管道蚀剩余强度预测[J]．西南石油大学学报(自然科学版)，2013，35(03)：160-167.

[5] 黄玉龙．基于视频图像的管道裂纹缺陷检测方法研究[D]．西安：西安理工大学，2018.

[6] 刘晓，陈艳华，钟卉元，等．油田埋地碳钢管道外腐蚀行为研究[J]．西南石油大学学报(自然科学版)，2018，40(04)：169-176.

[7] 何健安．井场—集油气站管道泄漏检测方法研究[D]．西安：西安石油大学，2019.

[8] 王立中．基于深度学习的带钢表面缺陷检测[D]．西安：西安工程大学，2018.

[9] 蔡超鹏．基于深度学习的金属轴表面缺陷检测与分类研究[D]．杭州：浙江工业大学，2019.

[10] 汤踊，韩军，魏文力，等．深度学习在输电线路中部件识别与缺陷检测的研究[J]．电子测量技术，2018，41(06)：60-65.

[11] Girshick R，Donahue J，Darrelland T，et al. Rich feature hierarchies for object detection and semantic segmentation[C]. 2014 IEEE Conference on Computer Vision and Pattern Recognition. IEEE，2014.

[12] Ren S，He K，Girshick R，et al. Faster R-CNN：Towards Real-Time Object Detection with Region Proposal Networks[J]. IEEE Transactions on Pattern Analysis & Machine Intelligence，2015，39(6)：1137-1149.

[13] Girshick R. Fast R-CNN[C]. Proc of IEEE International Conference on Computer Vision. 2015：1440-1448.

[14] 毛欣翔，刘志，任静茹，等．基于深度学习的连铸板坯表面缺陷检测系统[J]．工业控制计算机，2019，32(03)，66-68.

[15] Redmon J，Farhadi A. YOLO V3：An Incremental Improvement[J]. arXiv preprint arXiv：1804.02767，2018.

[16] HAN H D，XU Y R，SUN B. Using active thermography for defect detection of aerospace electronic solder joint base on the improved Tiny-YOLOv3 network[J]. Chinese Journal of Scientific Instrument，2020，41(11)：42-49.

油气田长输管道附属站场无人值守探索

侯　旭　张　楠

（吉林石油集团石油工程有限责任公司）

摘　要　本文根据油气田两化转型需求，针对长输管道站场阀室的无人值守进行剖析和研究，根据目前常规工艺流程，提出无人值守建设的思路和发展方向，实现生产现场全面实现智能监控、智能诊断、自动预警与自动控制，简单的、重复性的人工劳动被机器智能所取代，自动化降低员工劳动强度，协同化改变劳动组织模式，智能化提高企业生产效率。

关键词　长输管道；原油站场；天然气分输站；无人值守；应急处置

1　研究背景

党的十九大明确提出推动互联网、大数据、人工智能和实体经济深度融合，建设"数字中国、智慧社会"的新发展理念。集团公司在信息化顶层设计中明确提出了"十三五"建成数字油气田、"十四五"初步建成智能油气田的信息化建设目标。油气生产物联网系统（A11）是集团公司信息技术总体规划重点建设的三大标志性工程之一，目标是利用物联网技术，实现生产数据自动采集、远程监控、生产预警等功能，支持油气生产过程管理。力争2025年实现陆上油气生产物联网全覆盖。实现生产现场全面实现智能监控、智能诊断、自动预警与自动控制，简单的、重复性的人工劳动被机器智能所取代，实现井、站、厂、设备生产全过程智能联动与实时优化。数字化构建全连接的油气田，中小型站场无人值守远程操控，自动化降低员工劳动强度，协同化改变劳动组织模式，智能化提高企业生产效率。

2　研究路线

油田中小型站场无人值守建设是一个多部门、多专业融合的系统工程，本着"依法合规、安全第一"为首要原则，按照先易后难、渐进明细的改造思路，对国内油气田无人值守站场进行实地调研，总结经验，依托站场数字化应用，通过对油田站内局部工艺设施自动化改造，提高中型站场自动化、智能化、数字化水平，逐步实现站场远程监控、应急处置自动控制、无人值守，提高生产效率，降低运行成本，解决用工不足问题。

在工艺流程标准化的基础上，进一步工艺流程优化简化，确定PID流程图，事故流程应依据站场流程PID图及因果图分析予以确定，并经现场反复检验进行迭代改进，予以完善，达到站场安全稳定运行的目标。

通过过程控制系统，按照站内各单元出现情况"紧急停车，事故流程"的安全控制思路，通过对站内局部关键工艺流程实施联锁保护改造，实现站内各单元出现事故情况下，可自动（手动）切换至事故（放空）流程，保证站内主要工艺流程可控，重要设备安全完好，避免安全环保事故发生。实现站场远程监控、定期巡检、应急联动。

远程监控：由区域监控中心远程对上下游站点、井场进行监视、控制和日常报表等管理。

定期巡检：现场看护人员定期现场巡查，通过区域监控中心系统定期对所辖站点进行远程电子巡检。

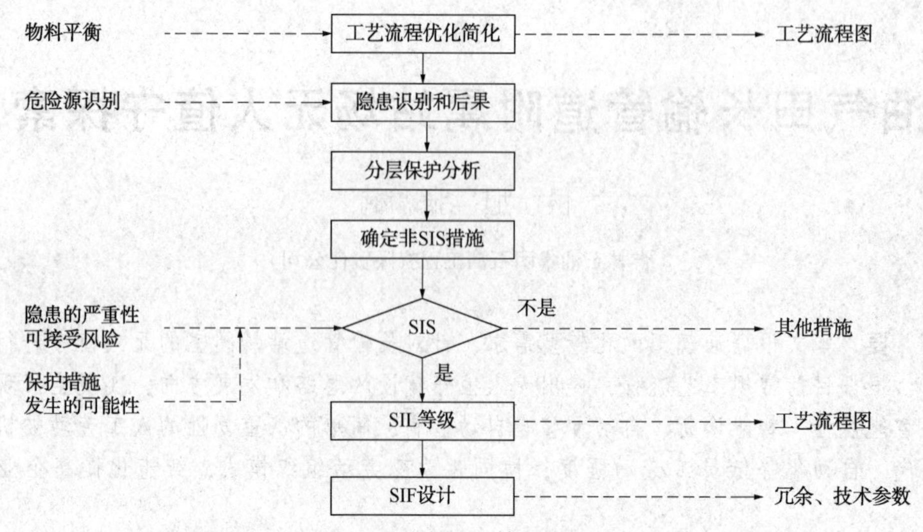

图1　工艺系统安全设计流程图

应急联动：紧急情况下，远程紧急切断，各级监管员协同调度、指挥、应急处理。

3　长输管道输油站

原油长输管道及所辖输油站场主要用于净化原油的储存、计量、化验、加温、加压外输功能，具有分散且数量多、集中管理困难、技术复杂的特点。主要设置加压泵、加热炉、原油储罐等主要设备。流程上分为首站、中间站和末站，输油首站包含以下流程：(1)接收来油进罐(2)加热/增压外输(3)站内循环；输油中间站流程：(1)加热/增压外输(2)压力/热力越站(3)全越站(4)反输流程；输油末站功能包含：(1)站内循环(2)加热/增压外输。部分站内设有越站流程和返输流程。

针对全工艺流程，要实现运行参数全面采集，运行动态动态感知和可视化巡检。针对输油站场进行全流程数据采集，主要包括工艺运行压力、温度、液位等参数、计量数据、机泵运行状态参数、加热单元、进出站截断和燃气报警检测单元。设置高清 AI 视频监控系统和周界安防系统，实现站外远程全面监控站内。

结合站内采集的温度、压力、流量、可燃气体报警点位，实时发现站内异常工况，进行工艺流程事故识别及分层保护分析，再按照分析结果对应保障措施。分析各种可能的事故情况，确定输油站各控制节点动作逻辑关系，针对性制定应急处置程序。前期由员工进行远程控制，逐步摸索自动控制流程。具体如下：

序号	事故分析	应急处置程序
1	储油罐着火	首站储罐着火，立即通知采油厂停输，关闭来油流量计后阀门、外输泵停泵
2	储油罐泄漏	关闭站内来油阀门，外输加量发油，保持运行压力在安全限值内，检测储罐液位
3	站内管线泄漏	对于泄漏点，能够切换流程且不影响正常输油的，应立即改备用流程；对于泄漏点不能够切除，输油岗停炉停泵，首站联系采油厂联合站停输，关闭泄漏点区间阀门
4	加热炉故障	当首站出现加热炉故障，首先进行流程切换，启动备用炉，无法实现切换或备用炉无法正常启动的，则考虑热力越战，如果停炉时间超过30分钟，需要提上游发油温度，冬季提高至70~85℃，春秋提高至65~80℃
5	加压泵故障	首先进行流程切换，启用备用泵，无法切换或备用泵无法正常启动的，通知上游停输，检测储罐液位和温度

4　长输管道天然气分输站

天然气长输管道及所辖分输站要用于净化天然气向外部用户的输送的计量和外输功能，流程相对单一，控制工艺简单。主要是对进行天然气的调压、计量、收发清管球，正常流程为干气进站、调压计量及向下游供气。在事故状态下对输气干线进行切断，必要时放空。定期进行通球作业。

针对全工艺流程包括工艺运行参数、计量数据、进出站截断、燃气报警检测单元和管道泄漏系统进行全流程数据采集，设置高清 AI 视频监控系统和周界安防系统，实现站外远程全面监控站内。

结合站内采集的温度、压力、流量、可燃气体报警点位，实时发现站内异常工况，各节点运行参数超出正常过多时及关闭对应管线阀门。站内发生可燃气体浓度超高报警或通过视频识别出有重大安全隐患时，实现进出站管线的切断，必要时进行放空。

5 结束语

油气田长输管道涉及内容非常广泛，本文仅是针对站场阀室进行了浅显的解析，还需要更多的学习、借鉴成熟经验。想要真正实现管道的无人值守，还需要针对阴极保护数字化、管道泄漏智能化、无人机巡检自动化等内容逐项进行研究，按照管道完整性的要求，形成一套完整的智能化监控体系，真正实现长输管道运行的智慧化，为智能化油气田建设奠定坚实基础。

参 考 文 献

[1] 赵雷亮. 长庆油田小型输油站场无人值守方式研究[J]. 石油和化工设备，2013(16)：38-45.

无人值守天然气输气场站运维管理

陈　玉　何　慧　杨　乾　陈合强

（中国石化中原油田分公司油气储运中心）

摘　要　随着网络信息技术及安全生产信息技术的快速发展，天然气运营公司经过多年不断的探索和完善，逐步实施无人值守天然气场站的安全运行管理。本文结合无人值守天然气场站的管理现状，阐述无人值守天然气输气场站运维管理情况，并在结论出提出下一步发展方向，为天然气运营公司广泛推广无人值守天然气场站的安全运行管理提供参考。

关键词　天然气；无人值守；运维

1　引言

无人值守天然气输气场站实施“集中调控、集中监视、集中巡检、集中维修”，现场不再安排人员24小时值守。在提高了人的安全性、运行费用降低等优势的情况下，确保无人值守天然气输气场站的安全运维管理显的尤为突出、重要。本文结合无人值守天然气输气场站运行情况，阐述有效的运维管理模式，为天然气经营企业对无人值守天然气场站的安全运行管理提供参考。

2　无人值守天然气输气场站组织机构及实施要求

2.1　无人值守天然气输气场站组织机构

大部分公司对无人值守站场实行集中调度监控、区域化运维管理的两级管理模式。调控中心对无人值守站场的运行工艺进行集中调控，对无人值守站场各类设备的运行状态及报警信息进行集中监视，调度指令直接下达至巡检班组；巡检班对所辖无人值守站场进行区域化管理，定期组织开展集中巡检、集中维修工作。巡检班开展站场运维过程中的技术及人员支持、外委承包商协调、备品备件配备、后勤等需求，由所属主管部门统一协调保障。

2.2　无人值守天然气输气场站实施要求

输气站场投产初期，巡检班根据纳入调控中心集中监控情况，以及站场设备运行状态，安排人员对所辖站场进行24小时值班。输气站场在完成无人值守实施条件确认后开展无人值守工作，无人值守实施条件包括集中调控、集中监视、集中巡检、集中维修等方面。

3　无人值守天然气输气场站运维管理

3.1　调度指令管理

调度令是生产运行管理活动中强制性执行指令，在生产调度指挥系统中由上而下，以约定方式(书面或口头形式)下达至主管部门和巡检班。巡检班接收到调度令后，应严格执行调令。若对执行调度令有异议，应及时向调度令下达方申述，若调度令下达方仍坚持原调度令，巡检班应执行，并及时反馈调度令接收和执行情况。

3.2　作业管理

主管部门组织巡检班对输气站场内实施的作业做好计划，对影响管网运行安全或需管网工艺调整的作业进行梳理，按要求提前上报作业计划，待审批后执行。第三方单位进入站场开展各类施工、维保作业时，巡检班应按照主管部门要求进行全程监护，并按照相关规定做好记录。

3.3 工艺设备操作管理

对实施集中调控的站场，站场控制权限在调控中心，除紧急情况外，站场控制权限的切换应经过调控中心同意。

调控中心远控操作内容主要包括计量调压支路开关气、工作调压阀阀门开度调节、计量调压支路切换、过滤分离支路切换等；就地放空阀门、就地排污阀门、主工艺流程手动阀门的就地操作由巡检班现场负责。日常检修及设备维保需现场工艺阀门动作时，巡检班向调控中心申请，经调控中心同意后组织实施；调控中心远程操作需要现场协助配合时，调控中心通知主管部门或巡检班到现场进行配合；站场各类辅助生产设备设施操作由主管部门组织巡检班执行；ESD 功能不接受站控权限的影响，突发事件需应急处置时，无论控制权限在调控中心还是在站场，调控中心及站场人员均有权触发站场或单体的 ESD 操作。

3.4 集中巡检管理

巡检班开展日常巡检，主管部门组织开展月度巡检，在特殊运行工况、天气异常、现场有施工作业等状况下，应视情况增加巡检次数日常巡检由巡检班班长组织在岗人员，按照规定的巡检要求对所属站场的生产运行、工艺状态、设备设施状况全面检查并进行当场维护维修，频次一般为一天一次。月度巡检由主管部门负责人组织对安全、设备、计量、自控、通信、电力等专业技术人员对站场安全、设备、计量、自控、通信、电力系统进行系统性检查。月度巡检由主管部门负责人组织，每自然月至少开展一次。自控系统、通信系统主管部门组织技术维保承包商进行专业巡检，每半月开展一次。巡检记录留存在输气站，并将巡检过程发现的问题汇总至主管部门。

3.5 设备维保管理

站场设备在使用时需定期进行维护和保养，设备维保周期根据标准规范、使用情况、技术资料以及以往周期性维护的分析总结确定。站场设备维保内容及周期依据主管部门的要求组织实施。

日常设备巡检，由巡检班根据《设备操作规程指导书》要求，开展设备的外观清洁、除锈补漆、外漏点处理、发电机定期试运等工作；并根据设备运行情况，按照要求配合开展仪器仪表拆检、过滤分离器开仓、色谱气瓶更换等工作。

关键设备专业维保，公司应组织维抢修中心、外委承包商对关键设备开展专业维保，为确保关键设备和主要设备周期性维保效果，一般与春秋检一并组织实施。维抢修中心、外委承包商对站场设备进行专业维保期间，主管部门应组织巡检班做好现场监护及配合工作。

每年春秋检，由主管部门部牵头组织，按照要求编制本单位春检或秋检实施方案及检修作业表，巡检班配合主管部门、维抢修中心对站场设备设施进行全面周期性检查。春检工作一般安排在每年 3 月到 5 月期间开展，秋检工作一般安排在每年 8 月到 10 月期间开展。

3.6 生产安全异常管理

生产安全异常是指正在发生，如不能及时有效处置，将会恶化或可能酿成事故的波动、报警、故障等现象，主要分为工艺异常、设备设施异常以及其他异常情况。

巡检班在日常集中巡检过程中，发现工艺设备及设施等异常状态，应及时向主管部门和调控中心汇报，并按要求处置。发生异常情况后，要及时研判风险，若异常情况已无法控制，已有明显发展成事故的趋势，应按照应急处置程序启动相应级别的应急预案进行处置和上报。生产安全异常处置结束后，由调控中心、主管部门负责记录异常情况，利用“五个回归”开展溯源分析，对异常情况实行闭环管理。

3.7 生产数据采集及计量签认管理

智能化管道管理系统中生产运行数据已实现自动采集功能，由主管部门负责组织数据核对、错误数据修改，缺失数据按规定程序进行补录工作，巡检班配合主管部门进行数据核对及贸易数据签认。

3.8 安保防恐管理

无人值守天然气输气场站治安反恐防范要求应满足《石油石化系统治安反恐防范要求　第6部分：石油天然气管道企业》(GA 1551.6—2021)中三级重点目标要求，防范能力对应达到三级防范要求。结合公司无人值守管理模式，主管部门负责组织落实具体防范要求。

4 结论

本文从调度指令管理、作业管理、工艺设备操作管理、集中巡检管理、设备维保管理、生产安全异常管理、生产数据采集及计量签认管理、安保防恐管理等9个方面，阐述了无人值守天然气输气场站运维管理情况。虽然现在无人值守天然气输气场站逐步成熟，但无人值守的天然气输气场站是一项十分复杂的体系，还要结合实际情况进行强化和完善，进一步增强其安全运行的保障。

参 考 文 献

[1] 蔡玲超．无人值守天然气场站的安全运行管理[J]．上海煤气，2022，(05)：11-13.

[2] 康昌荣．天然气无人值守场站发展现状与探索[J]．石化技术，2022，29(08)：82-84.

[3] 卢恩苍，高海涛．关于无人值守燃气场站技术研究总结[J]．城市燃气，2021，(06)：4-10.

[4] 臧振胜．无人值守输气站工艺流程优化及自控系统设计[J]．中国仪器仪表，2020，(07)：86-89.

关于天然气无人值守站建设及运维模式的探讨

李　猛

（中国石化中原油田分公司油气储运中心）

摘　要　天然气输配气场站是天然气长输管道的重要组成部分。随着国内天然气长输管道建设的快速发展，以及自动化控制、通信技术、工艺设计水平、设备可靠性等提高，通过逻辑控制和远程控制相结合的方式，已经能够满足天然气场站远程控制无人值守的现场技术要求。可降低操作人员安全风险和运营成本的天然气无人值守站成为未来天然气长输管道发展的主流趋势。本文研究了无人值守站的发展现状，着重分析了无人值守站的建设要求和运行管理模式。

关键词　无人值守站；远程控制；管理模式

天然气集输属于高风险行业，场站的安全生产与科学管理尤为重要。任何一个环节出现问题，都有可能导致重大的安全事故。目前，我国天然气长输管道及场站的运营管理模式主要是现场人员24小时值班，利用SCADA及自动化技术对工艺设备参数进行监控与控制，以达到输送气体的目的。随着物联网技术的发展与进步，建设高安全系数、高集成自动化系统、低成本的智能化天然气无人值守站，形成信息化、自动化、科学化的天然气场站生产管理方式，应用智能的闭环操作实现生产管理及安全控制，成为现代石油化工企业必然的发展趋势。

1　天然气无人值守站发展现状

1.1　国外发展现状

国外先进的长输管线从设计之初就采取站场运行由调控中心控制，站场以无人值守站为主的方式，采用站场自动控制和调控中心远控。管道沿线合理划分片区设立有各专业运行维护机构及极少量维护人员，具体应包括工艺设备、自控通讯、电气、安全及管道管理工程师主要负责所辖区域内站场、管线的现场维护管理。管道维抢修、大型设备维检修、专业化维检修、大型设备维修、专业检测等主要依托天然气公司本身具有的维抢修队伍或者第三方服务商。

1.2　国内发展现状

国内天然气管道运行由调控中心监视或控制，站场以有人值守站为主，采用站场远程或就地操作、部分设备自动控制及调控中心远程监控。管道沿线按线路节点设立区域管理公司，承担区域内管道、站场的现场运行管理，另设有专门的维抢修队伍和巡线、巡护人员。站场全年有人值守，负责站场工艺操作和日常运行管理。站场设备日常维护、维修主要依托区域管理公司或维修队，重大设备维护主要依托厂家或第三方服务商。国内在长输管线设计中，无人值守站概念已提出多年，目前为止，除部分试点站场外多数站场还没有完全实现无人值守站管理方式。

2　天然气无人值守站应具备的基本条件

从国内情况看，没有压缩机组和计量和调压设备设备的单一功能的清管站大部分实现了无人值守。分输站站内工艺设备较为简单，主要包括清管器收发筒、过滤分离设备、计量设备和调压设备，其中只有调压阀经常动作，其可靠性较好，实现无人值守基本没有技术问题。压气站站内工艺设施较为复杂，要实现压气站的无人值守，需要不断提升设备可靠性，完善压气站的保护和控制逻辑，确保压缩机能够一键启停。

建设无人值守天然气场站，应具备以下基本条件：

2.1 工艺系统

工艺流程精简优化，实现正输、反输等主要工艺流程自动切换、导通等区域性功能。

2.2 计量系统

(1) 每台流量支路均设置单独流量计算机，流量计算机接收在线色谱分析仪的天然气组分数据，并进行天然气的体积流量和能量流量的计算，并上传站控系统及调控中心。

(2) 安装气质分析检测系统，设置在线色谱分析仪、水露点分析仪、烃露点分析仪及硫化氢分析仪等，用于监测管输天然气的质量，以保证管道的安全运行及维护用户的利益。

(3) 具备天然气计量系统远程交接条件，实现计量交接相关数据的自动采集和电子化交接。

(4) 具备计量系统远程诊断功能和稳定的流量控制系统，超声流量计和流量计算机将自诊断数据和故障报警传输给站控系统。当运行中的计量管路出现回路故障时，可远控打开备用管路控制阀门，切换备用管路。

2.3 站控系统

站控系统的任务是保证管道及场站安全、可靠、平稳、高效、经济地运行。站控系统在输气生产过程正常和非正常的情况下将自动完成对输气管道的监控、保护和管理。

2.3.1 站控系统操作方式

无人值守站可按照“调控中心级”、“站场控制级”和“就地操作控制级”的三级控制模式进行集中监控及调度管理，即：

(1) 调度控制中心控制

根据调度控制中心下达的启/停命令，压力/流量设定值等，站控制系统自动完成具体的操作。亦可切换到对各单体设备进行控制。

(2) 站控制

当通信故障或中断时，站场启/停命令，压力/流量设定值等由站操作员通过操作员工作站发布，由站控制系统自动完成。调度控制中心对站的自动控制进行监视。

(3) 就地控制

在现场对各种设备进行控制。调度控制中心对其进行监视。

2.3.2 站控系统功能

(1) 执行SCADA系统调度控制中心发送的指令，向调度控制中心发送实时数据；

(2) 实时数据和历史数据的采集、归档、管理以及趋势图显示；

(3) 采集和处理工艺变量数据，生产统计报表的生成和打印；

(4) 显示动态工艺流程，提供人机对话的窗口；

(5) 站内紧急停车(ESD)、切断系统自动和顺序控制，如自动启输、自动停输等各种工况；

(6) 站场火灾及可燃气体泄漏状况的报警、联锁；

(7) 采集站场智能设备数据；

(8) 时钟同步；

(9) 第三方智能设备数据通信，如UPS、阴保等。

2.4 安全仪表系统(SIS)

2.4.1 安全仪表系统功能

安全仪表系统主要功能用于使工艺过程从危险的状态转为安全的状态。保障输气管道能够在紧急的状态下安全的停输，同时使系统安全地与外界截断不至于导致故障和危险的扩散。主要功能包括 ESD 功能和安全联锁保护功能。

2.4.2　安全仪表系统的设置

为保证输气站场人员、设备、生产过程和装置的安全，对生产装置可能发生的危险或不采取措施将继续恶化的状态进行及时响应和保护，使生产装置进入一个预定义的安全停车工况，将危险降低到可以接受的最低程度。因此，需要设置独立于站控系统的安全仪表系统(SIS)。

安全仪表系统主要由检测仪表、控制器和执行元件三部分组成。

SIS 系统主要配置包括：可编程逻辑控制器(PLC)、人机接口、过程接口单元、通信接口等。SIS 系统具有完备的冗余功能的可编程控制器。系统基于故障安全型设计，具有高可靠性和高可用性，具有容错功能。

2.5　可燃气体报警系统

无人值守站必须对气体泄漏有精准的检测手段，用于检测气体泄漏，其检测信号进入站场安全仪表系统。

室内可采用固定式点式可燃气体探测器进行检测，当可燃气体浓度设定值时，浓度高报警并自动启动通风系统；室外常用的可燃气体检测器有激光对射式可燃气体探测器、云台扫描式激光可燃气体探测器、超声波气体泄漏探测器等，当检测到可燃气体泄漏时，发出报警信号，由人工确定是否启动站场 ESD。可燃气体报警系统检测及报警信号上传至站控制系统，并通过站控系统将报警信号上传调控中心。

2.6　工业电视监控系统

工业电视监控系统主要为站场提供安全保障的辅助设施，也是管理人员监视站内情况直观可靠的手段，可适应现代化管理的要求，满足生产操作、防火监视、安全保卫的需要。

本地监视的工作模式有多种，按照控制方式可分为人工调用和自动轮询，按照显示画面可分为单画面和多画面方式。一般情况下，可将系统设定为多画面显示方式，将本站所有前端画面同时显示出来；根据需要也可以将系统设为自动轮询方式，根据站场摄像前端的分布和数量，设定各路前端图像信号的显示顺序和每路信号的显示时间，这样每幅画面可以全屏显示。当需要人为操作时，可随时终止自动方式，调用任意前端的实时画面资料或重放历史画面资料。

2.7　周界入侵报警系统

为了加强站场的安全防范，无人值守站围墙周边需要设置周界入侵报警系统，并与 SCADA 系统相连，一旦有人进出，控制中心的值班人员就会接到报警。目前，用于站场围墙周界的入侵报警系统主要有：激光对射入侵报警系统、振动光缆入侵报警系统和多维复合振动入侵报警系统等。

2.8　火灾自动报警系统

为满足站场消防安全需要，无人值守站应设置火灾自动报警系统。按照区域型报警系统进行设计。区域型火灾自动报警系统由感温探测器、感烟探测器、手动报警按钮、声光报警器、报警控制器等附件组成。对各房间内的火灾情况进行检测，在机柜间设置火灾报警控制器，报警信号接入站控系统。

2.9　压气站压缩机一键启停功能

(1) 实现一键启站

站控系统接受一键启站命令后，工艺流程自动导通、压缩机组外围辅助系统自动启动、压缩机组自动启动、负荷分配功能自动投用、机组自动并网，全程无需人为干预。

(2) 实现一键停站

一键停站操作中应包括：停压缩机组切换至压力越站流程、正常停站切换至全越站流程、全站 ESD 等主要停站方式。

（3）实现主要工艺流程一键导通等区域性功能

实现正输、反输等主要工艺流程一键自动切换、导通等区域性功能。

3 天然气无人值守站的运维保障

无人值守站最需要解决的问题是故障时间控制，站场失效等故障时间的长短，直接影响用户供气、管道输量等生产运行安全，故障管理是重中之重。无人值守站场区域化设置及管理将直接影响故障后恢复时间的长短，这就要求无人值守天然气站的管理模式应该实行区域化管理。

3.1 区域化管理范围划分原则

（1）考虑驻地至管辖场站应急响应时间。

（2）考虑行政区域划分情况，尽量划分至同一行政区域，一是可以减少跨行政区域企地协调难度，二是可以加强企地联动，充分调配使用应急资源。三是合理安排区域化管理下辖线路和场站数量，避免出现劳逸不均的情况。

3.2 区域化管理人员配置

区域化管理是无人值守场站安全管理的基础，是应急响应和日常检维修的中坚力量。根据站场规模和数量，区域化生产单位应由基层领导和运维人员组成，设置工艺机械岗、电信仪岗、管道保护岗、安全岗、综合岗等，开展日常设备巡检维护，专业较强、难度较大的设备维护检修工作由抢维中心或外委单位负责。同时应考虑所辖无人值守站场同时发生失效的极端情况、以及巡检和人员轮休等情况，最终确定专业人员和管理人员数量。

4 结束语

我国油气管道目前处于高速发展阶段，推行无人值守站建设不仅是设计技术单方面问题，还受制于国内天然气行业管理理念、标准化设计水平、设备可靠性和社会环境等因素。无人值守站场设计是一项十分复杂的过程，涉及到多个领域、多个专业，数字化、智能化技术快速发展，为无人值守站场的建设提供了新的思路，应依托大数据、5G、人工智能等新兴技术，借鉴国外成功经验，结合实际强化对其的优化和完善，逐步扩大无人值守站应用范围。同时，也要不断加强管道保护法治建设，为管道安全运行创造良好环境，也为无人值守站建设夯实基础。

参 考 文 献

[1] 张世梅，张永兴．天然气长输管道无人站及区域化管理模式[J]．石油天然气学报，2019，41(6)：139-144.

[2] 高津汉．天然气管道无人化站场的理念及设计要点[J]．石化技术，2019，26(1)：169-170.

[3] 王亮，焦中良，高鹏．中国天然气管网“专业化管理+区域化运维”模式探讨[J]．国际石油经济，2019，27(10)：33-43.

[4] 康昌荣．天然气无人值守场站发展现状与探索[J]．石化技术，2022，29(08)：82-84.

[5] 吴远银，周岳洪，李通．天然气长输管道无人站及区域化管理[J]．石化技术，2022(01)：242-243.

天然气长输管道无人值守站建设及运营管理实践

李　松　樊苏楠　薛德坤　崔江忠

（中国石化中原油田分公司油气储运中心）

摘　要　随着管理理念以及信息技术的不断提高，越来越多的企业为减少投资费用、缩短建设周期、降低运营成本，在新建天然气长输管道工程项目中试点建设无人值守站。对于无人值守站的建设及运营管理，笔者总结了设计审核、物资采购、工艺改造、联调试运、运行维护等方面的经验，提出了无人值守站必经的四个递进发展模式，并向着设备智能化、现场无人化、控制集中化、运行维护化的方向发展，文中的见解可为读者开展长输天然气管道无人值守站的建设及管理工作提供参考。

关键词　长输管道；无人值守站；运营管理

1　引言

随着工业信息技术的飞速发展，尤其是自动化技术和数字化技术在天然气行业的大量应用，管理智能化、场站无人值守化将成为天然气行业发展的必然趋势。但目前国内对于天然气管道无人值守站的管理尚未形成统一标准，对无人值守站的建设及管理还在进一步的摸索之中。笔者团队近年历经了某天然气长输管道无人值守站的建设、试运和运行管理，积累了一些无人值守站认知，以供大家在建设及运营过程中做参考。

某长输天然气管道末站初设为输气末站，设计压力 6.3MPa，年输送能力 $10\times10^8Nm^3$，主设收球流程、分离流程、计量流程、紧急切断流程、放空排污流程、自用气流程等。主要功能为接收来气、过滤分离、计量外输；还具备预留分输、放空排污、数据采集、视频监控、辅助配套等功能。施工图设计阶段，考虑互联互通的功能，增设了反输工艺流程；运营期间，鉴于市场和生产需求，又增设了调压工艺。经过工艺、设备、自控的改造以及运行管理的不断完善，实现了断电自启动发电、调控远程控制的常态化无人值守。改造及运营工作的开展，大大提高了笔者团队对无人值守站的认知。

2　无人值守站概述

2.1　无人值守站的概念

真正意义上的长输天然气管道无人值守站为现场无人值守、无人操作的场站，所有日常流程切换、启停调压操作均由远程集中控制端实现。可执行的管理模式为正常运行时站场实行区域中心或调控中心远程控制、视频监控及数据监测；现场只定期巡查、维护保养，并做好突发应急处置。

鉴于我国管道建设历史及工业水平等因素，大部分已建场站功能受限，尤其是自控功能方面，无人值守站可能弱化为现场有人值守、无人操作、远程控制的模式。即站场配备少量人员驻站值守，正常运行时无需操作，由调控中心远程控制，异常时由驻站人员检维恢复。

区域中心或调控中心设置在其中一个站场，包括备品备件库房及应急物资库房，配备巡查应急工程车辆，待班人员24小时待班值守，管理范围充分考虑应急响应时间要求及工作任务饱和度。笔者所在无人值守站距离调控中心不到1小时车程，直接采用了“无人值守、定期维护、远程控制”的管理模式。

2.2 无人值守站的特点

2.2.1 设备的本质安全要求

长输天然气管道无人值守站场内的单体设备、管道材质等物料应从本质安全的角度考虑，选用高安全性能材质，按当前的工业发展进程，更安全的工业设备和材料需要投入更多的资金用于采购。为保证周边环境的安全，还需配套安防系统。在施工阶段严格执行工程施工验收标准，确保工程质量，达到无人值守要求。笔者所在无人值守站最终实现了100%的关键控制阀门调控远程控制，并且中间分输站也能控制，控制权限可互相授权；“双控”模式解决了单向节点通讯中断导致的可能生产控制中断问题。同时，对于现场工艺设备，提高设备品牌的统一性，能大大提高运行维护的便捷性。

2.2.2 系统的安全稳定要求

天然气站场属于高危环境场所，外加无人值守，实现远程控制高度依赖于控制系统的稳定性和安全性。高频率的系统误报警或者不稳定的控制逻辑是不可接受的，对场站工业控制系统的安全稳定性提出更高的要求，即需在设计阶段就提高工业控制统等级，并采用先进的仪表自动化控制设备，在调试阶段通过控制系统的多轮SAT实测，正式投入无人值守前还需验证其多工况条件运行的稳定性。同时。对于控制系统稳定性尤其重要的是，还需保障系统的电力稳定性。笔者团队运行管理的无人值守站通过UPS系统和燃气发电机自启动系统共同保障电力稳定，当市电中断后，燃气发电机自启动供电，若发电机异常，UPS供电能保障应急设备运行24小时以上。

2.2.3 专业的运维团队要求

无疑目前的天然气工业发展进程还达不到全面智能化管理，还处于人机控制的阶段。在管辖区内，一个待班班组或团队可管辖多个无人值守站，其宜由设备工程、自控系统、网络工程、工艺工程、车辆驾驶等专业方面的人员组成。若是有人驻站，也宜优先选派懂设备、工艺、仪表等专业方面复合型人员，但无需24小时连续值班。生产运行数据可由区域中心或调控中心监测；特殊情况下，选派综合能力较强的管道保护人员亦可。对于管道维抢修、大型设备检修及专业检测等可依托专业服务商或自建抢维中心。监控到位的无人值守站，基本可以当做管道巡护队的巡查点来管理，执行每周2~3次的定期巡查维护。总之，运维团队将分化为更专业的调度人员和更全能的检维人员两个工种，操作人员维护化了。

2.3 无人值守站发展阶段

对比中外已建管道的建设、运行管理现状，设计理念的更新及建设标准的统一是中外长输管道管理差距的关键指标。场站无人值守化受到管理理念、设计水平、建设水平、工业水平、运维水平等的制约，我国石化行业还未有效形成无人值守场站标准化文件，目前只有电力系统2019年出台了无人值守变电站监控技术标准。

综合来看，我国管道行业的发展还需稳步推进，管道管理正式步入无人值守化管理模式前，还需历经以下几个阶段：第一阶段，“有人值守、有人操作、站控控制”，此模式为目前大部分企业的运行模式；第二阶段，“有人值守、选择操作、站调双控”，此模式存在的原因一方面是部分企业历经多次改造后新旧系统并行，另一方面为解决生产实际问题，需执行权限双控；第三阶段，“有人值守、无人操作、远程控制”，此阶段管辖区驻站人员无需再操作，做好日常巡查维护，操作业务逐步转向维护业务，岗位人数明显减少；第四阶段，“无人值守、定期维护、远程控制”，在此阶段，原现场操作业务全面转向维护业务，由调控集中控制，调度人员和维护人员依据管辖区大小合理配置。总体来说从第一阶段到第四阶段是设备智能化、现场无人化、控制集中化、运行维护化的递进过程。

3 无人值守站工艺

3.1 计量工艺

目前，在贸易交接计量系统中最常用的流量计为超声流量计。通常计量单元由上、下游汇管和并联的测量支路组成。每条流量测量支路主要由上下游截断球阀、流量计、上下游直管段、整流器、绝压变送器、压力表、温度变送器、温度计以及流量计算机等组成。另外，压力平衡阀、注氮阀、放空阀、排污阀等也是计量支路中需要的组件。上游截断阀为全通径球阀，下游截断阀为双向密封全通径球阀。对于无人值守天然气站场，截断阀宜为可远程控制的执行机构，且执行机构动力源宜采用复合型。无人值守站计量支路至少为一用一备。

3.2 调压工艺

超压保护装置的调压系统是无人值守站的重要装置。调压支路数量一般同计量支路，并选用相同的调压器并联，控制阀应能实现 PID 整定控制功能。根据无人值守站工艺要求，调压系统采用一级或二级调压方式，调压由安全切断阀、监控调压器、工作调压器(阀)组成。调压器用于调节稳定天然气的后压，向用户安全、可靠地供气。切断阀在调压器因故障等原因，后压超出正常压力波动范围时，对供气管道进行切断，保证安全。系统在经过调压后，气体温度将会产生很大的变化，为保证系统及各设备的正常工作，可考虑在调压设备前配置加热系统。

3.3 紧急放空

无人值守站对系统紧急放空的要求更高，放空不仅要考虑响应等级、响应程序等，更需要实现全区域覆盖，因而总体上来说场站的紧急放空应包含了三部分：进站计量区、调压出站区和自用气撬区。目前已建场站若改造为无人值守站，常常会忽略自用气撬也需做紧急切断和紧急放空设计。对于 ESD 响应全站泄压关断，关闭进出气紧急切断阀，关断生产流程及辅助流程，打开紧急放空阀泄压，停除应急电源及消防电源外的生产用电。对于 PSD 响应全站保压关断，关闭进出气紧急切断阀，关断生产流程及辅助流程，不放空。

4 无人值守站管理

4.1 场站的建设管理

场站建设，设计先行，新建场站如何紧扣“以人为本”，实施长远规划是个复杂的系统问题。从已建管道的建设经验来看，跨越无人值守站发展阶段，直接步入无人值守需要提供更全方位的新设计理念和资金投入。场站建筑面积、辅助供电工程、给排水工程的资金投入会有所降低，但单体设备、控制仪表、控制系统的成本费用会大大增加。因而设计采购标准的统一、工程质量的把控、设备的联调试运将联系的更加紧密和紧凑，这就更需从源头做好可行性研究和设计工作。

4.2 场站的试运管理

从运行管理的经验来看，对于无人值守站，控制逻辑难度大，存在联调联试不充分，遗留隐患的风险。系统容错性要求高，且缺少实际运行经验，风险考虑不全面。设备的联调试运时间必将被延长，所需各方的保运期限也需延长。对现场联调人员、试运人员、运维人员的综合业务水平、专业化程度也将提出更高的需求。只有经历过一个发展周期后，行业整体工业水平和人员业务得到提升，才能保障管道工业体系的深度延展，这必将是一个艰难的提质升级过程。

4.3 设备的维护管理

无人值守站的设备管理，应是基于设备完整性的全生命周期管理。从设备选型之初，就考虑运行维护需求，建立完备的设备管理平台，完善设备档案信息、建立备品备件物料库；对于关键设备，可辅助配备高端智能化的设备运行状态实时监测传感器，利用监测平台实时监测设备的状态，一旦发现异常及时切换备用设备，由专业检修团队检修，日常定时开展设备维护保养，确保设备处于安全良好运行位。对车程在30分钟以内的相邻的场站按照作业区域进行人员及业务的整合，按照"运检维"一体化的作业方式，对生产运行，设备维护、管道管理等实行统一的集中管理。

4.4 计量的监测管理

计量系统的准确性尤为重要，对于无人值守站，备用计量系统是必不可少的。采用基于大数据分析的数据挖掘技术，引入自控系统的调节功能，及调压系统的压力流量PID整定自调节功能，全方位实施计量数据的动态实时监测，设定基于供需平衡的《管道运行控制原则》实现计量数据的对比控制及计划指标的科学输配。

4.5 系统的维护管理

应用自动化控制技术，采用报警预警系统设备，SIS仪表安全系统，FGS火气系统，ESD紧急切断系统，SCADA数据采集系统，并加强系统逻辑程序的分析部署，完成系统对输气参数进行实时采集和管理，提高输气管道的智能化水平。对长输天然气管道系统进行实时的数据动态监测，完善数据深度挖掘应用开发，及时控制管道系统异常，通过自控系统的自整定或人工辅助远程控制功能来实现控制和管理，对异常情况响应，保证管输系统的正常运行。

5 结语

无人值守站的建设及运营不仅能带来经济效益，同时可实现企业组织架构的扁平化，从工作程序角度来看，节约了人力成本、压缩了工作流程，实现了企业流程再造；但从安全角度来说，为了保障安全，高端设备、控制系统、专业检维成本必将提升。具体基于哪个阶段的运行模式，各企业只能结合区域经济发展情况，做出适合自身企业安全经济发展的决策，从事无人值守站的建设及管理的人员更需加强研究，做好调度、检维、操作人员的高效配置。

参 考 文 献

[1] 张世梅，张永兴．天然气长输管道无人站及区域化管理模式[J]．石油天然气学报，2019，41(06)，139-144.

[2] 李国海，董秀娟，李国海，等．天然气管道无人值守站建设及站场安全运行[J]．管道保护，2018(05)，11.

[3] 周巍，缪全诚．关于长输天然气管道数字化无人值守站场建设的探索[J]．管理科学与工程，2021，10(2)，183-187.

[4] 李毅，王磊，周代军，贾彦杰，等．输油气站场区域化创新管理模式探讨[J]．油气田地面工程，2019，38(11)，85-89.

高后果区天然气长输管道喷射火事故应对策略探讨

吴超鹏[1]　冯文兴[2]　杨　鹏[3]　项小强[2]　陆守香[1]　孙　晁[2]

（1. 中国科学技术大学火灾科学国家重点实验室；2. 国家管网集团北方管道有限责任公司；
3. 国家管网集团安全环保部）

摘　要　为探讨天然气长输管道在高后果区发生泄漏喷射火的热辐射危害应对措施，采用场模拟分析方法 FDS 对直径 711mm、运行压力 10MPa 的输气管道发生断裂泄漏喷射火进行模拟，分析了无防火墙、常规防火墙、┓型防火墙和垂壁┓型防火墙四种情况下喷射火的火焰形态和热辐射分布特征。模拟结果表明，┓型防火墙和垂壁┓型防火墙可有效降低喷射火的火焰高度，火焰高度由 165m 分别降低至 81m 和 65m，管道侧向区域的热辐射通量大于 12.5kW/m^2 和 25.0kW/m^2 的范围大大缩小，楼房之间区域的热辐射通量小于 5.0kW/m^2。建议输气管道单侧存在高后果区时，可设置┓型防火墙进行保护；在高后果区的建筑、设施设置地下通道或保证有效遮挡的人行走廊作为人员安全疏散通道，疏散出口设置在远离管线的一侧。

关键词　天然气管道；喷射火；高后果区；热辐射

1　概述

高后果区是指管道泄漏后可能对公众和环境造成较大不良影响的区域。随着我国城镇化和重大基础设施建设的推进，天然气长输管道沿线开始出现人员密集区、物资储库、铁路和公路等事故风险的高后果区。输气管道发生泄漏点燃后，常常会形成喷射火的灾害形式，如 2017 年 7 月 2 日我国晴隆天然气管道断裂泄漏燃爆事故、2012 年 6 月 28 日美国 Nig Creek 管道泄漏燃爆事故，给人身财产和自然环境造成了重大危害。因此，对高后果区天然气长输管道泄漏喷射火事故的应对策略进行探讨有着重要意义。

天然气长输管道泄漏喷射火事故后果评价是探讨应对策略的重要依据，常常通过相应规范的公式或相关计算方法来获得。GB 32167—2015 油气输送管道完整性管理规范》和 ASME B31.8S-2016“Managing System Integrity of Gas Pipelines”给出了输气管道的潜在影响半径的计算公式。输气管道泄漏喷射火热辐射影响常见的计算方法有单点源模型、多点源模型和固体火焰模型等，这些模型可获得热辐射的影响距离，但无法分析建构筑物如楼房、防火墙等对热辐射的遮挡作用。场模拟方法常用于分析输气管道喷射火对环境的影响，本文将采用场模拟分析方法 FDS(Fire Dynamics Simulator)计算获得喷射火的热辐射在空间中的分布，进而探讨高后果区天然气长输管道泄漏喷射火事故的应对策略。

2　高后果区输气管道泄漏喷射火分析场景

GB 32167—2015《油气输送管道完整性管理规范》对高后果区提出了管理要求：制定针对性预案，做好沿线宣传并采取安全保护措施。

在天然气长输管道沿线的高后果区域中，人员和设施较为密集。喷射火是输气管道泄漏事故的典型灾害形式，火灾释放的巨大热量会以热辐射的形式对人员和设施造成严重危害。本节将分析防火墙和楼房等建构筑物对喷射火热辐射的阻挡效果，为高后果区天然气长输管道泄漏喷射火事故的应对策略提供科学依据。

2.1 高后果区典型场景

天然气长输管道在沿线居民小区处发生断裂事故，高压天然气在泄漏处形成泄漏弹坑，泄漏瞬间天然气被点燃，以喷射火形式燃烧。输气管道直径 711mm，运行压力 10MPa。分析场景的三维模型如图 1 所示。在火源与建筑间按无防火墙、常规防火墙、¬ 型防火墙和垂壁¬ 型防火墙的形式设置四个模拟工况，防火墙的设置如图 2 所示，防火墙高 4m，¬ 型防火墙顶部伸展宽度 8m，垂壁¬ 型防火墙的下垂高度 2m，垂壁间隔 5m。

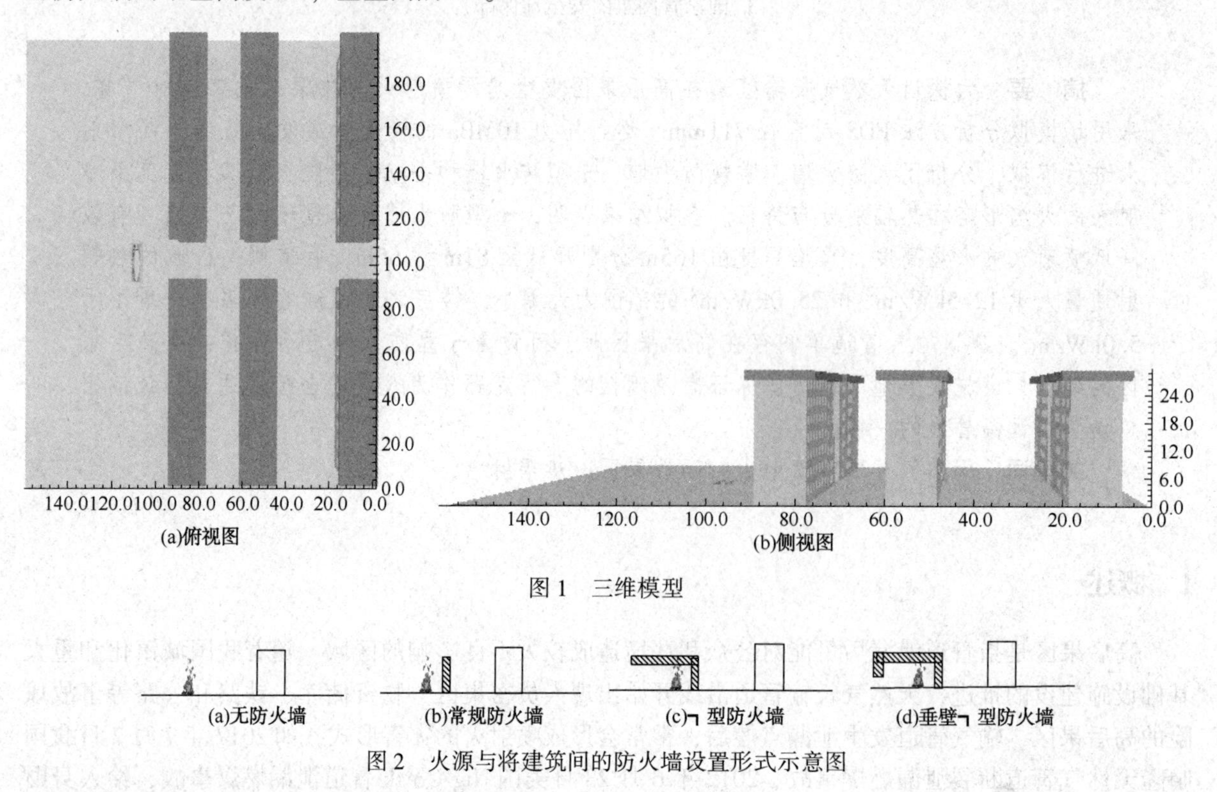

图 1 三维模型

图 2 火源与将建筑间的防火墙设置形式示意图

2.2 泄漏弹坑分析

国际管道委员会在 1999 年的研究项目 PR-3-9604 报告中，提出了泄漏弹坑的宽度和深度计算模型。

计算模型的假设条件：

a. 输气管道发生断裂，管道完全断开为两个管段；

b. 弹坑的形成分为两个阶段，第一个阶段形成弹坑的横截面形状，此后，弹坑的深度和宽度不变；第二个阶段是高速气流对管道轴向的覆盖层冲刷，形成弹坑的长度。

c. 假设弹坑横截面形状为椭圆形，该假设是基于实际事故和实验的。弹坑的横截面由深度 D、宽度 W、地面位置坑壁切线与水平面夹角 α_1 和半坑深处坑壁切线与水平面夹角 α_2 确定，如图 3。

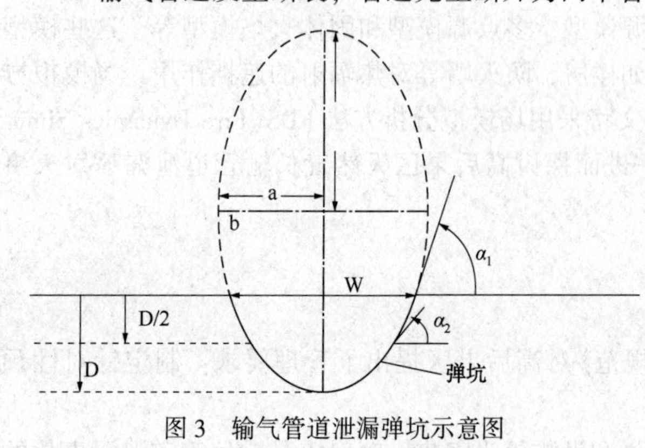

图 3 输气管道泄漏弹坑示意图

当管道的损伤形式为顶部破裂时，很少发

生管道底部的土壤被弹走的情况，弹坑深度为

$$D=D_{\mathrm{P}}+D_{\mathrm{c}} \tag{1}$$

式中：D 为弹坑深度，m；D_{P} 为管径，m；D_{c} 为管道埋土层厚度，m。

当管道的损伤形式为断裂时，弹坑深度与土壤类型有关，典型土壤的弹坑参数如表1。

表1　典型土壤的弹坑参数

土壤性质	w（无量纲参数）	α_1（角度）	α_2（角度）
非常干燥的沙土	0.75	60	29
沙土或混合土	1.10	65	35
混合土或砾石	1.75	70	45
潮湿混合土、粘土或岩石	2.70	75	57
重粘土	5.00	80	73

弹坑深度与土壤无量纲参数 w 密切相关。

$$R(w)=0.28+0.62(5-w)-0.07(25-w^2) \tag{2}$$

当土壤函数 $0.28<R(w)<1.3$ 时，弹坑深度为

$$\begin{cases} D=4.3D_P+D_c & w\leqslant 0.6 \\ D=\dfrac{R(w)D_P}{0.3}+D_c & 0.6<w<2 \\ D=2.2D_P+D_c & w\geqslant 2 \end{cases} \tag{3}$$

弹坑角度修正为

$$\alpha_1=\tan^{-1}(w+1) \tag{4}$$

$$\alpha_2=\tan^{-1}\left[\left(\frac{2.8+0.5w}{10}\right)(w+1)\right] \tag{5}$$

由于弹坑横截面为椭圆形，有

$$\tan\alpha_1=\frac{b}{a}\left[\left(\frac{b}{b-D}\right)^2-1\right]^{1/2} \tag{6}$$

$$\tan\alpha_2=\frac{b}{a}\left[\left(\frac{b}{b-0.5D}\right)^2-1\right]^{1/2} \tag{7}$$

弹坑的宽度为

$$W=2a\left[1-\frac{(b-D)^2}{b^2}\right]^{1/2} \tag{8}$$

本文假设输气管道发生断裂泄漏事故，管道直径为711mm；泄漏弹坑按表1中“潮湿混合土、粘土或岩石”取值。依据上述公式计算得到弹坑宽度为4.5m，深度为3.1m。弹坑长度假设为17m。

3　模拟结果分析

3.1　防火墙对火焰形态的影响

图4、图5分别给出了四种防火墙设置形式下弹坑宽度方向、长度方向视角的管道泄漏喷射火火焰形态，可以看出，在无防火墙及设置常规防火墙时，火焰成柱状形态，火焰高度约为165m；防火墙按┓型设置时，泄漏气体向上喷射撞击防火墙伸出的顶盖后，气流变为沿顶盖水平方向的顶棚射流，火焰呈较为均匀的檐溢火形态，火焰高度大大降低，约为81m；防火墙按┓型设置，并在气流外溢一侧设置5m间隔的垂壁时，由于垂壁对外溢气流的分流作用，檐溢火形态在防火墙长度方向上更均匀，火焰高度进一步降低，约为65m。

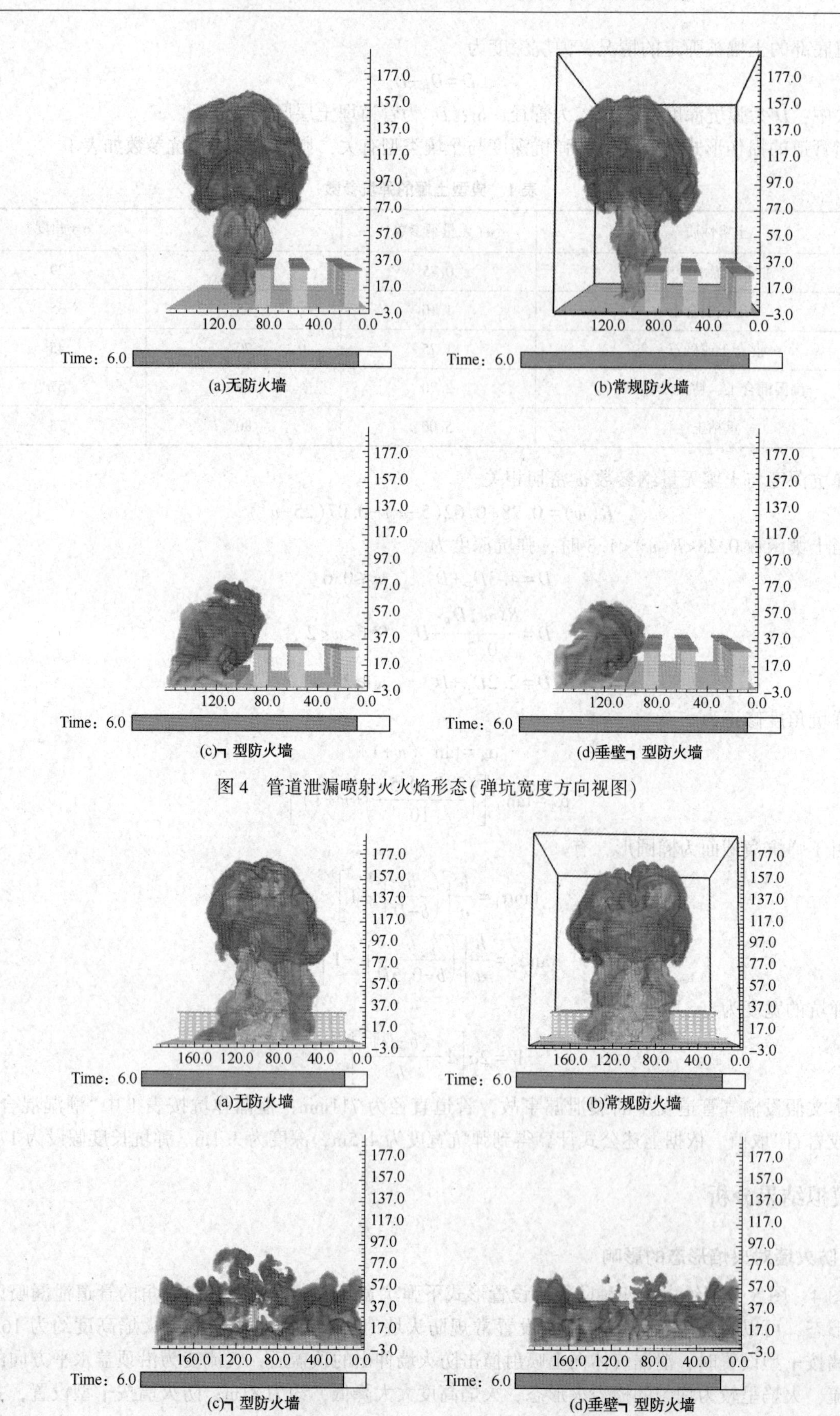

图4 管道泄漏喷射火火焰形态(弹坑宽度方向视图)

图5 管道泄漏喷射火火焰形态(弹坑宽度方向视图)

综上所述，常规防火墙对管道泄漏喷射火的形态无太大的影响；┓型防火墙会使得喷射火的形态由竖向柱状火变为水平檐溢火，降低了火焰高度，但会使水平方向上的火焰分布变长；┓型防火墙的垂壁能起到分流作用，使檐溢火在长度方向上更均匀，能进一步降低火焰高度。

3.2 喷射火热辐射毁伤范围

热辐射的破坏/伤害准则如表 2。

表 2 热辐射的破坏/伤害准则

热辐射通量/(kW/m^2)	对设备的破坏	对人的伤害
25.0	无明火时木材长时间暴露而被引燃所需的最小能量；设备设施的钢结构开始变形	1min 内死亡率 100%，10s 内严重烧伤
12.5	有明火时木材被点燃所需的最小能量，塑料管及合成材料熔化	1min 内死亡率 1%，10s 内一度烧伤
5.0	玻璃暴露 30min 后破裂	超过 20s 引起疼痛

图 6 给出了管道断裂泄漏喷射火热辐射通量 5.0kW/m^2 的分布范围。可以看出，无防火墙和设置常规防火墙时，管道侧向区域的热辐射通量大于 5.0kW/m^2，由于火焰高度远高于防火墙及楼房高度，楼房之间区域的热辐射通量也大于 5.0kW/m^2，会对该区域的人员造成严重危害；而设置┓型防火墙和垂壁┓型防火墙时，由于火焰高度大大降低，楼房之间区域的热辐射通量小于 5.0kW/m^2，有利于楼房内人员的逃生。

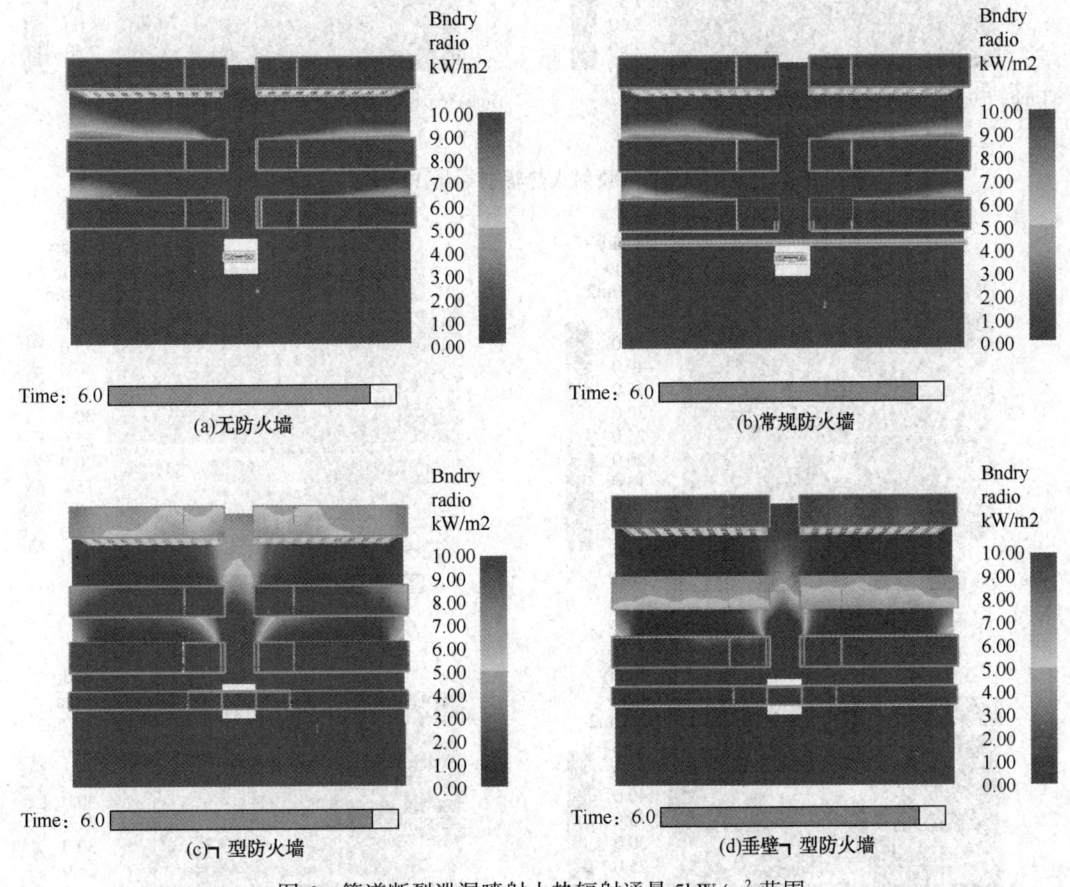

图 6 管道断裂泄漏喷射火热辐射通量 5kW/m^2 范围

图 7 和图 8 分别给出了管道断裂泄漏喷射火热辐射通量 12.5kW/m^2 和 25.0kW/m^2 的分布范围。可以看出，无防火墙和设置常规防火墙时，管道侧向区域的三排楼房热辐射通量均大于 25.0kW/m^2，楼房内可燃物品有被引燃的风险，楼房结构也存在破坏的可能；而设置┓型防火墙和垂壁┓型防火墙时，管道侧向区域的大于 12.5kW/m^2 和 25.0kW/m^2 的范围大大缩小，有利于保护管道侧向区域的建

筑和设施，但管道沿线方向大于12.5kW/m² 和25.0kW/m² 的范围将增大。

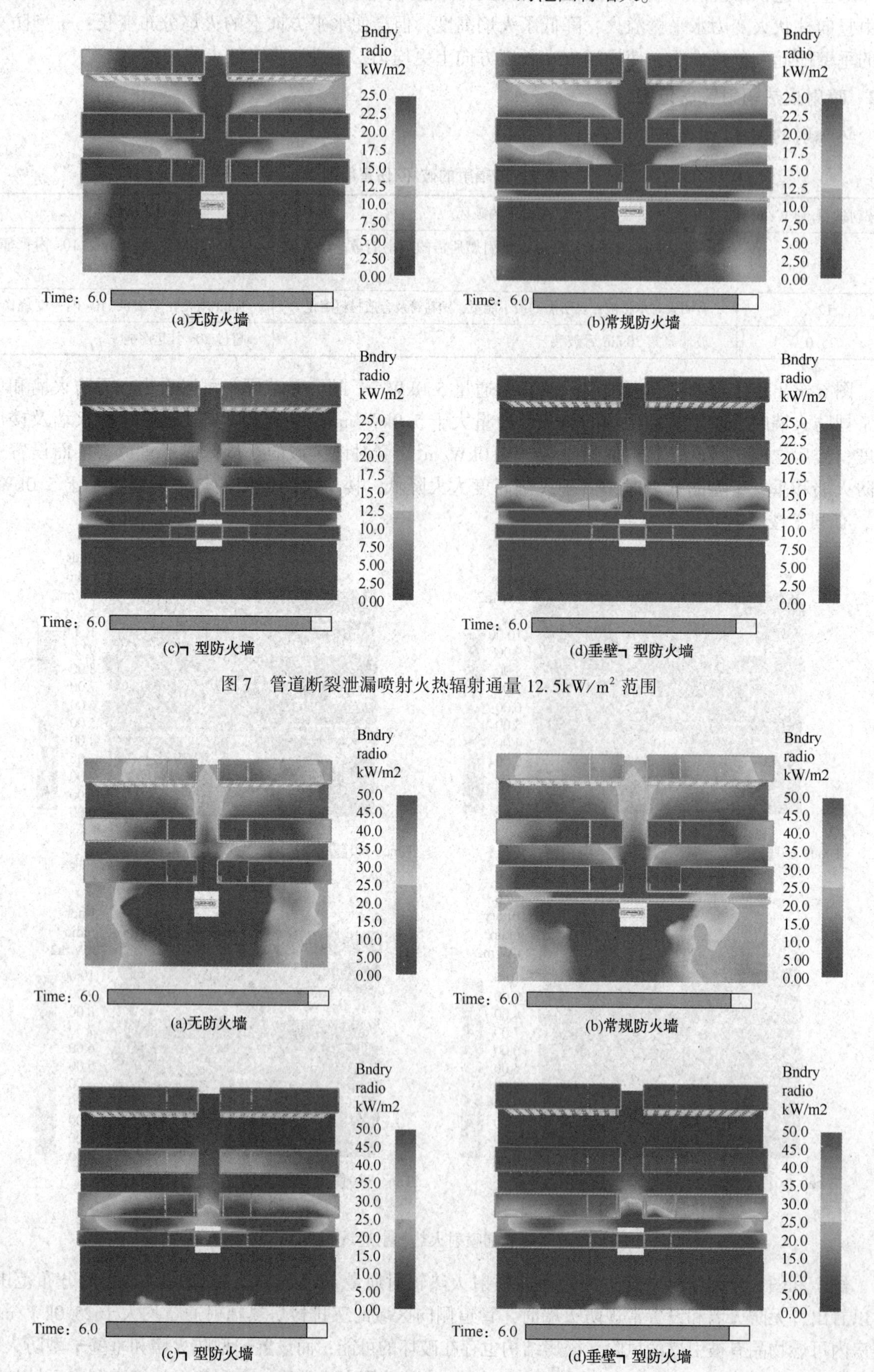

图7 管道断裂泄漏喷射火热辐射通量12.5kW/m² 范围

图8 管道断裂泄漏喷射火热辐射通量25.0kW/m² 范围

综上所述，在发生管道断裂喷射火时，常规防火墙无法对管道侧向区域形成有效保护；¬ 型防火墙和垂壁¬ 型防火墙对管道侧向区域能形成较好的保护，但在管道沿线方向的伤害范围会扩大。

4 高后果区输气管道泄漏喷射火事故的应对策略

为了减小高后果区内输气管道泄漏喷射火事故对人员、设施的影响，有以下应对策略：

（1）对人员和功能场所进行异地迁移；

（2）降低输气管道的工作压力或采用较小的输气管道管径，减小潜在影响半径，使得易燃易爆场所和特定场所脱离潜在影响区域范围；

（3）对输气管道单侧存在高后果区的情况，可在管道沿线设置¬ 型防火墙，缩小喷射火事故对保护侧的影响范围；

（4）管线周围建筑、设施的疏散出口设置在远离管线的一侧；

（5）在人员疏散关键通道上设置带顶棚的人行走廊，若走廊与管线走向相同且无其他建筑有效遮挡，应在面向管线一侧做隔墙遮挡，走廊采用不燃材料建造；或者通过地下疏散通道的方式疏散人员。

5 结论与建议

本文模拟了直径 711mm、运行压力 10MPa 的天然气长输管道发生断裂泄漏喷射火事故，得到了热辐射的分布情况，主要结论与建议如下：

（1）在无防火墙及设置常规防火墙时，火焰高度约为 165m，热辐射通量为 25.0kW/m^2 的区域覆盖了管线侧向 110m 内范围；楼房之间区域的热辐射通量也大于 5.0kW/m^2，会对该区域的人员造成严重危害。

（2）在设置¬ 型防火墙和垂壁¬ 型防火墙时，火焰高度分别降低至约 81m 和 65m，管道侧向区域的热辐射通量大于 12.5kW/m^2 和 25.0kW/m^2 的范围大大缩小，有利于保护管道侧向区域的建筑和设施，但管道沿线方向大于 12.5kW/m^2 和 25.0kW/m^2 的范围将增大；楼房之间区域的热辐射通量小于 5.0kW/m^2，有利于楼房内人员的逃生。

（3）输气管道单侧存在高后果区时，可设置¬ 型防火墙进行保护。

（4）在高后果区的建筑、设施设置人员安全疏散通道，建筑、设施的疏散出口设置在远离管线的一侧，安全疏散通道可为地下通道或保证有效遮挡的人行走廊。

参 考 文 献

[1] GB 32167—2015.《油气输送管道完整性管理规范》[S]. 北京：中国标准出版社，2015.

[2] 郭文朋，周亚薇．基于改进风险矩阵法的中俄东线高后果区风险评估[J]. 油气储运，2019，38(3)：273-284.

[3] 周志航．天然气输送管道喷射火危害特征及多米诺效应防控研究[D]. 华南理工大学，2019.

[4] 耿晓茹．障碍物对天然气管道喷射火影响的实验及数值模拟研究[D]. 中国石油大学(华东)，2018.

[5] 李玉．气体喷射火灾下热辐射研究[J]. 中国安全科学学报，2011，21(2)：68-71.

[6] 李建山．塔榆增压站输气管道喷射火灾危害模拟风险评价[J]. 安全、健康和环境，2016，16(8)：44-51.

[7] The American Society of Mechanical Engineers. ASME B31.8S－2016. Managing System Integrity of Gas Pipelines [S]. New York，USA.

[8] 刘诗飞，詹予忠．重大危险源辨识及危害后果分析[M]. 北京：化学工业出版社，2004.

[9] 杨昭．天然气管道孔口泄漏危险域的研究[J]. 天然气工业，2006，26(11)：156-159.

[10] Helena Montiel，Juan A. Vılchez，Joaquim Casal，Josep Arnaldos. Mathematical modelling of accidental gas releases [J]. Journal of Hazardous Materials，1998，59：211-233.

[11] National Institute of Standards and Technology. Thermal radiation from large pool rims[R]. Gaithersburg，MD，USA：NIST，2000.

[12] LOWESMITH B J, HANKINSON G, ACTON M R et a1. An overview of the nature of hydrocarbon jet fire hazards in the oil and gas industry and a simplified approach to assessing the hazards[J]. Process Safety & Environmental Protection, 2007, 8S(3): 207-220.
[13] 马子超，吕淑然，王春雪，等. 高压天然气管道泄漏孔位置对喷射火的影响[J]. 消防科学与技术，2017，36(1)：13-15.
[14] 黄有波，吕淑然. FDS模拟小孔径喷射火特性的有效性研究[J]. 消防科学与技术，2016，35(2)：162-166.
[15] 董炳燕，黄有波，孟江，等. 障碍物对天然气喷射火影响的数值模拟研究[J]. 中国安全生产科学技术，2016，12(1)：111-116.
[16] DONG Bingyan, HUANG Youbo, MENG Jiang, LV Shuran. Numerical simulation on influence of obstacle on jet fire of natural gas[J]. Journal of Safety Science and Technology, 2016, 12(1): 111-116.
[17] 李镇裕，梁栋，沈浩，等. 并行铺设天然气管道喷射火的数值模拟研究[J]. 科技通报，2017，33(1)：67-70.
[18] Fire Dynamics Simulator(Version 6)User's Guide. NIST. 2013.
[19] Crater Depth and Width Model[R]. Pipeline Research Committee International Report On Project PR-3-9604, June 1999.
[20] MARK J. STEPHENS. A MODEL FOR SIZING HIGH CONSEQUENCE AREAS ASSOCIATED WITH NATURAL GAS PIPELINES[R]. Topical Report, CANADA, 2000.
[21] 刘志勇，池火灾模型及伤害特征研究[J]. 消防科学与技术，2009，28(11)：803-805.

输油管道小型站场与阀室风光新能源应用技术探索

张玉龙[1]　王　玮[1]　李向阳[2]　刘付刚[2]　于宏盛[2]　王　丽[2]

［1. 中国石油大学（北京）机械与储运工程学院；2. 中国石油长庆油田分公司第二输油处］

摘　要　西北某油田内部油气管道遍布荒原戈壁和黄土高原，部分区域人烟稀少、基础电力设施不足，给管道小型站场及阀室电力供应带来了困难。本文以某管道阀室风光发电及某小型加热站风光新能源建设为试点，分析管道小型站场及阀室的用能结构，提出不同类型区域的新能源应用技术解决方案，综合利用光伏发电、风力发电、蓄电池蓄电、空气能加热、逆变器远程管理等技术，实现偏远小型站场及阀室用能独立管理，降低对市电的依赖，减少市电异常中断对输油生产的影响，减少了碳排放，实现了高质量发展。

关键词　新能源；光伏发电；阀室；空气能

本研究依托某管道偏远站点清洁能源综合利用研究项目，主要研究了管道用能结构的优化策略，利用新能源技术，部分替代传统能源消耗，降低碳排放，实现发电自消纳，形成了偏远站点清洁用能解决方案和一些认识。

1　某输油管道小型站场及阀室现状

被研究管道途经地处我国西北，地广人稀，管道所经区域大部分为荒原沙漠，部分阀室、中间站 5km 范围无人员居住及电力基础设施，接入市电成本大，因此需要探索风力发电、光伏发电、蓄电池储能以及空气热源泵等技术，解决偏远阀室、站场的供电问题，为管道输送数据传输、人员居住环境提供稳定的电力资源，保障输油生产安全稳定。

笔者单位所辖站点阀室中，有 6 座阀室存在电力供应困难，超过 5 座阀室依托农电，存在经常性供电故障，给正常的输油生产带来困难隐患。

输油管道阀室分为无人阀室和驻人阀室。无人阀室主要有照明、电动阀、RTU 设备以及各类传感器用能，综合日用电为 10 千瓦时；驻人阀室主要有照明、电动阀、RTU 设备以及各类传感器以及人员宿舍供暖、食堂等用能，综合日用电约为 100 千瓦时。

2019 年开始，国家发展改革委网站印发的《2019 年新型城镇化建设重点任务》，明确 2019 年新型城镇化工作的重点任务，并在加强城市基础设施建设工作内容中指出，督促北方地区加快推进清洁供暖。驻人阀室的冬季用能存在困难，因此需要探索新能源技术，解决偏远小型站场及阀室清洁供暖困难。

2　小型站场及阀室新能源关键技术

2.1　光伏发电技术

光伏发电技术是利用大阳能将光作用于半导体上，引起光电反应。当光子聚集到一定量时，作用到半导体上，光子与半导体反应形成电子与空穴，分别形成正电荷与负电聚集在半导体的两端。将两端电极用导线连接后，就会产生流动的电荷，从而产生电能。通过这个原理，便能够将光能转变为电能。相对于传统发电方式而言，这种形式既清洁无污染，又无噪声。不同场合所使用的光伏发电系统也不同。一般情况下，光伏发电系统可分为混合型、并网型、独立光伏型。独立光伏发电系统构造主要包括大阳自动跟踪系统、单片机控制器、逆变器、直流升压系统、大阳能电池板等。

2.2 风力发电技术

风力发电的原理是利用风带动叶片旋转，再通过增速器将旋转的速度提高来促使发电机发电的。依据目前的风车技术，大约3m/s的微风速度便可以开始发电。空气流动的动能作用在叶轮上，将动能转换成机械能，从而推动片叶旋转，如果将叶轮的转轴与发电机的转轴相连就会带动发电机发电。

2.3 蓄电池蓄电技术

目前存储方式主要有铅酸电池(Lead-Acid Battery)、钠硫电池(NaS Battel-y)、全钒氧化还原液流电池(Vanadium Redox Battery，缩写为VRB)、铼镉电池(Ni-Cd Batte ry)、锂离子电池(Li-ion Battery)等。并且储存到电池再利用相应的调节技术，将转化的电能转变成供人们使用的标准电能。

2.4 空气能加热技术

空气能是一种新型能源利用方式，它利用热机循环原理，从空气中吸收热源，以少量电能驱动压缩机通过热量交换加热水，空气能与电加热设备相比较，加热同等热水只需要1/4的费用，是理想的恒温热水器产品。空气能热水器的主要特点有，高效节能，也就是说用1度电能产生3~4度电的热水，相对于燃煤和电热等产品要节能3倍左右；安全系数比较高，没有电加热装置，燃气，燃煤等加热源，就能杜绝漏电，漏气等安全隐患；绿色环保，不会排出有害气体和产生废旧固体，在使用过程中不会污染环境；清洁舒适，任何温度使用都能水温恒定和水量充沛。

2.5 逆变器远程管理技术

利用远程控制平台，在不改变现场原有设备接线以及通讯方式的情况下，即可实现逆变器装置远程在线维护，能够提高现场调试的效率和便捷性。分布式综合管理平台主要应用于安装地点分散、运行维护复杂的太阳能屋顶电站，可以实现对分散的电站进行统一监控管理，能够针对不同用户的需求提供多种模式的产品，其中包括本地监控(电站监控/集团监控)、云平台监控、移动端监控系统。平台管理是在满足电力系统自动化总体规划基础上，充分考虑了光伏发电技术的发展需求，对提高分布式发电的运行管理效率，提升生产运行管理水平，降低生产运行和设备维护成本起到了重要作用。

3 阀室太阳能发电储电

传统的RTU阀室，建设有备用太阳能电源，确保机房断电后通信系统能够24小时供电，形成市电、UPS、太阳能三重电源供应保障，确保长时间市电中断情况下的通信电力供应，并实现电力自动互切功能。经过技术验证，太阳能发电储电技术取得了较为成熟的应用，在同类型的阀室进行推广应用，设备运行正常率提升了10个百分点。

4 小型站点风电新能源技术探索

图1

依托某输油管道系统清洁能源综合利用关键技术研究科研项目，利用某加热站现有屋顶、闲置土地，采用“自发自用、余电储存”模式部署了“风能+光伏+空气能”相结合的发电加热系统，研究其替代传统化石能源的可行性与性价比等，装机功率为20kw，储能60千瓦时，将每日所发电量用于定制空气源热泵消耗及厂区照明，降低对市电的依存度，减少碳排放，实现高质量发展。该风光发电系统自上线以来，经过多次调试、优化，冬季平均日发电量达到80千瓦时，达到该站点生活保障区域日用电量的50%左右，可日均降低10.5千克标煤，为独立阀室及小型站场光伏新能源技术应用奠定了一定的技术基础。

5 问题与建议

5.1 光伏组建需要定期清理维护

根据研究结果，结合当地降雨情况，确定该光伏工程一年中11月、12月和1月的清洁周期是每月一次，其余月份是每月两次。结合该光伏工程的实际运行与维护情况，光伏组件的清洗工作应选择在清晨、傍晚、夜间或者阴雨天进行，防止人为阴影造成电量的损失。一般用清水即可，如组件表面有粘附着的硬物，则可以适当使用刮板。运行维护人员在清洗过程中应注意，做到清除灰尘与异物即可，切忌损伤光伏组件，且在清洗过程中注意个人安全。

5.2 风光发电较为不稳定

受制于气候影响较大，其中风力发电需要在风速在3m/s以上才能启动；光伏发电需要有标准光照条件下才能达到标称功率，否则严重影响发电量指标。同时若遇到长时间阴雨天气，给新能源应用带来一定的困难，因此需要综合考虑市电、新能源互补方案，根据成本测算，节约投资，提升效益。

5.3 蓄电池衰减

随着电池的可用区域缩小，可填充的能量降低，充电时间逐渐缩短。在大多数情况下，由于周期循环和老化的原因，电池容量呈线性衰减。此外，深度放电给电池造成的压力大于不完全放电，因此最好不要把电池电量全部耗尽，而是经常性充电。对于镍基电池以及作为校准部件的智能电池则应周期性深度放电，这有助于消除镍基电池的“记忆效应”。镍基锂电池在容量衰减到80%之前可以完全充放电循环200~300周。

6 总结

现阶段，在小型阀室可推广应用太阳能光伏+储能技术，根据实际消耗功率配置蓄电池组，实现自发自用，保障能源供应；在小型站场可推广应用风光发电+蓄电池储能+空气源热泵综合利用技术，通过多技术联合应用，可实现驻人阀室用电自给自足，支撑小型站点、阀室值勤点碳排放清零。本研究实践为类似管道中小型站场及阀室值勤点清洁供能提供了有益的借鉴。

参 考 文 献

[1] 赵瑞玉，冯文金，韩梅，等．原油起泡影响因素[J]．中国石油大学学报(自然科学版)：.
[2] 曲正新．原油泡沫的危害和消除方法[J]当代化工，2015，44：1132-1134.